Georg Schanz

Das Wunder der Organisation – Band 3
Menschen zwischen Pflichten und Emotionen

Georg Schanz

Das Wunder der Organisation – Band 3

Menschen zwischen Pflichten und Emotionen

Rediroma-Verlag

Bibliografische Information der Deutschen Nationalbibliothek:
Die Deutsche Nationalbibliothek verzeichnet diese Publikation in der Deutschen Nationalbibliografie;
detaillierte bibliografische Daten sind im Internet über http://portal.dnb.de abrufbar.

ISBN 978-3-98527-086-6

www.rediroma-verlag.de
34,95 Euro (D)

Vorwort zum 3. Band

Ich schreibe in einer Buchreihe geschrieben (2 Bände sind auf dem Markt: Georg Schanz: Das Wunder der Organisation - Menschen zwischen Pflichten und Emotionen). Ich sitze am 3. Band, der vermutlich Anfang nächsten Jahres erscheinen wird und u.a. einen Artikel über die Sexindustrie in Deutschland enthält.

Ich habe mit ca. 50 Betriebe Kontakt gehabt, ca. 30 Interviews geführt (Kapitalgeber, Organisatoren, Bordell-, Sexshopbetreiber und –agenturen jeder Art, Zuhältern, Professionellen und Amateuren und vor allem mit dem Internetgeschäft (ca. 2.000 Einrichtungen allein in Deutschland, ca. 5.000 westeuropaweit, Niederlande ca. 600; dabei gibt es mit Zugang nach Westeuropa aus Osteuropa ca. 3.000, weitere Einrichtungen aus USA, Asien usw. mehr als 10.000). Ihr Erfolg konzentriert sich der Umsatzstärke nach in Deutschland auf ca. 500 Anbieter.

Im Band 3 meiner Buchreihe geht es um spezifische Organisationsprojekte (Flughafenbau Berlin, Planung, Steuerung und Kontrolle von Großprojekten, komplexe Modelle, Fuzzy Logic, Analyse des Projektumfeldes, Teamarbeit und Teamentwicklung, Prozeßorientierung, Kommunikation, Konfliktmanagement, Verhaltensanalyse, Systemik, Selbstorganisation, Sozialsysteme, Systemtheorien, Unternehmensentwicklung, Dienstleistungen und neue Absatzkanäle (z.B. eBusiness), Change Management, Kybernetik, Kommunikationstheorie, Controlling, Krisenmanagement und Abschlussprozesse, Steuerung sozialer Systeme, Zielpräzisierungs- und Problemlö-sungsprozesse, Austausch Teammitglieder, Integration neuer Teammitglieder, „Sinn"-Visionen, Projektidentität, zukünftige Rahmenbedingungen, Kommunikations-/ Reflexionskompetenz für die Projektressourcen.

Weiterhin geht es um die Sex-Industrie in Deutschland. Dazu gehören Prostitution und die Pornografie sowie Sexspielzeuge und sexuelle Hygieneprodukte wie Kondome und Aphrodisiaka gezählt. Der Ausschuss für die Rechte der Frau und die Gleichstellung der Geschlechter des Europäischen Parlaments definiert in seinem "Bericht über die Konsequenzen der Sexindustrie in der Europäischen Union" aus dem Jahr 2004 die Sexindustrie als „Tätigkeiten, die darauf abzielen[,] auf legale oder illegale Weise sexuelle Dienste/Produkte in organisierter Form zu vermarkten und/oder zu verkaufen und Menschen – ob Kinder, Frauen oder Männer – zu Profitzwecken sexuell auszubeuten".

Dazu zählt der Ausschuss auch die organisierte Prostitution – beispielsweise Escortservice, Call-Girls, das Betreibern von Bordellen, Straßenprostitution, Internetprostitution, Massageinstitute, Stripklubs, Telefonsex, Ehevermittlungen, Sextourismus, Pornografie und Erotikmessen.

Auszugsweise: https://www.zdf.de/dokumentation/zdfinfo-doku/deutschlands-sex-industrie-prostitution-102.html:

*„… **Deutschlands Sex-Industrie - Das Milliardengeschäft mit der Prostitution:** Seit 2002 herrscht in unserem Land eine der liberalsten Prostitutionsgesetzgebungen Europas – seitdem sind immer mehr Bordelle entstanden. Das Geschäft boomt, mit bizarren Auswüchsen. something44 min something 20.05.2020 Video verfügbar bis 19.05.2021 (Mehr von ZDFinfo Doku). Von Flatrate-, über Edel- bis hin zu sogenannten Gang-bang-Bordellen, in denen eine Prosituierte mit mehreren Männern gleichzeitig Sex hat – nichts scheint unmöglich. Den Männern gefällt das, und zwar nicht nur den Deutschen.*

Das Paradies für Sextouristen

Längst ist unser Land zum Paradies für Sextouristen aus der ganzen Welt geworden. Internationale Unter-nehmen organisieren mehrtägige Rundreisen quer durch unsere Bordell-Landschaft. Über die Bundesrepublik wird im Ausland ähnlich berichtet, wie wir es über Thailand tun. Doch der liberale Umgang mit der Prostitution hat dramatische Nebenwirkungen.

Deutschland ist zum Bordell Europas und laut Experten zur Drehscheibe für Zwangsprostitution und Menschen-handel geworden. Zwischen 80 und 90 Prozent der Prostituierten kommen aus dem Ausland, die wenigsten arbeiten freiwillig, viele werden gezwungen. Die Bedingungen werden immer schlimmer, oft sind sie menschenunwürdig. Im Rotlicht dominieren kriminelle Organisationen – und mit ihnen das Verbrechen, Frauen- und Drogenhandel. Aber wie konnte es so weit kommen? Diese Frage beantwortet die Dokumentation.

Die Bundesregierung als Zuhälter?

Schuld sei, so die Experten und Insider, unsere Bundesregierung. Sie sei der größte Zuhälter der Prostitution. Der Staat kassiere die enormen Steuereinnahmen der boomenden Sexindustrie und ignoriere dabei, dass die Prostituierten systematisch ausgebeutet und zerstört werden - er fördere das mit seiner Gesetzgebung sogar. Die Dokumentation zeigt, wie schlimm die Zustände in der Prostitution tatsächlich sind und deckt auf, welche Rollen Prostitutionsverbände, Bordellbetreiber und die Politik im System Prostitution spielen …

“… Das Statistische Bundesamt geht von einer Zahl zwischen 14 und 15 Milliarden Euro Umsatz im Jahr aus, die keinesfalls mit Gewinn verwechselt werden darf.

Denn auch Prostituierte haben Kosten, zum Beispiel für Miete, Werbung, Fahrten, Versicherungen. Der geschätzte Umsatz beschreibt nur das Gesamtaufkommen der Zahlungen, die in Deutschland von Freiern an Prostituierte bezahlt werden.

Dabei geht das Statistische Bundesamt nach einem Bericht von "Welt Online" von 5,475 Milliarden Euro Umsatz in Bordellen, 2,738 Milliarden Euro in der Straßenprostitution, 3,65 Milliarden Euro bei Hostessen-Diensten und 2,738 Milliarden Euro für sonstige Prostitution aus.

Der tatsächliche Gewinn wird nur auf ungefähr die Hälfte der Einnahmen geschätzt. Das heißt, zirka 7 bis 8 Milliarden Euro der Einnahmen fließen über Mietzahlungen und andere Ausgaben direkt zurück in den Wirtschaftskreislauf …“

*Hierbei sind nicht die Umsätze aus dem **verdeckten Sexgeschäft** enthalten: z.B.: **Pretiale, organisationsfreie Lenkung**: Angeblich müssen mit Umsatzsummen in gleicher Höhe angenommen werden.*

In einem Interview erfuhr ich Folgendes: In Zukunft soll es in vielen Fällen keine direkte Lenkung vor allem der Sexanbieterinnen geben. Sie haben zwar alle abhängig beschäftigt, haben alle normalen Arbeitsverträge in normalen Berufen und sind dem Staat als abhängig Beschäftigte bekannt. Aber Ihr Sexleben findet vollkommen privat statt, ob im Inland oder im Ausland als Urlauberin in Hotels und anderen geeigneten Anlagen, ist von Fall zu Fall unterschiedlich.

Ihre Kunden werden ihnen schriftlich, aber ohne Absender, ausführlich beschrieben. Die Kunden wissen vor Ort, dass sie umworben werden, nicht genau von wem und wann, aber im Rahmen einer vorgesehenen Veranstaltungszeit. Der Vorteil dieser Organisation besteht darin, dass es niemanden, also keine namentliche Person gibt, die als Auftraggeber und Koordinator sichtbar wird. Alles ist privat und einvernehmlich.

Das eigentliche Problem besteht darin, dass die Rechtslage von Land zu Land unterschiedlich ist und sich das häufiger ändern kann (Rechtspflege, Gesetzesänderungen). Die betreffende Sexanbieterin sollte offiziell dort ihren Wohnsitz haben, wo geeignete Formen der steuerlichen Abgeltung erlaubt bzw. nicht verboten sind.

Ob und in welchem Umfang sich diese Formen nicht offizieller Prostitution bewähren, muss abgewartet werden. Aber solche bzw. ähnliche Konstruktionen gab es bisher schon, zwar nicht im Sexgeschäft, aber im Bereich normaler Kapitalanleger, die ihre Erträge nur „verträglich“ versteuern wollten. Der Einfallsreichtum der „Rechtsgelehrten“ war bisher immer groß genug, um geeignete legale Wege aufzudecken, um Finanzgeschäfte rechtsgültig abzusichern.

Meine ersten beiden Bände „Das Wunder der Organisation – Menschen zwischen Pflichten und Emotionen“ haben sich nicht so gut verkauft, wie ich gehofft hatte, was für Fachbücher wohl typisch ist.

Um Bücher zu schreiben wie „Harry Potter“ (Autorin: Joanne K. Rowling) oder Familien- oder Liebesromane wie Rosamunde Pilcher fehlt mir die Begabung.

Die Themen Organisation, Strukturen und Prozesse bei Sexualität, Sexismus, Promiskuität und Prostitution habe ich unterschätzt. Unter Amateuren bin ich jetzt ein Profi, unter Profis ein Amateur.

Einerseits habe ich zunächst mit Herablassung auf meine Gesprächspartnerinnen und Gesprächspartner gesehen, andererseits musste ich erkennen, dass es um mehr geht, nämlich um menschliche Schickmale und ihre tiefgründige Problematik, mit Depressionen, Manien, Hysterie, Psychosen mit Wirkungen bis zu suizidalen Tendenzen.

Dabei spielen das Menschen verachtenden Verhalten der Beteiligten (z.B. Zuhälter) und Kunden (z.B. Freier), aber auch die Herablassung der Gesellschaft, Prostituierte quasi als unwerten Ausschuss zu sehen und auch so behandeln (Ausgrenzung, Diskriminierung, Benachteiligung, Demütigung, Erniedrigung, Stigmatisierung, Diffamierung, Drangsalierung, Mobbing und Bullying), eine zum Teil verhängnisvolle Rolle.

Es geht mir nicht darum, aus der Sexarbeit und ihrem Umfeld eine besonders gelungene Form der gesellschaftlichen Kultur zu machen, aber aus der Geschichte und aus den sozialen Wirkungszusammengängen ist mehr abzuleiten als nur herablassende Besserwisserei. – Vielleicht kann ich ein Wenig zur Aufklärung beitragen.

Das Alles hat viel Zeit und auch Geld gekostet und so viel Stoff gebracht, dass Band 3 nicht ausreicht. Es wird einen 4. Band geben.

Vorwort zur 1. Auflage

Verfasser:

Georg Schanz, Postfach 14 03 31, 40073 Düsseldorf
http://www.personalentwicklung-gsb.de

Georg Schanz hat in Betriebswirtschaft in Hamburg studiert und war danach zunächst im Controlling (J.D. Möller, Optische Werke Wedel, Beiersdorf Hamburg, Herose Hamburg, IBM Sindelfingen, SABA Villingen) beschäftigt.

Aufgrund einer Fördermaßnahme des Regierungspräsidenten Düsseldorf konnte er ein Studium der Wirtschaftspädagogik (Universität Köln) aufnehmen. Bedingung war, dass er gleichzeitig als Lehrer an der Fachschule für EDV (Düsseldorf / Hochdahl) tätig wurde. Damals gab es noch zu wenig Lehrkräfte mit Praxiskenntnissen in der EDV.

Folgende Fächer hat er dort unterrichtet:

- *Allgemeine Betriebswirtschaftslehre*
- *Unternehmensstrategie und Unternehmensplanung*
- *Marketing und Unternehmensführung*
- *Verwaltungsorganisation und Entscheidungsprozesse*
- *Organisationsstrukturen und –prozesse (Planung und Realisierung mit EDV-Einsatz)*
- *Rechungswesen mit Wirtschaftlichkeitsanalysen*
- *Finanzierung, Investitions- und Finanzmanagement*
- *Projekt- und Investitionsrechnung, Ertrags- und Kostentheorie*
- *Grundlagen der Produktions- und Materialwirtschaft (Logistik)*
- *Information, Kommunikation und Interaktion*
- *Psycho-soziale Wirkungen in Organisationssystemen*

Während Nach meines Studiums der Wirtschaftspädagogik an der Universität Köln habe hat er am Lehrstuhl an folgenden Projekten mitgearbeitet:

- *Organisation und Automation*
- *Organisationsmittel / Datenverarbeitung*
- *Didaktische Prinzipien im Unterricht an Wirtschaftsschulen*
- *Lenkung und Impulsgebung im wirtschaftsberuflichen Unterricht*
- *Theorien und Modelle der psycho-sozialen Pädagogik*
- *Bildungspolitische Entwicklungstendenzen der beruflichen Weiterbildung*

Die Abschlussarbeit an der Universität Köln „Die Gestaltung der Interaktionen zwischen Trägern organisatorischer Gestaltung und Organisierten – Mögliche Konzepte und ihre Problematik“ war eine interdisziplinäre organisations-psychologische Aufgabenstel-lung zwischen den Lehrstühlen Wirtschaftspädagogik (Prof. Schmiel), Organisation (Prof. Grochla) und Informatik (Prof. Schmitz).

Danach war er 30 Jahre in der Personal- und Organisationsentwicklung tätig sowohl angestellt (20 Jahre lang bei DIETZ Computer-Systeme und der Océ Deutschland GmbH Mülheim an der Ruhr) wie freiberuflich (SIEMENS München, Karstadt Essen, Commerzbank Frankfurt).

Was Herrn Schanz bis heute stört, ist die Diskrepanz zwischen Theorie und Praxis: Entweder gibt es gute Theoretiker, die sich in realen Organisationen schwer tun, oder zupackende Praktiker, die wissenschaftliche Ansätze nicht kennen oder anwenden. Beide Leistungsvorteile zusammen gibt es nicht so häufig – dabei kann man integrativ mehr erreichen.

Dass eine Person allein umfassende Strukturen und Prozesse einer großen Organisation planen, konzipieren, realisieren und steuern kann, ist eher die Ausnahme. Er/Sie kann das im Regelfall nicht zeitgerecht und nicht umfassend gewährleisten. Kooperation in geeigneten Gruppen schafft die Möglichkeiten, Probleme umfassend zu analysieren, geeignete Lösungen zu erarbeiten und umzusetzen. Allerdings bedarf es der planmäßigen Koordination einer solchen Gruppenarbeit, ansonsten besteht die Gefahr, dass solche Projekte sich zu breit entwickeln und manchmal im Chaos enden.

Andererseits wird zu viel auf einmal angepackt und versucht methodisch in der Praxis umzusetzen, um allmählich festzustellen, dass wir bei der Vielfalt aller Faktoren – vor allem bei denen, die wir kaum oder gar nicht kennen, an sich im Dunklen tappen und dabei von den Ergebnissen überrascht werden.

Neben dem fachlichen Verständnis einer Funktion braucht jeder Wissen (Umfang, Tiefe, Komplexität), Intelligenz (Verstehen, Analyse und Interpretation), Fähigkeiten (z.B. spezifische Begabungen), Eignung (z.B. Talent), Kompetenz (z.B. anerkannte Beherrschung von einem Aufgabengebiet), Antrieb (Offenheit für Selbst- und Fremdmotivation) und Durchhaltevermögen (Fleiß, Intensität, Ausdauer), um zu verstehen, wohin er will und wofür er geeignet ist.

Diese Einsichten sollen repetitives Lernen (z.B. Nachahmung) durch autonomes Lernen (selbstbestimmtes und selbstgesteuertes Lernen) ersetzen und m Ergebnis „Hilfe zur Selbsthilfe“ sein. Der zu einer Person passende Zuschnitt der Aufgabenebene ist entscheidend:

Ein Buchhalter z.B. soll nicht agieren wie ein Geschäftsführer, sondern die im geschäftlichen Verkehr eines Unternehmens anfallenden Finanz-, Erfolgs- und Leistungsdaten erfassen, verbuchen, abschließen, kontrollieren und den unterschiedlichen Zwecken zugänglich machen (Handels- und Steuerbilanz, Gewinn- und Verlustrechnung, Kosten- und Leistungsrechnung usw.).

Entsprechend der jeweiligen Ebene sollen Verantwortliche im zeitlichen Ablauf in ihrem Aufgabenbereich erkennen, ob sie auf dem richtigen Weg sind oder nicht. Bei den leitenden Mitarbeitern bis zur Führung geht es einerseits darum die darum, Planung, Organisation, Leitung und Kontrolle des Zuständigkeitsbereiches wahrzunehmen und zum anderen, die Mitarbeiter/Innen dafür zu gewinnen, das Unternehmen permanent und selbstverantwortlich im Auge zu behalten, Fehlerquellen aufzudecken und zu beheben, den internationalen Wettbewerb zu beobachten und das Unternehmen zukunftsfähig zu gestalten, eine Art des dauerhaften KVP-Prozesses. Dabei ist eine schrittweise überschaubare Anpassung an die gewünschten Ziele, Paradigmen und Szenarien sicherer und weniger riskant.

Der Verfasser versucht im Folgenden Brücken zu bauen zwischen dem Wünschenswerten und dem Machbaren. Es kommt nicht darauf an, die eleganteste Lösung zu finden (im Regelfall zu teuer), sondern die geeignete. Nach Gomez/Zimmermann soll das Ergebnis stimmen, weniger die Perfektion der Prozesse (Zelte statt Paläste). Oder „manchmal ist weniger mehr.

Vorwort zur 2. Auflage

Zurzeit arbeite ich an einer Fallstudie zu Großprojekten in Deutschland. Dort scheint mir Handlungsbedarf zu sein und ich werde sie in der nächsten Auflage aufnehmen und sie auch als Online-Broschüre herausbringen.

Großprojekte wie der Flughafen Berlin Brandenburg „Willy Brandt“ (Finanzbedarf September 2006 2 Mrd. EUR; Juni 2014 5,4 Mrd. EUR bis zum Abschluss ca. 6,5 Mrd.) werden nicht im vorgesehen Zeitrahmen abgeschlossen, vermutlich, weil ein umfassendes Projektcontrolling und eine übergreifende Koordination (Multiprojektmanagement) fehlen bzw. nicht funktionieren.

Und das, obwohl syndikatsähnliche „Joint Venture Verbindungen auf Vertragsbasis“ (Beteiligungsstruktur - Länder Berlin, Brandenburg und die Bundesrepublik Deutschland, Bundes- und Landes-regierungen, Gesellschafterversammlung, Aufsichtsrat und Geschäftsführung, Konsortien, Behörden jeglicher Art, Körperschaften – wie der TÜV, Krisenmanagement, Unternehmens- und Projektberatungen, Großunternehmen wie Lieferanten usw.) dahinter stehen. Dazu kommt eine moralisch-rechtliche Komponente mit Compliance Management (Kenntnis und Anwendung der geltenden Gesetze, Richtlinien und internen Anweisungen) und Corporate Governance (Regeln guter und verantwortungsvoller Unternehmensleitung und – kontrolle, Transparenz des Leitungs- und Kontrollsystems gegenüber der Öffentlichkeit); das bezeichnet die im Unternehmen eingerichteten Maßnahmen und Prozesse, um Regelkonformität, Nachvollziehbarkeit und Gleichbehandlung sicherzustellen.

Die Unübersichtlichkeit und Komplexität sich überschneidender Bedingungen und Zuständigkeiten, warum das nicht so funktioniert hat, ist m.E. darauf zurückzuführen, dass die funktionellen Koordinations- und Überwachungsfunktionen nicht eindeutig genug für die Aufgabenträger formuliert waren und damit auch sachlich zeitliche Auslöser, Eingriffe und die damit verbundenen Entscheidungsbefugnisse (Interventionsstufen) nicht geregelt waren bzw. nicht verstanden wurden.

Dazu kommt, dass Prominenz aus Politik und Wirtschaft (Aufsicht und Führung) nicht zwangsläufig die koordinierende und fachliche Kompetenz für solche Aufgaben mitbringt.

Alternative Betrachtung

Aber was hätte man mit geringerem Aufwand tun können, ohne das Gesamtziel aufzugeben? Der Umzug des Münchner Flughafens Riem nach Erding (Erdinger Moos) hätte in der ersten Phase ein Muster für den Umzug des Tegeler Flughafens (Flughafen Tegel - Berlin Airport) zum neuen Standort sein können. Der spätere Ausbau zum Großflughafen Flughafen Berlin Brandenburg „Willy Brandt“ hätte mit weniger Zeitdruck erfolgen können. Weil man aber alles auf einmal machen wollte, kam diese Alternative nicht zum Tragen, was dann letztlich zu riesigen Problemen führte.

Was muss ein Organisator nach diesen Ausführungen bedenken: Es ist Vorsicht geboten, nicht aber Passivität, auch bei Projekten, die als relativ unbedeutend angesehen werden: Wer Projekte definiert und ausschreibt, sollte bei der Vielfalt aller Faktoren die Risiken erkennen, nach Möglichkeit eingrenzen und versuchen nur das methodisch (ggf. zeitlich versetzt / Stufenplan) in die Praxis umzusetzen, was tatsächlich zu definierten Terminen gebraucht wird. Es kommt nicht darauf an, die eleganteste Lösung zu finden (im Regelfall zu teuer), sondern die geeignete. Nach Gomez/ Zimmermann soll das Ergebnis stimmen, weniger die Perfektion der Prozesse (Zelte statt Paläste). Oder „manchmal ist weniger mehr“.

Inhaltsverzeichnis *Seite*

A.	*Das Wunder der Organisation – Menschen zwischen Pflichten und Emotionen*	*20*
A.0	*Operationale Elemente, Beispiele, Zusammenhänge, Modelle und Fallstudien*	*20*
A.1	*Auszug aus der Fallstudie IT-Organisation und –Anwendungen*	*21*
A.1.1	*Vorstellung des Unternehmens*	*21*
A.1.2	*Was ist für die Zukunft geplant?*	*21*
A.1.3	*Aufbau des zukünftigen Führungsteams*	*22*
A.1.4	*ZUSATZAUFGABEN ZUR SELBSTÄNDIGEN LÖSUNG-1*	*23*
A.1.5	*Fallstudie 1: Stellenausschreibung*	*26*
A.1.6	*Fallstudie 1: Entwicklungsleitung (Dr. Hans Dominik, Diplom-Ingenieur und Physiker)*	*27*
A.1.7	*Bewerber Leiter Organisation und Rechnungswesen*	*28*
A.1.8	*Fallstudie 1: Marketing und Vertrieb (Pieter van Expeer, 51 Jahre alt)*	*29*
A.1.9	*Fallstudie 1: Treasuring, Controlling und Finanzierung Manfred Richter (58 Jahre)10*	*30*
A.1.10	*Fallstudie 1: Organisationsleitung und IT-Management*	*31*
A.1.11	*Fallstudie 1: Bewerber der Organisationsleitung und IT-Management Dr. Andreas Mutmacher (interessanter Bewerber / 38 Jahre)*	*32*
A.1.12	*Was gibt es am Markt?*	*33*
A.1.13	*ZUSATZAUFGABEN ZUR SELBSTÄNDIGEN LÖSUNG-2*	*34*
A.2	*Wie würden Sie die psycho-sozialen und emotionalen Ansätzen in das Organisationskonzept von Erich Kosiol integrieren?*	*35*
A.2.1	*Situativer Ansatz (Situations- und Strukturmerkmalen, Kontingenz)*	*36*
A.2.2	*Der Mensch als soziales Wesen*	*36*
A.2.3	*Gefühle als Emotionsstrukturen*	*36*
A.2.4	*Stimmungsempfindungen*	*37*
A.2.5	*Organisationsstrukturen und –prozesse im Verhältnis zu Gefühlen*	*38*
A.2.6	*Psycho-soziale und emotionale Interaktionen (Kontakt, Verständigung, Beziehung, Lob, Konflikt, Streit, Rivalitätshandlungen ...)*	*39*
A.2.7	*Gleich- und übergeordnete Funktionen (Hierarchie, Position, Stellung, Rang, Prestige ...)*	*40*
A.2.8	*Information (Deutung, Aufklärung, Darlegung, Erklärung, Interpretation ...)*	*40*
A.2.9	*Fallstudien (Komplexe Sachverhalte, Problematik, methodische Systematik)*	*40*
A.2.9.1	*Kosiol als Verfechter der Fallstudien*	*40*
A.2.9.2	*Fallstudien (Komplexe Sachverhalte, Problematik, methodische Systematik)*	*40*
A.2.9.3	*Methodik (Informationsstrukturen und –prozesse)*	*41*
A.2.9.4	*Fallstudienarbeit (Praxisorientierte Handlungs- und Entscheidungsorientierung)*	*41*
A.2.9.5	*Eignung der Stelleninhaber (Befähigungen, Qualifikationen, Assessments)*	*41*

Inhaltsverzeichnis *Seite*

A.2.10	ZUSATZAUFGABEN ZUR SELBSTÄNDIGEN LÖSUNG-3	41
A.2.11	Informationelle uns materielle Prozesse im Kosiol'schen Prinzipienzusammenhang	42
A.2.12	Zielstruktur	42
A.2.13	Organisationsmethodik nach Erich Kosiol (Koordination, Kooperation)	43
A.2.14	Soziale Harmonisierung (abweichend von Kosiol)	45
A.2.15	ZUSATZAUFGABEN ZUR SELBSTÄNDIGEN LÖSUNG-4	46
A.2.16	Dispositionen, Improvisationen, Interaktionen	47
A.2.17	Elemente, Komponenten (Funktionen, Gefühls- und Willenszustände, Kontingenz)	48
A.2.18	Mensch als soziales Wesen (psycho-soziale Ursachen-Wirkungs-Zusammenhänge)	48
A.2.19	ZUSATZAUFGABEN ZUR SELBSTÄNDIGEN LÖSUNG-5	49
A.2.20	Soziale Position, soziale Rolle und Gruppierungen	50
A.2.21	ZUSATZAUFGABEN ZUR SELBSTÄNDIGEN LÖSUNG-6	52
A.2.22	Psycho-soziale Komponenten (Gefühle, Motive und Wirkungen)	53
A.2.23	Ziele und Organisationsmethodik (Zielelemente, -komponenten, -verbindungen)	57
A.2.24	ZUSATZAUFGABEN ZUR SELBSTÄNDIGEN LÖSUNG-7	62
A.2.25	ZUSATZAUFGABEN ZUR SELBSTÄNDIGEN LÖSUNG-8	65
A.2.26	ZUSATZAUFGABEN ZUR SELBSTÄNDIGEN LÖSUNG-9	66
A.2.27	Individualdevianzen und Gruppendevianzen	69
A.2.28	Risiken und Konflikte	70
A.2.29	ZUSATZAUFGABEN ZUR SELBSTÄNDIGEN LÖSUNG-10	72
A.3	Integration informeller und psycho-sozialer Themen in die Kosiol'sche Organisation	77
A.3.1	Zielorientierung und Zielabhängigkeiten	77
A.3.2	Fallstudie 1: Lösung der Fallstudie / Aufgaben	78
A.3.2.1	Personalbedarf (Aufbau des zukünftigen Führungsteams)	79
A.3.2.2	ZUSATZAUFGABEN ZUR SELBSTÄNDIGEN LÖSUNG-11	83
A.3.3	Fallstudie 1 : Lösung der Fallstudie Manfred Richter (58 Jahre) Leiter Treasuring, Controlling und Finanzierung	94
A.3.3.1	Fachliche und emotionale Stärken	94
A.3.3.2	Kommunikation und Risikovorsorge (strategisch, psycho-sozial, emotional)	96
A.3.3.3	Fragen nach formalen und informellen Strukturen und Prozesse	99
A.3.3.4	ZUSATZAUFGABEN ZUR SELBSTÄNDIGEN LÖSUNG-12	103
A.3.3.5	Fragen nach Soll-, Will- und Istorganisation (Führung, Interaktionen, Improvisation, Gruppendynamik)	109
A.3.3.6	ZUSATZAUFGABEN ZUR SELBSTÄNDIGEN LÖSUNG-13	116
A.3.4	Fallstudie 1 : Lösung der Fallstudie Marketing-und Vertriebsleiter (Pieter van Expeer, 51 Jahre alt)	118
A.3.4.1	Stärken, Schwächen und Konsequenzen	118
A.3.4.2	Wurden die konkreten Fragen beantwortet?	123
A.3.4.2.1	Zielstruktur und Zielorientierung (Parameter, Paradigmen, Szenarien)	123
A.3.4.2.2	Rollenperspektiven und Interaktionen (Bestimmungsparameter der Gruppenbildung)	126

Inhaltsverzeichnis **Seite**

A.3.4.2.3	***ZUSATZAUFGABEN ZUR SELBSTÄNDIGEN LÖSUNG-14***	***133***
A.3.4.2.4	***Tabellen zur Problemlösung (Abb. 31 bis 35)***	***137***
A.3.4.2.5	***Welches Projekt soll die Organisation mit welchen Zielen erfolgen?***	***143***
A.3.4.2.5.1	***Zielstruktur und Zielorientierung***	***143***
A.3.4.2.5.2	***Rollenbegriffe und Rollendifferenzierung** („Integration „psycho-soziale Funktionen“)*	***150***
A.3.4.2.5.3	***Interaktionen, Dispositionen, Improvisationen („Integration „psycho-soziale Funktionen“)***	***152***
A.3.4.2.6	***ZUSATZAUFGABEN ZUR SELBSTÄNDIGEN LÖSUNG-15***	***159***
A.3.4.2.7	***Neue IT-Organisations- und AnwendungsprogrammeHerr Manfred Petersen (52 Jahre alt)***	***161***
A.3.5	***Fallstudie 1 - Teil 3: Lösung der Fallstudie / Aufgaben** Manfred Petersen (52 Jahre alt) bisheriger Organisationsleitung und IT-Management*	***165***
A.3.5.1	***Stärken und Schwächen***	***165***
A.3.5.2	***Bestimmungsgrößen einer „geeigneten Organisation***	***169***
A.3.5.3	***ZUSATZAUFGABEN ZUR SELBSTÄNDIGEN LÖSUNG-16***	***177***
A.3.6	***Fallstudie 1 - Teil 4: Lösung der Fallstudie / Aufgaben Dr. Hans Dominik (60 Jahre) Entwicklungsleiter Was war?***	***179***
A.3.6.1	***Was war? Was wird aus den Fehlern der Vergangenheit?***	***180***
A.3.6.2	***Stärken und Schwächen***	***180***
A.3.6.3	***Persönliche Anliegen***	***181***
A.3.6.4	***ZUSATZAUFGABEN ZUR SELBSTÄNDIGEN LÖSUNG-17***	***186***
A.3.7	***Fallstudie 1 - Teil 5: Lösung der Fallstudie / Aufgaben***	***194***
A.3.7.1	***Persönliche Anliegen und generelle Anliegen***	***194***
A.3.7.2	***Ergänzungen der Projekte und Prozesse***	***195***
A.3.7.3	***ZUSATZAUFGABEN ZUR SELBSTÄNDIGEN LÖSUNG-18:***	***210***
A.3.8	***Fallstudie 1 – Teil 6: Lösung der Fallstudie Bewerber der Organisationsleitung und IT-Management***	***218***
A.3.8.1	***Persönliche Anliegen und generelle Anliegen***	***218***
A.3.8.2	***Auszug aus der Bewerbung von Dr. Andreas Mutmacher (38-jährig)***	***218***
A.3.8.3	***Wie ist die Bewerbung von Dr. Andreas Mutmacher zu bewerten?***	***221***
A.3.9	***Risiken und Konflikte in der Kommunikation (neutral, synchron, asynchron)***	***229***
A.3.9.1	***Quantitative Modelle (Beispiel)***	***229***
A.3.9.2	***Qualitative Modelle (Beispiel)***	***230***

Inhaltsverzeichnis **Seite**

B. Fallstudie am Beispiel des Flughafen Berlin Brandenburg GmbH, "Willy Brandt" 232

B.0 Ist-Situation und Ausgangslage zur Fallstudie 232

B.0.1 Beschränkung auf das Wichtige und Notwendige 232
B.0.2 Ist-Situation und Ausgangslage zur Fallstudie 232

B.0.2.1 Aufgaben und Arbeitsschritte 232
B.0.2.2 Corporate Governance Berichte der Flughafen Berlin Brandenburg GmbH 233
B.0.2.3 Alternative Betrachtung 234

B.1 Rahmendaten und Prämissen für Flughäfen 235

B.1.1 Prinzipielle Flughafeninfrastruktur (Wikipedia) (Formale und informelle Wirkungen) 235
B.1.2 Flughafen Berlin Brandenburg GmbH, "Willy Brandt" 237
B.1.2.1 Bau- und Leistungsvolumen 237
B.1.2.2 Kapazitäts- und Leistungsdaten 238
B.1.2.3 ZUSATZAUFGABEN ZUR SELBSTÄNDIGEN LÖSUNG-19: 242

B.1.3 Rahmendaten und Prämissen für Flughäfen 242
B.1.4 Mängelliste des Hauptstadtflughafens 244

B.1.4.1 Mängelkategorien 244
B.1.4.2 Funktionsmängel 245
B.1.4.3 Aufsichtsrats-, Führungs- Leitungs-, Planungs- und Kontrollprobleme 246
B.1.4.4 Mängel bei Leitung, Führung, Aufsicht und Kontrolle 246
B.1.4.5 Planungsstrategie, -taktik 247
B.1.4.6 ZUSATZAUFGABEN ZUR SELBSTÄNDIGEN LÖSUNG-20 248

B.2 Lösungsansätze 249

B.2.1 Investitions- , Kosten- und Ertragsübersicht (1. Ausbaustufe) 250
B.2.2 Investitions-, Kosten- und Ertragsübersicht (2. Ausbaustufe) 251
B.2.3 Arbeit/Leistungen und andere Dienste / Material: Roh-, Hilfs- und Betriebsstoffe 252

B.2.3.1 Arbeit/Leistungen, anderen Dienste, Material: Roh-, Hilfs- und Betriebsstoffe 252
B.2.3.2 Projektplanung: Kosten und Ressourcen 253
B.2.3.3 Simulationsmodell (Dynamische Kostenermittlung auf Prozessebene) 254
B.2.3.4 Erläuterung HOAI - Architekten Honorar 255
B.2.3.5 Kurzfassung einer finanziellen Neubewertung 256
B.2.3.6 ZUSATZAUFGABEN ZUR SELBSTÄNDIGEN LÖSUNG-21 256
B.2.3.7 Mängel bei Leitung, Führung, Aufsicht und Kontrolle 257

Inhaltsverzeichnis *Seite*

B.3 Entscheidungsstrukturen und –Modelle 258

B.3.1 Entscheidungs- und Durchsetzungskompetenz 258
B.3.2 ZUSATZAUFGABEN ZUR SELBSTÄNDIGEN LÖSUNG-22 262
B.3.3 „SOS"-Methode 269
(Strategische Ausrichtung, Organisatorisches Umfeld, Systemunterstützung)
B.3.4 Vom Struktur-Stufen-Modell zum prozessualen Systemaufbau 271

B.3.4.1 Struktur-Stufen-Modell (Ganzheitlichkeitsmodell nach Christian Hoffmann) 271
B.3.4.2 Mehrdimensionale Systemstruktur 273

B.3.5 ABSCHLUSSAUFGABEN ZUR SELBSTÄNDIGEN LÖSUNG-23 274

Inhaltsverzeichnis **Seite**

C.	***Sexualität, Sexismus, Promiskuität und Prostitution***	***280***
C.0	***Zur Einleitung - Warum dieses Thema? („sex sales“)***	***281***
C.1	***Umfang der Betrachtung***	***282***
C.2	***Milliardengeschäft mit der Prostitution***	***283***
C.3	***Das Paradies für Sextouristen***	***283***
C.4	***Die Bundesregierung als Zuhälter?***	***284***
C.5	***Wirtschafts- und Finanzbetrachtung und ihre Perspektiven***	***284***
C.6	***Dona Carmen e.V. (Öffnet die Bordelle)***	***285***
C.7	***Interview mir dem Doktor über Unterhaltungswirtschaft und Sexual Entertainment (SE)***	***292***
C.7.1	***Welche Entwicklung nimmt die Sexindustrie in Deutschland? Was kommt dazu? Was hält sich? Was kommt neu dazu?***	***294***
C.7.1.1	***Was ändert sich?***	***294***
C.7.1.2	***Was bleibt?***	***295***
C.7.1.3	***Was kommt neu dazu?***	***296***
C.7.1.3.1	***Interne Hotspots***	***296***
C.7.1.3.2	***Pretiale, organisationsfreie Lenkung***	***297***
C.7.2	***Genuss und Sucht***	***298***
C.7.3	***Hypersexualität (Nymphomanie und Satyriasis)***	***299***
C.7.4	***Dauerhafte Liebe und Treue, ein auslaufenden Modell?***	***299***
C.7.5	***Gruppenbeziehungen***	***301***
C.7.6	***Sex an sich***	***301***
C.7.7	***Bündelung der Möglichkeiten***	***302***

Inhaltsverzeichnis **Seite**

D.	***Die Zauberhafte***	***304***
D.0	***Wissen, „schlechtes Gewissen“ und wissenschaftlicher Anspruch***	***304***
D.1	***Wer ist die Zauberhafte?***	***305***
D.1.1	***Mein erster Eindruck von der Zauberhaften***	***305***
D.1.2	***Chat: Alles oder nichts***	***306***
D.1.3	***Werdegang***	***318***
D.2	***Motive, Emotionen und Auftritt***	***320***
D.2.1	***Anspruch und sexuelle Ansprache***	***320***
D.2.2	***Niveau der Zauberhaften***	***321***
D.3	***Gefühl des Ausgestoßen Seins (Vergleichslogik)***	***323***
D.3.1	***Problematik der Unsicherheit***	***323***
D.3.1.1	***Motive und Antriebe***	***323***
D.3.1.2	***Persönliche Daten und die Angst vor Aufdeckung (Chat)***	***325***
D.3.1.3	***Was bedeutet „Helden./. Schlampen“***	***328***
D.3.1.4	***Genie ./. Schlampen***	***331***
D.3.2	***Meine subjektiven Befindlichkeiten***	***333***
D.3.3	***Zwischen Psyche und Psychiatrie***	***333***
D.3.3.1	***Subjektive Befindlichkeiten der Zauberhaften***	***333***
D.3.3.1.1	***Teilung der Sexualität (inneres Vertrauen, Sexsehnsucht, Kunden)***	***333***
D.3.3.1.2	***Treue und Vertrauen***	***336***
D.3.4	***Abwehrmechanismen***	***337***
D.3.4.1	***Verdrängung, Anpassung und Selbsttäuschung***	***337***
D.3.4.1.1	***Psychische Tendenzen (Triebe, Wünsche, Motive, Werte)***	***337***
D.3.4.1.2	***Trauma der Prostituierten***	***339***
D.3.4.1.3	***Schuldgefühle und Therapien***	***343***
D.3.4.2	***Sex-extreme Verhaltensweise***	***351***
D.3.4.2.1	***Sexsucht (Hypersexualität): Nymphomanie und Satyriasis***	***351***
D.3.4.2.2	***Fingiertes Angebot zur Überführung (Danziger)***	***353***
D.3.4.2.3	***Fingiertes Angebot zur Überführung (Pierre Godot)***	***356***
D.3.4.2.4	***Fingiertes Angebot zur Überführung (Enno Cabenes)***	***366***
D.3.4.3	***Zwischen Psyche und Psychiatrie***	***372***
D.3.4.3.1	***Therapie gegen Hypersexualität (Nymphomanie)?***	***372***
D.3.4.3.2	***Welche Schlüsse lassen sich aus den Chatverhalten ziehen?***	***376***

Inhaltsverzeichnis *Seite*

D.3.4.3.3	Untreue und Bewertung	377
D.3.4.3.3.1	Promiskuität, Prostitution und Treue	377
D.3.4.3.3.2	Der Sexualtrieb als Auslöser für Treue und Untreue?	380
D.3.4.3.4	Dimensionen psychischer Störungen	390
D.3.4.3.4.1	Subjektive Befindlichkeiten (zwischen Psyche und Psychiatrie)	390
D.3.4.3.4.2	Widerstand in Deutschland	405
D.3.4.3.5	Schizophrenie (gespaltene Persönlichkeit) oder Bewusstseinsspaltung	405
D.4	Abschied von der Zauberhaften	432
D.4.1	Stufenweiser Abschiedschat (teilweise mit Wiederholungen)	432
D.4.1.1	Kennenlernen, Verstehen – Faszination und Abschreckung	432
D.4.1.2	Lösungen Vernunft ./. Geiler Sex (Gibt es sinnvolle Alternativen?)	433
D.4.1.3	Verpflichtungen und Partnerschaften, Treue und Fremdgehen	434
D.4.1.4	Die Zauberhafte und mein Phantasiemodell	436
D.4.1.5	Die Zauberhafte und ihre Rechtfertigungen	438
D.4.1.6	Versuch einer Wiedergutmachung (geile Liebschaften)	441
D.4.1.7	Allerletzter Chat (abruptes Ende, mangels Einsicht)	447
D.4.2	Ein Pyrrhussieg (Information/Kommunikation)	448

Inhaltsverzeichnis **Seite**

Anlage 1: ***Freud: Tiefenpsychologische Ausrichtung*** ***458***

Anlage 2: ***Projektplanung: Kosten und Ressourcen*** ***461***

Anlage 3: ***Projektplanung: Kosten und Ressourcen nach HOAI*** ***464***

Anlage 4: ***Danksagungen*** ***468***

A. Das Wunder der Organisation – Menschen zwischen Pflichten und Emotionen

A.0 Operationale Elemente, Beispiele, Zusammenhänge, Modelle und Fallstudien

Organisation hat viele Facetten: Was ist haften geblieben? Was ist wichtig? Entscheiden Sie!

Was sind Ihre Interessen? Was betrifft Fragen, Aufgaben, Hinweise, Anliegen Probleme, Risiken und Vorstellungen ist möglich?

Wenn Sie nicht gerade ein Insider müssten Sie an dieser Stelle überlegen, wie es weiter geht.

Entweder sagen Sie „Jetzt langt es mir!", dann langt es – zumindest heute ... oder Sie sagen „Schön und gut, aber wer soll das behalten und verstehen?"

Dann lohnt es damit zu beginnen, sich die folgenden, teilweise überschneidenden Fragen und Anmerkungen anzusehen und – je nach Gefühl und Interessenlage – eigene Erklärungen zu formulieren und diese auf praktische Beispiele und Situationen zu übertragen, die ihnen am Herzen liegen. Sie werden sehen, irgendwann verstehen Sie vieles mehr und konstruieren

***ihr Modell einer interdisziplinären Organisation**.*

Wie Sie eine Lösung gestalten liegt ganz bei Ihnen.

Vielleicht kommen Sie beim ersten Mal nicht so weit, wie Sie möchten, aber jeder Schritt ist ein Fortschritt, der Sie weiterbringt.

Lassen Sie Fragen aus, wenn Sie zunächst nicht weiter kommen. Vielleicht gelangen Sie zu einem späteren Zeitpunkt zu anderen ergänzenden oder auch abweichenden Lösungen?

Sie werden bald feststellen, dass Themenkreise sich überschneiden und eine Antwort auf eine Frage häufig nicht ohne Bezug auf andere Inhalte zu beantworten ist.

Lassen Sie sich Zeit dabei - Organisatoren müssen auch überlegen, wenn Lösungen schwierig sind und häufig im Detail liegen.

Fragen (Aufgaben, Hinweise, Anliegen Probleme, Risiken und Vorstellungen)

Grundsätzlich gilt, dass bei jeder Aufgabenstellung nur das zu bearbeiten ist, was konkret erforderlich ist. Die ausführliche Auswertung dieser Fallstudie ist sehr viel umfangreicher als jeweils erforderlich ist. Daher gilt an dieser Stelle, nicht mehr zu tun, als in der Aufgabenstellung enthalten ist.

Die Vielzahl von Teilbereichen, formal-technischen Details und Risiken/Problem, die gar nicht zur Aufgabenstellung gehören, können in die Irre führen. Es ist Ihre Aufgabe bei der Sichtung die Informationen, Hinweise und Anleitungen diejenigen herauszufinden, die für die jeweilige Aufgabenstellung wichtig sind. Auch in der Praxis wird das häufig ein signifikanter Teil der Aufgabe so sein.

A.1 Auszug aus der Fallstudie IT-Organisation und -Anwendungen

A.1.1 Vorstellung des Unternehmens

„Bit-Byte-Digit“ GmbH (kurz BBD) Bit-Byte-Digit“ GmbH (kurz BBD)

Das Elektronikunternehmen „Bit-Byte-Digit“ GmbH (kurz BBD) sucht einen neuen Geschäftsführer. Das Unternehmen ist auf die Produktion von Hardware-Software-Einheiten spezialisiert, die alle gängigen „IT-Sprachen“ verstehen und spezifische Unternehmensanwendungen mit hoher Geschwindigkeit, riesiger Speicherkapazität und voller Datensicherheit lösen. Die gesamte Organisation ist in Prozessorchips dotiert, auf die niemand zugreifen kann (Ein Hacker müsste den Halbleiterblock ausbauen und bei IT-Spezialisten auslesen lassen, aber er müsste auch die Maschinensprache kennen, die am Markt nicht verfügbar ist.)

Das Familienunternehmen wurde bisher guten Ruf, das Preis-Leistungs-Verhältnis seiner Produkte ist einmalig und sein Service wird gelobt.

A.1.2 Was ist für die Zukunft geplant?

Aber in der letzten Zeit nehmen die Reklamationen zu und zudem sind Konkurrenten dabei aufzuholen. Wenn nichts geschieht, rechnet man damit, dass spätestens in 5 Jahren der technologische Vorsprung dahin ist.

Was gerade die Familie beanstandet, ist die Tatsache, dass man bisher immer aus dem Vollen schöpfen konnte und jedes Projekt/Geschäft auch dann gemacht wurde (eine Art Wildwuchs), wenn die Ergebnisse nicht gut oder sogar miserabel waren – vor allem deshalb, weil sie meistens gar nicht exakt ermittelt wurden. In Zukunft soll eine Kontrollinstanz (erweiterte Revision) alle riskanten Geschäfte vorher beurteilen und auch für die Zukunft alles das reorganisieren, was verbesserungsfähig ist.

Es muss ein Führungsteam aufgebaut werden, dass einerseits die technische Entwicklung beschleunigt, vor allen aber andererseits zeitgerecht die Märkte versorgt. – Und das kostet. Vorerst sind genügend Finanzmittel vorhanden.

Sie haben für diese Anpassungsaufgaben freie Hand, aber die Familie sitzt ihnen im Nacken, wenn Sie mehr Geld ausgeben, als die Familie vorgesehen hat. Aber wenn Sie etwas erreichen wollen, dann müssen eine Technologie aus der Taufe heben, die möglichst noch in 10 Jahren modern ist. Und das kostet deutlich mehr.

Sie sollen einen detaillierten Plan vorlegen, der sämtliche organisatorischen Schritte darstellt und auch das Kostenvolumen und die Zeitplanung absichert. Ihr Problem besteht darin, dass Sie für diesen Plan Fachleute brauchen, die Sie erst einstellen sollen, wenn Sie den Plan vorgelegt haben und die Genehmigung erteilt ist.

Sie vereinbaren zunächst mit den Familiensprechern, dass Sie die Kandidaten für die Führungsaufgaben brauchen, suchen und vorstellen.

A.1.3 Aufbau des zukünftigen Führungsteams

Auch ist es aus Ihrer Sicht sehr bedeutsam, dass Sie Persönlichkeit brauchen, die schon vergleichbare Aufgaben gelöst haben. Solche Persönlichkeiten, die nicht nur die Technologie beherrschen, sondern auch wissen, was der Markt braucht und wie es an den Kunden gebracht werden kann. Da Sie einerseits auch den Export steigern sollen und es andererseits im Einzugsgebiet des Unternehmens nicht genügend Bewerber gibt, müssen Sie auch im Ausland suchen. Solche Bewerber sollten nicht nur Deutsch und fließend Englisch sprechen, sondern nach Möglichkeit Sprachen, die im Verbund der Führungskräfte weltweit gebraucht werden. Die Bewerber sollten 35 – 45 Jahre alt sein und natürlich Informations- und Kommunikationsgenies. Es werden relativ wenig Bewerber zu finden sein. Entweder sind sie in fester Bindung und nicht interessiert oder wir müssen hohe Einkommenserwartungen erfüllen, die bisher nicht in unser Unternehmen passen.

Die folgenden Voraussetzungen (kann zuhören, motivieren und begeistern, hat Humor, ist hochgradig teamfähig, hat Freude am Erfolg Anderer im Unternehmen, ist ein Vorbild, ist lernfähig, hat Werte und Ziele, weiß genau, was vom Team erwartet wird, hilft den Mitarbeiterinnen und Mitarbeitern, erfolgreich zu sein, setzt die richtigen Prioritäten, kann motivieren, sich durchsetzen, ist fleißig, ausdauernd, belastbar, verliert nie die Übersicht, ist fachlich universell begabt, kreativ und loyal, hat Autorität und Charisma und wirkt verantwortlich und im positiven Sinne machtvoll) kann ein Einzelner nicht erfüllen – das Führungsteam sollte diese Wirkung insgesamt erzielen.

Wir wissen, dass das nicht von heute auf morgen funktionieren kann – viel Zeit haben wir aber nicht. Dazu müssen beide Seiten bereit sein einen Vertrauensvorschuss zu erbringen, um unbedingte Loyalität in schwierigen Märkten mit aggressiven Wettbewerbern zu gewährleisten.

A.1.4 ZUSATZAUFGABEN ZUR SELBSTÄNDIGEN LÖSUNG-1:

Wie würden Sie die psycho-sozialen und emotionalen Ansätze in das Organisationskonzept von Kosiol integrieren?

Was nehmen Sie an Informationen aus „Vorstellung des Unternehmens"; „Aufbau des zukünftigen Führungsteams"; „ Was ist für die Zukunft geplant?"

Zunächst einmal sind mehrere alternative Lösungen möglich – sowohl in der Aufbauorganisation (Planung, Diagnose, Aufgabenanalyse, Stellenbeschreibungen usw.) wie in der Ablauforganisation (Therapie, Koordination, Kooperation, Realisierung, Arbeitssynthese, Kontrolle usw.) wie in beiden.

In Einzelnen:

- *Es ist möglich, psycho-sozialen und emotionale Interaktionen in den informations- und kommunikationsstrukturellen Prinzipienzusammenhang (Kommunikationssystem, Aufgaben- und Arbeitsbeziehungen und organisatorische Verkehrs-beziehungen) einzubauen.*

- *Harmonisierung im Sinne von sozialer Harmonisierung geht, dass eine positive Stimmung in der Gesellschaft (als auch dem Unternehmen) sich günstig auswirkt.*

- *Gleich- und übergeordnete Funktionen der Koordination und Kooperationsansätze sind im Regelfall nur informativ und kommunikativ, um die Arbeitsprozesse anderer Aufgabenträger zu ermöglichen bzw. zu ergänzen, weil diese Arbeitsvorgänge ohne diese Informationen behindert oder unmöglich wären. Diese Informativität kann ergänzt werden mit Hinweisen, wie man Menschen anleitet, sie motiviert und wie man sie im Risikofall (Frustration und Resignation, Verärgerung, Konflikt u.a.) behandelt.*

- *Was über formelle Organisationsansätze hinzukommen soll/muss, ist ein Klima informeller sozialer Kooperation.*

- *möchte meine Arbeit nicht auf Gebiete ausdehnen, von denen ich genug verstehe.*

- *Ich bin bereit zu helfen, wo ich kann, aber es fehlen mir wichtige Erfahrungen.*

Die Organisatoren verlangen im Workshop eine Diskussion darüber,

- *welche Ziele zu setzen sind,*
- *wie das Arbeitsklima im Management konstruktiv verändert werden kann,*
- *wie man nachgeordnete Entscheidungs- und Arbeitsebenen einbinden kann,*
- *und damit die Stimmung im ganzen Unternehmen verbessern kann.*

- *Orientieren Sie sich an der nachfolgenden Grafik und beantworten Sie bitte folgende Fragen.* ***(Siehe Abb. 1)***

- *Es ist auch ihre Phantasie und Kreativität gefragt, sich beispielhafte Situationen und Szenarien auszudenken, die mit den genannten Strukturen und –prozessen übereinstimmen.*

- *Welche Verhaltensvorgaben und -funktionen ergeben sich als positive oder negative Konsequenzen aus den Interaktionen?*
    - *Appetenzverhalten („Appetitverhalten“, positive Konsequenzen),*
    - *Aversionsverhalten („Abneigungs-verhalten“, negative Konsequenzen)?*

- *Welche Gruppenverhaltensmuster (Gruppendynamik) beschreiben folgende Strukturen / Prozesse:*
    - *formell - Organisationstrukturen und –prozesse (Arbeitsteilung, Leistungskontrolle und –belohnung),*

informell (Persönliche oder Gruppen-Ziele, -Vorteile), In einem fiktiven Unternehmen besteht Einigkeit darüber,

- *dass die Stimmung und Entscheidungslage zur Zeit unbefriedigend sind,*
- *dass es Zeit ist, kritische Strukturen und Prozesse zu ändern*
- *und dass eine geeignete Persönlichkeit die Verantwortung übernehmen müsse (Wer das allerdings sein könne, wenn der bisherige Vorsitzende das nicht mehr übernehmen will, dazu will sich keiner äußern.).*

Als die Organisatoren die Ergebnisse ihrer Analyse in einem Workshop präsentieren, ist jedem die Peinlichkeit der Ergebnisse bewusst und fast jeder flüchtet sich in Ausreden:

- *Ich möchte meine Arbeit nicht auf Gebiete ausdehnen, von denen ich genug verstehe.*
- *Ich bin bereit zu helfen, wo ich kann, aber es fehlen mir wichtige Erfahrungen.*

Die Organisatoren verlangen im Workshop eine Diskussion darüber,
- *welche Ziele zu setzen sind,*
- *wie das Arbeitsklima im Management konstruktiv verändert werden kann,*
- *wie man die nachgeordneten Entscheidungs- und Arbeitsebenen einbinden kann,*
- *und damit die Stimmung im ganzen Unternehmen verbessern kann.*
- *Orientieren Sie sich an der nachfolgenden Grafik und beantworten Sie bitte folgende Fragen.* ***(Siehe Abb. 1)***

- *Es ist auch ihre Phantasie und Kreativität gefragt, sich beispielhafte Situationen und Szenarien auszudenken, die mit den genannten Strukturen und –prozessen übereinstimmen.*
- *Welche Verhaltensvorgaben und -funktionen ergeben sich als positive oder negative Konsequenzen aus den Interaktionen?*
    - *Appetenzverhalten („Appetitverhalten“, positive Konsequenzen),*
    - *Aversionsverhalten („Abneigungs-verhalten“, negative Konsequenzen)?*

- *Welche Gruppenverhaltensmuster (Gruppendynamik) beschreiben folgende Strukturen / Prozesse:*
    - *formell - Organisationstrukturen und – prozesse (Arbeitsteilung, Leistungskontrolle und –belohnung),*
    - *informell (Persönliche oder Gruppen-Ziele, -Vorteile),*
    - *Soziale Kontrolle (gegenseitige Beobachtung mit Reaktionen wie Lob, Spott, Tadel),*
    - *Motivationen (Hilfsbereitschaft, Sympathie, Freundschaft, Gemeinsamkeit),*
    - *Demotivationen (Störungen, Antipathie, Rivalität, Isolierung),*
    - *Gruppendynamik (Eigendynamik, positive Prozesse (wie Leistungssteigerung),*
    - *aber auch negative (wie schlechtes Betriebsklima mit Leistungsnachteilen)?*

Abb. 1: Organisationsmodell (nach Kosiol)

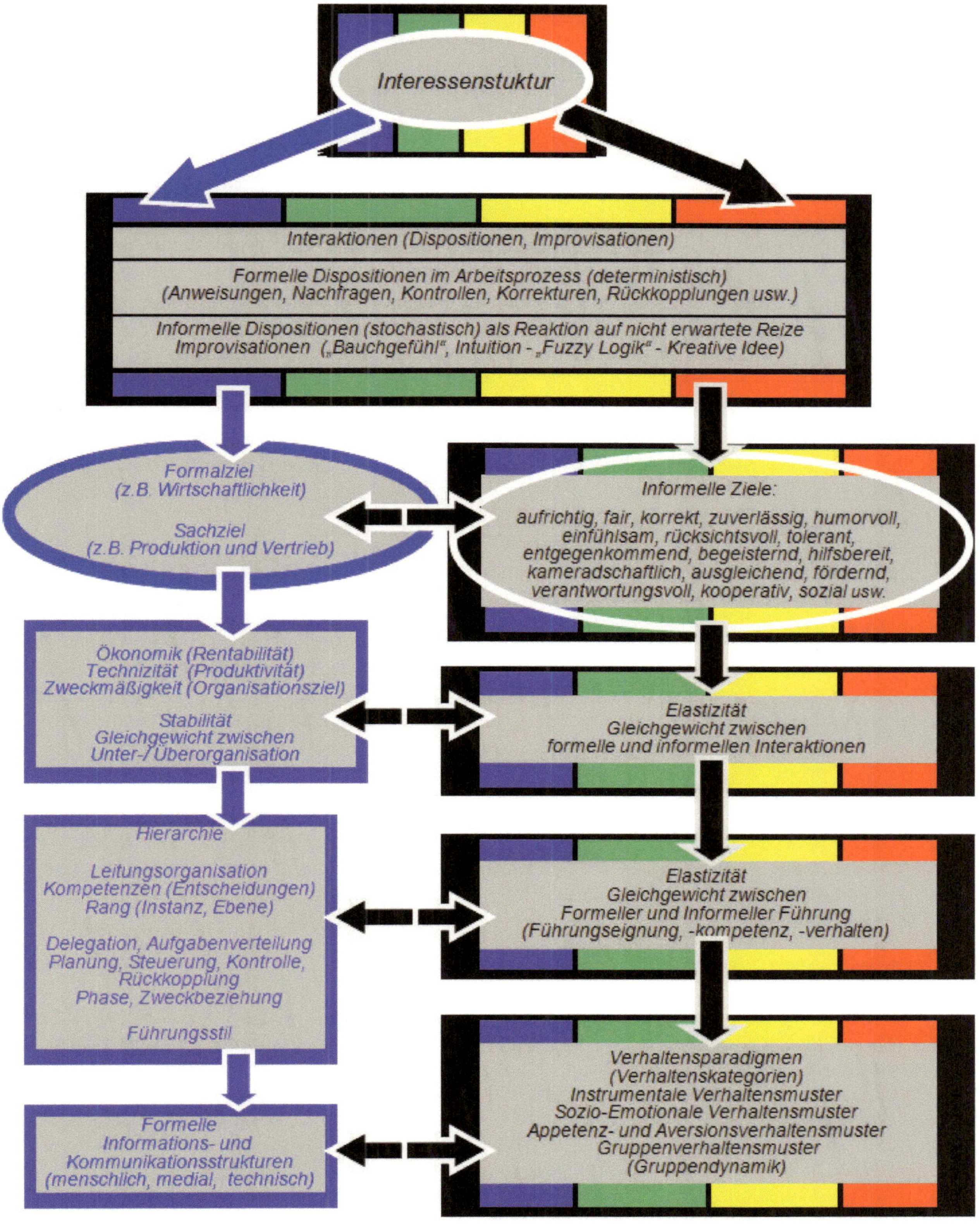

Angelehnt an https://www.kisp.de/fuehrungskraft-10-faehigkeiten/
KISP Prof. Kunow + Partner GbR, Baumhofstraße 39 D, 44799 Bochum
Verantwortlich für den Inhalt: Prof. Dr.-Ing. Annette Kunow:

A.1.5 Fallstudie 1: Stellenausschreibung

„… Wir suchen Sie, die Spitzen in der IT-Branche in einem Hochtechnologieunternehmen.

In Werken in Deutschland und Europa beeindrucken wir durch unsere Flexibilität und Reaktionsgeschwindigkeit, höchste Qualitätsorientierung und Servicequalität. Unser Geheimnis ist unser Informationskonzept für die Kunden; wir haben eine Kommunikations- und Präsentationsgruppe, deren Aufgabe es ist, die Sprache des Kunden zu sprechen und nicht nur seine Landessprache, sondern er muss uns inhaltlich verstehen und sich verstanden fühlen. Für die positive Weiterentwicklung und Strukturierung aller technischen Einheiten der Gruppe suchen wir den branchen- und technologieerfahrenen Manager als Teamplayer in unserer Geschäftsführung.

Als leistungsstarkes und wachstumsorientiertes Familienunternehmen mit einem Umsatz im 3-stelligen Millionen-Euro-Bereich bedienen wir alle Unternehmen, die komplexe IT-Anwendungen einsetzen und am Markt nicht die auf sie zugeschnittenen Systeme finden und daher sich mit uns in Verbindung setzen.

„Bit-Byte-Digit" GmbH (kurz BBD) bietet „komprimierte automatisierte Blockkombinationen" mit intelligenter Hardware-Software-Verdichtung, Utility-, Maschinen- und Steuerungsfunktionen an und befindet sich im Einsatz bei Verkehrs- und Transportlösungen, Waffensystemen, Gesundheitseinrichtungen, Fabrikations-, Handels- und Dienstleistungs-einrichtungen, Chemie-, Energie-, Versorgungs- und Sicherheitseinrichtungen, Navigations- und Steuerungssysteme, bis hin zu Forschungs-, Entwicklungs- und Versuchskonzepte (Raumfahrt, Kernforschung, Klimasysteme usw.).

Angelehnt an https://www.gisa.de/: Als IT-Komplettdienstleister und Branchen-Experte für den Forschungs- und Wissenschaftsbetrieb, den Public Sektor, Industrieunternehmen, Handel und Dienstleistungen bieten wir innovative IT-Lösungen für branchenspezifischen Konzepte und Prozesse. Mit unserem Marktverständnis und exzellenten IT-Know-how unterstützen wir Sie von der Entwicklung und Implementierung der Lösungen, über die Anwenderbetreuung bis hin zum Outsourcing kompletter Geschäftsprozesse und IT-Infrastrukturen.

Angelehnt an
https://www.pace-it.de/managed-services/?gclid=EAIaIQobChMI6quw14HI3QIVhYbVCh2SYABNEAAYBCAAEgKR7vD_BwE:
Wir konzipieren, erstellen und überwachen Ihre Systeme präventiv im Hintergrund und erkennen mögliche auftretende Hard- oder Softwarefehler frühzeitig, sodass wir schnellstmöglich reagieren und Arbeitsausfälle vermeiden. Durch unser umfangreiches Patch-Management halten wir Ihre IT-Anwendungen und -Entwicklungsmöglichkeiten stets aktuell und modern. Antivirus-Pakete in Kombination mit Web- und Zugangs-Filter schützen Ihre Systeme zudem vor Cyber-Attacken und sonstigen Anwendungs- und Datenmissbrauch. Zusätzlich sichern wir Ihre Daten auf Wunsch hochverschlüsselt in unseren Offline-Rechenzentren. Sollte es trotz allem zu unvorhersehbaren Problemen kommen, greifen wir mithilfe der Fernwartung persönlich auf Ihren Rechner zu und lösen diese schnellstmöglich.

Angelehnt an
http://ap-verlag.de/einblicke-in-technologie-und-prozesse-florierender-it-unternehmen/37545/:

Dazu gehört: Wachstum bei künstlicher Intelligenz: Alle unsere Kunden verlassen sich auf unsere Analysen und Vorhersagen. Wir wissen, dass KI nicht einheitlich definiert wird und

unterscheiden daher auf „High-Speed-Lösungen“ menschlicher Intelligenz und „tatsächlicher Kreativität“ abweichend von menschlicher Intelligenz.

- *Entwickelte Cloud-Anwendungen: Fortschrittliche Unternehmen nutzen Cloud-Services, also PaaS, IaaS oder SaaS.*

- *Optimierte Funktionalität (größte IT-Herausforderungen) und Sicherheit haben für uns Priorität (Schutz aller Unternehmensdaten, verschlüsselte Datensicherung – natürlich auch für Sie und alle Daten Ihrer Mitarbeiter/Innen, einschließlich deren Privatsphäre.*

- *Ähnliche Prioritätenhaben reaktive und strategische IT-Projekte (Pünktlichkeit, Kosten, strategische Betreuung, Progressivtraining und jeweils aktuellen Global-service).*

Wir erwarten Bewerber, die das alles inhaltlich umfassend beherrschen und – je nach Aufgabe – auch alle Details der Technik bis zur erfolgreichen Vermarktung kennen. Wir müssen Ihnen nicht beibringen, wie man erfolgreich führt, Strukturen und Funktionen des Unternehmens optimiert, alle Mitarbeiter in ein positives Miteinander einbezieht und auch deren private Anliegen motivational berücksichtigt. Nur wer sicher ist, unseren Erfolg bewirken zu können, ist unsere Frau bzw. unser Mann …

A.1.6 Fallstudie 1: Entwicklungsleitung (Dr. Hans Dominik, Diplom-Ingenieur und Physiker)

Aus Altersgründen (60) möchte er (Entwicklungsleiter, Dr. Hans Dominik (Diplom-Ingenieur und Physiker) sich etwas zurückhalten und nur noch Leiter der Entwicklungsgruppe sein. Seine Jahresbezüge betragen im Durchschnitt 300.000 € p.a., zuzüglich Erfolgsbeteiligung (letztes Jahr 140.000 €). Es wäre von Nachteil, wenn diese Person mit Ihrem Produkt- und Marketing-KnowHow der letzten 10 Jahre ausfiele. Bei vorsichtiger Schätzung werden die bisherigen Produkt- und Leistungsangebote noch mindestens 5 Jahre, wenn auch abnehmend, dabei sein

Was zunächst zu beachten ist, das sind die bisherigen Führungskräfte. Der Entwicklungsleiter, Dr. Hans Dominik (Diplom-Ingenieur und Physiker) hat das Unternehmen bisher technisch hervorragend betreut.

Herr Dr. Hans Dominik ist nicht allein, wenn er auf bestehende IT-Konzepte setzt.

Nach
https://www.heise.de/newsticker/meldung/Was-war-Was-wird-Von-den-Fehlern-der-Vergangenheit-2599618.html
Auszugsweise Heise Medien GmbH & Co. KG, Hannover:

„ … Aus den Fehlern der Vergangenheit für die Zukunft lernen, das wär mal was. Doch die Gegenwart lehrt uns, dass es nicht ganz so einfach ist, auch nicht für Hal Faber. Von Hal Faber

„ … In der deutschen Provinz zu Paderborn entstanden bei Nixdorf Computer, hier war der Erfindergeist zu Haus, bereit, die Welt zu erobern und die Tristesse hinter sich zu lassen. Ja, was soll all das Geplapperte über Microsoft und Bill Gates, dessen BASIC doch nur abgekupfert war, wenngleich es nach Einschätzung von Gates eine große Leistung war, dies für den 8080er geschafft zu haben, in der Provinz von Albuquerque.

Es war das kleinste. Doch halt, nicht alle sind dieser Ansicht und schreiben wider den Papageienjournalismus …

… Aus den Fehlern der Vergangenheit für die Zukunft lernen, das wär mal was. Doch die Gegenwart lehrt uns, dass es nicht ganz so einfach ist, lernend von der Provinz hinaus zu den Sternen zu gelangen … Immerzu gibt es Umwege und Holzwege und dann sind da noch die Anderen in diesem Internet …

… Eher werden die Menschen ans Unvermeidliche fixiert als verändert. Vermutlich macht das Internet sie nochmals zu dem, was sie ohnehin sind, nur noch mehr so, als sie es ohnehin sind. Das entspräche der wirtschaftlich begründeten Gesamttendenz der gegenwärtigen Gesellschaft, in ihren Bewusstseinsformen nicht länger über sich selber, den Statusquo hinauszugehen, sondern diesen unablässig zu bekräftigen und, wo er etwa bedroht dünkt, wiederherzustellen. Der Druck, unter dem die Menschen leben, ist derart angewachsen, dass sie ihn nicht ertrügen, wenn ihnen nicht die prekären Leistungen der Anpassung, die sie einmal vollbracht haben, immer aufs neue vorgemacht und in ihnen selber wiederholt würden …“

Dazu kommt, dass auch die besten Anwendungen der Alt-IT-Systemen irgendwann am Ende sind. - Es ist nicht nur Bequemlichkeit, sondern das zeitliche Risiko einer sehr komplexen Portierung. Wer glaubt, dass eine solche Umstellung gleich so läuft wie die Alt-Systeme portiert oder umgebaut werden. Die darauf aufbauende Portierung der IT-Systeme erfordert zudem eine langwierige und sehr kostspielige Umstellung, weil nicht nur die IT-Parameter anzupassen sind, sondern der gesamte Vorlauf der Anwender-programme, die meistens in „alten“ Programmier-sprachen vorliegen, während die neuen Systeme eine Makroprogrammierung zugrunde legen, die sehr viel mehr Parameter braucht und ganz anders aufgebaut sind. Wenn sie einmal stehen, dann sind sie sehr komfortabel, aber welcher Aufwand und welcher Zeitbedarf sind dafür erforderlich?

A.1.7 Bewerber Leiter Organisation und Rechnungswesen

Sabine Denkter (46 Jahre) als Bewerberin Leiterin Organisation und Rechnungswesen

Frau Denkter hat Referenzen für Ihre bisherigen Projekte vorgelegt und kann erhebliche Erfahrungen nachweisen und verfügt über profunde Kenntnisse in der IT-Organisation mit dem Schwerpunkten Marketing, Vertrieb und Rechnungswesen.

Ihre Ausführungen:

- *Ich habe den Eindruck, dass viele Unternehmen sich neu orientieren wollen. Auch wenn sich Prozesse, Märkte und Business Modelle rasch verändern, heißt das nicht, dass man ohne nachhaltige Strategie auskommt: Was solche Strategien beinhalten sollen und wie man ihnen erfolgreich Leben einhaucht, ist umstritten und wirft zunächst einmal zusätzliche Fragen auf.*

- *Wie wichtig ist die interne IT in Zeiten von Cloud, Consumerization und verteilten IT-Budgets? Nur hochkompetente interne IT-Abteilungen werden vermutlich langfristig bestehen bleiben. Nur eine IT, die das Business versteht, als Business-*

Enabler unterstützt und Innovationen für das Unternehmen nutzbar macht wird für das Management ein geschätzter Partner bleiben und die IT im Unternehmen halten bzw. weiterentwickeln können.

- *Bisher glauben viel IT-Spezialisten, man müsse alles selbst machen, aber standardisierbare Routineaufgaben kann man preiswert outsourcen und so Kapazitäten auf wichtigere Aufgaben lenken.*

- *Themen wie Digitalisierung des Business, IoT, Advanced Analytics etc. gestatten es, Kernaufgaben wie Standardisierung und Automatisierung der Kernprozesse und IT-Sicherheitsthemen zu vernachlässigen.*

  Die wirklich wichtigen Prozesse und Daten sind ganz wo anders gespeichert und sind von extern nicht erreichbar (stand alone systeme) und werden nur bedarfsweise

- *verschlüsselt freigegeben. Selbst wenn jemand diese Verschlüsselung knacken könnte, fehlt der Zugang (die Datensatzkennung fehlt und wird erst vom stand-alone-system" ergänzt) zu den „stand-alone-systemen" und ohne ihn sind die Daten wertlos.*

- *Marketing und Vertrieb können nur dann funktionieren, wenn die Kunden uns vertrauen. Was immer der Kunde erwartet, wir müssen es bringen:*

  - *Flexibilität und Reaktionsgeschwindigkeit*
  - *Höchste Qualitätsorientierung und Servicequalität*
  - *Optimiertes Informationskonzept (Kommunikation mit und für die Kunden)*
  - *Der Kunde muss uns so verstehen, dass er uns (möglichst nur uns) vertraut.*

Das bedingt eine strategische Kundenorientierung, die zeitnah nicht unbedingt die fertig optimierte Lösung präsentiert, sondern das, was ihm „jetzt" auf der Seele liegt. Die Spanne von der unmittelbaren Unterstützung „des Kunden unseres Kunden" (wenn es sich anbietet) und ggf. Anteilnahme bei privaten Problemen (z.B. Krankheit in der Familie) ist fließend und auch kostenaufwendig. Aber ohne diese Leistungen sind wir ein „Lieferservice" wie jeder andere.

A.1.8 Fallstudie 1: Marketing und Vertrieb (Pieter van Expeer, 51 Jahre alt)

Angelehnt an: https://www.salesjob.de/karriereratgeber/bewerbungstipps/was-sollte-ein-bewerber-mitbringen/

... Gleichzeitig ist der bisherige Marketing-und Vertriebsleiter (Pieter van Expeer, 51 Jahre alt) unzufrieden, weil er glaubt, dass er als gebürtiger Niederländer nicht so aufsteigen kann, wie andere „deutsche" Führungskräfte.

- *Er hat zwei Kinder. Die Familie und seine Freizeit sind ihm sehr wichtig. Seine Familie hätte gern mehr bei sich zu Hause und weniger auf Geschäftsreisen im Ausland. Auch werden seine Urlaube werden häufig unterbrochen, weil wichtige Kunden nach ihm verlangen. Seine weitgehende Akzeptanz, vor allem auch bei Frauen, führt zu informellen Gesprächen und Vermutungen, dass er es mit der ehelichen Treue nicht so genau nehme. Tatsächlich aber gibt keine Hinweise oder Anlässe, und schon gar nicht Beweise, dass es so ist. – Seine Frau ist älter als er, 56 Jahre, und hat wohl wahrgenommen, dass es so ein Getuschel gibt. Er leidet darunter, aber er muss damit leben und das fällt ihm schwer.*

- *Er hat bereits seit einigen Jahren bei einem niederländischen Konkurrenten in einer gehobenen Fachposition gearbeitet und ebensoviel Erfahrungen sammeln können wie seine Kollegen. Während seiner vor allem vertriebsorientierten Tätigkeit konnte er sehr gute Einblicke ins Geschäft gewinnen.*

- *Er ist zwar ein überdurchschnittlich charismatischer Verkäufertyp und hat vor allem fundierte Erfahrungen in Benelux, United Kingdom und Skandinavien, aber er ist der Auffassung, dass reine wesentliche Änderungen der Geschäftspolitik nicht nötig ist. Er hat neben deutsch und niederländisch sehr fundierte Fremdsprachenkenntnisse (englisch, französisch, italienisch und spanisch).*

- *Seine Auftritte bei Präsentationen und in Gesprächen sind von großem Geschick gekennzeichnet, er ist aber nicht so flexibel, belastbar und engagiert, wie es in der Zukunft erforderlich ist. Seine Produktkenntnisse sind äußerst wertvoll, da er nicht nur die eigenen Produkte, sondern auch die der Konkurrenz genau kennt. In etlichen Weiterbildungsmaßnahmen hat er sich auch sehr gute Marktforschungskenntnisse angeeignet. Er wirkt sehr sympathisch und zeigt sich im Umgang mit Mitarbeitern/ Innen sehr einfühlsam und versucht ihre Problemsicht immer auch zu verstehen.*

- *Dafür ist er bei der Durchsetzung von Lösungen etwas weniger entschlossen, obwohl er sich stets äußerst lösungsorientiert zeigt. Er selbst sieht sich als sehr verlässlich, zeige hohe Integrität, habe alle Geschäftsangelegenheiten sehr vertraulich behandelt und sei immer äußerst loyal gewesen. Die Zusammenarbeit habe er stets mit großer Harmonie betrieben und identifiziere sich sehr mit dem Unternehmen .... Was diese Aussagen wirklich bedeuten, ist umstritten.*

A.1.9 ***Fallstudie 1: Treasuring, Controlling und Finanzierung Manfred Richter (58 Jahre)***

Angelehnt an: GEHALTSSTUDIE Finanzvorstand/Chief Financial Officer (CFO) / Der CFO-Posten entspricht der deutschen ***Bezeichnung Finanzvorstand. Der Chief Financial Officer ist damit für LEITUNGSPOSITIONEN 2014 © Michael Page International (Deutschland) GmbH, Januar 2014, Carl-Theodor-Str. 1, 40213 Düsseldorf, Deutschland; www.michaelpage.de***

Herr Manfred Richter (58 Jahre) übt diese Aufgabe seit 14 Jahren aus und kennt das Geschäft wie kein anderer. Alles, was mit Geld zu tun hat, hat er parat. Wertigkeiten und Abhängigkeiten kann er aussagefähig zu jeder Zeit darstellen, erläutern, statistisch aufbereiten und planerisch interpretieren.

Er hat kein fachgeeignetes Studium absolviert, sondern Mathematik studiert. Wie er sich den betriebs- und volkswirtschaftlichen Background erworben hat, weiß er selbst nicht genau. Er hat ein großes Arbeitsvolumen mit Freude an den Aufgaben bewältigt (Das tut er heute noch.) und irgendwann konnte er alles. Freizeit braucht er anscheinend nicht, seine Familie bremst ihn auch nicht und sie scheinen obendrein zusammen auch noch glücklich zu sein.

Im Kontakt zu Banken, Versicherungen, Behörden, vor allem zum Finanzamt, zu Finanzmaklern und Kapitalanlegern (s, handel) kennt er sich aus wie kein Zweiter und hat zudem freundschaftliche Verbindungen zu einigen Finanzgrößen im In- und Ausland.

Ihm ist es gelungen, das laufende Geschäft am Spekulationsmarkt mit hohen Finanzerträgen abzusichern (Kreditversicherungen, CD- Credit Default Swap, Derivate, Portfoliomanagement, Arbitragegeschäfte, Termingeschäfte, Waren-, Edelmetall- und Devisenmärkte, Hedgefonds).

Er spricht mit wichtigen Stellen bei der Bundesanstalt für Finanzdienst-leistungsaufsicht (BaFin), bei der Bundesbank, anderen nationalen, europäischen und auch US-Behörden. Er irrt sich selten, und wenn, dann wandelt er Dank seiner Vorsorge z.B. Verluste in Versicherungsleistungen um.

Seine „normale" Arbeit mit der Konzeption und Gestaltung der Finanzen, Gestaltung und Entwicklung einer Finanzstrategie, Controlling und Rechnungswesen, Vertretung des Unternehmens gegenüber Banken, Wirtschaftsprüfern und Steuerbehörden usw. ist jeweils aktuell und aussagefähig.

Im Laufe der Jahre entwickelte er immer mehr zum strategischen Denker und Lenker. Neben den klassischen Bereichen der Buchhaltung, Betriebsabrechnung und des Reporting umfasst sein Verantwortungsbereich heute meist auch die Leitung des unternehmenseigenen Risikomanagements. Strategische Aufgaben im Bereich des aktiven Wachstums- und Profitabilitätsmanagements waren letztlich der Auslöser für das jetzt laufende Projekt.

Durch den umfassenden Überblick über das Unternehmen, den engen Kontakt zu den wichtigen Entscheidungsträgern und sein ausgeprägte Wissen stellt er den potenziellen Nachfolger für den Vorstandsvorsitzenden.

Was weiterhin für ihn spricht, ist seine gelassene Art, ohne Aufregung und Chaos zu agieren, auch dann, wenn große Risiken die Geschäfte zu bedrohen scheinen und das Unternehmen *am Ende zu sein scheint. Was gegen ihn spricht, ist die Tatsache, dass er zur Zeit unersetzlich ist und auf absehbare Zeit nicht ersetzt werden kann*

Angelehnt an https://www.stepstone.de/5/index.cfm?event=offerView.dspOfferInline&offerid=5114880&cid=msearche_jobworld___S:

... Einen Nachfolger kann es kurzfristig nicht geben, aber es muss eine geeignete kompetente Person aufgebaut werden, die nach Jahren der Einarbeitung die Aufgabe übernehmen soll.

A.1.10 Fallstudie 1: Organisationsleitung und IT-Management

Herr Manfred Petersen (52 Jahre alt) hat Betriebswirtschaft (Scherpunkt Organisation und Rechnungswesen) und Informatik studiert.

Herr Petersen ist ein wandelndes IT-Lexikon: Er kannte fast alles. Dazu gehören Datensicherung und Datenschutz, Systemstrukturen (Systemsoftware, Betriebssysteme, Anwendungssoftware, Verwaltungs- und Manipulationsprogramme, Hilfs- und Support-programmen – Utilities, Systemimplementierung und Service, Speicherorganisation, Speichermedien, Kommunikationsnetze und -systeme, interne und externe Netzverbindungen, Lokale Netze LAN, Topologie(Ring, Bus, Stern, vermaschte Netzwerke, Client-Server-Archtekturen, Fernsprechnetze, Kommunikations-, Intra- und Internet Dienste, Online Dienste jeder Art, Bürokommunikation, Teleselling, Telebanking usw.), interne und externe Speicher, Zentraleinheiten mit Peripherie, Software (Systemsoftware, Betriebssysteme, Anwendungssoftware) Informations- und Kommunikationstechniken, hard- und softwaretechnisches Informationsmanagement, DMS (Datenbanksysteme temporäre Speicherung, Langzeitarchivierung, Retrieval, Manipulation und Interpretation), Application Process Reengineering usw.

Was er nicht empfindet, ist die Tatsache, dass seit seinen Studium und der damaligen Berufspraxis zwar viele Überschriften noch stimmen, nicht aber die Details der Informatik und der Leitungsfähigkeit der IT-Systeme.

Wie wichtig ist die interne IT in Zeiten von Cloud, Consumerization und verteilten IT-Budgets? Nur hochkompetente interne IT-Abteilungen werden vermutlich langfristig bestehen bleiben. Die IT-Einbindung in eine optimierte Organisation, die das Business versteht, als Business-Enabler unterstützt und Innovationen für das Unternehmen nutzbar macht, wird ein geschätzter Partner für die Kunden bleiben, die IT im eigenen Unternehmen halten und. weiterentwickeln können.

Nach: https://www.absolventa.de/karriereguide/ratgeber-bewerbung/soft-skills-
Absolventa GmbH, Berlin, ist die Spezial-Jobbörse für Studenten, Absolventen und Young Professionals und das Herzstück des Karriere-Netzwerks der Absolventa GmbH. Als Experte für das Recruiting von Nachwuchstalenten betreibt die Tochtergesellschaft der FUNKE MEDIEN-GRUPPE.

Gute Fachkompetenzen keine Frage. Doch die so genannten Soft Skills haben mittlerweile bei der Personalauswahl einen vergleichbaren Stellenwert eingenommen.

Herr Manfred Petersen ist durchaus ***teamfähig und belastbar****. Seine Flexibilität ist im Umgang mit Menschen sehr ausgeprägt und er tut alles,* ***was seinen Mitarbeiter/Innen das Leben im Unternehmen erleichtert****. Auch ist er sehr* ***konstruktiv im Team der Führungskräfte****, aber wenn es um grundsätzliche Anpassungen der IT-Organisation geht, dann ist eher zurückhaltend* ***und tut alles um die bestehende Organisation zu erhalten****.*

Seine ***kommunikativen Kompetenzen*** *sind sehr ausgeprägt, aber wenn es um* ***Entsche-dungsstärke und Zeitmanagement*** *geht, spielt er häufig auf Zeit und versucht die betreffen-den Entwicklungen auszusitzen.*

Seine ***persönlichen Stärken*** *sind Menschlichkeit, Freundlichkeit und Hilfsbereitschaft und ausgeprägte soziale Kompetenzen.*

Seine Schwäche ist ein ***Mangel an Selbstreflexion****, wenn es darum geht, das Unternehmen umfassend zu reorganisieren und neue IT-Konzepte einzuführen. So hat er es verpasst, neue Anwendungssysteme auch nur kennenzulernen. Sein Wissen war zum Teil „von früher“. Das ist quasi ein blinder Fleck; denn er bemerkt es gar nicht, ist sich anscheinend diesen Mangels gar nicht bewusst.*

Zwar laufen sämtliche IT-Konzepte und –Anwendungen bisher optimal, wenngleich nicht sicher ist, ob neue IT-Systeme nicht doch mehr leisten würden.

A.1.11 ***Fallstudie 1: Bewerber der Organisationsleitung und IT-Management Dr. Andreas Mutmacher (interessanter Bewerber / 38 Jahre)***

In der Bewerberpalette gibt es einen 38-jährigen Mann (Dr. Andreas Mutmacher), der den folgenden Stellenanforderungen zu entsprechen scheint:

Das bringen Sie mit — Fähigkeiten, mit denen Sie die Zukunft gestalten

- *Mehrjährige Berufs- und Führungserfahrung im Bereich Finanzen/Controlling*
- *Engagierter Teamplayer mit hohem Verantwortungsbewusstsein*
- *analytischem Denken und Reisebereitschaft*
- *Abgeschlossenes betriebswirtschaftliches Studium*
- *(ggf. zusätzliche Promotion, MBA-Abschluss oder Ähnliches)*
- *Unternehmerische, strategische Denkfähigkeiten*
- *Analytische, konzeptionelle und organisatorische Stärken*

Verhandlungssichere Deutsch- und Englischkenntnisse. Es ist das Ziel, innovativen IT-Dienstleistungen im erfolgs- und finanzwirtschaftlichen Umfeld, Steuern, Transaktions- und Managementcontrolling wahrzunehmen.

Sie beobachte, analysieren und investieren in den globalen Kapitalmärkten und fördern so nachhaltiges Wachstum im Unternehmen. Entfalten Sie bei uns in interdisziplinären und multikulturellen Teams Ihre individuellen Fähigkeiten.

Das erwartet Sie bei uns — Sammeln Sie Erfahrungen, Mitarbeit in einem dynamischen, virtuellen Team von Spezialisten rund um den Bereich Finanzinstrumente.

- *Bilanzierung von Finanzinstrumenten unter Berücksichtigung von IAS 39 und IFRS 9*
- *Bewertung Zinsderivate (Swaps, Optionen, Swaptions) auch Berücksichtigung des IFRS 13*
- *Bewertung von Devisentermingeschäften*
- *Verantwortung für Projektfortschritte und fachliche Führung von Teammitgliedern*
- *Erfahrung im Umgang mit Treasury-Management-Systemen*
- *und/oder mit dem Auswahlprozess von Treasury-Management-Systemen*
- *Erfahrung mit regulatorischen Anforderungen mit Derivaten - EMIR, MiFiD, etc.*
- *Sicher im Umgang mit diversen Fragestellungen zu Hedge Accounting*

Das bieten wir Ihnen — ein inspirierendes Arbeitsumfeld

Halten Sie an Ihren Zielen fest und verwirklichen Sie sie mit uns! Gestalten Sie Ihren Karriere-Einstieg. In einem Umfeld, das Enthusiasmus belohnt, die Balance zwischen Beruf, Ihrem Studium und Freizeit schafft und Ihnen optimale Einstiegsvoraussetzungen nach Ihrem Studium schafft. Werden Sie Teil unserer Highest Performing Teams!

A.1.12 Was gibt es am Markt?

(Angelehnt an: ***http://confare.at/strategie-zeiten-der-digitalisierung-experteninterview/; Confare GmbH, 1210 Wien; Martin Klöck / http://confare.at/it-strategie-2016)***

Um zum Thema, ***Manfred Petersen****, eine Empfehlung geben zu können, wird ein Berater zum Vortrag und zur Information eingeladen. Hintergedanke ist, neben Manfred Petersen, neuere Empfehlungen aufzunehmen.*

IT-Strategie in Zeiten der Digitalisierung – Auch wenn sich Prozesse, Märkte und Business Modelle rasch verändern, heißt das nicht, dass man ohne nachhaltige Strategie auskommt…

Wie wichtig ist die interne IT in Zeiten von Cloud, Consumerization und verteilten IT-Budgets? Was sollte man selbst machen, was nicht. Standardisierbare Routineaufgaben sollte man von sich aus outsourcen und sich wichtigeren Themen wie Digitalisierung des Business, IoT, Advanced Analytics etc. proaktiv zuwenden ohne Kernaufgaben wie Standardisierung und Automatisierung der Kernprozesse und IT-Sicherheitsthemen zu vernachlässigen.

Heute lassen sich in der Regel große Teile des reinen IT-Infrastrukturbetriebs ohne Qualitätsverlust und sogar mit Kostenvorteilen outsourcen und extern betreiben. Dies trifft zwar nicht für jedes Business uneingeschränkt zu, aber im normalen Fall zumindest teilweise.

Aber eine interne IT-Abteilung muss immer in der Lage sein, bei Ausfall eines externen Partners die wichtigen Anwendungen weiter zu betreiben

Damit ist eine der Kernanforderungen an eine IT-Strategie und auch an die gesamte IT-Organisation sich agil und wendig genug aufzustellen, um wichtige Businessvorhaben in akzeptablen Zeitrahmen realisieren zu können, ohne aber die wichtigen Kernaufgaben wie effizienter, sicherer IT-Betrieb des Kernbusiness zu vernachlässigen.

Was entscheidet über den Erfolg der IT-Strategie? Einen der größten Fehler von (IT-Managern dabei ist sich auf die nackten IT-Kosten zu kaprizieren anstatt den Wertbeitrag durch IT fürs Unternehmen auf allen Ebenen zu betrachten. Höhere Automatisierung ist in der Regel teurer als eine „Billiglösung“ spielt aber ggf. ein Mehrfaches der Betriebs-/ IT-Kosten an Prozesskosten ein.

Wie lange ist die eine IT-Strategie haltbar, wenn sich laufend Märkte und Prozesse des Unternehmens verändern? Heute bedeutet Strategie fortwährende Anpassung als laufender Prozess. Langfristige Strategien die über mehrere Jahre fast ohne Anpassungen verfolgt werden können sich nur noch sehr wenige Player leisten.

Welche Auswirkungen hat die IT-Strategie auf das Handeln in der Praxis? Eine gute IT-Strategie wird den Wertbeitrag und die Erfolge von IT-/Businessprojekten messbar und bewertbar machen, Ziele setzen und ansonsten stark an der Standardisierung und Vereinfachung von Business- aber auch IT-Prozessen arbeiten.

Eine adäquate IT-Strategie wird einen weitgehend turbulenzfreien IT-Betrieb sicherstellen können und die Performance des Unternehmens fortlaufend verbessern. Man kann alte Lösungen immer wieder anpassen, auch können sie lange Zeit gut laufen, aber in dem Moment, in dem ein technologischer Durchbruch mit völlig neuen Parametern und revolutionären Perspektiven gelingt, kann eine Anpassung nicht mehr oder zu spät erfolgen.

A.1.13 ZUSATZAUFGABEN ZUR SELBSTÄNDIGEN LÖSUNG-2:

- *Was begründet Organisation in der Umgebung des Menschen als sozialer Ausdruck menschlicher Kooperation?*
- *Welchen Einfluss haben dabei formale Methoden der Informationsverarbeitung? Welche organisatorischen Detailziele sind dabei zu beachten? Welche IT-spezifischen Bausteine und Anwendungen sind sowohl intern wie extern (Kunden) einzuplanen und zu realisieren?(Beispiele)*
- *Gehen Sie den Hinweisen von A.1.7 bis A.12 nach und beschreiben Sie Ihre Vorstellungen von einer Strategie (Planungen, Aufgaben, Verrichtungen, Prozesse und Abläufe, Ausstattung und Investitionen, Lage und Räumlichkeiten, zeitlichen Regelungen, Abstimmungen und Reihenfolge).*

Aus: https://www.business-wissen.de/hb/so-werden-projekte-und-prozesse-definiert/ b-wise GmbH, Business Wissen Information Service, Bismarckstraße 21, Karlsruhe Produktentwicklungsprozesse: Der Produktentwicklungsprozess beschreibt die Arbeitsabläufe von der Idee für ein neues Produkt bis zu dessen Fertigstellung. Im Rahmen eines IT-Projektes kann dies zum Beispiel die Entwicklung einer neuen Software sein oder die Erstellung eines neuen Steuergerätes für Fahrzeuge.

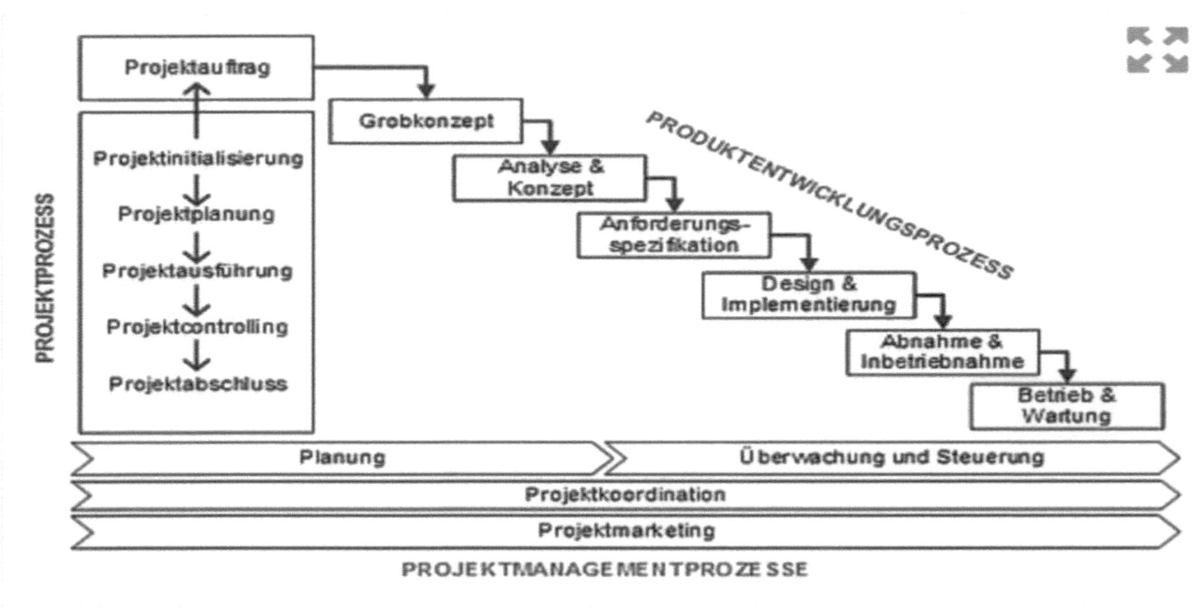

Projektprozesse, Projektmanagement-Prozesse und Produktentwicklungsprozesse

A.2 Wie würden Sie die psycho-sozialen und emotionalen Ansätzen in das Organisationskonzept von Erich Kosiol integrieren?

Abb. 2: Prinzipienzusammenhang nach Erich Kosiol

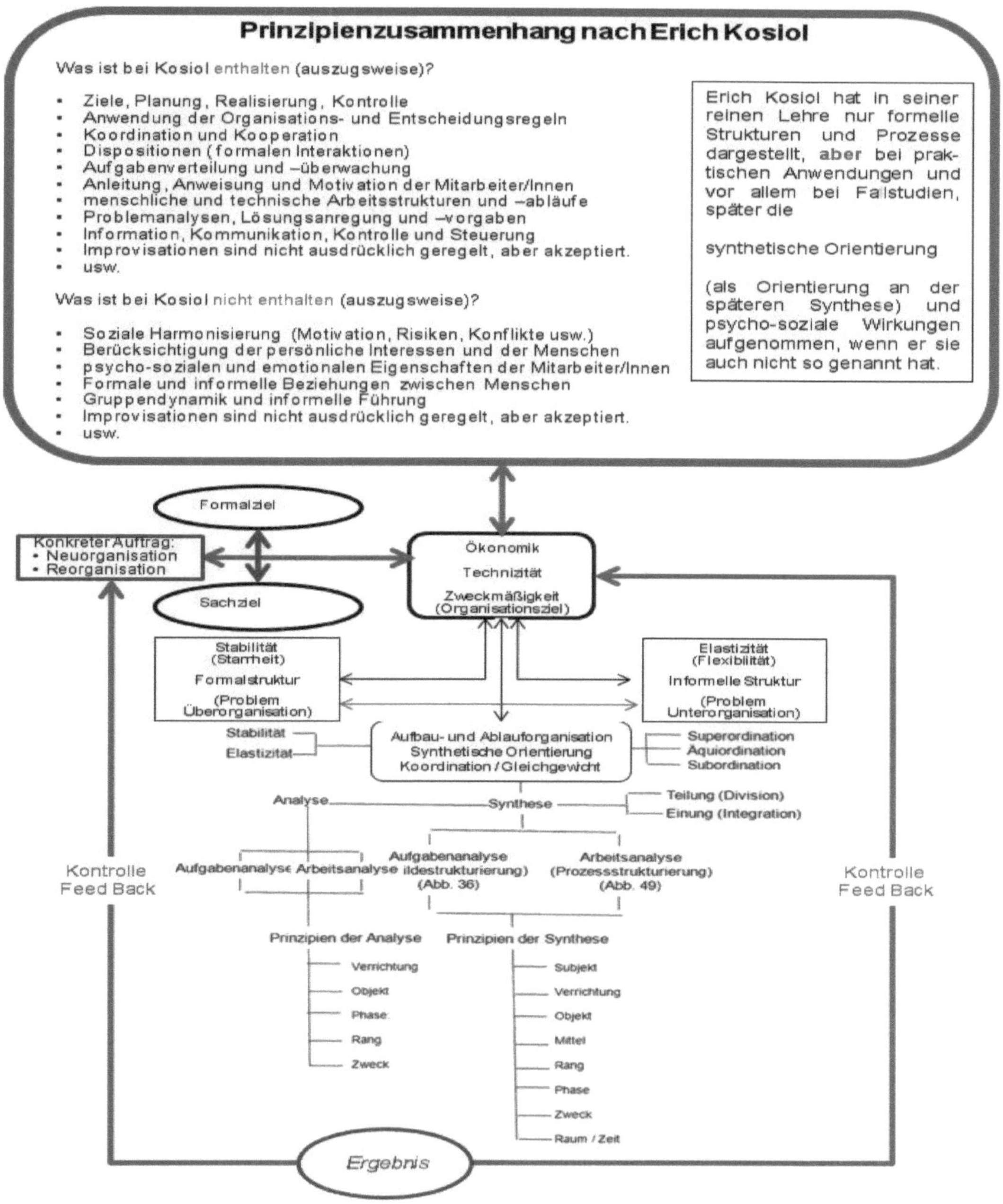

„ … Kosiol ist jedoch klar, dass eine Reduktion des Menschen auf ein reines Produktionsmittel mit nicht realistisch und gleichfalls ethisch nicht vertretbar ist. Letztlich dient die Abstraktion der Organisation ohne den Menschen einer besseren Darstellung der Funktion …

A.2.1 Situativer Ansatz (Situations- und Strukturmerkmalen, Kontingenz)

… Im ‚situativen Ansatz' wird geprüft, ob zwischen bestimmten ‚Situationsmerkmalen' und ‚Strukturmerkmalen' eine Kontingenz besteht. Aufgezeigt werden sollen „die Zusammenhängen zwischen der Situation, der Struktur, dem Verhalten der Organisationsmitglieder und der Organisationseffizienz" …

… Das Menschenbild wird zwar im situativen Ansatz berücksichtigt, jedoch lässt sich aufgrund der nicht findbaren Ursache-Wirkungs-Zusammenhänge aus den verschiedenen Teilbereichen des ‚situativen Ansatzes' kein Menschenbild ableiten. Es wird jedoch angenommen, dass auch dieser Ansatz das Bild des ‚complex man' hervorruft, einem Menschen der weltoffen, kommunikationsfähig, lernfähig und fähig zur Selbstbestimmung ist. Deshalb lassen sich keine eindeutigen Beziehungen zwischen Struktur und Verhalten finden lassen …

A.2.2 Der Mensch als soziales Wesen

… Wie aus den Betrachtungen der unterschiedlichen organisationstheoretischen Ansätzen zu erkennen ist, ist der Mensch immer ein Teil der Organisation. Je nach Betrachtungsweise werden dem Mensch dabei unterschiedliche Rollen zuteil. Während Taylor - wie gesehen - den Menschen als Produktionshilfsmittel sah, änderte sich die Sichtweise bei den folgenden Ansätzen insoweit, dass der Mensch zwischenzeitlich als ein soziales und komplexes Wesen gesehen wird. Gleichzeitig besitzt der Mensch die Fähigkeit zu lernen und wird als eigenständiges Individuum betrachtet …"

Das alles sind keine strukturellen Elemente der Kosiolschen Organisationsauffassung. Dass jeder Organisator „weltoffen, kommunikationsfähig, lernfähig und fähig zur Selbstbestimmung" sich verhält, ist letztlich für jede Aufgabe von Bedeutung und heißt, dass er/sie erkannte Fehler auch bereinigen will.

Nur wie und wo das in der Organisationspraxis einzuordnen ist und im konkreten Fall methodisch gelöst wird, bleibt offen.

A.2.3 Gefühle als Emotionsstrukturen

http://www.haeusel.com/limbic/; Dr. Hans-Georg Häuse, Über der Klause 5, 81545 München:

*„ … Mit **Limbic®** hat Dr. Hans-Georg Häusel ein Motiv- und Emotionsstruktur-Modell entwickelt, das sowohl in seiner wissenschaftlichen Fundierung als auch in seiner Praktikabilität für die Marketing- & Verkaufspraxis weltweit einzigartig ist.*
***Limbic®** ermöglicht:*

- *faszinierende Insights in bewusste und unbewusste Motivstrukturen*
- *eine neuropsychologische Zielgruppensegmentierung*
  inkl. Alters-, Geschlechts- und Kulturdifferenzen im Gehirn
- *klare und verständliche Markenpositionierungen*
- *hirngerechte Optimierungen bis ins kleinste Detail*
  (Verpackung, Kommunikation, Service, POS, Unternehmenskultur)

***Limbic®** basiert auf einem Ansatz, der die neuesten Erkenntnisse der Hirnforschung, der Psychologie und der Evolutionsbiologie mit empirischer Konsumforschung verknüpft …"*

Dieses Modell ermöglicht, psycho-soziale Prozesse auf praktische Anwendung zu übertragen, wobei die Zusammenhänge nicht deterministisch (also zwingend) sind. Aber das scheint in der überwiegenden Zahl der Anwendungen zu funktionieren.

A.2.4 Stimmungsempfindungen

*Menschen nehmen Stimmungen nicht als Komponenten (Furcht, Anspannung, Neid, Lust, Traurigkeit, Freude ...) wahr, sondern als eine **einheitlich empfundene Mischung (gut, schlecht, neutral).***

Stimmungen als empfundene integrale Summe von Emotionen kann der Einzelne nicht wirklich begründen, weil sie als Zustand wahrgenommen werden und durchaus differenzierter als gut, schlecht oder neutral. Stimmungsschwankungen können schnell oder fließend erfolgen und hängen von der Schwere des momentanen Eindrucks ab.

Das folgende Beispiel ist dafür typisch; wir lassen offen, welche Aussage richtig sein könnte.

> *Leser-Kommentar Kommentar 49 / 59 - Dienstag 18 Sep. 2018 16.09*
>
> *https://www.focus.de/politik/deutschland/seit-der-spiegelaffaere-showdown-in-der-groko-kommentar_id_12887001.html*
>
> *„... Seit der Spiegelaffäre ...*
>
> *hat es sich ergeben, dass alles, was mit Bayern zu tun hat, mit einem „links gefärbten moralisierenden Negativ-Image" belegt ist (CSU, AfD-Nähe, Maut, Migrationsziele – Obergrenze, Horst Seehofer, Bayern München usw.). Logisch nachvollziehbare Argumentationen werden nur dann betont, wenn sie diesem Trend nicht widersprechen. So heißt es nicht „Horst Seehofer hat alles getan, um die Migrationspolitik voran zu bringen", sondern „Horst Seehofer versucht mit AfD-Positionen die Landtagswahl zu gewinnen und betont Abschiebungserfolge, was nur peinlich sei". Dabei ist Bayern wirtschaftlich und sozial das erfolgreichste Bundesland. Die Berufung auf Moral- und Sozialargumente ist meistens ein Mangel an Sachargumenten und wird als „Moral-Keule" gebraucht. Das gilt auch für SPD-Chefin Nahles ..."*

Wir verbinden damit folgende Begriffe, deren Bedeutung breit gestreut und zum Teil unscharf ist und nicht zwingend als Stimmungselement erkannt werden: Ausstrahlung, Eindruck, Empfindung, Gespür, Spürsinn, Erleben, Gemütslage, Gemütsverfassung, Laune, Ambiente, Flair, Ausstrahlung, Impression, Inspiration, Anziehungskraft, Reiz, Euphorie, Glücksgefühl, Sympathie, Begeisterung, Freude, Genugtuung, Zufriedenheit, Aufmerksamkeit ...

A.2.5 Organisationsstrukturen und –prozesse im Verhältnis zu Gefühlen

- *Die **Gefühle von Aufgabenträgern** wurden früher systematisch kaum erfasst. Wenn 2 Personen genau nach der gleichen Organisationsmethode arbeiten, dann sieht man auf den ersten Blick nicht, warum sie **unterschiedliche Ergebnisse** erzielen.*

- ***Stimmung***
(Sinneseindruck, Gespür, Inspiration, Laune, Wohlbefinden, Seelenlage ...)

- *Ursächlich kann die **jeweilige Stimmung** (z.B. aufgrund privater Einflüsse) stark auf **Motivation und Arbeitsengagement** wirken. Es sind alternative Lösungen möglich,*

- *sowohl in der **Aufbauorganisation (Planung, Diagnose, Aufgabenanalyse, Stellenbeschreibungen** usw.)*

- *wie in der **Ablauforganisation (Therapie, Koordination, Kooperation, Realisierung, Arbeitssynthese, Kontrolle usw.)** wie in beiden.*

Auszugsweise aus https://christianewindhausen.de/wp-content/uploads/2014/02/ZOE-1_14-Windhausen1.pdf; OrganisationsEntwicklung; Zeitschrift für Unternehmensentwicklung und Change Management 1/14: Der Körper – Terra incognita im Change Management; Die Macht des Physischen in Bera-tungsinterventionen von Christiane Windhausen:

***Angelehnt an Seite 45: „ ...** (Change Professional und Führungskräfte)*

- *Diese auf den Menschen bezogenen Aussagen, gehen davon aus, dass sämtliche Wahrnehmungen, Empfindungen und Gefühle **auf den Menschen wirken, ohne dass er/sie sich dessen bewusst ist/wird.***

- *Es **manifestieren sich Reaktionsweisen und Interaktionsmuster**, die sein/ihr ganzes Leben lang charakterisieren und sich nur selten ändern. Diese **individuell ausgeprägten Verhaltensmuster** beeinflussen maßgeblich sein Verhalten bei Aufbau- und Ablauforga-nisation sowie bei Information und Kommunikation.*

- ***(Nach https://www.msdmanuals.com/***
Von Joel E. Dimsdale, MD, Professor Emeritus, Department of Psychiatry, University of California, San Diego)

  *Unter somatischen Spannungen versteht man in diesem Zusammenhang eine **Verkrampfung des Nervensystems**, die dich mit erheblichem und unverhältnismäßigem Leid, Sorgen und Funktionsschwierigkeiten verbunden sein und auch zu krankhaften Erscheinungen führen kann.*

- *Durch das bewusste **Lösen dieser somatischen Spannung** können die Betroffenen an Aktivität und positiver Mitwirkung im Organisations-zusammenhang gewinnen. Im Normalfall helfen **kognitive Verhaltenstherapien** (vereinfacht: Man klärt im Gespräch darüber auf, warum gewisse Ängste und andere Belastungen unbegründet sind, bis der/die Betroffene sich davon überzeugen lässt.).*

Die folgende Abhandlung geht konkreter auf das Thema ein:

Auszugsweise https://homepage.univie.ac.at/michael.trimmel/mot_emo2_2001/fally.pdf PS Motivation und Emotion II Elisabeth Fally; SS 2001 Matr.Nr.: 9847367

„… ***Organisation und Emotion***

Emotionen sind in der klassischen Organisationsforschung als Störfaktoren angesehen und die gegenwärtige Betriebswirtschaftslehre beschäftigt sich damit, rationale Entscheidungsmodelle für Unternehmen aufzustellen.
Dass diese Emotionen aber nicht nur Störenfriede sind, sondern auch für das Funktionieren einer modernen Organisation von Bedeutung ist, bedarf einer Begründung.

- ***Arbeitszufriedenheit als Emotion***

Arbeitszufriedenheit ist Indikator für psychisches Wohlbefinden. Das klassische Einstellungs- modell zeigt, dass zufriedene Menschen motiviert sind und nicht so schnell kündigen …

- ***Andere Emotionen in Organisationen***

Zu den häufigsten ***positiven Emotionen*** *gehörten Zuneigung, Freude und Zufriedenheit, zu den häufigsten negativen gehörten Besorgtheit, Frustration und Langeweile.*

- ***Positive Emotionen***

werden insgesamt häufiger berichtet als negative, aufgabenbezogene Emotionen insgesamt häufiger als Emotionen bezogen auf Kollegen und Vorgesetzte (Temme & Zapf, 1997).

Dem Arbeitszufriedenheitsbegriff könnte man eine Art „Regenschirmfunktion“ dieser Emotionen zuschreiben, jedoch leisten differenziertere Emotionen z.B. bei der Vorhersage der Intentionen zum Arbeitsplatzwechsel wichtige Funktion bzw. scheinen sie zur Bewertung von Arbeit geeignet, weil durch die Appraisal-Prozesse der kognitiven Emotionstheorien ein Bezug zur Arbeitsbewertung hergestellt werden kann. Wenn eine Person beispielsweise sagt, dass ihre Arbeit regelmäßig Gefühle des Stolzes ermöglicht, dann dürfte diese Person mit sehr hoher Sicherheit Arbeitsaufgaben bearbeiten, die im arbeitspsychologischen Sinne als positiv und persönlichkeitsförderlich bewertet werden.

- ***Organizational Commitment und charismatische Führung***

Organizational commitment *und* ***charismatische Führung*** *zeigen, dass Emotionen keines-wegs immer als Störfaktoren betrachtet werden sollten. Unter* ***organizational commitment*** *versteht man die* ***Bindung eines Beschäftigten an das Unternehmen****. Entscheidend bei der Bindung an die Organisation ist die emotionale Komponente. Erzeugt und unterstützt wird organizational commitment z.B. durch charismatisches Führungsverhalten. Hier versuchen Führungskräfte Visionen zu erzeugen, die die Mitarbeiter dazu motivieren, sich anspruchsvolle Ziele zu setzen und Emotionen zu erzeugen, um die Mitarbeiter an die Organisation zu binden. (Ashforth & Humphrey, 1995) …“*

Man kann sagen, dass ***Arbeitszufriedenheit eine der wichtigsten****, wenn nicht die wichtigste,* ***Organisationswirkung/en*** *ist.*

A.2.6 Psycho-soziale und emotionale Interaktionen (Kontakt, Verständigung, Beziehung, Lob, Konflikt, Streit, Rivalitätshandlungen ...)

- *Psycho-soziale und emotionale Interaktionen sind nicht vorgeschrieben und entstehen überwiegend als ungeplante Verhaltensäußerungen (Emotionen). Sie äußern sich in Mimik, Gestik, Stimme und zum Teil auch als äußerlich nicht erkennbares Verhalten.*

  Bewusste Interaltionen mit dem Ziel, etwas zu bewirken oder mitzuteilen, nennt man Dispositionen.

- *Der informations- und kommunikationsstrukturelle Prinzipienzusammenhang (Kommunikationssystem, Aufgaben- und Arbeitsbeziehungen und organisa-torische Verkehrsbeziehungen) muss darauf vorbereitet werden, informelle und psycho-soziale Einflüsse aufzunehmen.*

- *Harmonisierung im Sinne von sozialer Einbindung soll positive Stimmungen in der Gruppe/ Gesellschaft (als auch im Unternehmen) nutzen, um zu motivieren bzw. Spannungen und Konflikte zu vermeiden oder auszugleichen.*

A.2.7 Gleich- und übergeordnete Funktionen (Hierarchie, Position, Stellung, Rang, Prestige ...)

- ***Koordination und Kooperationsansätze** sind im Regelfall nur **informativ und kommunikativ**, um die **Arbeitsprozesse anderer Aufgabenträger** zu ermöglichen bzw. zu ergänzen,*

- *weil diese **Arbeitsvorgänge ohne diese Informationen behindert oder unmöglich wären.***

A.2.8 Information (Deutung, Aufklärung, Darlegung, Erklärung, Interpretation ...)

kann ergänzt werden mit Hinweisen,

- *wie man Menschen **anleitet, sie motiviert***

- *und wie man sie im **Risikofall (Frustration und Resignation, Verärgerung, Konflikt u.a.)** behandelt.*

- *Was über formelle Organisationsansätze hinaus dazukommen muss, ist ein **Klima informeller sozialer Kooperation.***

A.2.9 Fallstudien (Komplexe Sachverhalte, Problematik, methodische Systematik)

A.2.9.1 Kosiol als Verfechter der Fallstudien

Erich Kosiol hat in seiner reinen Lehre nur formelle Strukturen und Prozesse dargestellt, aber später im Rahmen von Fallstudien aufgenommen (synthetische Orientierung, psycho-soziale Wirkungen).Folgende Hinweise Kosiols zur Fallstudienarbeit sind bekannt.

A.2.9.2 Fallstudien (Komplexe Sachverhalte, Problematik, methodische Systematik)

https://www.wigy.de/rund-um-den-unterricht/methodenlandkarte/fallstudie/hintergrund-fallstudie.html
| Kontakt | Impressum | Copyright© 2018 Institut für Ökonomische Bildung, Oldenburg
wigy e. V., Institut für Ökonomische Bildung gemeinnützige GmbH (IÖB), Bismarckstraße 31, 26122 Oldenburg, Telefon: 0441-361303-30, Fax: 0441-361303-93, E-Mail: info@wigy.de:

„ ... Ausgangspunkt der Fallstudie war die Harvard Business School in Boston, weshalb die Fallstudienarbeit auch als Harvard-Methode bezeichnet wird. Angeregt durch die Kasuistik (lat.: Lehre vom Einzelfall) der Juristen wurde im Rahmen der Ausbildung künftiger Wirtschaftswissenschaftler der Diskussion praktischer, am Wirtschaftsleben orientierter Fälle, breiter Raum gegeben (KAISER 1983, 12).

*In Deutschland wurde die Fallstudienarbeit vor allem in der Managementschulung und an den Wirtschaftswissenschaftlichen Fakultäten der Hochschulen eingesetzt. **Insbesondere Kosiol hat die Fallstudienarbeit im Bereich der wirtschaftswissenschaftlichen Hochschulausbildung weiterentwickelt.***

A.2.9.3 Methodik (Informationsstrukturen und –prozesse)

*Kosiol führt zum Einsatz von Fallstudien an: "Die Methode der praktischen Fälle fördert das **selbständige Kennenlernen von Sachzusammenhängen** in hohem Maße, gibt, unabhängig von der Art der Fragestellungen, ständige Impulse zum Nachforschen. Es gilt aufzuspüren, **welche noch fehlenden Kenntnisse erworben werden müssen**, wo sich **Informationslücken** befinden und welche Überlegungen anzustellen sind, um die **Problemlösung** zu finden. Die **Aneignung des Wissens** und **die methodische Einkreisung** erfolgt stets in selbständiger Arbeit. Das Diskussionsverfahren entspricht im Gegensatz zur Lern- und Belehrungsschule mehr der Idee der Arbeitsschule." (KOSIOL, zitiert in KAISER/KAMINSKI 1994, 137)*

A.2.9.4 Fallstudienarbeit (Praxisorientierte Handlungs- und Entscheidungsorientierung)

Erste didaktische und methodische Hinweise zur Umsetzung der Fallmethode im Unterricht kamen von HEINZE (1968). Im Zusammenhang mit Bemühungen, einen praxisnahen und handlungsorientierten Unterricht zu gewährleisten, wird die Behandlung von komplexen Problemsituationen aus dem Wirtschafts- und Berufsleben zunehmend auch in den Schulen verwirklicht (KAISER/KAMINSKI 1999, 137) ...

... KOSIOL (1957, 36) definiert die Fallstudienarbeit als methodische Entscheidungsübung aufgrund selbständiger Gruppendiskussion am realen Beispiel einer konkreten Situation. DAHLKE führt an: "Die Fallstudie ist die Beschreibung einer geschehenden oder bestehenden wirtschaftlichen Gegebenheit" (1960, 14). Ziel der Fallstudienarbeit ist es, komplexe Sachverhalte und Problemstellungen aus der Wirtschafts- und Arbeitswelt praxisnah zu präsentieren ...

A.2.9.5 Eignung der Stelleninhaber (Befähigungen, Qualifikationen, Assessments)

Die Lernenden analysieren, bearbeiten und lösen komplexe, realitätsnahe Probleme selbständig, indem sie erworbenes Wissen fallbezogen anwenden. Die Lernenden lernen nicht (nur) durch Tun, sondern durch ein selbständiges Durchdenken dieses Tuns ...“

A.2.10 ZUSATZAUFGABEN ZUR SELBSTÄNDIGEN LÖSUNG-3:

Wenn Arbeitszufriedenheit eine der wichtigsten, wenn nicht die wichtigste, Organisationswirkung ist, wie berücksichtigen Sie folgende Gesichtspunkte, wenn Sie die Aufgabe übernehmen, die Personalauswahl eines größeren Unternehmens zu reorganisieren:

- *den situativer Ansatz (Situations- und Strukturmerkmalen, Kontingenz)*
- *das Wesen des Menschen als soziale Wesen*
- *die Gefühle des Einzelnen als Emotionsstrukturen*
- *Stimmungsempfindungen und Motivation*
- *Organisationsstrukturen und –prozesse im Verhältnis zu Gefühlen*
- *Organisation und Emotion (als Grenzfälle der Personalauswahl)*
- *Organizational Commitment und charismatische Führung*

A.2.11 Informationelle uns materielle Prozesse im Kosiol'schen Prinzipienzusammenhang

Bei der Lösung von Fallstudien bedarf es einiger umfangreicher Analysen und Synthesen (strukturell, prozessual, informations- und kommunikations-orientiert, bedarfsweise diagnostisch), aber hier geht es nur um die konkrete Beantwortung der Aufgabenstellung.

grün) – z.B. (1) Für welches Projekt soll die Organisation mit welchen Zielen erfolgen? (Zielstruktur, Zielorientierung, Rollenperspektiven, Interaktionen, Dispositionen, Improvisationen)

Grundsätzlich gilt, dass bei jeder Aufgabenstellung nur das zu bearbeiten ist, was konkret erforderlich ist. Die ausführliche Auswertung dieser Fallstudie ist sehr viel umfangreicher als jeweils erforderlich ist. Daher gilt an dieser Stelle, nicht mehr zu tun, als in der Aufgabenstellung enthalten ist.

Die Vielzahl von Teilbereichen, formal-technischen Details und Risiken/Problem, die gar nicht zur Aufgabenstellung gehören, können in die Irre führen. Es ist Ihre Aufgabe bei der Sichtung die Informationen, Hinweise und Anleitungen diejenigen herauszufinden, die für die jeweilige Aufgabenstellung wichtig sind. Auch in der Praxis wird das häufig ein signifikanter Teil der Aufgabe so sein.

A.2.12 Zielstruktur

Abb. 3: Zielstruktur

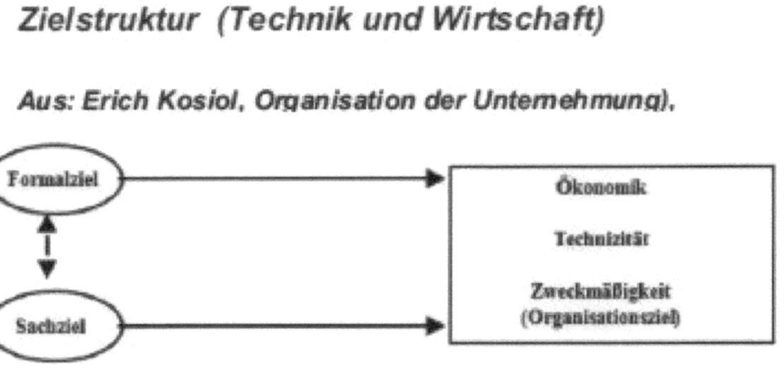

Die Zielstruktur ist für den Fall eines informellen bzw. psycho-sozialen Aufgabenbezugs zu unscharf. Es sei denn man hätte, die eingesetzten Personen auf ihre Eignung und Kooperationsfähigkeit (z.B. Assessment Center) überprüft. Allerdings sind losgelöste Eigenschaften im Vorlauf eindeutig.

*Ansonsten kann man ein Instrumentarium bereitstellen. Aber **Kooperation** funktioniert nicht ohne **informelle Struktur der Organisation**. Damit Menschen zusammenarbeiten, müssen die **formellen** (instrumentale und rationale) auch die **informellen** (sozio-emotionale)**Verhaltensmuster** integriert werden.*

*Die Anpassung der Kosiolschen Organisationprinzipien bedingt eine durchgängige **synthetische Orientierung** (Anpassung) an die **realen Bedingungen der späteren Synthese.** Dazu müssen **Kontrollmechanismen** mit **Rückkopplung (Feed Back)** kommen, um **situativ** auf nicht vorherbare Einflüsse (Risiken) reagieren zu können.*

A.2.13 Organisationsmethodik nach Erich Kosiol (Koordination, Kooperation)

*Alle **formalen Interaktionen (Dispositionen)**, die Ziele, Planung, Anwendung der Organisations- und Entscheidungsregeln, Aufgabenverteilung und –überwachung, Anleitung, Anweisung und Motivation der Mitarbeiter/Innen, menschliche und technische Arbeitsstrukturen und –abläufe, Problemanalysen, Lösungsanregung und –vorgaben, Information, Kommunikation, Kontrolle und Steuerung, Mitarbeiterführung und bedarfsweise positive und negative Sanktionierung betreffen, gehören zur **Koordination.***

*Koordination soll **Kooperation (Zusammenarbeit)** bewirken, indem die genannten Strukturen und Prozesse **in sich gegenseitig unterstützende Beziehungen** überführt werden. Die Verbindung aller Stellen durch ein Kommunikationssystem soll dazu anregen, Arbeitsprozesse **bewusst gemeinsam** durchzuführen.*

*Zur **Koordination** und **Kooperation** gehören Menschen, Maschinen und sonstige materielle und immaterielle Mittel, die die formalen organisatorischen Gestaltungsansätze mit rationalem Verhalten verfolgen. Instrumentale Verhaltensmuster (Kombination von Mensch-Maschineeinheiten und –gruppen) werden als formale Rollenspezifizierung (Aufgaben- und Arbeitsverteilung) geregelt. Dabei sind (Position, Status und Rolle, Rangfolgen, Vorgesetzte-Mitarbeiterbeziehungen) **Weisung und funktioneller Gehorsam** erforderlich, um mit formaler Kommunikation, Dispositionen, bedarfsweise Improvisationen und technologische Maßnahmen die Organisationsprozesse in Gang zu setzen und durchzuhalten.*

*Damit die **Ziele und Constraints (**Beschränkungen, Zwänge, Restriktionen, Bedingungsrahmen) **der Sollorganisation** erreicht werden, muss einerseits dass Soll bewusst gewollt (dispositive Anweisungen und Überzeugungen, **„people approach“ – Maßnahmen**) werden **(Willorganisation)** und andererseits Abweichungen vom Soll **(Istorganisation)** durch die **formale (soziale) Kontrolle a**ufgedeckt und dispositiv (bedarfsweise improvisatorisch) bereinigt werden.*

Abb. 4: Organisationsmethodik nach Erich Kosiol

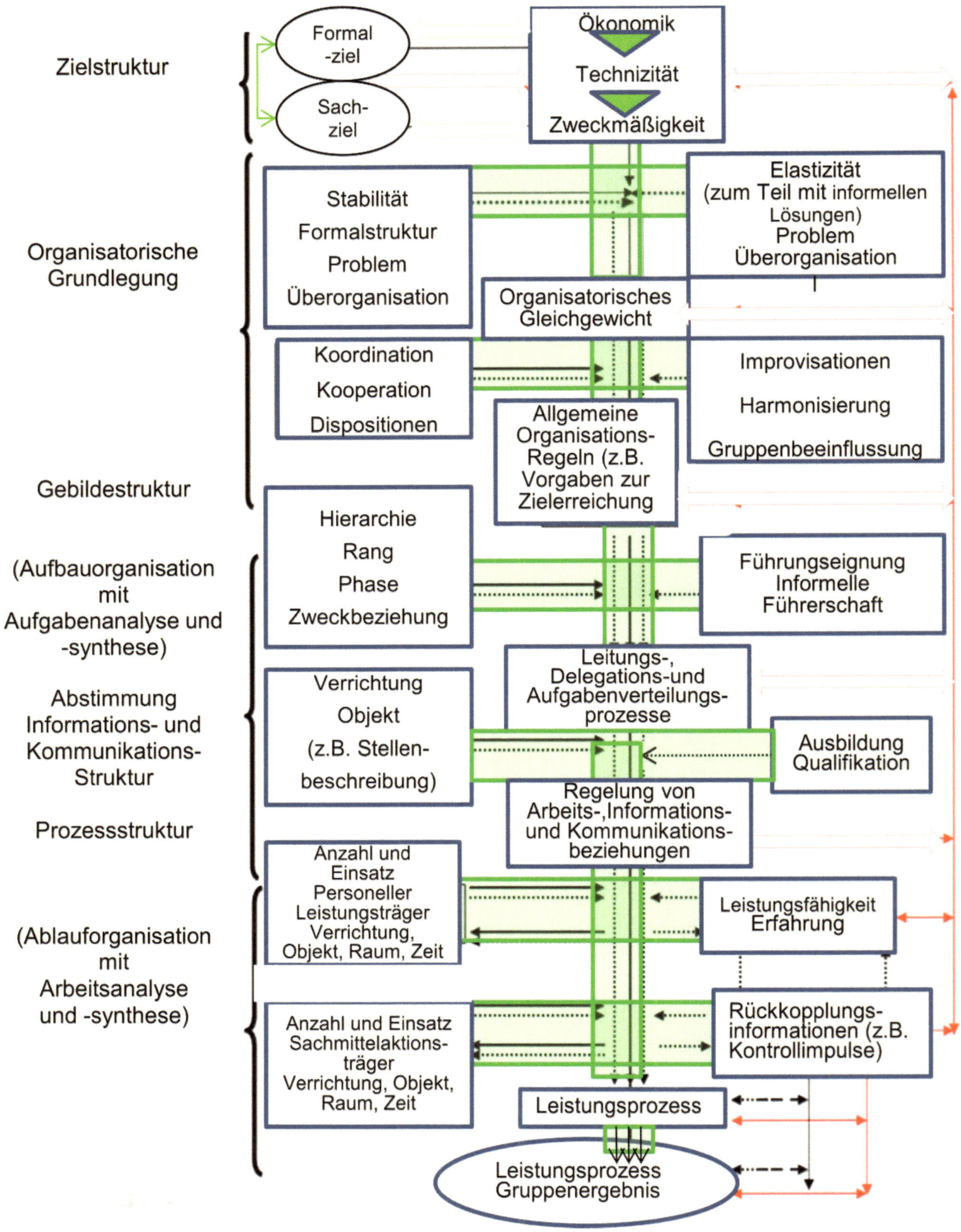

A.2.14 Soziale Harmonisierung (abweichend von Kosiol)

*Der Ansatz einer **sozialen Harmonisierung** geht davon aus, dass eine **positive Stimmung** in der Gesellschaft (als auch dem Unternehmen) sich günstig auswirkt. Das heißt, alle an der Organisation beteiligten Menschen müssen **auch ihre Interessen und Neigungen zu einem wesentlichen Anteil erfüllt sehen**. Die psycho-sozialen und emotionalen Eigenschaften aller Im Organisations-prozessarbeitenden Menschen sollen aus Sicht der **Ziele und Constraints der Sollorganisation** auf die formale Organisation ausgerichtet werden. Das betrifft die **Zusammenführung formaler und informaler Beziehungen zwischen Menschen und Gruppen** (Gefühle, Werte und Normen) und sollformalen Wirkungen auch durch informelle Interaktionen auf die Organisationunterstützen.*

*Dazu gehört es Stimmungen zu positivieren **(psycho- und soziale und emotionale Verhaltensebene)** und als **geeignete Interaktions- und Verhaltensmuster** zu nutzen. Die Menschen sollen nicht nur Aufgaben übernehmen, sondern sich auch mit ihnen identifizieren **(informale Rollenspezifizierung)** und dafür engagiert (bis begeistert) einsetzen. Informale **Störungen und Konflikte** (Diskrepanzen zwischen Soll-. Will und Istorganisation, dysfunktionalen Führungs-, Interaktions- und Improvisationswirkungen, negative Gruppendynamik) sollen formal abgefangen werden, kommen aber meistens ohne informale **„people approach" –Wirkungen** und **informale (soziale) Kontrolle** nicht aus.*

*Das folgende Schema zeigt verkürzt den Ansatz einer **sozialen Harmonisierung (Abb. 5)***

- *Sie geht davon aus, dass eine **positive Stimmung** in der Gesellschaft (als auch dem Unternehmen) sich günstig auswirkt.*
- *Das heißt, alle an der Organisation beteiligten Menschen müssen **auch ihre Interessen und Neigungen zu einem wesentlichen Anteil erfüllt sehen**.*
- *Die psycho-sozialen und emotionalen Eigenschaften aller Im Organisationsprozess-arbeitenden Menschen sollen aus Sicht der **Ziele und Constraints der Sollorganisation** auf die formale Organisation ausgerichtet werden.*
- *Das betrifft die **Zusammenführung formaler und informaler Beziehungen zwischen Menschen und Gruppen** (Gefühle, Werte und Normen) und soll formalen Wirkungen auch durch informelle Interaktionen auf die Organisation unterstützen.*
- *Dazu gehört es, Stimmungen zu positiveren **(psycho- und soziale und emotionale Verhaltensebene)** und als **geeignete Interaktions- und Verhaltensmuster** zu nutzen.*
- *Die Menschen sollen nicht nur Aufgaben übernehmen, sondern sich auch mit ihnen identifizieren **(informale Rollenspezifizierung)** und dafür engagiert (bis begeistert) einsetzen.*
- *Informale **Störungen und Konflikte** (Diskrepanzen zwischen Soll-. Will- und Istorganisation, dysfunktionalen Führungs-, Interaktions- und Improvisationswirkungen, negative Gruppen-dynamik) sollen formal abgefangen werden, kommen aber meistens ohne informale **„people approach" –Wirkungen** und **informale (soziale) Kontrolle** nicht aus.*

Abb. 5: Ansatz einer sozialen Harmonisierung

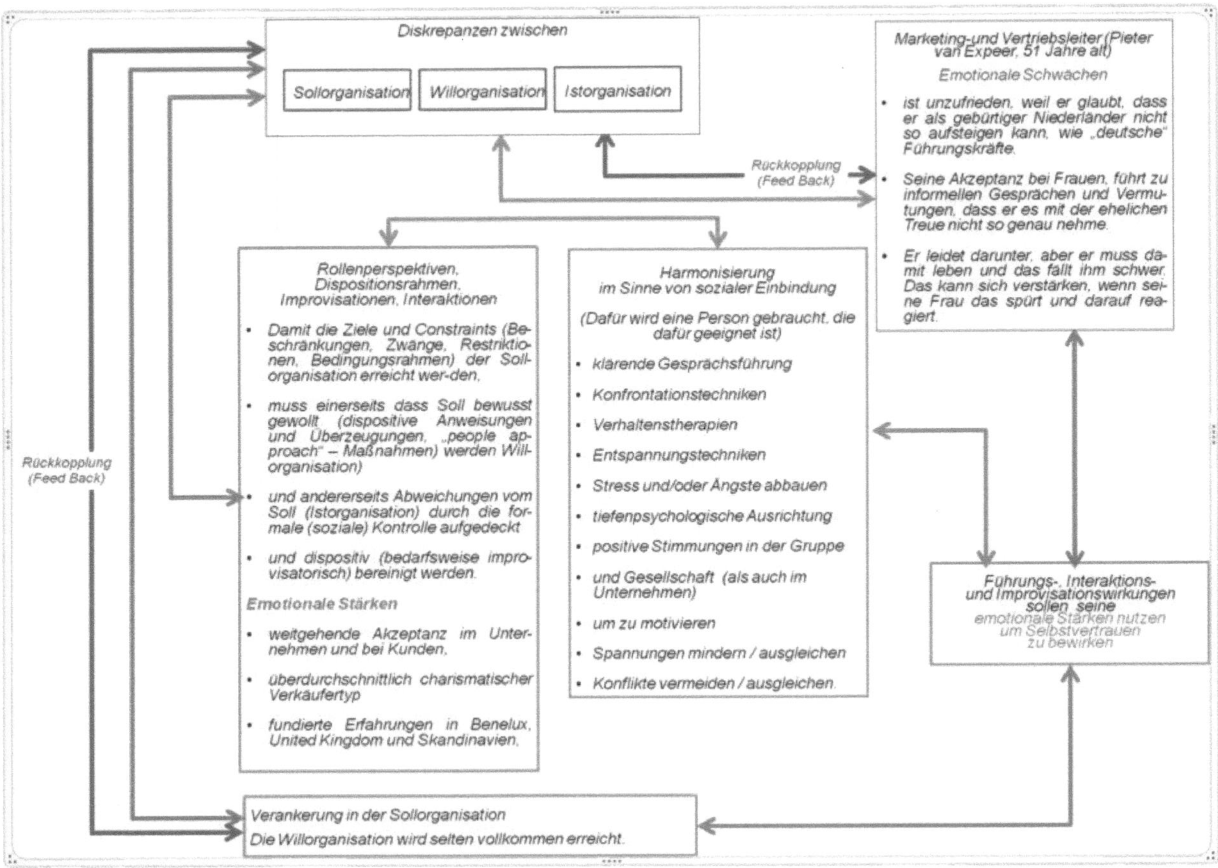

A.2.15 ZUSATZAUFGABEN ZUR SELBSTÄNDIGEN LÖSUNG-4

Eine Zielstruktur für ein Unternehmen, einen Teil davon oder für ein Projekt ist für den Fall eines informellen bzw. psycho-sozialen Aufgabenbezugs häufig zu unscharf, weil eine theoretisch konzipierte Aufgaben- und Arbeitsanalyse nicht die (sozio-emotionale Verhaltensmuster einer realen Gruppe beinhalten kann.

- *Was also ist zu tun, um die Anpassung der Kosiolschen Organisationsprinzipien an die realen Bedingungen der späteren Synthese zu gewährleisten?*
- *Was muss in der Zielstruktur enthalten sein, damit Koordination und Kooperation im Hinblick auf Planung, Anwendung der Organisations- und*
- *Entscheidungsregeln, Aufgabenverteilung und –überwachung, Anleitung, Anweisung und Motivation der Mitarbeiter/Innen funktionieren soll?*
- *Was haben Ziele im Hinblick auf Constraints zu berücksichtigen, wenn das Arbeitsklima (positive Stimmung in der Gesellschaft sich günstig auswirken soll?*

Beachten Sie folgende Gesichtspunkte:

- ***Informationelle uns materielle Prozesse im Kosiol'schen Prinzipienzusammenhang***
- ***Organisationsmethodik nach Erich Kosiol***
- ***Koordination, Kooperation, soziale Harmonisierung***
- ***Zusammenführung formaler und informaler Beziehungen (Menschen und Gruppen)***
- ***Gefühle, Werte und Normen***
- ***Sollformale und informelle Interaktionen bei der Organisationunterstützung***
- ***psycho- und soziale und emotionale Verhaltensebene***
- ***geeignete Interaktions- und Verhaltensmuster (informale Rollenspezifizierung***
- ***Störungen und Konflikte (Diskrepanzen zwischen Soll-. Will und Istorganisation***
- ***dysfunktionalen Führungs-, Interaktions- und Improvisationswirkungen***
- ***negative Gruppendynamik***

A.2.16 Dispositionen, Improvisationen, Interaktionen

Das gegenseitige „Sich-zur-Ordnung-rufen" kann / soll dabei einsichtsfördernd, vorbeugend, klärend und einbindend wirken. sind Bedingungen und Restriktionen, die ein System (z.B. Organisationssystem) vollständig beschreiben.

- ***Rollenspezifierungen** sind Aufgaben, die einem Aufgabenträger zugeordnet werden. Solche Interaktionen können **menschbezogene Entscheidungen** sein, aber auch **maschinegesteuerte**, die aufgrund eines Meßverfahrens ausgelöst werden. **Vergleiche Wilhelm Hill u.a., Organisationslehre, Band 1, Bern und Stuttgart 1974, Seite 170 f.:***

- ***Technologische Maßnahmen** sind im Prinzip systemimmanente Dispositionen, die keine ausdrücklichen Entscheidungen erfordern. Sie werden nicht „Dispositionen" genannt, weil ihnen keine Rollen zugeordnet sind (keine Rollenspezifizierung) – Überlauf bei einem Flüssigkeitsüberschuß, Druckausgleichventile, Stromversorgung mit Solarzellen oder photovoltaische Zellen bei Sonneneinstrahlung u.a.).*

  Charakteristisch ist der Begleitcharakter eines Vorganges ohne ausdrückliche Entscheidung (Interaktion, Disposition).Die heute übliche Abgrenzung von Interaktionen (Dispositionen) oder technologische Maßnahmen ist bei Mensch-Maschine-Systeme bzw. Maschine-Maschine-Systeme fließend.

- ***Dispositionen** sind geregelte Entscheidungen (Interaktionen), die bestimmten Bedingungen von Menschen (und auch „intelligenten" Maschinensystemen) ausgelöst werden. Im Unter-schied zu technologischen Maßnahmen sind sie spezifisch (bedingungs- und entscheidungsabhängig) und nicht als Generalisierung angelegt.*

- ***Improvisationen** sind im Regelfall nicht ausdrücklich geregelte Entscheidungen (Interaktionen), die ausgelöst werden (können), wenn keine geeigneten Dispositionen erfolgen, bekannt oder verfügbar sind. Ihr provisorischer Charakter ist von der Intelligenz (Urteilsfähigkeit) des Auslösenden abhängig und kann positiv wirken, aber auch negative Folgen haben (z.B. Ausfall einer Schaltfunktion bei Überhitzung eines Wasserkessels: Wenn der Improvisierende die Heizung ausschaltet, kann das richtigsein. - Es könne prozessabhängig falsch sein, wenn nur eine Drosselung der Temperatur erforderlich gewesen wäre, um wichtige Funktionen aufrecht zu erhalten).*

- ***Notfallinteraktion:** Ein Grenzfall liegt vor, wenn nur ein Entscheider bzw. sein Vertretereine Disposition vornehmen dürfen, beide aber verhindert sind und ein Unbefugter Dritter die Disposition (für ihn improvisatorisch) übernimmt.*

- ***„people approach“*** *sind alle Maßnahmen (Dispositionen und Improvisationen), die als Interaktionen zur Erreichung der Zielstruktur / Constraints erfolgen. Da gehören alle psycho-sozialen und emotionalen Interaktionen, formale und informale Rollenspe-zifizierungen, Gruppendynamik sowie Personal- und Organisationsentwicklung.*

A.2.17 Elemente, Komponenten (Funktionen, Gefühls- und Willenszustände, Kontingenz)

Das betrifft die ***psychomotorisch-kognitive Funktionen*** *(****menschliche Motorik =*** *Wahrnehmen, Erfahren, Erleben und Handeln; (****Erkennen = Kognition = menschliche Erkenntnisfähigkeit =*** *Lernen, Erinnern, Denken und Entscheiden****),*** *mit denen der Mensch die gemeinsame integrierte Zusammenarbeit bewältigen kann.*

Die ***Affektivität (Affekt)*** *drückt* ***Gefühls- und Willenszustände*** *aus und bedeutet, dass die individuellen (persönlichen) Empfindungen dafür sorgen, dass psychomotorisch-kognitive Prozesse* ***subjektiv*** *erlebt,* ***bewusst*** *und* ***engagiert (= Emotion)*** *wahrgenommen werden.*

Der ***situative Ansatz*** *geht von* ***´Situationsmerkmalen' und ‚Strukturmerkmalen'*** *aus, an denen man erkennt „Es ist Handlungsbedarf.“*

Kontingenz *bedeutet in diesem Zusammenhang „Häufigkeit bzw. Grad der Wahrscheinlichkeit des gemeinsamen Auftretens zweier Sachverhalte, Merkmale usw.“ (laut Duden) oder mit anderen das gemeinsamen Auftretens zweier Sachverhalte ist möglich, aber nicht sicher. z.B.: Bei einem Menschen, der bei einer Aufgabe unter negativem Stress gerät, sind Fehlreaktionen (etwa ein Wutausbruch) möglich, aber nicht vorhersagbar.*

A.2.18 Der Mensch als soziales Wesen (psycho-soziale Ursachen-Wirkungs-Zusammenhänge)

Aufbauorganisation *(Planung, Diagnose, Aufgabenanalyse, Stellenbeschreibun-gen usw.) und* ***Ablauforganisation*** *(Therapie, Koordination, Kooperation, Realisierung usw.) sind der formale Rahmen.*

Dabei wird beim situativen Ansatz berücksichtigt, dass alle denkbaren, hinsichtlich ihres Eintritts nicht voraussehbaren ***Ursachen-Wirkungs-Zusammenhänge (emotionale Gelassenheit bis Erregung)*** *im gesamten Aufgabenkonzept formuliert und auf Lösungsprozesse organisatorisch vorbereitet werden.*

Beim situativen Ansatz wird der Stelleninhaber auf den ***komplexen Menschen*** *(complex man) bezogen und nach Messung und Registrierung von Situationsmerkmalen und Strukturmerkmalen als soziales Wesen wahrgenommen und entsprechend seiner Gefühle, seiner Stimmung, seiner Interaktionen, seiner formellen und informellen Stellung betreut, um* ***Motivation und Arbeitsengagement*** *zu bewirken.*

Improvisationen *müssen schnell erfolgen, wenn nicht oder zu wenig geregelte Arbeitsschritte überbrückt werden müssen, wenn z.B. wichtige Termine anders nicht gehalten werden können.*

Ein Zuviel an Regelung bedeutet ***Überorganisation****, bei dem Formalismus und Bürokratie schnelle notwendige Reaktionen verhindern.*

Elastizität *sorgt dafür, dass notwendige Anpassungen außerhalb des Dispositionsrahmens durch Improvisationen erfolgen, was bei geeigneter Führung von Vorteil sein kann und häufig unvermeidbar ist.*

Unterorganisation *liegt vor, wenn zu geringe Stabilität gegeben ist und ein zu großer Spielraum für Improvisationen (Chaos) besteht. Auch das könnte eine Organisation teilweise oder ganz gefährden*

***Organisatorisches Gleichgewicht**: Meines Erachtens ging die Aufrechterhaltung eines abgewogene Verhältnisses zwischen Stabilität und Elastizität (wie bei einer ursprünglich funktionsfähigen Staatsordnung) verloren, weil die herrschenden Gruppierungen zu sehr mit ihren Anliegen beschäftigt waren/sind und zu wenig mit dem Bestand ihres Staates (Ob das heute auch vorkommt?).*

A.2.19 ZUSATZAUFGABEN ZUR SELBSTÄNDIGEN LÖSUNG-5:

Beantworten Sie folgende Fragen mit konkretem Bespielen aus Ihrer Berufserfahrung.

- *Wie kommt es bei Dispositionen, Improvisationen und Interaktionen zu Rollenspezifierungen?*

Welche Art von Interaktionen überwiegen bei technologischen Maßnahmen?

- *Wofür sind Improvisationen, die ausgelöst werden (können), geeignet wenn keine geeigneten Dispositionen erfolgen?*
- *Was sind „people approach"-Maßnahmen (Dispositionen und Improvisationen), die als Interaktionen zur Erreichung der Zielstruktur / Constraints erfolgen? Welche Bedeutung haben sie für Organisationsmaßnahmen? Was sind in diesem Zusammenhang Notfallinteraktionen?*
- *In welchem Zusammenhang stehen psycho-sozialen und emotionalen Interaktionen, formale und informale Rollenspezifizierungen und Gruppendynamik bei der Personal- und Organisationsentwicklung.*
- *Welche Elemente und Komponenten (Funktionen, Gefühls- und Willenszustände, Kontingenz) sind psychomotorisch-kognitive Funktionen von Bedeutung?*
- *Wie wirken menschliche Motorik (Wahrnehmen, Erfahren, Erleben und Handeln) und Kognition auf die menschliche Erkenntnisfähigkeit (Lernen, Erinnern, Denken und Entscheiden) und auf die gemeinsame integrierte Zusammenarbeit?*
- *Wie verbindet die Affektivität (Affekt) Gefühls- und Willenszustände mit individuellen (persönlichen) Empfindungen und sorgt dafür, dass psychomotorisch-kognitive Prozesse subjektiv erlebt, bewusst und engagiert (= Emotion) wahrgenommen werden?*
- *Wenn ´Situationsmerkmale' und ,Strukturmerkmale' Indikatoren für organisatorischen Handlungsbedarf sind, was bedeutet Kontingenz in diesem Zusammenhang?*
- *Wie betreffen psycho-soziale Ursachen-Wirkungs-Zusammenhänge die Aufbauorganisation (Planung, Diagnose, Aufgabenanalyse, Stellenbeschreibungen usw.) und die Ablauforganisation (Therapie, Koordination, Kooperation, Realisierung usw.)?*
- *Wie können Über- und Unterorganisation vermieden werden, ohne dass Formalismus und Bürokratie schnelle notwendige Reaktionen verhindern können? Was bedeuten Stabilität und Elastizität in diesem Zusammenhang, um notwendige Anpassungen außerhalb des Dispositionsrahmens zu gewährleisten (Organisatorisches Gleichgewicht)?*

A.2.20 Soziale Position, soziale Rolle und Gruppierungen

Was ist eine Position und was eine soziale Rolle in der Gesellschaft?

Die Begriffe gab es schon vorher im Theaterbetrieb und in allen Formen (darstellende Kunst für Publikum) der Präsentation, der Zurschaustellung und der Demonstration und betrifft die Aufgaben von Schauspielern/Innen und Darstellern/Innen.

Wikipedia: „ … Es gibt vier klassische Sparten des Theaters: Sprechtheater oder Schauspiel (Tragödie, Komödie) Musiktheater (Oper, Operette, Musical),Tanztheater oder Ballett, Filmproduktionen, Figurentheater (wie Marionettentheater und verwandte Formen wie das Schattentheater) Wanderbühnen und Schausteller …

… Darsteller sind Schauspieler, Regisseure, Schauspielmusiker, Sänger (Solisten und Choristen), Orchestermusiker, Korrepetitoren, Dirigenten, Regisseure, Tänzer, Choreografen, Korrepetitoren, Varieteekünstler Zauberer, Erzähler, Artisten, Akrobaten, Seiltänzer, Gaukler, Zirkuskünstler und andere Formen des Kulturbetriebs …“

Fast alle Begriffe kommen aus diesem Metier:

- *Eine **„soziale Position“** wird meistens innerhalb einer Organisation **verbindlich und dauerhaft** vergeben und eine **Hierarchie** (Status, Rangordnung, Rangfolge, Stufenleiter usw.) begründet. Detail festgelegt; man könnte sie auch „formale Position“ nennen und ist meistens mit einem Titel ausgestattet (Geschäftsführer, Direktor, Abteilungsleiter, Amtmann usw.), der die Einordnung (Vorgesetzter, Mitarbeiter u.a.). Informelle „soziale Positionen“ gibt es, aber sie werden eher mit den Begriffen **„informelle Führer bzw. Führung“** verbunden, wenn sich eine Person in einer Gruppe die **Aufmerksamkeit oder den Respekt** erwirbt, dass andere auf sie hören und ihr in manchen Situationen folgen.*

- *Die **„soziale Rolle“** ist ein Begriff aus Soziologie und Sozialpsychologie und beschreibt eine Einstellung, ein Verhalten und sowohl formale wie informelle Funktionen. Letztlich sind es die **Eigenschaften einer Position**, die entweder **formal** vergeben wird oder sich „informell“ ergibt.*

  Wikipedia: „… Eine Rolle wird von einem Menschen erwartet, der zu einem bestimmten Zeitpunkt bzw. zu einer bestimmten Situation sich an die Gesellschaft anpassen soll. Die Rolle bezieht sich auf die Position, da ein Individuum sich erst in eine Position einfinden muss, um dann anschließend die Rolle anzunehmen. …

- *Im **Zusammenhang von Position und Rolle** gibt es gibt folgende Begriffe:*

  ***… Zugewiesene Position:** Eine zugewiesene Position erlangen wir durch nicht eigenes Zutun. Das heißt so viel, dass wir für diese Position nichts machen, um sie einzunehmen. Eine zugewiesene Position ist z. B. die Hautfarbe, die ethnische Herkunft, das Alter oder das Geschlecht.*

  ***Erworbene Position:** Eine erworbene Position können wir nur durch unser eigenes Handeln erlangen. Das heißt, dass wir uns selbst anstrengen müssen, eine bestimmte Position zu erlangen.*

Status: *Der Status wird nach Kriterien wie z. B. dem sozialen Status, ob man reich oder arm ist, wie gebildet man ist, etc., zugewiesen.*

Bezugsgruppen/Rollenerwartungen: *Je nach Individuum gibt es verschiedene Bezugsgruppen. An dem Beispiel eines Lehrers kann man mehrere Bezugsgruppen erkennen, zum einen die Schüler, der/die Vorgesetzte/-n und die Eltern der Schüler. Natürlich haben alle Bezugsgruppen spezielle Erwartungen. Die Schüler wollen, dass der Unterricht nicht langweilig ist und dass sie gute Noten bekommen, der/die Vorgesetzte/-n wollen, dass der Lehrer den Lehrplan einhält und pünktlich zum Unterricht kommt, und die Eltern der Schüler wollen, dass die Schüler etwas lernen und gute Noten nach Hause bringen.*

Sanktionen: *Bei Sanktionen unterscheidet man positive und negative Sanktionen. Positive Sanktion ist z. B. ein Bonus oder eine Beförderung, negative Sanktionen sind Bestrafungen oder Ähnliches..*

Rollenkonflikt: *Ein Rollenkonflikt ist ein Konflikt zwischen den Bezugsgruppen eines Individuums. Hierbei will (Beispiel Lehrer) der Lehrer die Erwartungen aller erfüllen, obwohl dies sehr schwer ist. Dadurch, dass sich die Erwartungen meist widersprechen und der Lehrer diese nicht einhalten kann, befindet er sich in einem Rollenkonflikt.*
Rollensegment: *Ein Rollensegment ist die Erwartung einer Bezugsgruppe.*
Intrarollenkonflikt: *Dies ist ein Konflikt zwischen den Rollensegmenten.*
Interrollenkonflikt: *Dies ist der Widerspruch zwischen zwei Rollen bei einem Menschen.*
Rollensatz: *... Zusammenfassung aller Positionen, die ein Mensch haben kann ..."*

- ***Gruppierungen***

*Jeder Mensch ist bewusst, aber zum Teil auch unbewusst, mit anderen Menschen verbunden. Das nennt man **Netzwerk, Rollengeflecht** oder auch **soziale Beziehungen**. Das kann folgende **Gruppen** bzw. **zeitlich mehr oder weniger begrenzte Gruppierungen** und **Zufallsgruppen** betreffen:*

- *im Elternhaus,*
- *im Kindergarten*
- *in der Schule*
- *in der Ausbildung*
- *in Studiengängen (Hochschule, Universität, Fachhochschule, Fachschule usw.)*
- *im Beruf*
- *differenzierte Gruppen (Frauen, Männer, Kinder, Jugendliche usw.)*
- *Freizeitgestaltung (Verein, Hobby usw.)*

- ***Zufallsgruppen** (Schwimmbad, Wartezimmer, an der Tankstelle, im Bahnhof usw.)*

  *Je nach **Verbindlichkeit** kann jede Art von Gruppe Einfluss auf das Leben eines Menschen nehmen. Aus einer lockeren Tippgemeinschaft können enge Abhängigkeiten, wenn es z.B. darum geht, zu organisieren, dass der Gewinn zinsgünstig angelegt wird (Vereinsstatus).*

- ***Mittlere und Großgruppen** (Partei, Gewerkschaft, Kirchengemeinde u.a.) werden zum Teil eher locker betrieben und finden **ohne bzw. mit wenig Gemeinschaftsgefühl** statt (z.B. Bei Sportvereinen) und zum Teil wird mehr **Gemeinschaftsgefühl** (unser Verein muss gewinnen) gefordert (Vereinskluft, Ausstattung und Abzeichen) und daraus können **verbindliche Gruppen** entstehen, die sich sowohl **zum Guten** (Pflege der Anhängergemeinschaft mit Hilfsangeboten), **wie auch zum Schlechten** (Schlägertrupps, die gegnerische Zuschauer bedrängen.) entwickeln können.*

- *In organisierten Unternehmen, Behörden und anderen Institutionen können Gruppierungen die **Leistungsaufgaben fördern**, neutral sein oder **behindern (Betriebsklima).***

- *Ohne solche positiven* ***psycho-sozialen und emotionalen*** *Wirkungen* ***(positive Improvisationen)*** *wird es nicht vernünftig laufen, aber ein* ***schlechtes Betriebsklima*** *(Abwendung bis innere Kündigung) wird die Organisation Schaden nehmen oder sogar untergehen.*

A.2.21 ZUSATZAUFGABEN ZUR SELBSTÄNDIGEN LÖSUNG-6

Wenn Sie durchdenken, welche Situationen haben Sie erlebt. Bitte schildern Ihre Erfahrungen zu folgenden Punkten:

- ***Konflikte zwischen den Rollensegmenten. (Intra- und Interrollenkonflikte).***
- ***Welche Rollensätze und Gruppierungen können Sie dazu beschreiben?***
  - ***im Elternhaus,***
  - ***im Kindergarten***
  - ***in der Schule***
  - ***in der Ausbildung***
  - ***in Studiengängen (Hochschule, Universität, Fachhochschule, Fachschule usw.)***
  - ***im Beruf***
  - ***differenzierte Gruppen (Frauen, Männer, Kinder, Jugendliche usw.)***
- ***Freizeitgestaltung (Verein, Hobby usw.)***
- ***Jeder Mensch ist bewusst, aber zum Teil auch unbewusst, mit anderen Menschen verbunden. Haben Sie Zugang zu Netzwerken, Rollengeflecht oder auch soziale Beziehungen? Wenn ja zu welchen? Wie unterscheiden Sie sich?***
- ***Sind Sie aktiv an Zufallsgruppen (im Schwimmbad, im Wartezimmer, an der Tankstelle, im Bahnhof usw.) beteiligt? Wenn ja, wie (extrovertiert, introvertiert)?***
- ***Welche Erfahrungen haben Sie?***
- ***Je nach Verbindlichkeit kann jede Art von Gruppe Einfluss auf das Leben eines Menschen nehmen. Aus einer lockeren Tippgemeinschaft können enge Abhängigkeiten, wenn es z.B. darum geht, zu organisieren, dass der Gewinn zinsgünstig angelegt wird (Vereinsstatus).***
- ***Wie beurteilen Sie mittlere und Großgruppen (Partei, Gewerkschaft, Kirchengemeinde u.a.) hinsichtlich Gemeinschaftsgefühl, Identität (Vereinskluft, Ausstattung und***
- ***Abzeichen) und das Abdriften zum Schlechten (Schlägertrupps, die gegnerische Zuschauer bedrängen.)?***
- ***Professionelle Organisationen sollen funktionieren, haben aber durchaus mit Störungen unterschiedlicher Art zu tun.***

  In organisierten Unternehmen, Behörden und anderen Institutionen können Gruppierungen die Leistungsaufgaben fördern, neutral sein oder behindern (Betriebsklima).

  Ohne solche positiven psycho-sozialen und emotionalen Wirkungen (positive Improvisationen) wird es nicht vernünftig laufen, aber ein schlechtes Betriebsklima (Abwendung bis innere Kündigung) wird die Organisation Schaden nehmen oder sogar untergehen.

Wie sieht es in Ihrem Umfeld aus? Welche strukturellen und prozessualen Vorkehrungen würden helfen, um Schaden abzuwenden?

A.2.22 Psycho-soziale Komponenten (Gefühle, Motive und Wirkungen)

Die Ausprägungen menschlichen Verhaltens in Organisationen ist nicht immer sichtbar und wird manchmal unterschätzt.

- *„Gefühlte Gerechtigkeitsempfindungen“ sind zu Teil am leichtesten zu überprüfen: Häufig übersieht man „Gefühle mit individueller Ausprägung“; andere Personen können das ohne nähere Erläuterung gar nicht verstehen. Das hängt immer von der Situation ab. Flankierungs- und Kompensationsmaßnahmen (Kontakte privater wie beruflicher Art, Gespräche, aber auch finanzielle, materielle und immaterielle Zusatzleistungen) können das vielfach überbrücken und Hinweise erhalten, die weiter führen.*

- *Dieses Momente können auch zu psycho-sozialen Verwerfungen führen, wenn häufig nicht beachtet wird, ist die Wirkung von Gefühlen. Soweit es um „positive Erlebnisse“ geht, werden die motivationalen Tendenzen „ohne dass man etwas weiß“ hingenommen, aber bei „negativen Erlebnissen“ (Todesfall in der Familie, Krankheiten, Unfälle, Ängste, Scham, Unsicherheit usw.) heißt es, der oder die ist nicht motiviert. Im günstigsten Fall heißt es „Lassen wir ihn/sie einmal eine Zeitlang in Ruhe“. Das kann helfen, reicht aber nicht immer für Abhilfe.*

- *Aber es kann auch zu schwerwiegenden Verhaltensstörungen kommen, die dann mit „Er war schon immer ein Querkopf“ oder „Sie ist nun ´mal ein wenig depressiv“ oder“ Er sieht hinter jedem Kommentar anderer einen Feind“. In Wirklichkeit können das Anzeichen wirklicher Störungen sein, die man einfach hinnimmt, ohne daran zu denken, dass diese Personen darunter schwerwiegend leiden.*

  Die folgenden methodischen Ansätze können die Betroffenen unterstützen, wenn sie das ausdrücklich wollen. In jedem Fall muss der Helfende „Gesprächsführende“ fachlich und „psycho-sozial“ geeignet und geschult sein.

- *Wenn das nicht die gewünschte Wirkung erzielt, wird es gerade bei Führungskräften schwierig, weil sie meistens in der Lage sind, „künstliche Beeinflussungen“ als Manipulation zu empfinden. Entweder muss der/die Stellenhaber/In sich „überzeugend“ anpassen oder er/sie kann die Aufgaben nicht wahrnehmen. Solche Berater brauchen eine psychotherapeutische Zusatzausbildung:*

  Auszugsweise: Psychosoziale Beratung als Feld beruflicher Praxis Berater Josephin Brade und Daniela Fichter SS 2011 (19.5.2011) Seminar:„Das Beratungsgespräch in pädagogischen und therapeutischen Kontexten“

  - *„ … Wahrnehmungs- und Kommunikationsleistungen*
  - *Beratungskompetenz*
  - *psychische Prozesse erkennen*
  - *und einbeziehen (soziale und kulturelle Einflüsse) …“*

- *Dazu gehört ein Gespür, zu erkennen, ob es um eine unbedenkliche Marotte geht oder um eine Verhaltensstörung. Wenn eine Störung vermutet wird, kann man diese Personen zu einer Schulung delegieren, indem man ihre psycho-soziale Lernbereitschaft nutzt, und Schulungen und Trainings fachlicher, aber auch persönlichkeitsbildender Art, veranstaltet, um bessere Hinweise zum Klärung der Verhaltensursachen zu erzielen.*

- *Aus Anregungen zur Lebensführung und zur zeitlichen Gestaltung der Freizeit, kann man erkennen, ob diese Menschen ihre Zielfindung, ihre Zielerreichung und ihre Kontaktpflege „normal" anstreben oder nicht, und ob sie die Vorteile eines günstigen Klimas (Betriebsklima, Gruppenklima) mit guter Stimmung, mit Humor und Fröhlichkeit auf ihre Lebensbereiche übertragen können.*

- *„ ... Eine psychosoziale Beratung unterstützt Einzelpersonen und Gruppen ..." (im Betrieb, aber auch privat für Paare und Familien); denn das beanstandete Verhalten im Betrieb ist ursächlich häufig im Privatbereich (auch Vereine, Skatrunden, Ehrenämter usw.) zu suchen.*

- *Eine klärende Gesprächsführung ist bei Führungskräften nur dann möglich, wenn es keine Abwehr gegen solche Veranstaltungen gibt. Informationsmängel und/oder fehlende Einsichtsfähigkeit können bei im Klima der Entspannung aufgeklärt werden, bei denen der/die Betroffene seine Ziele, aber auch seine Ängste, besprechen kann.*

- *Das ist in vielen Fällen sehr erfolgreich, wenn ihre/seine Befürchtungen positiv geklärt werden können. Voraussetzung ist der/die Betroffene Vertrauen zum „Moderator" hat.*

Auszugsweise Angelika Silber, MSc. Elemente des Lebens: Praxis für psychosoziale Beratung & Atembegleitung; Kapellengasse 20/5, A-2514 Traiskirchen; Die psychosoziale Beratung begleitet und unterstützt Einzelpersonen, Paare und Familien in den Bereichen:

- *„ ... Persönlichkeitsentwicklung*
- *Durchbrechung festgefahrener Verhaltensmuster*
- *Selbstreflexion & Selbstwahrnehmung*
- *Wahrnehmung der eigenen Bedürfniss*
- *Konfrontation von Ängsten ..."*

Solche Verhaltenstherapien gehen einen Schritt weiter, indem z.B. Entspannungstechniken einfließen lassen und dann z.B. in Rollenspielen Aufgaben einflechten, die die vermeint-lichen Schwächen thematisieren. Entweder hat man Erfolg oder man muss im Extremfall erkennen, dass psychische Empfindlichkeiten oder Erkrankungen nicht ausgeschlossen werden können. Im Bedarfsfall muss man ihn/sie an Psychologen bzw. Psychiater verweisen

- *Konfrontationstechniken anderer Art können helfen, wenn jemand sich aus persönlichen Gründen bei der Wahrnehmung einer Aufgabe sperrt: „Wir müssen darauf bestehen, dass wesentliche Anpassungen für unser Unternehmen erfolgen müssen, um unseren wirtschaftlichen Erfolg zu stabilisieren und zu verbessern. Wenn Sie das nicht umsetzen wollen oder können, ist ein Verbleiben auf dieser Position nicht mehr möglich."*

Auszugsweise Angelika Silber, MSc. Elemente des Lebens: Praxis für psychosoziale Beratung & Atembegleitung; Kapellengasse 20/5, A-2514 Traiskirchen; Die psychosoziale Beratung begleitet und unterstützt Einzelpersonen, Paare und Familien in den Bereichen:

- *„ ... Perspektivenwechsel und Gewinnung neuer Einsichten*

(Wieder)Erlangung des inneren Gleichgewichts

- *Orientierung & Entscheidung(Neu)Orientierungsprozesse*
- *Zieldefinierung, -erreichung und Entscheidungsfindung*
- *Entwicklung von Lösungsansätzen sinnvolles*
- *und gezieltes Einsetzen von Ressourcen ...“*

Das wären zu erreichende Endziele:

- *Orientierung & Entscheidung(Neu)Orientierungsprozesse*

- *Das Elektronikunternehmen „Bit-Byte-Digit“ GmbH (kurz BBD) hat aller Vermutung nach den Anschluss an die neuen leistungsfähigen IT-Informations- und Organisationssysteme verloren.*

- *Das muss als **Orientierung** vermittelt werden, weil einerseits die Brisanz der Situation und die Risiken des Scheiterns immens sind,*

- *und andererseits muss gleichzeitig als **Neuorientierung** akzeptiert werden,*

- ***dass Zieldefinierung, -erreichung und Entscheidungsfindung** erweiterte und auch neue Strukturen und Anwendungen brauchen.*

- *Die **Entwicklung von Lösungsansätzen** und ein sinnvolles und gezieltes **Einsetzen von Ressourcen** führen dazu, dass der Aufwand immens sein wird, wir aber keine Zeit zum Warten haben. Auch die besten Anwendungen der Alt-IT-Systemen irgendwann am Ende sind und das ist bei uns sehr bald.*

- *Wenn man rechtzeitig etwas will, kommen wir an einer **„Tandem-Lösung“ (2 parallel laufende Systeme)** nicht vorbei, weil unsere Systeme den dynamischen Märkten entsprechend permanent wachsen müssen, während sie gleichzeitig laufen müssen, um unsere IT-Systeme und die der Kunden funktionsfähig zu halten.*

- *Es ist nicht nur Bequemlichkeit, sondern das **zeitliche Risiko** einer sehr komplexen Portierung. Wer glaubt, dass eine solche Umstellung gleich so läuft wie die Alt-Systeme portiert oder umgebaut werden. Die darauf aufbauende Portierung der IT-Systeme erfordert zudem eine langwierige und sehr kostspielige Umstellung, weil nicht nur die IT-Parameter anzupassen sind, sondern der gesamte Vorlauf der Anwenderprogramme, die meistens in „alten“ Programmiersprachen vorliegen,*

- *während die neuen Systeme eine Makroprogrammierung zugrunde legen, die sehr viel mehr Parameter braucht und ganz anders aufgebaut sind. Wenn sie einmal stehen, dann sind sie sehr komfortabel, aber welcher Aufwand und welcher Zeitbedarf sind dafür erforderlich?*

Konfliktbewältigung & Krisen

- *Bewältigung und Verarbeitung von Veränderungsprozessen (Trauer, Tod, Trennung, etc.)*

- *Klärung immer wiederkehrender Verstrickungen und Konflikte*
- *Beziehungs- und Partnerschaftskonflikte*
- *Stressmanagement & Regeneration*

Risiken und Konflikte: *Dass Risiken und Konflikte entstehen können, wenn die IT-Anpassung nicht „so" klappt, ist denkbar. In diesem Fall geht es darum, die Entwicklung von Lösungsansätzen (neue IT-Informations- und Organisationssysteme) aufrecht zu erhalten.*

- *Dazu sind Mitarbeiter/Innen erforderlich, die „durchhalten" (KnowHow-Speicher) und sich nicht in Risiko- und Konfliktsituationen verwickeln lassen und bei denen man davon ausgeht, dass sie Veränderungsprozesse bewältigen können und gegenüber Verstrickungen und Konflikte, Beziehungs- und Partnerschaftskonflikte „immun" sind.*

- *Auch hier könnte eine* ***„Mehrfach-Lösung" (2 oder mehr Mitarbeiter für jede Subsystemlösung)*** *wünschenswert sein. Wenn wider Erwarten ein/e Person länger-fristig ausfällt, muss sie sofort ersetzt werden.*

- *Stressmanagement & Regeneration kann man prinzipiell in regemäßige „Projektmeetings" integrieren.*

A.2.23 Ziele und Organisationsmethodik (Zielelemente, -komponenten, -verbindungen)

Abb. 6: Ziele und Organisationsmethodik (nach Kosiol)

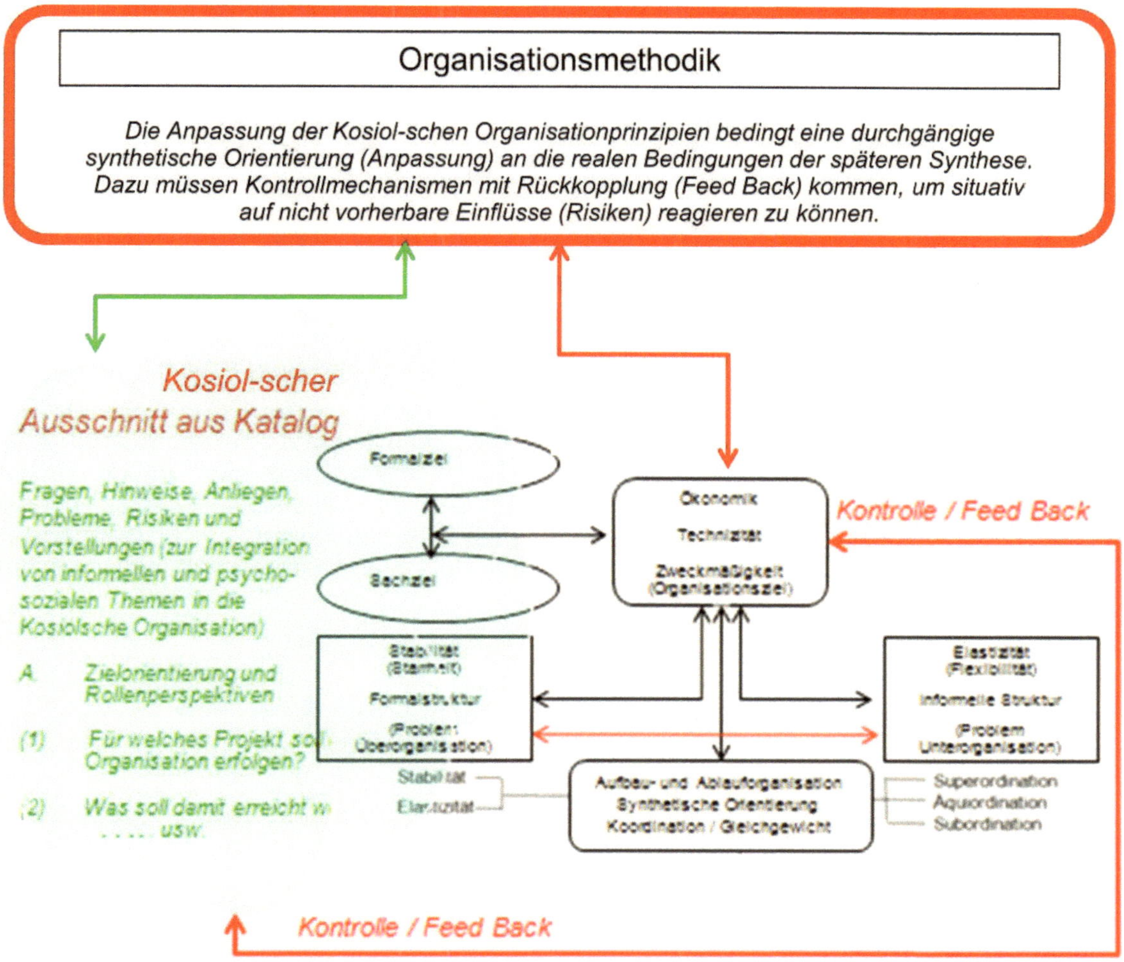

- ***Formalziele- und Zweckmäßigkeit***

  ***Zielelemente** sind beispielsweise „Buchungen im Rechnungswesen", **Zielkompo-nenten** sind beispielsweise „Ergebnisrechnungen wie Betriebsergebnis, Gewinn- und Verlustrechnung" und **Zielverbindungen** sind beispielsweise „Wirtschaft-lichkeitsrechnungen für Investitionen", die alle Komponenten (Raum, Technik, Personal, Kosten, Leistungen, Erträge usw.) einbeziehen.*

- *In das Formalziel und das Prinzip der Zweckmäßigkeit kann man **„nicht originäre Ziele und Vorstellungen einpflanzen"** (abweichend vom Sachziel). Dazu gehören bei Kosiol sein Prinzipienzusammenhang (Aufbauorganisation, Ablauforganisation, Analyse und Synthese) alle **informellen und psycho-sozialen Wirkungszusammen-hänge und Improvisationen** dazu.*

(Vergleiche Abb. 7)
http://www.olev.de/s/sachziel.htm 7 © Copyright: Prof. Dr. Burkhardt Krems, 2012-05-21 Sach- und Formalziel(e) (Beitrag im Online-Verwaltungslexikon olev.de, Version 2.01):

Sachziel: Das Leistungsziel (Output-Ziel) eines Betriebes/einer Organisation, d. h. das Ziel, Güter oder Dienstleistungen bestimmter Art, Menge und Qualität zu bestimmter Zeit für den Markt / die Abnehmer bereitzustellen und damit einen entsprechenden Bedarf zu decken (Bedarfsdeckungsziel) bzw. eine gewünschte Wirkung zu erreichen. Gegensatz: Formalziel(e), ökonomische(s) Ziel(e), insbesondere Gewinn, Umsatz, Rendite. Für Staat und Verwaltung sind als Sachziel(e) - entsprechend dem heutigen Verständnis von Public Management - auch das/die übergeordnete(n) Outcome- / Wirkungsziel(e) einzuordnen. Offen bleiben bei dieser Klassifikation die Einordnung weiterer, heute weitgehend akzeptierter Ziele, insbesondere soziale, ökologische, kulturelle und sonstige gesellschaftliche Ziele (siehe dazu unten. Siehe zum Gesamt-Zielkonzept für die öffentliche Verwaltung den Beitrag zu Zielfeldern, Zielen und Kennzahlen.

Formalziel: *Ökonomische(s) Ziel(e) eines Betriebes/einer Organisation im Gegensatz zum Sach-ziel, insbesondere die monetären Erfolgsziele (Gewinn, Umsatz, Rendite) sowie die überlebenswichtigen Finanzziele der Liquidität und Sicherheit vor Überschuldung. Für erwerbswirtschaftliche Unternehmen dominieren diese Formalziele, im Unterschied zur öffentliche Verwaltung. Auch wenn für sie Formalziele nicht dominieren, sind sie doch zu berücksichtigen. Dazu gehören (Kosten-)Wirtschaftlichkeit, Kostendeckung/ Deckungsbeitrag, Zahlungsfähigkeit, Kapitalerhaltung, Vermögenserhaltung gerechnet werden.*

Abb. 7: Sach- und Formalziel(e)

"Sach- und Formalziel(e)" allgemein und im Public Management

Klassifikation in der Allgemeinen BWL	**Ziel- bzw. Berichtsfelder** der öffentlichen Verwaltung
Sachziel(e): Definition des Leistungsprogramms / des Output / Beitrag des Betriebes zur Bedarfsdeckung	
Art	(nicht enthalten, strategische Festlegung oder gesetzliche Vorgabe; Problem: "Aufgabenkritik" bzw. strategisches Management wird oft vernachlässigt)
	Auftragserfüllung (Merkmale des Leistungsprogramms / des Output / des Beitrages zum Gemeinwohl)
Menge (pro Zeit / Periode)	Menge (pro Zeit / Periode)
Qualität (Produktqualität)	Qualität (Produktqualität)
Zeit	Zeit
	Outcome-Ziele (Wirkung des Output als Besonderheit für die öffentlichen Verwaltung, zu erfassen in der Wirkungsrechnung)
Formalziel(e) (ökonomische und ggf. weitere Ziele)	
	Wirtschaftlichkeit
Liquidität und Sicherheit vor Überschuldung	Zahlungsfähigkeit, Kapitalerhaltung, Vermögenserhaltung (werden meist nicht in Zielkatalogen genannt, da als unproblematisch angesehen)
Erfolgsziele (Gewinn, Umsatz, Rendite)	Kostendeckung
	Stückkosten
Kundenzufriedenheit (Servicequalität)	**Kundenzufriedenheit**
Mitarbeiterzufriedenheit	**Mitarbeiterzufriedenheit**
Gesellschaftliche Verantwortung	**Gesellschaftliche Verantwortung**

Sach- und Formalziel(e) - Online-Verwaltungslexikon ↑

- ***Organisationsmethodik (Integration in die Kosiol'sche Prinzipienlogik)***

  Das betrifft Fragen, Aufgaben, Hinweise, Anliegen Probleme, Risiken und Vorstellungen zur Integration von informellen und psycho-sozialen Themen. Die Zielformulierung muss sinngemäß in allen Komponenten der Zielfindung (Formalziel, Sachziel, Ökonomik, Technizität, Zweckmäßigkeit, Organisationsziel, Formalstruktur, Stabilität, Überorganisation, Elastizität, Flexibilität, informelle Struktur, Unterorganisation usw.) enthalten sein (Vorsorge und Situativität).

Abb. 8: Organisationsmethodik I
(Integration in die Kosiol'sche Prinzipienlogik)

Organisationsmethodik

Die Kosiol-sche Organisation entnimmt die erforderlichen Struktur- und Prozesskomponenten aus der Organisatiosmethodik

Koordination und Kooperation

- *Menschen, Maschinen und sonstige materiellen und immaterielle Mittel*
- *alle formalen Gestaltungsansätze der Organisation*
- *die rationale Verhaltensebene*
- *die formale Rollenspezifizierung*
- *Beziehungen zwischen Soll-, Will- und Istorganisation*
- *Position, Status und Rolle*
- *Aufgaben, Arbeitsorganisation, Stellen, Rangfolgen*
- *Vorgesetzte und Mitarbeiter*
- *formale Kommunikation, Dispositionen, Improvisationen*
- *und technologische Maßnahmen*
- *formale „People Approach"- Maßnahmen und –wirkungen*
- *und formale (soziale) Kontrolle*

Soziale Harmonisierung

- *die psycho-sozialen und emotionalen Eigenschaften des Menschen*
- *die informellen Beziehungen zwischen Menschen und Gruppen*
- *die informellen Gefühle, Werte und Normen in einer Gruppe*
- *alle formalen Wirkungen informeller Interaktionen auf die Organisation*
- *die sozio-emotionale Verhaltensebene*
- *die informale Rollenspezifizierung*
- *Beziehungen zwischen Soll-, Will- und Istorganisation*
- *informale Führungswirkungen auf Rangfolgen, Position, Status und Rolle*
- *Informale Interaktionswirkungen auf Aufgaben, Arbeitsorganisation, Stellen und Mitarbeiter*
- *informale Kommunikation, Dispositionen und Improvisationen*
- *informale „people approach"-Wirkungen*
- *und die informale (soziale) Kontrolle*

Abb. 9: Organisationsmethodik II
(Integration in die Kosiol'sche Prinzipienlogik)

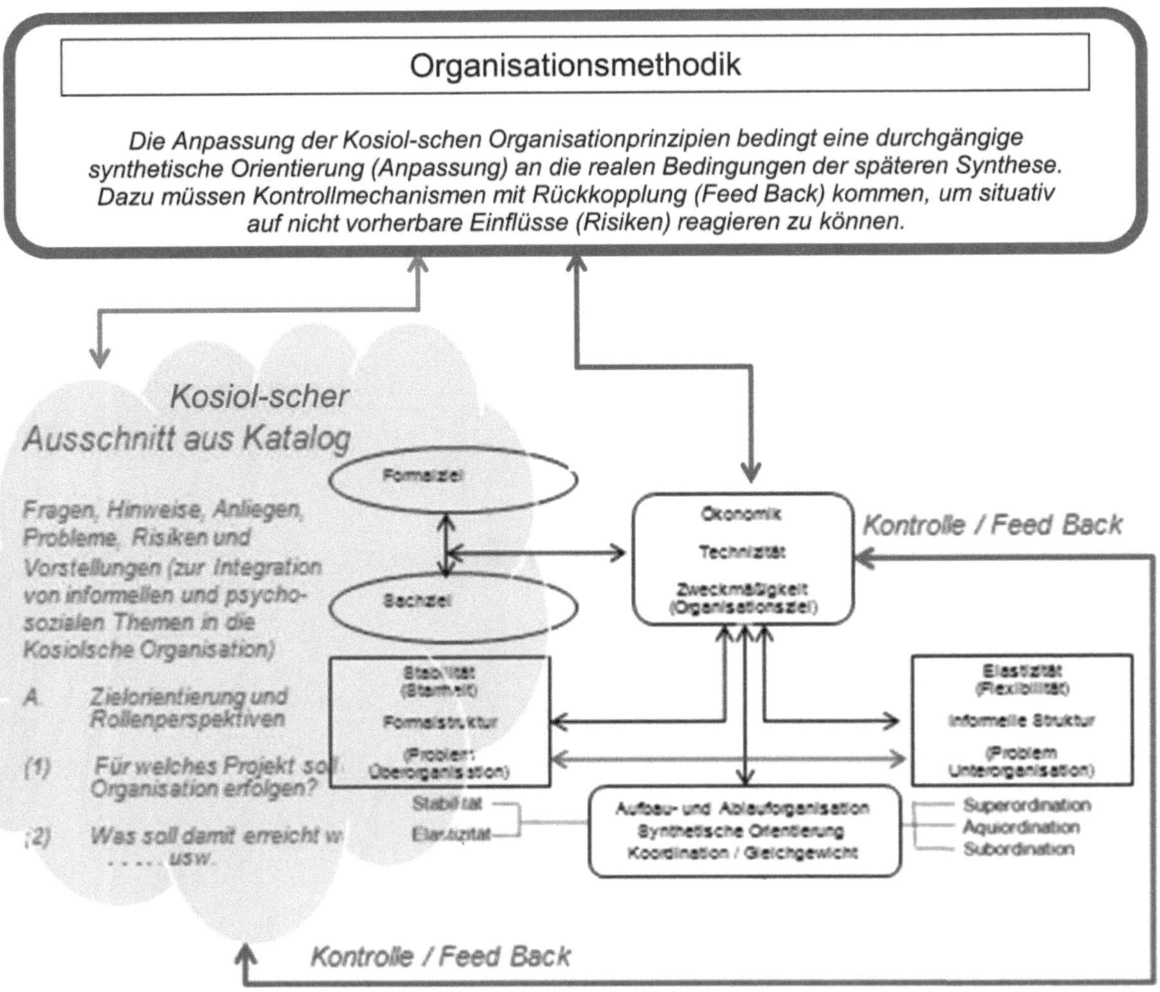

- ***Organisations- und Personalentwicklung***

  Um Psycho-Soziale Strukturen und Prozesse in Organisationen zu beschreiben, zu unter-suchen, zu analysieren und für die Organisations- und Personalentwicklung nutzbar zu machen, ist eine strenge Trennung der Disziplinen (Wissenschaftsgebiete) unzureichend. Wirklich aussagefähig ist nur die ***interdependente Behandlung***

  - *des jeweiligen menschlichen Verhaltens,*
  - *im Zusammenhang mit dem Aufbau und den Funktionen,*
  - *informeller und formeller Organisationsgebilde bzw. – Systeme –,*
  - *aus der interdisziplinären Sicht vieler Wissenschaftsperspektiven.*

- ***Selbstheilungskräfte der Organisation***

  Das „Wunder der Organisation - Menschen zwischen Pflichten und Emotionen" kann bei der Organisations- und Personalentwicklung helfen, auch einmal auf die ***Selbstheilungskräfte der Organisation*** *zu vertrauen und nicht alles bis ins letzte Detail zu planen (bzw. planen zu können), was letztlich dann doch nicht so wie gewünscht klappt.*

Es gibt anscheinend ein Verhalten, ***unbewusst (fast automatisch) und gemeinsam*** *an einer* ***positiven Entwicklung des eigenen Systems*** *mitzuwirken (intuitiv, idealistisch, gleichgesinnt, optimistisch, leidenschaftlich). Man merkt in vielen Fällen, dass eine Positivstimmung (das kann mit Indikatoren zusammenhängen; man hat beispielsweise ein Mädchen bzw. einen Jungen kennen-gelernt, das/der Leidenschaften entfacht) beflügelt. Auch bei Sportveranstaltungen können die Zuschauer ihren Verein anfeuern und dadurch Leistungssteigerungen der Sportler bewirken.*

- *Auch* ***Sublimierungen*** *(Abwehrmechanismus, bei dem „als negativ empfundene" Reize in „als sinnvoll empfundene" Aktivitäten umgewandelt werden - z.B. Übertragung sexueller Reize auf eine Aufgabe) können eine Rolle spielen. Das soll grundsätzlich keine Verteufelung sexuellen Verhaltens sein; so etwas kommt vor, wenn das Begehren einer/s Partner/In von ihrer/seiner Wunschperson abgewiesen wird und sie/er dadurch schwerwiegend frustriert ist.*

- ***Synthetische Orientierung***

  Alle ***formalen*** *(Aufbauorganisation, Ablauforganisation, Analyse und Synthese) und* ***informalen*** *(informellen und psycho-sozialen Wirkungszusammenhänge und Improvisationen) müssen sich an* ***den später in der Realität gewünschten Organisationergebnissen*** *(der Synthese) orien-tieren. Planerische Abweichungen davon sind nach Möglichkeit zu vermeiden. Aus folgendem Modell der Organisationsmethodik (Band 2, 5.18.1.2 Organisatorische Bestimmungen der Gestaltungssituationen, Seite 47) kann die erforderlichen Techniken auszuwählen.*

A.2.24 ZUSATZAUFGABEN ZUR SELBSTÄNDIGEN LÖSUNG-7

Ausgangslage

Wir befinden uns in der Geschäftsführung der deutschen Niederlassung des internationalen IT-Großunternehmens „IT-Solutions-Business“. Nach langen erfolgreichen Jahren kommt es zu starken Umsatzeinbrüchen, weil der inländische Wettbewerb aufgeholt hat. Die Muttergesellschaft hat die Warnungen der deutschen Geschäftsführung nicht ernst genug genommen und überlegt jetzt, wie durch Personalabbau und Umstrukturierungen die Präsenz in Deutschland erhalten wird, ohne zu große Substanz- und Finanzeinbußen.

Abb. 10: *Geschäftsführung internationale IT-Großunternehmen „IT-Solutions-Business“.*

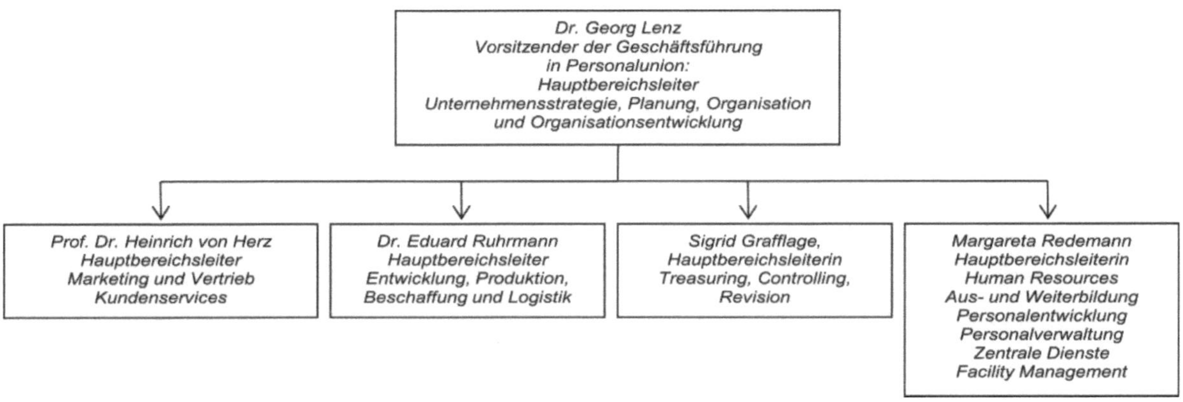

Solange alles gut ging, waren sich die Mitglieder der deutschen Geschäftsführung einig, doch die Stimmung in dem obersten Entscheidungsgremium ist jetzt äußerst angespannt. Es gibt unterschiedliche Interessen, die sich teilweise überschneiden; dazu kommen private Beziehungen aus unterschiedlichen Gründen.

Da nicht bekannt ist, wer in Zukunft Verantwortung tragen wird und ob die derzeitigen Manager noch bleiben werden, kämpft jeder um seine persönliche Zukunft.
Der Vorsitzende der Geschäftsführung ist 63 Jahre alt und rechnet nicht mehr damit, dass er auf längere Zeit bleiben kann. Seine Familie drängt ihn nachdrücklich aufzuhören und sich ins Privatleben zurückzuziehen. Da er aber starkes Pflichtgefühl empfindet, möchte er den Übergang noch begleiten und so weit wie möglich so regeln, dass der leistungsfähige Mitarbeiterstamm erhalten bleibt.

Er begegnet starken Widerständen und Misstrauen bei den anderen Mitgliedern der Geschäfts-führung, die lieber 10.000 Mitarbeiter/Innen abbauen würden und damit den Wünschen der Muttergesellschaft entgegen kämen.

Die Frage, wie er denn solche Personalreduzierungen beurteile, beantwortet er mit folgenden Ausführungen:

„Personalabbau im sich andeutenden Umfang werde ich nicht vertreten. Wie soll das Unternehmen dem starken Wettbewerb widerstehen, wenn zu wenig kompetente Entwickler, Produktions- und Service-Mitarbeiter/Innen zur Verfügung stehen und das bisherige Marketing- und Vertriebskonzept, dass seit längerem nicht mehr richtig funktioniert, angepasst werden muss.

Diejenigen, die das verantworten wollen, sollen dann auch offen dafür eintreten und die Verant-wortung übernehmen – gegenüber dem Mutterunternehmen, den Beschäftigten, dem Betriebsrat, den Gewerkschaften, den poltischen Gremien, den Medien und der gesamten Öffentlichkeit.

Aufgaben:

(1) Welche psycho-soziale Komponenten (Gefühle, Motive und Wirkungen) erkennen Sie in der Ausgangslage? Bedenken Sie bitte

- *Gefühlte Gerechtigkeitsempfindungen*
- *Motivationale Tendenzen*
- *Verhaltensstörungen*

- *Wahrnehmungs- und Kommunikationsleistungen*

  - *Beratungskompetenz*

    psychosoziale Beratung (Einzelpersonen und Gruppen) im Betrieb, aber auch privat für Paare und Familien, Privatbereich (auch Vereine, Skatrunden, Ehrenämter usw.

  - *klärende Gesprächsführung (Informationsmängel, Einsichtsfähigkeit)*

    - *Motivation*
    - *Entspannung*

    - *Abbau von Ängsten*

    - *psychische Prozesse erkennen*
    - *und einbeziehen (soziale und kulturelle Einflüsse)*
    - *Schulungen und Trainings (fachlicher, aber auch persönlichkeitsbildender Art)*

    - *Verhaltensursachen aufdecken*
    - *Betriebsklima, Gruppenklimamit*
    - *guter Stimmung, mit Humor und Fröhlichkeit.*

    - *Persönlichkeitsentwicklung*
    - *Durchbrechung festgefahrener Verhaltensmuster*
    - *Selbstreflexion & Selbstwahrnehmung*
    - *Wahrnehmung der eigenen Bedürfniss*
    - *Konfrontation von Ängsten*

    - *Konfrontationstechniken*
    - *Perspektivenwechsel und Gewinnung neuer Einsichten (Wieder)Erlangung des inneren Gleichgewichts*

    - *Orientierung & Entscheidung(Neu)Orientierungsprozesse*
    - *Zieldefinierung, -erreichung und Entscheidungsfindung*
    - *Entwicklung von Lösungsansätzen sinnvolles*
    - *und gezieltes Einsetzen von Ressourcen*

(2) Das wären zu erreichende Endziele:

- *Orientierung & Entscheidung(Neu)Orientierungsprozesse*

- *Neue leistungsfähigen IT-Informations- und Organisationssysteme*

  - *Neuorientierung (dass Zieldefinierung, -erreichung und Entscheidungsfindung)*
  - *neue Strukturen und Anwendungen*

- ***Entwicklung von Lösungsansätzen und ein sinnvolles und***
    - ***gezieltes Einsetzen von Ressourcen***
    - ***„Tandem-Lösung" (2 parallel laufende Systeme)***
    - ***zeitliche Risiken (komplexen Portierung)***

(3) Konfliktbewältigung & Krisen

- ***Bewältigung und Verarbeitung von Veränderungsprozessen (Trauer, Tod, Trennung, etc.)***
- ***Klärung immer wiederkehrender Verstrickungen und Konflikte***

- ***Beziehungs- und Partnerschaftskonflikte***
- ***Stressmanagement & Regeneration***

- ***Risiken und Konflikte***

- ***Dazu sind Mitarbeiter/Innen erforderlich, die „durchhalten"***

- ***Auch hier könnte eine „Mehrfach-Lösung" (2 oder mehr Mitarbeiter für jede Subsystemlösung)***

- ***Stressmanagement & Regeneration***

Aus: https://www.aocfrei.com/pdfs/kommunikation/5n52.pdf
Konfliktmanagement und Umgang mit Krisen1 von Dr. Johannes K. Triebe

AOC

Konfliktepisode und *Abbildung 2* verdeutlicht den zyklischen Verlauf, der sich aus der Abfolge mehrerer Konfliktepisoden ergibt.

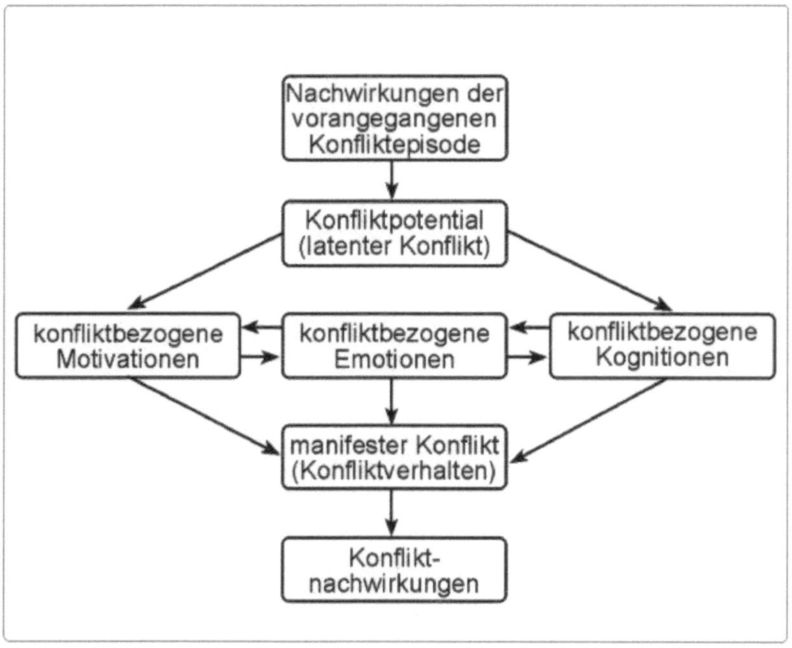

Abb. 1 Grundstruktur einer Konfliktepisode (nach Pondy 1975, 306)

A.2.25 ZUSATZAUFGABEN ZUR SELBSTÄNDIGEN LÖSUNG-8

Weiterleitung Aufgabe 7: Die Verantwortung dafür will kein Mitglied der Geschäftsführung ausdrücklich übernehmen. Am liebsten wäre es Ihnen, wenn der bisherige Vorsitzende die undankbaren Prozesse mit seinem Namen verbindet, und jeder danach seine eigenen Vorstellungen verwirklichen kann – unbelastet von einer belastenden Vorgeschichte.

Die Muttergesellschaft erhält das Protokoll der Geschäftsführungssitzung und sieht sich in einer Zwangslage:

Dem Vorsitzenden würden sie gern vertrauen, aber der weigert sich Umstrukturierung en nach den Vorstellungen der Muttergesellschaft durchzuführen. Die anderen Mitglieder der deutschen Geschäftsführung wollen zwar mitmachen, aber sich nicht offen dafür einsetzten. Am liebsten würde die Muttergesellschaft die ganze Geschäftsführung austauschen, aber man ist nicht sicher, ob der Übergang nicht zu schwerwiegenden Fehlern und Chaos führen würde, weil das langjährige Führungs-KnowHow verloren ginge.

Die Muttergesellschaft will möglichst keine zusätzlichen Mittel bereitstellen , sie merkt aber, dass sie weitaus mehr verlieren kann, wenn sie rigoros vorgeht, ohne den Preis der alternativen Veränderungen zu kennen. Die Muttergesellschaft entschließt sich eine dreiköpfige Revisionsgruppen nach Deutschland zu schicken und Einzelgespräche mit allen Mitgliedern der Geschäftsführung herauszufinden, wie sie die Situation sahen, welche Veränderungen sie empfehlen und unter welchen Voraussetzungen sie dazu beitragen möchten.

Die Gespräche verlaufen nach außen hin offen, aber die Revisoren merken, dass außer dem Vorsitzenden jeder seine unterschiedlichen Interessen vertritt und dabei für sich Positionen andeutet, die für die Reorganisation nicht wirklich wichtig sind.

Aufgaben: Bitte schildern Sie detailliert, inwieweit Ziele und Organisationsmethodik (Zielelemente, -komponenten, -ver-bindungen) die bis hier geschilderte Aufgaben und Risiken lösen können:

- ***Sachziele***
- ***Formalziele***

- ***Organisationsmethodik (Integration in die Kosiol'sche Prinzipienlogik)***
- ***Aufgaben, Hinweise, Anliegen Probleme, Risiken***
- ***und Vorstellungen zur Integration von informellen und psycho-sozialen Themen.***

- ***Ökonomik, Technizität, Zweckmäßigkeit,***
- ***Organisationsziele ,Formalstruktur, Stabilität, Überorganisation, Elastizität, Flexibilität, informelle Struktur, Unterorganisation usw. (Vorsorge und Situativität)***

A.2.26 ZUSATZAUFGABEN ZUR SELBSTÄNDIGEN LÖSUNG-9

Weiterleitung für Aufgabe 7 und 8

Stellungnahmen der einzelnen GF-Mitglieder

Im Einzelnen äußern sich die Mitglieder der Geschäftsführung folgendermaßen:

Dr. Georg Lenz (bisheriger Vorsitzender der Geschäftsführung):

„Bevor wir jetzt in lange Diskussionen einsteigen und unnütze Zeit vertun, schlage ich vor, Folgendes zu überlegen:

Wir haben von insgesamt 22.000 Mitarbeitern/Innen ca. 4.000, die zwischen 60 und 64 Jahre alt sind. Wenn wir eine Art Altersteilzeitregelung mit dem Betriebsrat vereinbaren, dann sparen wir pro Jahr brutto ca. 130 Mio. EUR (4.000 x 13 Gehälter x 2.500 EUR Durchschnittsgehalt); allerdings müssen wir bis zum 65. Lebensjahr angemessene Bezüge nach Rentenformel zahlen und Lohnsteuer und Sozialbeiträge entrichten.

Das bedeutet im Durchschnitt von 5 Jahren für 3.000 Mitarbeiter/Innen bei 60 % Bezügen und 30 % Abgaben jährliche Kosten von ca. 87,75 Mio EUR [3.000 x 13 x 2.500 x (0,6 + 0,3)]. Damit könnten wir ab sofort 42,25 Mio. EUR pro Jahr einsparen und damit einen Teil der Umstrukturierungs-maßnahmen finanzieren. Ob wir mit dieser Maßnahmen auskommen oder ob wir weitere Regelungen dieser Art brauchen werden, muss planerisch durchgerechnet werden.

Im Übrigen müssen wir ca. 40 % unserer Umsätze abschreiben, weil der Markt uns diese IT-Produkte und Leistungen nicht mehr zu unserem derzeitigen Preisniveau abnimmt. Konkurrenzfähig sind wir nach einer Preisreduzierung von ca. 20 %. Das führt zwar zu einem jährlichen Verlust von ca. 80 Mio. EUR, aber in etwa 2 Jahren können wir mit unseren schon laufenden Neuentwicklungen aufholen. Andererseits müssen wir für die Altlinien mit 100 Mio. Stilllegungskosten rechnen. Wenn unser Marketing mit geeigneten PR-Maßnahmen (ca. 20 Mio. ab 2.Jahr) flankiert wird, sieht unsere Entwicklung in etwa folgendermaßen aus:

Zeitpunkt Heute:

1.	Jahr Verlust	- 80 Mio	Einsparung Altersteilzeit	+ 42 Mio
2.	Jahr Verlust	- 80 Mio	Einsparung Altersteilzeit	+ 42 Mio
	Stillegungskosten Altinvestitionen	-100 Mio		
	Marketing mit geeigneten PR-Maßnahmen	- 20 Mio		
3.	Jahr Gewinn Neuprodukte und -leistungen			+ 50 Mio
	Marketing mit geeigneten PR-Maßnahmen	- 20 Mio	Einsparung Altersteilzeit	+ 42 Mio
	Zwischensumme	- 300 Mio		+ 216 Mio
4.	Jahr Gewinn Neuprodukte und -leistungen			+ 100 Mio
	Marketing mit geeigneten PR-Maßnahmen	- 20 Mio	Einsparung Altersteilzeit	+ 42 Mio
5.	Jahr Gewinn Neuprodukte und -leistungen			+ 150 Mio
	Marketing mit geeigneten PR-Maßnahmen	- 20 Mio	Einsparung Altersteilzeit	+ 42 Mio
	Summe	- 340 Mio		+ 510 Mio

Fragen / Antworten an Im Einzelnen äußern sich die Mitglieder der Geschäftsführung folgender-maßen:

***Frage:** Herr Dr. Georg Lenz, Wer aus dem GF-Team würde Sie bei diesen Themen unterstützen?"*

***Antwort:** (Hauptbereichsleiter Entwicklung, Produktion, Beschaffung und Logistik) wäre sicherlich einverstanden. Aber er ist mit Herrn Dr. Heinrich Herz Marktmeier (Hauptbereichsleiter Marketing und Vertrieb, Kundenservices) im Gespräch, um eine Lösung vorzuschlagen, die die Stilllegung von 60 % unserer Werke bedeuten und nur noch die Linien fördern würde, die zurzeit noch einen guten RoI erbringen. Das würde zwar das Mutterunternehmen weniger belasten, aber unsere Stellung im Feld der TOP 100 dauerhaft ausschließen. Das aber war unser Pfund, mit dem wir unsern Ruf als Marktführer in Deutschland begründet haben.*

Herr Margareta Redemann (Hauptbereichsleiterin Human Resources) würde mich uneingeschränkt unterstützen, weil sie einen Personalabbau von mehr als 10.000 Mitarbeiter/Innen nicht vertreten möchte, zumal sie glaubt, dass unser Unternehmen so stark an Image verlieren würde, dass unsere Marktchancen gefährdet werden. Da sie aber nicht weiß, wer zukünftig Vorsitzender der Geschäftsführung sein wird, hält er sich zurück und versucht, mit Frau Sigrid Grafflage (Hauptbereichsleiterin Treasuring, Controlling, Revision) einen Gegenvorschlag zu entwickeln. Aber bisher liegt nichts Konkretes vor, weil Herr Kontrobach erst einmal abwartet, wie die Muttergesellschaft agieren wird."

***Frage:** „Wem Ihrer Hauptbereichsleiter würden Sie Ihre Nachfolge am ehesten zutrauen?"*

Antwort Dr.** Georg Lenz,**:

Herr Prof. Dr. Heinrich Herz (Hauptbereichsleiter Marketing und Vertrieb, Kundenservices) hätte wohl Ambitionen, aber er würde eine solche Aufgabe nur dann übernehmen, wenn die Restrukturierungen abgeschlossen sind. Dafür gibt es einerseits persönliche Gründe, die in seiner Herkunft als Universitätsdozent liegen: Er ist mit Herrn Herr Dr. Eduard Ruhrmann (Hauptbereichsleiter Entwicklung, Produktion, Beschaffung und Logistik) freundschaftlich verbunden; sie kennen sich seit Ihrem gemeinsamen Studium in Köln. Daher bringt er seinen Vorschlag, 60 % unserer Werke stillzulegen, sehr zurückhaltend vor, weil sein Freund davon am stärksten betroffen wäre. Andererseits hat er durchaus wichtige andere Gründe, weil nach seiner Meinung mein Nachfolger unbelastet gegenüber seinen GF-Kollegen auftreten können muss."

Prof. Dr. Heinrich von Herz (Hauptbereichsleiter Marketing und Vertrieb, Kundenservices)

„Ich will keine Vorschläge machen, die unsere Position im Markt gefährden, aber wenn ich unsere Entwicklung mit der PADERDORF AG und der RIMENS-MÜNCH AG nach der Übernahme vergleiche, dann haben unsere -Produkt- und Leistungslinien wenig Chancen, langfristig zu überleben. Auch die RIMENS-MÜNCH AG konnte den IT-Bereich nur dank seines Diversifikationsstatus in staatlich geduldeten Oligopolmärkten retten – wenn auch mit Problemen und Einbrüchen an anderer Stelle bei Mobiltelefone, bei Wettbewerbs-rechtsstreitigkeit mit erheblichen Folgekosten für Sachverständige, Juristen und eventuellen Strafgeldern, Belastungen an der Börse, Börsen- und Aktienkursprobleme usw..

Wahrscheinlich trifft das RIMENS-MÜNCH AG in aller Öffentlichkeit, weil der internationale Wettbewerb das gefördert hat. Ich kann mir kaum vorstellen, dass andere das wesentlich anders machen – wahrscheinlich nur geschickter.

Auch die RIMENS-MÜNCH AG versucht bei IT neue Wege zu gehen: Sie bündeln ihre umfassende IT-Kompetenz in der RIMENS-MÜNCH-Lösungs- und Servicegesellschaft. Durch jahrzehntelange Bündelung der IT-Expertise im Bereich Softwareentwicklung, Services und Lösungen versucht Riemens umfassendes Branchen- und Geschäftsprozess-Know-how aus einer Hand anzubieten – in der Hoffnung, dass der Name RIMENS-MÜNCH AG vom Kunden honoriert wird. Ob das ausreicht, wissen die Götter."

***Frage** :„Was wollen Sie uns damit sagen?"*

***Antwort**: „Entweder müssen wir es so ähnlich wie RIMENS machen oder uns etwas Besseres einfallen lassen. Ich bevorzuge einen Neubeginn, in Teilbereichen lieber ´ein Ende mit Schrecken´ als ´ein Schrecken ohne Ende´. Dabei muss die Muttergesellschaft Vorreiter sein: Was wollen zukünftig am Markt bewerkstelligen? Ich bin bereit, zusammen mit der strategischen Kompetenz in der Muttergesellschaft die Anliegen der deutschen Organisation einzubringen."*

***Frage:** „Was bedeutet das?"*

***Antwort**: „Ich hatte gehofft, dass unsere Muttergesellschaft schon geeignete Vorschläge parat hat. So kann ich nur auf zukünftige Ergebnisse verweisen, die wir zusammen erarbeiten müssen."*

***Frage**: „Und was sollen wir bis dahin tun?"*

***Antwort:** „Retten, was zu retten ist. Das erhalten, was Gewinn bringt und Zukunft hat. Das Andere schnell, wenn auch schweren Herzens, abstoßen. Ansonsten müssen wir neue Wege gehen."*

***Frage** : „Wenn Sie Ihren Kollegen eine zukünftige Rolle in der Geschäftsführung zuweisen würden, welche Empfehlungen würden Sie uns geben?*

***Antwort:** „Herr Dr. Georg Lenz wird uns vermutlich nicht mehr lange zu Verfügung stehen. Herr Dr. Eduard Ruhrmann (Hauptbereichsleiter Entwicklung, Produktion, Beschaffung und Logistik) ist fachlich unersetzlich; mit der richtigen Strategie wird er das Richtige tun. Er ist loyal und verlässlich.*

Frau Sigrid Grafflage (Hauptbereichsleiterin Treasuring, Controlling, Revision) und Frau Magarete Redemann (Hauptbereichsleiterin Human Resources) sind Gewächse unseres Hauses, zwar mit weniger akademischen Hintergrund, aber mit großen Verdiensten in der Vergangenheit. Sie sind wohl beide auch befreundet und arbeiten gut zusammen."

***Frage an Prof. Dr. Heinrich von Herz**: „Was wollen Sie kurzfristig tun?"*

***Antwort**: „Ich sagte es schon: Retten, was zu retten ist. Das erhalten, was Gewinn bringt und Zukunft hat. Im Übrigen bieten meine fachlichen Kenntnisse und Erfahrungen Gewähr dafür, dass ich mit Ihnen eine Strategie erarbeite, deren Ergebnisse der Muttergesellschaft dienen und auch die Chancen am deutschen Markt sichern."*

***Frage :** „Wollen Sie den Vorsitz der Geschäftsführung übernehmen?"*

Antwort: „Dazu ist es zu früh. Wenn eine neue ausgereifte Strategie vorliegt, dann sollte diejenige Person Verantwortung übernehmen, die die beste Eignung dafür mitbringt. Auch sollte diese Person ihr Amt unbelastet antreten. Wenn die zu erwartenden schwerwiegenden Eingriffe dieser Person zugeschrieben werden, wird sie weder von den bisherigen Mitgliedern der Geschäftsführung noch von der Belegschaft akzeptiert werden. Ihr fehlt dann die Glaubwürdigkeit, dass sie nun plötzlich die Arbeitsplätze auf Dauer erhalten will. Sie käme ja nicht als Popstar, der Euphorie und Zuwendung erwarten darf, sondern als rücksichtsloser Vollstrecker einschneidender Maßnahmen. Das wird im Regelfall nicht funktionieren."

Aufgaben: Bitte schildern Sie detailliert, inwieweit Ziele und Organisationsmethodik (Zielelemente, -komponenten, -verbindungen) die bis hier geschilderte Aufgaben und Risiken lösen können und beachten Sie insbesondere folgende Themen:

- ***Organisations- und Personalentwicklung (interdependente Behandlung)***
  - ***des jeweiligen menschlichen Verhaltens,***
  - ***im Zusammenhang mit dem Aufbau und den Funktionen,***
  - ***informeller und formeller Organisationsgebilde bzw. – Systeme –,***
  - ***aus der interdisziplinären Sicht vieler Wissenschaftsperspektiven.***

- ***Selbstheilungskräfte der Organisation***
  - ***Verhaltenskonstellationen***
  - ***unbewusst (fast automatisch) und gemeinsam***
  - ***an einer positiven Entwicklung des eigenen Systems mitzuwirken (intuitiv,***
  - ***idealistisch, gleichgesinnt, optimistisch, leidenschaftlich***

  Anwendung der Organisationsmethodiken (Positivstimmung / Indikatoren)

  - ***Sublimierungen (Abwehrmechanismus - „als negativ empfundene“ Reize)***
  - ***in „als sinnvoll empfundene“ Aktivitäten umwandeln***
  - ***Synthetische Orientierung***

  - ***Formale Dispositionen***
    (Aufbauorganisation, Ablauforganisation, Analyse und Synthese)

  - ***Informale Interaktionen***
    (informellen und psycho-sozialen Wirkungszusammenhänge und Improvisationen)

  - ***Gewünschte Organisationergebnisse (der Synthese)***
  - ***Planerische Abweichungen davon sind nach Möglichkeit zu vermeiden***

A.2.27 Individualdevianzen und Gruppendevianzen (Abb. 11)

Heimlichkeiten und eigenmächtige unabgestimmte Aktionen

Wenn die anderen sich wehren und ähnlich agieren, kommt es zu

In dieser Phase geht aus der Fallstudie noch kein zwingendes Risiko hervor, dass zu Konflikten führen muss, aber wenn alle 3 Personen ihren Führungsanspruch, ihre fachlichen Vorstellungen und privaten Anliegen realisieren wollen, müssen sie sich einigen.

Passiert das nicht, muss man mit Spannungen rechnen, die sich steigern können.

- ***Individualdevianz (primäre Devianz - von innen, nach persönlichen Neigungen)***

Am Anfang können Heimlichkeiten und eigenmächtige unabgestimmte Aktionen stehen. Wenn die anderen sich wehren und ähnlich agieren, kommt es zu

- ***Gruppendevianzen, die immer intensiver auf den Konfliktverlauf wirken,***

- ***gruppendynamische Prozesse auslösen***
- ***und damit das Konfliktgeschehen beschleunigen.***

(von innen, nach persönlichen Neigungen).
Abb. 11: Individualdevianzen (primäre Devianz) und Gruppendevianzen

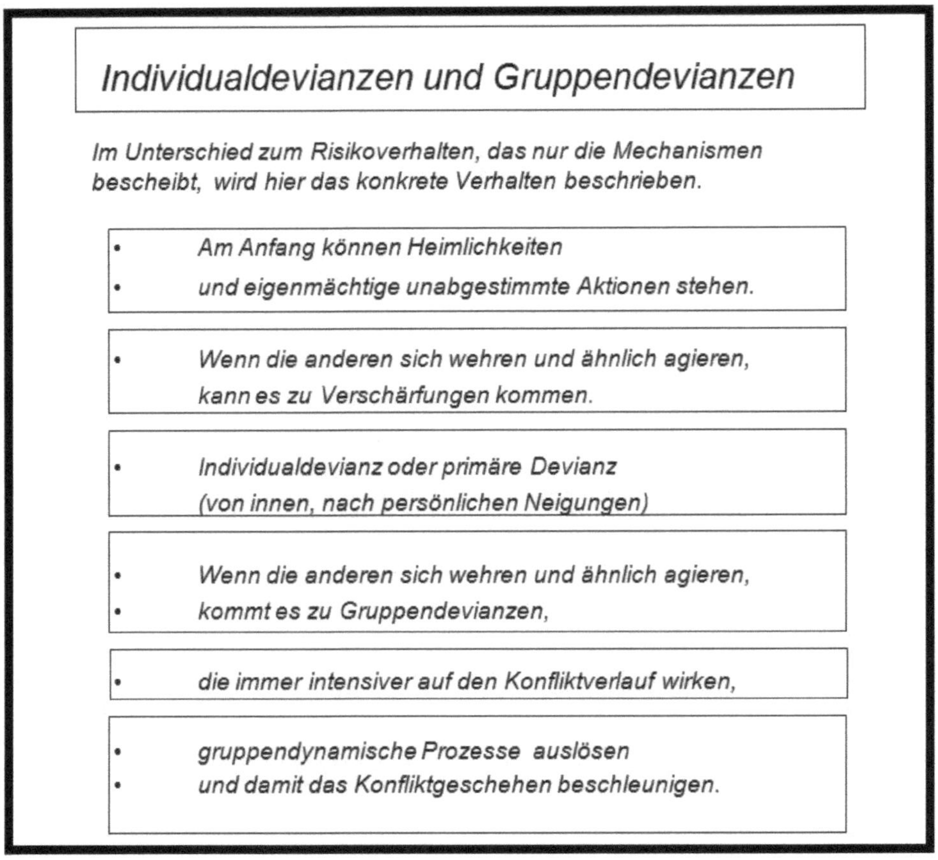

A.2.28 Risiken und Konflikte (Abb. 12)

Konflikte sind im Regelfall die Folge von empfundenen Angriffen (zum Teil berechtigt, aber auch unberechtigt,) Fehleinschätzungen und Überreaktionen, bei denen eine Person oder ein Gruppe von Menschen die Konfrontation suchen.

Es geht um widerstreitende berechtigte und auch unberechtigte Auffassungen und Interessen, die zum Zerwürfnis führen können. Auslöser sind Folgen des Missverstehens (Zeichen- oder Wortfehler, Übersetzungs-, Verstehens- und Verständnisfehler, Wort- und Satzfehler im Zusammenhang, Verwechslungs- oder Auslegungsabweichungen,

Irrtum und Dissens, Meinungs- undAuffassungsunterschiede). Konflikte sind im Regelfall die Folge von Überreaktionen, bei denen eine Person oder ein Gruppe von Menschen die Konfrontation suchen.

Auffassungen und Interessen, die zum Zerwürfnis führen können.

Auslöser sind Folgen des Missverstehens (Zeichen- oder Wortfehler, Übersetzungs-, Verstehens- und Verständnisfehler, Wort- und Satzfehler im Zusammenhang, Ver-wechslungs- oder Auslegungsabweichungen, Irrtum und Dissens, Meinungs- und Auffassungsunterschiede).

- *Dabei ist dieses Missverstehen zu einem großen Teil nicht zufällig, sondern wird bewusst herbeigeführt.*

- *Wenn jemand aus egoistischen Motiven etwas beansprucht, was ihm nicht zusteht oder/und auf das er keinen Anspruch hat, dann kann er einen Konflikt auslösen,*
- *um direkt, aber auch indirekt (auf einem anderen Feld) Zugriff auf das Gewünschte zu erhalten.*
- *Das kann ein offener, aber auch ein geheimer Vorbehalt (Mentalreservation) sein.*
- *In der Politik gibt es häufiger solche Entwicklungen.*

Abb. 12: Risiko- und Konflikte

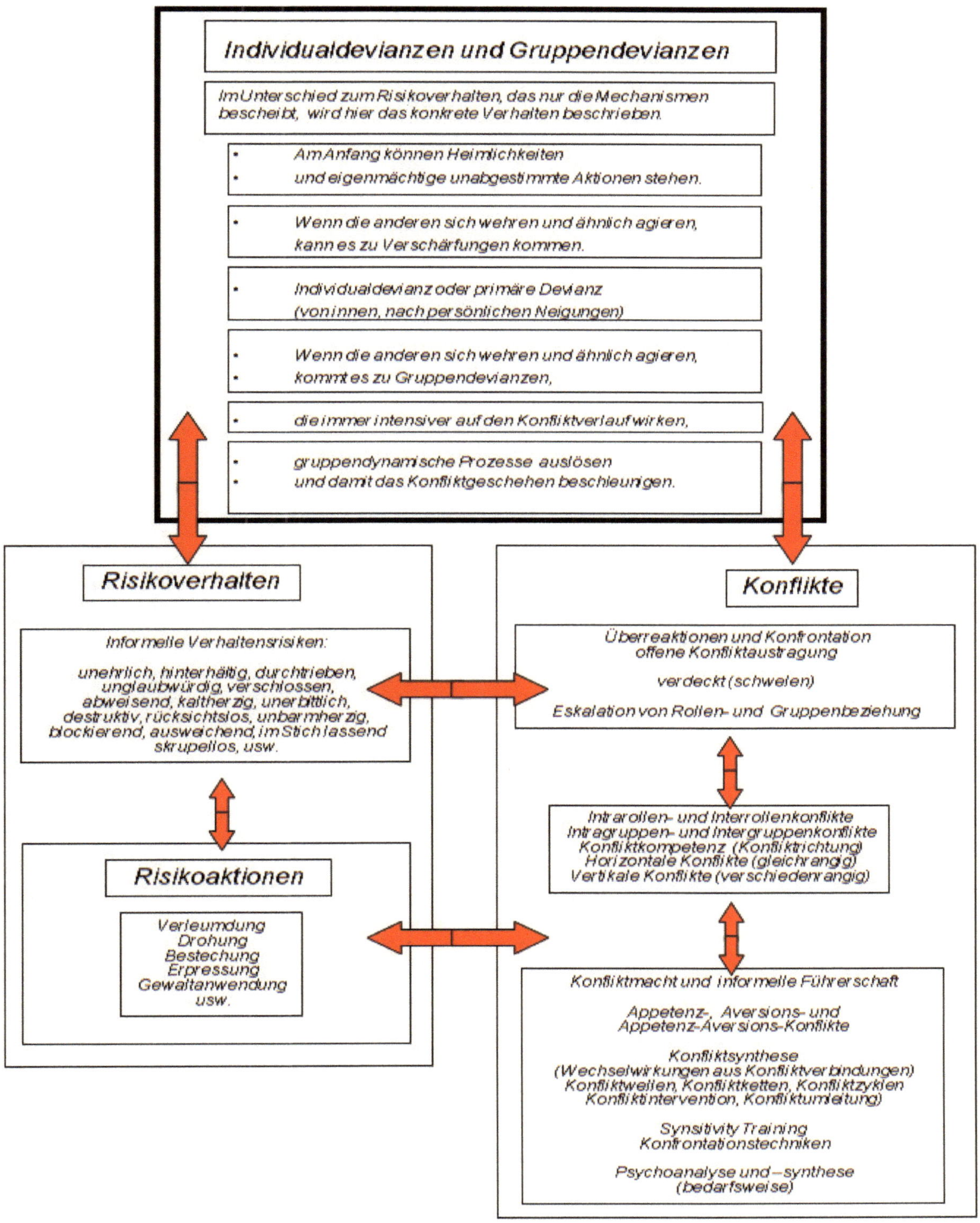

A.2.29 ZUSATZAUFGABEN ZUR SELBSTÄNDIGEN LÖSUNG-10

Weiterleitung für Aufgabe 7, 8 und 9
Stellungnahmen der einzelnen GF-Mitglieder
Dr. Eduard Ruhrmann (Hauptbereichsleiter Entwicklung, Produktion, Beschaffung und Logistik):

„Meine Fachgebiete sind die technologischen Strukturen und Entwicklungen aller Hardware- und Software-Elemente, -Bausteine und -systeme im Markt, die wichtigsten IT-Prozess- und Anwendungskonzepte, das Informationsmanagement, Kybernetische Life-Cycle- und Informations-programmierung, DMS-Architekturen, temporäre Speicherung, die Langzeitarchivierung, Retrieval, Input- Output-Prozeduren, Datenschutz, Datensicherheit und Einiges mehr. Ich verstehe etwas von Hardware- und Software-Entwicklung, Produktion und Qualitätssicherung, Testverfahren für den Kundeneinsatz, Support und Service.

Wenn ich die IT-Produkt- und Leistungsziele kenne, dann fühle ich mich sicher und kann alle Vorkehrungen für Investitionen und Produktionsabläufe treffen und funktionell gewährleisten, aber bei der wirtschaftlichen Langzeitbeurteilung bin ich unsicher.

Aus meiner Sicht gibt es zurzeit 3 Alternativen:

(1) Herr Dr. Georg Lenz (Vorsitzender der Geschäftsführung) will mit vertretbaren Einspa-rungen eine marktgerechte Modernisierung unseres technologischen Angebots betrei-ben. Dafür müsste die Muttergesellschaft Einiges an Finanzmittel bereitstellen.

(2) Herr Prof. Dr. Heinrich von Herz (Hauptbereichsleiter Marketing und Vertrieb, Kundenservices) will einschneidend rationalisieren nach dem Motto: ´Retten, was zu retten ist. Das erhalten, was Gewinn bringt und Zukunft hat.´ Er glaubt nicht daran, dass die Muttergesellschaft noch viel investieren will.

(3) Frau Grafflage (Hauptbereichsleiterin Treasuring, Controlling, Revision) und Frau Margareta Redemann (Hauptbereichsleiterin Human Resources) wollen eine soziale Lösung, bei der alle Mitarbeiter Einkommensverzicht gestaffelt nach Gehaltshöhe leisten und dafür Kapitalanteil am Unternehmen erwerben. Da sie seit mehr als 20 Jahren im Unternehmen sind und quasi als Mitbegründer gesehen werden ist ihre Position deshalb relativ stark, zumal große Teile der Belegschaft, der Betriebsrat und die Arbeitnehmervertreter im Aufsichtsrat, einschließlich der Gewerkschaftsvertreter, das befürworten.

Unglücklich ist dabei, dass Alternative (3) nicht offen gehandelt wird. Die verlassen sich darauf, dass die genannten Gremien ihre Vorstellungen vertreten werden. Da alle Alternativen im Raum stehen, ohne dass – außer Herr Dr. Peter Herrschaft – jemand bereit wäre, offen Verantwortung zu übernehmen, herrschen Stillstand und Misstrauen. Zustimmungen oder Einwände werden in kleinen Gruppen diskutiert, es werden Verbündete gesucht und die anderen GF-Kollegen im Unklaren gelassen.

Destruktivität und Hinterhältigkeiten bleiben dabei nicht aus. Wenn ich wüsste, dass Herr Dr. Peter Herrschaft bleiben würde, könnte ich mich mit Alternative (1) anfreunden.

***Frage:** „Welche Rolle wollen Sie zukünftig einnehmen?“*

***Antwort:** „Man muss in jede Aufgabe hineinwachsen und ich bin Planer, Entwickler, Techniker und Macher. Bisher hat jeder dem Stil und der Kompetenz von Herrn Herrschaft vertraut. Herr Prof. Dr. Herrmann Marktmeier genießt die fachliche Achtung aller, obwohl ich wohl der einzige bin, derihm eine umfassende Führungsrolle zutraut – unabhängig davon, dass mir sein Vorschlag zu einschneidend ist. Aber, was letztlich geschieht, hängt von der Muttergesellschaft ab.*

Bis vor Kurzem waren die Frau Sigrid Grafflage (Hauptbereichsleiterin Treasuring, Controlling, Revision) und Frau Margareta Redemann (Hauptbereichsleiterin Human Resources mit von der Partie; sie haben Herrn Herrschaft uneingeschränkt unterstützt. Ich glaube nicht, dass sie Ambitionen haben, mehr Verantwortung zu übernehmen."

***Frage:** „Und Sie?"*

Antwort:

„Ich würde die Reorganisation, die Herr Herrschaft vorschlägt, unterstützen und alle notwendigen Planungen, Analysen und Lösungskonzepte durchrechnen und konzeptionell vorbereiten. Dazu müsste alle ihren ehrlichen Input geben und mich ggf. auch auf Fehler und Risiken hinweisen. Auch für die sich daraus ergebenden Folgeaufgaben stehe ich zur Verfügung."

***Frage:** „Würden Sie den Vorsitz der Geschäftsleitung übernehmen?"*

***Antwort:** „Zu diesem Zeit konkurrieren die Alternativen von Herrn Herr Georg Lenz und Herrn Prof. Dr. Heinrich von Herz. Wenn die Muttergesellschaft einem der Beiden den Vorrang einräumt, würde ich aus Loyalität der neuen Linien folgen – wenn auch lieber dem Konzept von Herrn Dr. Georg Lenz, weil er die Mehrzahl an qualifizierten Arbeitsplätzen und die Substanz des Unternehmens erhalten will..*

Ich würde dann den Vorsitz übernehmen, wenn Herr Dr. Peter Herrschaft und Herr Prof. Dr. Herrmann Marktmeier diese Aufgabe nicht wahrnehmen sollten.

***Frage:** „Ohne wenn und aber?"*

***Antwort:** „Ich muss mich schon in den Zielen und Strategien, wie auch beim Kompetenzerhalt und bei der Sozialverträglichkeit, wiederfinden."*

Frau Sigrid Grafflage (Hauptbereichsleiterin Treasuring, Controlling, Revision):

„Was mich zurzeit am meisten stört, ist der gegenseitigen Umgangsstil. Ich bin seit 24 Jahren im Unternehmen von Anfängen bis heute und – solange Herr Dr. Peter Herrschaft den Vorsitz tatsächlich inne hatte – haben wir eine Art Führungsmodell praktiziert, bei dem jeder seine Meinung sagen konnte, ohne dass er befürchten musste, hinterrücks belastet zu werden. Dann haben wir gemeinsam eine Entscheidung vorbereitet, jeder musste Kompromisse eingehen, um die wichtigen Schritte rechtzeitig zu lösen. Keiner musste befürchten, dass im Nachhinein Vereinbartes umgestoßen wurde und er plötzlich isoliert war.

Herr Lenz stößt auf ein Scheinklima: Eine vorgeschlagene Formulierung findet dann Zustimmung, wenn sich nichts Wesentliches ändert. Das bedeutet, dass keiner der Beteiligten seine bisherige Rechte aufgeben möchte, um was Neues zu bewirken. Reorganisationen werden dadurch verschleppt. Um das zu manifestieren, wird Begeisterung simuliert, um nicht als Quertreiber zu gelten.

Herr Lenz würde sicherlich durchgreifen, wenn er noch die ausdrückliche Verantwortung hätte und wüsste, was die Muttergesellschaft wirklich will. Wir brauchen wieder Einvernehmen für unsere Entscheidungsprozesse Jeder muss sich im Detail festlegen, damit er hinterher nicht ausweichen kann. Bei triftige Gründe müssen diese gemeinschaftlich bearbeiten werden. Unterschiedliche Ziele werden in einem solchen Prozess offen nebeneinander gestellt und nach den gemeinsam erkannten Prioritäten gelöst.

.

Langfristige Streitigkeiten, Gespräche hinter den Kulissen müssen vermieden werden. Jeder sollte loyal und solidarisch handeln und sich an schriftlich Vereinbarte und ausdrücklich Akzeptierte halten. Wer dauerhaft ausbricht, stört unser Führungsverhältnis."

Fragen: *„Wenn Herr Lenz demnächst ausscheiden würde, wem trauen Sie seine Nachfolge zu?"*

Antwort: *„Solange Unklarheit besteht, was werden soll, rechnet Prof. Dr. Herrmann Marktmeier mit eine späteren Berufung. Wenn seine Vorschläge nicht zum Tragen kommen, glaube ich, dass Herr Dr. Eduard Ruhrmann das Zeug dazu hat. Es wäre allerdings gut, wenn Herr Herrschaft ihn für eine gewisse Zeit begleiten würde."*

Frage: *„Und was ist mit Ihnen?"*

Antwort: *„Ich wäre froh, wenn es viel Arbeit für konstruktive Lösungen gibt, die wir in freundschaftlicher Atmosphäre anpacken und bewältigen können. Meine Arbeit hat mir Spaß gemacht und so soll es wieder werden."*

Frau Margareta Redemann (Hauptbereichsleiterin Human Resources):

„Ich bin sehr unzufrieden mit der derzeitigen Situation. Aus mehr oder weniger nachvollziehbaren Gründen ist das gegenseitige Vertrauen in der Geschäftsführung und im Unternehmen gestört. Das begann mit der Mitteilung der Muttergesellschaft, dass mit Personalabbau und Umstrukturierungen die Präsenz in Deutschland erhalten bleiben soll, aber großen Substanzverlust und ohne Finanzeinbußen. Diese Information war zu ungenau und hat Spekulationen Tür und Tor geöffnet. Mit der Information des Aufsichtsrates wurden über die Arbeitnehmervertreter auch die Betriebsräte aufmerksam und danach begannen Gerüchte in der Belegschaft zu kursieren.

Herr Lenz machte sofort deutlich, dass Personalabbau für ihn nur sehr bedingt ein Thema sein könne. Da Wir noch nicht einmal vor einem Vergleich stünden, geschweige denn vor einem Konkurs, würde er Personalabbau nur dann erwägen, wenn andere Lösungen nicht mehr denkbar sein. Lieber würde er aus dem Unternehmen ausscheiden, als eine unbedachte Notbremse zu ziehen.

Keiner sagte etwas dazu, weil die Konsequenz, dass Herr Herrschaft aussteigen könnte, unterschiedliche Erwartungen auslösten. Außer Herrn Prof. Dr. Herrmann Marktmeier hatte wohl keiner die Absicht sein Nachfolger zu werden, aber jeder war jetzt verunsichert, was geschehen könne. Hinzu kamen Verdächtigungen, die vor allem Frau Grafflage und mich trafen: Irgendjemand habe die Belegschaft informiert. Das stimmte zu diesem Zeitpunkt nicht.

Auch Herr von Herz sagte nichts wirklich Konkretes. Er ließ außerhalb der GF-Sitzungen verlauten, dass man sich nicht wie Herr Lenz gegen die Interessen der Muttergesellschaft stellen könne. Dabei war sein Credo „Retten, was zu retten ist. Das erhalten, was Gewinn bringt und Zukunft hat." Er wich immer aus, wenn er deutlicher werden sollte.

Die beiden unterschiedlichen Positionen „Lenz ./. von Herz" führten zu einer allgemeinen Verunsicherung. Keiner wusste mehr genau, wer zu wem hält. Herr Dr. Ruhrmann ist mit Herrn von Herz schon vom Studium gut bekannt und so mutmaßten man, dass sie zusammenhalten würden.

Ich halte Herrn Dr. Dr. Ruhrmann allerdings für eine ehrliche Haut, aber das reicht nicht aus, um ein vertrauensvolles Klima zu schaffen.

Bevor wir nun gar nichts tun, haben Frau Grafflage und ich beschlossen, von den Betriebsräten und den Arbeitnehmervertretern im Aufsichtsrat informell prüfen zu lassen, ob man ggf. zu Einkommensverzicht bereit wäre, um das Unternehmen zu retten. Die Resonanz war überraschend positiv, wenn auch mit einem Preis versehen: Man sei bereit, sich für einen befristeten Einkommensverzicht gestaffelt nach Gehaltshöhe einzusetzen, wenn dafür Kapitalanteile am Unternehmen als Ausgleich gewährt würden.

Das schien uns vor allem dann interessant zu werden, wenn wir den Vorschlag von Herrn Herrschaft unterstützen können. Ich denke auch, dass Herr das aus Überzeugung mittragen würde.

***Frage:** „Wenn Herr Herrschaft demnächst ausscheiden würde, wem trauen Sie seine Nachfolge zu?"*

***Antwort:** „Der Einzige, der neben Herrn Herrschaft das Geschäft aus dem „ff" kennt und auch weiß, wie das konzeptionell und operativ umzusetzen wäre, ist Herr Dr. Eduard Ruhrmann . Auch hat er das menschliche Format, um die Zusammenarbeit im Unternehmen zu koordinieren. Er ist loyal gegenüber Herrn Lenz und hat auch gut mit Herrn von Herz zusammengearbeitet, aber ihm liegt vor allem daran, die qualifizierten Arbeitnehmer/Innen Im Unternehmen zu halten, unser IT-Leistungsspektrum marktgerecht anzupassen und daher Personalabbau nach Möglichkeit zu vermeiden."*

***Frage:** „Was ist mit Herrn von Herz als Vorsitzender der Geschäftsführung?"*

***Antwort:** „Er ist ein Marketingfachmann mit hoher theoretischer und praktischer Kompetenz. Aber er hätte es wohl schwer, alle anderen GF-Mitglieder für sich zu gewinnen, weil er mehr Einzelkämpfer als Teamplayer ist und von jedem erwartet, dass man seiner strategischen Weitsicht folgen möge."*

Aufgaben:

Bitte schildern Sie detailliert, inwieweit die bis hier geschilderte Verhaltensweisen sich auf Aufgaben auswirken und Risiken lösen auskönnen und beachten Sie insbesondere folgende Themen:

Konflikte sind im Regelfall die Folge von Überreaktionen, bei denen eine Person oder ein Gruppe von Menschen die Konfrontation suchen. Es geht um widerstreitende berechtigte und auch unberechtigte Auffassungen und Interessen, die zum Zerwürfnis führen können.

Die Eskalation solcher Auseinandersetzungen (Abmahnung, Kündigungen bzw. Aussperrung, gerichtliche Auseinandersetzungen usw.) können je nach Art des Konflikts zu erheblichen Risiken für alle Beteiligten führen.

Welche Verhaltenswirkungen der bisher bekannten Informationen führen zu Konflikt-wirkungen?

- ***Risikoverhalten (Wahrnehmung, Angst, Verdrängung, Verärgerung)***
- ***Das Verhalten eines Einzelnen kann provozieren oder auch zu Banalisierung führen – z.B. „Es wird alles nicht so heiß gegessen, wie es gekocht wird."Erst die partielle Solidarisierung kann zur Stagnation oder zur Verschärfung führen.***

- ***Ausweichen (sich verstellen, heimliche Einzel- und Gruppenpositionierung)***

  Da manche Gruppenmitglieder Konflikte fürchten und vermeiden wollen, versuchen sie auszuweichen, indem sie versuchen, sich entweder einzeln absichern (z.B. Einschalten eines Anwalts) oder sich mit Gleichgesinnten solidarisieren (z.B. Gemeinsames Blockieren von Entscheidungen).

- ***Konfrontation (Streit, Angriff, Gegenwehr),***

  Andere Gruppenmitglieder sehen im Austragen des Konfliktes ihre Chance und greifen an (Einzeln oder ebenfalls in Solidargruppen) und versuchen, ihre Ziele durchzusetzen. Erst wenn die gegnerischen Gruppen zur Gegenwehr antreten, ergeben sich Konfrontationen.)

- ***Eskalation (Aggression, indirekte und direkte Kampfinteraktionen bis zu Waffenstillstand, Sieg und Niederlage) Die Eskalation der Einzel- und Gruppenstreitigkeiten wird solange fortgeführt, bis eine Gruppe nachgibt, bis ein Waffenstillstand vereinbart wird oder bis äußere Einflüsse den Konflikt unterbrechen oder beenden.***

Verdeckte und offene Konflikte

- ***Konfrontationen können verdeckt stattfinden bzw. unsichtbar schwelen, indem z.B. der Konflikt informell ausgetragen wird und einem „Gegner“ etwas angedroht (Arbeitsbehinderung, Prügel usw.) wird, ohne dass der Vorgesetzte etwas erfährt, und es von der Reaktion des Bedrohten abhängt, wie es weiter geht.***

- ***oder aber offen, indem ganz offiziell Arbeit, Anweisungen u.a. verweigert werden (legitimiert als gewerkschaftlich organisierter Streik oder auch als „wilder Streik“). Auch hier hängt es von der Reaktion des Bedrohten abhängt, wie es weiter geht.***

Konflikte aus Rollen- und Gruppenbeziehungen

Ein weiteres Konfliktkriterium ist die Rollen- und die Gruppenbeziehung. Welche Art von Konflikten nehmen Sie hier wahr?

Man unterscheidet:

- ***Intrarollenkonflikte (z.B. Ein Vertriebsleiter soll einerseits Kosten einsparen, andererseits den Umsatz steigern, was ohne zusätzliche kostenintensive Kundenakquisition nicht möglich ist, und er weiß nicht, wie er dieses Thema gegenüber seiner Vertriebsgruppe und gegenüber der Geschäftsleitung vertreten soll, ohne eines oder beide Ziele zu vernachlässigen.***

- ***Interrollenkonflikte (z.B. Eine Führungskraft soll im Rahmen eines Sozialplanes einen Teil seiner Leute entlassen, Da er gleichzeitig Mitglied im Betriebsrat ist, will er sie an sich schützen. Auch hier weiß er nicht, wie sich gegenüber seiner Gruppe, gegenüber der Geschäftsleitung und gegenüber dem Betriebsrat verhalten soll.)***

- ***Intragruppenkonflikte, bei denen der Konflikt innerhalb einer Gruppe (z.B. Isolierung eines Gruppenmitgliedes) oder von einer Gruppe ausgelöst wird (z.B. Wir beschweren uns geschlossen beim Betriebsrat.).***

- ***Intergruppenkonflikte, bei denen mindestens zwei Gruppen beteiligt sind (z.B. Die Arbeitsgruppe verweigert die Anerkennung der Vorgabezeiten der Arbeitsvorbereitung.).***

A.3. *Integration informeller und psycho-sozialer Themen in die Kosiol'sche Organisation*

*Folgender **Fragenkatalog** ist verkürzt, auch nicht vollständig und nur auf die Anforderungen der Fallstudie ausgerichtet (Fragen, Hinweise, Anliegen Probleme, Risiken und Vorstellungen)*

A.3.1 *Zielorientierung und Zielabhängigkeiten*

*(1) Für welches Projekt soll die Organisation mit welchen Zielen erfolgen? **(Zielstruktur, Zielorientierung, Rollenperspektiven, Interaktionen, Dispositionen, Improvisationen)** (1)*

(2) Handelt es sich um Neuorganisation, Reorganisation oder Organisationsanpassung? Was soll damit erreicht werden? (Planung, Realisierung, Steuerung, Kontrolle) (2)

(3) Welche Zielperspektiven und Constraints (Beschränkungen, Zwänge, Restriktionen, Bedingungsrahmen) sind für das organisatorisches Gleichgewicht zu berücksichtigen?

(4) Da Improvisationen müssen schnell erfolgen müssen, welche Unterziele und Zielbedingungen sind zu berücksichtigen (Prioritäten, Kapazitäten, Arbeitsschritte, Termine)?

(5) Wie kann man Überorganisation vermeiden (Formalismus und Bürokratie) und schnelle notwendige Reaktionen ermöglich (Elastizität, Dispositionen, Improvisationen, Chaos vermeiden)?

(6) Wie kann man Organisatorisches Gleichgewicht: erreichen, zu geringe Stabilität und zu große Spielräume vermeiden (Kontrollverlust, Chaos)?

(7) Auf welche materiellen und immateriellen Einrichtungen und Leistungen kann man zurückgreifen? Welche organisatorischen Ressourcen müssen erneuert werden? (7)

(8) Wie kann sich die Zielstruktur für den Fall eines informellen bzw. psycho-sozialen Aufgabenbezug ändern (Eignung, Kooperationsfähigkeit, Ausgeglichenheit, Teamfähigkeit, Risiken und Konflikte)

(9) Da Kooperation nicht ohne informelle Struktur der Organisation funktioniert, wie können die formelle (instrumentale und rationale) und auch die informellen (sozio-emotionalen) Verhaltensmuster integriert werden?

(10) Handelt es sich um einen situativen Ansatz (Situations- und Strukturmerkmalen, Kontingenz)? Gibt es ‚Situationsmerkmalen' und ‚Strukturmerkmalen' bei denen eine Kontingenz besteht?

(11) Bestehen Zusammenhänge, Risiken und/oder Konkurrenzen zwischen (11)

- *der Situation,*
- *der Struktur,*
- *der Prozessen,*
- *Informations- und Kommunikationstechnik,*
- *dem Verhalten der Organisationsmitglieder*
- *und der Organisationseffizienz?*

(12) Wie kann eine durchgängige synthetische Orientierung (Anpassung) an die realen Bedingungen der späteren Synthese angepasst werden? (Kontrollmechanismen mit Rückkopplung / Feed Back)

(13) *Wie kann das „psycho-soziale Menschenbild“ (‚complex man“) im situativen Ansatz berücksichtigt werden? Wie kann man folgende Eigenschaften „Weltoffenheit, Kommunikationsfähig, Lernfähigkeit und Selbstbestimmung“ in diesem Zusammenhang bewerten?*

(14) *Welche nicht offensichtlichen Ursachen- Wirkungs-Zusammenhänge können dabei wirksam werden? Was sind normale Voraussetzungen, um eine Aufgabe zu erfüllen? (Limbic® wird hier nur tendenziell übernommen und nicht akribisch) (14)*

- *Bewusste und unbewusste Motivstrukturen*
- *Psychologische Zielgruppensegmentierung (Wer ist für was geeignet?)*
- *Alters-, Geschlechts- und Kulturdifferenzen (Kommunikation, Unternehmenskultur)*
- *klare und verständliche Eigenpositionierungen*
- *Optimierungsbestreben als „Trial and Error-Anpassungen“*

(15) *Wie kann Diskrepanzen (Störungen) zwischen Soll-. Will und Istorganisation, dysfunktionalen Führungs-, Interaktions- und Improvisationswirkungen und negative Gruppendynamik vermeiden? (15)*

(16) *Welche formalen gruppenspezifischen und psycho-sozialen und emotionalen Rollen wirken auf die Gruppenbildung (Kollegien) als Führungs-, Interaktions- und Improvisationswirkungen?(16)*

(17) *Welche formalen und informellen Strukturen und Prozesse, Parameter, Paradigmen, Szenarien und psycho-soziale Skills sind im Hinblick auf die Zusammensetzung der Geschäftsführung zu beachten? (17)*

A.3.2 Fallstudie 1: Lösung der Fallstudie / Aufgaben
Fragen (Aufgaben, Hinweise, Anliegen Probleme, Risiken und Vorstellungen)

Grundsätzlich gilt, dass diese Aufgabenstellung sehr viel enger ist, als die umfassenden Möglichkeiten der Auswertung dieser Fallstudie. Daher gilt an dieser Stelle, für die jeweilige Aufgaben nicht mehr zu tun, als sie konkret erfordert.

Die Vielzahl von Teilbereichen, formal-technischen Details und Risiken/Problem, die gar nicht zur Aufgabenstellung gehören, können in die Irre führen. Es ist Ihre Aufgabe bei der Sichtung die Informationen, Hinweise und Anleitungen diejenigen herauszufinden, die für die jeweilige Aufgabenstellung wichtig sind. Auch in der Praxis wird das häufig ein signifikanter Teil der Aufgabe so sein.

(17) Welche formalen und informellen Strukturen und Prozesse, Parameter, Paradigmen, Szenarien und psycho-soziale Skills sind im Hinblick auf die Zusammensetzung der Geschäftsführung zu beachten?

A.3.2.1 Personalbedarf (Aufbau des zukünftigen Führungsteams)

Angelehnt an https://www.kisp.de/fuehrungskraft-10-faehigkeiten/ KISP Prof. Kunow + Partner GbR, Baumhofstraße 39 D, 44799 Bochum Verantwortlich für den Inhalt: Prof. Dr.-Ing. Annette Kunow:

Es muss ein Führungsteam aufgebaut werden, dass einerseits die technische Entwicklung beschleunigt, vor allen aber zeitgerecht die Märkte versorgt. – Und das kostet. Vorerst sind genügend Finanzmittel vorhanden.

Der geschäftsführende Projektleiter hat für diese Anpassungsaufgaben freie Hand, aber die Familie sitzt ihm im Nacken, wenn er mehr Geld ausgibt, als die Familie vorgesehen hat. Aber wenn er etwas erreichen wollen, dann müssen eine Technologie aus der Taufe heben, die möglichst noch in 10 Jahren modern ist. Und das kostet deutlich mehr.
Er soll einen detaillierten Plan vorlegen, der sämtliche organisatorischen Schritte darstellt und auch das Kostenvolumen und die Zeitplanung absichert. Das Problem besteht darin, dass er für diesen Plan Fachleute brauchen, die er erst einstellen muss, wenn er den Plan vorgelegt hat und die Genehmigung erteilt ist.

Er vereinbart zunächst mit den Familiensprechern, dass Sie die Kandidaten für die Führungsaufgaben brauchen, suchen und vorstellen.

Auch ist es aus seiner Sicht sehr bedeutsam, dass wir Persönlichkeit brauchen, die schon vergleichbare Aufgaben gelöst haben. Solche Persönlichkeiten, die nicht nur die Technologie beherrschen, sondern auch wissen, was der Markt braucht und wie es an den Kunden gebracht werden kann.

Da er einerseits auch den Export steigern soll und es andererseits im Einzugsgebiet des Unternehmens nicht genügend Bewerber gibt, muss auch Bewerber sollten nicht nur Deutsch und fließend Englisch sprechen, sondern nach Möglichkeit Sprachen, die im Verbund der Führungskräfte weltweit gebraucht werden.

Die Bewerber sollten 35 – 45 Jahre alt sein und natürlich Informations- und Kommunikationsgenies. Es werden relativ wenig Bewerber zu finden sein. Entweder sind sie in fester Bindung und nicht interessiert oder wir müssen hohe Einkommenserwartungen erfüllen, die bisher nicht in unser Unternehmen passen.

Die folgenden Voraussetzungen (kann zuhören, motivieren und begeistern, hat Humor, ist hochgradig teamfähig, hat Freude am Erfolg Anderer im Unternehmen, ist ein Vorbild, ist lernfähig, hat Werte und Ziele, weiß genau, was vom Team erwartet wird, hilft den Mitarbeiterinn en und Mitarbeitern, erfolgreich zu sein, setzt die richtigen Prioritäten, kann motivieren, sich durchsetzen, ist fleißig, ausdauernd, belastbar, verliert nie die Übersicht, ist fachlich universell begabt, kreativ und loyal, hat Autorität und Charisma und wirkt verantwortlich und im positiven Sinne machtvoll) kann ein Einzelner nicht erfüllen – das Führungsteam sollte diese Wirkung insgesamt erzielen.

Die Geschäftsführung weiß, dass das nicht von heute auf morgen funktionieren kann – viel Zeit haben wir nicht. Dazu müssen alle Seiten bereit sein einen Vertrauensvorschuss zu erbringen, um unbedingte Loyalität in schwierigen Märkten mit aggressiven Wettbewerbern zu gewährleisten.

Wenn folgende Personen,

Manfred Richter (58 Jahre) Leiter Treasuring, Controlling und Finanzierung,
Dr. Hans Dominik (60 Jahre) Entwicklungsleiter
Pieter van Expeer (51 Jahre alt) Marketing-und Vertriebsleiter
Manfred Petersen (52 Jahre alt)) Organisationsleitung und IT-Management,
Sabine Denkter (46 Jahre) als Bewerberin Leiterin Organisation und Rechnungswesen
Dr. Andreas Mutmacher (38 Jahre) Bewerber für Organisationsleitung und IT-Management

ihren Führungsanspruch geltend machen, sind Risiken und Konflikten möglich.

Wenn sie ihre fachlichen und kompetenziellen Vorstellungen und privaten Anliegen realisieren wollen, müssen sie sich einigen. Passiert das nicht, muss man mit Spannungen rechnen, die sich steigern können. Statt der Individual- und Gruppendevianzen werden die 6 Personen mit ihren Wirkungen einbezogen.

Aber wie kann man diese Problematik konkret lösen? Wie weit sind diese Personen bereit, ihre Vorstellungen auf die Belange des Unternehmens einzustellen?
Das Bewertungsverfahren wird zweistufig sein: Zunächst sollen die

***persönlichen Anliegen** (sofern sie bekannt sind) werden sie zu 40 % bei der der Gesamtbetrachtung gewichtet. Sind sie nicht bekannt, zählen nur die generellen Anforderungen.*

- *Die Bewertungen werden zwischen 0 und 9 liegen, wie die einzelnen Personen reagieren könnten (0 = neutral; 1 bis 9 = defensiv bis entschieden – sowohl **positiv** wie negativ).*

- *Wenn die Summe aus Zustimmung bzw. Ablehnung höher „als 60 % negativ beträgt", **muss mit dem Betreffenden gesprochen werden** –*

  - ***entweder werden die Vorgaben akzeptiert***
  - ***oder Stellenwechsel,***
  - ***im Ausnahmefall Entlassung.***

*Die **generellen Anforderungen** (60 % bei der der Gesamtbetrachtung) erstellt der/dieStelleninhaber/ In selbst und zwar nicht das, was er/sie gern unterstützen würde,*

- *sondern er/sie muss eine **Prioritätenreihenfolge für seine 10 wichtigsten Positionen** bestimmen, die von 0 und (0 bis 9 = niederwertig bis hochwertig) vergeben werden dürfen (0, 1, 2, 3, 4, 5, 6, 7, 8, 9). - Kein Wert darf sich wiederholen.*

- *Wer von der vorgegebenen Reihenfolge der Unternehmer-Familie im Durch-schnitt mehr als 50 %*

- *abweicht, hat geringe Chancen, die Stelle zu erhalten. Bei wichtigen Zusatzqualifikationen kann das zu Gunsten des/der Bewerbers/In überprüft werden.*

*In **Abb. 13:** ist der Bewerbungs- und Bewertungsvorgang noch einmal grafisch dargestellt.*

Abb.13: *Bewerbungs- und Bewertungsvorgang I*

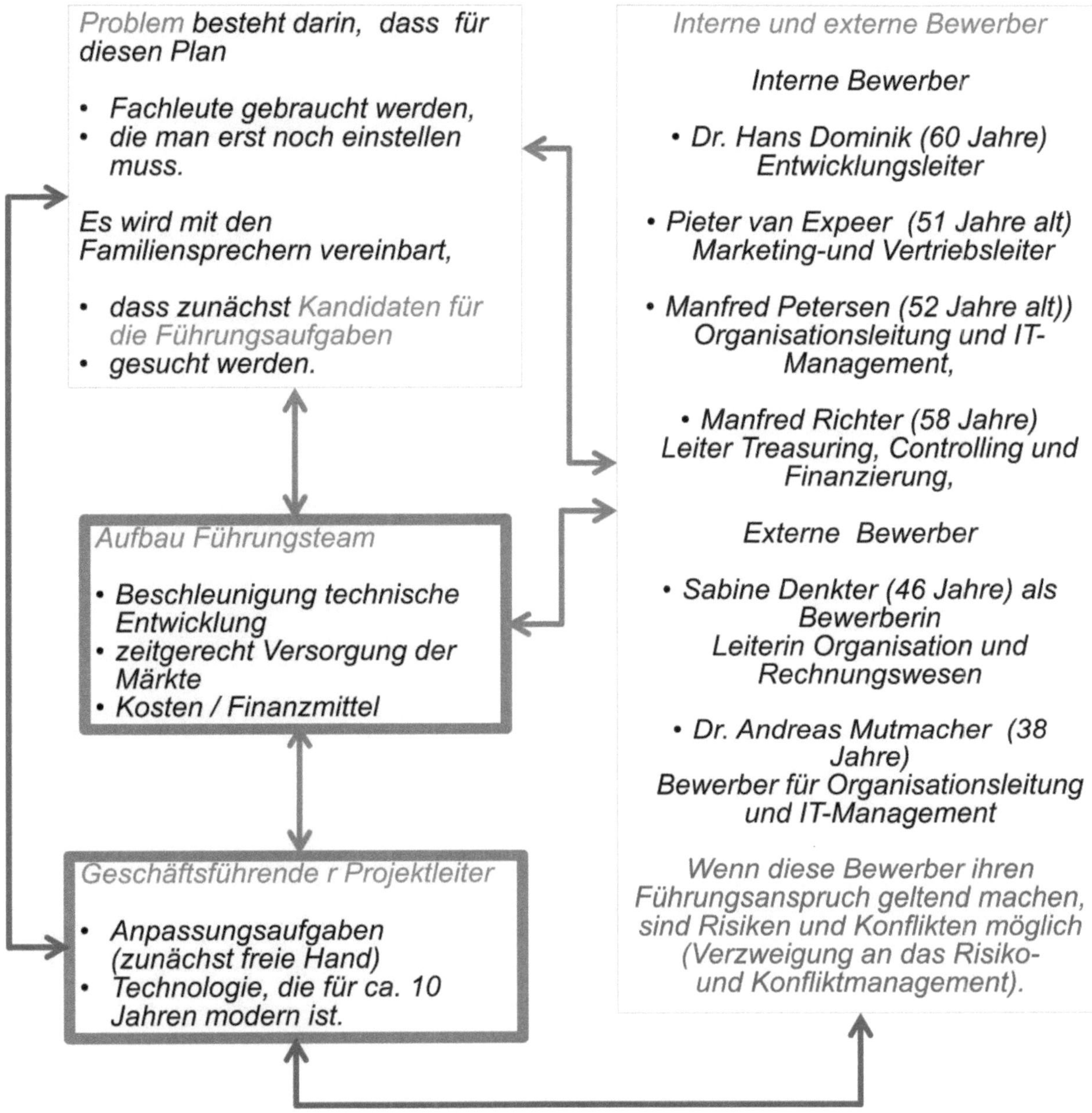

Abb.13: *Bewerbungs- und Bewertungsvorgang II*

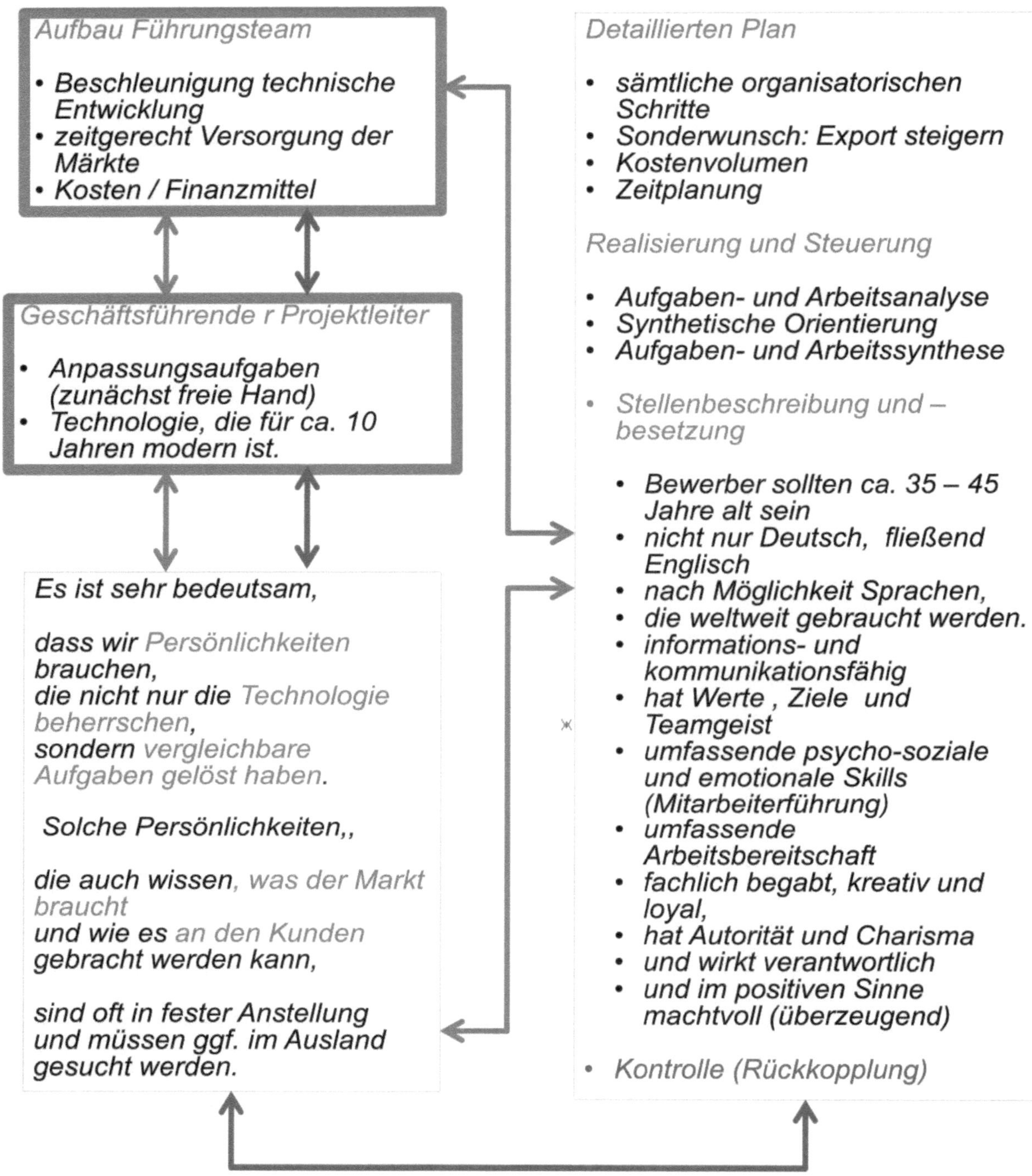

A.3.2.2 ZUSATZAUFGABEN ZUR SELBSTÄNDIGEN LÖSUNG-11

- ***Orientieren Sie sich an Abb.14: Bewerbungs- und Bewertungsvorgang und übertragen Sie die folgenden Struktur- und Prozessregelungen auf die dort genannten Begrifflichkeiten und Zusammenhänge.***

- ***Konstruieren Sie ein auf Großprojekte ausgerichtetes Managementmodell für die Aufgaben 7, 8, 9 und 10.***

Auszugsweise: IT-Beratung, S-O-S-Methode© für Großprojekte, Kompetenzzentrum, Großprojektmanagement (CC GroßPM; BVA/BIT; Version 2.1; September 2015; Herausgeber: Bundesverwaltungsamt; Ansprechpartner Herr Thomas Schroder, Seite 78ff:

„ ... 6.2 Personalmanagement

6.2.1 Ziele: Was soll das Personalmanagement erreichen?

Das Personalmanagement bei Großprojekten verfolgt drei Ziele:

- ***Einen erfahrenen Projektleiter finden und ein qualifiziertes Team zusammenstellen. Großprojekte sind fast immer erfolgreich, wenn ein fachlich kompetentes Projektteam fur die ganze Projektlaufzeit verfugbar ist. Aufgabe des Personalmanagements ist es, geeignete Mitarbeiter auszuwählen. Das gilt vor allem für die wichtigen Projektrollen und insbesondere für den Gesamtprojektleiter: Er benötigt nebenfachlicher Kompetenz auch Erfahrung im Management grösser IT-Projekte in der öffentlichen Verwaltung.***

  Bei der Auswahl z.B. des Systemarchitekten kommt es dagegen vor allem darauf an, dass er Erfahrung mit der für das Projekt vorgesehenen Architektur und Technologie hat. Darüber hinaus sorgt das Personalmanagement für Kontinuität und Konstanz im Projektteam: Idealerweise stehen die vorgesehenen Mitarbeiter für die gesamte Laufzeit zu 100% zur Verfügung.

- ***Das Projektteam motivieren. Der Erfolg eines Projekts hangt entscheidend vom Engagement des Teams ab. Mit geeigneten Maßnahmen (Einbindung, Transparenz verschaffen, Beitrag des Einzelnen herausstellen) kann das Personalmanagement die Motivation des Teams und jedes einzelnen Mitarbeiters stärken.***

- ***Die Projektmitarbeiter weiterentwickeln. Die Teammitglieder sind für die Dauer des Projekts aus ihrer normalen Arbeitsumgebung und Organisationsstruktur herausgelöst – in Großprojekten manchmal für mehrere Jahre. Das Personalmanagement sorgt dafür, dass die Weiterentwicklung der beteiligten Mitarbeiterwahrend des Projekts gewährleistet und an den Projektzielen ausgerichtet ist. Außerdem sichert das Personalmanagement nach Abschluss des Projekts die Entwicklung der Mitarbeiter, die sich wieder in die normale Arbeitsumgebung eingliedern.***

6.2.2 Rollen: Wer macht was im Personalmanagement?

Der (Gesamt-)Projektleiter ist Gesamtverantwortlicher für das Personalmanagement. In öffentlichen Organisationen jedoch stets in Zusammenarbeit mit der personalbearbeitenden Stelle sowie weiteren Beteiligten (z.B. Personalrat, Gleichstellungsbeauftragte, Fortbildung). Folgende Rollen sind für das Personalmanagement relevant: (Gesamt-)Projektleiter Ist Gesamt-verantwortlicher für das Personalmanagement,

- ***sorgt für die Motivation der Mitarbeiter und des Teams sowie für die Mitarbeiterentwicklung der Kernmitarbeiter Ggf. Personalmanager***
- ***stellt sicher, dass die Mitarbeiter die für ihre Aufgaben notwendige Erfahrung und Kompetenz besitzen und dass alle notwendigen Mitarbeiter für den Projekteinsatz verfügbar sind,***
- ***stimmt die Mitarbeiterentwicklung mit den Personalvorgesetzten ab, plant Maßnahmen zur Mitarbeitermotivation und fuhrt sie durch ggf. Personaladministrator,***
- ***gewährleistet die administrative Unterstützung,***
- ***fordert beispielsweise abgestimmte Mitarbeiter-Dispositionspläne und Mitarbeiter-Entwicklungsvereinbarungen ein und prüft diese,***
- ***erstellt Auswertungen (z.B. „Mitarbeitergebirge“ – grafische Darstellung des Mitarbeiterbedarfs über Zeit) zur Kommunikation von Bedarfen,***
- ***organisiert Motivationsmaßnahmen oder koordiniert die Urlaubsplanung***

Allerdings sind diese personalmanagementspezifischen Rollen in vielen Projekten nicht dediziert besetzt.

Das Personalmanagement liegt dann in der Verantwortung der Projektleitung.

In Großprojekten ist der Gesamtprojektleiter fur das Personalmanagement verantwortlich. Er kann jedoch einzelne Themen an weitere Projektrollen mit Führungsverantwortung delegieren. Sinnvoll ist es beispielsweise, wenn Projektmanager und Projektleiter die Personalmanagementaufgaben für ihre Teilprojekte oder Verantwortungsbereiche übernehmen.

Delegieren von Personalmanagementaufgaben

6.2.3 Ergebnisse: Welche Dokumente sollen erstellt werden?

Zu den Zielen des Personalmanagements gehört, geeignete Mitarbeiter fur das Projekt zu finden, sie dort einzusetzen und ihre Weiterentwicklung zu sichern. Dementsprechend erarbeitet das Personalmanagement vor allem drei wichtige Ergebnisse:

- ***Mitarbeiterverfügbarkeitsplan. Für jeden Mitarbeiter ist dokumentiert und abgestimmt, zu welchem Anteil und in welchem Zeitraum er für das Projekt zur Verfugung steht.***

- *Mitarbeitereinsatzplan. Für jede Projektrolle ist festgelegt, welcher Mitarbeiter die Rolle einnimmt. Für Mitarbeiter ohne dedizierte Rolle ist dokumentiert, welche Aufgaben sie übernehmen. Zudem werden Informationen aufgenommen, die mit dem Einsatz des Mitarbeiters in Verbindung stehen (z.B. Einarbeitungsplanung oder Übergabeplanung beim Ausstieg des Mitarbeiters aus dem Projekt).*

- *Ausbildungsplan. Für jeden Mitarbeiter ist festgelegt, wie er sich im Projekt weiterentwickeln soll, also z.B. welche Qualifizierungsmaßnahmen in welchem Zeitraum durchzuführen sind. Diese Informationen können in unterschiedlichen Projektdokumenten enthalten sein (z.B. Projekthandbuch, Projekt-Charta, Aufgabenplan).*

Weitere für das Personalmanagement relevante Ergebnisse – insbesondere Projektorganigramm und die Definition der Projektrollen – werden im Abschnitt zur Projektorganisation beschrieben (siehe Kapitel Festlegung/ Überprüfung der Projektorganisation).

Es ist jedoch dringend darauf zu achten, dass die Führung von parallelen Personalakten in der öffentlichen Verwaltung nicht legitim ist. Es empfiehlt sich hier die vorherige Abstimmung mit den personalbearbeitenden Stellen sowie weiteren Beteiligten (z.B. Personalrat, Gleichstellungsbeauftragte, Fortbildung) …

… 6.2.4 Prozesse:
Wie geht das Personalmanagement vor, womit beschäftigt es sich inhaltlich?

Das Personalmanagement bei IT-Großprojekten sollte schon vor dem Projektstart wichtige Aufgaben lösen ((Initiale Prozesse), es ist aber auch wahrend des Projekts wichtig laufende Prozesse). Das folgende Schaubild gibt einen Überblick (Rollen und Verantwortlichkeiten festlegen).

Zum Projektstart werden Prozesse und Verantwortung fur Personalmanagement-Themen im Projekt festgelegt – gemeinsam mit den Linienorganisationen der eingesetzten Mitarbeiter.

Das ist in Großprojekten besonders wichtig, weil hier das Personalmanagement von unterschiedlichen Mitarbeitern und weiteren Beteiligten (siehe Abschnitt Rollen: Wer macht was im Personalmanagement?) wahrgenommen wird: besonders vom Gesamtprojektleiter, von den Projektmanagern und Projektleitern. Deren Rollen sind genau zu definieren. Ebenso sollte festgelegt werden, für welche Personalmanagement-Themen das PMO verantwortlich ist.

Personalmanagement ist Aufgabe mehrerer Mitarbeiterpositionen im Projekt festlegen

Zu klären ist auch der Prozess, mit dem Mitarbeiter für das Gesamtprojekt angefordert oder „zurückgegeben“ werden. Hierbei hat sich folgendes Vorgehen bewahrt: Zunächst melden die Teilprojekte ihren Personalbedarf über den Projektmanager an das Gesamtprojekt, dort werden dann frei werdende Mitarbeiter neu zugeordnet oder zusätzliche Mitarbeiter angefordert.

Anforderungen und Verteilung der Mitarbeiter zentral

Projektleiter und -team auswählen: In der Anbahnungsphase des Projekts kommt es vor allem darauf an, ein erfahrenes und fachlich kompetentes Projektteam auszuwählen. Dazu werden Anforderungsprofile für die wichtigsten Projektrollen erstellt. Anhand derer lassen sich dann geeignete Mitarbeiter leichter finden. Das Know-how des Teams sollte alle Aspekte des Projekts abdecken:

Fachwissen, Technikkenntnisse, Managementerfahrung.

Damit das fachliche Know-how ausreichend berücksichtigt wird, ist es sinnvoll, bereits Mitarbeiter der künftigen Nutzer einzubeziehen. Dies betrifft insbesondere Softwareprojekte. Strategieprojekte können je nach Inhalt ebenfalls eine Einbindung der Fachseite notwendig machen. Bei einer reinen IT-Konsolidierung ist dies nicht nötig, eine Reorganisation des Anforderungsmanagements ist jedoch nur unter Einbindung der Fachseite sinnvoll. Infrastrukturprojekte erfordern keine Einbindung der Fachseite.

Bei Großprojekten in der öffentlichen Verwaltung kommt es besonders auf den richtigen Gesamtprojektleiter an. Er sollte bereits Erfahrung im GrosPM haben und darüber hinaus die Anforderungen erfüllen.

... Anforderungen an den Projektleiter

- *Der Gesamtprojektleiter eines Großprojekts sollte sich nur dieser Aufgabe widmen. Denn wahrend die Leiter kleinerer Projekte zusätzlich noch Linienverantwortung tragen können, braucht ein Großprojekt die ganze Aufmerksamkeit und Kapazität. Der Projektleiter sollte dem Projekt zu 100% zur Verfügung stehen.*

- *Bei Großprojekten kommt es besonders darauf an, erfahrene und weniger erfahrene Mitarbeiter in einem guten Verhältnis zusammenzubringen. Ist das Team mit zu vielen unerfahrenen Mitarbeitern besetzt, werden zu viele vermeidbare Fehler gemacht. Sind im Team dagegen zu viele erfahrene Kollegen, behindern sie sich gegenseitig („stehen sich auf den Füssen“). Das gilt für das Gesamtteam ebenso wie für die Teams der Teilbereiche bzw. -projekte. Ausgewogener Mix an erfahrenen und weniger erfahrenen Mitarbeitern.*

- *Zudem ist bei Großprojekten darauf zu achten, dass interne und externe Mitarbeiter in ausgewogener Mischung dabei sind. Soll ein Projektteam entstehen, ist ein Mindestanteil an dauerhaft präsenten internen Mitarbeitern als Know-how- und Kulturträger erforderlich. Mit einer solchen ausgewogenen Mischung lässt sich auch verhindern, dass der Auftraggeber besonders in Schlüsselpositionen langfristig von Externen abhängig wird. Deshalb sollte der Auftraggeber vor allem bei gestaltenden Themen langfristig benötigte Kompetenzen identifizieren, für die zumindest mittelfristig interne Mitarbeiter aufgebaut werden sollten.*

- *... Werden besonders viele externe Mitarbeiter eingesetzt, ist auf ausreichende Managementkapazität zu achten. Nur dann lassen sich sowohl die formalen Prozesse bei der Beschäftigung Externer wahrnehmen als auch deren Ergebnisse prüfen und sicher übernehmen.*

  Ausreichend Managementkapazität pro Mitarbeiter bereitstellen Verfügbarkeit und Rahmenbedingungen für den Projekteinsatz abstimmen. Die Verfügbarkeit der Mitarbeiter für die Projektlaufzeit ist mit deren Linienorganisationen abzustimmen.

Idealerweise sollten sie für die gesamte Zeit zu 100% für das Projekt da sein, auf keinen Fall aber für weniger als 70%. Bei weniger als 70% treten bereits Probleme auf, weil die Prioritäten nicht klar sind, Mitarbeiter zu wichtigen Projektterminen und -phasen doch nicht verfügbar sind und sich nicht voll auf die Projektaufgaben konzentrieren.

- *Wer in Großprojekten wichtige Rollen einnimmt, sollte für die gesamte Projektlaufzeit zu 100% verfügbar sein. 100%-ige Projektverfügbarkeit wichtiger Rollen. Die Rahmen-bedingungen für den Einsatz der Mitarbeiter unterscheiden sich teilweise danach, ob es sich um externe oder interne Mitarbeiter handelt.*
- *Rahmenbedingungen für interne Mitarbeiter: Wenn der Mitarbeiter der Organisationseinheit des Auftraggebers angehört, erfolgt die Abstimmung durch interne Vereinbarungen.*
- *In der öffentlichen Verwaltung wird die Verfugbarkeit interner Mitarbeiter per Umsetzung, Aufgabenübertragung oder Abordnung formal geregelt. Bei der Abordnung ist die längere Vorlaufzeit zu berücksichtigen; bei der Umsetzung oder Aufgabenübertragung das Herauslösen aus der aktuellen Aufgabe und die entsprechenden Nachbesetzungen.*

- *Beachtung der formalen Regelung interner Mitarbeiter*

  Sonstige für den Projekteinsatz wichtige Rahmenbedingungen, insbesondere die Führungsverantwortung sowie die Ist-Zeit-Erfassung, werden mit der Linienorganisation des Mitarbeiters vereinbart, insbesondere:

- *Mit den Personalvorgesetzten der eingesetzten Mitarbeiter sind die Verantwortungsbereiche der fachlichen und der disziplinarischen Führung festzulegen. Die fachliche Führung liegt im Projekt.*
- *Für ein effizientes Controlling (siehe Kapitel Projektplanung) bedarf es auch bei internen Mitarbeitern einer Ist-Zeit-Erfassung. (Für externe Mitarbeiter ist diese meist als Basis für die Abrechnung ohnehin notwendig.)*
- *Da in der öffentlichen Verwaltung jede detaillierte Ist-Zeit-Erfassung der Zustimmung des Personalrats bedarf, ist dieser frühzeitig einzubinden.*
- *Rahmenbedingungen für externe Mitarbeiter: In diesen Fallen ist die Verfugbarkeit vertraglich zu vereinbaren. Der Vertrag regelt beispielsweise die Verpflichtung zur Arbeit „vor Ort" und den geforderten Einsatz in Stunden pro Woche. Er enthält aber auch inhaltliche Festlegungen wie die Verpflichtung zum Know-how-Transfer.*
- *Mitspracherecht bei der Auswahl externer Mitarbeiter: In Großprojekten ist es sinnvoll, dass der Auftraggeber auch ein Mitspracherecht bei der Auswahl der einzelnen Mitarbeiter vertraglich vereinbart. So ist es gegebenenfalls ohne Probleme möglich, dass ein Mitarbeiter auf Wunsch des Auftraggebers ausgetauscht wird.*
- *Mitarbeiterentwicklungsplan mit Linienorganisation abstimmen*

  Neben der Verfugbarkeit der Mitarbeiter ist auch ihre Entwicklung wahrend der Projektlaufzeit mit ihrer Linienorganisation abzustimmen. Hierbei ist darauf zu achten, dass die Entwicklung des Mitarbeiters der geplanten Projektarbeit zugute kommt, also mit den Projekt-zielen in Einklang steht. Die Planung der Mitarbeiterentwicklung sollte auch den Know-how-Transfer von Mitarbeitern berücksichtigen, die den Nutzern des Projektergebnisses nach Abschluss des Projekts nicht mehr zur Verfugung stehen.

Auch die Entwicklung der Mitarbeiter nach Abschluss des Projekts sollte bedacht werden, da eine ungewisse Zukunft zu Blockadehaltungen der Mitarbeiter fuhren kann.

- *Bei lang laufenden Großprojekten ist mit der Linienorganisation und dem Mitarbeiter auch abzustimmen, wie der Mitarbeiter die im Projekt erworbenen Fähigkeiten und Erfahrungen nach dessen Ende sinnvoll nutzen kann. Der Mitarbeiter erhält somit eine langfristige Entwicklungsperspektive. Die Entwicklungsziele sollten messbar sein.*

Entwicklungsperspektive des Mitarbeiters aufzeigen
Projektorganisation und -rollen festlegen

Die Projektmitarbeiter werden umso engagierter ans Werk gehen, je besser ihre konkrete Aufgabe im Projektauf sie zugeschnitten ist, das heißt je besser sie ihre Erfahrungen und Kenntnisse einbringen können. Aufgaben und Rollen werden so verteilt, dass niemand unter- oder überfordert ist, denn beides konnte Mitarbeiterdemotivieren. Idealerweise sind die Aufgaben vorher mit den Mitarbeitern abgestimmt

- *In lang laufenden Großprojekten sollte die Projektleitung auch bewusst die Mitarbeiterentwicklung zu ihrer Aufgabe machen, um die Motivation der Mitarbeiter langfristig zu sichern. Gezielte Mitarbeiterentwicklung fördert Motivation.*

In Großprojekten kommt es darauf an, das ganze Vorhaben (das „Big Picture") mit den übergreifenden Projektzielen klar zu kommunizieren und stets präsent zu halten. Sonst besteht auf Grund der hohen Arbeitsteilung die Gefahr, dass Mitarbeiter sich wie kleine Rädchen im Getriebe fühlen, den eigenen Beitrag zum Erfolg nicht erkennen können und weniger engagiert zu Werke gehen. Es ist also Aufgabe der gesamten Führungsmannschaft (z.B. Gesamtprojektleiter, Projektleiter, Systemarchitekten), jeder kleinen Einheit und jedem einzelnen Mitarbeiter immer wieder zu verdeutlichen, in welcher Art und Weise sie zum Gesamterfolg beitragen.

Stetige Kommunikation des Erfolgsbeitrags zu den Projektzielen

- *In Großprojekten treffen Mitarbeiter aus verschiedenen Organisationseinheiten und Firmen in einem Team aufeinander. Sie haben oft extrem unterschiedliche Erfahrungen, Arbeits-weisen und Arbeitsgeschwindigkeiten. Wenn sich Mitarbeiter in der Minderheit befinden, können sie dadurch einen demotivierenden Kulturschock erfahren. Auch in solchen Fallen hilft es, die Projektziele offensiv zu kommunizieren, so dass jeder einzelne Mitarbeiter seinen Beitrag zum Projekterfolg kennt und daraus Selbstbewusstsein ziehen kann. Zudem sollten die Aufgaben von Anfang an nach Erfahrungen und Fähigkeiten der Mitarbeiter verteilt werden. Eine weitere Hilfe gegen den Kulturschock ist die geplante Weiterentwicklung im Projekt.*

Kulturschock durch gezielte Interaktion vermeiden

- *Feedbackschleifen mit den Personalvorgesetzten der Mitarbeiter wirken auch motivations-fördernd in lang laufenden Großprojekten. Auf diese Weise wird die Projektarbeit des Mitarbeiters in seiner Beurteilung berücksichtigt, auch wenn er lange nicht in seiner Linienorganisation arbeitet.*

Regelmäßiges Feedback zur Leistungssicherung

Laufendes Personalmanagement

- *Auch wenn das Projekt lauft, verfolgt das Personalmanagement die zu Beginn beschriebenen Ziele. Dazu prüfen die Verantwortlichen), ob und wie sich die zu Projektbeginn herrschenden Rahmenbedingungen geändert haben. Darauf aufbauend entwickeln sie Maßnahmen, mit denen sich die Ziele auch unter veränderten Bedingungen erreichen lassen, setzen die Maßnahmen um und prüfen deren Wirksamkeit.*

  Verfügbarkeit eines qualifizierten Teams sichern

  Werden im Projektverlauf zusätzliche Mitarbeiter oder Mitarbeiter mit anderen Erfahrungen und Kompetenzen benötigt, so erfolgt erneut ein Auswahlprozess wie bei Projektbeginn. Alternativ können benötigte Kompetenzen im Projekt entwickelt werden.

- *In Großprojekten ist es sinnvoll, jeweils mehrere Mitarbeiter gleichzeitig in das Projektteam zu integrieren. So reduziert sich der Aufwand für die Einarbeitung erheblich.*

  Projektteams aus mehreren Mitarbeitern zusammensetzen

- *Für die Besetzung wichtiger Rollen und Know-how-Träger (einschließlich ihrer Vertreter) sollte es in Großprojekten eine Mittel- und Langfristplanung geben. Auf diese Weise lasst sich die Ausbildung und Aufgabenverteilung so gestalten, dass Mitarbeiter sich im Projekt-verlauf darauf vorbereiten, künftig zu besetzende Rollen und Aufgaben zu übernehmen. Beispielsweise ist es sinnvoll, Vertreter der Projektleiter und der Systemarchitekten aufzubauen, die im Laufe der Zeit deren Rollen/Aufgaben verantwortlich übernehmen können ...“*

- *Konstruieren Sie ein auf Großprojekte ausgerichtetes Managementmodell für die Aufgaben.*

Abb. 14: Projektplanung und Personalmanagement I

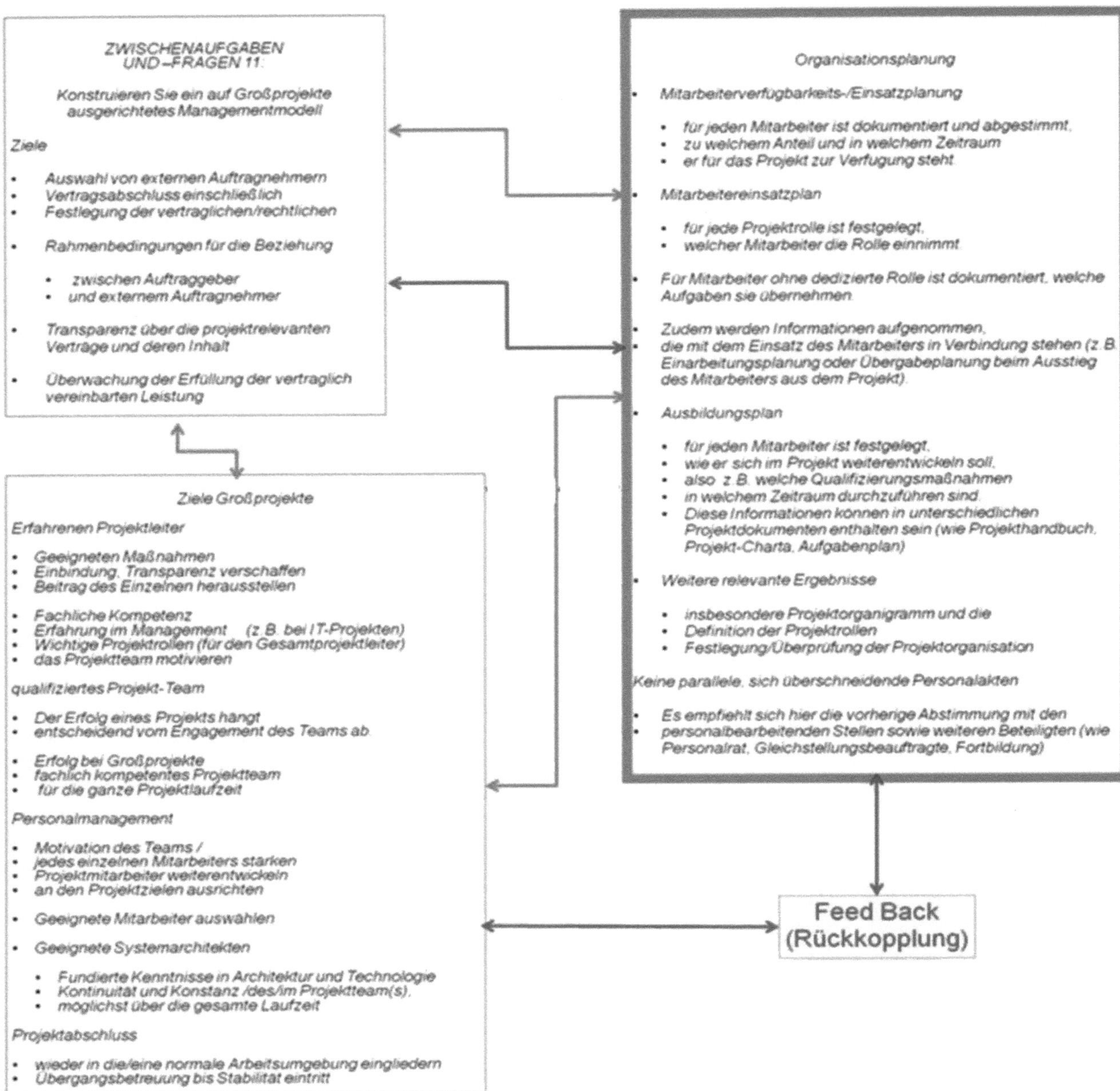

Abb. 14: Projektplanung und Personalmanagement II

Konstruieren Sie ein auf Großprojekte ausgerichtetes Managementmodell für die Aufgaben.

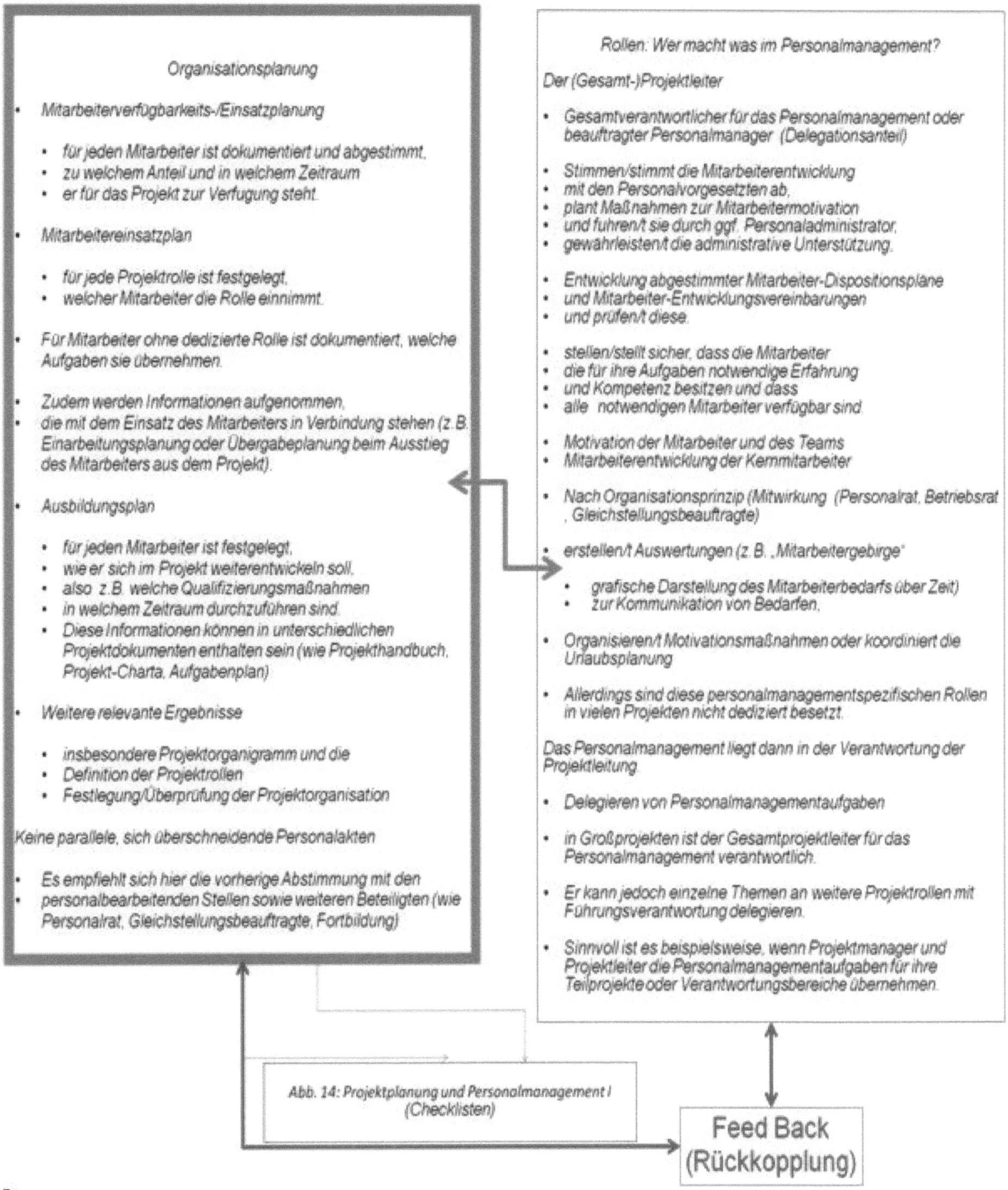

▪

Abb. 15: Projektplanung und Personalmanagement III

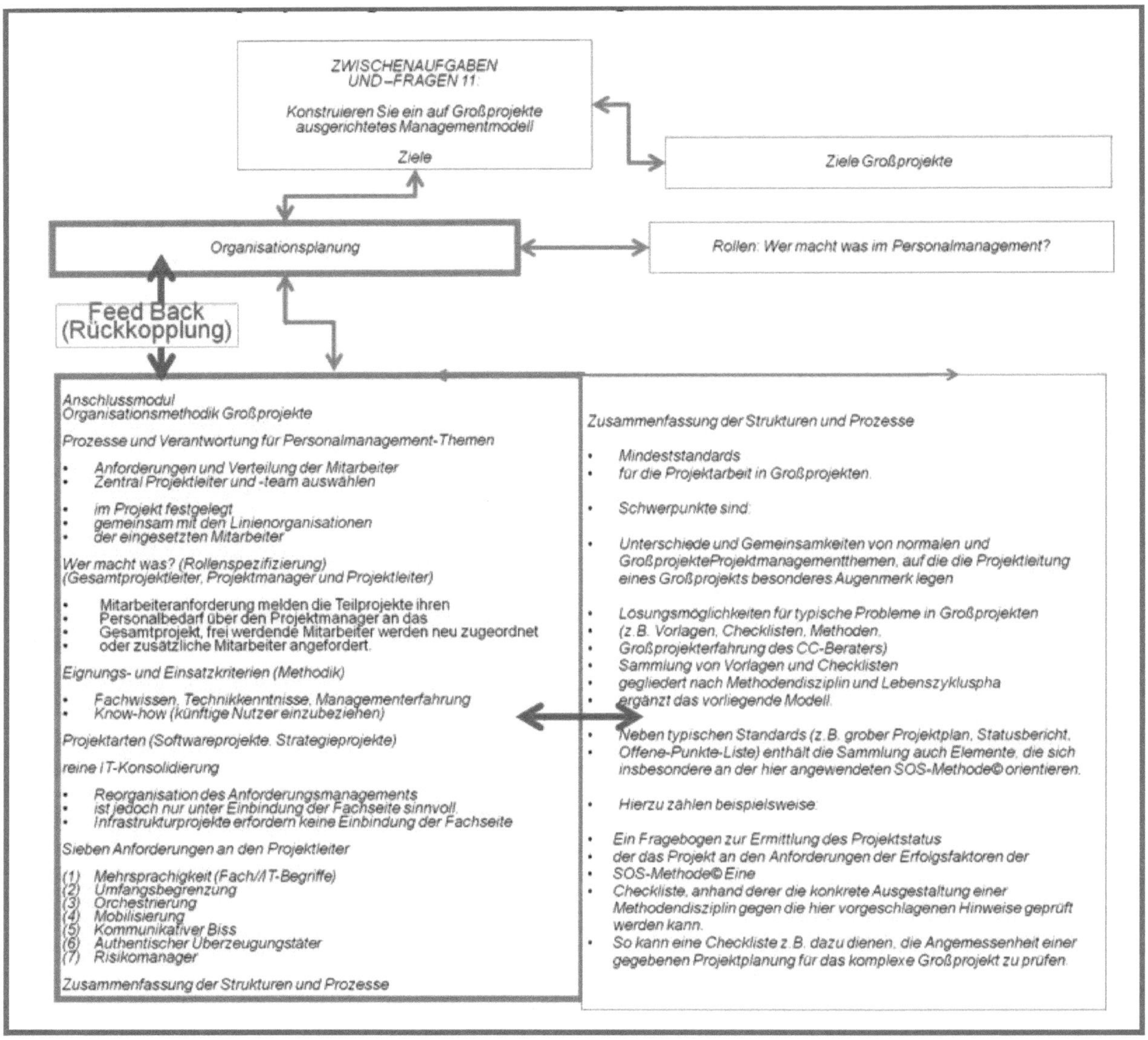

- ***Konstruieren Sie ein auf Großprojekte ausgerichtetes Managementmodell für die Aufgaben.***

Abb. 16: S-O-S-Methoden für Großprojekte

http://docplayer.org/4616688-S-o-s-methode-fuer-grossprojekte.htmlIT-Beratung S-O-S-Methode© für Großprojekte; Kompetenzzentrum Großprojektmanagement (CC GroßPM) BVA/BIT; Version 2.1; September 2015

14 2 Einleitung

Vorlagen und Checklisten auf die Phasen des Projektlebenszyklus aufschlüsselt, findet sich in Anhang Ausführliche Liste aller Vorlagen und Checklisten.

Methodenkomponente	Nr.	Dokument
Statusprüfung der Erfolgsfaktoren	4.3-1	ERP-Fragen zur Ermittlung des Projektstatus
Festlegung/Überprüfung der Projektrahmenbedingungen	5.1-1	Projektmotivation und Ziele
	5.1-2	Projektgrundsätze
	5.1-3	Projektcharta
	5.1-4	Projekt Grobplanung *V-Vorgehensmodell*
	5.1-5	Entscheidungsvorlage Vorprojekt
	5.1-5	SOS-Methodencheckliste Projektrahmenbedingungen
Vergabe- und Vertragsmanagement	5.2-1	Abnahmeprotokoll
	5.2-2	Checkliste „Abnahmeverfahren"
	5.2-3	Vertragsübersicht und Zahlungsplan
	5.2-4	SOS-Methodencheckliste Vergabe- und Vertragsmanagement
Festlegung/Überprüfung der Projektorganisation	5.3-1	Detailliertes Projektorganigramm
	5.3-2	SOS-Methodencheckliste Projektorganisation
Personalmanagement	6.2-1	Mitarbeiterverfügbarkeits- und Einsatzplan
	6.2-2	SOS-Methodencheckliste Personalmanagement
Kommunikationsmanagement	6.3-1	(U-)LA-Vorlage
	6.3-2	Kommunikationsplan
	6.3-3	Statusbericht intern
	6.3-4	Statusbericht extern
	6.3-5	Statusprotokoll
	6.3-6	Projekthandbuch
	6.3-7	SOS-Methodencheckliste Kommunikationsmanagement
Veränderungsmanagement	6.4-1	Newsletter
	6.4-2	Prozessveränderung
	6.4-3	Schulungsübersicht
	6.4-4	Schulungsplanung
	6.4-5	SOS-Methodencheckliste Veränderungsmanagement
Projektplanung	7.1-1	Offene Punkte Liste
	7.1-2	Beistellungsliste
	7.1-3	Aufwandschätzung *IT-WiBe (Budgetplanung)*
	7.1-4	Aufwandscontrolling
	7.1-5	Checkliste „Aufwands- und Aktivitätsplanung"
	7.1-6	SOS-Methodencheckliste Projektplanung
Anforderungs- und Änderungsmanagement	7.2-1	Änderungsverfahren
	7.2-2	SOS-Methodencheckliste Anforderungs- und Änderungsmanagement
Qualitätsmanagement	7.3-1	QS-Konzept
	7.3-2	QS-Planung und -Nachweisführung
	7.3-3	SOS-Methodencheckliste Qualitätsmanagement
Risikomanagement	7.4-1	Risikoliste und Risikomatrix
	7.4-2	SOS-Methodencheckliste Risikomanagement
Programmmanagement	8.1-1	Schnittstellenüberwachung
	8.1-2	SOS-Methodencheckliste Programmmanagement

S-O-S-Methode© für Großprojekte, Version 2.1 *(generiert am: 11.09.2015)*

A.3.3 Fallstudie 1 : Lösung der Fallstudie Manfred Richter (58 Jahre) Leiter Treasuring, Controlling und Finanzierung

A.3.3.1 Fachliche und emotionale Stärken

(+6) Herr Manfred Richter (58 Jahre) übt diese Aufgabe seit 14 Jahren aus und kennt das Geschäft wie kein anderer.

(+6) Alles, was mit Geld zu tun hat, hat er parat. Wertigkeiten und Abhängigkeiten kann er aussagefähig zu jeder Zeit darstellen, erläutern, statistisch aufbereiten und planerisch interpretieren.

(+6) Er ist beruflich höchst erfolgreich und seine Familie bremst ihn auch nicht und sie scheinen obendrein zusammen auch noch glücklich zu sein.

(-5) Das wird zwiespältig gesehen. Im Kontakt zu Banken, Versicherungen, Behörden, vor allem zum Finanzamt, zu Finanzmaklern und Kapitalanlegern (Wertpapierdepots, Onlinebrokern, Depotbetreuung, Wertpapierhandel) kennt er sich aus wie kein Zweiter. Das soll er in Zukunft zurückstellen, weil er wichtigere Aufgaben zu lösen hat.

Ihm ist es gelungen, das laufende Geschäft am Spekulationsmarkt mit hohen Finanzerträgen abzusichern (Kreditversicherungen, CD- Credit Default Swap, Derivate, Portfoliomanagement, Arbitragegeschäfte, Termingeschäfte, Waren-, Edelmetall- und Devisenmärkte, Hedgefonds).´

Das alles zurückzustellen würde ihm schwerfallen.

(+6) Er hat zudem freundschaftliche Verbindungen zu einigen Finanzgrößen im In- und Ausland.

(+6) Er hat gute Kontakte (bei der Bundesanstalt für Finanzdienstleistungsaufsicht - BaFin, bei der Bundesbank, anderen nationalen, europäischen und auch US-Behörden.

(+9) Im Laufe der Jahre entwickelte er immer mehr zum strategischen Denker und Lenker.

(+8) Neben den klassischen Bereichen der Buchhaltung, Betriebsabrechnung und des Reporting umfasst sein Verantwortungsbereich heute meist auch die Leitung des unternehmenseigenen Risikomanagements.

(+8) Strategische Aufgaben im Bereich des aktiven Wachstums- und Profitabilitätsmanagements waren letztlich der Auslöser für das jetzt laufende Projekt.

(+8) Durch den umfassenden Überblick über das Unternehmen, den engen Kontakt zu den wichtigen Entscheidungsträgern und sein ausgeprägte Wissen stellt er den potenziellen Nachfolger für den Vorstandsvorsitzenden.

(+9) Was weiterhin für ihn spricht, ist seine gelassene Art, ohne Aufregung und Chaos zu agieren, auch dann, wenn große Risiken die Geschäfte zu bedrohen scheinen und das Unternehmen am Ende zu sein scheint.

(-9) Was gegen ihn spricht, ist die Tatsache, dass er zurzeit unersetzlich ist und auf absehbare Zeit nicht ersetzt werden kann.

(-9) Mit 58 Jahren braucht er bald einen Nachfolger, der schwer zu finden sein wird.

(+9) Seine größte Aufgabe wird es sein, nicht nur die fachlichen Anliegen zu lösen, sondern vor allem die psycho-sozialen Risiken.

Er muss versuchen ein Umfeld zu schaffen, dass die formalen Strukturen und Prozesse optimal funktionieren und eine integrativ positive Arbeitsatmosphäre und Unternehmenskultur entstehen mit konfliktentschärfendem Potential.

*Persönliche Anliegen: Summarisch 81 : 23 entspricht **77,88% (sehr guter Wert).** Man will **Herrn** Dominik mit einer materiellen und finanziellen Besserstellung im Unternehmen halten.*

*In **Abb. 17** finden Sie die Zusammenstellung für Manfred Richter: Die persönlichen Anliegen sind mit **77,88 %** bewertet, die generellen Anliegen mit **92,73 %.** Bei der Zusammenfassung werden die generellen Anliegen mit 60 gewichtet, die persönlichen Anliegen mit 40.*

Das ergibt (60 x 92,73 + 40 x 77,88):100 = 86,79 %

*Wenn die Summe aus Zustimmung **unter 70 % liegt",** muss mit dem/sie Betreffenden gesprochen werden. Das heißt nicht zwingend, dass er/sie für die Stelle nicht in Frage kommt. Wenn er/sie seine Bewertung plausibel erläutern kann, ist es immer noch möglich. Bei wichtigen Zusatzqualifikationen kann das ebenfalls zu Gunsten des/der Bewerbers/In überprüft werden.*

*Aber ergeben sich Bestwerte **(Siehe Abb. 17:)***

Abb. 17: Zusammenstellung (fachliche und emotionale Stärken)

Manfred Richter		**Unternehmer-Familie**			**Umwandeln in vergleichbare %**	
P=10	*(1) Mitarbeiter/innen*	10	9	1,00	94,74	
P=1	*(2) Fehlern der Vergangenheit*	1	1	0,00	100,00	
P=8	*(3) Alt-IT-Systemen*	8	8	0,00	100,00	
P=3	*(4) Anwenderprogramme*	3	2	1,00	80,00	
P=5	*(5)Kontrollinstanz (erweiterte Revision)*	5	4	1,00	88,89	
P=7	*(6) Führungsteam*	7	7	0,00	100,00	
P=2	*(7) Detaillierter Plan*	2	3	1,00	80,00	
P=4	*(8) Export*	4	5	1,00	88,89	
P=6	*(9) Qualitätssystem*	6	6	0,00	100,00	
P=9	*(10) Projektleiter*	9	10	1,00	94,74	
Summe		55	55	6,00	927,25	92,73
		10	10	0,00	100,00	
81,00	23,00 77,88					
Generellen Anforderungen (60 %)					**"=60*92,73'**	**5563,8**
Persönliche Anliegen (40 %): Summarisch 81 : 23 **entspricht** 77,88 % (sehr guter Wert).					**"=40*77,88'**	**3115,2**
				Summe		**8679**
				Durchschnitt (:100)		86,79 %

A.3.3.2 Kommunikation und Risikovorsorge (strategisch, psycho-sozial, emotional)

- *Herr Manfred Richter (58 Jahre) ist der Hoffnungsträger, der in Zukunft das Unternehmen führen soll. Er ist der* ***potenziellen Nachfolger für den Vorstandvorsitzenden****. Er weiß das und initiierte die* ***Überprüfung der strategischen Aufgaben*** *im Bereich des aktiven Wachstums- und Profitabilitätsmanagements.*

- *Er kennt das Geschäft wie kein anderer, muss aber sehr schnell daran, dass ein Nachfolger aufgebaut wird, denn mit seinen 58 Jahren ist abzusehen, dass er nach relativ kurzer Zeit ausscheiden wird.*

- *Was weiterhin für ihn spricht, ist* ***seine gelassene Art, ohne Aufregung und Chaos zu agieren****, auch dann, wenn große Risiken die Geschäfte zu bedrohen scheinen und das Unternehmen am Ende zu sein scheint.*

- *Seine schwierigste Aufgabe wird es sein, nicht nur die fachlichen Anliegen zu lösen, sondern vor allem die psycho-sozialen Risiken. Fachliche und emotionale Stärken reichen nicht aus, um ein unternehmenseigenen Risikomanagements in Verbindung mit einer tiefgreifen Revision aufzubauen, um in Zukunft rechtzeitig zu reagieren und nicht wie jetzt, auf eine „verspätete" IT-Organisation zu reagieren:*

- *Dazu gehört die* ***Risikovorsorge: Risiken (Konflikte)*** *aus der Organisation betreffen Informations- und Kommunikationsstörungen, Leitungs- und Führungsschwächen, personelle Risiken (Qualifikationen, unzufriedene Mitarbeiter), Unternehmensklima, Funktionsmängel (materielle, technische und prozessuale Fehler, Steuerung, Kontrolle) und Dispositionen (Interaktionen, Strukturen und Prozesse, Improvisationen und informelle Regelungen (z.B. Rollen formal, informell).*

- *Durch den* ***umfassenden Überblick*** *über das Unternehmen, den* ***engen Kontakt zu den wichtigen Entscheidungsträgern*** *und sein ausgeprägte Wissen stellt er den potenziellen Nachfolger für den Vorstandsvorsitzenden.*

- *Was weiterhin für ihn spricht, ist seine* ***gelassene Art, ohne Aufregung und Chaos zu agieren,*** *auch dann, wenn große Risiken die Geschäfte zu bedrohen scheinen und das Unternehmen am Ende zu sein scheint.*

- *Was gegen ihn spricht, ist die Tatsache, dass er zur Zeit unersetzlich ist und auf absehbare Zeit nicht ersetzt werden kann.*

- *Strategische Aufgaben im Bereich des aktiven Wachstums- und Profitabilitätsmanagements waren letztlich der* ***Auslöser für das jetzt laufende Projekt (Abb. 18).***

Abb. 18: Zusammenstellung (fachliche und emotionale Stärken) I

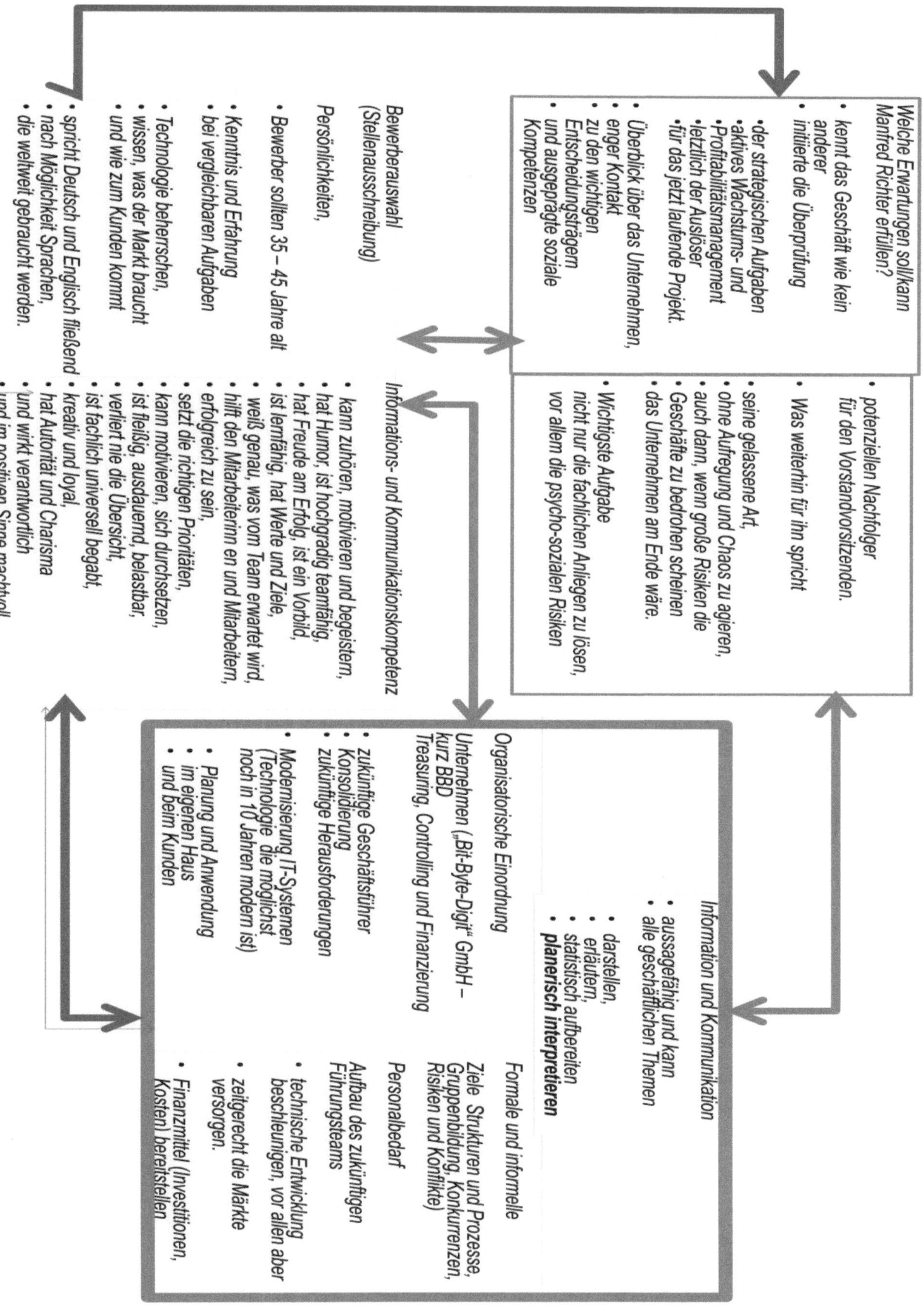

Abb. 18: Zusammenstellung (fachliche und emotionale Stärken) II

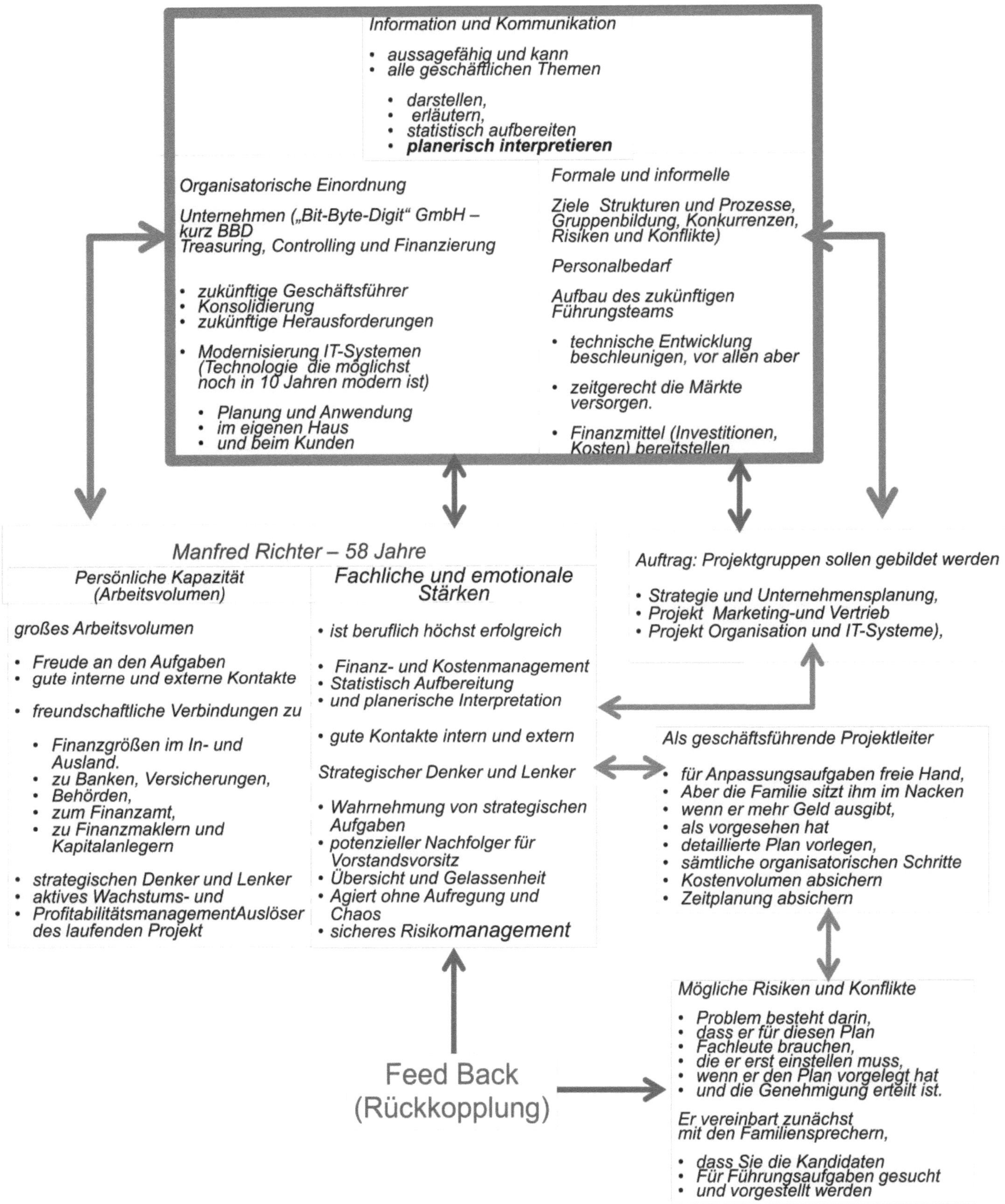

A.3.3.3 Fragen nach formalen und informellen Strukturen und Prozesse

(17) Welche formalen und informellen Strukturen und Prozesse, Parameter, Paradigmen, Szenarien und psycho-soziale Skills sind im Hinblick auf die Zusammensetzung der Geschäftsführung zu beachten?

*(1) **Formale Strukturen und Prozesse** müssen am Informationsbedarf der Zielgruppen orientieren und problemorientierte Information und Kommunikation sicherstellen.*

- *Seine größte Aufgabe wird es sein, nicht nur die fachlichen Anliegen zu lösen, sondern vor allem die psycho-sozialen Risiken. Er muss versuchen ein Umfeld zu schaffen, dass die formalen Strukturen und Prozesse optimal funktionieren und eine integrativ positive Arbeitsatmosphäre und Unternehmenskultur entstehen mit konfliktentschärfendem Potential.*

- *Der informations- und kommunikationsstrukturelle Prinzipienzusammen-hang (Kommunikationssystem, Aufgaben- und Arbeitsbeziehungen und organisatorische Verkehrsbeziehungen muss darauf vorbereitet werden, informelle und psycho-soziale Einflüsse aufzunehmen.*

- *Er hat vor, ein unternehmenseigenen Risikomanagements in Verbindung mit einer tiefgreifenden Revision aufzubauen, um in Zukunft rechtzeitig zu reagieren und nicht wie jetzt, auf eine „verspätete" IT-Organisation zu reagieren.*

- *Wie wichtig es ist, die interne IT in Zeiten von Cloud, Consumerization und verteilten IT-Anwendungen zu entwickeln und mit der IT-Organisation abzustimmen, zeigen die zunehmenden Erfolge der Wettbewerber?*

- *Nur hochkompetente interne IT-Abteilungen werden vermutlich langfristig bestehen bleiben. Nur eine IT, die das Business versteht, als Business-Enabler unterstützt und Innovationen für das Unternehmen nutzbar macht wird für das Management ein geschätzter Partner bleiben und die IT im Unternehmen halten bzw. weiterentwickeln können.*

- *Dabei ist die Parallelentwicklung von IT-Mehrfachlösungen, die eingesetzt werden können, wenn sie uns und den Kunden Vorteile bringen kostspielig, aber unvermeidbar. Dazu gehört auch die Abwägung, was wir outsourcen können und was aus strategischen Erwägungen nicht.*

(2) Psycho-soziale und emotionale Interaktionen
(Kontakt, Verständigung, Beziehung, Lob, Konflikt, Streit, Rivalitätshandlungen ...)

- *Psycho-soziale und emotionale Interaktionen sind nicht vorgeschrieben und entstehen überwiegend als ungeplante Verhaltensäußerungen (Emotionen). Sie äußern sich in Mimik, Gestik, Stimme und zum Teil auch als äußerlich nicht erkennbares Verhalten.*

- *Es ist möglich, psycho-sozialen und emotionale Interaktionen in den informations- und kommunikationsstrukturellen Prinzipienzusammenhang (Kommunikations-system, Aufgaben- und Arbeitsbeziehungen und organisatorische Verkehrs-beziehungen) einzubauen.*

- *Harmonisierung im Sinne von sozialer Harmonisierung geht, dass eine positive Stimmung in der Gesellschaft (als auch dem Unternehmen) sich günstig auswirkt.*

*(3) Es muss eine **funktionsgeeignete Leitungsorganisation** und ein **Führungsteam** aufgebaut werden, das einerseits die technische Entwicklung beschleunigt, zeitgerecht die Märkte versorgt, vor allen aber Ihre Mitarbeiter führen kann. Führungseignung kann man nicht anordnen.*

- *Im Vorteil sind Persönlichkeiten, die schon bei ihrer Sozialisierung (Elternhaus, Kindergarten, Schule, Berufsausbildung und in ihrem Umfeld) eine Gespür für Führung und Mitarbeitermotivation entwickelt haben.*

- *Andere kann man mit Schulungen, klärenden Gesprächen (psycho-soziale Skills) und anderen Maßnahmen (z.B. Coaching „on the job") heranführen, aber inwieweit jemand das glaubwürdig verinnerlichen kann, ist durchaus sehr unterschiedlich*

- *Auch ist es bedeutsam, dass Persönlichkeiten gebraucht, die schon vergleichbare Aufgaben gelöst haben und nicht nur die Technologie beherrschen, sondern auch wissen, was der Markt braucht und wie es an den Kunden gebracht werden kann.*

- *Da Sie einerseits auch den Export steigern sollen und es andererseits im Einzugsgebiet des Unternehmens nicht genügend Bewerber gibt, müssen Sie auch im Ausland suchen.*

- *Bewerber sollten nicht nur Deutsch und fließend Englisch sprechen, sondern nach Möglichkeit Sprachen, die im Verbund der Führungskräfte weltweit gebraucht werden. Die Bewerber sollten 35 – 45 Jahre alt sein und natürlich Informations- und Kommunikationsgenies. Es werden relativ wenig Bewerber zu finden sein. Entweder sind sie in fester Bindung und nicht interessiert oder wir müssen hohe Einkommens-erwartungen erfüllen, die bisher nicht in unser Unternehmen passen.*

- *Die folgenden Voraussetzungen (kann zuhören, motivieren und begeistern, hat Humor, ist hochgradig teamfähig, hat Freude am Erfolg Anderer im Unternehmen, ist ein Vorbild, ist lernfähig, hat Werte und Ziele, weiß genau, was vom Team erwartet wird, hilft den Mitarbeiterinnen und Mitarbeitern, erfolgreich zu sein, setzt die richtigen Prioritäten, kann motivieren, sich durchsetzen, ist fleißig, ausdauernd, belastbar, verliert nie die Übersicht, ist fachlich universell begabt, kreativ und loyal, hat Autorität und Charisma und wirkt verantwortlich und im positiven Sinne machtvoll) kann ein Einzelner nicht erfüllen – das Führungsteam sollte diese Wirkung insgesamt erzielen.*

Wir wissen, dass das nicht von heute auf morgen funktionieren kann – viel Zeit haben wir aber nicht. Dazu müssen beide Seiten bereit sein einen Vertrauensvorschuss zu erbringen, um unbedingte Loyalität in schwierigen Märkten mit aggressiven Wettbewerbern zu gewährleisten.

*In der folgenden Abbildung **(Abb. 19)** wird die Frage **„Welche formalen und informellen Strukturen und Prozesse, Parameter, Paradigmen, Szenarien und psycho-soziale Skills sind im Hinblick auf die Zusammensetzung der Geschäftsführung zu** beachten?" unter den Prämissen beantwortet,*

- *dass einerseits **Zeitdruck für die Organisationsanpassung** besteht,*
- *vor allem, weil die **IT-Organisation und IT-Technik** nicht mehr aktuell sind,*

- *und anderseits **Konkurrenzsituationen zwischen den Bewerbern** auftreten können.*

Abb. 19: Formale und informellen Strukturen und Prozesse, Parameter, Paradigmen, Szenarien und psycho-soziale Skills - I

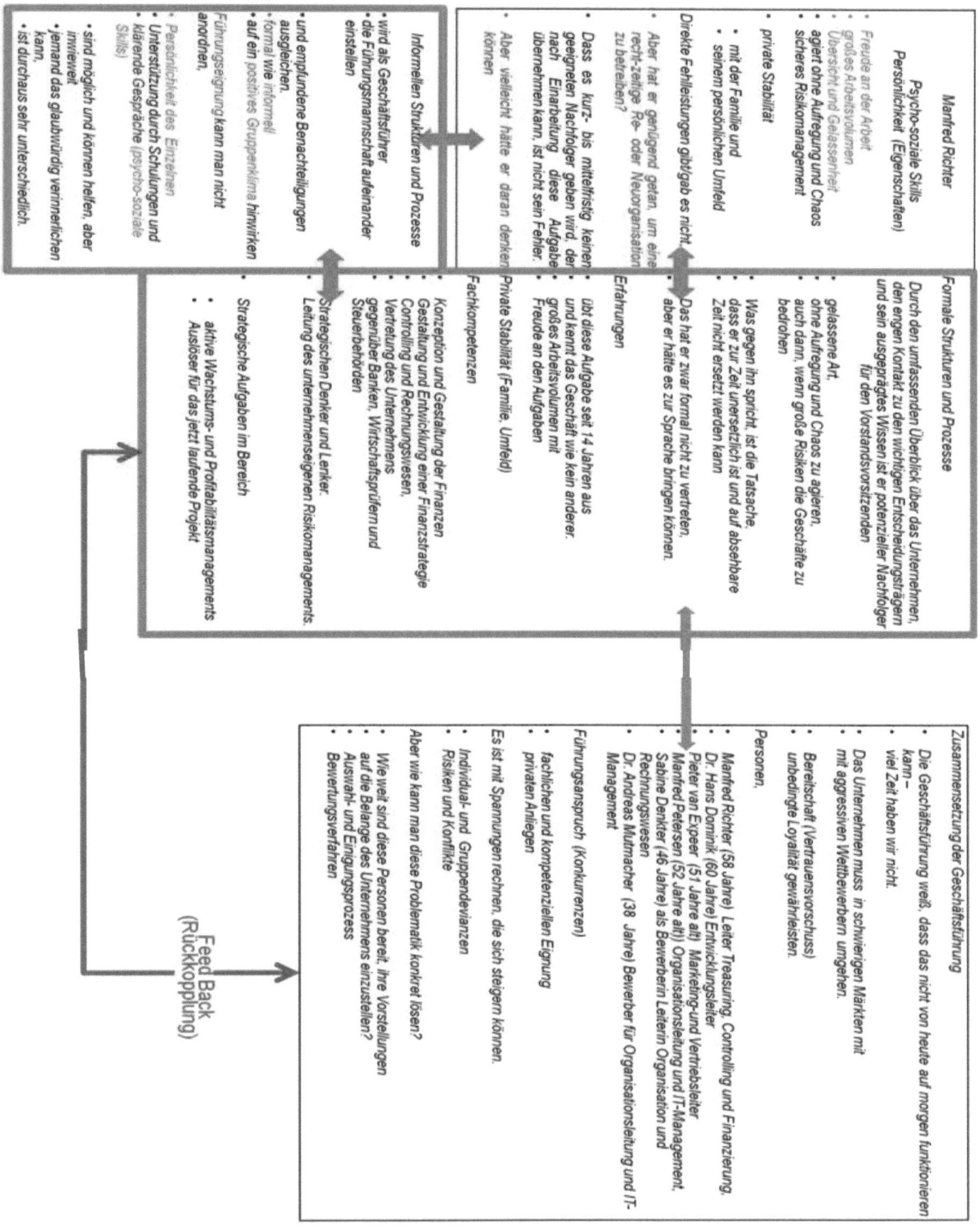

„Welche formalen und informellen Strukturen und Prozesse, Parameter, Paradigmen, Szenarien und psycho-soziale Skills sind im Hinblick auf die Zusammensetzung der Geschäftsführung zu beachten?“

Abb. 19: Formale und informellen Strukturen und Prozesse, Parameter, Paradigmen, Szenarien und psycho-soziale Skills – II

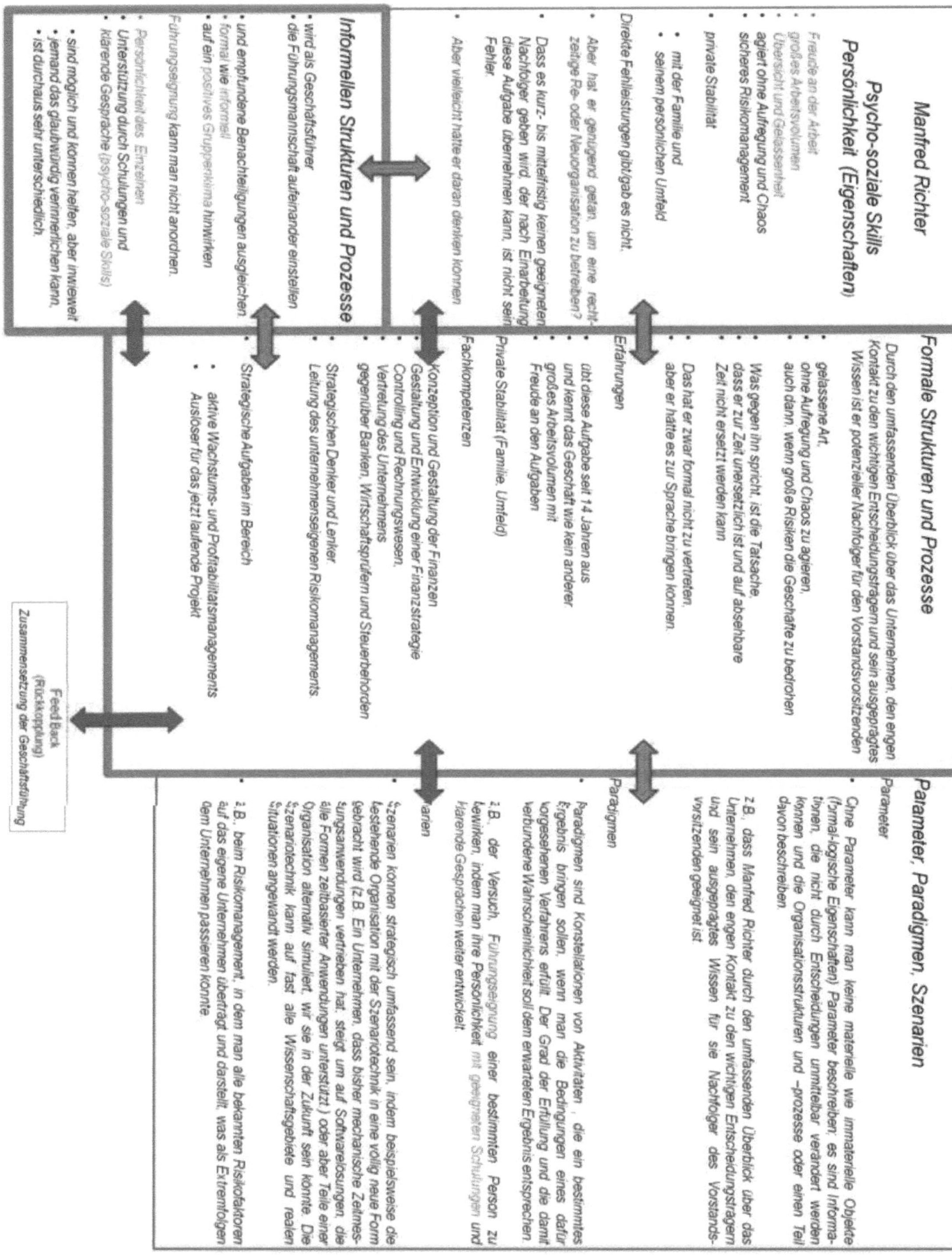

„Welche formalen und informellen Strukturen und Prozesse, Parameter, Paradigmen, Szenarien und psycho-soziale Skills sind im Hinblick auf die Zusammensetzung der Geschäftsführung zu beachten?“

A.3.3.4 ZUSATZAUFGABEN ZUR SELBSTÄNDIGEN LÖSUNG-12

Wie würden Sie die Zusammenhänge nach Abb. 20 auf die nachfolgende Fallstudie (AUFTRAGSABWICKLUNG: Flexible Produktionssteuerung im mittelständischen Maschinenbau) übertragen und die fiktive Einrichtung einer Geschäftsführung konstruieren? (Denken Sie sich dafür formale und informelle Strukturen und Prozesse, Parameter, Paradigmen, Szenarien und psycho-soziale Skills aus und integrieren Sie die „Abhandlung über Konfliktmanagement und Führungskommunikation" am Ende der Aufgabe)?

Flexible Produktionssteuerung im mittelständischen Maschinenbau

Auszugsweise: *In der nachfolgenden Fallstudie werden die Begrifflichkeiten und Zusammenhänge der Kosiol'schen Organisationslehre abgeleitet und eingefügt.*
Auszugsweise aus https://www.tcw.de/uploads/publication/overview/317.pdf
Horst Wildemann Fallstudien – Best Practice – Probleme, Lösungen, Ergebnisse
Copyright by TCW Transfer-Centrum GmbH & Co. KG 2010 1. Auflage 2010
Die Deutsche Bibliothek CIP-Einheitsaufnahme Wildemann,
Horst Fallstudien – Best Practice – Probleme, Lösungen, Ergebnisse

1. Auflage München: TCW Transfer-Centrum GmbH & Co. KG 2010 ISBN 978-3-941967-05-2, Seite 7

„...1 AUFTRAGSABWICKLUNG

(1) Ausgangssituation

Das Unternehmen ist im Maschinenbau tätig und steht neuen, sich schnell verändern-den Marktanforderungen gegenüber. Es fertigt Präzisionsteile für Luft- und Raumfahrttechnik, Telekommunikation und Medizintechnik. Die sehr hohen Qualitäts- und Leistungsanforderungen der Kunden erfordern eine durchgängige Kundenorientierung der Auftragsabwicklung sowie die Nutzung modernster Produktionsanlagen. Hierzu führte das Unternehmen vielseitig verwendbare Multi-Paletten-Maschinen ein und musste seine Produktionsplanung und -steuerung neu ausrichten.

Die nachfolgenden Ausführungen sind verkürzt dargestellt:
K: Maschinenbau (= Aufbauorganisation)

Zur Aufbauorganisation (auch Gebildeorganisation oder Gebildestruktur genannt) gehören Aufgabenanalyse und –synthese.

Herstellung Präzisionsteile: Das entspricht den Aufgabenblöcken

- ***Luft- und Raumfahrttechnik***
- ***Telekommunikation***
- ***Medizintechnik***

Marktanforderungen: Das entspricht den Aufgabenblöcken

- ***Qualitäts- und Leistungsanforderungen der Kunden***
- ***durchgängige Kundenorientierung der Auftragsabwicklung***
- ***Nutzung modernster Produktionsanlagen***

Vielseitig verwendbare Multi-Paletten-Maschinen: Das entspricht den Aufgaben-blöcken

- ***Neuausrichtung der Produktionsplanung***
- ***und Produktionssteuerung***

Wenn diese Aufgabenblöcke der Aufgabenanalyse zuzuordnen sind, ergeben sich:

Objekte
lassen sich zum Teil schwer von Verrichtungen trennen; deshalb wählt man meistens Verrichtungs-Objekt-Beziehungen.

Verrichtungen:
Maschinenbau, Herstellung (Präzisionsteile), Kundenorientierung, Auftragsabwicklung, Nutzung (moderner Produktionsanlagen), Neuausrichtung der Produktionsplanung und der Produktionssteuerung

Objekte:
Präzisionsteile, Produktionsanlagen, Multi-Paletten-Maschinen, Marktanforderungen

Kunden sind personale Objekte und werden in der personalen Aufgabensynthese eine Rolle spielen;

Qualitäts- und Leistungsanforderungen
Kundenorientierung der Auftragsabwicklung gehören als Aufgabenbestandteile zu Sachziel (Qualität, Leistung), während die Kundenorientierung schon zum Formalziel gehört.

Sachziel: Im engeren Sinne sind das die Leistungsziele einer Organisation)

Technizität: mengenmäßigen Ergiebigkeit (auch technische Wirtschaftlichkeit oder Produktivität genannt)

Formalziel: Ökonomik (auch ökonomische Wirtschaftlichkeit oder Rentabilität genannt)

Rationalität: Allen Prinzipien der Kosiolschen Organisation liegt die Rationalität der Strukturierung zugrunde.

(2) Vorgehensweise

Die Aufnahme der Ist-Situation und die Beschreibung des gesamten Auftrags-abwicklungsprozesses und -systems zeigte eine hohe Abhängigkeit von einem Kunden. Das Unternehmen musste sich auf dessen Anforderungen einstellen. Die Zertifizierung verlangt neben sehr hohen Qualitätsstandards insbesondere die tägliche Aktualisierung der Bestellmengen und eine permanente Lieferbereitschaft. Die Produktions- und Planungsabläufe konnten dies nicht gewährleisten.

Die Umstellung auf Multi-Paletten-Maschinen sowie eine Neuausrichtung der Produktionsplanung und der unterstützenden IT mussten erfolgen. Die besondere Herausforderung bestand darin, dass beim Einsatz von MultiPaletten-Maschinen mehrere Produktionsaufträge mit unterschiedlicher Anzahl von Fertigungslosen gleichzeitig eingeplant werden müssen. Die Lösung besteht in einer Echtzeit-Terminierung der einzelnen Fertigungslose. Die Echtzeit-Terminierung erfordert eine entsprechende IT-Unterstützung. Gemeinsam mit dem Hersteller des eingesetzten ERP-Systems wurde eine Lösung erarbeitet, wie die Echtzeit-Terminierung im System integriert werden kann.

Das Ergebnis war eine Methodik, die auch software-technisch einfach umgesetzt werden kann. Sowohl die Auftragsabwicklungsprozesse als auch das unterstützende ERP-System erwiesen sich als wandlungsfähig.

K: Maschinenbau (= Aufbauorganisation)

Hier werden die Verrichtungs-Objektbeziehungen detailliert. Die Phasen (Planung, Realisierung und Kontrolle) können ebenfalls horizontal (z.B. Zusammenfassung aller Kontrollfunktionen auf die Stelle Revision) und vertikal (z.B. Produktionsabteilungen aller Produktsparten).

Planung

Die Aufnahme der Ist-Situation ist entweder aus der bisherigen Organisationsstruktur abzuleiten oder - wenn nicht verfügbar –Bestandteil der Planung für die Sollkonzeption (Aufgabensynthese der Auftragsabwicklung)

- *Funktionen der Abhängigkeit von einem Kunden*
- *und die sich daraus ergebenden Anforderungen*
- *(Sachziel, Technizität, Formalziel, Rationalität)*

- *Innerhalb der Planung werden*
- *Sachziel, Technizität, Formalziel und Rationalität in Bezug*
- *auf hohe Qualitätsstandards,*
- *tägliche Aktualisierung der Bestellmengen*
- *permanente Lieferbereitschaft*
  zu bestimmen und zu detaillieren sein.

  - *Planung, Realisierung, Kontrolle*
  - *Produktions- und Planungsabläufe*
  - *Umstellung auf Multi-Paletten-Maschinen*
  - *Neuausrichtung der Produktionsplanung und der unterstützenden IT*
  - *Einsatz von MultiPaletten-Maschinen*

- *Gleichzeitige Einplanung von Produktionsaufträge (unterschiedlicher Anzahl von Fertigungslosen)*

- *Echtzeit-Terminierung der einzelnen Fertigungslose (entsprechende IT-Unterstützung)*

- *Mit Hersteller des eingesetzten ERP-Systems wurde eine Lösung erarbeitet.*

- *Auftragsabwicklungsprozesse und unterstützende ERP-System erwiesen sich als wandlungsfähig.*

Kontrolle

Hier handelt es um das Ergebnis einer Kontrollfunktion, die aber geplant und realisiert werden muss: Die Zertifizierung verlangt neben sehr hohen Qualitätsstandards insbesondere die tägliche Aktualisierung der Bestellmengen und eine permanente Lieferbereitschaft ...

Abb. 20: Kontrolle (Aufträge, Termine, Prozessabläufe, Interaktionen)

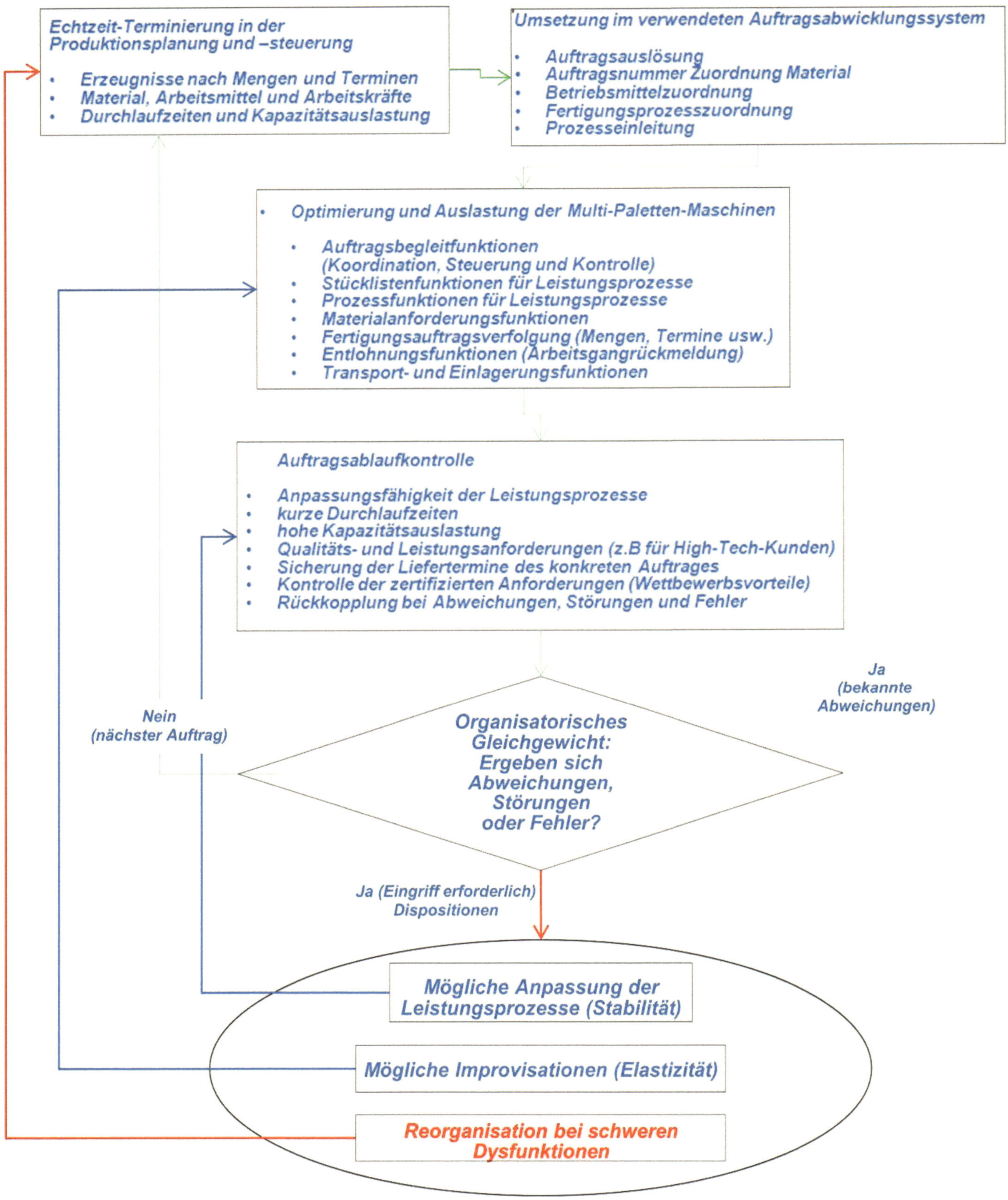

.... Bei der Stellenbildung sind folgende Prinzipien zu beachten:

Der Verteilungszusammenhang betrifft die Verteilung der Aufgabenelemente auf Stellen (Aufgabenträger; Konstruktion, Materialwirtschaft, Beschaffung, Lagerlogistik Fertigprodukte, Auslieferung, Produktionsplanung und –steuerung, Marketing/ Vertrieb).

Der Leitungszusammenhang betrifft den Verteilungszusammenhang nach Rangmerkmalen (Die genannten Verteilungsgruppen können als Stellen/ Hauptabteilungen besetzt werden.).

Der Stabszusammenhang regelt die Unterstützung (ohne originäre Weisungsbefugnis) (Hier kann der Auftragsabwicklung eine unterstützend steuernde Funktion zukommen.)

Der Arbeitszusammenhang betrifft Informations- und Kommunikationsprozesse (Echtzeit-Terminierung, Umsetzung im verwendeten Auftragsabwicklungs-system, Optimierung und Auslastung der Multi-Paletten-Maschinen, Auftrags-ablaufkontrolle).

Beim Kollegienzusammenhang werden Personen für besondere Unterstützungsprojekte gebildet (Bei nicht dysfunktionalen Abweichungen, Störungen oder Fehlern kann eine Reorganisation vorbereitet werden.) …“

Abb. 21: Auftragsabwicklung (von der Konstruktion bis zur Produktion)

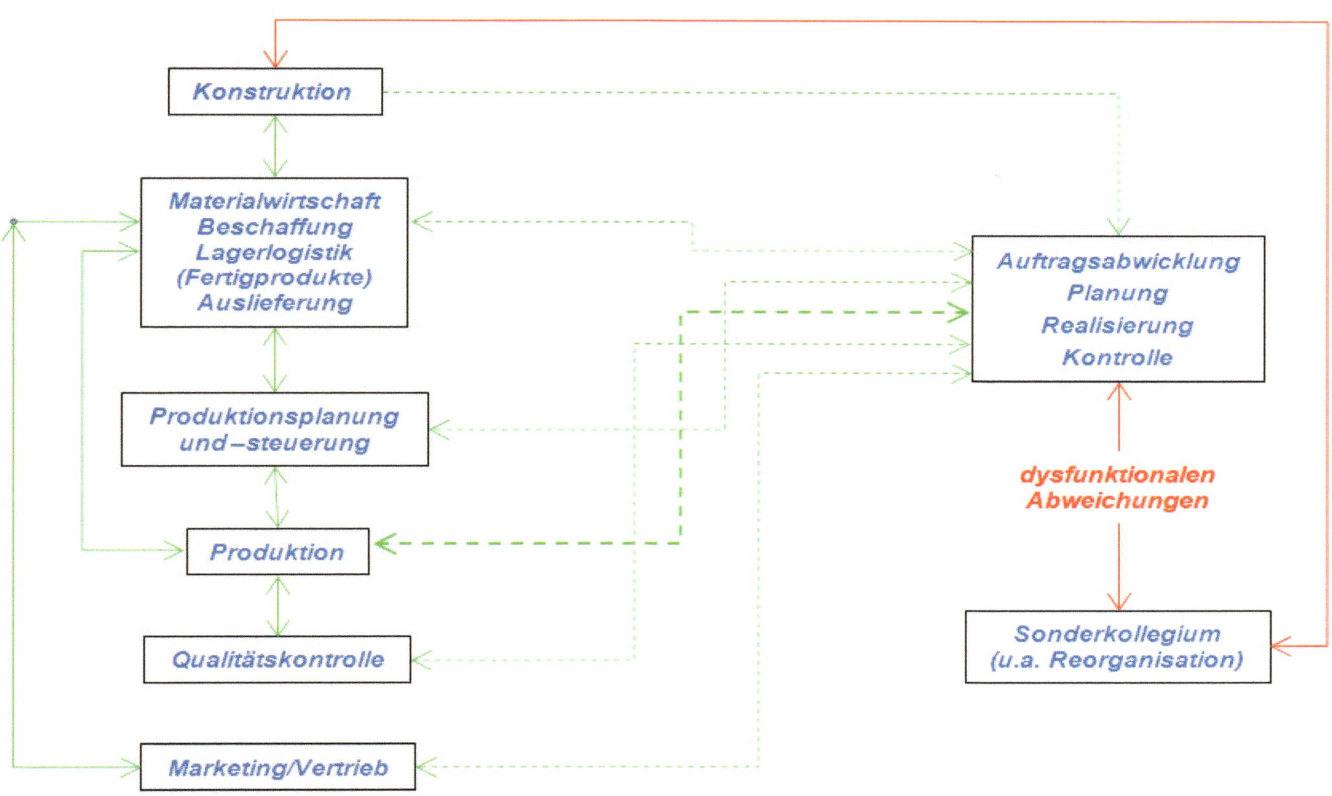

Konfliktmanagement und Führungskommunikation

https://ikuf.de/de/73-artikel-und-podcasts/314-probleme-am-arbeitsplatz (20) Fall-Beispiele: Konflikte am Arbeitsplatz Inhaber, Betreiber und rechtlich Verantwortlicher der Webseite und verantwortlich für den Inhalt: I IKuF - Dr. Timo Müller Köln - Institut für Konfliktmanagement und Führungskommunikation)

„ … Menschen haben Probleme am Arbeitsplatz. In den meisten Fällen handelt es sich um einen Konflikt am Arbeitsplatz. Aus jedem Konflikt ergeben sich Kosten für das Unternehmen.

Für die folgenden Konflikte am Arbeitsplatz bietet Ihnen das Institut für Konflikt-management und Führungskommunikation (IKuF) professionelle Lösungen:

Beispiel-Situationen/-Szenarien:

„Sie sind Führungskraft und fühlen sich von Ihrem Vorgesetzten nicht bei Ihrer Karriere-Entwicklung unterstützt. Daraufhin machen Sie Dienst nach Vorschrift: Sie erledigen die Ihnen aufgetragenen Aufgaben so, dass keine Beschwerden kommen. Sie denken aber nicht mehr strategisch (für das Unternehmen) mit. Diese Konfliktkosten sieht die Geschäftsführung Ihres Unternehmens nicht."

"Sie sind seit längerer Zeit in einem Konflikt mit einer Person Ihres Unternehmens. Die Situation belastet Sie. Sie denken auch in Ihrer Freizeit an den Konflikt."

"Ihr beruflicher Alltag ist auf das Problem mit Frau X ausgerichtet. Sie verbringen viel Zeit damit, die richtigen Schritte zu gehen, um im Streit die Oberhand zu gewinnen. – Dabei ist Ihnen bewusst, dass Sie diese Zeit und diese Energien viel sinnvoller für das Unternehmen einbringen könnten."

„In Ihrer Abteilung gibt es immer wieder stressige Streit-Situationen. Sie glauben, dass diese Streitigkeiten zielführender ausgetragen werden könnten – Sie wissen aber nicht, wie Sie ansetzen sollen."

„Wenn Sie an Ihren Mitarbeiter Y denken, packt Sie die Wut. Die Kommunikation mit ihm ist als eisig zu bezeichnen. – Aus Ihrer Sicht macht er nur noch Dienst nach Vorschrift. Sie wissen nicht weiter."

„Ihr Mitarbeiter hat eine schlechte Leistung abgeliefert und Sie möchten es ihm sagen. Sie befürchten aber, dass Ihr Mitarbeiter lautstark reagieren wird und sich danach – wie beim letzten Mal – krankmeldet."

„Sie können nur schwer mit dem Verhalten Ihres Kollegen umgehen. Der Arbeitsalltag ist schon allgemein stressig. Es wäre so viel einfacher, wenn der zusätzliche Stress mit Ihrem Kollegen nicht da wäre. Es geht manchmal Wochen lang gut, dann fällt aber wieder etwas vor. – Sie gehen deshalb nicht mehr gerne zur Arbeit."

„In Ihrem Team gibt es keinen Zusammenhalt. Eine wirtschaftlich erfolgreiche Zusammenarbeit sieht anders aus. – Sie vermuten, dass die Situation durch schwellende Konflikte zwischen einzelnen Personen zu erklären ist. Sie haben aber kein 'Rezept', wie Sie als Führungskraft mit der Situation erfolgreich umgehen können."

„Wenn Sie an Ihren Vorgesetzten denken, dann wünschen Sie ihm nichts Gutes. Die Motivation für Ihren Arbeitseinsatz kommt bestimmt nicht von ihm. Obgleich Ihnen das Unternehmen gefällt – Ihr Aufgabengebiet und das Miteinander der Kollegen – denken Sie darüber nach, das Unternehmen bald zu verlassen."

„Sie geraten in letzter Zeit immer wieder mit einer Arbeitskollegin aneinander. Sie ist wenig einsichtig und wird auch in manchen Situationen ausfallend."

"Sie versuchen Konflikten mit Ihrem gesunden Menschenverstand zu begegnen, merken aber, dass dies nicht zu optimalen Ergebnissen führt."

"Sie sind als Führungskraft mit Ihrem Team/Ihrer Abteilung erfolgreich – Auch dann, wenn Ihre Mitarbeiter viele Fehlzeiten haben und in den letzten Jahren überdurchschnittlich viele Mitarbeiter gekündigt haben. – Das Sie erfolgreicher sein könnten, wenn Sie Ihre Führungskommunikation optimieren, erkennen Sie nicht."

Probleme am Arbeitsplatz können deeskaliert und gelöst werden.

Personen können Konflikte am Arbeitsplatz in den meisten Fällen ***nicht mit Alltagswissen*** *lösen.*

Um in Problemsituationen erfolgreich zu handeln, reichen Laien-Kenntnisse nicht aus.

Beschreiben Sie spezielle Fähigkeiten und Verhaltensweisen

- *Professionelle Fähigkeiten im Konfliktmanagement,*
- *professionelle Fähigkeiten in der Feedback-Kommunikation und*
- *professionelle Fähigkeiten in der motivierenden Führungskommunikation …"*
-

A.3.3.5 Fragen nach Soll-, Will- und Istorganisation (Führung, Interaktionen, Improvisation, Gruppendynamik)

(15) Wie kann man Diskrepanzen (Störungen) zwischen Soll-. Will und Istorganisation, dysfunktionalen Führungs-, Interaktions- und Improvisationswirkungen und negative Gruppendynamik vermeiden?

Die Soll-, Will- und Istorganisation ist ein Normen- und Sozialgebilde. Unter Sollorganisation wird der formale Teil der Organisation (vorgegebene Struktur- und Prozessregeln) verstanden, während Willorganisation (Werte, Visionen, Ziele) das wiederspiegelt,

was das das Interaktionsgefüge (Identifikation der Beteiligten)

- *zwischen formellen Gruppen (institutionalisiert: formelle Normen und Regel) und*
- *informellen Gruppen (eher zufällige psycho-soziale und emotionale Entwicklung)*
- *nach formellen, aber vor allem*
- *nach informellen Normen und Regeln anstrebt.*

*Die Istorganisation ergibt sich aus den Wechselwirkungen zwischen Soll- und Willorganisation. In der Abbildung sind **Soll-, Will- und Istorganisation** dargestellt, mit ihren Wirkungen (Interaktions-, Dispositions-, Improvisations-, Führungs- und Gruppenwirkungen (Gruppendynamik) auf den Folgeseiten.*

Die informationellen Verbindungen (GRÜN) ergeben sich in der folgenden Übersicht; Feed-Back bzw. Rückkopplungen (Abweichungs-, Steuerungs- bzw. Kontrollmel-dungen) sind ROT dargestellt.

Abb. 22: Übersicht (Soll-, Will- und Istorganisation)

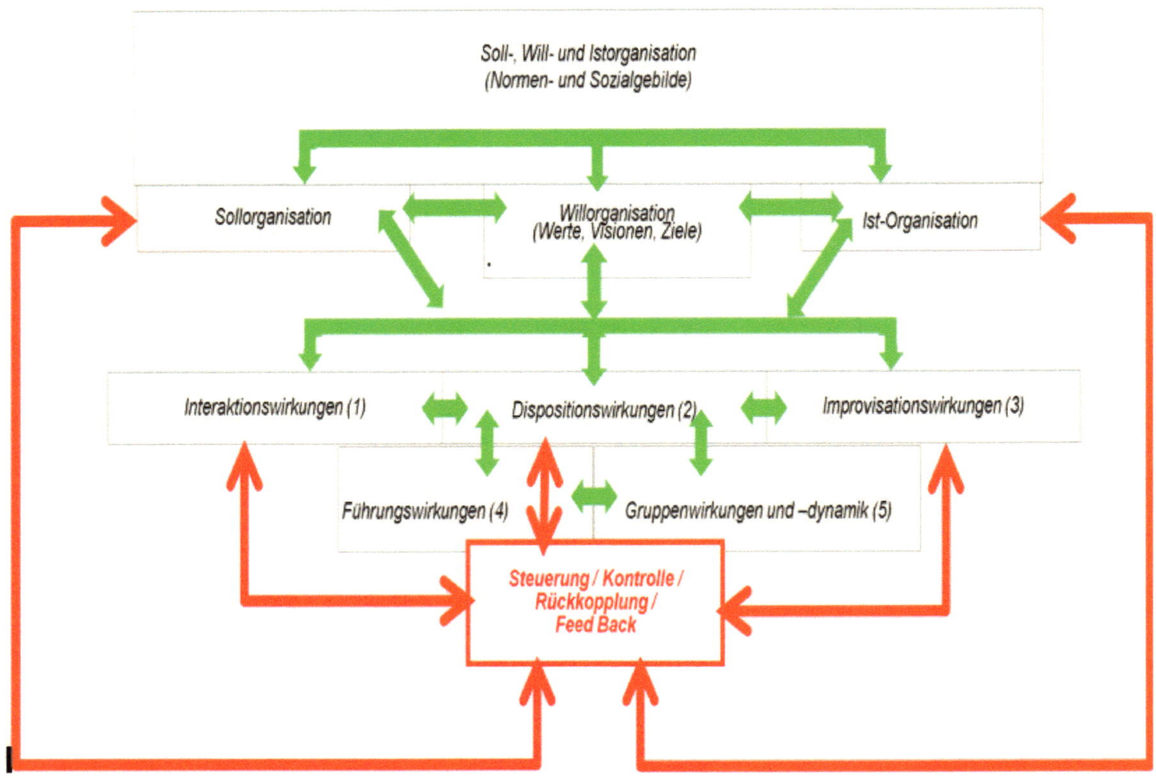

Abb. 23: Soll-, Will- und Istorganisation (Normen- und Sozialgebilde)

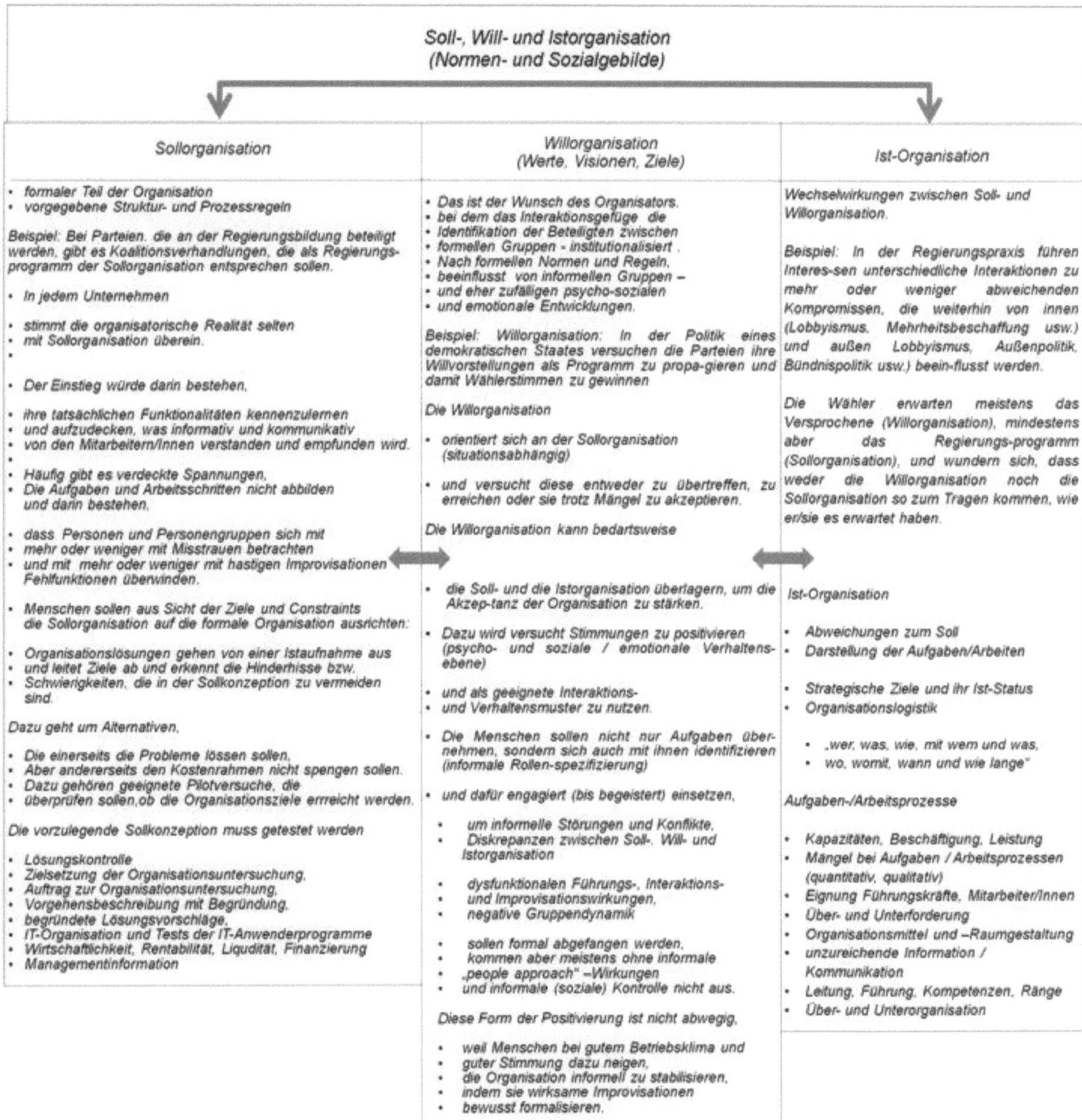

Abb. 24: Dispositions- und Interaktionswirkungen

Dispositionswirkungen (1)

Dispositionen

- sind geregelte Entscheidungen (Interaktionen),
- die bestimmten Bedingungen von Menschen
- und auch „intelligenten" Maschinensystemen ausgelöst werden.
- Im Unterschied zu technologischen Maßnahmen sind sie spezifisch
- bedingungs- und entscheidungsabhängig
- und nicht als Generalisierung angelegt.

Alle formalen Interaktionen (Dispositionen)

- die Ziele, Planung,
- Anwendung der Organisations- und Entscheidungsregeln,
- Aufgabenverteilung und –überwachung,
- Anleitung, Anweisung und Motivation der Mitarbeiter/Innen,
- menschliche und technische Arbeitsstrukturen und –abläufe,
- Problemanalysen, Lösungsanregung und –vorgaben,
- Information, Kommunikation,
- Kontrolle und Steuerung,
- Mitarbeiterführung und bedarfsweise
- positive und negative Sanktionierung betreffen,
  gehören zur Koordination.

Koordination soll Kooperation (Zusammenarbeit) bewirken,

- indem die genannten Strukturen und Prozesse
- in sich gegenseitig unterstützende Beziehungen überführt werden.
- Die Verbindung aller Stellen durch ein Kommunikationssystem
- soll dazu anregen, Arbeitsprozesse bewusst gemeinsam durchzuführen.

Zur Koordination und Kooperation

- gehören Menschen, Maschinen und
- sonstige materielle und immaterielle Mittel,
- die die formalen organisatorischen Gestaltungsansätze
- mit rationalem Verhalten verfolgen.
- Instrumentale Verhaltensmuster
- Kombination von Mensch-Maschineeinheiten und –gruppen
- werden als formale Rollenspezifizierung
- Geregelt (Aufgaben- und Arbeitsverteilung).
- Dabei sind (Position, Status und Rolle)
- Rangfolgen, Vorgesetzte-Mitarbeiterbeziehungen)
- Weisung und funktioneller Gehorsam sind erforderlich,
- um mit formaler Kommunikation, Dispositionen,
- bedarfsweise Improvisationen
- und technologische Maßnahmen
- die Organisationsprozesse in Gang zu setzen und durchzuhalten.

Weiterentwicklung der standortübergreifenden Zusammenarbeit

- bei allen Projekten und Supportanwendungen
- bei Steuerung, Planung, Realisierung, Kontrolle und Interventionen

Interaktionswirkungen (2)

Interaktionen

- können mehrfach in verschieden Wirkungsgruppen vorkommen
- und Interaktionen, die schon auf Wirkungsgruppen verteilt wurden,
- werden hier nicht mehr erwähnt.

- Dispositionen,
- Improvisationen,
- Gruppenprozesse
- und psycho-soziale Methoden,

die auf Wirkungsgruppen verteilt wurden, werden hier nicht mehr aufgeführt.

Alle Aktionen sind Interaktionen.

- Es ist möglich, psycho-sozialen und emotionale Interaktionen
- in den informations- und kommunikationsstrukturellen
- Prinzipienzusammenhang einzubauen.
- Aufgaben- und Arbeitsbeziehungen und
- organisatorische Verkehrsbeziehungen einzubauen.

Es manifestieren sich Reaktionsweisen und Interaktionsmuster,

- die das Leben einer Person charakterisieren
- und sich nur selten ändern.
- Diese individuell ausgeprägten Verhaltensmuster
- beeinflussen maßgeblich sein Verhalten
- bei Aufbau- und Ablauforganisation
- sowie bei Information und Kommunikation.

Menschen übernehmen nicht nur Aufgaben

- und sollen sich mit ihnen identifizieren.
- Formale und informale Rollenspezifizierung
- Sie setzen sich dafür weniger oder mehr engagiert
- bis begeistert ein.

- Störungen und Konflikte

- Diskrepanzen zwischen Soll-, Will- und Istorganisation
- dysfunktionalen Leitungs- und Führungsinteraktionen
- Interaktions- und Improvisationswirkungen
- Das kann zu einer negative Gruppendynamik führen.

Solche Störungen

- sollen formal abgefangen werden,
- kommen aber meistens ohne informale
- „people approach"-Wirkungen
- und informale (soziale) Kontrolle nicht aus.

Dabei ändert sich der Rolleninhalt (meist unbewusst)

- und es entwickeln sich neue Verhaltensweisen,
- die nicht immer zu den erlebten Situationen passen
- und auch zu Fehlverhalten führen können.

Dazu kommt über die Informationsvielfalt

- eine Reizüberschwemmung von den Medien
- und dem jeweiligen Umfeld,
- die kaum noch verarbeitet werden kann, häufig ohne,
- dass der/die Betreffende sich dessen bewusst ist.

Abb. 25: Improvisationswirkungen

Improvisationswirkungen (3)

Improvisationen

sind im Regelfall nicht ausdrücklich geregelte Entscheidungen.

- *Interaktionen, die ausgelöst werden (können),*
- *wenn keine geeigneten Dispositionen erfolgen,*
- *bekannt oder verfügbar sind.*
- *Ihr provisorischer Charakter ist von der*
- *Intelligenz (Urteilsfähigkeit) des Auslösenden abhängig*
- *und kann positiv wirken,*
- *aber auch negative Folgen haben :*

z.B. Ausfall einer Schaltfunktion bei Überhitzung eines Wasserkessels: Wenn der Improvisierende die Heizung ausschaltet, kann das richtig sein.

Es könne prozessabhängig falsch sein, wenn nur eine Drosselung der Temperatur erforderlich gewesen wäre, um wichtige Funktionen aufrecht zu erhalten.

Psycho-soziale und emotionale Interaktionen

- *sind nicht vorgeschrieben und entstehen*
- *überwiegend als ungeplante Verhaltensäußerungen*
- *Emotionen: Sie äußern sich in Mimik, Gestik, Stimme*
- *und zum Teil auch als äußerlich nicht erkennbares Verhalten*

- *Man kann sagen, dass Arbeitszufriedenheit eine der wichtigsten,*
- *wenn nicht die wichtigste, Organisationswirkung/en ist.*

Ziele und Constraints (Beschränkungen)

- *Zwänge, Restriktionen, formale Bedingungsrahmen*
- *bestimmen die Sollorganisation um das Soll*
- *mit dispositive Anweisungen und Überzeugungen,*
- *„people approach"– Maßnahmen) anzustreben (Willorganisation)*
- *und andererseits Abweichungen vom Soll (Istorganisation)*
- *durch formale (soziale) Kontrolle aufzudecken*
- *und dispositiv (bedarfsweise improvisatorisch) zu bereinigen.*

Diese psycho-soziale Komplexität

- *erfordert permanente Anpassungsprozesse (Dispositionen, Improvisationen*
- *und von Fall zu Fall auch Organisationsänderungen),*
- *damit der Organisierte erkennen kann, ob sich eine positive*
- *Tendenzielle Annäherung zwischen Willorganisation*
- *und Sollorganisation erkennen lässt.*
- *Zumindest muss der Organisierte eine erkennbare Überstimmung*
- *registrieren können, damit er sich damit identifizieren kann (Vertrauensbasis).*
- *Gleiches gilt für die Übereinstimmung von Will-, Soll- und Istorganisation*
- *Insoweit, wie in einen kontinuierlichen Anpassungsprozess mündet (KVP).*

Eine „soziale Position" wird meistens innerhalb einer Organisation

- *verbindlich und dauerhaft vergeben*
- *und eine Hierarchie (Status, Rangordnung, Rangfolge, Stufenleiter usw.)*
- *begründet. Detail festgelegt; man könnte sie auch „formale Position" nennen*
- *und ist meistens mit einem Titel ausgestattet*
- *(Geschäftsführer, Direktor, Abteilungsleiter, Amtmann usw.),*
- *der die Einordnung (Vorgesetzter, Mitarbeiter u.a.).*

Informelle „soziale Positionen" gibt es, aber sie werden

- *eher mit den Begriffen „informelle Führer bzw. Führung" verbunden,*
- *wenn sich eine Person in einer Gruppe die Aufmerksamkeit*
- *Und/oder den Respekt erwirbt,*
- *dass andere auf sie hören und ihr in manchen Situationen folgen*

Abb. 26: Führungswirkungen

Führungswirkungen (4)

Es muss ein Führungsteam aufgebaut werden,

- dass einerseits die technische Entwicklung beschleunigt,
- vor allen aber zeitgerecht die Märkte versorgt.

Mit den Familiensprechern ist vereinbart,

- dass zunächst die Kandidaten für die Führungsaufgaben
- gesucht, ausgewählt und vorgestellt werden.

Auch ist es bedeutsam,

- dass Sie Persönlichkeit gebraucht werden,
- die schon vergleichbare Aufgaben gelöst haben.

Solche Persönlichkeiten,

- die nicht nur die Technologie beherrschen,
- sondern auch wissen, was der Markt braucht
- und wie es an den Kunden gebracht werden kann.

- Da einerseits der Export gesteigert werden soll
- und es andererseits im Einzugsgebiet des
- Unternehmens nicht genügend Bewerber gibt,
- müssen Sie auch im Ausland suchen.

Solche Bewerber sollten nicht nur Deutsch

- und fließend Englisch sprechen
- sondern nach Möglichkeit Sprachen, die im
- Verbund der Führungskräfte weltweit gebraucht werden.

- Die Bewerber sollten 35 – 45 Jahre alt sein und
- natürlich Informations- und Kommunikationsgenies.
- Es werden relativ wenig Bewerber zu finden sein.
- Entweder sind sie in fester Bindung und nicht interessiert
- oder wir müssen hohe Einkommenserwartungen erfüllen,
- die bisher nicht in unser Unternehmen passen.

Die folgenden Voraussetzungen

- kann zuhören, motivieren und begeistern,
- hat Humor, ist hochgradig teamfähig,
- hat Freude am Erfolg Anderer im Unternehmen,
- ist ein Vorbild, ist lernfähig,
- hat Werte und Ziele,
- weiß genau, was vom Team erwartet wird,
- hilft den Mitarbeiterinnen und Mitarbeitern,
- erfolgreich zu sein,
- setzt die richtigen Prioritäten,
- kann motivieren, sich durchsetzen,
- ist fleißig, ausdauernd, belastbar,
- verliert nie die Übersicht,
- ist fachlich universell begabt, kreativ und loyal,
- hat Autorität und Charisma
- und wirkt verantwortlich
- und im positiven Sinne machtvoll.

Wir wissen, dass das nicht von heute auf morgen

- funktionieren kann – viel Zeit haben wir aber nicht.
- Dazu müssen beide Seiten bereit sein einen Vertrauensvorschuss zu erbringen,
- um unbedingte Loyalität
- in schwierigen Märkten mit aggressiven Wettbewerbern.

Für die positive Weiterentwicklung und Strukturierung

- aller technischen Einheiten der Gruppe suchen wir den
- branchen- und technologieerfahrenen Manager als
- Teamplayer in unserer Geschäftsführung.
- Verantwortung für Projektfortschritte
- und fachliche Führung von Teammitgliedern

Organizational commitment und charismatische Führung

zeigen, dass Emotionen

- nicht immer als Störfaktoren betrachtet werden sollten.
- Unter organizational commitment versteht man die
- Bindung eines Beschäftigten an das Unternehmen.
- Entscheidend bei der Bindung an die Organisation
- ist die emotionale Komponente.

Risiken und Konflikte können entstehen,

- wenn formale und methodische Anpassungsprozess
- nicht „so" klappen
- und/oder Personen und Gruppen wegen

- Meinungsverschiedenheiten,
- aus persönlichen Konkurrenzen und Rivalitäten
  - zu verdeckten (Hinterhältigkeit, Unverträglichkeit)
  - und offenen Streitigkeiten
  - bis zu schweren Konflikten gelangen.

- Formale Zurechtweisungen und
- Änderungen von Gruppenzusammensetzungen
- können helfen oder Spannungen verdecken.
- Dann sollten/können psycho-soziale Interventionen
- eingesetzt werden wie
- Stressmanagement & Regeneration kann man
- prinzipiell in regemäßige „Projektmeetings" integrieren.

Abb. 27: Gruppenwirkungen und –dynamik

Gruppenwirkungen und –dynamik (5)

Zwischen Gruppen- und Führungswirkungen besteht ein permanenter Austausch.

Das betrifft die Zusammenführung

- formaler und informaler Beziehungen
- zwischen Menschen und Gruppen
- (Gefühle, Werte und Normen)
- und soll formalen Wirkungen auch
- durch informelle Interaktionen
- auf die Organisation unterstützen.

Gruppendynamik beschreibt

Wirkungen in der Gruppenforschung,

- die in einer Gruppen
- eine gemeinsame Meinung bewirkt,
- auch Wir-Bewusstsein genannt,
- gruppenkonformes Verhalten erzeugt,
- Kohäsion und Zusammenhalt und
- gemeinsames zielgerichtetes Handeln
- im Guten, aber auch Bösen, zur Folge hat.

- Aber es gibt nun einmal Menschen, die in fast jeder Situation ein positiv motiviertes Verhalten an den Tag legen und eine positive Stimmung verbreiten.

Vorbeugung, sowohl

- im privaten Bereich,
- wie im beruflichen,

- ist das Gebot einer erfolgreichen Positivierung. Dazu
- gehört Harmonisierung im Sinne von sozialer Einbindung

- klärende Gesprächsführung,
- Konfrontationstechniken,
- Verhaltenstherapien.

Das kann folgende Gruppen

- bzw. zeitlich mehr
- oder weniger begrenzte Gruppierungen
- und Zufallsgruppen betreffen:

  - im Elternhaus, im Kindergarten, in der Schule, in der Ausbildung, i n Studiengängen (Hochschule, Univer-sität, Fachhochschule, Fachschule usw.) im Beruf

  - differenzierte Gruppen

    - Frauen, Männer, Kinder, Jugendliche usw.
    - Freizeitgestaltung (Verein, Hobby usw.)

- Zufallsgruppen (im Schwimmbad, im Wartezimmer, an der Tankstelle, im Bahnhof usw.)

  - Je nach Verbindlichkeit kann jede Art von Gruppe
  - Locker angelegt bis Vereinsstatus.

- Mittlere und Großgruppen (Partei, Gewerkschaft, Kirchengemeinde u.a.)

- und zum Teil wird mehr Gemeinschaftsgefühl können verbindliche Gruppen entstehen In organisierten Unternehmen, Behörden und anderen Institutionen

- Solche Gruppierungen die Leistungsaufgaben fördem,
- neutral sein oder behindern (Betriebsklima).

Ohne solche positiven psycho-sozialen und emotionalen Wirkungen (positive Improvisationen) wird es nicht vernünftig laufen.

- klärende Gesprächsführung,
- Konfrontationstechniken,
- Verhaltenstherapien,
- Entspannungstechniken,
- Stress und/oder Ängste abbauen,
- tiefenpsychologische Ausrichtung,
- um zu motivieren,
- Spannungen mindern / ausgleichen
- und Konflikte vermeiden / ausgleichen
- zugunsten der Zukunftsperspektiven.
- Zwischen diesen beiden Extremen
- liegt die große Zahl der anderen Menschen.

Formale Orientierung am

- Informationsbedarf der Zielgruppe sind die
- Merkmale der Information und Kommunikation.

Organisatorisches Gleichgewicht:

- Aufrechterhaltung eines abgewogene
- Verhältnisses zwischen Stabilität und Elastizität
- gegen über herrschenden Gruppierungen.
- die mit ihren Anliegen beschäftigt waren/sind
- und zu wenig mit dem Bestand ihre Unternehmens.

Jeder Mensch ist Gruppen zugeordnet,

- aber zum Teil auch unbewusst,
- Und mit anderen Menschen verbunden.
- Das nennt man Netzwerk, Rollengeflecht
- oder auch soziale Beziehungen.

Individualdevianzen und Gruppendevianzen

- Individualdevianzen oder primäre Devianzen (von innen, nach persönlichen Neigungen)

- Gruppendevianzen können aus Individualdevianzen entstehen, aber aus informellen Einflüssen,

- die sich mit der Übertragung von Gewohnheiten bilden
- oder durch informationelle Vorbildcharakter.

Wenn die Zusammensetzung der Gruppe zunächst

Wenn die Zusammensetzung der Gruppe zunächst defensiv (keine extremen Charaktere) erfolgt,

- **kann sich eine positive Gruppendynamik entwickeln,**
- **die dann ein stabiles Betriebsklima**
- **mit integrierender Stimmung entwickeln,**
- **das auch die Arbeitsleistung beflügeln kann.**

Je mehr positiv eingestellte Personen dabei sind,

- **können auch negativ Gestimmte beeinflusst werden, sie**
- **dürfen nicht das Gefühl haben, nur geduldet mitzuspielen.**

A.3.3.6 ZUSATZAUFGABEN ZUR SELBSTÄNDIGEN LÖSUNG-13

Erstellen Sie konkrete Situationen und Szenarien in dem im Folgenden beschriebene „Personalmanagement bei Großprojekten“ dar, wie Großprojekte organisatorisch betreut wer-den sollen. Insbesondere geht es darum, wie kann man Diskrepanzen (Störungen) zwischen Soll, Will und Istorganisation, dysfunktionalen Führungs-, Interaktions- und Improvisationswirkungen und negative Gruppendynamik vermeiden?

Auszugsweise: IT-Beratung, S-O-S-Methode© für Großprojekte, Kompetenzzentrum, Großprojektmanagement (CC GroßPM; BVA/BIT; Version 2.1; September 2015; Herausgeber: Bundesverwaltungsamt; Ansprechpartner Herr Thomas Schroder, Seite 78ff:

„ ... 6.2 Personalmanagement

6.2.1 Ziele: Was soll das Personalmanagement erreichen?

Das Personalmanagement bei Großprojekten verfolgt drei Ziele:

- ***Einen erfahrenen Projektleiter finden und ein qualifiziertes Team zusammenstellen. Großprojekte sind fast immer erfolgreich, wenn ein fachlich kompetentes Projektteam für die ganze Projektlaufzeit verfugbar ist. Aufgabe des Personalmanagements ist es, geeignete Mitarbeiter auszuwählen. Das gilt vor allem für die wichtigen Projektrollen und insbesondere für den Gesamtprojektleiter: Er benötigt nebenfachlicher Kompetenz auch Erfahrung im Management grösser IT-Projekte in der öffentlichen Verwaltung.***

  Bei der Auswahl z.B. des Systemarchitekten kommt es dagegen vor allem darauf an, dass er Erfahrung mit der für das Projekt vorgesehenen Architektur und Technologie hat. Darüber hinaus sorgt das Personalmanagement für Kontinuität und Konstanz im Projektteam: Idealerweise stehen die vorgesehenen Mitarbeiter für die gesamte Laufzeit zu 100% zur Verfügung.

- ***Das Projektteam motivieren. Der Erfolg eines Projekts hangt entscheidend vom Engagement des Teams ab. Mit geeigneten Maßnahmen (Einbindung, Transparenz verschaffen, Beitrag des Einzelnen herausstellen) kann das Personalmanagement die Motivation des Teams und jedes einzelnen Mitarbeiters stärken.***

- ***Die Projektmitarbeiter weiterentwickeln. Die Teammitglieder sind für die Dauer des Projekts aus ihrer normalen Arbeitsumgebung und Organisationsstruktur herausgelöst – in Großprojekten manchmal für mehrere Jahre. Das Personalmanagement sorgt dafür, dass die Weiterentwicklung der beteiligten Mitarbeiterwahrend des Projekts gewährleistet und an den Projektzielen ausgerichtet ist. Außerdem sichert das Personalmanagement nach Abschluss des Projekts die Entwicklung der Mitarbeiter, die sich wiederin die normale Arbeitsumgebung eingliedern.***

6.2.2 Rollen: Wer macht was im Personalmanagement?

Der (Gesamt-)Projektleiter ist Gesamtverantwortlicher für das Personalmanagement. In öffentlichen Organisationen jedoch stets in Zusammenarbeit mit der personalbearbeitenden Stelle sowie weiteren Beteiligten (z.B. Personalrat, Gleichstellungsbeauftragte, Fortbildung). Folgende Rollen sind für das Personalmanagement relevant: (Gesamt-)Projektleiter Ist Gesamtverantwortlicher für das Personalmanagement,

- *sorgt für die Motivation der Mitarbeiter und des Teams sowie für die Mitarbeiterentwicklung der Kernmitarbeiter Ggf. Personalmanager*

- *stellt sicher, dass die Mitarbeiter die für ihre Aufgaben notwendige Erfahrung und Kompetenz besitzen und dass alle notwendigen Mitarbeiter für den Projekteinsatz verfügbar sind,*

- *stimmt die Mitarbeiterentwicklung mit den Personalvorgesetzten ab, plant Maßnahmen*

zur Mitarbeitermotivation und fuhrt sie durch ggf. Personaladministrator,

- *gewährleistet die administrative Unterstützung,*

- *fordert beispielsweise abgestimmte Mitarbeiter-Dispositionsplane und Mitarbeiter-Entwick-lungsvereinbarungen ein und prüft diese,*

- *erstellt Auswertungen (z.B. „Mitarbeitergebirge" – grafische Darstellung des Mitarbeiter-bedarfs über Zeit) zur Kommunikation von Bedarfen,*

- *organisiert Motivationsmaßnahmen oder koordiniert die Urlaubsplanung*

Allerdings sind diese personalmanagementspezifischen Rollen in vielen Projekten nicht dediziert besetzt.

Das Personalmanagement liegt dann in der Verantwortung der Projektleitung.

In Großprojekten ist der Gesamtprojektleiter für das Personalmanagement verantwortlich. Er kann jedoch einzelne Themen an weitere Projektrollen mit Fuhrungsverantwortung delegieren. Sinnvoll ist es beispielsweise, wenn Projektmanager und Projektleiter die Personalmanagementaufgaben für ihre Teilprojekte oder Verantwortungsbereiche über-nehmen.

Delegieren von Personalmanagementaufgaben ...

... 6.2.4 Prozesse:
Wie geht das Personalmanagement vor, womit beschäftigt es sich inhaltlich?

Das Personalmanagement bei IT-Großprojekten sollte schon vor dem Projektstart wichtige Aufgaben lösen ((Initiale Prozesse), es ist aber auch wahrend des Projekts wichtig laufende Prozesse). Das folgende Schaubild gibt einen Überblick (Rollen und Verantwortlichkeiten festlegen).

Zum Projektstart werden Prozesse und Verantwortung fur Personalmanagement-Themen im Projekt festgelegt – gemeinsam mit den Linienorganisationen der eingesetzten Mitarbeiter.

Es ist in Großprojekten besonders wichtig, weil hier das Personalmanagement von unterschiedlichen Mitarbeitern und weiteren Beteiligten (siehe Abschnitt Rollen: Wer macht was im Personalmanagement?) wahrgenommen wird: besonders vom Gesamtprojektleiter, von den Projektmanagern und Projektleitern. Deren Rollen sind genau zu definieren. Ebenso sollte festgelegt werden, für welche Personalmanagement-Themen das PMO verantwortlich ist.

Personalmanagement hat Aufgabe Mitarbeiterpositionen im Projekt festlegen.

Zu klären ist auch der Prozess, mit dem Mitarbeiter für das Gesamtprojekt angefordert oder „zurückgegeben" werden. Hierbei hat sich folgendes Vorgehen bewahrt: Zunächst melden die Teilprojekte ihren Personalbedarf über den Projektmanager an das Gesamtprojekt, dort werden dann frei werdende Mitarbeiter neu zugeordnet oder zusätzliche Mitarbeiter ange-fordert.

In der Anbahnungsphase des Projekts kommt es vor allem darauf an, ein erfahrenes und fachlich kompetentes Projektteam auszuwählen. Dazu werden Anforderungsprofile für die wichtigsten Projektrollen erstellt. Anhand derer lassen sich dann geeignete Mitarbeiter leichter finden. Das Know-how des Teams sollte alle Aspekte des Projekts abdecken:

Fachwissen, Technikkenntnisse, Managementerfahrung.

Damit das fachliche Know-how ausreichend berücksichtigt wird, ist es sinnvoll, bereits Mitarbeiter der künftigen Nutzer einzubeziehen. Dies betrifft insbesondere Software-projekte. Strategieprojekte können je nach Inhalt ebenfalls eine Einbindung der Fachseite notwendig machen. Bei einer reinen IT-Konsolidierung ist dies nicht nötig, eine Reorganisation des Anforderungsmanagements ist jedoch nur unter Einbindung der Fachseite sinnvoll. Infrastrukturprojekte erfordern keine Einbindung der Fachseite.

Bei Großprojekten in der öffentlichen Verwaltung kommt es besonders auf den richtigen Gesamtprojektleiter an. Er sollte bereits Erfahrung im GrosPM haben und darüber hinaus die Anforderungen erfüllen …"

A.3.4 Fallstudie 1 - Teil 2: Lösung der Fallstudie Der bisherige Marketing-und Vertriebsleiter (Pieter van Expeer, 51 Jahre alt)

Wie würden Sie die psycho-sozialen und emotionalen Ansätzen in das Organisationskonzept von Erich Kosiol integrieren?

(1) (Zielstruktur, Zielorientierung, Rollenperspektiven, Interaktionen, Dispositionen, Improvisationen) (1)

Am Beispiel des bisherige Marketing-und Vertriebsleiter (Pieter van Expeer, 51 Jahre alt) wird diese Form der Analyse und Synthese dargestellt.

A.3.4.1 Stärken, Schwächen und Konsequenzen

(-5) **(Emotionale Schwäche)** *ist* ***unzufrieden****, weil er glaubt, dass er als gebürtiger Niederländer nicht so aufsteigen kann, wie andere „deutsche" Führungskräfte.*

(+5) Emotionale Stärke) *Seine weitgehende Akzeptanz im Unternehmen und bei Kunden.*

(-3) **(Emotionale Schwäche)** *aber vor allem auch bei Frauen, führt zu informellen Gesprächen und Vermutungen,* ***dass er es mit der ehelichen Treue nicht so genau nehme. Er leidet darunter,*** *aber er muss damit leben und das fällt ihm schwer. Das kann sich verstärken, wenn seine Frau das spürt und darauf reagiert.*

(+4) (Rollen, Dispositionen, Improvisationen, Interaktionen)
Er ist zwar ein ***überdurchschnittlich charismatischer Verkäufertyp*** *und hat vor allem fundierte Erfahrungen in Benelux, United Kingdom und Skandinavien,*

(-7) ***(Zielorientierung) aber er ist der Auffassung, dass eine wesentliche Änderung der Geschäftspolitik nicht nötig ist.*** *Die einzelnen Kosiol'scher Kategorien werden dem* ***Formalziel*** *übergeben.*

(+5) *Situative Regelungen und therapeutische Ansätze erfolgen permanent im* ***Kontroll/Feed Back-Verfahren.***

(+5) *Die Anpassung der Kosiol'schen Organisationprinzipien bedingt eine durchgängige* ***synthetische Orientierung (Anpassung)*** *an die realen Bedingungen der späteren Synthese.*

(+5) *Dazu müssen Kontrollmechanismen mit Rückkopplung (Feed Back) kommen, um* ***situativ auf nicht vorherbare Einflüsse (Risiken)*** *reagieren zu können.*

Emotionale Schwächen *können mit* ***Emotionale Stärken*** *(Lob, auch Belobigungen, Kompensationen ideeller, aber auch finanzieller Art) überlagert werden.*

Wenn das nicht die gewünschte Wirkung erzielt, wird es gerade bei Führungskräften schwierig, weil sie meistens in der Lage sind, „künstliche Beeinflussungen“ als Manipulation zu empfinden.

(+7) *Auch Lernbereitschaft ist ein Ansatz, mit dem man bei vielen Menschen (weniger bei Führungskräften) Erfolg erzielen kann. Schulungen und Trainings fachlicher, aber auch persönlichkeitsbildender Art, erreichen die meisten Menschen.*

(+5) ***Anregungen zur Lebensführung und zur zeitlichen Gestaltung:*** *Das kann sowohl privat wie beruflich bei der Zielfindung, der Zielerreichung und der Kontaktpflege helfen und die Vorteile von Klima, Stimmung, Humor und Fröhlichkeit für alle Lebensbereiche nutzen.*

(+5) *Eine klärende Gesprächsführung ist bei Führungskräften nur dann möglich, wenn die Abwehr z.B. auf Informationsmängel beruht und/oder man von Einsichtsfähigkeit ausgehen kann.*

(-6) *Auch können Konfrontationstechniken helfen: Da Pieter van Expeer der Auffassung ist, dass eine wesentliche Änderung der Geschäftspolitik nicht nötig ist, kann man ihn folgender Maßen ansprechen:*

(-6) *„Wir müssen darauf bestehen, dass wesentliche Anpassungen für unser Unternehmenserfolgen müssen, um unseren wirtschaftlichen Erfolg zu stabilisieren und zu verbessern. Wenn Sie das nicht umsetzen wollen oder können, ist ein Verbleiben auf dieser Position nicht mehr möglich.“*

Man darf man sich in keinem Fall in den Bereich der psychischen Erkrankung bewegen. Im Bedarfsfall muss man ihn/sie an Psychologen bzw. Psychiater verweisen.

Persönliche Anliegen: Summarisch 41 : 27 entspricht ***60,29% (guter Wert).*** *Man will* ***Herrn Pieter van Expeer, 51 Jahre alt,*** *mit einer materiellen und finanziellen Besserstellung im Unternehmen halten.*

In ***Abb. 28*** *finden Sie die Zusammenstellung für* ***Pieter van Expeer****: Die persönlichen Anliegen sind mit* ***60,29 %*** *bewertet, die generellen Anliegen mit* ***76.14 %.*** *Bei der Zusammenfassung werden die generellen Anliegen mit 60 gewichtet, die persönlichen Anliegen mit 40.*

Das ergibt (60 x 76.14 + 40 x 60,29):100 = 69,8 %

Wenn die Summe aus Zustimmung ***unter 70 % liegt“,*** *muss mit dem/sie Betreffenden gesprochen werden. Das heißt nicht zwingend, dass er/sie für die Stelle nicht in Frage kommt. Wenn er/sie seine Bewertung plausibel erläutern kann, ist es immer noch möglich. Bei wichtigen Zusatzqualifikationen kann das ebenfalls zu Gunsten des/der Bewerbers/In überprüft werden.*

Abb. 28: Zusammenstellung (fachliche und emotionale Stärken)

	Pieter van Expeer	Unternehmer-Familie		Umwandeln in vergleichbare %		
P=10	(1) Mitarbeiter/Innen	10	2	8,00	33,33	
P=1	(2) Fehlern der Vergangenheit	1	1	0,00	100,00	
P=8	(3) Alt-IT-Systemen	8	6	2,00	85,71	
P=3	(4) Anwenderprogramme	3	7	4,00	60,00	
P=5	(5)Kontrollinstanz (erweiterte Revision)	5	6	1,00	90,91	
P=7	(6) Führungsteam	7	5	2,00	83,33	
P=2	(7) Detaillierter Plan	2	4	2,00	66,67	
P=4	(8) Export	4	8	4,00	66,67	
P=6	(9) Qualitätssystem	6	9	3,00	80,00	
P=9	(10) Projektleiter	9	10	1,00	94,74	
Summe		55	58	27,00	761,36	76,14
		10	10	0,00	100,00	
Generellen Anforderungen (60 %)					"=60*76,14'	4568,4
Persönliche Anliegen (40 %): Summarisch 41 : 27 entspricht 60,29 % (guter Wert).					"=40*60,29'	2411,6
				Summe		6980
				Durchschnitt (:100)		69,80 %

(„1“) *Die einzelnen Kategorien,* ***die nicht im formalen Prinzipienzusammenhang enthalten sind,*** *werden dem* ***Formalziel*** *übergeben.*

(„2“) *Das gilt gleichermaßen für* ***situative Regelungen und therapeutische Ansätze.***

(„3“) *Im permanenten im* ***Kontroll/Feed Back-Verfahren*** *wird die Anpassung an die Kosiolschen Organisationprinzipien gesteuert. Dazu müssen die* ***Kontrollmechanismen mit geeigneten Organisationsmethoden*** *gekoppelt sein.*

(„4") *Das bedingt eine durchgängige* ***synthetische Orientierung (Anpassung)*** *an die realen Bedingungen der späteren Synthese.*

(„5") ***Emotionale Schwächen*** *können mit* ***Emotionale Stärken*** *(Lob, auch Belobigungen, Kompensationen ideeller, aber auch finanzieller Art) kompensiert, mindestens aber vermieden werden.*

(„6") *Wenn das nicht die gewünschte Wirkung erzielt, wird es gerade bei Führungskräften schwierig, weil sie meistens in der Lage sind,* ***„künstliche Beeinflussungen" als Manipulation*** *zu empfinden. Entweder muss der/die Stellenhaber/In sich* ***„überzeugend" anpassen*** *oder er/sie kann die Aufgaben nicht wahtnehmen.*

- *Dazu gehört eine* ***psycho-soziale Lernbereitschaft****, mit der man bei vielen Menschen Erfolg erzielen kann. Schulungen und Trainings fachlicher, aber auch persönlichkeits-bildender Art, erreichen die meisten Menschen.*

- ***Anregungen zur Lebensführung und zur zeitlichen Gestaltung:*** *Das kann sowohl privat wie beruflich bei der Zielfindung, der Zielerreichung und der Kontaktpflege helfen und die Vorteile von Klima, Stimmung, Humor und Fröhlichkeit für alle Lebensbereiche nutzen.*

- *Eine* ***klärende Gesprächsführung*** *ist bei Führungskräften nur dann möglich, wenn die Abwehr z.B. auf Informationsmängel beruht und/oder man von* ***Einsichtsfähigkeit*** *ausgehen kann.* ***Gesprächsführungen****, bei denen der/die Betroffene seine Ziele, aber auch seine Ängste, besprechen kann, sind häufig erfolgreich, wenn ihre/seine Befürchtungen positiv geklärt werden können.*

(„7") *Auch können* ***Konfrontationstechniken*** *helfen: Da Pieter van Expeer der Auffassung ist, dass eine wesentliche Änderung der Geschäftspolitik nicht nötig ist, kann man ihn folgender Maßen ansprechen:*

„Wir müssen darauf bestehen, dass wesentliche Anpassungen für unser Unternehmen erfolgen müssen, um unseren wirtschaftlichen Erfolg zu stabilisieren und zu verbessern. Wenn Sie das nicht umsetzen wollen oder können, ist ein Verbleiben auf dieser Position nicht mehr möglich."

Man darf man sich in keinem Fall in den Bereich der psychischen Erkrankung bewegen. Im Bedarfsfall muss man ihn/sie an Psychologen bzw. Psychiater verweisen.

Die folgenden methodischen Ansätze können die Betroffenen unterstützen, wenn sie das ausdrücklich wollen In jedem Fall muss der Gesprächsführende fachlich geeignet und geschult sein.

(„8") ***Verhaltenstherapien*** *gehen einen Schritt weiter, indem z.B. Entspannungstechniken vermittelt werden und Stress und/oder Ängste damit abgebaut werden können.*

***Freud: Tiefenpsychologische Ausrichtung* (Vergleiche Anlage 1)**
isee newmedia GmbH, Bechtenwaldstrasse 5, 65931 Frankfurt/Main
Geschäftsführer:Rene Kinkel & Marc Bläsing https://vistano.com/psychologie/wiki/tiefenpsychologie/

*„ … **Tiefenpsychologie** – Psychoanalyse. Zwei Begriffe, die oftmals als Synonyme verwendet werden. Allerdings stellt die Analyse nach Freud lediglich einen Aspekt, innerhalb dieser Richtung der Psychotherapie, dar. Tiefenpsychologie umfasst alle Methoden, die sich mit der Struktur und Dynamik unbewusster Prozesse auf seelischer Basis beschäftigen.*

Als eine vergleichbare Theorie, diese Ausrichtung betreffend, wird die Daseinsanalyse benannt. Gespräche und das Aufdecken dieser Prozesse stehen damit im Mittelpunkt der Behandlung. Verhaltenstherapie ist deshalb nicht mit den tiefenpsychologischen Verfahren gleichzusetzen. Sie verwendet zwar kognitive Prozesse, doch die Struktur und Dynamik wird innerhalb dieser Therapieform nicht analysiert.

Im Vordergrund stehen vielmehr Lernprozesse, die schließlich zur gewünschten Verhaltensänderung führen. Die Tiefenpsychologie-Therapie basiert auf Gesprächstechniken. Ziel ist es, die bestehenden Probleme des Klienten aus der Lebensgeschichte abzuleiten. Gerade hierin besteht der große Verdienst von Sigmund Freud. Tiefenpsychologie wäre ohne ihn nicht denkbar – schließlich war er der Erste, der diese Vorgänge in ein System brachte und sie damit erklärte. Seine Theorie stieß damals auf große Ablehnung innerhalb der Fachwelt, da sie hauptsächlich auf sexuellen Hauptfaktoren aufbaute. Dennoch gab es viele Schüler Freuds, die später eigene tiefenpsychologische Schulen gründeten.

Die bekanntesten sind Alfred Adler und C.G. Jung. Die Tiefenpsychologie-Ausbildung findet in der Regel in einem Institut für Tiefenpsychologie oder an Universitäten und anderen Schulen statt. Wie bereits durch die Definition ersichtlich ist, gibt es viele verschiedene Richtungen. Die Ausbildung umfasst daher immer nur jene Form, die von den Interessenten ausgewählt wurde. Während der Lehrzeit muss der Schüler die Grundlagen der jeweiligen Ausprägung erlernen. Gleichzeitig wird sehr oft ein Schwerpunkt auf die Umsetzung gelegt. Deshalb müssen die Lernenden – wie in Freuds tiefenpsychologischer Schule – sich selbst einer „Therapie“ unterziehen, um dann anschließend daraus die praktische Umsetzung zu erlernen. Dies kann mehrere Jahre dauern. Die Voraussetzung besteht oftmals in einem Studium der Psychologie, Medizin, Philosophie oder anderen Fächern, die mit der psychologischen Richtung verwandt sind …“

Diese Anwendungen können in diesem Zusammenhang auch eingesetzt werden, wenn gut ausgebildete und erfahrene Trainer (Therapeuten)I eingesetzt werden würden, aber das würde den Rahmen an dieser Stelle sprengen.

Abb. 29: Organisationsmethodik (Einbettung Kosiol-scher Katalog)

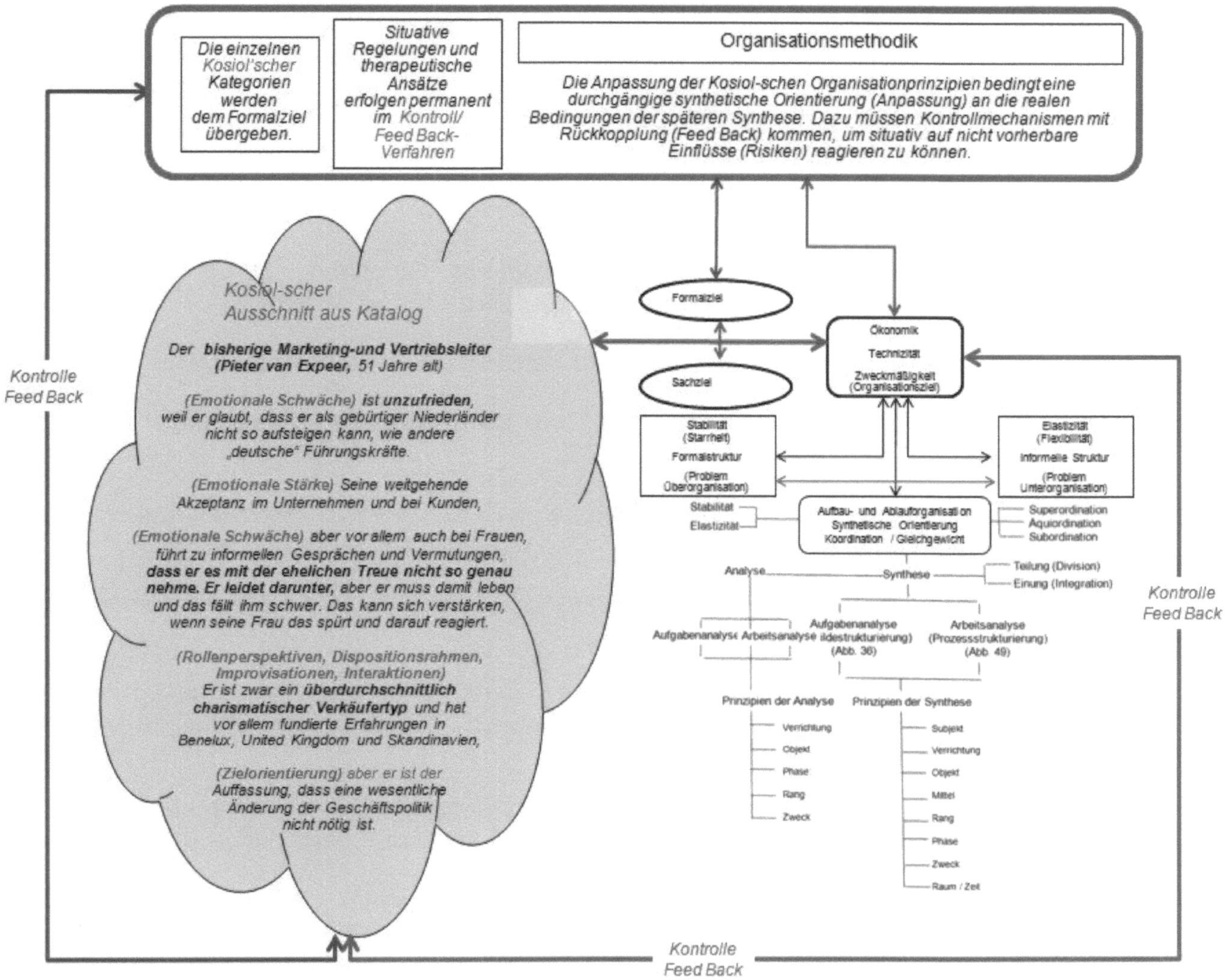

A.3.4.2 Wurden die konkreten Fragen beantwortet?

Wie würden Sie die psycho-sozialen und emotionalen Ansätzen in das Organisationskonzept von Erich Kosiol integrieren?

(1) Für welches Projekt soll die Organisation mit welchen Zielen erfolgen?
(Zielstruktur, Zielorientierung, Rollenperspektiven, Interaktionen, Dispositionen, Improvisationen) (1))

A.3.4.2.1 Zielstruktur und Zielorientierung (Parameter, Paradigmen, Szenarien)

Bewerber Leiter Organisation und Rechnungswesen:

*Zur Unterstützung der **Effizienzziele des Unternehmens** musste die IT-Abteilung folgende Herausforderungen bewältigen:*

- *Unterstützung einer wachsenden Nutzung standardisierter IT-basierter Prozesse*
- *Konsolidierung und Vereinfachung der IT-Infrastruktur*
- *Reduzierung der Betriebskosten*
- *Migration der Anwendungen in eine einheitliche Private-Cloud-Umgebung.*

Aus 1.1 Theoretische Grundlagen und Praxisbezug Zielorientierung und Rollenperspektiven

https://www.grin.com/document/144922

126 Seiten, Note: 2,3, BWL - Personal und Organisation, eBook

GRIN Verlag / Open Publishing GmbH; Hauptsitz München

(„1") *Kosiol ist jedoch klar, dass eine Reduktion des Menschen auf ein reines Produktionsmittel nicht realistisch und gleichfalls ethisch nicht vertretbar ist. Letztlich dient die Abstraktion der Organisation ohne den Menschen einer besseren Darstellung der Funktion …*

(„2") *Aus 2.1.1 Stärken und Schwächen; Zielorientierung: Aber er ist der Auffassung, dass eine wesentliche Änderung der Geschäftspolitik nicht nötig ist.*

(„3") *Die einzelnen Kosiol'scher Kategorien werden dem Formalziel übergeben.*

- *Dass Kosiol den **Menschen nicht nur als reines Produktionsmittel** sieht, ist erwähnt, aber noch nicht ausgeführt.*
- *Die einzelnen Kosiol'scher Kategorien werden dem Formalziel übergeben; das sind im Einzelnen:*

(„4") ***Situative Regelungen und therapeutische Ansätze erfolgen permanent im Kontrolle/Feed Back-Verfahren.***

(„5") *Die Anpassung der Kosiol'schen Organisationprinzipien bedingt eine durchgängige **synthetische Orientierung (Anpassung)** an die realen Bedingungen der **späteren Synthese.***

(„6") *Dazu müssen **Kontrollmechanismen mit Rückkopplung (Feed Back)** kommen, um **situativ auf nicht vorherbare Einflüsse (Risiken)** reagieren zu können.*

(„7") ***Emotionale Schwächen können mit Emotionale Stärken** (Lob, auch Belobigungen, Kompensationen ideeller, aber auch finanzieller Art) überlagert werden.*

(„8") ***Risiko:** Wenn das nicht die gewünschte Wirkung erzielt, wird es gerade bei **Führungskräften** schwierig, weil sie meistens in der Lage sind, **„künstliche Beeinflussungen" als Manipulation** zu empfinden.*

(„9")^ *Auch **Lernbereitschaft ist ein Ansatz**, mit dem man bei vielen Menschen (weniger bei Führungskräften) Erfolg erzielen kann. **Schulungen und Trainings fachlicher, aber auch persönlichkeitsbildender Art**, erreichen die meisten Menschen.*

(„10") ***Zielstruktur und Zielorientierung sind weitgehend ausgeführt, wenn auch nicht vollständig.***

- *Das Formalziel muss diese Informationen an das **Sachziel** übergeben, wenn der **Leistungs- und/oder Produktionsprozess betroffen** ist.*
- *Die Bedeutung der Formalziele, die entweder **die Gewinnerzielung oder die Liquidität (Finanzmittel)** eines kapitalistischen Unternehmens betreffen, können Vorrang haben, wenn das ansonsten das Überleben des Unternehmens gefährden würde. **Soziale, ökologische, kulturelle und sonstige gesellschaftliche Ziele** können auch dazu gehören, wenn der Gesetzgeber das vorgibt.*

- *In Non-Profit-Unternehmen, öffentlich-rechtliche und gesellschaftliche Sonder-formen (z.B. Kirchen) Institutionen und Unternehmen brauchen im Regelfall keinen Gewinn zu erzielen, sollten aber nach dem **Prinzip der Sparsamkeit** so wenig Geld wie möglich ausgeben. Häufig funktioniert das nicht, weil ein Nach-druck fehlt, wie das Gewinnstreben, fehlt.*

*Wenn wie die Ergebnisse für **A.2.1.31 Zielstruktur und Zielorientierung** zusammenfassen, dann ergibt sich folgende Übersicht Abb. **30.** Diese Aufgabe wurde gelöst, zwar nicht vollständig, mehr war aber bei den Eingangsdaten nicht möglich.*

Am wichtigsten für die Einordnung psycho-sozialer Elemente oder Gruppen sind die unter „Ja / positiv" und „Ja / negativ" ausgewiesenen Beiträge, die Input für den Kosiolschen Prinzipienzusammenhang „Sachziel, Formalziel", „Stabilität, Elastizität" bis zur „Aufbau- und Ablauforganisation" sind.

Abb. 30: Zielstruktur und Zielorientierung

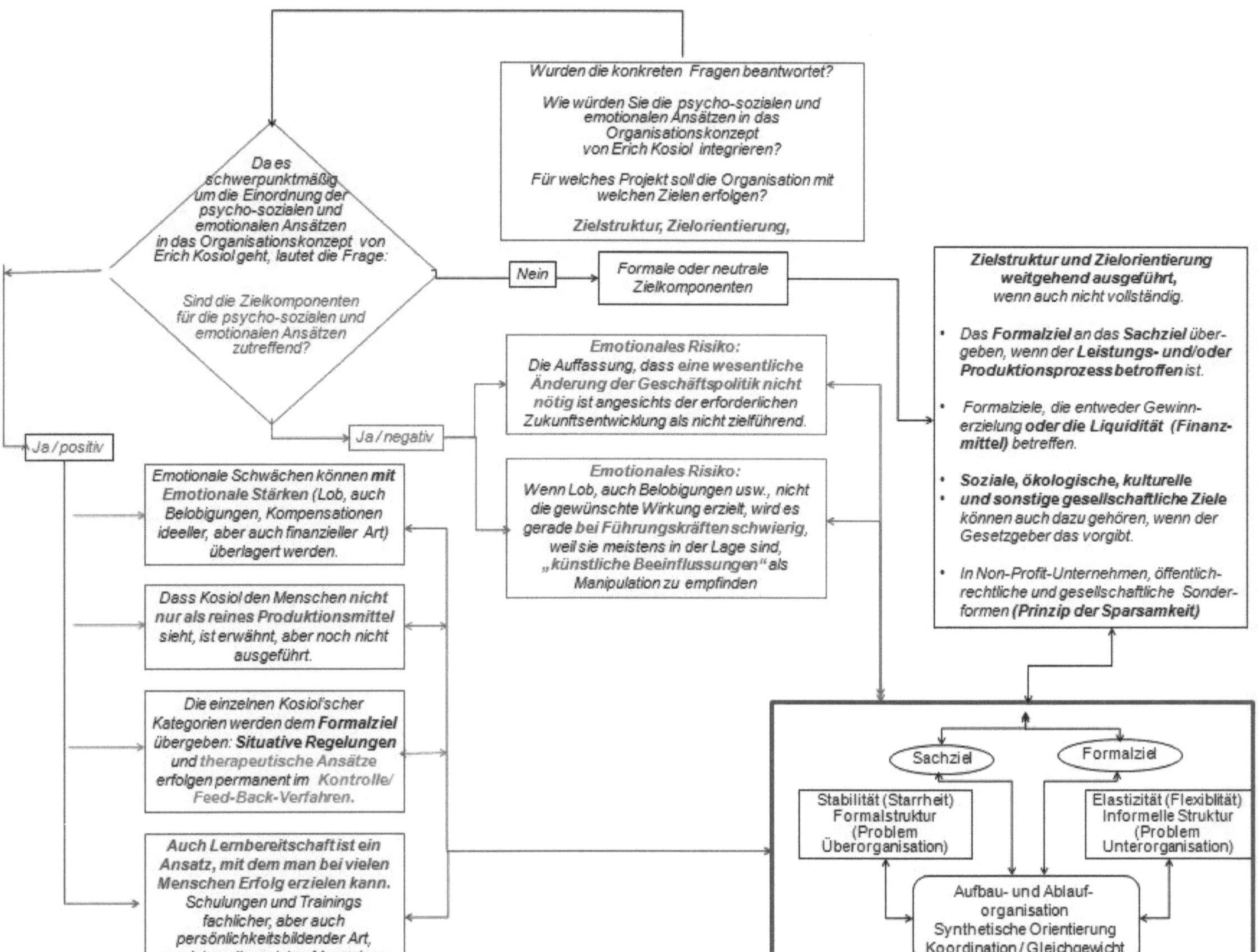

A.3.4.2.2 Rollenperspektiven und Interaktionen (Bestimmungsparameter der Gruppenbildung)

Wie würden Sie die psycho-sozialen und emotionalen Ansätzen in das Organisationskonzept von Erich Kosiol integrieren?

Alle wichtigen (Positionen, Rollen - formal, informell), Dispositionen, Interaktionen, Strukturen und Prozesse Improvisationen und psycho-sozialen Einflüsse) werden so aufgelistet (wir schenken uns an dieser Stelle die vollständige Listung zugunsten der systematischen Gruppenbildung. ***Auslöser für die Gruppenbildung*** *(Als zufällig erster der Behandlung; es hätte auch ein Anderer sein können.) bedeutet in diesem Zusammenhang, dass bei der Rollenbelegung von Marketing- und Vertriebsleiter, Pieter van Expeer (51 Jahre alt) als Zusatzinformationen andere potentielle Gruppenmitglieder hinzugezogen werden (müssen).*

- ***Weitere Vorgehensweise:*** *Aus den folgenden Zuordnungen sollen sich Anregungen ergeben,*

  - *wie das Unternehmen r**eorganisiert** werden kann*
  - *oder bei Bedarf auch der **Neuorganisation** zugeführt werden kann.*

  *Die **Lösung dieser Aufgabe**n muss unter besonderer Aufmerksamkeit für die **psycho-sozialen und emotionalen Ansätzen** stattfinden.*

  Alle wichtigen Merkmal für die Tabellen,

  - ***Positionen,***
  - ***Funktionen,***
  - ***Rollen (formal, informell)***
  - ***Risiken (Konflikte)***
  - ***Dispositionen,***
  - ***Interaktionen,***
  - ***Strukturen und Prozesse,***
  - ***Improvisationen***
  - ***und psycho-sozialen Einflüsse),***

  ergeben sich aus dem Folgenden:

(„1“) Positionen

http://www.leaders-circle.at/fileadmin/user_upload/files/pdf/Update_09/02_Position-Funktion-Rolle.pdf
Zum Haupttext: Rollenklarheit, zur Übung: Die Rollenlandkarte
Autor: Dr. Ruth Seliger, "Dschungelbuch der Führung"
© Leaders Circle | Tel.: +43 (1) 513 47 97 | Homepage: www.leaders-circle.at:

*„ … **Positionen** beschreiben den formalen Platz, den jemand in einem System, in einer Organisation einnimmt. Dieser Platz kann formal sein: Weit oben oder weit unten in der Hierarchie, stabstelle, Linie, Projektleitung, usw. Positionen in Organisationen heißen dann CEO oder Abteilungsleiter. Positionen beschreiben aber auch informelle Plätze in Organisationen: der "heimliche Chef", die "graue Eminenz", der "Außenseiter", die "Info-Börse". Im Unterschied zu den formalen Positionen werden sie aber nicht verliehen, sondern sie entstehen gleichsam in Selbstorganisation, durch soziale Prozesse …“*

(„2“) Funktionen

beschreiben den Zweck und die inhaltlichen Aufgaben, die mit den Positionen verbunden sind. Der Abteilungsleiter des Controllings hat andere Aufgaben als der Verkaufsleiter, obwohl sie beide die gleiche Position "Abteilungsleiter" innehaben. Der Nutzen, den die Organisation durch sie hat, ist ein unterschiedlicher. Funktionen definieren die Arbeit, die an einem bestimmten Platz der Organisation bzw. den Beitrag, der zur Aufgabe der gesamten Organisation zu leisten ist.

(„3“) Rollen

beschreiben die Verhaltenserwartungen, die an Inhaber von Positionen und Funktionen gerichtet werden.

*Jede Organisationen kennt die **geschriebenen (formale Rollen)** und **ungeschriebenen Gesetze (informelle Rollen)**,*

wie man sich als CEO, Verkaufsleiter oder Assistenz der Geschäftsleitung zu verhalten hat. Rollenzuschreibungen stehen aber meist nicht in einem Organisationshandbuch. Sie müssen von Neuankömmlingen oft mühevoll herausgefunden werden. Rollen haben daher mehr mit einer Kultur einer Organisation als mit ihren Strukturen zu tun.

***Führung** wird in Organisationen vorwiegend durch Positionen und Funktionen definiert. Führungskräfte erhalten Titel wie Abteilungsleiter, Bereichsleiter, Teamleiter, die ihre Positionen markieren und ihre Entscheidungskom-petenzen festlegen. Aus der inhaltlichen Funktion heraus erklärt sich oft das Aufgaben-Portfolio. Die Rolle bleibt meist vollkommen undefiniert.*

*Welches die Rolle von Führung und den einzelnen Führungspositionen in der jeweiligen Organisation jeweils konkret ist, kann nicht ein für alle Mal festgeschrieben werden, sondern ist Thema eines **kontinuierlichen Aushandelns und Aufgabe der Führung selbst**.*

*Rollen helfen bei der Klärung der Frage: **Wer bin ich (hier) und was soll und darf ich (hier) tun?***

*Als **Führungskraft** sind Sie immer in einer **Rolle, an die zahlreiche Verhaltenserwartungen gerichtet sind.** Je klarer Ihnen diese Erwartungen sind, umso eher können Sie entscheiden, welche Rolle Sie einnehmen und wie Sie sie ausführen möchten. Einen Rahmen für diese Aushandlungsprozesse liefert im Allgemeinen die Arbeit an Führungsleitbildern, die Führungskräfte allgemeine Verhaltensorientierung geben. Aber die Frage "Was ist meine Rolle als Führungskraft?" kann jede Führungskraft nur über den Umweg des Aushandelns mit der eigenen Führung und den Mitarbeitern klären. Diese Klärungsprozesse sind Teil des Führungsgeschäfts .“*

***(„4“)Risiken und Konflikte:** (Konflikte sind im Regelfall die Folge von empfundenen Angriffen (zum Teil berechtigt, aber auch unberechtigt,) Fehleinschätzungen und Überreaktionen, bei denen eine Person oder ein Gruppe von Menschen die Konfrontation suchen. Es geht um widerstreitende berechtigte und auch unberechtigte Auffassungen undInteressen, die zum Zerwürfnis führen können. Auslöser sind Folgen des Missverstehens (Zeichen- oder Wortfehler, Übersetzungs-, Verstehens- und Verständnisfehler, Wort- und Satzfehler im Zusammen-hang, Verwechslungs- oder Auslegungsabweichungen, Irrtum und Dissens, Meinungs- und Auffassungsunterschiede).*

(„5“) Dispositionen,

Interaktionen

Dispositionen *sind* ***formalen Interaktionen,*** *die die Ziele, Planung, Anwendung der Organisations- und Entscheidungsregeln, Aufgabenverteilung und –überwachung, Anleitung, Anweisung und Motivation der Mitarbeiter/Innen, menschliche und technische Arbeitsstrukturen und –abläufe, Problemanalysen, Lösungsanregung und –vorgaben, Information, Kommunikation, Kontrolle und Steuerung, Mitarbeiterführung und bedarfsweise positive und negative Sanktionierung betreffen, gehören zur* ***Koordination.***

Informelle Interaktionen

Psycho-soziale und ***informelle Interaktionen*** *sind nicht vorgeschrieben und entstehen überwiegend als ungeplante Verhaltensäußerungen (Emotionen). Sie äußern sich in Kontakt-, Verständigungs-, Beziehungsinformationen, in Lob, in Streit- und Konflikt- und Rivalitätshandlungen, in Mimik, Gestik, Stimme und zum Teil auch als äußerlich nicht erkennbares Verhalten.*

Bewusste Interaltionen mit dem Ziel, etwas zu bewirken oder mitzuteilen, nennt man Dispositionen – meist im Zusammenhang mit formalen Aufgaben).

Aus:
https://www.erziehungswissenschaften.hu-berlin.de/de/ebwb/team-alt/schaeffter/downloads/selbstorganisiertes%20Lernen
Humboldt-Universität zu Berlin, Downloads Prof. Ortfried Schäffter, Selbstorganisiertes Lernen - eine Herausforderung für die institutionalisierte Erwachsenenbildung:

„.. Organisation stellt eine folgenreiche soziale Erfindung dar, von der die Gesellschaft der Spätmoderne bis in ihre Feinstrukturen hinein bestimmt wird. Ihre Errungenschaft besteht in einem Aufbau langer und komplexer Handlungsketten und deren Ausrichtung auf spezifische, nur arbeitsteilig erreichbare Zwecke, Ergebnisse und Ziele. Nach N. Luhmann beruht ihr Gelingen auf der ***„Formalisierung“ von Interaktionsbeziehungen****. Das Auf-Dauer-Stellen komplexer und „unwahrscheinlicher“ Handlungs-muster und Handlungsketten hängt hierdurch nicht mehr von den wechselnden Dispositionen, Motiven und individuellen Interessen der handelnden Subjekte ab, sondern von generalisierbaren Interessenlagen verschiedener Akteure am Erwerb oder Aufrechterhalten einer Organisationsmitgliedschaft …“*

(„6“) Strukturen und Prozesse

Erich Kosiol verbindet mit ***Strukturen die Aufbauorganisation*** *(alle materiellen und immateriellen Vermögenswerte, die mit keinen Arbeitsfolgen verbunden sind und mit* ***Prozessen die Ablauforganisation*** *(die erst die Arbeitsfolgen auslöst).*

Erich Kosiol hat in seiner reinen Lehre nur formelle Strukturen und Prozesse dargestellt, aber später die synthetische Orientierung (als Orientierung an der späteren Synthese) und psycho-soziale Wirkungen im Rahmen von Fallstudien aufgenommen.

Aus: https://www.lean-knowledge-base.de/strukturen-prozesse/
Autor: Guido Bosbach Lean Knowledge Base UG (haftungsbeschränkt), Heddesheim:

*„ … Unsere Organisationen bestehen **neben Strukturen und Prozessen** immer auch **aus uns Menschen**. Wir alle gemeinsam prägen und beeinflussen kontinuierlich die Kultur und Wertemuster in und mit denen wir arbeiten. So ist Verantwortungsübernahme, als Beispiel, nicht nur ein menschliches und Führungsthema, sie ist auch in unseren Organisationsstrukturen und -prozessen tief verankert. Über die Zeit haben diese teilweise ein Eigenleben und eine beeindruckende Eigendynamik entwickelt. Wir erkennen das an bürokratischen Auswüchsen, deren eigentliche Zielsetzung niemand in der Organisation mehr nachvollziehen kann …*

*… **Reflexionsfragen***

Individualebene

Welche Strukturen und Prozesse

- ***Unterstützen meiner Arbeit**?*
- ***Welche behindern mich?***

- *Kenne ich die **Hintergründe**,*
  aus denen die Prozesse und Strukturen entstanden sind, mit denen ich arbeite?

- *Wie gehe ich mit Prozessen und Strukturen um, **die ich für ungeeignet halte**?*
- *Welche **zusätzlichen Prozesse und Strukturen** halte ich für **sinnvoll und zielführend?***
- ***Wen muss ich ansprechen**, um den Stein ins Rollen zu bringen?*

Organisationale Ebene

- ***Wie führen** wir das Unternehmen?*
- ***Welche Strukturen und Prozesse unterstützen** wirklich unseren Geschäftserfolg, welche sind **bürokratische Relikte** früherer Problemlösungen?*

- *Sind unsere **Kernprozesse noch zeitgemäß**?*

- *Sind unsere **Entscheidungsprozesse schnell genug** und lassen sie **alle Beteiligten mit der entsprechenden Kompetenz zu Wort kommen?...“***

***(„7“) Improvisationen** sind im Regelfall nicht ausdrücklich geregelte Entscheidungen (Interaktionen), die ausgelöst werden (können), wenn keine geeigneten Dispositionen erfolgen, bekannt oder verfügbar sind. Ihr provisorischer Charakter ist von der Intelligenz (Urteilsfähigkeit) des Auslösenden abhängig und kann positiv wirken, aber auch negative Folgen haben.*

*Aber ohne Improvisation würde **jede Organisation Schaden nehmen,***

- *weil man erstens **nicht alles im Voraus planen** kann,*
- *zweitens es immer **neue bzw. nicht bekannte Situationen** gibt*
- *und drittens die **notwendige Flexibilität das Risikofall dringend erforderlich** macht.*

- ***und psycho-sozialen Einflüsse***

(„8") Es ist der Mensch, der unterschiedlich disponiert ist,

- *Optimismus ist in diesem Zusammenhang eine Fiktion, aber es gibt nun einmal Menschen, die* ***in fast jeder Situation ein positiv motiviertes Verhalten*** *an den Tag legen und eine positive Stimmung verbreiten. Worauf das zurückzuführen, ist sehr unterschiedlich (positive/r Sozialisierungsverlauf und Gruppendynamik, eine individuell psycho-sozial und emotional wie auch eine gesundheitlich, neurologisch und psycho-logisch günstige Entwicklung usw.).*

- *Es gibt die Pessimisten, die* ***umgekehrt gepolten Menschen****, bei denen alles oder Teile ihrer Entwicklung eingeschränkt waren.*

- ***Zwischen diesen beiden Extremen*** *liegt die große Zahl der anderen Menschen.*

- ***Vorbeugung,*** *sowohl im privaten Bereich, wie im beruflichen, ist das Gebot einer* ***erfolgreichen Positivierung.*** *Dazu gehört* ***Harmonisierung im Sinne von sozialer Einbindung*** *(klärende Gesprächsführung, Konfrontationstechniken, Verhaltenstherapien, Entspannungstechniken, Stress und/oder Ängste abbauen, tiefenpsychologische Ausrichtung, positive Stimmungen in der Gruppe und Gesellschaft, als auch im Unter-nehmen),*

    - ***um zu motivieren,***
    - ***Spannungen mindern / ausgleichen***
    - ***Und Konflikte vermeiden / ausgleichen***
    - *zugunsten der* ***Zukunftsperspektiven.***

(„9") Gruppenbildung und Betriebsklima

Wenn die ***Zusammensetzung der Gruppe*** *zunächst defensiv (keine extremen Charaktere) erfolgt, kann sich eine positive Gruppendynamik entwickeln, die dann ein* ***stabiles Betriebsklima mit integrierender Stimmung*** *entwickeln, das auch die Arbeitsleistung beflügeln kann. Später können auch extreme Charaktere aufgenommen werden.*

Die ***Zusammensetzung der Gruppen*** *kann dabei entscheidend sein, je mehr positiv eingestellte Personen dabei sind, aber die anderen eher negativ Gestimmten dürfen nicht das Gefühl haben, nur geduldet mitzuspielen.*

Dazu kommt die Erfahrung, dass ***gemischte Gruppen (Frauen und Männer)*** *besser miteinander auskommen als eingeschlechtliche Gruppen. Voraussetzung ist, dass es zu* ***keinen Rivalitäten*** *kommt (z.B. 2 Männer werden um eine Frau).*

Die ***Rolle von Frauen*** *wird unterschätzt. Sie tragen zum Ausgleich in einer Gruppe bei, selbst wenn sie gewisse Auffälligkeiten aufweisen (Stimmungsschwankungen). So hat die vielfach beanstandete Geschwätzigkeit die Folge, dass Männer sich darüber amüsieren, bedenken aber nicht, dass dieses Amüsement friedensstiftend ist.*

*Stimmungsschwankungen zeichnen sich durch einen **plötzlichen Wechsel der Stimmung** auf (**Stimmungslabilität** oder **Affektlabilität**). Das klingt zwar beunruhigend, aber die Frauen richten sich darauf ein und suchen neben medizinischer Behandlung **andere Beschäftigungsformen** (Joga, esoterische Veranstaltungen, besondere Hobbys usw.), mit denen sie zur Unterhaltung der Gruppe beitragen und damit unterhaltsam und wieder friedensstiftend sein können.*

(„10") Verhaltensabweichungen

Erwartetes Verhalten ist durchaus nicht sicher – die Ausnahme von der Regel kommt manchmal häufig, manchmal seltener vor:

- *Attraktivität und Sympathie eines Menschen sind nur zum Teil äußerlich erkennbar. Ihre Wirkung können*
    - ***zufällig auftreten** (z.B.: Eine Position bzw. Meinung, die man vertritt, wird von einem/e „Sympathieträger/In" unerwartet geteilt und verursacht eine starke Anziehung.).*
    - *Überhaupt ist die gegenseitige Attraktivität durchaus nicht allein an Äußerlichkeiten gebunden; der Sympathie-Effekt kann auftreten, ohne dass ersichtlich ist, woran es liegt.*
    - *Oder man kann jemanden „gut riechen" (**Olfaktorische Wahrnehmung),** ohne zu wissen „warum". Das gilt im Prinzip für alle **Sinnenwahrnehmungen***
        - *Sehen (visuell),*
        - *Hören (auditiv),*
        - *Tasten (haptisch),*
        - *Riechen (olfaktorisch),*
        - *Schmecken (gustatorisch).*

Die äußerliche Erscheinung (Sehen) hat eine offensichtliche Wirkung, aber Kombinationen aller Sinne wirken häufig über Situationen und Verhaltensweisen.

- *Männer können durchaus Interesse bei Frauen wecken, wenn sie mit Extremsportarten glänzen können.*
- *Aber auch das ist nicht zwingend: Es gibt durchaus Frauen, denen Solidität, Natürlichkeit und Understatement wichtiger sind.*
- *Natürlich haben auch Erotik und Sexualität ihren Stellenwert, manchmal intensiv und lang anhaltend, manchmal und häufiger zeitlich begrenzt.*
- *Das als „arrogant" empfundene Verhalten und/oder ein betontes „Imponiergehabe" können erfolgreich sein, für manche Menschen wirkt das aber abstoßend.*
- *Männer, wie auch Frauen, **die sich anderen unterlegen fühlen** (Attraktivität, psycho-soziale, emotionale Anziehungskraft, Konformismus und Non-*

Konformismus, Körpergröße, Aussehen, Ausstattung und Mode, Sportlichkeit, Erfolg usw.), versuchen diesen Maßstäben zu entgehen.

- *Daher versuchen viele privat wie im Unternehmen den* ***Eindruck von Kompetenz, Kreativität und Engagement*** *zu entwickeln, was auf andere manchmal langweilig und überflüssig wirkt.*

- *So lassen sich* ***„Informationsvorsprünge" und dafür notwendige Aktivitäten,*** *z.B. Hobbys deuten, bei denen jemand etwas tut, was äußerst selten oder „ungewöhnlich" ist (z.B.: Ich kenne persönlich einen Herren, der „alles" über den Brunnenbau in Venedig weiß und ich musste erfahren, dass wegen der Wasserknappheit „Venezianische Brunnen, Zisternen und die Vere da Pozzo" durchaus wichtige Entwicklungen waren/sind, die in Deutschland nur wenigen bekannt sind.) und mit denen man bei Bedarf glänzen und geeignete Partner/Innen für sich gewinnen kann.*

  Ich z.B. schreibe Fachbücher, mit denen ich wohl ebenfalls auf andere wirken will, ohne dass mir das zunächst „so" bewusst war.

- *Tatsächlich* ***messbarer beruflicher Erfolg*** *(Status, Einkommen, Berechtigungen unterschiedlichster Art, wie Dienstwagen mit privater Nutzung, Versicherungsvorteile, Reisebegünstigungen, Vorteilsangebote) kann allerdings nachhaltig wirken, wenn auch nicht immer.*

  Die ***Lösung dieser Aufgaben*** *sollen am Beispiel des Marketing-und Vertriebsleiters, Pieter van Expeer (51 Jahre alt), mit besonderer Aufmerksamkeit für die* ***psycho-sozialen und emotionalen Ansätzen*** *stattfinden:*

A.3.4.2.3 ZUSATZAUFGABEN ZUR SELBSTÄNDIGEN LÖSUNG-14

Wie würden Sie die psycho-sozialen und emotionalen Ansätzen in das Organisationskonzept von Erich Kosiol integrieren?

Bestimmen Sie aus *der folgenden Abhandlung über „Großprojekte, Kompetenzzentrum, Großprojektmanagement“*

- ***Positionen,***
- ***Funktionen,***
- ***Rollen (formal, informell)***
- ***Risiken (Konflikte)***
- ***Dispositionen,***
- ***Interaktionen,***
- ***Strukturen und Prozesse,***
- ***Improvisationen***
- ***psycho-sozialen Einflüsse***

entsprechend der Anforderungen an den Projektleiter

- ***wie das Unternehmen reorganisiert werden kann***
- ***oder bei Bedarf auch der Neuorganisation zugeführt werden kann.***

Auszugsweise: IT-Beratung, S-O-S-Methode© für Großprojekte, Kompetenzzentrum, Großprojektmanagement (CC GroßPM; BVA/BIT; Version 2.1; September 2015; Herausgeber: Bundesverwaltungsamt; Ansprechpartner Herr Thomas Schroder, Seite 78ff:

„… Sieben Anforderungen an den Projektleiter

(1) Der Projektleiter sollte dem Projekt zu 100% zur Verfügung stehen
(2) Ausgewogener Mix an erfahrenen und weniger erfahrenen Mitarbeitern
(3) Ausreichend Managementkapazität pro Mitarbeiter bereitstellen
(4) 100%-ige Projektverfügbarkeit wichtiger Rollen
(5) Beachtung der formalen Regelung interner Mitarbeiter
(6) Personalrat frühzeitig einbinden
(7) Mitspracherecht bei der Auswahl externer Mitarbeiter

- ***Der Gesamtprojektleiter eines Großprojekts sollte sich nur dieser Aufgabe widmen. Denn wahrend die Leiter kleinerer Projekte zusätzlich noch Linienverantwortung tragen können, braucht ein Großprojekt die ganze Aufmerksamkeit und Kapazität. Der Projektleiter sollte dem Projekt zu 100% zur Verfügung stehen.***

- ***Bei Großprojekten kommt es besonders darauf an, erfahrene und weniger erfahrene Mitarbeiter in einem guten Verhältnis zusammenzubringen. Ist das Team mit zu vielen unerfahrenen Mitarbeitern besetzt, werden zu viele vermeidbare Fehler gemacht. Sind im Team dagegen zu viele erfahrene Kollegen, behindern sie sich gegenseitig („stehen sich auf den Füssen“). Das gilt für das Gesamtteam ebenso wie für die Teams der Teilbereiche bzw. -projekte. Ausgewogener Mix an erfahrenen und weniger erfahrenen Mitarbeitern.***

- *Zudem ist bei Großprojekten darauf zu achten, dass interne und externe Mitarbeiter in ausgewogener Mischung dabei sind. Soll ein Projektteam entstehen, ist ein Mindestanteil an dauerhaft präsenten internen Mitarbeitern als Know-how- und Kulturträger förderlich. Mit einer solchen ausgewogenen Mischung lässt sich auch verhindern, dass der Auftraggeber besonders in Schlüsselpositionen langfristig von Externen abhängig wird. Deshalb sollte der Auftraggeber vor allem bei gestaltenden Themen langfristig benötigte Kompetenzen identifizieren, für die zumindest mittelfristig interne Mitarbeiter aufgebaut werden sollten.*

- *... Werden besonders viele externe Mitarbeiter eingesetzt, ist auf ausreichende Managementkapazität zu achten. Nur dann lassen sich sowohl die formalen Prozesse bei der Beschäftigung Externer wahrnehmen als auch deren Ergebnisse prüfen und sicher übernehmen.*

  Ausreichend Managementkapazität pro Mitarbeiter bereitstellen Verfügbarkeit und Rahmenbedingungen für den Projekteinsatz abstimmen. Die Verfügbarkeit der Mitarbeiter für die Projektlaufzeit ist mit deren Linienorganisationen abzustimmen.

  Idealerweise sollten sie für die gesamte Zeit zu 100% für das Projekt da sein, auf keinen Fall aber für weniger als 70%. Bei weniger als 70% treten bereits Probleme auf, weil die Prioritäten nicht klar sind, Mitarbeiter zu wichtigen Projektterminen und -phasen doch nicht verfügbar sind und sich nicht voll auf die Projektaufgaben konzentrieren.

- *Wer in Großprojekten wichtige Rollen einnimmt, sollte für die gesamte Projektlaufzeit zu 100% verfügbar sein. 100%-ige Projektverfügbarkeit wichtiger Rollen. Die Rahmenbedingungen für den Einsatz der Mitarbeiter unterscheiden sich teilweise danach, ob es sich um externe oder interne Mitarbeiter handelt.*

- *Rahmenbedingungen für interne Mitarbeiter: Wenn der Mitarbeiter der Organisationseinheit des Auftraggebers angehört, erfolgt die Abstimmung durch interne Vereinbarungen.*

- *In der öffentlichen Verwaltung wird die Verfugbarkeit interner Mitarbeiter per Umsetzung, Aufgabenübertragung oder Abordnung formal geregelt. Bei der Abordnung ist die längere Vorlaufzeit zu berücksichtigen; bei der Umsetzung oder Aufgabenübertragung das Herauslösen aus der aktuellen Aufgabe und die entsprechenden Nachbesetzungen.*

- *Beachtung der formalen Regelung interner Mitarbeiter*

  Sonstige für den Projekteinsatz wichtige Rahmenbedingungen, insbesondere die Führungsverantwortung sowie die Ist-Zeit-Erfassung, werden mit der Linienorganisation des Mitarbeiters vereinbart, insbesondere:

- *Mit den Personalvorgesetzten der eingesetzten Mitarbeiter sind die Verantwortungsbereiche der fachlichen und der disziplinarischen Führung festzulegen. Die fachliche Führung liegt im Projekt.*

- *Für ein effizientes Controlling (siehe Kapitel Projektplanung) bedarf es auch bei internen Mitarbeitern einer Ist-Zeit-Erfassung. (Für externe Mitarbeiter ist diese meist als Basis für die Abrechnung ohnehin notwendig.)*

- *Da in der öffentlichen Verwaltung jede detaillierte Ist-Zeit-Erfassung der Zustimmung des Personalrats bedarf, ist dieser frühzeitig einzubinden.*

- *Rahmenbedingungen für externe Mitarbeiter: In diesen Fallen ist die Verfugbarkeit vertraglich zu vereinbaren. Der Vertrag regelt beispielsweise die Verpflichtung zur Arbeit „vor Ort" und den geforderten Einsatz in Stunden pro Woche. Er enthält aber auch inhaltliche Festlegungen wie die Verpflichtung zum Know-how-Transfer.*

- *In Großprojekten ist es sinnvoll, dass der Auftraggeber auch ein Mitspracherecht bei der Auswahlder einzelnen Mitarbeiter vertraglich vereinbart. So ist es gegebenenfalls ohne Probleme möglich, dass ein Mitarbeiter auf Wunsch des Auftraggebers ausgetauscht wird.*

Mitspracherecht bei der Auswahl externer Mitarbeiter
Mitarbeiterentwicklungsplan mit Linienorganisation abstimmen

- *Neben der Verfugbarkeit der Mitarbeiter ist auch ihre Entwicklung wahrend der Projektlauf-zeit mit ihrer Linienorganisation abzustimmen. Hierbei ist darauf zu achten, dass die Entwicklung des Mitarbeiters der geplanten Projektarbeit zugute kommt, also mit den Projekt-zielen in Einklang steht. Die Planung der Mitarbeiterentwicklung sollte auch den Know-how-Transfer von Mitarbeitern berücksichtigen, die den Nutzern des Projektergebnisses nach Abschluss des Projekts nicht mehr zur Verfugung stehen. Auch die Entwicklung derMitarbeiter nach Abschluss des Projekts sollte bedacht werden, da eine ungewisse Zukunft zu Blockadehaltungen der Mitarbeiter fuhren kann.*

- *Bei lang laufenden Großprojekten ist mit der Linienorganisation und dem Mitarbeiter auch abzustimmen, wie der Mitarbeiter die im Projekt erworbenen Fahigkeiten und Erfahrungen nach dessen Ende sinnvoll nutzen kann. Der Mitarbeiter erhalt somit eine langfristige Entwicklungsperspektive. Die Entwicklungsziele sollten messbar sein.*

Entwicklungsperspektive des Mitarbeiters aufzeigen
Projektorganisation und -rollen festlegen

Die Projektmitarbeiter werden umso engagierter ans Werk gehen, je besser ihre konkrete Aufgabe im Projektauf sie zugeschnitten ist, das heißt je besser sie ihre Erfahrungen und Kenntnisse einbringen können. Aufgaben und Rollen werden so verteilt, dass niemand unter- oder überfordert ist, denn beides konnte Mitarbeiterdemotivieren. Idealerweise sind die Aufgaben vorher mit den Mitarbeitern abgestimmt

- *In lang laufenden Großprojekten sollte die Projektleitung auch bewusst die Mitarbeiterentwicklung zu ihrer Aufgabe machen, um die Motivation der Mitarbeiter langfristig zu sichern. Gezielte Mitarbeiterentwicklung fördert Motivation.*

In Großprojekten kommt es darauf an, das ganze Vorhaben (das „Big Picture") mit den übergreifenden Projektzielen klar zu kommunizieren und stets präsent zu halten. Sonst besteht auf Grund der hohen Arbeitsteilung die Gefahr, dass Mitarbeiter sich wie kleine Rädchen im Getriebe fühlen, den eigenen Beitrag zum Erfolg nicht erkennen können und weniger engagiert zu Werke gehen.
Es ist also Aufgabe der gesamten Führungsmannschaft (z.B. Gesamtprojektleiter, Projektleiter, Systemarchitekten), jeder kleinen Einheit und jedem einzelnen Mitarbeiter immer wieder zu verdeutlichen, in welcher Art und Weise sie zum Gesamterfolg beitragen.

Stetige Kommunikation des Erfolgsbeitrags zu den Projektzielen

- *In Großprojekten treffen Mitarbeiter aus verschiedenen Organisationseinheiten und Firmen in einem Team aufeinander. Sie haben oft extrem unterschiedliche Erfahrungen, Arbeits-weisen und Arbeitsgeschwindigkeiten. Wenn sich Mitarbeiter in der Minderheit befinden, können sie dadurch einen demotivierenden Kulturschock erfahren. Auch in solchen Fallen hilft es, die Projektziele offensiv zu kommunizieren, so dass jeder einzelne Mitarbeiter seinen Beitrag zum Projekterfolg kennt und daraus Selbstbewusstsein ziehen kann. Zudem sollten die Aufgaben von Anfang an nach Erfahrungen und Fähigkeiten der Mitarbeiter verteilt werden. Eine weitere Hilfe gegen den Kulturschock ist die geplante Weiterentwicklung im Projekt.*

Kulturschock durch gezielte Interaktion vermeiden

- *Feedbackschleifen mit den Personalvorgesetzten der Mitarbeiter wirken auch motivations-fördernd in lang laufenden Großprojekten. Auf diese Weise wird die Projektarbeit des Mitarbeiters in seiner Beurteilung berücksichtigt, auch wenn er lange nicht in seiner Linienorganisation arbeitet.*

Regelmäßiges Feedback zur Leistungssicherung
Laufendes Personalmanagement

- *Auch wenn das Projekt lauft, verfolgt das Personalmanagement die zu Beginn beschriebe-nen Ziele. Dazu prüfen die Verantwortlichen), ob und wie sich die zu Projektbeginn herrschenden Rahmenbedingungen geändert haben. Darauf aufbauend entwickeln sie Maß-nahmen, mit denen sich die Ziele auch unter veränderten Bedingungen erreichen lassen, setzen die Maßnahmen um und prüfen deren Wirksamkeit.*

Verfügbarkeit eines qualifizierten Teams sichern

Werden im Projektverlauf zusätzliche Mitarbeiter oder Mitarbeiter mit anderen Erfahrungen und Kompetenzen benötigt, so erfolgt erneut ein Auswahlprozess wie bei Projektbeginn. Alternativ können benötigte Kompetenzen im Projekt entwickelt werden.

- *In Großprojekten ist es sinnvoll, jeweils mehrere Mitarbeiter gleichzeitig in das Projektteam zu integrieren. So reduziert sich der Aufwand für die Einarbeitung erheblich.*

Projektteams aus mehreren Mitarbeitern zusammensetzen

- *Für die Besetzung wichtiger Rollen und Know-how-Träger (einschließlich ihrer Vertreter) sollte es in Großprojekten eine Mittel- und Langfristplanung geben. Auf diese Weise lasst sich die Ausbildung und Aufgabenverteilung so gestalten, dass Mitarbeiter sich im Projekt-verlauf darauf vorbereiten, künftig zu besetzende Rollen und Aufgaben zu übernehmen. Beispielsweise ist es sinnvoll, Vertreter der Projektleiter und der Systemarchitekten aufzubauen, die im Laufe der Zeit deren Rollen/Aufgaben verantwortlich übernehmen können ...“*

A.3.4.2.4 Tabellen zur Problemlösung (Abb. 31 bis 35)

Folgende Elemente sind in der Zielstruktur und Zielorientierung enthalten und hier nur der Vollständigkeit halber aufgeführt, damit ihr Verbleib geklärt ist.

- *Es sind wesentliche Teile der Zielbeschreibung enthalten, vor allem, was die IT-Abteilung an Herausforderungen zu bewältigen hat.*

- *Die Anpassung der Kosiol'schen Organisationprinzipien bedingt eine durchgängige synthetische Orientierung (Anpassung) an die realen Bedingungen der späteren Synthese.*

- *Dazu müssen Kontrollmechanismen mit Rückkopplung (Feed Back) kommen, um situativ auf nicht vorherbare Einflüsse (Risiken) reagieren zu können. Die **Lösung dieser Aufgabe**n muss unter besonderer Aufmerksamkeit für die **psycho-sozialen und emotionalen Ansätzen** stattfinden.*

- *Die Tabellenfunktionen,*

  - ***Positionen,***
  - ***Funktionen,***
  - ***Rollen (formal, informell)***
  - ***Risiken (Konflikte)***
  - ***Dispositionen,***
  - ***Interaktionen,***
  - ***Strukturen und Prozesse,***
  - ***Improvisationen***
  - ***und psycho-sozialen Einflüsse,***

  *sollen Antworten auf die Fragen geben: **„wer, was, wie, mit wem und was, wo, womit, wann und wie lange“** zu tun hat, damit das alles dauerhaft funktioniert.*

  Für Organisationsaufgaben (Neuorganisation, Reorganisation, Anpassung) ist zu klären (zu planen, zu realisieren, zu kontrollieren und zu steuern), wie Strukturen, Prozesse, Informationen und Kommunikation zusammenwirken, bis eine Aufgabe gelöst ist.

  Nicht nur für den Marketing-und Vertriebsleiter, Pieter van Expeer (51 Jahre alt), sondern auch für die anderen Stelleninhaber müsste das Gleiche geschehen, damit wichtige Hinweise nicht übersehen werden.

  *Mit den folgenden Tabellen **(Abb. 31 bis 35)** wird die Frage am Beispiel des Marketing-und Vertriebsleiters, Pieter van Expeer (51 Jahre alt) beantwortet **„Wie würden Sie die psycho-sozialen und emotionalen Ansätzen in das Organisationskonzept von Erich Kosiol integrieren?“***

  - ***Ziele / Umweltfaktoren:** Bestimmungsparameter zukünftiger Grupperungen (negative Gruppendynamik vermeiden)*

  - ***Organisation / Synthetische Orientierung:** Welche Planungs-, Realisations-, Steuerungs- und Kontrollschritte sind dafür erforderlich?*

  *Alle formalen Regelungen werden **SCHWARZ** (Strukturen und Prozesse, Funktionen, Dispositionen, formelle Rollen) dargestellt, alle informellen positiven **GRÜN** (Improvisationen, informelle Rollen) und alle negativen informellen Ereignisse **ROT** und alle sich überschneidenden Vorgänge **BLAU** **(funktionale Verbindungen, erforderliche Zusammenwirkung, Risiken, Konflikte).***

Abb. 31: Einordnung Verhaltensmomente (Pieter van Expeer) I

<table>
<tr><td colspan="2">Einordnung der tatsächlich gezeigten Verhaltensmomente
Marketing-und Vertriebsleiter (Pieter van Expeer, 51 Jahre alt) - Seite 1 von 5

Wie würden Sie die psycho-sozialen und emotionalen Ansätzen
in das Organisationskonzept von Erich Kosiol integrieren?</td></tr>
<tr><td>Positionen, Funktionen, Risiken</td><td>Dispositionen, Interaktionen,
Strukturen und Prozesse, Improvisationen,
psycho-soziale Einflüsse</td></tr>
<tr><td>(Emotionale Schwäche) Er ist unzufrieden, weil er glaubt, dass er als gebürtiger Niederländer nicht so aufsteigen kann, wie andere „deutsche“ Führungskräfte.

Die Position, die Pieter van Expeer einnimmt, beschreibt seinen formalen Platz in der Organisation.

Aber seine unsichere Einstellung zur Reorganisation bzw. Neuorganisation muss geklärt werden. Ist er ein "heimlicher Chef", die "graue Eminenz", oder ein "Außenseiter"?</td><td>Was gerade die Familie beanstandet, ist die Tatsache, dass man bisher immer aus dem Vollen schöpfen konnte und jedes Projekt/ Geschäft auch dann gemacht wurde (eine Art Wildwuchs), wenn die Ergebnisse nicht gut oder sogar miserabel waren – vor allem deshalb, weil sie meistens gar nicht exakt ermittelt wurden. In Zukunft soll eine Kontrollinstanz (erweiterte Revision) alle riskanten Geschäfte vorher beurteilen und auch für die Zukunft alles das reorganisieren, was verbesserungsfähig ist.</td></tr>
<tr><td>Ob die Stelle „erweiterte Revision“ formal von ihm akzeptiert wird, muss abgewartet werden. Seine emotionale Stärke ist die weitgehende Akzeptanz im Unternehmen und bei Kunden.</td><td>Mit dieser Position können seine Ansprüche sowohl fachlich (von der Akzeptanz her im Unternehmen und bei Kunden) wie privat (höhere Bezüge) gelöst werden.</td></tr>
<tr><td>(Emotionale Schwäche) aber vor allem auch bei Frauen, führt zu informellen Gesprächen und Vermutungen, dass er es mit der ehelichen Treue nicht so genau nehme. Er leidet darunter, aber er muss damit leben und das fällt ihm schwer. Das kann sich verstärken, wenn seine Frau das spürt und darauf reagiert.</td><td>Sicherlich wäre ein klärendes Gespräch mit den Beteiligten (auch seiner Frau) möglich.

Zur Zeit ist unsicher:, ob man damit nicht „schlafende Hunde“ wecken und mehr Schaden als Nutzen anrichten würde.</td></tr>
<tr><td>(Rollenperspektiven, Dispositionsrahmen, Improvisationen, Interaktionen) Er ist ein überdurchschnittlich charismatischer Verkäufertyp und hat vor allem fundierte Erfahrungen in Benelux, United Kingdom und Skandinavien, …</td><td>Mit diesen Eigenschaften könnte er Mitglied in den Arbeitsgruppen für Organisation, IT-Technik und -Marketing werden und diese mit seinen Ideen bereichern.</td></tr>
</table>

Abb. 32: Einordnung Verhaltensmomente (Pieter van Expeer) II

Einordnung der tatsächlich gezeigten Verhaltensmomente Marketing-und Vertriebsleiter (Pieter van Expeer, 51 Jahre alt) - Seite 2 von 5 Wie würden Sie die psycho-sozialen und emotionalen Ansätzen in das Organisationskonzept von Erich Kosiol integrieren?	
Positionen, Funktionen, Risiken	*Dispositionen, Interaktionen, Strukturen und Prozesse, Improvisationen, psycho-soziale Einflüsse*
Zielorientierung Risiken und Konflikte *Ob es **Risiken / Konflikte** für Pieter van Expeer gibt als Folge von empfundenen Angriffen (zum Teil berechtigt, aber auch unberechtigt) oder ob die Risiken nur auf Fehleinschätzungen und Überreaktionen zurückzuführen sind, **muss geklärt werden.*** *Vorgesetzter müsste tätig werden.*	*Mit dieser Position (Leiter Revision, höheres Einkommen) können seine Ansprüche sowohl fachlich (von der Akzeptanz her im Unternehmen und bei Kunden) wie privat gelöst werden.* *Auch seine Motivation, **Änderungen der Geschäftspolitik** mitzutragen und weiter zu entwickeln, könnte dadurch begünstigt werden, wenn nicht, dann wäre das ein zu hohes Risiko und das müsste bereinigt werden* *(Stellenwechsel oder Entlassung).*
*Die einzelnen Kategorien werden dem **Formalziel** übergeben, wenn sie nicht im **Sachziel** enthalten sind.* *Situative Regelungen und therapeutische Ansätze erfolgen permanent im **Kontroll/Feed Back-Verfahren.*** *Die Anpassung der Kosiol'schen Organisations-prinzipien bedingt eine durchgängige **synthetische Orientierung (Anpassung)** an die realen Bedingun-gen der späteren Synthese.* *Dazu müssen Kontrollmechanismen mit Rückkopplung (Feed Back) kommen, um **situativ auf nicht vorherbare Einflüsse (Risiken)** reagieren zu können.*	***Synthetische Orientierung:** Er bringt alle Vor-aussetzungen mit, um seine Ideen (**Formalziel**) einzubringen und auch **situative Regelungen (Kontroll/ Feed Back-Verfahren)** zu gewähr-leisten.* • *Seine Auftritte bei Präsentationen und in Gesprä-chen sind **von großem Geschick** gekennzeich-net, er ist zur Zeit aber **nicht so flexibel, belast-bar und engagiert**, wie es in der Zukunft erfor-derlich ist.* • *Seine Produktkenntnisse sind äußerst wertvoll, da er nicht nur die eigenen Produkte, sondern auch die der Konkurrenz genau kennt. In etlichen Weiterbildungsmaß-nahmen hat er sich auch sehr gute Marktforschungskenntnisse angeeignet.* • *Er wirkt **sehr sympathisch** und zeigt sich im Umgang mit Mitarbeitern /Innen sehr einfühlsam und versucht ihre Problemsicht immer auch zu verstehen*

Abb. 33: Einordnung Verhaltensmomente (Pieter van Expeer) III

<table>
<tr><td colspan="2">Einordnung der tatsächlich gezeigten Verhaltensmomente
Marketing-und Vertriebsleiter (Pieter van Expeer, 51 Jahre alt) - Seite 3 von 5

Wie würden Sie die psycho-sozialen und emotionalen Ansätzen
in das Organisationskonzept von Erich Kosiol integrieren?</td></tr>
<tr><td>Positionen, Funktionen, Risiken</td><td>Dispositionen, Interaktionen,
Strukturen und Prozesse, Improvisationen,
psycho-soziale Einflüsse</td></tr>
<tr><td>Zielorientierung

Informelle Interaktionen

Psycho-soziale und informelle Interaktionen sind nicht vorgeschrieben und entstehen überwiegend als ungeplante Verhaltensäußerungen (Emotionen). Sie äußern sich in Kontakt-, Verständigungs-, Beziehungsinformationen, in Lob, in Streit- und Konflikt- und Rivalitätshandlungen, in Mimik, Gestik, Stimme und zum Teil auch als äußerlich nicht erkennbares Verhalten.

Daher muss alternativ muss geprüft werden, welchen Einfluss informelle Interaktionen im Zusammenhang mit dem der Aufbau langer und komplexer Handlungsketten und deren Ausrichtung haben. Beziehen sie sich nur auf spezifische, nur arbeitsteilig erreichbare Zwecke, Ergebnisse und Ziele richtet oder haben auch negative Einflüsse?

Die methodischen Ansätze für die Regelung negativer Einflüsse können die Betroffenen unterstützen, wenn sie das ausdrücklich wollen, dass psycho-soziale Methoden eingesetzt werden („soziale Harmonisierung“).

Verhaltensstörungen und Situationshinweise (Fragen, Aufgaben, Hinweise, Anliegen Probleme, Risiken und Vorstellungen) liegen zunächst in der Verantwortung des Vorgesetzten (externe Berater bei fehlender Fachkompetenz und/ oder bei psycho-sozialen Problemen.

In jedem Fall muss der Gesprächsführende fachlich geeignet und geschult sein.</td><td>Seine Führungseignung hat Pieter van Expeer schon unter Beweis gestellt:

• weitgehende Akzeptanz im Unternehmen intern und bei Kunden.

• überdurchschnittlich charismatischer Verkäufertyp

• Führung von Gespräche mit großem Geschick

Auch Lernbereitschaft ist ein Ansatz, mit dem man bei vielen Menschen (weniger bei Führungskräften) Erfolg erzielen kann.

Schulungen und Trainings fachlicher, aber auch persönlichkeits-bildender Art, erreichen die meisten Menschen

Anregungen zur Lebensführung und zur zeitlichen Gestaltung: Das kann sowohl privat wie beruflich bei der Zielfindung, der Zielerreichung und der Kontaktpflege helfen und die Vorteile von Klima, Stimmung, Humor und Fröhlichkeit für alle Lebensbereiche nutzen.

Vorgesetzte sollten fachlich und kommunikativ in der Lage sein, eine klärende Gesprächsführung durchzuführen.

Geeignete Externe Berater können tätig werden, wenn man die internen Verhältnise davon frei halten will (Betriebsblindheit). Bei Führungskräften (Einsichtsfähigkeit) kann das Vorteile bringen.

Bei Informationsmängeln sind geeignete Informationsveranstaltungen angebracht, die auch psycho-soziale und emotionale Anliegen einbeziehen können.</td></tr>
</table>

Abb. 34: Einordnung Verhaltensmomente (Pieter van Expeer) IV

<table>
<tr><td colspan="2">Einordnung der tatsächlich gezeigten Verhaltensmomente
Marketing-und Vertriebsleiter (Pieter van Expeer, 51 Jahre alt) - Seite 4 von 5

Wie würden Sie die psycho-sozialen und emotionalen Ansätzen
in das Organisationskonzept von Erich Kosiol integrieren?</td></tr>
<tr><td>Positionen, Funktionen, Risiken</td><td>Dispositionen, Interaktionen,
Strukturen und Prozesse, Improvisationen,
psycho-soziale Einflüsse</td></tr>
<tr><td>Zielorientierung

Das betrifft Fragen, Aufgaben, Hinweise, Anliegen Probleme, Risiken und Vorstellungen zur Integration von informellen und psycho-sozialen Themen.

Unsere Organisationen bestehen neben Strukturen und Prozessen immer auch aus uns Menschen.

Reflexionsfragen

Individualebene: Welche Strukturen und Prozesse

• unterstützen meine Arbeit?
• Welche behindern mich?

Kenne ich die Hintergründe, aus denen die Prozesse und Strukturen entstanden sind, mit denen ich arbeite?

• Wie gehe ich mit Prozessen und Strukturen um, die ich für ungeeignet halte?

• Welche zusätzlichen Prozesse und Strukturen halte ich für sinnvoll und zielführend?

• Wen muss ich ansprechen, um den Stein ins Rollen zu bringen?

Organisationale Ebene

• Wie führen wir das Unternehmen?

• Welche Strukturen und Prozesse unterstützen wirklich unseren Geschäftserfolg, welche sind bürokratische Relikte früherer Problemlösungen?

• Sind unsere Kernprozesse noch zeitgemäß?

• Sind unsere Entscheidungsprozesse schnell genug und lassen sie alle Beteiligten mit der entsprechenden Kompetenz zu Wort kommen?...“</td><td>Die Zielformulierung muss sinngemäß in allen Komponenten der Zielfindung bearbeitet werden.

• Formalziel,
• Sachziel
• Ökonomik,
• Technizität,
• Zweckmäßigkeit,
• Organisationsziel,
• Formalstruktur,
• Stabilität,
• Überorganisation,
• Elastizität,
• Flexibilität,
• informelle Struktur,
• Unterorganisation
• Vorsorge
• und Situativität

Da Pieter van Expeer der Auffassung ist, dass eine wesentliche Änderung der Geschäftspolitik nicht nötig ist, kann man ihn folgender Maßen ansprechen

Konfrontationstechniken können im Ausnahmefall helfen:

„Wir müssen darauf bestehen, dass wesentliche Anpassungen für unser Unternehmenserfolgen müssen, um unseren wirtschaftlichen Erfolg zu stabilisieren und zu verbessern. Wenn Sie das nicht umsetzen wollen oder können, ist ein Verbleiben auf dieser Position nicht mehr möglich.“

Man darf man sich in keinem Fall in den Bereich der psychischen Erkrankung bewegen. Im Bedarfsfall muss man ihn/sie an Psychologen bzw. Psychiater verweisen.</td></tr>
</table>

Abb. 35: Einordnung Verhaltensmomente (Pieter van Expeer) V

Einordnung der tatsächlich gezeigten Verhaltensmomente *Marketing-und Vertriebsleiter (Pieter van Expeer, 51 Jahre alt) - Seite 5 von 5* *Wie würden Sie die psycho-sozialen und emotionalen Ansätzen* *in das Organisationskonzept von Erich Kosiol integrieren?*	
Positionen, Funktionen, Risiken	*Dispositionen, Interaktionen, Strukturen und Prozesse, Improvisationen, psycho-soziale Einflüsse*
Vorbeugung, *sowohl im privaten Bereich, wie im beruflichen, ist das Gebot einer* ***erfolgreichen Positivierung*** *(klärende Gesprächsführung, Konfrontationstechniken, Verhaltens-therapien, Entspannungstechniken, Stress und/oder Ängste abbauen, tiefenpsychologische Ausrichtung, positive Stimmungen in der Gruppe und Gesellschaft, als auch im Unternehmen).*	*Dazu gehört* ***Harmonisierung im Sinne von sozialer Einbindung*** • *um zu motivieren,* • *Spannungen mindern / ausgleichen* • *und Konflikte vermeiden / ausgleichen* • *zugunsten der Zukunftsperspektiven.*
Betriebsklima *Die* ***Zusammensetzung der Gruppen*** *kann entscheidend sein, je mehr positiv eingestellte Personen dabei sind, aber die anderen eher negativ Gestimmten dürfen nicht das Gefühl haben, nur geduldet mitzuspielen.* *Dazu kommt die Erfahrung,* ***dass gemischte Gruppen (Frauen und Männer) besser miteinander auskommen*** *als eingeschlechtliche Gruppen. Voraussetzung ist, dass es zu keinen Rivalitäten kommt (z.B. 2 Männer werden um eine Frau).*	*Wenn die Zusammensetzung der Gruppe zunächst defensiv* ***(keine extremen Charaktere*** *erfolgt,* • *kann sich eine* ***positive Gruppendynamik*** *entwickeln,* • *die dann ein* ***stabiles Betriebsklima*** *mit integrierender Stimmung entwickeln,* • *das auch die* ***Arbeitsleistung*** *beflügeln kar* • *Später können auch* ***extreme Charaktere*** *aufgenommen werden.*
Manfred Richter ((58 Jahre alt; Leiter Treasuring, Controlling und Finanzierung); zukünftiger Vorstandsvorsitzender. • *Durch den umfassenden Überblick über das Unternehmen,* • *den engen Kontakt zu den wichtigen Entscheidungsträgern und sein ausgeprägte Wissen stellt er den potenziellen Nachfolger für den Vorstandsvorsitzenden.* • *Was weiterhin für ihn spricht, ist seine gelassene Art, ohne Aufregung und Chaos zu agieren, auch dann, wenn große Risiken die Geschäfte zu bedrohen scheinen und das Unternehmen am Ende zu sein scheint.* • *Ausgeprägtes Wissen über das Unternehmen in Verbindung mit seinem Umfeld* • *Eignung für Risiko-/Konfliktmanagement*	***Pieter van Expeer*** *muss seine Loyalität gege über Manfred Richter bekunden.* *Ansonsten ist er sowohl in seiner alten Funktic (Marketing- und Vertriebsleiter) och in seiner neuen Funktion (erweiterte Revision) tragbar.*

A.3.4.2.5 Für welches Projekt soll die Organisation mit welchen Zielen erfolgen?

(Zielstruktur, Zielorientierung, Rollenperspektiven, Interaktionen, Dispositionen, Improvisationen)

Das übergeordnete Thema ***Integration informeller und psycho-sozialer Themen in die Kosiol'sche Organisation*** *in Verbindung mit Zielstruktur, Zielorientierung, Rollenperspektiven, Interaktionen, Dispositionen, Improvisationen enthält die Antworten auf diese Fragen.*

Der hier betriebene Aufwand war deshalb sinnvoll, um methodisches Anwender-Wissen zu sammeln. In der Realität hängt es vom Umfang der Aufgabe ab. Ein Bezug zu der Führungskräfteauswahl oder zu anderen organisatorischen Themen ist hier nicht gefordert, liegt aber inhaltlich vor (Tabellen zur Problemlösung ***Abb. 36 bis 37****) und kann als Fallstudienaufgabe ergänzt werden.*

A.3.4.2.5.1 Zielstruktur und Zielorientierung

Auf die Frage passen „psycho-soziale Funktionen" zu ***Kosiols Prinzipienzusammen-hang****, ist die Antwort: Das ist formal nicht vorgesehen, lässt sich aber*

- *in* ***jedem Zielzusammenhang***
- *und in* ***jeder Verrichtungs-Objekt-Beziehung*** *einfügen.*

Das gilt innerhalb eines Organisationsschema (z.B. Stab-Linien-Organisation) auch für psycho-soziale Einordnungen (als Vorgabe für die Besetzung einer Stelle, aber auch für den Fall einer Auswahl (Beurteilung) einer konkreten Person.

(„1") Ziele, Zielparameter und Zielkonstellationen

- *Das* ***Sachziel*** *beschreibt die Erstellung bzw. Produktion von materiellen und immateriellen Gütern und Leistungen, die letztlich in den Vertrieb von Gütern und Dienstleistungen münden.*

- *Die* ***Zielformulierung*** *muss sinngemäß alle bisher genannten Komponenten der Zielfindung (Formalziel, Sachziel, Ökonomik, Technizität, Zweckmäßigkeit, Organisationsziel, Formalstruktur, Stabilität, Überorganisation, Elastizität, Flexibilität, informelle Struktur, Unterorganisation usw.) aufnehmen und umsetzen (Vorsorge und Situativität).*

- *In das* ***Formalziel*** *und das Prinzip der Zweckmäßigkeit kann man „nicht originäre Ziele und Vorstellungen einpflanzen" (abweichend vom Sachziel). Zum Formalziel gehören Rentabilität, Liquidität, Qualität und Marketingziele, die entsprechend der Prioritäten (Wertbeitrag, KPIs) realisiert werden.*

- ***Zielgruppen*** *(Merkmale der Aufklärung, Ansprechen der kognitiven und emotionalen Ebene, Raum für persönliche Auseinandersetzungen und Bewertungen, Sach- und Beziehungsorientierung, zielgruppenspezifische Orientierung (Kunden, Lieferanten, Mitarbeiter/Innen u.a. Bezugsgruppen) an den Bedürfnissen der Personen und Gruppen.*

- *Um* ***Ziele*** *zu definieren, zu erreichen, zu entwickeln und* ***Entscheidungsfindung*** *vorzubereiten, sind operationale Lösungsansätze im Detail zu formulieren (Dispositionen) und die Ressourcen sinnvoll einzusetzen.*

- *Um die **Effizienzziele eines Unternehmens** zu erreichen müssen folgende Herausforderungen bewältig werden: Formale Orientierung am Informations-bedarf der Zielgruppen (Information und Kommunikation), zielgruppenspezifische Orientierung an den Bedürfnissen der Personen, Unterstützung einer wachsenden Nutzung standardisierter Strukturen und Prozesse, Konsolidierung und Vereinfachung der unterstützenden Methoden (wichtige bis häufig kaum bemerkte Hilfsmittel und- arbeiten / z.B. IT-Systeme und -anwendungen) und Reduzierung der Betriebskosten.*

- *Ein **Perspektivenwechsel** zur Anpassung oder Änderung bisheriger **Zielstrategien,** wenn die Gewinnung neuer Einsichten das erfordert. notwendig, wenn die bisherigen Zielstrategien nicht mehr zeitgemäß sind.*

- ***Ziele und Constraints** (Beschränkungen, Zwänge, Restriktionen, Bedingungsrahmen) bestimmen die Sollorganisation um das Soll (dispositive Anweisungen und Überzeugungen, „people approach“ – Maßnahmen) anzustreben (Willorganisation) und andererseits Abweichungen vom Soll (Istorganisation) durch formale (soziale) Kontrolle aufzudecken und dispositiv (bedarfsweise improvisatorisch) zu bereinigen.*

a. *Organisationsmethodik, –Prinzipien, -Strukturen und Prozesse*

- *Abweichend von Kosiol gehören neben seinem **Prinzipienzu-sammenhang** (Aufbauorganisation, Ablauforganisation, Analyse und Synthese) auch alle informellen und psycho-sozialen Wirkungszu-sammenhänge und Improvisationen dazu.*

- *Die **Organisationsmethodik** (Integration in die Kosiol'sche Prinzipienlogik) betrifft Fragen, Aufgaben, Hinweise, Anliegen Probleme, Risiken und Vorstellungen zur Integration von informellen und psycho-sozialen Themen, die bei Kosiol formal nicht enthalten sind. Dazu gehören Konzepte **der psycho-soziale Beratung** erarbeitet und bei etlichen erfolgreich Firmen durchgeführt.*

Sowohl formale wie informelle Thematik

- ***Entscheidungsfindung** unter Abwägen der **Handlungsmöglichkeiten** und deren emotionaler Bedeutung. Das betrifft Erarbeitung von Bewältigungsstrategien, Unterstützung und Förderung der Selbstkompetenz, Stärkung der persönlichen und sozialen Ressourcen, psychosoziale Beratung in Bezug auf Schnittstellenfunktionen zwischen Informationen und formaler Orientierung, Informationsbedarf der Ziel-gruppen (Merkmale der Aufklärung, Ansprechen der kognitiven und emotionalen Ebene, Raum für persönliche Auseinandersetzungen und Bewertungen, Sach- und Beziehungsorientierung, zielgruppenspezifische Orientierung (Kunden, Lieferanten, Mitarbeiter/Innen u.a. Bezugsgruppen) an den Bedürfnissen der Personen und Gruppen.*

- ***Gruppenbildung und Betriebsklima** hängen zusammen. Wenn die Zusammensetzung der Gruppe zunächst defensiv (keine extremen Charaktere) erfolgt, kann sich eine positive Gruppendynamik entwickeln, die dann ein stabiles Betriebsklima mit integrierender Stimmung entwickeln, das auch die Arbeitsleistung beflügeln kann. Später können auch extreme Charaktere aufgenommen werden. Je mehr positiv eingestellte Personen dabei sind, trägt das zur Gruppenstabilität bei, aber die anderen eher negativ Gestimmten dürfen nicht das Gefühl haben, nur geduldet zu sein.*

- *Dazu kommt die Erfahrung, dass* ***gemischte Gruppen*** *(Frauen und Männer) besser miteinander auskommen als ein-geschlechtliche Gruppen. Voraussetzung ist, dass es zu keinen Rivalitäten kommt (z.B. 2 Männer werden um eine Frau).Die Rolle von Frauen wird unterschätzt. Sie tragen zum Ausgleich in einer Gruppe bei, selbst wenn sie gewisse Auffälligkeiten aufweisen (Stimmungs-schwankungen). So hat die vielfach beanstandete Geschwätzigkeit die Folge, dass Männer sich darüber amüsieren, sie bedenken aber nicht, dass dieses Amüsement friedensstiftend ist.*

- ***Stimmungsschwankungen*** *zeichnen sich durch einen plötzlichen Wechsel der Stimmung auf (Stimmungslabilität oder Affektlabilität). Das klingt zwar beunruhigend, aber die Frauen richten sich darauf ein und suchen neben medizinischer Behandlung andere Beschäftigungsformen (Joga, esoterische Veranstaltungen, besondere Hobbys usw.), mit denen sie zur Unterhaltung der Gruppe beitragen und damit unterhaltsam und wieder friedensstiftend sein können.*

- ***Risiken und Konflikte*** *können entstehen, wenn formale und methodische Anpassungsprozesse nicht „so" klappen und/oder Personen und Gruppen wegen Meinungsverschiedenheiten, aus persönlichen Konkurrenzen und Rivalitäten zu verdeckten (Hinterhältigkeit, Unverträglichkeit) und offenen Streitigkeiten bis zu schweren Konfliktengelangen. Formale Zurechtweisungen und Änderungen von Gruppenzusammensetzungen können helfen oder Spannungen verdecken. Dann sollten/können psycho-soziale Interventionen eingesetzt werden*

- *Das Elektronikunternehmen „Bit-Byte-Digit" GmbH (kurz BBD) hat aller Vermutung nach den Anschluss an die neuen leistungsfähigen IT-Informations- und Organisationssysteme verloren. Ein* ***Perspektiven-wechsel*** *und damit die Gewinnung neuer Einsichten ist dann notwendig, wenn die bisherigen Zielstrategien nicht mehr zeitgemäß sind. Um eine neue(Wieder)Erlangung des inneren Gleichgewichts müssen Orientierung und Entscheidung neue Wege gehen: bei Zieldefinierung, -erreichung und Entscheidungsfindung,- Entwicklung von Lösungsansätzen sinnvolles und gezieltes Einsetzen von Ressourcen.*

- *Das muss als* ***Neuausrichtung*** *vermittelt werden, weil einerseits die Brisanz der Situation und die Risiken des Scheiterns immens sind, und andererseits muss gleichzeitig als* ***Neuorientierung*** *akzeptiert werden, dass Zieldefinierung, -erreichung und Entscheidungsfindung erweiterte und auch neue Strukturen und Anwendungen brauchen.*

- *Dazu gehören* ***Organizational commitment*** *und* ***charismatische Führung*** *damit die Mitarbeiter/ Innen für das Unternehmen gewonnen werden. Emotionen sind dabei keineswegs Störfaktoren, wenn sie in eine positive Stimmung münden und das Betriebsklima positiv steigern, aber das muss man können.* ***Arbeitszufriedenheit ist*** *eine der wichtigsten, wenn nicht die wichtigste, Organisationswirkungen.*

(„2") Koordination und Kooperation

- *Zur **Koordination** gehören alle formalen Interaktionen (Dispositionen), die Ziele, Planung, Anwendung der Organisations- und Entscheidungsregeln, Aufgabenverteilung und –überwachung, Anleitung, Anweisung und Motivation der Mitarbeiter/ Innen, menschliche und technische Arbeitsstrukturen und –abläufe, Problemanalysen, Lösungsanregung und –vorgaben, Information, Kommunikation, Kontrolle und Steuerung, Mitarbeiterführung und bedarfsweise positive und negative Sanktionierung betreffen, gehören zur Koordination.*

- *Koordination soll **Kooperation (Zusammenarbeit)** bewirken, indem die genannten Strukturen und Prozesse in sich gegenseitig unterstützende Beziehungen überführt werden. Die Verbindung aller Stellen durch ein Kommunikationssystem soll dazu anregen, Arbeitsprozesse bewusst gemeinsam durchzuführen.*

- *Zur **Koordination** und **Kooperation** gehören Menschen, Maschinen und sonstige materielle und immaterielle Mittel, die die formalen organisatorischen Gestaltungsansätze mit rationalem Verhalten verfolgen. Instrumentale Verhaltensmuster (Kombination von Mensch-Maschineeinheiten und –gruppen) werden als formale Rollenspezifizierung (Aufgaben- und Arbeitsverteilung) geregelt.*

- *Dabei sind (Position, Status und Rolle, Rangfolgen, Vorgesetzten-Mitarbeiterbeziehungen) **Weisung und funktioneller Gehorsam** erforderlich, um mit formaler Kommunikation, Dispositionen, bedarfsweise Improvisationen und technologische Maßnahmen die Organisationsprozesse in Gang zu setzen und durchzuhalten.*

- *Damit die **Ziele und Constraints** (Beschränkungen, Zwänge, Restriktionen, Bedingungsrahmen) der Sollorganisation erreicht werden, muss einerseits dass Soll bewusst gewollt (dispositive Anweisungen und Überzeugungen, „people approach" – Maßnahmen) werden (Willorganisation) und andererseits Abweichungen vom Soll (Istorganisation) durch die formale (soziale) Kontrolle aufgedeckt und dispositiv (bedarfsweise improvisatorisch) bereinigt werden.*

- *Das wichtigste Vertriebsargument in diesem Unternehmen ist die **IT-Strategie** intern und für den Kunden Eine gute IT-Strategie wird den Wertbeitrag und die Erfolge von IT-/Businessprojekten messbar und bewertbar machen, Ziele setzen und ansonsten stark an der Standardisierung und Vereinfachung von Business- aber auch IT-Prozessen arbeiten. Was bisher galt, muss auch in Zukunft gelten. Der Kunde muss unsere Leistungen verstehen und wir müssen dafür den Kunden verstehen, indem wir seine Sprache sprechen, was für uns sehr anspruchsvoll ist.*

- *Zur Unterstützung der **Effizienzziele des Unternehmens** muss die IT-Abteilung folgende Herausforderungen bewältigen: Formale Orientierung am Informationsbedarf der Zielgruppen (Information und Kommunikation), zielgruppenspezifische Orientierung an den Bedürfnissen der Personen, Unterstützung einer wachsenden Nutzung standardisierter IT-basierter Prozesse, Konsolidierung und Vereinfachung der IT-Infrastruktur, Reduzierung der Betriebskosten, Migration der Anwendungen in eine einheitliche Private-Cloud-Umgebung.*

  Die (1) Ziele, Zielparameter und Zielkonstellationen, (2) Organisationsmethodik, –Prinzipien, -Strukturen und Prozesse (3) Koordination und Kooperation als Text unübersichtlich ist, zeigen die folgenden Abbildungen die wesentlichen Zusammenhänge.

Die psycho-sozialen Strukturen und Prozesse werden nicht unter Ziele, Zielparameter und Zielkonstellationen ausgeführt, sondern als Platzhalter „Integration „psycho-soziale Funktionen". Rollenbegriffe und Rollendifferenzierung und Interaktionen, Dispositionen, Improvisationen („psycho-soziale Funktionen") reserviert.

Abb. 36: Überblick Ziele, Zielparameter und Zielkonstellationen

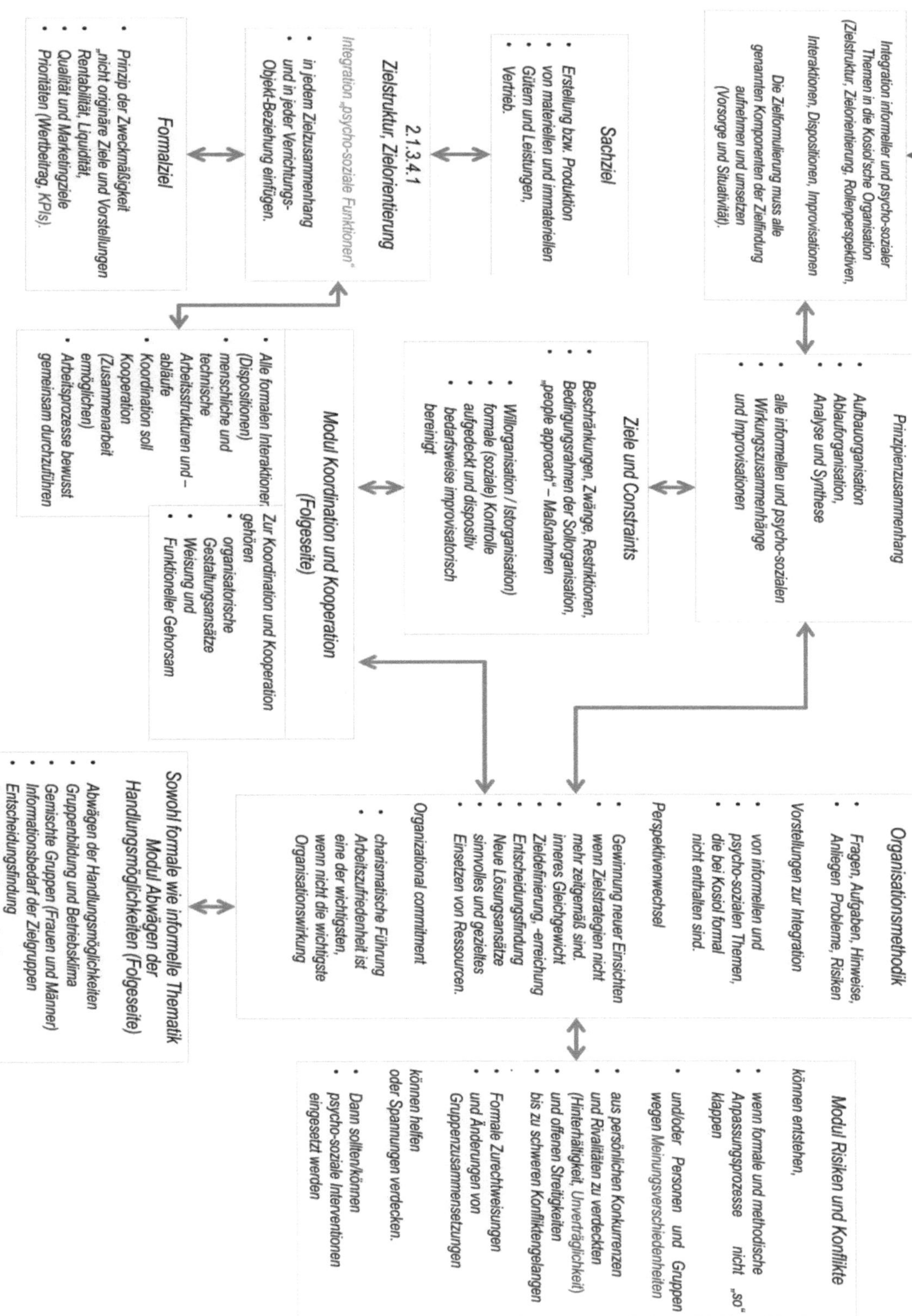

Abb. 37: Anschlussmodule für Koordination und Kooperation / Risiken und Konflikte

Modul Koordination und Kooperation

alle formalen Interaktionen (Dispositionen)

- *Ziele, Planung,*
- *Anwendung der Organisations- und Entscheidungsregeln,*
- *Aufgabenverteilung und –überwachung,*
- *Anleitung, Anweisung und*
- *Motivation der Mitarbeiter/Innen*

menschliche und technische Arbeitsstrukturen und –abläufe

- *Problemanalysen,*
- *Lösungsanregung und –vorgaben,*
- *Information, Kommunikation,*
- *Kontrolle und Steuerung,*
- *Mitarbeiterführung und*
- *bedarfsweise positive und*
- *negative Sanktionierung*

Koordination soll Kooperation (Zusammenarbeit) ermöglichen

- *Strukturen und Prozesse in*
- *sich gegenseitig unterstützende*
- *Beziehungen überführt*
- *Verbindung aller Stellen*
- *durch Kommunikationssystem*
- *Arbeitsprozesse bewusst*
- *gemeinsam durchzuführen.*

Zur Koordination und Kooperation

- *gehören Menschen,*
- *Maschinen*
- *und sonstige materielle*
- *und immaterielle Mittel*

organisatorische Gestaltungsansätze

- *mit rationalem Verhalten verfolgen.*
- *instrumentale Verhaltensmuster*
- *Kombination von Mensch-Maschineeinheiten und –gruppen*
- *als formale Rollenspezifizierung*
- *Aufgaben- und Arbeitsverteilung*
- *Position, Status und Rolle,*
- *Rangfolgen, Vorgesetzten-Mitarbeiterbeziehungen*

Weisung und funktioneller Gehorsam

- *formaler Kommunikation*
- *Dispositionen*
- *bedarfsweise Improvisationen*
- *und technologische Maßnahmen*
- *die Organisationsprozesse in Gang*
- *setzen und durchhalten.*

Modul Risiken und Konflikte

können entstehen,

- *Wenn formale und methodische Anpassungsprozesse nicht „so" klappen*

- *und/oder Personen und Gruppen wegen Meinungsverschiedenheiten*

- *aus persönlichen Konkurrenzen*
- *und Rivalitäten zu verdeckten (Hinterhältigkeit, Unverträglichkeit)*
- *und offenen Streitigkeiten*
- *bis zu schweren Konflikten gelangen,*

- *können formale Zurechtweisungen*
- *und Änderungen von Gruppenzusammensetzungen*

helfen oder Spannungen verdecken.

- *Dann sollten/können psycho-soziale Interventionen eingesetzt werden*

Abb. 38: Anschlussmodule für Koordination und Kooperation / Risiken und Konflikte

Modul Koordination und Kooperation

alle formalen Interaktionen (Dispositionen)

- *Ziele, Planung,*
- *Anwendung der Organisations- und Entscheidungsregeln,*
- *Aufgabenverteilung und –überwachung,*
- *Anleitung, Anweisung und*
- *Motivation der Mitarbeiter/Innen*

menschliche und technische Arbeitsstrukturen und –abläufe

- *Problemanalysen,*
- *Lösungsanregung und –vorgaben,*
- *Information, Kommunikation,*
- *Kontrolle und Steuerung,*
- *Mitarbeiterführung und*
- *bedarfsweise positive und*
- *negative Sanktionierung*

Koordination soll Kooperation (Zusammenarbeit) ermöglichen

- *Strukturen und Prozesse in*
- *sich gegenseitig unterstützende*
- *Beziehungen überführt*
- *Verbindung aller Stellen*
- *durch Kommunikationssystem*
- *Arbeitsprozesse bewusst*
- *gemeinsam durchzuführen.*

Zur Koordination und Kooperation

- *gehören Menschen,*
- *Maschinen*
- *und sonstige materielle*
- *und immaterielle Mittel*

organisatorische Gestaltungsansätze

- *mit rationalem Verhalten verfolgen.*
- *instrumentale Verhaltensmuster*
- *Kombination von Mensch-*
- *Maschineeinheiten und –gruppen*
- *als formale Rollenspezifizierung*
- *Aufgaben- und Arbeitsverteilung*
- *Position, Status und Rolle,*
- *Rangfolgen, Vorgesetzten-Mitarbeiterbeziehungen*

Weisung und funktioneller Gehorsam

- *formaler Kommunikation*
- *Dispositionen*
- *bedarfsweise Improvisationen*
- *und technologische Maßnahmen*
- *die Organisationsprozesse in Gang*
- *setzen und durchhalten.*

Modul Risiken und Konflikte

können entstehen,

- *Wenn formale und methodische Anpassungsprozesse nicht „so“ klappen*
- *und/oder Personen und Gruppen wegen Meinungsverschiedenheiten*
- *aus persönlichen Konkurrenzen*
- *und Rivalitäten zu verdeckten (Hinterhältigkeit, Unverträglichkeit)*
- *und offenen Streitigkeiten*
- *bis zu schweren Konflikten gelangen,*
- *können formale Zurechtweisungen*
- *und Änderungen von Gruppenzusammensetzungen*

helfen oder Spannungen verdecken.

- *Dann sollten/können psycho-soziale Interventionen eingesetzt werden*

A.3.4.2.5.2 *Rollenbegriffe und Rollendifferenzierung*

(„Integration „psycho-soziale Funktionen“)

*(Vergleiche: https://www.freikonzept.de/wissen-3-welten-modell-rollenklaerung/
Karin Reuter – Coaching und Beratung, Staudenstraße 1a, 66359 Bous, Saarland, Deutschland)*

Unter Rollenperspektive werden die unterschiedlichen Abhängigkeiten des Rollenbegriffs (Reflexion des Rollenbegriffs), am ehesten verständlich nach dem 3-Welten-Modell (Organisationen - z.B. Unternehmen, Beruf, Privatsphäre), zu klären. Eine Person wird durch diese 3 Rollengruppen zu einer rollentypischen Persönlichkeit.

Weiterhin sind Rollenkompetenz (Wie füllt der Rolleninhaber seine Rolle aus?), Rollenmanagement und Rollenwechsel zu berücksichtigen. Rollenmanagement bezeichnet die Fähigkeit, eine übernommene Rolle auf neue Anforderungen einzustellen (kreativer Lernprozess bis zu situativer Selbststeuerung), und dazu kann ein Rollenwechsel, also die Ablösung alter durch neue Rollen gehören.

Abb. 38: 3-Weltenmodell der Persönlichkeit

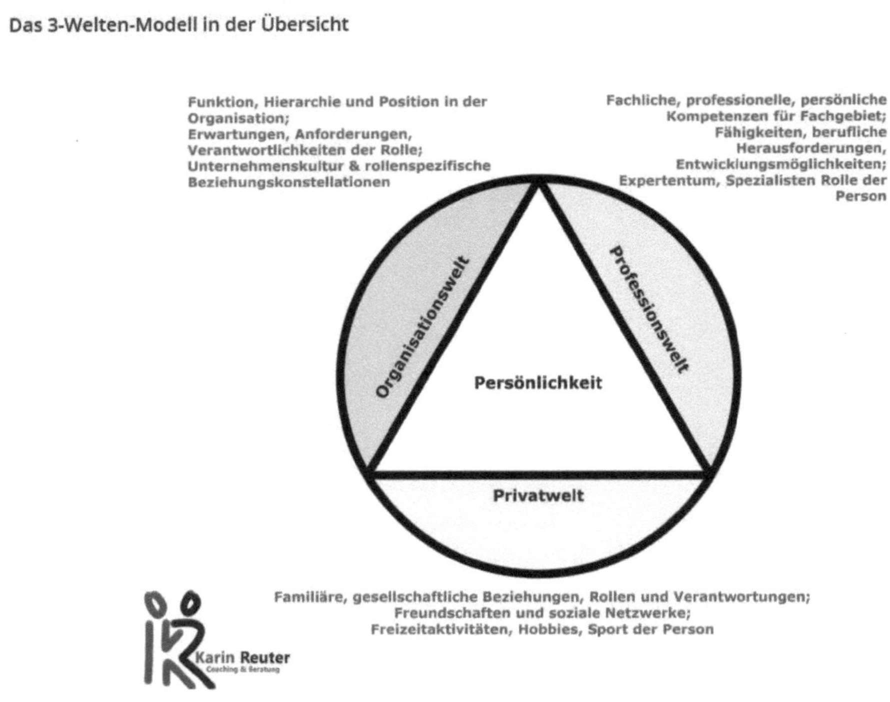

- ***Rollen (Rollersatz, -gruppen, -segmente, -element)***

  Marketing-und Vertriebsleiter Pieter van Expeer hat bereits seit einigen Jahren bei einem niederländischen Konkurrenten in einer gehobenen Fachposition gearbeitet und ebensoviel Erfahrungen sammeln können.

  - *Vorgesetzter, Führungspersönlichkeit (Status, Position, Rollensatz)*

    Alle Rollengruppen sind der Rollensatz einer Position. Der Status ist Teil einer Hierarchie (Status, Rangordnung, Rangfolge, Stufenleiter usw.) Das regelt die Vorgesetzten-Mitarbeiter-Beziehungen) und basiert auf Weisung und funktioneller Gehorsam.

Rollengruppe 1
(Alle Rollensemente bilden eine Rollengruppe oder auch eine Position.)

Mehrere Rollenelemente bilden ein Rollensegment; ein Rollensegment ist die Erwartung einer Bezugsgruppe (Geschäftsführung, aber auch Mitarbeiter)

- *kann zuhören, motivieren und begeistern (z.B. Rollensegment)*
- *hat Autorität und Charisma*
- *hat Werte und Ziele*
- *setzt die richtigen Prioritäten*
- *vertriebsorientierten Tätigkeit konnte er sehr gute Einblicke ins Geschäft gewinnen.*
- *kann motivieren (z.B. Rollenelement)*
- *sich durchsetzen*
- *weiß genau, was vom Team erwartet wird,*
- *hilft den Mitarbeiterinnen und Mitarbeitern, erfolgreich zu sein,*
- *verliert nie die Übersicht*
- *und wirkt verantwortlich und im positiven Sinne machtvoll*

Rollengruppe 2

- *ist fleißig, ausdauernd, belastbar,*
- *ist fachlich universell begabt,*
- *hat Humor, ist hochgradig teamfähig*
- *hat Freude am Erfolg Anderer im Unternehmen,*
- *ist ein Vorbild,*
- *ist lernfähig (z.B. Rollenelement)*
- *kreativ und loyal.*

Abb. 39: Rollenbegriffe und Rollendifferenzierung

2.1.3.4.2 Rollenperspektiven
(„Integration „psycho-soziale Funktionen")

Unter Rollenperspektive versteht man unterschiedliche Abhängigkeiten des Rollenbegriffs (Reflexion des Rollenbegriffs)

- *3-Welten-Modell (Persönlichkeit ergibt aus Organisationswelt, Professionswelt und Privatwelt)*
- *Rollenkompetenz (Wie wird eine Rolle ausgefüllt)*
- *Rollenmanagement und Rollenwechsel (auf neue Anforderungen einstellen)*
- *kreativer Lernprozess*
- *bis zu situativer Selbststeuerung*

3-Welten-Modell.

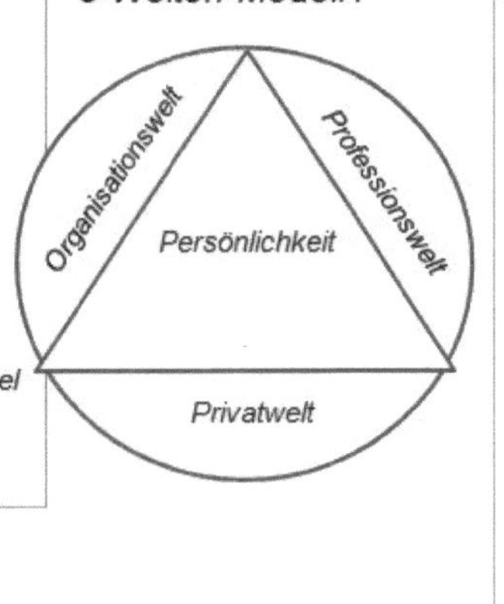

Rollen (Rollersatz, -gruppen, -segmente, -element)

- *Vorgesetzter, Führungspersönlichkeit (Status, Position, Rollensatz)*
- *Alle Rollengruppen sind der Rollensatz einer Position.*
- *Status ist Teil einer Hierarchie*
- *(Status, Rangordnung, Rangfolge, Stufenleiter usw.)*
- *Vorgesetzten-Mitarbeiter-Beziehungen)*
- *basiert auf Weisung und funktioneller Gehorsam.*

Beispiele

Rollen betreffen Personen: Eine übergeordnete Rolle betrifft eine Führungskraft (raschen Wandel der Märkte); für einen Mitarbeiter ist die gleiche Rolle ein Rollensatz, in dem er eine untergeordnete Rolle spielt.

- *So ist der raschen Wandel der Märkte ein sowohl eine Rollengruppe, als auch mehrere Rollensätzen.*
  - *Eine Rolle ist in diesem Zusammenhang des raschen Wandel der Märkte oder besser eine Rolle des Marketingleiters.*
  - *Rollensegment ist z.B. die Produktdifferenzierung beim raschen Wandel der Märkte*
  - *Ein Rollenelement ist Teil einer Rolle; z.B. bei einer Verrichtungs-*
  - *Objekt –Beziehung (Verrichtung = Rollenelement 1; Objekt =(Rollenelement 2)*
  - *Projektleiter ist eine Position und zugleich der Status im Projekt (Rollengruppe=mehrere Rollensätze)*
  - *Rollenkompetenz (Wie füllt der Rolleninhaber seine Rolle aus?)*
- *Rollen und ihre organisatorische Funktionen*
  - *Rollenmanagement und Rollenwechsel: Rollenmanagement*
  - *bezeichnet die Fähigkeit, eine übernommene Rolle auf neue Anforderungen einzustellen.*
    Dazu kann ein Rollenwechsel gehören, also die Ablösung alter durch neue Rollen gehören.
  - *Rangordnung im Projekt (Projektleiter, Gruppenleiter, Mitarbeiter usw.)*
  - *Rangfolge wird häufig synonym zur Rangordnung gebraucht, bedeutet hier „Wer folgt bei einem Stellenwechsel einem bestimmten Stelleninhaber, wenn z.B. ein Nachfolger gesucht wird?"*
  - *Stufenleiter bezieht auf die Gesamtheit aller unterschiedlicher Rangordnungen in einem Unternehmen 8z.B. IT-Strategien müssen dem raschen Wandel folgen:*

    Märkten (Rolle 1)
    und Technik (Rolle 2)
    Innovationen (produktive Sprünge) (Rolle 3)
- *Strategische Vorhaben (Rollengruppe= Rollensatz einer Position)*
  - *Richtung ständig ändern (Rollenmanagement und Rollenwechsel)*
  - *Geplanten Vorhaben (Rollensatz)*
  - *kürzeren Zyklen (Rollensatz)*
  - *neue Technologie (Rollensatz)*

A.3.4.2.5.3 ***Interaktionen, Dispositionen, Improvisationen***

(„Integration „psycho-soziale Funktionen“)

- *Der **Dispositionsrahmen** kann sich auf eine Person, eine Gruppe, aber auch auf organisatorische (auch auf künstliche materielle wie immaterielle Objekte) Systeme beziehen und wie beim Dispositionsrahmen eines Bankkontos wird die Dispositionsgrenze der betreffenden Person (z.B. möglicher Leistungsgrad) oder des betreffenden Objekts (z.B. mögliche Kapazitätsausnutzung) bestimmt*

- ***Dispositionen** sind geplantes Handeln (Aufgaben- und Arbeitsschritte) im vorgegebenen organisatorischen Rahmen = bewusste Interaktionen mit dem Ziel, etwas zu bewirken/mitzuteilen*

- ***Dispositionen**, die organisatorisch bekannt sind, aber für den konkreten Fall nicht vorgesehen waren, aber etwas zielgerecht bewirken, liegen im Grenzbereich zwischen Disposition und Improvisation und können fallweise zugleich beides sein.*

- ***Improvisationen** sind einmalige spontane Regelungen auf unvorhersehbare Ereignisse (kreative Einfälle aus dem Stehgreif), aber wenn sie sich bewähren, können sie zu Dispositionen (innerhalb der Aufgaben- und Arbeitsanalyse) werden.*

- *Der Kosiolsche informations- und kommunikationsstrukturelle Prinzipienzusammenhang (Kommunikationssystem, Aufgaben- und Arbeitsbeziehungen und organisatorische Verkehrsbeziehungen) muss darauf eingerichtet werden, **informelle und psycho-soziale Einflüsse** aufzunehmen.*

- ***Harmonisierung** im Sinne von sozialer Einbindung soll mit formalen und infor-mellen Interaktionen positive Stimmungen in der Gruppe/Gesellschaft (als auch im Unternehmen) erzeugen und nutzen, um zu motivieren bzw. Spannungen und Konflikte zu vermeiden oder auszugleichen.*

- *Dazu gehört es **Stimmungen zu positiveren** (psycho- und soziale und emotionale Verhaltensebene) und als geeignete Interaktions- und Verhaltensmuster zu nutzen. Die Menschen sollen nicht nur Aufgaben übernehmen, sondern sich auch mit ihnen identifizieren (informale Rollenspezifizierung) und dafür engagiert (bis begeistert) einsetzen. Informale Störungen (zwischen Soll-. Will- und Istorganisation, dysfunktionalen Führungs-, Interak-tions- und Improvisationswirkungen, negative Gruppendynamik) sollen formal abgefangen werden, kommen aber meistens ohne informale „people approach“ –Wirkungen und informale (soziale) Kontrolle nicht aus. Sowohl formale wie informelle Thematik*

- ***Sowohl formale wie informelle Thematik***

- ***Entscheidungsfindung** unter Abwägen der **Handlungsmöglichkeiten** und deren emotionaler Bedeutung. Das betrifft Erarbeitung von Bewältigungs-strategien, Unterstützung und Förderung der Selbstkompetenz, Stärkung der persönlichen und sozialen Ressourcen, psychosoziale Beratung in Bezug auf Schnittstellenfunktionen zwischen Informationen und formaler Orientierung, Informationsbedarf der Zielgruppen (Merkmale der Aufklärung, Ansprechen der kognitiven und emotionalen Ebene, Raum für persönliche Auseinandersetzungen und Bewertungen, Sach- und Beziehungsorientierung, zielgruppenspezifische Orientierung (Kunden, Lieferanten, Mitarbeiter/Innen u.a. Bezugsgruppen) an den Bedürfnissen der Personen und Gruppen.*

- ***Gruppenbildung und Betriebsklima*** *hängen zusammen. Wenn die Zusammensetzung der Gruppe zunächst defensiv (keine extremen Charaktere) erfolgt, kann sich eine positive Gruppendynamik entwickeln, die dann ein stabiles Betriebsklima mit integrierender Stimmung entwickeln, das auch die Arbeitsleistung beflügeln kann. Später können auch extreme Charaktere aufgenommen werden.*

- *Je mehr positiv eingestellte Personen dabei sind, trägt das zur Gruppenstabilität bei, aber die anderen eher negativ Gestimmten dürfen nicht das Gefühl haben, nur geduldet zu sein.*

- *Dazu kommt die Erfahrung, dass* **gemischte Gruppen** *(Frauen und Männer) besser miteinander auskommen als eingeschlechtliche Gruppen. Vorausset-zung ist, dass es zu keinen Rivalitäten kommt (z.B. 2 Männer werden um eine Frau).Die Rolle von Frauen wird unterschätzt. Sie tragen zum Ausgleich in einer Gruppe bei, selbst wenn sie gewisse Auffälligkeiten aufweisen (Stimmungsschwankungen). So hat die vielfach beanstandete Geschwätzigkeit die Folge, dass Männer sich darüber amüsieren, sie bedenken aber nicht, dass dieses Amüsement friedensstiftend ist.*

- ***Stimmungsschwankungen*** *zeichnen sich durch einen plötzlichen Wechsel der Stimmung auf (Stimmungslabilität oder Affektlabilität). Das klingt zwar beunruhigend, aber die Frauen richten sich darauf ein und suchen neben medizinischer Behandlung andere Beschäftigungsformen (Joga, esoterische Veranstaltungen, besondere Hobbys usw.), mit denen sie zur Unterhaltung der Gruppe beitragen und damit unterhaltsam und wieder friedensstiftend sein können.*

- ***Risiken und Konflikte*** *können entstehen, wenn formale und methodische Anpassungsprozesse nicht „so" klappen und/oder Personen und Gruppen wegen Meinungsverschiedenheiten, aus persönlichen Konkurrenzen und Rivalitäten zu verdeckten (Hinterhältigkeit, Unverträglichkeit) und offenen Streitigkeiten bis zu schweren Konfliktengelangen. Formale Zurechtweisungen und Änderungen von Gruppenzusammensetzungen können helfen oder Spannungen verdecken. Dann sollten/können psycho-soziale Interventionen eingesetzt werden.*

- ***Gefühle, Motive, Wirkungen und ihre Störungen*** *können zu Ausprägungen menschlichen Verhaltens in Organisationen führen, die nicht immer sichtbar sind und manchmal unterschätzt werden. Flankierungs- und Kompensations-maßnah-men (Kontakte privater wie beruflicher Art, Gespräche, aber auch finanzielle, materielle und immaterielle Zusatzleistungen) können das vielfach überbrücken und Hinweise erhalten, die weiter führen.*

- ***Psycho-soziale Verwerfungen*** *können „nach negativen Erlebnissen" (Todesfall in der Familie, Krankheiten, Unfälle, Ängste, Scham, Unsicherheit usw.) entstehen, aber auch betriebliche Ursachen (z.B. Mobbing) haben und dann auch zu schwerwiegenden Verhaltensstörungen führen. Die folgenden methodischen Ansätze können die Betroffenen unterstützen, wenn sie das ausdrücklich wollen. In jedem Fall muss der Helfende „Gesprächsführende" fachlich und „psycho-sozial" geeignet und geschult sein.*

- *Dazu gehört ein Gespür, zu erkennen, ob es um eine unbedenkliche Marotte geht oder um eine* **Verhaltensstörung.** *Wenn eine Störung vermutet wird, kann man diese Personen zu einer Schulung delegieren, indem man ihre psycho-soziale Lernbereitschaft nutzt, und Schulungen und Trainings fachlicher, aber auch persönlichkeitsbildender Art, veranstaltet, um bessere Hinweise zum Klärung der Verhaltensursachen zu erzielen.*

- *Eine **klärende Gesprächsführung** ist bei Führungskräften nur dann möglich, wenn es keine Abwehr gegen solche Veranstaltungen gibt. Informationsmängel und/oder fehlende Einsichtsfähigkeit können bei im Klima der Entspannung aufgeklärt werden, bei denen der/die Betroffene seine Ziele, aber auch seine Ängste, besprechen kann. Das ist in vielen Fällen sehr erfolgreich, wenn ihre/seine Befürchtungen positiv geklärt werden können. Voraussetzung ist dass der/die Betroffene Vertrauen zum „Moderator“ hat.*
- *Solche **Verhaltenstherapien** gehen einen Schritt weiter, indem z.B. Entspannungstechniken einfließen lassen und dann z.B. in Rollenspielen Aufgaben einflechten, die die vermeintlichen Schwächen thematisieren. Entweder hat man Erfolg oder man muss im Extremfall erkennen, dass psychische Empfindlichkeiten oder Erkrankungen nicht ausgeschlossen werden können. Im Bedarfsfall muss man ihn/sie an Psychologen bzw. Psychiater verweisen. Da die (1) Ziele, Zielparameter und Zielkonstellationen, (2) Organisationsmethodik, –Prinzipien, -Strukturen und Prozesse (3) Koordination und Kooperation als Text unübersichtlich ist, zeigen die folgenden Abbildungen die wesentlichen Zusammenhänge.*

Die psycho-sozialen Strukturen und Prozesse werden unter Interaktionen, Dispositionen, Improvisationen („psycho-soziale Funktionen) geführt. Folgende Anschlussmodule werden für detailliertere Darstellungen dargestellt.

Anschlussmodul Psycho-Soziale Methoden (Emotionalitäten)
Anschlussmodul Emotionen und Emotionalitäten (Emotionalitäten / Wahrnehmungen)

Anschlussmodul Koordination und Kooperation
(„Integration „psycho-soziale Funktionen“):

Abb. 40: Dispositionen, Improvisationen („psycho-soziale Funktionen“)

Alternativ wird Koordination und Kooperation („Integration „psycho-soziale Funktionen“) als Integrationszentrale dargestellt, was weniger theoretisch und damit praxisnäher ist.

Da informelle psycho-soziale Systeme und informelle Gebilde keine eigene Koordination haben, um psycho-soziale Einflüsse aufzunehmen und greifen auf die formale Koordination und Kooperation zurück. Deshalb ist auf das Anschlussmodul Koordination und Kooperation (Ziele, Zielparameter und Zielkonstellationen) zu verweisen

Abb. 40: Dispositionen, Improvisationen („psycho-soziale Funktionen")

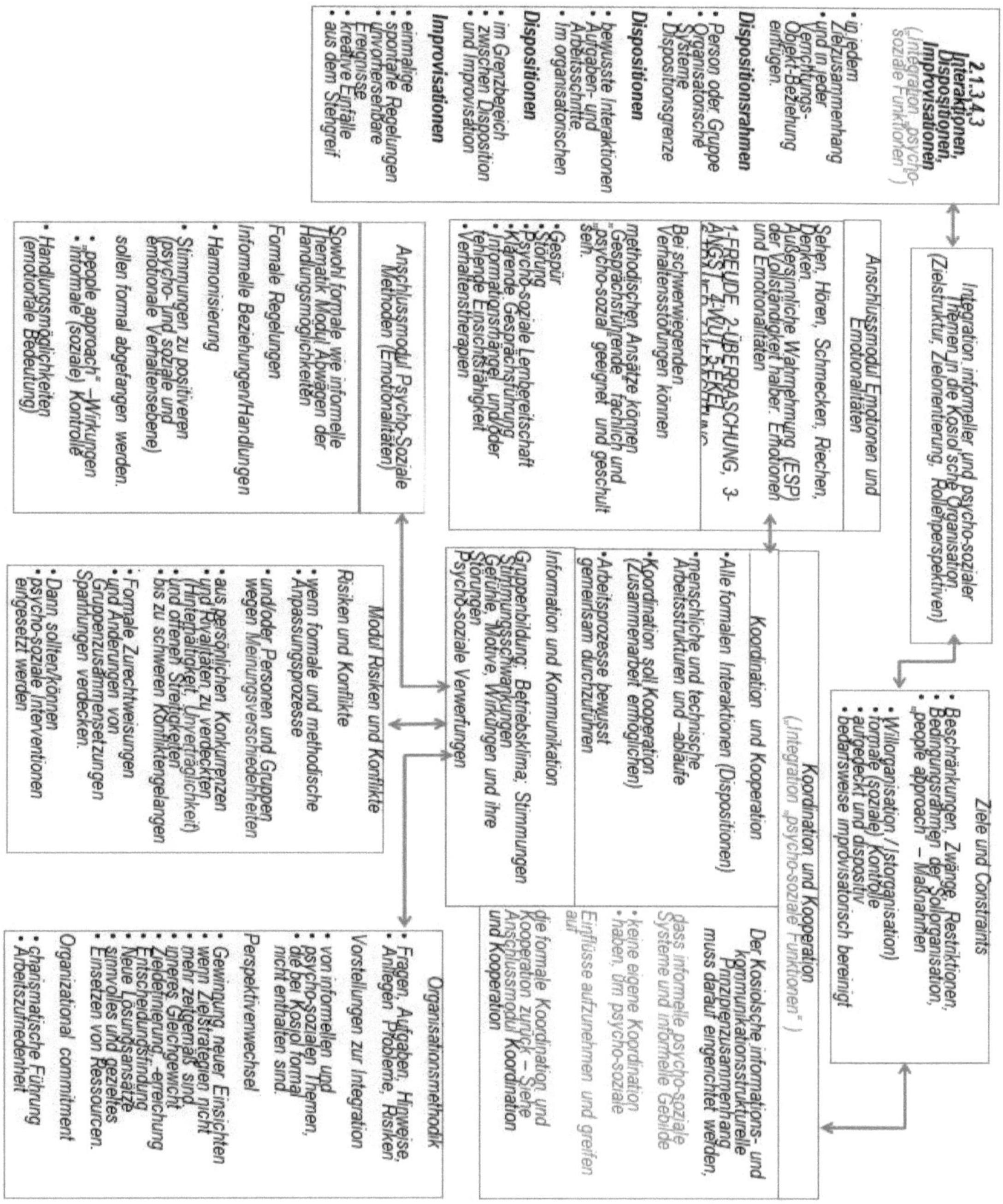

Abb. 41: Psycho-Soziale Methoden („Emotionalitäten")

Anschlussmodul Psycho-Soziale Methoden (Emotionalitäten)

Emotionen gehören auch zu den psycho-sozialen Methoden, aber sie sind als einzige Wahrnehmungen geeignet, alle psycho-sozialen Phänomene zu deuten.

Sowohl formale wie informelle Thematik
Modul Abwägen der Handlungsmöglichkeiten

Formale Regelungen

- *Abwägen der Handlungsmöglichkeiten*
- *Gruppenbildung und Betriebsklima*
- *Gemischte Gruppen (Frauen und Männer)*
- *Informationsbedarf der Zielgruppen*
- *Entscheidungsfindung*
- *Sach- und Beziehungsorientierung*

Informelle Beziehungen und Handlungen

- *Harmonisierung*
  - *sozialer Einbindung soll mit*
  - *formalen und informellen Interaktionen*
  - *positive Stimmungen in der Gruppe/Gesellschaft (als auch im Unternehmen) erzeugen und nutzen, um zu motivieren bzw.*
  - *Spannungen, Risiken und Konflikte zu vermeiden oder auszugleichen.*
- *Stimmungen zu positiveren (psycho- und soziale und emotionale Verhaltensebene)*
  - *geeignete Interaktions- und Verhaltensmuster*
  - *informale Rollenspezifizierung*
  - *informale Störungen und Konflikte*
  - *Diskrepanzen zwischen Soll-. Will- und Istorganisation*
  - *dysfunktionalen Führungs-, Interaktions-*
  - *und Improvisationswirkungen,*
  - *negative Gruppendynamik*

  sollen formal abgefangen werden.

  - *„people approach" –Wirkungen*
  - *informale (soziale) Kontrolle*
- *Handlungsmöglichkeiten (emotionale Bedeutung)*
  - *Erarbeitung von Bewältigungsstrategien*
  - *Unterstützung und Förderung der Selbstkompetenz*
  - *Stärkung der persönlichen und sozialen Ressourcen*
  - *psychosoziale Beratung in Bezug auf Schnittstellenfunktionen zwischen Informationen und formaler Orientierung,*

Information und Kommunikation

- *Informationsbedarf der Zielgruppen*
- *Aufklärung, Ansprechen der kognitiven*
- *und emotionalen Ebene*
- *Raum für persönliche Auseinandersetzungen*
- *und Bewertungen, Sach- und Beziehungsorientierung,*
- *zielgruppenspezifische Orientierung (Kunden, Lieferanten, Mitarbeiter/Innen u.a. Bezugsgruppen*

Gruppenbildung; Betriebsklima; Stimmungen

- *Zusammensetzung der Gruppe*
- *zunächst defensiv (keine extremen Charaktere)*
- *positive Gruppendynamik entwickeln*
- *stabiles Betriebsklima mit integrierender Stimmung*
- *Arbeitsleistung beflügeln*
- *Später extreme Charaktere aufnehmen*
- *positiv eingestellte Personen*
- *Gruppenstabilität*

- *gemischte Gruppen (Frauen und Männer) sind*

- *ausgeglichener als eingeschlechtliche Gruppen,*
- *Aber man Rivalitäten vermeiden.*

Stimmungsschwankungen

- *Stimmungslabilität oder Affektlabilität*
- *Ausgleichs-Beschäftigungsformen (Joga, esoterische Veranstaltungen, besondere Hobbys usw.),*

Gefühle, Motive, Wirkungen und ihre Störungen

- *Ausprägungen menschlichen Verhaltens*
- *in Organisationen (nicht immer sichtbar)*
- *manchmal unterschätzt.*
- *Flankierungs- und Kompensationsmaßnahmen (Kontakte privater wie beruflicher Art, Gespräche, aber auch finanzielle, materielle und immaterielle Zusatzleistungen)*
- *können das vielfach überbrücken und Hinweise erhalten, die weiter führen.*

Psycho-soziale Verwerfungen

- *können „nach negativen Erlebnissen" (Todesfall in der Familie, Krankheiten, Unfälle, Ängste, Scham, Unsicherheit usw.) entstehen,*

- *aber auch betriebliche Ursachen (z.B. Mobbing) haben können.*

- *Bei schwerwiegenden Verhaltensstörungen können*

Die folgenden methodischen Ansätze können die die Betroffenen unterstützen (wenn sie damit einverstanden sind.

In jedem Fall muss der Helfende „Gesprächsführende" fachlich und „psycho-sozial" geeignet und geschult sein.

- *Dazu gehört ein Gespür, zu erkennen, ob es um eine unbedenkliche Marotte geht oder um eine Verhaltens-störung.*

- *Wenn eine Störung vermutet wird, kann man diese Personen zu einer Schulung delegieren,*
  - *indem man ihre psycho-soziale Lernbereitschaft nut*
  - *und Schulungen und Trainings fachlicher,*
  - *aber auch persönlichkeitsbildender Art, veranstaltet,*
  - *um bessere Hinweise zum Klärung der Verhaltens-ursachen zu erzielen.*

- *Eine* ***klärende Gesprächsführung*** *ist bei Führungs-kräften nur dann möglich, wenn es keine Abwehr gege solche Veranstaltungen gibt.*

- *Informationsmängel und/oder fehlende Einsichtsfähi keit können bei im Klima der Entspannung aufgeklärt werden,*
  - *bei denen der/die Betroffene seine Ziele,*
  - *aber auch seine Ängste, besprechen kann.*
  - *Das ist in vielen Fällen sehr erfolgreich, wenn ihre/ seine Befürchtungen positiv geklärt werden können.*
  - *Voraussetzung ist dass der/die Betroffene Vertrauen zum „Moderator" hat.*

Solche ***Verhaltenstherapien*** *gehen einen Schritt weiter, indem z.B. Entspannungstechniken einfließen lassen und dann z.B. in Rollenspielen Aufgaben einflechten, die die vermeintlichen Schwächen thematisieren.*

- *Entweder hat man Erfolg*
- *oder man muss im Extremfall erkennen,*

- *dass psychische Empfindlichkeiten oder Erkrankungen nicht ausgeschlossen werden könne*

- *Im Bedarfsfall muss man ihn/sie an Psychologen bzw. Psychiater verweisen*

Abb. 42: Anschlussmodul Psycho-Soziale Methoden (Emotionalitäten)

Anschlussmodul Psycho-Soziale Methoden (Emotionalitäten)

Emotionen gehören auch zu den psycho-sozialen Methoden, aber sie sind als einzige Wahrnehmungen geeignet, alle psycho-sozialen Phänomene zu deuten.

Emotionen und Emotionalitäten

Auszugsweise arbeitsblaetter-news.
http://arbeitsblaetter-news.stangl-taller.at/die-sinne-des-menschen-und-seine-wahrnehmung/
http://best.management.stangl.eu/Zitieren.shtml

***Sehen** (hell, dunkel, Farben, Formen, Kontrast, Position im Raum, Entfernung, Bewegung)*

***Hören** (laut, leise (Dynamik), hoch, tief, (Klang"farbe": hell, dumpf) Geräusche, Töne, Klänge (Harmonien, Disharmonien, –Position im Raum, Entfernung, Bewegung*

***Fühlen** (weich, hart, fest, flüssig, glatt, rauh, warm, kalt, trocken, nass, Gleichgewicht, Bewegung, körperliches Hören über das Zwerchfell: z.B. Elefantenherde, Türknallen; Hunger, Durst etc. und deren Stillung; Lust (z.B. Schmaus, „Rausch", Orgasmus) und Schmerz; Gesamtbefinden: gestärkt, geschwächt, krank*

***Schmecken** (süß, sauer, bitter, salzig, scharf; fade, (fast) geschmackslos*

***Riechen:** (sprachlich nicht differenziert: „mild", „stechend" etc., manches ähnlich wie schmecken: „süßlich", „scharf" etc.); angenehm – unangenehm*

***Denken:** Schlussfolgerungen (Erinnerung, Verstand, Ratio (passiv), Vernunft, Logik (aktiv), Assoziation, Phantasie, Intuition, Inspiration – Traum*

***Außersinnliche Wahrnehmung (ESP) d**er Vollständigkeit halber.*

Emotionen und Emotionalitäten

Auszugsweise:
https://www.management-circle.de/blog/7-basisemotionen-erkennen/
Management Circle AG; 65760 Eschborn/Ts.; Deutschland

1-FREUDE
Das sind die Merkmale:
Mundwinkel werden nach oben gezogen, Wangen heben sich, Lachfältchen erscheinen
Diese Gefühle stecken dahinter:
Heiterkeit, Zufriedenheit, Glück, Begeisterung

2-ÜBERRASCHUNG:
Das sind die Merkmale:
Augenbrauen werden nach oben gezogen, Augenlider sind hoch, Mund öffnet sich. Diese Gefühle stecken dahinter: Überraschung, Verblüffung, Verwunderung, Sprachlosigkeit

3-ANGST:
Das sind die Merkmale:
Augenbrauen werden nach oben gezogen, Augenlider sind hoch, Mund öffnet sich, Lippen sind gespannt, Blick ist starr auf die Gefahr gerichtet, Augenweiß ist stark sichtbar
Diese Gefühle stecken dahinter:
Beunruhigung, Angespanntheit, Erschrockenheit, Panik

4-WUT
Das sind die Merkmale:
Augenbrauen werden heruntergezogen, Falte erscheint zwischen den Augenbrauen, Lippen sind gespannt, Blick ist starr
Diese Gefühle stecken dahinter:
Frustration, Verärgerung, Empörung, Wut

Emotionen und Emotionalitäten

Auszugsweise:
https://www.management-circle.de/blog/7-basisemotionen-erkennen/
Management Circle AG; 65760 Eschborn/Ts.; Deutschland

5-EKEL
Das sind die Merkmale:
Nase wird gerümpft, Wangen sind angehoben, Oberlippe ist hochgezogen
Diese Gefühle stecken dahinter:
Anwidern, Ablehnung, Abneigung, Widerwilligkeit

6-TRAUER
Das sind die Merkmale:
Innere Augenbrauen werden hochgezogen, Oberlider und Mundwinkel hängen herunter, Wangen sind erschlafft
Diese Gefühle stecken dahinter:
Unglück, Betroffenheit, Verzweiflung, Enttäuschung, Mutlosigkeit, Bestürzung

7-VERACHTUNG
Das sind die Merkmale:
Mundwinkel sind einseitig hochgezogen oder nach innen gepresst, es besteht eine asymmetrische Reaktion im Gesicht
Diese Gefühle stecken dahinter:
Missachtung, Spott, Herablassung, Geringschätzung

Anschlussmodul Koordination und Kooperation (Ziele, Zielparameter und Zielkonstellationen) Anschlussmodul Koordination und Kooperation („Integration „psycho-soziale Funktionen“): *Da informelle psycho-soziale Systeme und informelle Gebilde keine eigene Koordination haben, um psycho-soziale Einflüsse aufzunehmen und greifen auf die formale Koordination und Kooperation zurück.*

Deshalb ist auf das ***Anschlussmodul Koordination und Kooperation (Ziele, Zielparameter und Zielkonstellationen)*** *zu verweisen.*

Abb. 43: Koordination und Kooperation

Modul Koordination und Kooperation	
alle formalen Interaktionen (Dispositionen) • *Ziele, Planung,* • *Anwendung der Organisations- und Entscheidungsregeln,* • *Aufgabenverteilung und –überwachung,* • *Anleitung, Anweisung und* • *Motivation der Mitarbeiter/Innen*	*Zur Koordination und Kooperation* • *gehören Menschen,* • *Maschinen* • *und sonstige materielle* • *und immaterielle Mittel*
menschliche und technische Arbeitsstrukturen und –abläufe • *Problemanalysen,* • *Lösungsanregung und –vorgaben,* • *Information, Kommunikation,* • *Kontrolle und Steuerung,* • *Mitarbeiterführung und* • *bedarfsweise positive und* • *negative Sanktionierung*	*organisatorische Gestaltungsansätze* • *mit rationalem Verhalten verfolgen.* • *instrumentale Verhaltensmuster* • *Kombination von Mensch-* • *Maschineeinheiten und –gruppen* • *als formale Rollenspezifizierung* • *Aufgaben- und Arbeitsverteilung* • *Position, Status und Rolle,* • *Rangfolgen, Vorgesetzten-Mitarbeiterbeziehungen*
Koordination soll Kooperation (Zusammenarbeit) ermöglichen • *Strukturen und Prozesse in* • *sich gegenseitig unterstützende* • *Beziehungen überführt* • *Verbindung aller Stellen* • *durch Kommunikationssystem* • *Arbeitsprozesse bewusst* • *gemeinsam durchzuführen.*	*Weisung und funktioneller Gehorsam* • *formaler Kommunikation* • *Dispositionen* • *bedarfsweise Improvisationen* • *und technologische Maßnahmen* • *die Organisationsprozesse in Gang* • *setzen und durchhalten.*

A.3.4.2.6 ZUSATZAUFGABEN ZUR SELBSTÄNDIGEN LÖSUNG-15

Beschreiben Sie die psycho-sozialen Strukturen und Prozesse bei Großprojekten, Kompetenzzentrum und Großprojektmanagement (Beachtung der formalen Regelung interner Mitarbeiter) und erklären Sie mit Hilfe der Anschlussmodule, wie Interaktionen, Dispositionen, Improvisationen („psycho-soziale Funktionen) organisatorisch (Koordination und Kooperation) integriert werden.

Anschlussmodul Psycho-Soziale Methoden (Emotionalitäten)
Anschlussmodul Emotionen und Emotionalitäten (Emotionalitäten / Wahrnehmungen)
Anschlussmodul Koordination und Kooperation
(„Integration „psycho-soziale Funktionen“):

Da informelle psycho-soziale Systeme und informelle Gebilde keine eigene Koordination haben, um psycho-soziale Einflüsse aufzunehmen und greifen auf die formale Koordination und Kooperation zurück. Deshalb ist auf das Anschlussmodul Koordination und Kooperation (Ziele, Zielparameter und Zielkonstellationen) zu verweisen.

Auszugsweise: IT-Beratung, S-O-S-Methode© für Großprojekte, Kompetenzzentrum, Großprojektmanagement (CC GroßPM; BVA/BIT; Version 2.1; September 2015; Herausgeber: Bundesverwaltungsamt; Ansprechpartner Herr Thomas Schroder, Seite 78ff:

- *Beachtung der formalen Regelung interner Mitarbeiter*

  Sonstige für den Projekteinsatz wichtige Rahmenbedingungen, insbesondere die Führungsverantwortung sowie die Ist-Zeit-Erfassung, werden mit der Linienorganisation des Mitarbeiters vereinbart, insbesondere:

- *Mit den Personalvorgesetzten der eingesetzten Mitarbeiter sind die Verantwortungsbereiche der fachlichen und der disziplinarischen Führung festzulegen. Die fachliche Führung liegt im Projekt.*

- *Für ein effizientes Controlling (siehe Kapitel Projektplanung) bedarf es auch bei internen Mitarbeitern einer Ist-Zeit-Erfassung. (Für externe Mitarbeiter ist diese meist als Basis für die Abrechnung ohnehin notwendig.)*

- *Da in der öffentlichen Verwaltung jede detaillierte Ist-Zeit-Erfassung der Zustimmung des Personalrats bedarf, ist dieser frühzeitig einzubinden.*

- *Rahmenbedingungen für externe Mitarbeiter: In diesen Fallen ist die Verfugbarkeit vertraglich zu vereinbaren. Der Vertrag regelt beispielsweise die Verpflichtung zur Arbeit „vor Ort“ und den geforderten Einsatz in Stunden pro Woche. Er enthält aber auch inhaltliche Festlegungen wie die Verpflichtung zum Know-how-Transfer.*

- *In Großprojekten ist es sinnvoll, dass der Auftraggeber auch ein Mitspracherecht bei der Auswahlder einzelnen Mitarbeiter vertraglich vereinbart. So ist es gegebenenfalls ohne Probleme möglich, dass ein Mitarbeiter auf Wunsch des Auftraggebers ausgetauscht wird.*

Mitspracherecht bei der Auswahl externer Mitarbeiter
Mitarbeiterentwicklungsplan mit Linienorganisation abstimmen

- *Neben der Verfugbarkeit der Mitarbeiter ist auch ihre Entwicklung wahrend der Projektlauf-zeit mit ihrer Linienorganisation abzustimmen. Hierbei ist darauf zu achten, dass die Entwicklung des Mitarbeiters der geplanten Projektarbeit zugute kommt, also mit den Projektzielen in Einklang steht. Die Planung der Mitarbeiterentwicklung sollte auch den Know-how-Transfer von Mitarbeitern berücksichtigen, die den Nutzern des Projektergebnisses nach Abschluss des Projekts nicht mehr zur Verfugung stehen. Auch die Entwicklung der Mitarbeiter nach Abschluss des Projekts sollte bedacht werden, da eine ungewisse Zukunft zu Blockadehaltungen der Mitarbeiter fuhren kann.*

- *Bei lang laufenden Großprojekten ist mit der Linienorganisation und dem Mitarbeiter auch abzustimmen, wie der Mitarbeiter die im Projekt erworbenen Fahigkeiten und Erfahrungen nach dessen Ende sinnvoll nutzen kann. Der Mitarbeiter erhält somit eine langfristige Entwicklungsperspektive. Die Entwicklungsziele sollten messbar sein.*

  Entwicklungsperspektive des Mitarbeiters aufzeigen
  Projektorganisation und -rollen festlegen

  Die Projektmitarbeiter werden umso engagierter ans Werk gehen, je besser ihre konkrete Aufgabe im Projektauf sie zugeschnitten ist, das heißt je besser sie ihre Erfahrungen und Kenntnisse einbringen können. Aufgaben und Rollen werden so verteilt, dass niemand unter- oder überfordert ist, denn beides konnte Mitarbeiterdemotivieren. Idealerweise sind die Aufgaben vorher mit den Mitarbeitern abgestimmt

- *In lang laufenden Großprojekten sollte die Projektleitung auch bewusst die Mitarbeiterentwicklung zu ihrer Aufgabe machen, um die Motivation der Mitarbeiter langfristig zu sichern. Gezielte Mitarbeiterentwicklung fördert Motivation.*

  In Großprojekten kommt es darauf an, das ganze Vorhaben (das „Big Picture“) mit den übergreifenden Projektzielen klar zu kommunizieren und stets präsent zu halten. Sonst besteht auf Grund der hohen Arbeitsteilung die Gefahr, dass Mitarbeiter sich wie kleine Rädchen im Getriebe fühlen, den eigenen Beitrag zum Erfolg nicht erkennen können und weniger engagiert zu Werke gehen. Es ist also Aufgabe der gesamten Führungsmannschaft (z.B. Gesamtprojektleiter, Projektleiter, Systemarchitekten), jeder kleinen Einheit und jedem einzelnen Mitarbeiter immer wieder zu verdeutlichen, in welcher Art und Weise sie zum Gesamterfolg beitragen.

  Stetige Kommunikation des Erfolgsbeitrags zu den Projektzielen

- *In Großprojekten treffen Mitarbeiter aus verschiedenen Organisationseinheiten und Firmen in einem Team aufeinander. Sie haben oft extrem unterschiedliche Erfahrungen, Arbeitsweisen und Arbeitsgeschwindigkeiten. Wenn sich Mitarbeiter in der Minderheit befinden, können sie dadurch einen demotivierenden Kulturschock erfahren. Auch in solchen Fallen hilft es, die Projektziele offensiv zu kommunizieren, so dass jeder einzelne Mitarbeiter seinen Beitrag zum Projekterfolg kennt und daraus Selbstbewusstsein ziehen kann. Zudem sollten die Aufgaben von Anfang an nach Erfahrungen und Fähigkeiten der Mitarbeiter verteilt werden. Eine weitere Hilfe gegen den Kulturschock ist die geplante Weiter-entwicklung im Projekt.*

  Kulturschock durch gezielte Interaktion vermeiden

- *Feedbackschleifen mit den Personalvorgesetzten der Mitarbeiter wirken auch motivations-fördernd in lang laufenden Großprojekten. Auf diese Weise wird die Projektarbeit des Mitarbeiters in seiner Beurteilung berücksichtigt, auch wenn er lange nicht in seiner Linienorganisation arbeitet.*

Regelmäßiges Feedback zur Leistungssicherung
Laufendes Personalmanagement

- ***Auch wenn das Projekt läuft, verfolgt das Personalmanagement die zu Beginn beschriebenen Ziele. Dazu prüfen die Verantwortlichen), ob und wie sich die zu Projektbeginn herrschenden Rahmenbedingungen geändert haben. Darauf aufbauend entwickeln sie Maß-nahmen, mit denen sich die Ziele auch unter veränderten Bedingungen erreichen lassen, setzen die Maßnahmen um und prüfen deren Wirksamkeit.***

Verfügbarkeit eines qualifizierten Teams sichern

- ***Werden im Projektverlauf zusätzliche Mitarbeiter oder Mitarbeiter mit anderen Erfahrungen und Kompetenzen benötigt, so erfolgt erneut ein Auswahlprozess wie bei Projektbeginn. Alternativ können benötigte Kompetenzen im Projekt entwickelt werden.***

- ***In Großprojekten ist es sinnvoll, jeweils mehrere Mitarbeiter gleichzeitig in das Projektteam zu integrieren. So reduziert sich der Aufwand für die Einarbeitung erheblich.***

Projektteams aus mehreren Mitarbeitern zusammensetzen

- ***Für die Besetzung wichtiger Rollen und Know-how-Träger (einschließlich ihrer Vertreter) sollte es in Großprojekten eine Mittel- und Langfristplanung geben. Auf diese Weise lasst sich die Ausbildung und Aufgabenverteilung so gestalten, dass Mitarbeiter sich im Projekt-verlauf darauf vorbereiten, künftig zu besetzende Rollen und Aufgaben zu übernehmen. Beispielsweise ist es sinnvoll, Vertreter der Projektleiter und der Systemarchitekten aufzubauen, die im Laufe der Zeit deren Rollen/Aufgaben verantwortlich übernehmen können ...“***

A.3.4.2.7 Neue IT-Organisations- und Anwendungsprogramme
Herr Manfred Petersen (52 Jahre alt) hat Betriebswirtschaft (Scherpunkt Organisation und Rechnungswesen) und Informatik studiert.

(„1“) Von der Philosophie des Erfolges bis zum Pflichtenheft

*Obwohl Herr Petersen für funktionsfähige IT-Anwendungen gesorgt hat, ist es seit ca. 5 Jahren versäumt worden, die **IT-Organisations- und Anwendungs-programme** an modernere und leistungsfähigere Systeme anzupassen. Und das umso mehr, als ein „Update“ nicht mehr ausreicht und völlig neue Wege beschritten werden müssen. Die folgenden Konstellationen sind ein Bruttokonzept mit erheblichen Lücken im Detail.*

Aber wie kommt man am besten zu einer Lösung? Im Prinzip nur auf einem Weg: Derjenige, der es machen soll, muss Vergleichbares schon einmal gemacht haben.

Wir versuchen es mit den Bewerbern: Herr Manfred Petersen (52 Jahre alt) bisheriger Organisationsleitung und IT-Management, Herrn Dr. Andreas Mutmacher (38-jährig) und Sabine Denkter (46 Jahre alt) (für Leiterin Organisation und Rechnungswesen), die uns empfohlen wurde, sollen ein Team bilden.

Frau Sabine Denkter soll allerdings hierfür nur aktives Mitglied sein, ansonsten nur im Marketing, im Vertrieb und bei Treasuring und Controlling tätig werden.

Herrn Dr. Andreas Mutmacher soll für die IT-Organisation und IT-Technik zuständig sein.

- *Ein Bewerber (Dr. Andreas Mutmacher), der mit 38 Jahren schon ein Insider in den Märkten ist, spricht außer deutsch nur englisch, aber das fließend wie ein Muttersprachler – sowohl britisch wie amerikanisch wie australisch.*

- *Er hat Informatik in den USA studiert und danach Jura in München und Oxford. Danach hat für ein internationales Consultingunternehmen 4 Jahre in USA gearbeitet, 3 Jahre in UK und 4 Jahre in Australien und Neuseeland.*

(„2") ***Zielorientierung, Flexibilität, Belastbarkeit:*** *Die Liste seiner Eigenschaften ist lang. Und seine Anpassungsfähigkeit verändert sich in regelmäßigen Abständen, wenn die Märkte und die Technik es verlangen.*

Seine „*Innovationsfähigkeit****"*** *für die" digitale Welt" wird gelobt. Seine Innovationsfähigkeit gegenüber den globalen Wettbewerbern ist nachgewiesen. Die Boston Consulting Group hat ihn als Referenten eingesetzt und viele bekannte Persönlichkeiten haben von ihm gelernt und in Kommentaren bestätigt, dass er schnell verändernde Kundenansprüche analysieren und aufdecken konnte. Dabei brachte er neue Ideen zur Sprache, die zukunftsweisend waren.*

- *Er betont, dass* ***Mitarbeiter/Innen der wichtigste Innovationsfaktor*** *sind. Wem es gelingt, die Mitarbeiter/Innen einzubinden und für das Unternehmen zu begeistern, der hat schon fast gewonnen. Neben Innovationsfähigkeit sollte man die Intuition nicht unterschätzen. Er hatte fast immer das richtige Gespür und war mutig genug, das gegen alle massiven Zweifel einzusetzen.*

- *Er Informierte uns regelmäßig über* ***neue Trends und Entwicklungen*** *in der Branche.Er gab Hinweise über die Entwicklung der Branchen in den kommenden 10 Jahren. Er diskutierte neue Ideen im Team und aktivierte die Umsetzung.*

- *Wenn er die Herausforderungen für den Vertrieb unsere Produkte/unserer Dienstleistungen ging, dann scheute er sich nicht vor den Konsequenzen. Austausch der „nicht mehr aktuellen Qualifikationen" gegen „Nerds"; Umbesetzungen, aber auch Personalabbau waren kein Tabu für ihn. Im Umgang mit Personal- und Betriebsräten war er nicht nur geschickt, sondern auch erfolgreich.*

Fragen, die sich uns stellen: Warum will sein Arbeitgeber ihn gehen lassen, wenn er so tüchtig ist? Warum will er das Unternehmen verlassen?

Unser Vertrauen ist begrenzt. Wenn er scheitert, müssen wir alternativ auf Manfred Petersen setzen, der zwar bisher eine neue Lösung versäumt hat, aber der Einzige zurzeit ist, der alle unsere IT-Systeme und Anwendungen bis ins Detail kennt.

Mit anderen Worten: Beide arbeiten an ihrem Konzept parallel und der Erfolgreichere bekommt dann den Zuschlag. Unsere Erwartung ist, dass Beide danach weiter zusammenarbeiten und die Systeme gemeinsam fertigstellen.

(„3") Pflichtenheft und Lastenheft

Wir beschränken uns auf den Begriff Pflichtenheft, der alle Projekt- und Aufgabeninformationen erfasst (Lastenheft als Teil des Pflichtenhefts).

Formal wird unterschieden:

- ***Pflichtenheft,*** *dass die geplante Vorgehensweise behandelt, während das*
- ***Lastenheft*** *die Anforderungen des Auftraggebers enthalten soll.*

Wir verweisen auf

https://www.wolf-pmt.de/wp-content/uploads/2015/12/encrypted_hoeren-sie-mir-mit-dem-formalismus-auf.pdf BusinessPM-Beratung, Buchenstr. 4 A, 85716 Unterschleißheim

- *Aus **rechtlicher Sicht** (wenn z.B. Schadenersatzansprüche gestellt würden) und aus Sicht derjenigen, die es organisatorisch so detailliert haben wollen, dass keine Frage offen bleibt und dass ihnen auch keine Verantwortlichkeit für Fehler oder gar dem Scheitern des Projekts angelastet werden kann.*

- *Dann entsteht ein **bürokratisches Gebilde**, dass keiner mehr versteht und dass mehr an Kapazität und Kosten bindet, manchmal ein Vielfaches, als das eigentliche Projektziel an sich beanspruchen müsste. Gerade bei Großprojekten passiert das immer häufiger und führt zu chaotischen Zuständen, die Projekte nicht nur zeitlich strecken, sondern auch mangels Beherrschbarkeit zu Neuplanungen führen, die das finanzielle Risiko weiter steigern.*

- ***Risiken:** Wichtig ist vor allem, dass keine Punkte enthalten sind, die in die Irre führen, weil sie manchmal gut klingen, aber zu pauschal und vage sind, gar nicht zum Projekt gehören oder das Projekt überdehnen, weil die zur Verfügung stehenden Möglichkeiten nicht mit den Ansprüchen übereinstimmen. Zum Teil sind es Luxusvorstellungen, die zwar gut wirken und gefallen, aber keinen Beitrag zur eigentlichen Lösung der Aufgaben bringen.*

Auszugsweise
https://www.managementtraining.de/2017/03/20/gute-organisation-ist-alles-schaffen-sie-sich-freiraeume/Martin Limbeck Trainings® Team GmbH & Co. KG, Wesel:

"...Sicher haben Sie schon mal vom Pareto-Prinzip gehört, oder? Es besagt, dass wir 80 Prozent unserer Ergebnisse mit nur 20 Prozent des Gesamtaufwands erreichen. Mit anderen Worten: Wir verwenden 80 Prozent unserer Ressourcen auf Aufgaben, die nicht zielführend sind. Das können mehrere Termine mit potenziellen Kunden sein, die sowieso nie anbeißen werden. Auch das Verfassen von Angeboten, die niemals angenommen werden, fällt darunter ..."

Orientierung an http://www.infrasoft.at/downloads/Anleitung_zum_Pflichtenheft.pdf InfraSoft Datenservice Ges.m.b.H., Operngasse 17-21, Top 1.2, 1040 W.

In reinem Pflichtenheft sollte nur das stehen, was wirklich bekannt ist und das, was bekannt sein sollte, für das es aber noch nicht genügend Informationen gibt.

(„4") Zielbestimmung (Zielkomponenten und ihre -Unschärfen)

- *„ ... Musskriterien*
- *Wunschkriterien*
- *Abgrenzungskriterien*

Zweck des Abschnitts „Zielbestimmung" ist eine Art Einleitung, indem beschrieben wird, welche Ziele durch den Einsatz des Produktes erreicht werden sollen. Unter den

- ***Musskriterien** wird aufgeführt, welche Leistungen für das Produkt unabdingbar sind, damit es für den vorgesehenen Einsatzbereich verwendet werden kann. Diese Kriterien müssen auf jeden Fall erfüllt werden.*

- ***Wunschkriterien** sind nicht unabdingbar aber so gut wie möglich anzustreben.*

- ***Abgrenzungskriterien** sollen deutlich machen, welche Ziele mit dem Produkt bewusst nicht erreicht werden sollen ..."*

*(„5“) „ … **Produkteinsatz:** Dieser Abschnitt soll sich mit der Frage beschäftigen, wo und für wen das Produkt eingesetzt werden soll*

- *Anwendungsbereiche*
- *Zielgruppen*
- *Betriebsbedingungen*

- *Unter „**Anwendungsbereiche**“ beschreibt man in wenigen Worten den groben Zweck des zu entwickelnden Systems, während unter*

- *„**Zielgruppen**“ die Personen beschrieben werden, für die das zu entwickelnde System bestimmt ist. Hier mag es opportun sein, explizit anzugeben, für welche Anwendungsbereiche und Zielgruppen die Software nicht vorgesehen ist. Unter den*

- ***Betriebsbedingungen** versteht man die physikalische Umgebung des Systems sowie Parameter wie zum Beispiel die tägliche Betriebszeit …“*

(„6“) Produktumgebung

- *Software*
- *Hardware*
- *Produktschnittstellen*

Gegenstand dieses Abschnitts ist die Beschreibung der Produktumgebung, wobei man unter dem Punkt

- ***Software** angibt, welche Softwaresysteme (Betriebssysteme, Datenbanken,…) auf dem Zielsystem vorhanden sind. Unter*

- ***Hardware** wird aufgeführt, welche Hardware-Komponenten (z. B. Clientrechner, Serverlandschaft,…) in welcher Konfiguration für den Produkteinsatz vorgesehen sind.*

- ***Produktschnittstellen:** Falls das Produkt in eine bestehende oder geplante Produktfamilie eingegliedert werden soll, so müssen die dafür notwendigen Schnittstellen im Abschnitt Produktschnittstellen beschrieben werden …“*

Es spielen: werden noch mehr Kriterien genannt, die aber entweder zu allgemein oder zu IT-spezifisch sind und für Nicht-IT-Projekte eine weniger wichtige Rolle

- *Angebotslegung, Auftragserteilung, Technisches Design, Abnahme des Endproduktes*

- *Qualitätsmerkmale (Vollständigkeit, Konsistenz, Eindeutigkeit, Durchführbarkeit)*

- *Inhalte / Methoden (Daten, Datadictionary, ER-Diagramm; Funktionen, Klassen -diagramm, Datenflussdiagramm, eventuell Pseudocode; • Dynamik, Interaktionsdiagramm; Benutzeroberfläche)*

  ***z.B.:** Das Interaktionsdiagramm spielt erst dann eine Rolle, wenn Informations-, Kommunikations-, Führungs- und Gruppenprozesse einzurichten, wenn man die formalen Strukturen und –prozesse kennt. Ohne diese Kenntnis kann an den wirklichen Erfordernissen vorbeigeplant werden.*

A.3.5 Fallstudie 1 - Teil 3: Lösung der Fallstudie / Aufgaben

Manfred Petersen (52 Jahre alt) bisheriger Organisationsleitung und IT-Management

A.3.5.1 Stärken und Schwächen

(+5) *(Fachliche Stärken) Seine persönlichen Stärken sind Menschlichkeit, Freundlichkeit und Hilfsbereitschaft und ausgeprägte*

(+9) *(„Fachliche Stärken") Seine Flexibilität ist im Umgang mit Menschen sehr ausgeprägt und er tut alles, was seinen Mitarbeiter/Innen das Leben im Unternehmen erleichtert. Auch ist er sehr konstruktiv im Team der Führungskräfte,*

(+5) *(„Fachliche Stärken) Herr Manfred Petersen ist durchaus teamfähig und belastbar.*

(+9) *(„Fachliche Stärken) Seine Flexibilität ist im Umgang mit Menschen sehr ausgeprägt und er tut alles, was seinen Mitarbeiter/Innen das Leben im Unternehmen erleichtert.*

(+5) *(„Fachliche Stärken) Seine kommunikativen Kompetenzen sind sehr ausgeprägt,*

(-8) *(„Fachliche Schwäche aber wenn es um Entscheidungsstärke und Zeitmanagement geht, spielt er häufig auf Zeit und versucht die betreffenden Entwicklungen auszusitzen.*

(-5) *„Fachliche Schwäche) Aber er hatte den Anschluss an neue Anwendungssysteme nicht verinnerlicht.*

(-4) *(„Fachliche Schwäche / emotionale Schwäche) Wenn es um grundsätzliche Anpassungen der IT-Organisation geht, dann ist eher zurückhaltend und tut alles um die bestehende Organisation zu erhalten*

(-5) *Fachliche Schwäche) Sein Wissen ist zum Teil „von früher". Sämtliche IT-Konzepte und – Anwendungen liefen bisher optimal, wenngleich nicht sicher war, ob neue IT-Systeme nicht doch mehr leisten würden.*

(-5) *(„Sachziel) Unser Ziel muss es sein, dass der Stand der IT-Technik der internen Entwicklung entspricht.*

(-3) *(„Konflikt / Risiko) Insofern müsste er sich mit Dr. Hans Dominik und Georg Denkter abstimmen („z.B. als Kollegium des IT-Fortschritts).*

(-9) *(„Fachliche Schwäche / emotionale Schwäche) Seine größte Schwäche ist ein Mangel an Selbstreflexion, wenn es darum geht, das Unternehmen umfassend zu reorganisieren und neue IT-Konzepte einzuführen. So hat er es verpasst, neue Anwendungssysteme auch nur kennenzulernen. Das ist quasi ein blinder Fleck; denn er bemerkt es gar nicht, ist sich anscheinend diesen Mangels gar nicht bewusst.*

(+3) *Zwar laufen sämtliche IT-Konzepte und –Anwendungen bisher optimal, wenngleich nicht sicher ist, ob neue IT-Systeme nicht doch mehr leisten würden.*

Persönliche Anliegen: Summarisch 36 : 40 entspricht 47,37 % (kein guter Wert). Man will ***Herrn*** *Manfred Petersen im Unternehmen halten. In* ***Abb. 44*** *finden Sie die Zusammenstellung für Herrn van* ***Herrn*** *Manfred Petersen.*

Die persönlichen Anliegen sind mit 47,37 % bewertet, die generellen Anliegen mit 76,14 %. Bei der Zusammenfassung werden die generellen Anliegen mit 60 gewichtet, die persönlichen Anliegen mit 40.

Das ergibt (60 x 76,14 + 40 x 42,86):100 = 57,31 %

Wenn die Summe aus Zustimmung unter 70 % liegt", muss mit dem/sie Betreffenden gesprochen werden. Das heißt nicht zwingend, dass er/sie für die Stelle nicht in Frage kommt. Wenn er/sie seine Bewertung plausibel erläutern kann, ist es immer noch möglich. Bei wichtigen Zusatzqualifikationen kann das ebenfalls zu Gunsten des/der Bewerbers/In überprüft werden. ***(Siehe Abb. 44:)***

Abb. 44: Zusammenstellung (fachliche und emotionale Stärken)

	A	B	C	F	H	I	J	K	L
4			Manfred Petersen	Unternehmer-			Umwandeln		
5				Familie			in vergleichbare %		
8		P=10	(1) Mitarbeiter/Innen	10	7	3,00	82,35		
10		P=1	(2) Fehlern der Vergangenheit	1	8	7,00	22,22		
12		P=8	(3) Alt-IT-Systemen	8	6	2,00	85,71		
14		P=3	(4) Anwenderprogramme	3	9	6,00	50,00		
16		P=5	(5)Kontrollinstanz (erweiterte Revision)	5	2	3,00	57,14		
18		P=7	(6) Führungsteam	7	1	6,00	25,00		
20		P=2	(7) Detaillierter Plan	2	4	2,00	66,67		
22		P=4	(8) Export	4	5	1,00	88,89		
24		P=6	(9) Qualitätssystem	6	3	3,00	66,67		
26		P=9	(10) Projektleiter	9	10	1,00	94,74		
28		Summe		55	55	34,00	639,39	63,94	
30				10	10	0,00	100,00		
32			Generellen Anforderungen (60 %)					"=60*63,94'	3836,4
33			Persönliche Anliegen (40 %): Summarisch 36 : 40 entspricht 47,37 % (Kein guter Wert).					"=40*47,37'	1894,8
35							Summe		5731,2
36							Durchschnitt (:100)		57,312 %

Wie wichtig ist die interne IT in Zeiten von Cloud, Consumerization und verteilten IT-Budgets? *Nur hochkompetente interne IT-Abteilungen werden vermutlich langfristig bestehen bleiben. Die IT-Einbindung in eine optimierte Organisation, die das Business versteht, als Business-Enabler unterstützt und Innovationen für das Unternehmen nutzbar macht, wird ein geschätzter Partner für die Kunden bleiben, die IT im eigenen Unternehmen halten und. weiterentwickeln können.* ***(Abb. 45.)***

Abb. 45: IT-Entwicklung (eigene IT oder Fremdvergabe) I

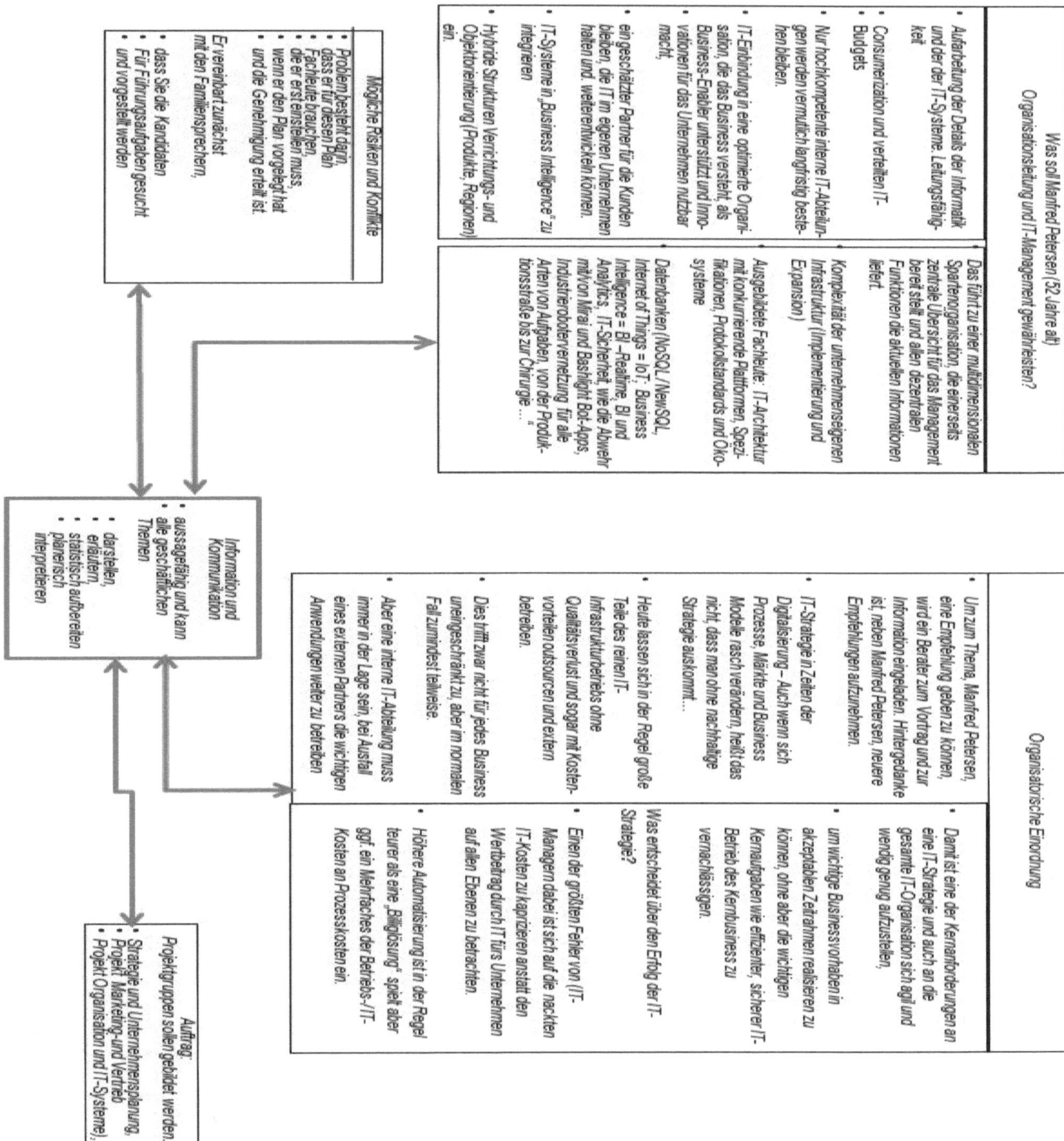

Abb. 45: IT-Entwicklung (eigene IT oder Fremdvergabe) II

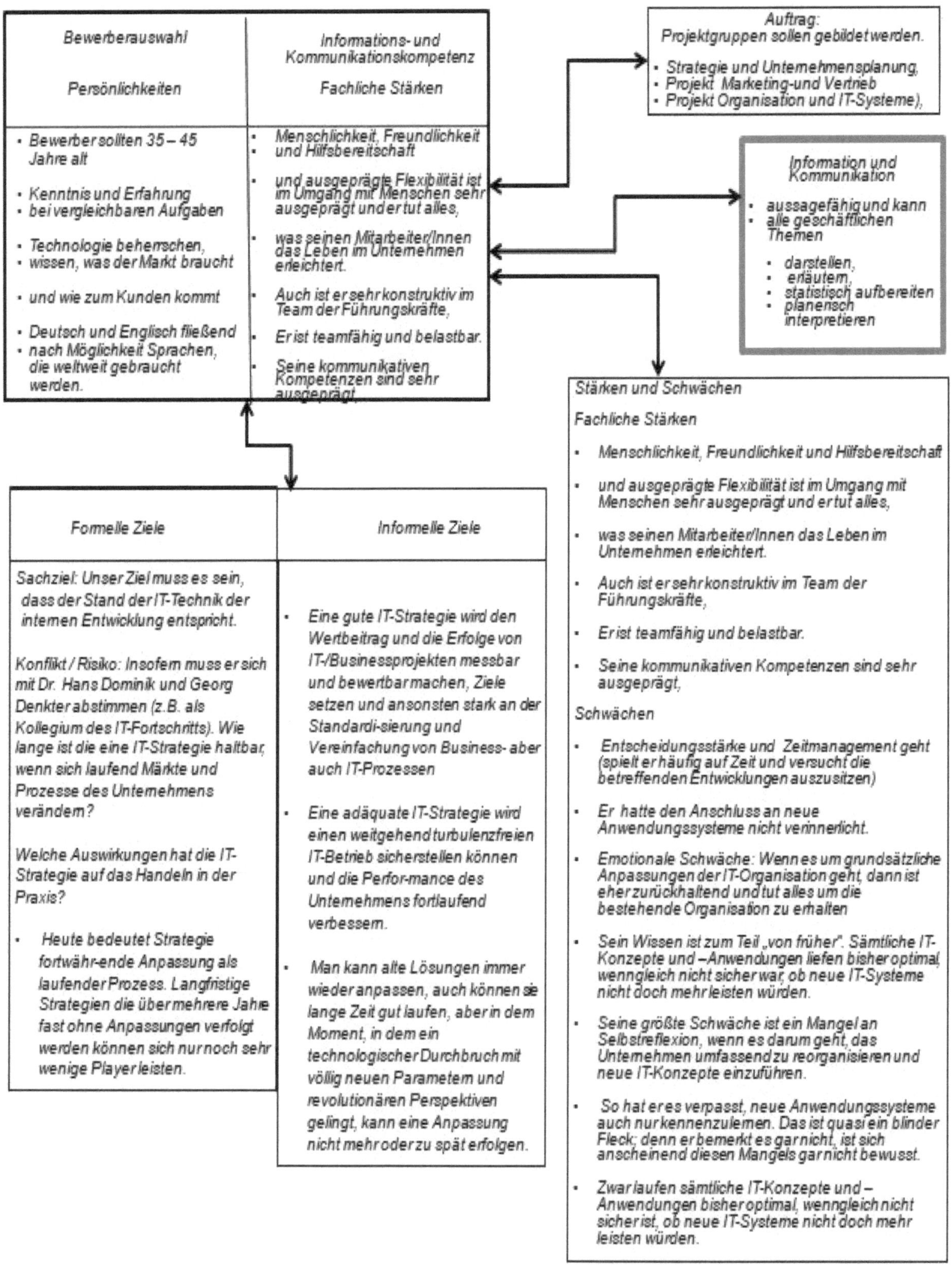

A.3.5.2 Bestimmungsgrößen einer „geeigneten Organisation“

Auszugsweise:
https://mampel.wordpress.com/2015/09/21/was-macht-eigentlich-eine-gute-organisation-der-sozialwirtschaft-aus/

Was macht eigentlich eine gute Organisation der Sozialwirtschaft aus?

21. September 2015TMampel Ein Kommentar

„ … Eine gute Organisation…

– merkt man nicht,
– ist eine Organisation, die unterstützt und schützt, nicht behindert,
– ist so einfach wie möglich,
– orientiert sich unerbittlich am Zweck,
– schafft die Balance zwischen Person und Funktion,
– und nimmt auch die Bearbeitung von anderen Widersprüchen ernst,
– denkt voraus,
– hat klare Entscheidungsregeln.“

Wieder mal ein hervorragender Text von Hendrik Epe. Und ich frage mich: Wo stehen die Organisationen, die ich leite? Wo haben wir die größten Verbesserungspotenziale?
Kann man mal drüber nachdenken……

- ***Businessverständnis des Kunden:***

  Die IT-Einbindung in eine optimierte Organisation, die das Business versteht und Innovationen für das Unternehmen nutzbar macht, wird ein geschätzter Partner für die Kunden bleiben und die IT dort im eigenen Unternehmen halten und weiterentwickeln, wo neuralgische Risiken möglich sind.

- ***Was ist zu billig? Was ist zu teuer?***

  Was entscheidet über den Erfolg der IT-Strategie? Einen der größten Fehler von IT-Managern dabei ist sich auf die nackten IT-Kosten zu konzentrieren, anstatt Mehrerlöse und Einsparungen zu bewerten. Manchmal ist eine höhere Automatisierung teurer als eine „Billiglösung“, die aber ein Mehrfaches der Betriebs-/ IT-Kosten an Prozesskosten einspart.

- ***Wie lange ist die eine IT-Strategie haltbar,***

  wenn sich laufend Märkte und Prozesse des Unternehmens verändern? Heute bedeutet Strategie fortwährende Anpassung als laufender Prozess. Langfristige Strategien die über mehrere Jahre fast ohne Anpassungen verfolgt werden können sich nur noch sehr wenige Player leisten.

- ***Welche Auswirkungen hat die IT-Strategie***

auf das Handeln in der Praxis? Eine gute IT-Strategie wird sich an den messbaren Erfolgen von IT-/Businessprojekten orientieren und Ziele setzen, die neben der Standardisierung und Vereinfachung von Business- aber auch IT-Prozessen auch bewerten, was man im Risikofall verlieren kann.

- ***Performance des Unternehmens***

Eine adäquate IT-Strategie soll einen sicheren IT-Betrieb gewährleisten und die Performance des Unternehmens fortlaufend verbessern. Man kann alte Lösungen immer wieder anpassen, auch können sie lange Zeit gut laufen, aber in dem Moment, in dem ein technologischer Durchbruch mit völlig neuen Parametern und revolutionären Perspektiven gelingt, kann eine Anpassung nicht mehr oder zu spät erfolgen.

- ***Vollständige Erfassung aller Systeme und Systemmodule***

Als Erstes geht es um eine vollständige Erfassung aller Systeme und Systemmodule und –elemente und danach um eine Prioritätenplanung und -steuerung (sachlich zeitlich). Vermeiden Sie Angaben, die über das Vorhandene hinausgehen.

- ***Vergessen Sie nicht die Anpassung der Zielstrategien***

IT-Strategie in Zeiten der Digitalisierung: Auch wenn sich Prozesse, Märkte und Business Modelle sich rasch verändern, heißt das nicht, dass man ohne nachhaltige Strategie auskommt.

- ***Lösungen, die dem Kunden dienen***

Als Nächstes werden die Lösungen bevorzugt, die dem Kunden dienen und uns in die Lage versetzen das um fassend zu gewährleisten. Zu aufwendige Komfort wird solange zurückgestellt, bis wir das Notwendige gewährleisten können und dann überlegen müssen, was kann und soll dann noch dazu kommen.

Dabei haben die Kosten Vorrang (wie hoch sie sein mögen), die dazu erforderlich sind, um die Kommunikation mit dem Kunden so zu gestalten, dass der Kunde das sichere Gefühl hat: Nicht nur, dass wir ihn verstehen und „seine Sprache“ sprechen, sondern das wir integraler Bestandteil seiner Organisation sind.

- ***Tandemlösung (Alt- und Neusysteme)***

*Wir werden für ca. 2 Jahre nicht an einer **Tandemlösung (Alt- und Neusysteme)** vorbeikommen, um Ausfälle (beim Kunden und bei uns) zu vermeiden. Auch danach wird eine Tandemlösung notwendig sein, um die nächste Generation der **IT-Organisations- und Anwendungsprogramme** vorzubereiten, dann Dank Updatemöglichkeiten sicherlich leichter als dieses Mal.*

- ***Hybride Strukturen***

Heute braucht hybride Strukturen, also Strukturen, die bei Ausfall einer Komponente an anderer Stelle ohne Verzug weiterarbeiten. Diese Parallelität bedeutet, dass die ruhenden Strukturen mit den vorhandenen Daten deckungsgleich funktionieren, ohne dass der Kunde es bemerkt.

Hybride Organisation setzen bei Verrichtungs- und Objektorientierung (Produkte, Regionen) ein. Das führt zu einer multidimensionalen Spartenorganisation, die einerseits zentrale Übersicht für das Management bereit stellt und allen dezentralen Funktionen die aktuellen Informationen liefert.

Damit steigt die Komplexität der unternehmenseigenen Infrastruktur. Aufgaben wie Implementierung und Expansion dieser Infrastruktur benötigten ausgebildete Fachleute, die aber immer den Puls der Innovationen am Markt spüren müssen, um nicht zu spät zu kommen.

Das bedeutet konkurrierende Plattformen, Spezifikationen, Protokollstandards und Anwendungsysteme (wie Datenbanken: NoSQL / NewSQL, Internet of Things = IoT; Business Intelligence = BI – Realtime, BI und Analytics, IT-Sicherheit, wie die Abwehr mit/von Mirai und Bashlight Bot-Apps, Industrierobotervernetzung) für alle Arten von Kundenaufgaben im Auge zu behalten.

Wie wichtig die Nutzung von Cloud, Consumerization und verteilten IT-Budgets ist, muss ausgetestet werden. Nur hochkompetente interne IT-Abteilungen werden langfristig bestehen bleiben.

Die IT-Einbindung in eine optimierte Organisation, die das Business versteht, als Business-Enabler unterstützt und Innovationen für das Unternehmen nutzbar macht, wird nur dann ein geschätzter Partner für die Kunden bleiben, die IT-Organisation im eigenen Unternehmen halten und weiter entwickeln können.

- ***Businessvorhaben in akzeptablen Zeitrahmen realisieren***

Damit ist eine der Kernanforderungen an eine IT-Strategie und auch an die gesamte IT-Organisation sich agil und wendig genug aufzustellen, um wichtige Businessvorhaben in akzeptablen Zeitrahmen realisieren zu können, ohne aber die wichtigen Kernaufgaben wie effizienter, sicherer IT-Betrieb des Kernbusiness zu vernachlässigen.

- ***Systemstrukturen***

Systemimplementierung, Systemsoftware, Betriebssysteme, Datensicherung und Datenschutz

Zentraleinheiten mit Peripherie, Software (Systemsoftware, Betriebssysteme, DMS Datenbanksysteme, temporäre Speicherung, Langzeitarchivierung, Retrieval, Manipulation und Interpretation)

Interne und externe Netzverbindungen

(Ring, Bus, Stern, vermaschte Netzwerke, Client-Server-Architekturen, Fernsprech-netze, Kommunikations-, Intra- und Internet Dienste, Online Dienste jeder Art, Bürokommunikation, Teleselling, Telefinancing und -controlling usw.)

Lokale Netze LAN mit variabler Separationssoftware zum Schutz gegen Hacking usw.

Speicherorganisation, Speichermedien (interne und externe Speicher,

Kommunikationsnetze und –systeme

Anwendungssoftware, Verwaltungs- und Manipulationsprogramme,

Hilfs- und Supportprogrammen – Utilities, Services

- ***Kongruente Innen- und Kunden-Infrastruktur,***

abgestimmte Topologie- und –Organisations- und Anwendungssysteme (Informations- und Kommunikationstechniken, hard- und softwaretechnisches Informationsmanage-ment, Application-Process-Reengineering, Steuerungs- und Kontrollsysteme usw.) Es ist wichtig „mehr zu können als zu wissen“, aber noch wichtiger, wenn nicht entscheidend, ist es, dass der Kunde den „IT-Systeme-Lieferanten“ versteht. Dass der „IT-Systeme-Lieferant“ den Kunden versteht, muss selbstverständlich sein.

Es lassen sich in der Regel große Teile des reinen IT-Infrastrukturbetriebs ohne Qualitätsverlust und sogar mit Kostenvorteilen outsourcen und extern betreiben. Dies trifft zwar nicht für jedes Business uneingeschränkt zu, aber im normalen Fall zumindest teilweise.

Eine interne IT-Abteilung muss immer in der Lage sein, bei Ausfall eines externen Partners die wichtigen Anwendungen weiter zu betreiben. Das heißt, dass man auch Anwendungen fahren kann/muss, wenn der externe Betreiber ausfällt.

Dabei sind Advanced Analytics proaktiv anzuwenden, ohne Kernaufgaben wie Standardisierung und Automatisierung der Kernprozesse und IT-Sicherheitsthemen zu vernachlässigen. Gabler-Wirtschaftslexikon: IT-gestützten Zugriff auf Informationen, sowie die IT-gestützte Analyse und Aufbereitung dieser Informationen. Ziel dieses Prozesses ist es, aus dem im Unternehmen vorhandenen Wissen, neues Wissen zu generieren. Bei diesem neu gewonnenen Wissen soll es sich um relevantes, handlungsorientiertes Wissen handeln, welches Managemententscheidungen zur Steuerung des Unternehmens unterstützt.

Die folgenden Grafiken (Abb.46 - 48) deuten die organisatorischen Zusammenhänge an, müssten aber im konkreten Fall deutlich detaillierter sein:

Abb.46: Philosophie des Erfolges (Pflichtenhelf) I

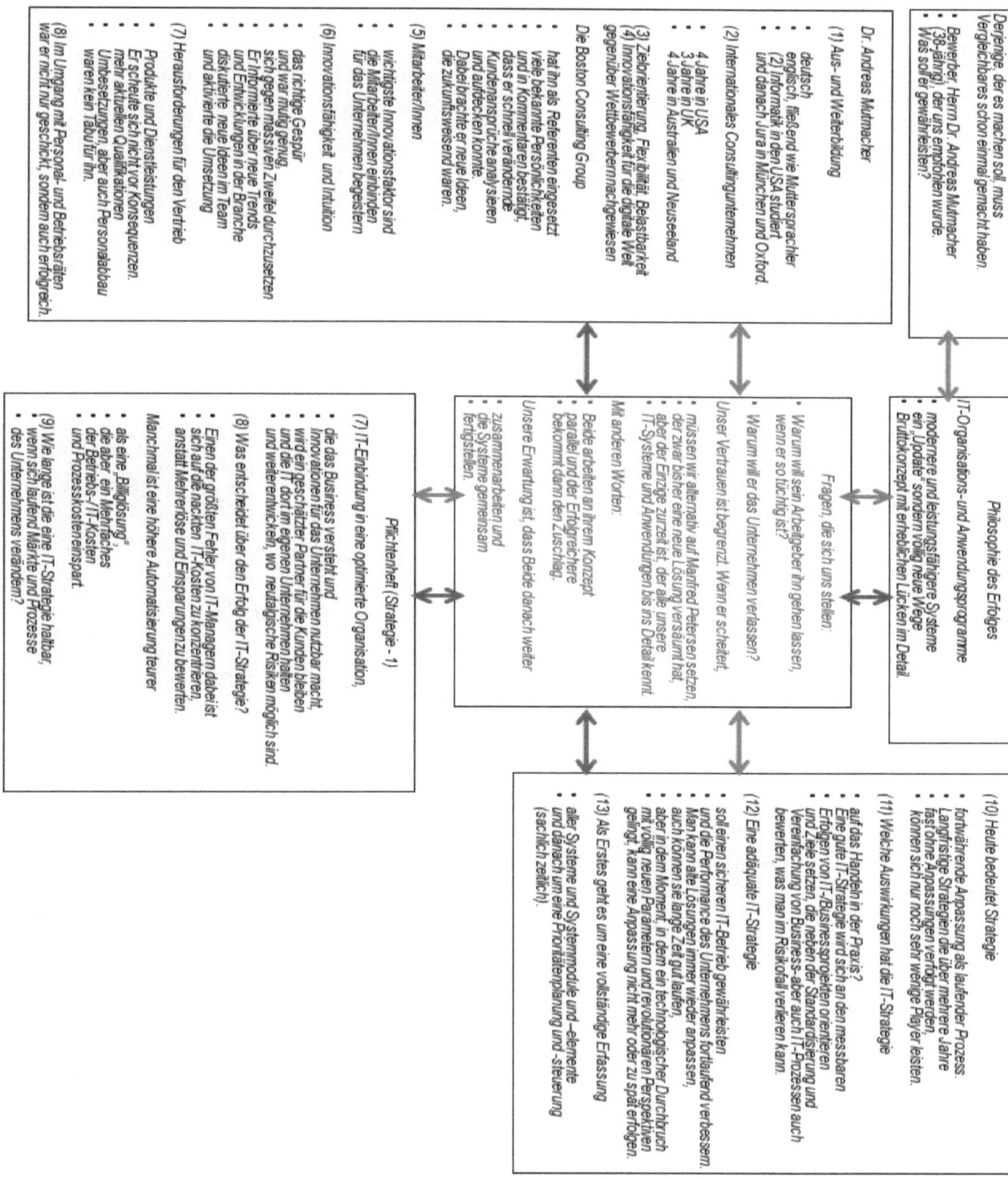

Abb. 47: Philosophie des Erfolges (Pflichtenhelft) II

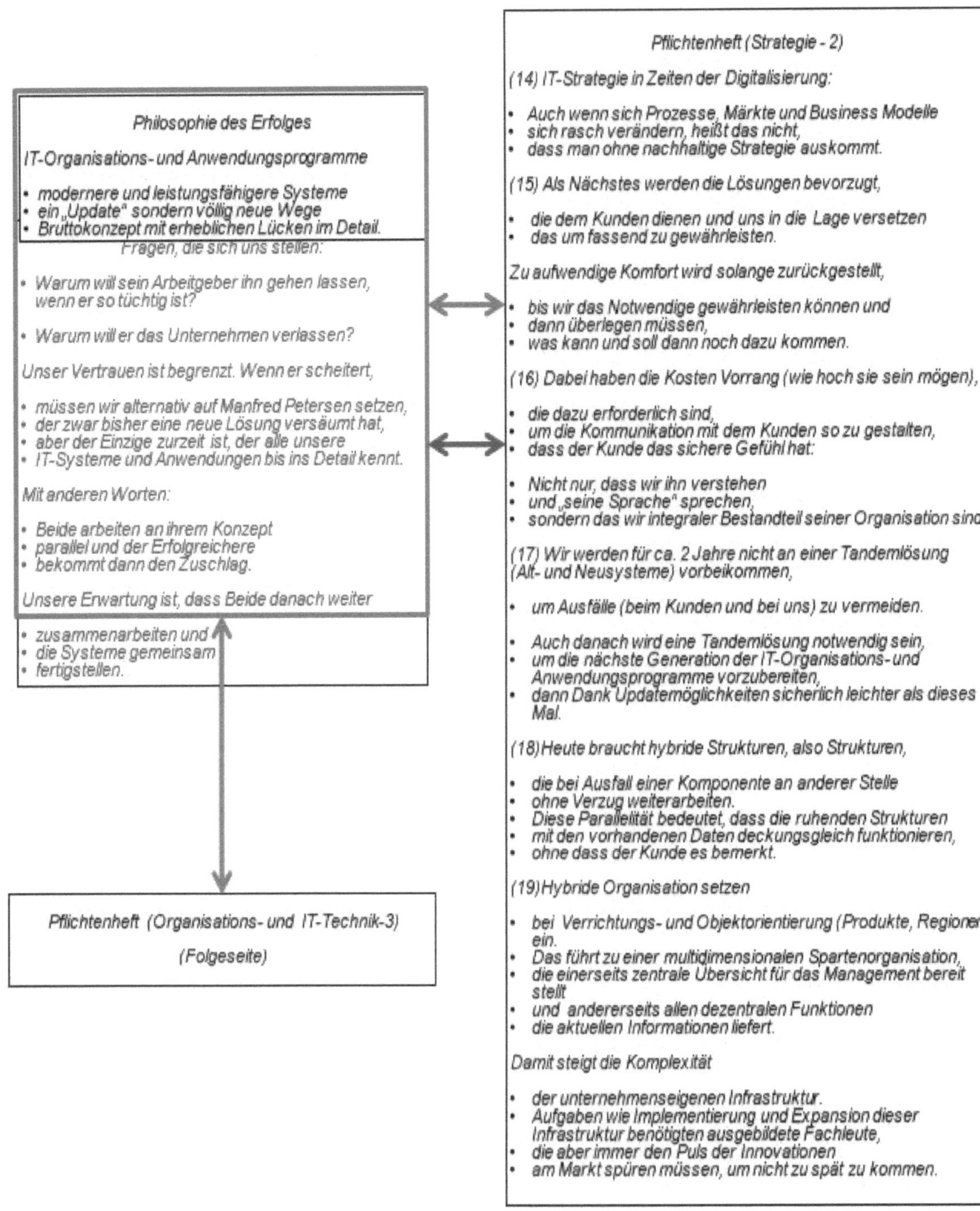

Abb. 48: Philosophie des Erfolges (Pflichtenhelft) III

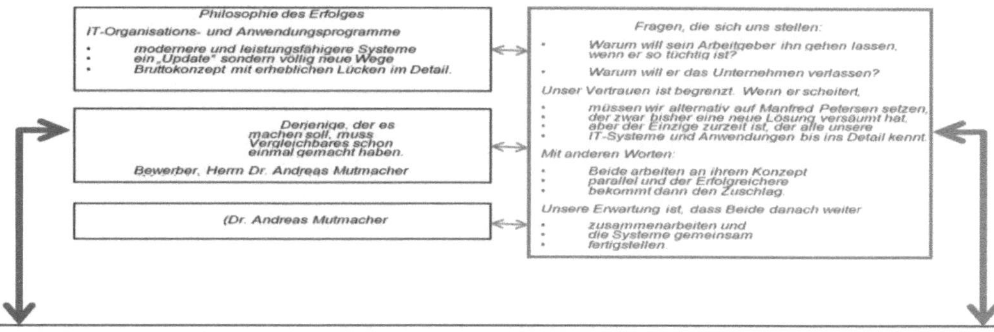

Pflichtenheft (Organisations- und IT-Technik-3 – Seite 1)

- *Das bedeutet konkurrierende Plattformen, Spezifikationen, Protokollstandards und Anwendungssysteme (wie Datenbanken: NoSQL / NewSQL, Internet of Things = IoT; Business Intelligence = BI – Realtime, BI und Analytics, IT-Sicherheit, wie die Abwehr mit/von Mirai und Bashlight Bot-Apps, Industrierobotervernetzung) für alle Arten von Kundenaufgaben im Auge zu behalten.*
- *Wie wichtig die Nutzung von Cloud, Consumerization und verteilten IT-Budgets ist, muss ausgetestet werden. Nur hochkompetente interne IT-Abteilungen werden langfristig bestehen bleiben.*
- *Die IT-Einbindung in eine optimierte Organisation, die das Business versteht, als Business-Enabler unterstützt und Innovationen für das Unternehmen nutzbar macht, wird nur dann ein geschätzter Partner für die Kunden bleiben, die IT-Organisation im eigenen Unternehmen halten und weiter entwickeln können.*
- *Damit ist eine der Kernanforderungen an eine IT-Strategie und auch an die gesamte IT-Organisation sich agil und wendig genug aufzustellen, um wichtige Businessvorhaben in akzeptablen Zeitrahmen realisieren zu können, ohne aber die wichtigen Kernaufgaben wie effizienter, sicherer IT-Betrieb des Kernbusiness zu vernachlässigen.*
  - *Systemstrukturen (Systemimplementierung, Systemsoftware, Betriebssysteme, Datensicherung und Datenschutz*
  - *Zentraleinheiten mit Peripherie, Software (Systemsoftware, Betriebssysteme, DMS Daten-banksysteme, temporäre Speicherung, Langzeitarchivierung, Retrieval, Manipulation und Interpretation)*
  - *Interne und externe Netzverbindungen (Ring, Bus, Stern, vermaschte Netzwerke, Client-Server-Architekturen, Fernsprechnetze, Kommunikations-, Intra- und Internet Dienste, Online Dienste jeder Art, Bürokommunikation, Teleselling, Telefinancing und -controlling usw.)*
  - *Lokale Netze LAN mit variabler Separationssoftware zum Schutz gegen Hacking usw.*
- *Speicherorganisation, Speichermedien (interne und externe Speicher. Kommunikationsnetze und –systeme*

Abb. 48: Philosophie des Erfolges (Pflichtenhelft) IV

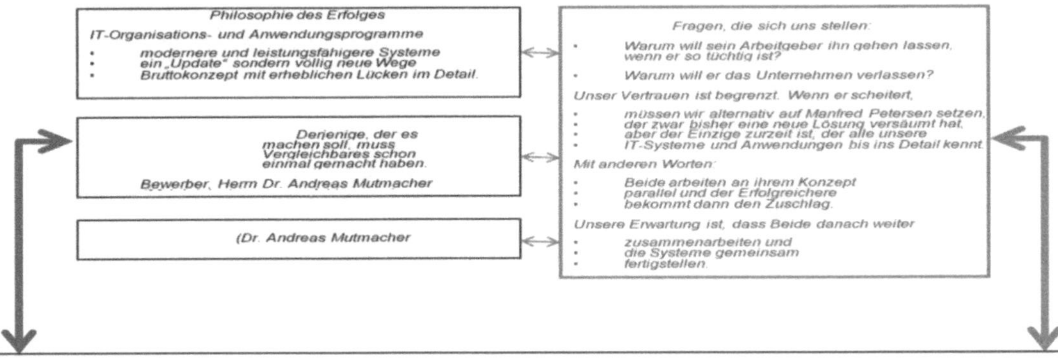

Pflichtenheft (Organisations- und IT-Technik-3 – Seite 2)

- *Anwendungssoftware, Verwaltungs- und Manipulationsprogramme,*
- *Hilfs- und Supportprogrammen – Utilities, Services*
- *Kongruente Innen- und Kunden-Infrastruktur, abgestimmte Topologie- und –Organisations- und Anwendungssysteme*
    - *Informations- und Kommunikationstechniken,*
    - *hard- und softwaretechnisches Informationsmanagement, Application-Process-Reengineering,*
    - *Steuerungs- und Kontrollsysteme usw.)*
- *Es ist wichtig „mehr zu können als zu wissen",*
    - *aber noch wichtiger, wenn nicht entscheidend, ist es,*
    - *dass der Kunde den „IT-Systeme-Lieferanten" versteht.*
    - *Dass der „IT-Systeme-Lieferant" den Kunden versteht,*
    - *muss selbstverständlich sein.*
- *Es lassen sich in der Regel große Teile des reinen*
    - *IT-Infrastrukturbetriebs ohne Qualitätsverlust*
    - *und sogar mit Kostenvorteilen outsourcen und extern betreiben.*
    - *Dies trifft zwar nicht für jedes Business uneingeschränkt zu,*
    - *aber im normalen Fall zumindest teilweise.*
- *Eine interne IT-Abteilung muss immer in der Lage sein,*
    - *bei Ausfall eines externen Partners*
    - *die wichtigen Anwendungen weiter zu betreiben.*
    - *Das heißt, dass man auch Anwendungen fahren kann/muss,*
    - *wenn der externe Betreiber ausfällt.*
- *Dabei sind Avancen Analytics proaktiv anzuwenden,*
    - *ohne Kernaufgaben wie Standardisierung und Automatisierung*
    - *der Kernprozesse und IT-Sicherheitsthemen zu vernachlässigen.*
    - *Gabler-Wirtschaftslexikon: IT-gestützten Zugriff auf Informationen, sowie die IT-gestützte Analyse und Aufbereitung dieser Informationen.*
    - *Ziel dieses Prozesses ist es, aus dem im Unternehmen vorhandenen Wissen, neues Wissen zu generieren.*
    - *Bei diesem neu gewonnenen Wissen soll es sich um relevantes, handlungsorientiertes Wissen handeln, welches Managemententscheidungen zur Steuerung des Unternehmens unterstützt.*

A.3.5.3 ZUSATZAUFGABEN ZUR SELBSTÄNDIGEN LÖSUNG-16

Philosophie des Erfolges beruht auf Zielen und Paradigmen, die darin bestehen, den Status Quo nur zu verbessern, ohne Unerreichbares anzustreben.

Das kann darin bestehen

- ***Lösungen zu bevorzugen, die dem Kunden dienen und uns in die Lage versetzen das um fassend zu gewährleisten,***
- ***IT-Organisations- und Anwendungsprogramme an modernere und leistungsfähi-gere Systeme anzupassen.***
- ***die „Innovationsfähigkeit“ zu steigern, indem Lernprozesse angestoßen werden, die die Kreativitätsentwicklung des Einzelnen, aber auch kooperativer Gruppen (Gruppendynamik) begünstigt,***
- ***ein Pflichtenheft zu formulieren dessen Ausgestaltung neue Ideen erschließen kann,***
- ***dass Standardisierung und Vereinfachung von Business- aber auch IT-Prozesse überprüft und Risiken reduziert,***
- ***dass Systeme und Systemmodule und –elemente danach beurteilt, ob die Prioritätenplanung und -steuerung (sachlich zeitlich) noch sinnvoll ist.***

Eine Art KVP-Prozess, der diese Form der graduellen Anpassung immer dann erweitert, wenn „Lernprozesse on the job“ auf Vorteile aufmerksam machen, aber auch Fehler und Risiken aufdecken.

Formulieren Sie für die folgende Abhandlung ein detailliertes Pflichtenheft, das diese Hinweise verwertet. Verwenden Sie die Informationen aus Neue IT-Organisations- und Anwendungsprogramme).

https://www.sqs.com/de/digitale-transformation-versicherung-case-study.php
SQS Software Quality Systems AG, Köln
(SQS = Software Quality Systems)

„ … Strategische Qualitätspartnerschaft in Aktion

Unser Kunde ist eine der größten Versicherungsgesellschaften der Welt und betreut über 80 Millionen Kunden in 70 Ländern weltweit. Bereits 2006 traf die Gesellschaft die strategische Entscheidung, sich in einen „digitalen Konzern“ zu transformieren, um mehr Produkte in mehr Ländern verkaufen zu können und ihre jährlichen laufenden IT-Kosten um mehr als 1 Milliarde Euro zu senken. Die Entwicklung ihrer eigenen Basissoftware-Plattform unter dem Namen CBS (Company Business System) war für die Verwirklichung dieser digitalen Strategie von grundlegender Bedeutung.

Das CBS liegt allen täglichen Aktivitäten der Versicherungsgesellschaft in ihren zahlreichen Geschäftseinheiten in mehreren Ländern zugrunde. Die erfolgreiche Umsetzung der digitalen Strategie hing von der Fähigkeit unseres Kunden ab, die Plattform zu entwickeln und durchgehend die Qualität aufrechtzuerhalten, ohne seine globalen Versicherungsgeschäfte einem Risiko auszusetzen.

Die Gesellschaft erkannte die Notwendigkeit für den Einsatz eines einzigen selbständig strategischen und unabhängigen Qualitätspartners, der den gesamten Aspekt der Qualitätssicherung beaufsichtigt und verwaltet. Da das Programm viele einzelne Projekte einbeziehen und sich über Jahre, nicht Monate, erstrecken sollte, wurde ein Anbieter benötigt, der diese Rolle während des gesamten Programmverlaufs übernehmen würde.

Da SQS mit der Gesellschaft bereits an einer Reihe von strategischen Projekten gearbeitet hatte, passten wir perfekt zusammen.

Die Herausforderung

Das CBS bildet die Basis des Geschäfts und ist dementsprechend komplex: Es ist über Schnittstellen mit einer großen Anzahl von Front-, Middle- und Back-Office-Systemen verbunden. Es umfasste interne und Drittanbieter-Internetanwendungen, Datenbanken, eine analytische SAS-Ebene und SAP®. Aufbauend auf der bestehenden Plattform umfasste die Entwicklung des CBS den Austausch zahlreicher vorhandener Systeme, die Konsolidierung vorhandener Services und die Bereitstellung brandneuer Services für einen wettbewerbsintensiven Markt.

Die Funktion von SQS bestand darin, der Gesellschaft als strategischer Qualitätspartner zur Seite zu stehen und die Verantwortung dafür zu übernehmen, dass keine Fehler in das CBS eingingen. Unsere Zielsetzungen im Einzelnen:

- *Eine Qualitätssteigerung der durchgeführten Upgrades durch die Einführung einer hochwertigen und kostengünstigen Teststrategie und eines laufenden Testmanagements.*
- *Eine Verbesserung der Effektivität des Programm- und des Projektmanagements durch laufende Verbesserungsinitiativen und die Aneignung von iterativen und agilen Methoden.*
- *Die maßgeschneiderte, kostengünstige Bereitstellung von Software-Updates durch einen standardisierten Anforderungsprozess sowie Business-Analyse und Design.*
- *Aufgrund der weltweiten Präsenz und Hierarchie des Kunden in Geschäftseinheiten war unsere Antwort auf diese Vorgabe bis ins kleinste Detail ausgearbeitet und von globaler Reichweite.*

Der Ansatz von SQS für die Risikominimierung

Der Umfang des Programms erforderte die schnelle Zusammenstellung eines großen Teams von SQS-Beratern im Bereich globale digitale Transformation, das Seite an Seite mit dem internen Entwicklungsteam arbeiten sollte.

Servicebereitstellung und strategische Zusammenarbeit

Wir haben maßgeschneiderte Teams von Business-Designern und Programm-Managern zur Verfügung gestellt, die mit den einzelnen Programmen in einem Managed Testing Service-Framework mittels einer „Testfabrik" gearbeitet haben, die für die Kooperation mit der „Versicherungsfabrik" des Kunden ausgelegt war, wo die tatsächliche Entwicklung des CBS erfolgt ist. SQS hatte vollständige Kontrolle über die Testfabrik und nahm somit dem Kunden die Verantwortung für wichtige Tests komplett ab.

Kostengünstige Strategie und Automatisierung

Wo dies möglich war, wurden Standardisierung und Automatisierung eingeführt. Dadurch konnten die Programmaktivitäten im Verlauf der Zusammenarbeit in ein kostengünstigeres Offshore-Modell verlagert werden.

Sichtbarkeit und Leistungsverfolgung

Detaillierte und ausführliche Berichte in regelmäßigen Abständen gewährleisteten die vollständige Transparenz der Qualitäts- und Testergebnisse – wobei der Schwerpunkt auf SLA und KPI lag, um Liefertermine einzuhalten und Betriebsstörungen zu minimieren.

Ergebnis: Wir stehen dem Kunden seit beinahe zehn Jahren als Partner zur Seite.

SQS hat den Schwerpunkt ständig auf die Weiterentwicklung seiner Services gelegt, um die laufenden Entwicklungsinitiativen für das CBS zu unterstützen. Unser Streben nach Standardisierung und Automatisierung hat die Effizienz verbessert und die Anzahl der Offshore-Ressourcen erhöht. Letztendlich hat unser Mitwirken dafür gesorgt, dass diese globale Versicherungsgesellschaft Millionen Euro an Betriebskosten einsparen konnte, und wir haben einen wesentlichen Teil zu einem konkreten Programm beigetragen, mit dem die laufenden Kosten um mehr als 1 Milliarde Euro pro Jahr gesenkt wurden.

Durch die Übernahme der Verantwortung für die Programmqualität durch SQS hat die globale Versicherungsgesellschaft ihre Vision der Transformation in einen digitalen Konzern verwirklicht und gleichzeitig ihre weltweite Führungsposition auf einem wettbewerbsintensiven Markt gestärkt …"

A.3.6 Fallstudie 1 - Teil 4: Lösung der Fallstudie / Aufgaben Dr. Hans Dominik (60 Jahre) Entwicklungsleiter Was war?

(Entwicklungsleiter, Dr. Hans Dominik (Diplom-Ingenieur und Physiker) (60 Jahre)

Es wäre möglich, den unter 2.1 begonnenen Weg fortzusetzen, aber es geht uns darum auch andere Risiken zu klären:

(11) Bestehen Zusammenhänge, Risiken und/oder Konkurrenzen zwischen

- ***der Situation,***
- ***der Struktur,***
- ***der Prozessen,***
- ***Informations- und Kommunikationstechnik,***
- ***dem Verhalten der Organisationsmitglieder***
- ***und der Organisationseffizienz?***

A.3.6.1 Was war? Was wird aus den Fehlern der Vergangenheit?

*Aus den Fehlern der Vergangenheit für die Zukunft lernen, das wär mal was. Doch die Gegenwart lehrt uns, dass es nicht ganz so einfach ist, auch nicht für Hal Faber. Von **Hal Faber***

Aber warum hielt Herr Dr. Hans Dominik an den „Alt-Systemen" fest?

Es ist eine Milchmädchenrechnung. Wer z.B. auf Nixdorf-Computer gesetzt hat und alle Betriebssystem-, Anwendersystem-, Datenhaltungs-, und Retrievalsoftware darauf laufen hat und seine Expertensysteme Dateninterpretation, Überwachung, Diagnose, Therapie, (Aktionen zur Korrektur fehlerhafter Systemzustände und Beseitigung der Ursachen - oftmals mit Diagnose gekoppelt), Planung, Entwurf, Prognose u.a. mit dem Ziel Erzeugen und Bewerten von Aktionsfolgen und das Betreiben von Ziel- und Anwenderprogrammen daran gekoppelt hat, wäre am Ende, wenn Nixdorf oder Siemens (SNI) oder das Jointventure Fujitsu Siemens Holding die Wartung und Betreuung nicht mehr wahrnahmen.

Herr Dr. Hans Dominik ist nicht allein, wenn er auf bestehende IT-Konzepte setzt, aber er wäre am Ende. Denn ein Umstieg und eine Portierung auf andere IT-Systeme käme erstens zu spät wäre zu aufwendig und zudem zu teuer.

A.3.6.2 Stärken und Schwächen

- ***(Emotionale Schwäche)** Aus Altersgründen (60) möchte er (Entwicklungsleiter, Dr. Hans Dominik (Diplom-Ingenieur und Physiker)*

- ***(Fachliche Stärke)** hat das Unternehmen bisher technisch hervorragend betreut.*

- ***(Emotionale Schwäche)** kürzer treten, aber weiter die **Gesamtverantwortung** behalten. (Damit steht er in **Konkurrenz** mit Georg Denkter.)*

- *Seine Jahresbezüge betragen im Durchschnitt 300.000 € p.a., zuzüglich Erfolgsbeteiligung (letztes Jahr 140.000 €).*

- ***(Risiko) Es ist von Nachteil,** wenn diese Person mit Ihrem Produkt- und Marketing-KnowHow der letzten 10 Jahre ausfiele.*

(Risiko)** Bei vorsichtiger Schätzung werden die bisherigen Produkt- und Leistungsangebote noch **mindestens 5 Jahre, wenn auch abnehmend, dabei sein.

Was wird aus den Fehlern der Vergangenheit?

Aus den Fehlern der Vergangenheit für die Zukunft lernen, das wär mal was. Doch die Gegenwart lehrt uns, dass es nicht ganz so einfach ist, auch nicht für Hal Faber.

„ ... Aus den Fehlern der Vergangenheit für die Zukunft lernen, das wär mal was. Doch die Gegenwart lehrt uns, dass es nicht ganz so einfach ist, auch nicht für Hal Faber..."
*Von **Hal Faber***

Aber warum hielt** Herr **Dr. Hans Dominik an den „Alt-Systemen" fest?

Es ist eine Milchmädchenrechnung. Wer z.B. auf Nixdorf-Computer gesetzt hat und alle Betriebssystem-, Anwendersystem-, Datenhaltungs-, und Retrievalsoftware darauf laufen hat und seine Expertensysteme Dateninterpretation, Überwachung, Diagnose, Therapie, (Aktionen zur Korrektur fehlerhafter Systemzustände und Beseitigung der Ursachen - oftmals mit Diagnose gekoppelt), Planung, Entwurf, Prognose u.a. mit dem Ziel Erzeugen und Bewerten von Aktionsfolgen und das Betreiben von Ziel- und Anwenderprogrammen daran gekoppelt hat, wäre am Ende, wenn Nixdorf oder Siemens (SNI) oder das Jointventure Fujitsu Siemens Holding die Wartung und Betreuung nicht mehr wahrnahmen.

***Herr** Dr. Hans Dominik ist nicht allein, wenn er auf bestehende IT-Konzepte setzt, aber er wäre am Ende. Denn ein Umstieg und eine Portierung auf andere IT-Systeme käme erstens zu spät wäre zu aufwendig und zudem zu teuer.*

A.3.6.3 Persönliche Anliegen

(+5) Aus Altersgründen (60) möchte er (Entwicklungsleiter, Dr. Hans Dominik (Diplom-Ingenieur und Physiker) sich etwas zurückhalten und nur noch Leiter der Entwicklungsgruppe sein.

(-9) Seine Jahresbezüge betragen im Durchschnitt 300.000 € p.a., zuzüglich Erfolgsbeteiligung (letztes Jahr 140.000 €).

(+9) Es wäre von Nachteil, wenn diese Person mit Ihrem Produkt- und Marketing-KnowHow der letzten 10 Jahre ausfiele. Bei vorsichtiger Schätzung werden die bisherigen Produkt- und Leistungsangebote noch mindestens 5 Jahre, wenn auch abnehmend, dabei sein.

(+9) Er hat das Unternehmen bisher technisch hervorragend betreut.

*(-7) **Herr** Dominik ist nicht allein, wenn er auf bestehende IT-Konzepte setzt und sich gegen eine einschneidende Neuorganisation der IT-Systemen und deren Anwendung im eigenen Haus und beim Kunden.*

(-7) Aber in der letzten Zeit nehmen die Reklamationen zu und zudem sind Konkurrenten dabei aufzuholen. Wenn nichts geschieht, rechnet man damit, dass spätestens in 5 Jahren der technologische Vorsprung dahin ist.

(-5) Was gerade die Familie beanstandet, ist die Tatsache, dass man bisher immer aus dem Vollen schöpfen konnte und jedes Projekt/Geschäft auch dann gemacht wurde (eine Art Wildwuchs), wenn die Ergebnisse nicht gut oder sogar miserabel waren – vor allem deshalb, weil sie meistens gar nicht exakt ermittelt wurden.

(+5) In Zukunft soll eine Kontrollinstanz (erweiterte Revision) alle riskanten Geschäfte vorher beurteilen und auch für die Zukunft alles das reorganisieren, was verbesserungs-fähig ist.

*Persönliche Anliegen: Summarisch 28: **28** entspricht **50 % (sehr schlechter Wert).** Man will **Herrn** Dominik mit einer materiellen und finanziellen Besserstellung im Unternehmen halten.*

*In **Abb.** 48 finden Sie die Zusammenstellung für Dr. Hans Dominik: Die persönlichen Anliegen sind mit **50 %** bewertet, die generellen Anliegen mit **62,38 %.** Bei der Zusammenfassung werden die generellen Anliegen mit 60 gewichtet, die persönlichen Anliegen mit 40.*

Das ergibt (60 x 62,83 + 40 x 50):100 = 57,70 %

*Wenn die Summe aus Zustimmung **unter 70 % liegt",** muss mit dem/sie Betreffenden gesprochen werden. Das heißt nicht zwingend, dass er/sie für die Stelle nicht in Frage kommt. Wenn er/sie seine Bewertung plausibel erläutern kann, ist es immer noch möglich. Bei wichtigen Zusatzqualifikationen kann das ebenfalls zu Gunsten des/der Bewerbers/In überprüft werden.*

Abb. 48: Zusammenstellung (fachliche und emotionale Stärken) I

	B	C	F	H	I	J	K
4		**Dr. Hans Dominik**	**Unternehmer-**		**Umwandeln**		
5			**Familie**		**in vergleichbare %**		
8	*P=10*	*(1) Mitarbeiter/Innen*	10	1	9,00	18,18	
10	*P=1*	*(2) Fehlern der Vergangenheit*	1	10	9,00	18,18	
12	*P=8*	*(3) Alt-IT-Systemen*	8	4	4,00	66,67	
14	*P=3*	*(4) Anwenderprogramme*	3	5	2,00	75,00	
16	*P=5*	*(5)Kontrollinstanz (erweiterte Revision)*	5	6	1,00	90,91	
18	*P=7*	*(6) Führungsteam*	7	9	2,00	87,50	
20	*P=2*	*(7) Detaillierter Plan*	2	7	5,00	44,44	
22	*P=4*	*(8) Export*	4	2	2,00	66,67	
24	*P=6*	*(9) Qualitätssystem*	6	3	3,00	66,67	
26	*P=9*	*(10) Projektleiter*	9	8	1,00	94,12	
28	*Summe*		55	55	38,00	628,33	62,83
30			10	10	0,00	100,00	
32	Generellen Anforderungen (60 %)						3.769,80
33	Persönliche Anliegen (40 %): Summarisch 28 : 28 entspricht 50 % (kein guter Wert).						2.000,00
34							5.769,80
35					Summe		
36					Durchschnitt (:100)		57,70 %

Die Unternehmerfamilie geht davon aus, dass Entwicklungsleiter, Dr. Hans Dominik (Diplom-Ingenieur und Physiker) seine Vorbehalte aufgibt, nachdem seine Erwartungen an Einkommen, materielle und immaterielle Vorteile und Gewinnbeteiligung erfüllt sind.

Aus Altersgründen (60) möchte er (Entwicklungsleiter, Dr. Hans Dominik (Diplom-Ingenieur und Physiker) sich etwas zurückhalten und nur noch Leiter der Entwicklungsgruppe sein.

Es wäre von Nachteil, wenn diese Person mit seinem Produkt- und Marketing-KnowHow der letzten 10 Jahre ausfiele. Bei vorsichtiger Schätzung werden die bisherigen Produkt- und Leistungsangebote noch mindestens 5 Jahre, wenn auch abnehmend, dabei sein.

Der Entwicklungsleiter, Dr. Hans Dominik (Diplom-Ingenieur und Physiker) hat das Unternehmen bisher technisch hervorragend betreut. Aber für neue Entwicklungen und Anwendungen hat er bisher keine größeren Schritte unternommen.

Die Unternehmerfamilie hat vor, Dr. Andreas Mutmacher (38 Jahre) Bewerber für Organisationsleitung und IT-Management zum Projektleiter Organisation und IT-Systeme zu machen und ihn an die Seite von Dr. Hans Dominik stellen. Entscheidungen werden zum Projektgruppe Organisation und IT-Systeme einstimmig getroffen, im Zweifelsfall entscheidet der Vorsitzender der Geschäftsführung.

Digitale Trends und Technologien soll Dr. Andreas Mutmacher maßgeblich vorantreiben und die Anwendung von Data Analytics, KI und Selfcontrol vertiefen. Insbesondere kundengeeignete und leistungsfähige Systemintegrationen, distributed Applications (auf möglichst vielen Plattformen, Rechnern und Betriebssystemen) und OPC-Client/Server-Technologien, Component-Ware mit hoher Zuverlässigkeit, Fehlersicherheit und Wartungs-freundlichkeit werden gebraucht.

Visualisierung: *Verbale Beschreibungen sind häufig zu komplex und unscharf. Die folgende Darstellung zeigt Zusammenhänge, Schnittstellen und Verbindungen. Rote Pfeile beschreiben Rückkopplungen (Feed Back) und dienen der Bestätigung, Störung oder Fehlermeldung, grüne Pfeile beschreiben den Informationsfluss (dünn) oder Arbeitsaufträge (dick). Einfache Stellen kommen mit weniger Aufgabenstrukturierung aus.*

Der Aufbau

- *Organisatorische Einordnung*
- *Formale und informelle Ziele*
- *Aufträge (Hier z.B. Bildung Projektgruppen)*
- *Welche Erwartungen soll/kann der Stellinhaber erfüllen?*

- *Wie laufen Information und Kommunikation?*
    - *aussagefähig,*
    - *kann alle Themen darstellen,*
    - *erläutern,*
    - *statistisch aufbereiten*
    - *und planerisch interpretieren*

- *Mögliche Risiken und Konflikte*

Abb. 49: Zusammenstellung (fachliche und emotionale Stärken) II

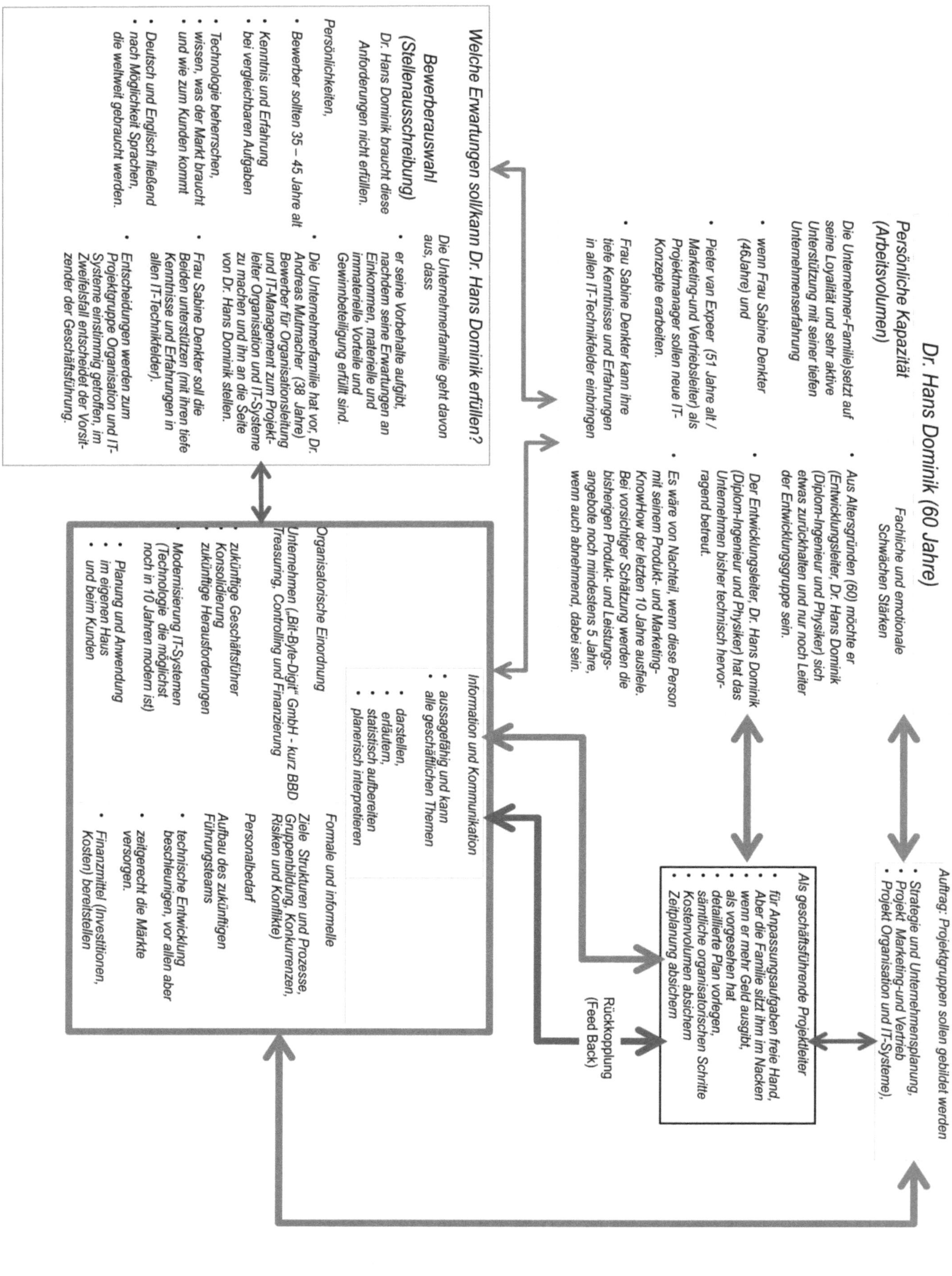

Abb. 49: Zusammenstellung (fachliche und emotionale Stärken) III

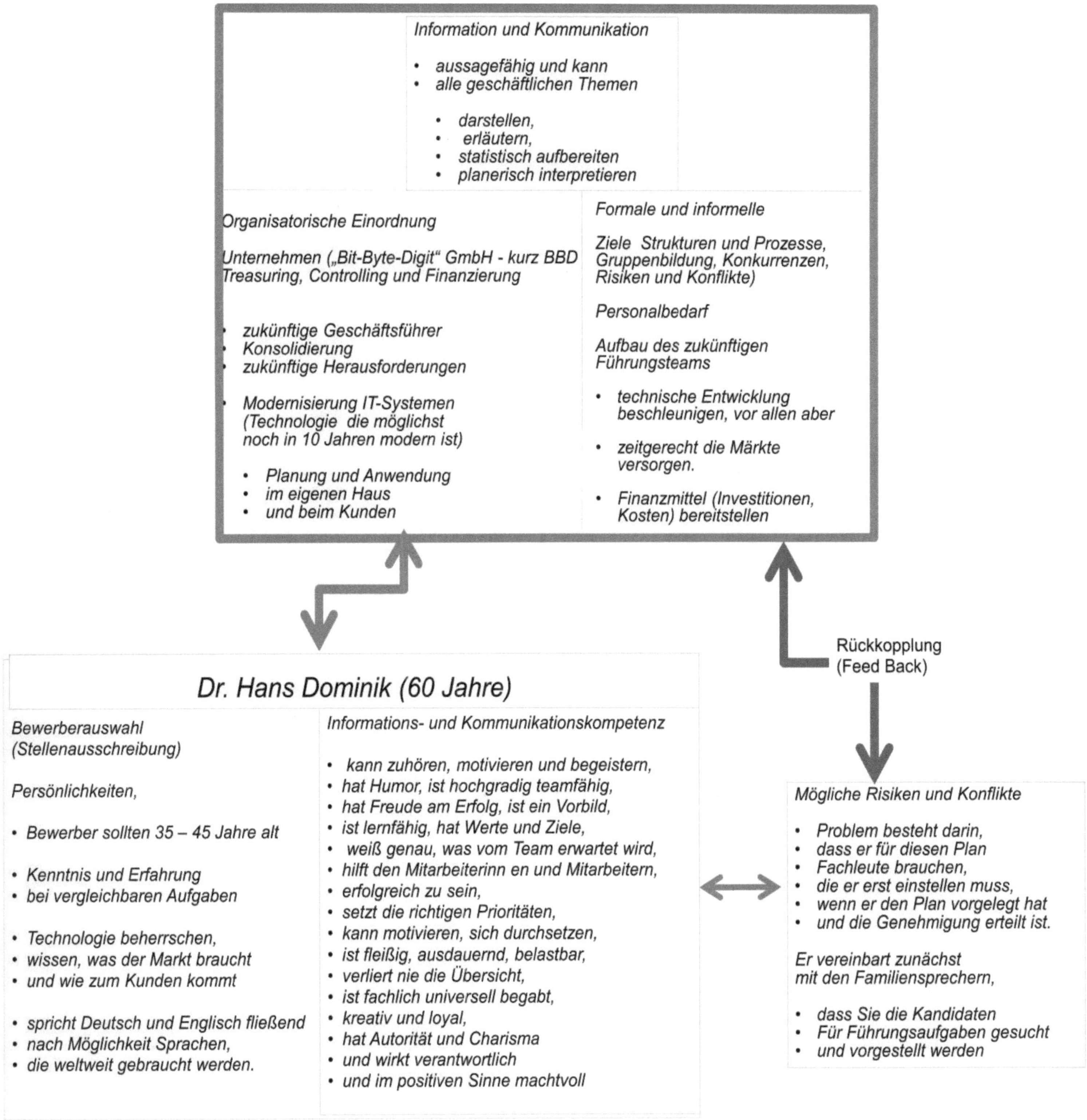

A.3.6.4 ZUSATZAUFGABEN ZUR SELBSTÄNDIGEN LÖSUNG-17

Formulieren Sie für die folgende Fallstudie ein Organisationsmodell, das Digitale Trends und Technologien vorantreiben und dabei Zuverlässigkeit, Fehlersicherheit und Wartungsfreundlichkeit sicherstellen.

(„1") ***Beachten Sie dabei den struktureller Aufbau (Aufbau- und Ablauforganisation)***

- ***Organisatorische Einordnung***
- ***Formale und informelle Ziele***
- ***Aufträge (Hier z.B. Bildung Projektgruppen)***
- ***Welche Erwartungen soll/kann der Stellinhaber erfüllen?***

die Information und die Kommunikation (Führungs- und Arbeitsdispositionen)

- ***aussagefähig,***
- ***kann alle Themen darstellen,***
- ***erläutern,***
- ***statistisch aufbereiten***
- ***und planerisch interpretieren***

und die Bereinigung möglichee Risiken und Konflikte.

Auszugsweise aus https://www.tcw.de/uploads/publication/overview/317.pdf
Horst Wildemann Fallstudien – Best Practice – Probleme, Lösungen, Ergebnisse
Copyright by TCW Transfer-Centrum GmbH & Co. KG 2010 1. Auflage 2010
Die Deutsche Bibliothek CIP-Einheitsaufnahme Wildemann,
Horst Fallstudien – Best Practice – Probleme, Lösungen, Ergebnisse; 1. Auflage München: TCW Transfer-Centrum GmbH & Co. KG 2010 ISBN 978-3-941967-05-Seite 7

(„2") ***Personale und Sachmittel-Synthese***

Ähnliche Folgen wie bei der Objektreihenfolge ergeben sich hier und müssen gleichermaßen eingeplant werden.

- ***Wichtige Mitarbeiter fallen aus und können z.B. durch Springer nicht ersetzt werden, weil sie die ´Vorrichtungen und Maschinen nicht bedienen können.***

- ***Wichtige Vorrichtungen und Maschinen fallen aus und können nicht zeitgerecht repariert werden.***

(„3") ***Lokale Synthese***

Die räumliche Gestaltung der Arbeit betrifft die funktionsgerechte Ausstattung und Anordnung der Arbeitsplätze sowie optimale Wege- und Transportanordnungen. Ähnliche Folgen ergeben sich dann, wenn die räumliche Gestaltung nicht ausreicht, um eine Beschleunigung von Gangfolgen, (Prozess-)Takt en und Prozess-)Rhythmen für die Einhaltung von Kundenliefertermine zu bewirken.

(„4") Arbeitsverteilung

Auszugsweise aus http://www.thm.de/wi/images/stories/downloads/Griemert_S/ws13_14/studlBL3neu1314.pd Industriebetriebslehre 3. Teil: Produktionswirtschaft WS 2013/2014 Prof. Dr. Silke Griemert Hochschule Koblenz, Konrad-Zuse-Straße 1, D-56075 Koblenz, Seite 55: 2.

„ … Hauptaufgaben

- *Vorgaben der Fertigungsplanung bzw. -Steuerung veranlassen und durchsetzen*
- *pünktlicher(s) Anfang/Ende der Arbeitsvorgänge*

Zentrale Arbeitsverteilung

- *Arbeitsanweisungen kommen von der zentralen Stelle (z.B. Leitstand),*
- *Meister sind nur Weisungsübermittler*

Dezentrale Arbeitsverteilung

- *überträgt dem einzelnen Meister Dispositionsrechte*
- *bei Zuordnung von Aufträgen zu Arbeitsplätzen*
- *Festlegung von Bearbeitungsfolgen*
- *Durchführung von Kontrollen*
- *Gruppeninterne Arbeitsverteilung (Sonderfall der dezentralen Arbeitsverteilung) …"*

Die formalen Verteilungsfunktionen (Zentrale Arbeitsverteilung) stoßen an Grenzen,

- *weil einmal vorgegebene Mitarbeiter (mit vorgegebenen Qualifikationen und Leistungsmöglichkeiten)*

- *nicht beliebig ausgetauscht werden können, um die Arbeitsabläufe zu optimieren,*

- *und weil mitunter mehr Flexibilität und unbürokratische Aushilfe ergiebiger sind.*

Das gilt für die dezentrale Arbeitsverteilung und manchmal noch mehr für gruppeninterne Arbeitsverteilung. Besonders die Motivation und die Gruppendynamik kann ein vorteilhaftes Arbeitsklima schaffen.

In der nachfolgenden Fallstudie werden die Begrifflichkeiten und Zusammenhänge der Kosiolschen Organisationslehre abgeleitet und eingefügt.

(„5") Gruppierung

Wenn wir nach unterschiedlichen Kriterien Gruppen (aus Menschen und Menschen, Menschen und Maschinen, Maschinen und Maschinen) bilden, sind folgende Maßnahmen nicht immer ausreichend, weil die wirklichen Schwierigkeiten bei der Kombination von Arbeitsgängen erfolgt, die nicht kompatibel sind und die einzelnen Maßnahmen sich gegenseitig beeinflussen und die Regelung einer Funktion andere negativ beeinflussen kann. Das erfordert eine synchrone und interdependente Optimierung aller Maßnahmen gleichzeitig.

(„6") Kapazitäts-, Beschäftigungs- und Leistungsgruppierung/Produktivitätsfaktoren

- ***Zeitverlagerungen (Vorziehen) u.a. mit Zulieferern***
- ***Kapazitätserhöhung (Kapazitätsauslastung)***
- ***Beschäftigungszeiten (Beschäftigungsgrad)***
- ***Leistung erhöhen (Leistungsgrad)***
- ***Prozess-)Takte und Gangfolgen beschleunigen***

Vergleiche https://epub.ub.uni-muenchen.de/4686/1/Kuepper_4686.pdf Prof. Dr. Hans-Ulrich Küpper, Ablauforganisation, Ludwig-Maximilians-Universität München, Geschwister-Scholl-Platz 1, 80539 München / Fakultät für Betriebswirtschaft, Institut für Unternehmensrechnung und Controlling © Betriebswirtschaftlicher Verlag Dr. Th. Gabler GmbH, Wiesbaden, Seite 19 ff.

Bei der Gruppenbildung aus der Verbindung von Arbeitsprozessen in sich

- ***geschlossenen Rhythmen und in mehr oder weniger komplexen***
- ***Arbeitsgruppenkonstellationen (übergreifende Rhythmen können gleichartige Arbeitsgänge (horizontale Gruppierung)***
- ***oder nacheinander zusammenhängende Arbeitsgänge (vertikale Gruppierung)***
- ***zu Arbeitsgruppen, Arbeitskolonnen und Arbeitsschichten zusammengefasst werden.***
- ***Dabei spielen Gruppengröße, Kapazität (Auslastung, Beschäftigung, Leistung, Produktivität) und die Gruppierung (Mensch, Maschine) eine bedeutsame Rolle, um Kostenziele (z.B. Fixkostendegression) zu erreichen.***
- ***Durchlaufzeiten (in der Regel Kern-, Rüst- und Verteilzeiten) optimieren.***

(„7") Intelligente Mensch-Maschine-Interaktionssysteme

In der Gruppenzusammensetzung wurden bis vor Kurzem nur Mensch-Mensch-Systeme behandelt. Seit Mechanisierung und Automatisierung zugenommen haben gewinnen auch Mensch-Maschine-Systeme an Bedeutung und bestimmen direkt und indirekt einen wesentlichen Teil menschlichen Verhaltens.

- ***Indirekte Systeme bestimmen Berufsbilder und Berufsumfelder, ändern aber noch nicht das Verhalten im Sinne kommunikativer Einflussnahmen, wenn sie auch solche Reaktionen hervorrufen können (z.B. Ärger bei Computerabsturz).***
- ***Direkte Systeme bestimmen zwar auch Berufsbilder und Berufsumfeld , aber sie treten interaktiv mit Menschen in Kommunikationskontakt und bestimmen Teile seiner Arbeit und nehmen damit direkt Einfluss auf sein Arbeitsverhalten***

- *Funktionale-Mensch-Maschine-Systeme ändern ihren Informationsgehalt nicht; sie haben eine starre Struktur*

- *und geben aus der Vielfalt und Unübersichtlichkeit von Informationen (Datenstrukturen) diejenigen wieder, die nach Selektionsvorgaben gesucht und ausgewertet werden.*

- *Allerdings werden funktionale-Mensch-Maschine-Systeme immer häufiger angepasst und in intelligente Systeme überführt. Was auffällt ist, dass Menschen im Kontakt mit solchen Anwendungen anders reagieren als ohne diese Einflüsse. Das liegt zum Einen an neue und zum Teil exaktere und aussagefähigere Erkenntnisse, zum Anderen an*

- *das „in-Frage-stellen“ bisheriger Einstellungen und Überzeugungen – etwa vergleichbar mit der damaligen Erkenntnis, dass die Erde eine Kugel und keine Scheibe ist.*

- *Die funktionelle Abstimmung mit den Absatzaufträgen und Losgrößen hat Auswirkungen auf Raum- und Zeitkonstellationen (Termine, Qualität usw.), Rüst- und Verteilzeiten, Wartezeiten (Materialversorgung, Zwischenproduktbereitstellung, Stillstandszeiten) und kann zu Ertragsminderungen (z.B. Preisnachlässe) und Zusatzkosten (z:B. Nachbearbeitung) führen.*

(„8“) Gruppierungsprobleme

Wenn wir nach unterschiedlichen Kriterien Gruppen (aus Menschen und Menschen, Menschen und Maschinen, Maschinen und Maschinen) bilden, sind folgende Maßnahmen nicht immer ausreichend, weil die wirklichen Schwierigkeiten bei der Kombination von Arbeitsgängen erfolgt, die nicht kompatibel sind und die einzelnen Maßnahmen sich gegenseitig beeinflussen und die Regelung einer Funktion andere negativ beeinflussen kann.

Das erfordert eine synchrone und interdependente Optimierung aller Maßnahmen gleichzeitig.

- *Zeitverlagerungen (Vorziehen) u.a. mit Zulieferern*
- *Kapazitätserhöhung (Kapazitätsauslastung)*
- *Beschäftigungszeiten (Beschäftigungsgrad)*
- *Leistung erhöhen (Leistungsgrad)*
- *(Prozess-)Takte und Gangfolgen beschleunigen*
- *Durchlaufzeiten (in der Regel Kern-, Rüst- und Verteilzeiten) optimieren*

Auszugsweise aus https://epub.ub.uni-muenchen.de/4686/1/Kuepper_4686.pdf Prof. Dr. Hans-Ulrich Küpper, Ablauforganisation, Ludwig-Maximilians-Universität München, Geschwister-Scholl-Platz 1, 80539 München / Fakultät für Betriebswirtschaft, Institut für Unternehmensrechnung und Controlling © Betriebswirtschaftlicher Verlag Dr. Th. Gabler GmbH, Wiesbaden, Seite 19 ff.

(„9“) Kombinationsprobleme

- *„ ... Gruppierungsprobleme bei Arbeitssubjekten steilen vor allem die Entscheidung über die Stärke von Arbeitsgruppen, Arbeitskolonnen und Arbeitsschichten dar. Hierbei werden Arbeitskräfte mit einander entsprechenden Fähigkeiten zu einer Gruppe zusammengefasst, die gleichartige Arbeitsgänge auszuführen haben. Durch die Zahl der eine Gruppe bildenden Personen wird das mengenmäßige Leistungsangebot bestimmt. Ähnlich sind die Probleme der Gruppierung von Maschinen, weil in vielen Fällen Arbeitskräfte und Maschinen als Arbeitsträger gemeinsam wirksam werden.*

- ***Bestimmung von Werkstattgrößen***

  ... Deshalb bezieht sich diese Art von Gruppierungsproblemen besonders auf die Bestimmung von Werkstattgrößen, die in der Zahl der zusammengefassten Maschi-nen und deren mengenmäßiger Kapazität gemessen werden, sowie in dem Umfang der zu jedem Zeitpunkt bereitgestellten Leistungsstufen.

- ***Umrüstungsprobleme mit Rüst- und Verteilzeiten (Losgrößen)***

  Zu den laufenden Entscheidungen in der Produktion gehört die Bestimmung von Losgrößen. Hierunter versteht man die Anzahl gleichartiger Objekte, die ohne Umrüstung einer Maschine von dieser zeitlich nacheinander gefertigt werden. Dieses Problem tritt auf, wenn eine Maschine nacheinander verschiedenartige Objekte bearbeiten muss und für jede dieser Produktarten umgerüstet werden muss.

  Beispielsweise ist für jede Produktart ein anderes Werkzeug (z. B. ein anderer Drehstahl) einzusetzen, eine andere Abmessung einzustellen und Probeläufe durchzuführen, um die Genauigkeit der Maschine einzurichten. Diese Umrüstungsvorgänge sind für jedes Los lediglich einmal durchzuführen. Bei der Entscheidung über die Losgrößen muss man vor allem die Kosten des Umrüstvorganges sowie die Lager- und Zinskosten der vor und/oder nach der Maschine gelagerten Produkte berücksichtigen. Gegebenenfalls sind auch Kosten für den Ausfall oder die Verzögerung der Produkte zu beachten, wenn nachfolgende Arbeitsgänge warten müssen.

  Bei diesem Problem stehen sich zwei gegensätzliche Kostenverläufe gegenüber. Die Kosten der Umrüstung fallen für jedes Los nur einmal an. Sie verteilen sich daher bei kleinen Losen auf wenige Produkte, bei großen Losen auf viele.

- *Mit zunehmender Losgröße nehmen also die Rüstkosten je Stück ab. Demgegenüber steigen mit zunehmender Losgröße die Zahl der vor und/oder nach der Maschine gelagerten Produkte bei geschlossener Produktion und damit die hierfür anfallenden Lager- und Zinskosten. Dabei ist zu unterstellen, dass die Produkte losweise an jede Maschine befördert werden und erst nach Bearbeitung aller Produkte gemeinsam zum nächsten Arbeitsgang weitergegeben werden. Diese Form der Produktion nennt man geschlossene Produktion. Werden die Produkte hingegen einzeln angeliefert und weitergegeben, so spricht man von offener Produktion. Bei der zweiten Produktionsweise hat die Losgröße keinen Einfluss auf die Zahl der gelagerten Zwischenprodukte, deshalb tritt hier innerhalb des Fertigungsbereichs das charakteristische Losgrößenproblem nicht auf.*

- ***Wartezeiten***

  - ***(Materialversorgung, Zwischenproduktbereitstellung, Stillstandszeiten)***

  - ***Die Höhe der vor einer Maschine gelagerten Zwischenprodukte ist von der Bearbeitung in vorausgehenden Arbeitsgängen bzw. beim ersten Arbeitsgang von der Bereitstellung der Rohstoffe abhängig.***

In entsprechender Weise beeinflussen der betrachtete Arbeitsgang und dessen Losgröße die Möglichkeit der Weiterarbeit in nachfolgenden Arbeitsgängen. Sofern bei geschlossener Produktion der nachfolgende Arbeitsgang auf die Bearbeitung des gesamten Loses warten muss, kann es zu Unterbrechungen und zum Stillstand von Maschinen kommen. Ferner kann der Absatz von Produkten verzögert werden.

- *Dies kann zu Kosten führen, weil für die Terminverzögerungen vertraglich vereinbarte Strafen zu zahlen sind oder weil Kunden anderweitig bestellen. Über die Chargengrößen ist nur bei speziellen Produktionsprozessen zu entscheiden, vor allem an Hoch-, Schmelz- oder Brennöfen. Dieses Entscheidungsproblem tritt deshalb weniger häufig als das Losgrößenproblem auf. Maßgebend für seine Festlegung sind in erster Linie die mengenmäßige Kapazität der Anlagen,*

- *in welcher die zu einer Charge zusammengefassten Produkte gemeinsam behandelt werden, sowie die qualitativen Anforderungen an die Produkte. Beispielsweise kann es notwendig sein, bestimmte Produkte zu einer Charge halten.*

(„10“) Personale und Sachmittel-Synthese

- *Ähnliche Folgen wie bei der Objektreihenfolge ergeben sich hier und müssen gleichermaßen eingeplant werden.*
- *Wichtige Mitarbeiter fallen aus und können z.B. durch Springer nicht ersetzt werden, weil sie die ´Vorrichtungen und Maschinen nicht bedienen können.*
- *Wichtige Vorrichtungen und Maschinen fallen aus und können nicht zeitgerecht repariert werden.*

Lokale Synthese

- *Die räumliche Gestaltung der Arbeit betrifft die funktionsgerechte Ausstattung und Anordnung der Arbeitsplätze sowie optimale Wege- und Transportanordnungen.*
- *Ähnliche Folgen ergeben sich dann, wenn die räumliche Gestaltung nicht ausreicht, um eine Beschleunigung von Gangfolgen, (Prozess-)Takten und Prozess-)Rhythmen für die Einhaltung von Kundenliefertermine zu bewirken.*

Arbeitssynthese (Arbeitsverteilung und Gruppierung)

- *Funktionelle Arbeitsverteilung*

Auszugsweise aus http://www.thm.de/wi/images/stories/downloads/Griemert_S/ws13_14/studIBL3neu13 14.pdf ; Industriebetriebslehre 3. Teil: Produktionswirtschaft WS 2013/2014 Prof. Dr. Silke Griemert; Hochschule Koblenz, Konrad-Zuse-Straße 1, D-56075 Koblenz

, Seite 55: 2.

„ … Hauptaufgaben :

- *Vorgaben der Fertigungsplanung bzw. -Steuerung veranlassen und durchsetzen*
- *pünktlicher(s) Anfang/Ende der Arbeitsvorgänge*

- *Zentrale Arbeitsverteilung*
- *Arbeitsanweisungen kommen von der zentralen Stelle (z.B. Leitstand),*
- *Meister sind nur Weisungsübermittler*

Dezentrale Arbeitsverteilung

- *überträgt dem einzelnen Meister Dispositionsrechte bei Zuordnung von Aufträgen zu Arbeitsplätzen*
- *Festlegung von Bearbeitungsfolgen*
- *Durchführung von Kontrollen*
- *Gruppeninterne Arbeitsverteilung (Sonderfall der dezentralen Arbeitsverteilung) ...“*
- *Die formalen Verteilungsfunktionen (Zentrale Arbeitsverteilung) stoßen an Grenzen,*
- *weil einmal vorgegebene Mitarbeiter (mit vorgegebenen Qualifikationen und Leistungsmöglichkeiten) nicht beliebig ausgetauscht werden können, um die Arbeitsabläufe zu optimieren,*
- *und weil mitunter mehr Flexibilität und unbürokratische Aushilfe ergiebiger sind.*
- *Das gilt für die dezentrale Arbeitsverteilung und manchmal noch mehr für gruppeninterne Arbeitsverteilung.*
- *Besonders die Motivation und die Gruppendynamik kann ein vorteilhaftes Arbeitsklima schaffen.*

Ablauforientierte Arbeitsverteilung

- *Für Leistung A: Ein Arbeits- oder Prozesstakt mit gleicher Länge umfasst die formale Struktur eines Arbeitsganges (Gangfolgen)*
- *Ein Prozessrhythmus kann aus einer Taktfolge für ein bestimmtes Arbeitsergebnis, aber im Regelfall besteht aus ein Prozessrythmus aus mehreren und vor allem komplexeren Taktfolgen.*

(„11“) Mensch- / Maschine-System

Wir nach unterschiedlichen Kriterien Gruppen (aus Menschen und Menschen, Menschen und Maschinen, Maschinen und Maschinen) bilden, sind folgende Maßnahmen nicht immer ausreichend, weil die wirklichen Schwierigkeiten bei der Kombination von Arbeitsgängen erfolgt, die nicht kompatibel sind und die einzelnen Maßnahmen sich gegenseitig beeinflussen und die Regelung einer Funktion andere negativ beeinflussen kann.

- *Das erfordert eine synchrone und interdependente Optimierung aller Maßnahmen gleichzeitig.*
- *In der Gruppenzusammensetzung wurden bis vor Kurzem nur Mensch-Mensch-Systeme behandelt. Seit Mechanisierung und Automatisierung zugenommen gewinnen auch Mensch-Maschine-Systeme an Bedeutung und bestimmen direkt und indirekt einen wesentlichen Teil menschlichen Verhaltens.*

- *Indirekte Systeme bestimmen Berufsbilder und Berufsumfelder, ändern aber noch nicht das Verhalten im Sinne kommunikativer Einflussnahmen, wenn sie auch solche Reaktionen hervorrufen können (z.B. Ärger bei Computerabsturz).*

- *Direkte Systeme bestimmen zwar auch Berufsbilder und Berufsumfeld , aber sie treten interaktiv mit Menschen in Komunikationskontakt und bestimmen Teile seiner Arbeit und nehmen damit direkt Einfluss auf sein Arbeitsverhalten.*

- *Funktionale-Mensch-Maschine-Systeme ändern ihren Informationsgehalt nicht; sie haben eine starre Struktur und geben aus der Vielfalt und Unübersichtlich-keit von Informationen (Datenstrukturen) diejenigen wieder, die nach Selektionsvorgaben gesucht und ausgewertet werden.*

- *intelligente Mensch-Maschine-Interaktionssysteme (waren zu Kosiols Zeiten noch im Rückstand).*

- *Allerdings werden funktionale-Mensch-Maschine-Systeme immer häufiger angepasst und in intelligente Systeme überführt. Was auffällt ist, dass Menschen im Kontakt mit solchen Anwendungen anders reagieren als ohne diese Einflüsse. Das liegt zum Einen an neue und zum Teil exaktere und aussagefähigere Erkenntnisse, zum Anderen an das „in-Frage-stellen" bisheriger Einstellungen und Überzeugungen – etwa vergleichbar mit der damaligen Erkenntnis, dass die Erde eine Kugel und keine Scheibe ist.*

- *Arbeitsprozessbedingte Gruppierung*

  Auszugsweise: http://diglib.tugraz.at/download.php?id=4e9e8a7ee5359&location=browse DER WIRTSCHAFTSINGENIEUR 24 (1992)Eberhard GARBE, Dr.rer.oec.habil. - An das wirtschaftswissenschaftliche Studium an der Universität Leipzig schloss sich eine 2-jährige praktische Tätigkeit mit den Schwerpunkten der Betriebs- und Produktionsorganisation an. Während dieser Zeit (1966) wurde eine Dissertation : Zur wirtschaftlichen Beeinflussung der Konstruktionsarbeit eingereicht., Seite 32:

- *„ ... Bei der technologischen Projektierung hat es sich bewährt, Typenvertreter des Produktionsprogramms zu bilden und sie in ihre Einzelteile (Bauelemente) zu zerlegen. Im vorliegenden Beispiel wurden unter diesem Aspekt alle Einzelteile zusammengestellt, die mechanisch zu fertigen sind. Diese Einzelteile wurden schließlich zu Bearbeitungsgruppen zusammengefasst, wobei die Gruppenbildung nicht streng nach den allgemein gültigen Klassifizierungsmerkmalen, sondern nach der betrieblichen Zweckmäßigkeit und Notwendigkeit erfolgte. Die Bearbeitungsgruppen wurden deshalb nach technologischen und geometrischen Parametern sowie nach zu fertigenden Stückzahlen geordnet ..."*

- *Vergleiche https://epub.ub.uni-muenchen.de/4686/1/Kuepper_4686.pdf Prof. Dr. Hans-Ulrich Küpper, Ablauforganisation, Ludwig-Maximilians-Universität München, Geschwister-Scholl-Platz 1, 80539 München / Fakultät für Betriebswirtschaft, Institut für Unternehmensrechnung und Controlling © Betriebswirtschaftlicher Verlag Dr. Th. Gabler GmbH, Wiesbaden, Seite 19 ff.*

- ***Bei der Gruppenbildung aus der Verbindung von Arbeitsprozessen in sich geschlossenen Rhythmen und in mehr oder weniger komplexen Arbeitsgruppenkonstellationen (übergreifende Rhythmen) können gleichartige Arbeitsgänge (horizontale Gruppierung) oder nacheinan- der zusammenhängende Arbeitsgänge (vertikale Gruppierung) zu Arbeitsgruppen, Arbeitskolonnen und Arbeitsschichten zusammengefasst werden. Dabei spielen Gruppengröße, Kapazität (Auslastung, Beschäftigung, Leistung, Produktivität) und die Gruppierung (Mensch, Maschine) eine bedeutsame Rolle, um Kostenziele (z.B. Fixkostendegression) zu erreichen.***

- ***Die funktionelle Abstimmung mit den Absatzaufträgen und Losgrößen hat Auswirkungen auf Raum- und Zeitkonstellationen (Termine, Quali-tät usw.), Rüst- und Verteilzeiten, Wartezeiten (Materialversorgung, Zwischenproduktbereitstellung, Stillstandszeiten, Ausfallzeiten) und kann zu Ertragsminderungen (z.B. Preisnachlässe) und Zusatzkosten (z:B. Nachbearbeitung) führen …"***

A.3.7 Fallstudie 1 - Teil 5: Lösung der Fallstudie / Aufgaben Sabine Denkter (46 Jahre) als Bewerberin Leiterin Organisation und Rechnungswesen

A.3.7.1 Persönliche Anliegen und generelle Anliegen

Da Sabine Denkter erst kurz im Unternehmen ist, gibt es noch keine Bewertung für persönliche Anliegen. Für sie gibt es generellen Anliegen mit ***74,49 %.***

Abb. 50: Zusammenstellung (fachliche und emotionale Stärken)

Bewerberin		**Unternehmer-**		**Umwandeln**		
Sabine Denkter		**Familie**		**in vergleichbare %**		
P=10	*(1) Mitarbeiter/Innen*	10	8	2,00	88,89	
P=1	*(2) Fehlern der Vergangenheit*	1	2	1,00	66,67	
P=8	*(3) Alt-IT-Systemen*	8	9	1,00	94,12	
P=3	*(4) Anwenderprogramme*	3	3	0,00	100,00	
P=5	*(5)Kontrollinstanz (erweiterte Revision)*	5	6	1,00	90,91	
P=7	*(6) Führungsteam*	7	5	2,00	83,33	
P=2	*(7) Detaillierter Plan*	2	7	5,00	44,44	
P=4	*(8) Export*	4	1	3,00	40,00	
P=6	*(9) Qualitätssystem*	6	10	4,00	75,00	
P=9	*(10) Projektleiter*	9	4	5,00	61,54	
Summe		55	55	24,00	744,90	**74,49**
		10	10	0,00	100,00	

Wenn die Summe aus Zustimmung ***unter 70 % liegt",*** *muss mit dem/sie Betreffenden gesprochen werden. Das heißt nicht zwingend, dass er/sie für die Stelle nicht in Frage kommt. Wenn er/sie seine Bewertung plausibel erläutern kann, ist es immer noch möglich. Bei wichtigen Zusatzqualifikationen kann das ebenfalls zu Gunsten des/der Bewerbers/In überprüft werden.*

A.3.7.2 Ergänzungen der Projekte und Prozesse

Frau Denkter hat folgende Aufgaben projektleitend zu unsere vollsten Zufriedenheit gelöst und auch unsere Kunden waren uneingeschränkt von seinen Lösungen „begeistert", vielfach deshalb, weil sie vor mit anderen Beratern nicht zu Rande gekommen waren und einiges Lehrgeld haben zahlen müssen:

Hammann GmbH (nach https://files.vogel.de/vogelonline/vogelonline/companyfiles/613.pdf): Zur Unterstützung der Effizienzziele des Unternehmens musste die IT-Abteilung folgende Herausforderungen bewältigen:

- *Unterstützung einer wachsenden Nutzung standardisierter IT-basierter Prozesse*
- *Konsolidierung und Vereinfachung der IT-Infrastruktur*
- *Reduzierung der Betriebskosten*
- *Migration der Anwendungen in eine einheitliche Private-Cloud-Umgebung.*

Maschinengruppe Transportlogistik GmbH; Das Weitverkehrsnetz (Wide Area Network, WAN) (nach https://files.vogel.de/vogelonline/vogelonline/companyfiles/613.pdf) verbindet weltweit 400 Standorte und 47.000 Mitarbeiter und Frau Denkter hat sichergestellt, dass eine adäquate Servicequalität gewährleistet wurde. Um für die wichtigsten unternehmenskritischen Anwendungen wie SAP, Citrix, Lotus Notes, VoIP und Videokonferenzen die optimale Performance bereit-zustellen, war es unabdingbar, die wachsende Komplexität und die Nutzung neuer IT-Systeme unter Kontrolle zu halten und zielgerichtet zu steuern. Das primäre strategische Ziel der IT-Abteilung war die Reduzierung der Anzahl der Service Provider auf einen globalen Anbieter. In einer Servicevereinbarung (Service Level Agreement, SLA) sollte die Anwendungsleistung verbindlich festgelegt werden.

Market-Groß- und Außenhandel GmbH: Nach (https://www.stepstone.deSeit über zehn Jahren übertragen wir (Projektleitung Frau Denkter) komplexe Logiken in Code, bringen anwender-optimierte Applikationen in alle Geschäftsbereiche und pushen die Onlineplattformen jeden Tag weiter in Richtung eines globalen Multiplayers. An unserem Hauptsitz in Bremover und unserem Digitalbüro in Hammlin laufen hier für alle Fäden zusammen. Sabine Denkter war auch hier erfolgreich:

- *Die internationalen IT Standorte wurden organisatorisch vereinheitlicht.*
- *Aufbau unseres IT Geschäftsbereichs für unsere internationalen Niederlassungen und Partner*
- *Videokonferenzing (Zusammenarbeit internationale Partnermit zentrale IT-Fachbereichen);*
- *Steuerunginternationalen Projektvergabe (verschlüsselten Systemen und Zugangssperren).*
- *Bessere Auslastung (Standorte und Projektvergabe und -verrechnung nach Budgetierung).*
- *Dokumentation und das Controlling aller Tätigkeiten wird die Transparenz geboten, die unsere Geschäftsführung und der Vorstand .brauchen.*
- *Stetige Optimierung bestehender Prozesse (Zusammenarbeit mit unserer Netzwerk GmbH.).*
- *Weiterentwicklung der standortübergreifenden Zusammenarbeit bei allen Projekten und Supportanwendungen bei Steuerung, Planung, Realisierung, Kontrolle und Interventionen.*

LAN-WAN-Netzwerk GmbH (Nach ttps://files.vogel.de/vogelonline/vogelonline/companyfiles/613.0.pdf) Frau Sabine Denkter hat Optimierung der globalen Netzwerkkosten übernommen. Jetzt kann LAN-WAN die gewünschte Qualität bieten – zu den richtigen Kosten. Sie hat sicher gestellt, dass die besonders kritischen Unternehmensanwendungen immer und in jeder Situation die optimale Performance erhalten. Die Kapazität des Netzwerks wird entsprechend gesteuert, ohne die Bandbreite aufzurüsten. Wenn das Netzwerk zu Stoßzeiten voll ausgelastet oder überlastet ist, werden weniger kritische oder nicht-geschäftliche Anwendungen (deren Nutzung im Sinne der Unternehmenskultur weltweit zugelassen ist) unter Kontrolle gehalten und die unternehmenskritischen Anwendungen mit hoher Dringlichkeit erhalten immer die Ressourcen, die zur Sicherstellung der Anwenderproduktivität erforderlich sind. LAN-WAN profitiert von den Vorteilen der Performance des hybriden Netzwerks und der hohen Qualität, der MPLS-Verbindungen auf der einen und der kostengünstigen und hohen Bandbreitenkapazität des Internet auf der anderen Seite.

Innovative Business-Anwendungen

(Nach https://www.stepstone.de/stellenangebote/) sind begehrt, aber eine gute Idee ist noch lange kein erfolgreiches Konzept. Das Kostenrisiko und der unsichere Ausgang hält viele Unternehmen davon ab, in solche Systeme zu investieren. Aber wir haben modulare Subsysteme, mit denen wir uns an die Lösungen herantasten können, ohne dass das Kostenrisiko zu hoch wird.

Frau Sabine Denkter hat ein Angebotskonzept entwickelt, dass Qualität zum guten Preis möglichst vielen anbieten kann und treibt uns an - mittlerweile weltweit. Alle Interessenten können sich unmittelbar vernetzen, dank einer hochverfügbaren Systemlandschaft, die unsere Spezialisten von uns ausbetreuen. Hier konzipieren und realisieren wir innovative Business-Anwendungen, beraten die Fachbereiche und entwickeln europaweite Geschäftsprozesse.

(Nach https://www.stepstone.de/stellenangebote/) Frau Sabine Denkter stellt bei vielen Kunden fest, dass viele Kunden Hardware- und Software-Systeme haben, die noch bestens funktionieren, aber zum Teil nicht mehr von früheren Anbietern betreut werden; die Firmen gibt es zum Teil nicht. Was dann geschieht, ist völlig unklar und guter Rat ist teuer. Eine noch so gute Idee, bis zum internationalen Rollout zu planen und zu steuern, läuft häufig in die Irre, weil es keine Möglichkeiten alte Anwendungen auf neue Systeme zu übertragen. Aber man muss rechtzeitig etwas tun. Frau Sabine Denkter hat zusammen mit unseren IT-Spezialisten eine Plattform geschaffen, die das ermöglicht. Letztlich kommen Sie an einer „Tandem-Lösung" nicht vorbei. Das heißt: Wir entwickeln in unseren Rechenzentren eine moderne Lösung, die Sie bei Ausfall ihrer Systeme sofort nutzen können.

Frau Sabine Denkter kann Sie unterstützen, wenn diese Anwendungen von uns auf Ihr Haus relativ preiswert übertragen werden.

Die Bewerberin, Frau Sabine Denkter (Nach https://www.amadeus-fire.de/it-projekt-management/) bietet IT-Projektmanagement-Seminare und Coaching an, weil viele ohne externen Support Schwierigkeiten bekommen, ihren just-in-time-Kunden zeitgerecht zu helfen. Ihr IT-Projektmanagement-Support ist ein spannendes Berufsfeld, weil es Themen der Informatik mit organisatorischen und koordinativen Aufgaben des Projekt- und Change-Managements verknüpft. Anfangs hatten wir Bedenken, dass diese Leistungen von den Kunden nicht als Hilfe-zur-Selbsthilfe verstanden werden. Da haben wir uns getäuscht. Fraun Denkters Veranstaltungen sind ein Riesenerfolg. So lernen die Teilnehmer die Koordination und führen IT-Projektmanager-Projekte unter Vorgabe bestimmter Ziele und Ressourcen durch, die informationstechnische Veränderungsprozesse von Unternehmen betreffen. Ein konkretes Beispiel hierfür ist die Einführung einer neuen Software im Unternehmen.

Dabei arbeitet sie eng mit IT-Spezialisten, wie Softwareentwickler, und den beteiligten Fachabteilungen zusammen. Das IT-Projektmanagement wird zu einer wichtigen Schnittstellenfunktion, auf die alle zugreifen können. Wo arbeiten IT-Projektmanager? Sie kommen in Unternehmen oder Institutionen zum Einsatz, die häufig Prozesse in der Wirtschaftsinformatik verändern, wie in der Telekommunikationstechnik, im Maschinenbau und anderen Unternehmen der Dienstleistungsbranche oder Industrie.

Frau Sabine Denkter (Nach https://www.pnd-online.de/index.php?docid=169) hat aufgrund des großen Bedarfs mit Unterstützung von Psychologen Konzepte der psychosoziale Beratung erarbeitet und bei etlichen erfolgreich Firmen durchgeführt.

- *Klärung und Hilfe zur Entscheidungsfindung unter*
- *Abwägen der Handlungsmöglichkeiten und deren emotionaler Bedeutung.*
- *Erarbeitung von Bewältigungsstrategien, Unterstützung und*
- *Förderung der Selbstkompetenz, Stärkung der persönlichen sozialen Ressourcen*
- *Psychosoziale Beratung hat eine Schnittstellenfunktion zwischen Informationen aus medizinischer und psycho-sozialer Sicht*
- *und nimmt die daraus erwachsenden Aufgaben wahr.*
- *Formale Orientierung am Informationsbedarf der Zielgruppe sind die Merkmale der Information und Kommunikation.*
- *Merkmale der Aufklärung*
- *Ansprechen der kognitiven und emotionalen Ebene,*
- *um Raum für persönliche Auseinandersetzung und Bewertung zuzulassen*
- *Sach- und Beziehungsorientierung*
- *Zielgruppenspezifische Orientierung (Bedürfnissen der Personen/Ausführungen)*

Frau Denkter hat Referenzen für Ihre bisherigen Projekte vorgelegt und kann erhebliche Erfahrungen nachweisen und verfügt über profunde Kenntnisse in der IT-Organisation mit dem Schwerpunkten Marketing, Vertrieb und Rechnungswesen.

(1) Sie bringt erhebliches KnowHow mit, dass die Entwicklung für die nächsten 10 Jahre sicherstellen könnte

(2) Abgesehen davon, dass sie selbst die Gesamtverantwortung für die Entwicklung übernehmen will, sie auch höhere Bezüge (ca. 600.000 € p.a. zuzüglich Erfolgsbeteiligung).

(3) Beurteilung des bisherigen Arbeitgebers: Frau Denkter hat folgende Aufgaben projektleitend zur vollsten Zufriedenheit unserer Kunden gelöst. Zur Unterstützung der Effizienzziele des Unternehmens musste die IT-Abteilung folgende Herausforderungen bewältigen:

  - *Unterstützung einer wachsenden Nutzung standardisierter IT-basierter Prozesse*
  - *Konsolidierung und Vereinfachung der IT-Infrastruktur*
  - *Reduzierung der Betriebskosten*
  - *Migration der Anwendungen in eine einheitliche Private-Cloud-Umgebung.*

(4) Bei der Maschinengruppe Transportlogistik GmbH (weltweit 400 Standorte und 47.000 Mitarbeiter) hat Frau Denkter hat sichergestellt, dass die Kommunikation (Wide Area Network, WAN) sichergestellt wurde.

(5) *Um für die wichtigsten unternehmenskritischen Anwendungen wie SAP, Citrix, Lotus Notes, VoIP und Videokonferenzen die optimale Performance bereitzustellen, war es unabdingbar, die wachsende Komplexität und die Nutzung neuer IT-Systeme unter Kontrolle zu halten und zielgerichtet zu steuern.*

(6) *Das primäre strategische Ziel der IT-Abteilung war die Reduzierung der Anzahl der Service Provider auf einen globalen Anbieter. In einer Servicevereinbarung (Service Level Agreement, SLA) sollte die Anwendungsleistung verbindlich festgelegt werden.*

(7) *Market-Groß- und Außenhandel GmbH über zehn Jahre Projektleitung für komplexe Logiken in Code, anwenderoptimierte Applikationen in alle Geschäftsbereiche und die Onlineplatt-formen übernommen und das Unternehmen zu einem globalen Multiplayers gemacht*

(8) *An dem Hauptsitz in Bremover und dem Digitalbüro in Hammlin laufen für alle Fäden zusammen. Sabine Denkter war auch hier erfolgreich*

- *Die internationalen IT Standorte wurden organisatorisch vereinheitlicht.*
- *Aufbau des IT-Geschäftsbereichs für die internationalen Niederlassungen und Partner*
- *Videokonferencing: internationale Ansprechpartnern und den zentralen IT-Fachbereich*
- *Steuerung internationale Projektvergabe (verschlüsselte Systeme und Zugangssperren)*
- *Auslastung Standorte bei Projektvergabe und -verrechnung nach Budgetierungvorgabe*
- *Dokumentation/Controlling Tätigkeiten/Transparenz (Geschäftsführung / Vorstand)*
- *Optimierung bestehender Prozesse / Zusammenarbeit mit unserer der Netzwerk GmbH*
- *Weiterentwicklung der standortübergreifenden Zusammenarbeit bei allen Projekten*
- *Und Supportanwendungen (Steuerung, Planung, Realisierung, Kontrolle und Interventionen)*

(9) *Bei LAN-WAN-Netzwerk GmbH hat Frau Sabine Denkter die Optimierung der globalen Netzwerkkosten durchgeführt. Jetzt kann LAN-WAN die gewünschte Qualität bieten – zu den richtigen Kosten.*

- *Sie hat sicher gestellt, dass die besonders kritischen Unternehmens-anwendungen immer und in jeder Situation die optimale Performance erhalten.*

- *Die Kapazität des Netzwerks wird entsprechend gesteuert, ohne die Bandbreite aufzurüsten. Wenn das Netzwerk zu Stoßzeiten voll ausgelastet oder überlastet ist, werden weniger kritische oder nicht-geschäftliche Anwendungen (deren Nutzung im Sinne der Unternehmenskultur weltweit zugelassen ist) unter Kontrolle gehalten und die unternehmenskritischen Anwendungen mit hoher Dringlichkeit erhalten immer die Ressourcen, die zur Sicherstellung der Anwenderproduktivität erforderlich sind.*

- *LAN-WAN profitiert von den Vorteilen der Performance des hybriden Netzwerks und der hohen Qualität, der MPLS-Verbindungen auf der einen und der kostengünstigen und hohen Bandbreitenkapazität des Internet auf der anderen Seite.*

(10) *Innovative Business-Anwendungen: Frau Sabine Denkter hat ein Angebotskonzept entwickelt, dass Qualität zum guten Preis möglichst vielen anbieten kann und treibt uns an - mittlerweile weltweit. Alle Interessenten können sich unmittelbar vernetzen, dank einer hochverfügbaren Systemlandschaft, die unsere Spezialisten von uns ausbetreuen. Hier konzipieren und realisieren wir innovative Business-Anwendungen, beraten die Fachbereiche und entwickeln europaweite Geschäftsprozesse.*

(11) Frau Sabine Denkter hat zusammen mit unseren IT-Spezialisten eine Plattform geschaffen, die das ermöglicht. Letztlich kommen Sie an einer „Tandem-Lösung" nicht vorbei. Das heißt: Wir entwickeln in unseren Rechenzentren eine moderne Lösung, die Sie bei Ausfall ihrer Systeme sofort nutzen können. Frau Sabine Denkter kann Sie unterstützen, wenn diese Anwendungen von uns auf Ihr Haus relativ preiswert übertragen werden.

Hintergrund dieser Entwicklung war, dass sie bei vielen Kunden feststellt, dass Hardware- und Software-Systeme vorlagen, die noch bestens funktionierten, aber zum Teil nicht mehr von früheren Anbietern betreut wurden.

(12) Die Bewerberin, Frau Sabine Denkter (Nach https://www.amadeus-fire.de/it-projektmanagement/) bietet IT-Projektmanagement-Seminare und Coaching an, weil viele ohne externen Support Schwierigkeiten bekommen, ihren just-in-time-Kunden zeitgerecht zu helfen.
Ihr IT-Projektmanagement-Support ist ein spannendes Berufsfeld, weil es Themen der Informatik mit organisatorischen und koordinativen Aufgaben des Projekt- und Change-Managements verknüpft.
Anfangs hatten wir Bedenken, dass diese Leistungen von den Kunden nicht als Hilfe-zur-Selbsthilfe verstanden werden. Da haben wir uns getäuscht. Fraun Denkters Veranstaltungen sind ein Riesenerfolg.
Dabei arbeitet sie eng mit IT-Spezialisten, wie Softwareentwickler, und den beteiligten Fachabteilungen zusammen. Das IT-Projektmanagement wird zu einerwichtigen Schnittstellenfunktion, auf die alle zugreifen können.
Wo arbeiten IT-Projektmanager? Sie kommen in Unternehmen oder Institutionen zum Einsatz, die häufig Prozesse in der Wirtschaftsinformatik verändern, wie in der Telekommunikationstechnik, im Maschinenbau und anderen Unternehmen der Dienstleistungsbranche oder Industrie.

(13) Frau Sabine Denkter (Nach https://www.pnd-online.de/index.php?docid=169) hat aufgrund des großen Bedarfs mit Unterstützung von Psychologen Konzepte der psychosoziale Beratung erarbeitet und bei etlichen erfolgreich Firmen durchgeführt.

- *Klärung und Hilfe zur Entscheidungsfindung unter Abwägen der Handlungsmöglichkeiten und deren emotionaler Bedeutung.*
- *Erarbeitung von Bewältigungsstrategien, Unterstützung und Förderung der Selbstkompetenz, Stärkung der persönlichen und sozialen Ressourcen*
- *Psychosoziale Beratung hat eine Schnittstellenfunktion zwischen Informationen aus medizinischer und psycho-sozialer Sicht und nimmt die daraus erwachsenden Aufgaben wahr.*
- *Formale Orientierung am Informationsbedarf der Zielgruppe sind die Merkmale der Information und Kommunikation.*
- *Merkmale der Aufklärung*
- *Ansprechen der kognitiven und emotionalen Ebene, um Raum für persönliche Auseinandersetzung und Bewertung zuzulassen*
- *Sach- und Beziehungsorientierung*
- *Zielgruppenspezifische Orientierung an den Bedürfnissen der Personen*

Ihre Ausführungen:

(14) *„ … Ich habe den Eindruck, dass viele Unternehmen sich neu orientieren wollen.* ***Auch wenn sich Prozesse, Märkte und Business Modelle rasch verändern, heißt das nicht, dass man ohne nachhaltige Strategie auskommt: Was solche Strategien beinhalten sollen und wie man ihnen erfolgreich Leben einhaucht, ist umstritten und wirft ztunächst einmal zusätzliche Fragen auf.***

(15) ***Wie wichtig ist die interne IT in Zeiten von Cloud, Consumerization und verteilten IT-Budgets?*** *Nur hochkompetente interne IT-Abteilungen werden vermutlich langfristig bestehen bleiben. Nur eine IT, die das Business versteht, als Business-Enabler unterstützt und Innovationen für das Unternehmen nutzbar macht wird für das Management ein geschätzter Partner bleiben und die IT im Unternehmen halten bzw. weiterentwickeln können.*

(16) *Bisher glauben viel IT-Spezialisten, man müsse alles selbst machen, aber standardisierbare Routineaufgaben kann man preiswert outsourcen und so Kapazitäten auf wichtigere Aufgaben lenken.*

(17) *Themen wie Digitalisierung des Business, IoT, Advanced Analytics etc. gestatten es, Kernaufgaben wie Standardisierung und Automatisierung der Kernprozesse und IT-Sicherheitsthemen zu vernachlässigen. Die wirklich wichtigen Prozesse und Daten sind ganz wo anders gespeichert und sind von extern nicht erreichbar (stand alone systeme) und werden nur bedarfsweise verschlüsselt freigegeben. Selbst wenn jemand diese Verschlüsselung knacken könnte, fehlt der Zugang (die Datensatzkennung fehlt und wird erst vom stand-alone-system“ ergänzt) zu den „stand-alone-systemen“ und ohne ihn sind die Daten wertlos.*

Wie wichtig ist also eine interne IT?
Welche Elemente braucht eine IT-Strategie im digitalen Zeitalter?

(18) ***S****tandardisierung, Effizienz, Innovation und IT-Sicherheit sind wesentliche Faktor Kunden wollen keine „neue Sprache mit IT-Begriffen“ lernen, sondern Sie wollen ihre Geschäftssprache hören bzw. sehen. Wer dem Kunden „sprachlich“ am nächsten ist, hat gewonnen, auch wenn die Leistungen etwas teuer sind. Es geht gleichzeitig – und das ist die Herausforderung gerade in gewachsenen IT-Umgebungen und IT-Organisationen mit manchmal zu großen Latenzzeiten – um den Ausbau neuer Technologien und Innovationen, der den Marktvorsprung des Kunden sichert..*

(19) *Damit ist eine der Kernanforderungen an eine IT-Strategie und auch an die gesamte IT-Organisation sich agil und wendig genug aufzustellen, um wichtige Businessvorhaben in akzeptablen Zeitrahmen realisieren zu können, ohne aber die wichtigen Kernaufgaben wie effizienter, sicherer IT-Betrieb des Kernbusiness zu vernachlässigen.*

Was entscheidet über den Erfolg der IT-Strategie?
Der Wertbeitrag für das Unternehmen.

(20) *Viele IT-Managers haben nur die Kosten im Blick und nicht den Wertbeitrag. KPIs dienen dazu zu überprüfen, wie erfolgreich bestimmte Tätigkeiten in Unternehmen sind. Sämtliche Prozesse in Organisationen können anhand dieser Leistungskennzahlen kontrolliert werden. Anhand von Key Performance Indicators können das Management und das Controlling Abläufe im Unternehmen analysieren. Durch konsequentes Monitoring können Prozesse und Maßnahmen entsprechend angepasst und optimiert werden.*

(21) *Daher ist es eine wichtige Aufgabe des IT-Demandmanagements IT- und Businessvorhaben auf die zu erwartenden Effekte abzuschätzen, die Kosten für*

das gesamte Vorhaben zu ermitteln und die knappen Ressourcen auf vielversprechende, langfristig wirkende Vorhaben zu lenken.

(22) ***Mit anderen Worten: Sind Maßnahmen geeignet, Rentabilität, Liquidität, Qualität und Marketingziele sicher zu stellen, dann werden die den Prioritäten*** *(Wertbeitrag, KPIs) entsprechenden Maßnahmen realisiert.*

(23) ***Wie Märkte und Prozesse des Unternehmens verändern?***

Auf das Unternehmen zugeschnittene IT-Strategien müssen dem raschen Wandel in den Märkten und in der Technik entsprechen. Innovationen können produktive Sprünge ermöglichen. Das bedeutet nicht, dass sich strategische Vorhaben und die strategische Richtung ständig ändern. Die geplanten Vorhaben müssen aber in kürzeren Zyklen darauf überprüft werden, ob sie sich nicht überholt haben oder durch neue Technologie besser gelöst werden können.

Gut organisierte Unternehmen betreiben ein fortwährendes Screening von Innovationen, Technologien und beobachten was sich im Verhalten der Marktteilnehmer und an den Rahmenbedingungen ändert.

(24) Welche Auswirkungen hat die IT-Strategie auf das Handeln in der Praxis?

Eine gute IT-Strategie kann für die Kunden außerhalb und die User im Unternehmen. sichere und performante Software mit guter Usability ohne Prozessbrüche guten IT-Suppor-tleistungen.zur Verfügung stellen.

(25) Eine wichtige Rolle dabei spielt das (IT-)Demandmanagement, welches einerseits sicherstellt, dass nur kaufmännisch und strategisch sinnvolle Projekte durch die IT unterstützt werden und andererseits die technische Basis dabei sicher, performant und kostengünstig bleibt …"

*Während Herr Petersen und Herr Mutmacher für funktionsfähige IT-Anwendungen gesorgt hat („Innovationsfähigkeit"**,** Zielorientierung, Flexibilität und Belastbarkeit**,** IT-Organisations- und Anwendungsprogramme**,** modernere und leistungsfähigere Systeme**,** IT-Einbindung in einer optimierten Organisation), indem er Projektabschnitte geplant hat, geht Frau Denkter mehr in die Tiefe der Funktionalitäten und Prozesse. Es wäre gut, wenn sie in der Projektgruppe Organisation und IT-Technik mitarbeiten würde. Die folgenden Grafiken **(Abb. 51– 57:)** zeigen diese Module:*

- *Effizienzziele des Unternehmens*
- *Projektplanung, -abwicklung und -verrechnung (Auslastung)*

- *Strategische Sonderprojekte*
- *(Zielgerichtete Steuerung, Kontrolle und Intervention)*

- *Steuerung der Projektvergabe (lokal und international)*

- *Anschlussmodul Marketing und Vertrieb Anschlussmodul*
- *Anschlussmodul IT-Projektmanagement-Seminare und Coaching*
- *Anschlussmodul Bedarf an psychosoziale/m Beratung und Coaching*
- *Anschlussmodul Strategische und methodische Organisationshilfen und -techniken*
- *Anschlussmodul IT-Organisation und –Technik*
- *Anschlussmodul Hardware- und Software-Anpassungen*

(Vergleiche Abb. 51 – 57)

Abb. 51: Effizienzziele des Unternehmens I

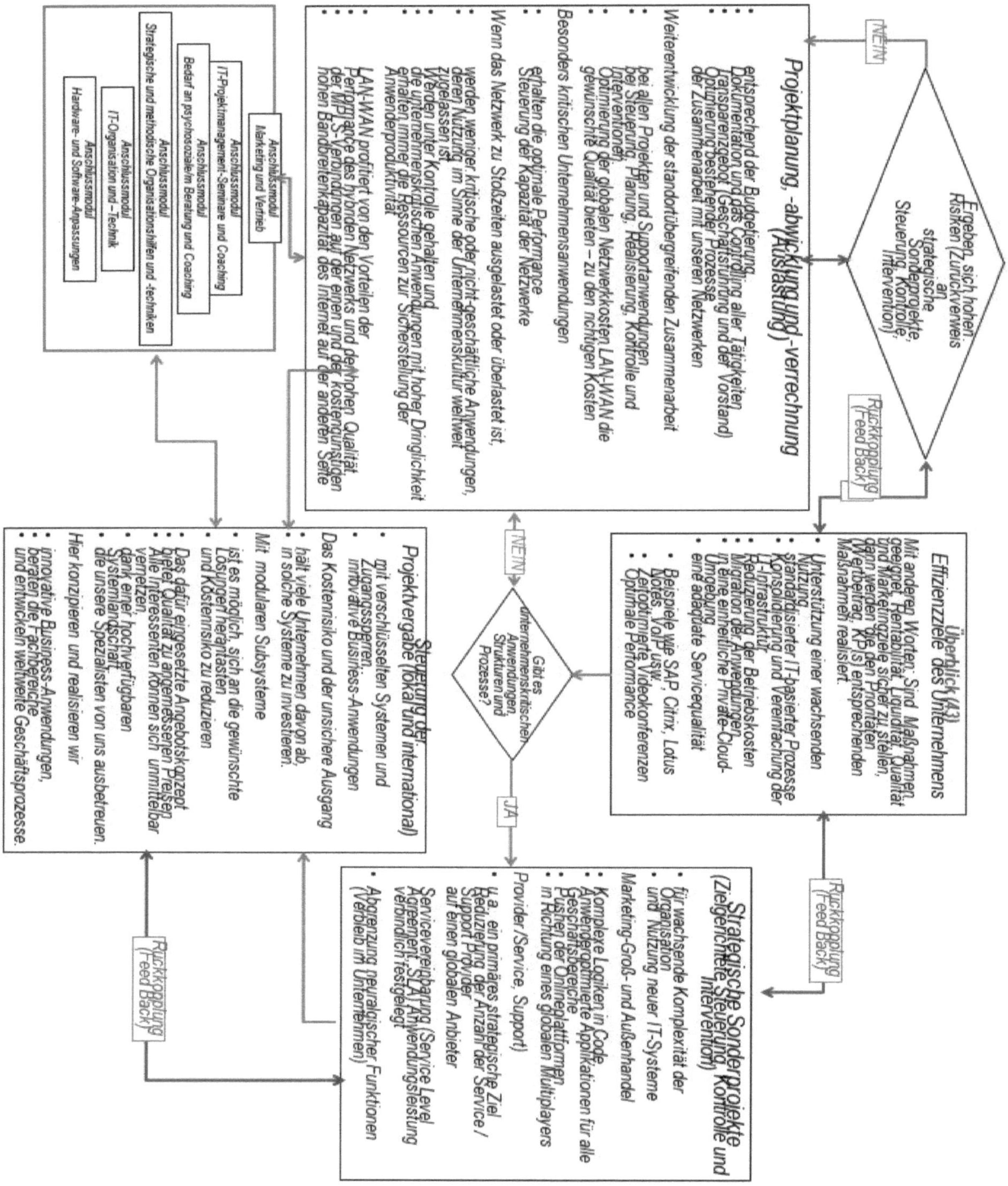

Abb. 52: : Effizienzziele des Unternehmens II – Teil 1

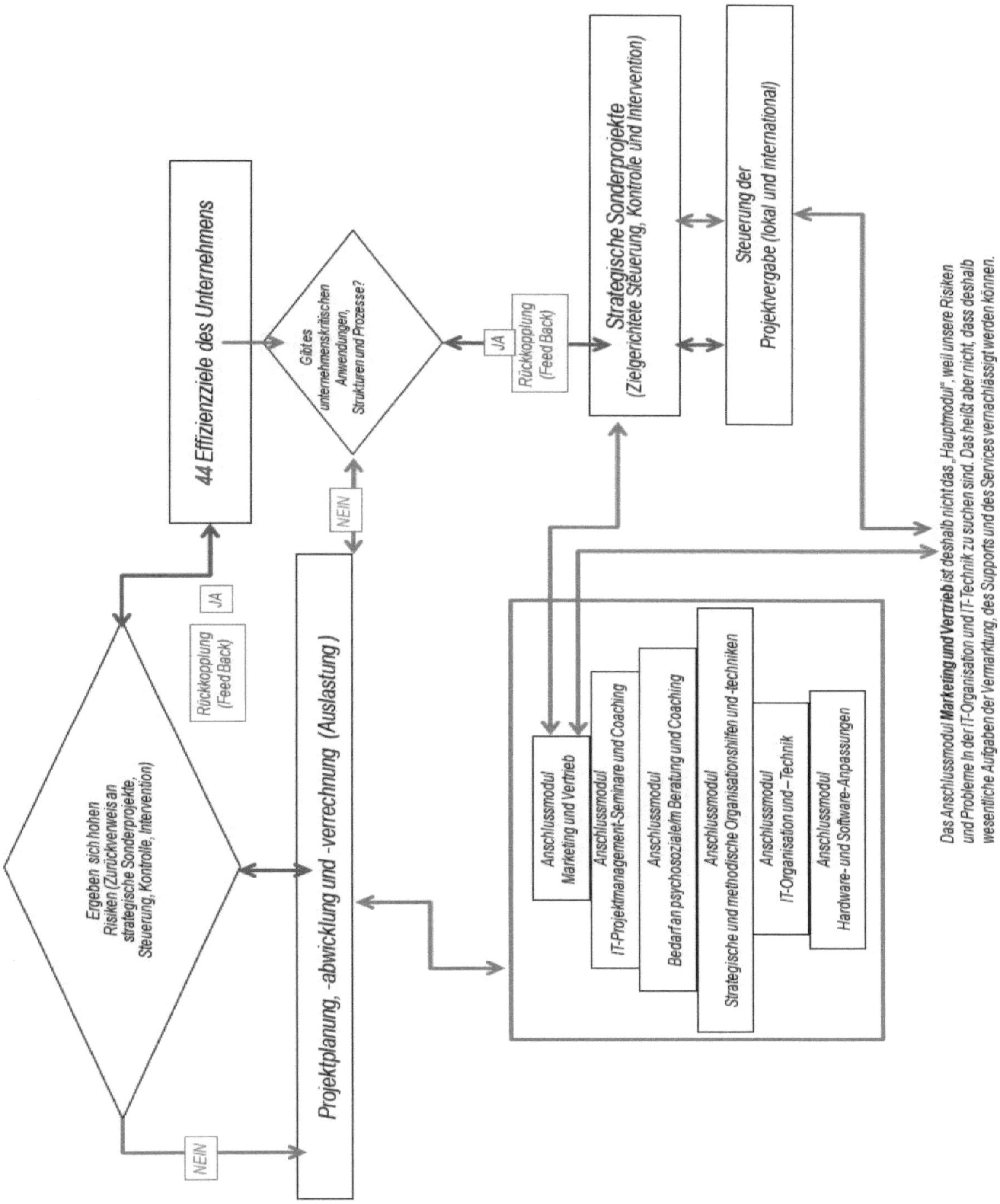

Abb. 52: : Effizienzziele des Unternehmens II – Teil 2

Anschlussmodul
Marketing und Vertrieb können nur dann funktionieren,

- *wenn die Kunden uns vertrauen.*
- *Was immer der Kunde erwartet, wir müssen es bringen:*
  - *Flexibilität und Reaktionsgeschwindigkeit*
  - *Höchste Qualitätsorientierung und Servicequalität*
  - *Optimiertes Informationskonzept (Kommunikation mit und für die Kunden)*
  - *Der Kunde muss uns so verstehen, dass er uns (möglichst nur uns) vertraut.*
- *Das bedingt eine strategische Kundenorientierung,*
  - *die zeitnah nicht unbedingt die zwar fertig optimierte Lösung präsentiert,*
  - *Aber vorrangig ist das, was dem Kunden „jetzt" auf der Seele liegt.*
  - *Die Spanne von der unmittelbaren Unterstützung „des Kunden unseres Kunden" (wenn wir in spezifischen Situationen seinem Kunden besser als er helfen können)*
  - *und ggf. Anteilnahme bei privaten Problemen (z.B. Krankheit in der Familie)*
  - *ist fließend und auch kostenaufwendig.*
  - *Aber ohne diese Leistungen sind wir ein „Lieferservice" wie jeder andere.*

Wie wichtig ist also eine interne IT?
Welche Elemente braucht eine IT-Strategie im digitalen Zeitalter?

- *Standardisierung, Effizienz, Innovation und IT-Sicherheit sind wesentliche Faktor*
- *Kunden wollen keine „neue Sprache mit IT-Begriffen" lernen,*
- *sondern Sie wollen ihre Geschäftssprache hören bzw. sehen.*
- *Wer dem Kunden „sprachlich" am nächsten ist, hat gewonnen,*
- *auch wenn die Leistungen etwas teuer sind.*
- *Es geht gleichzeitig – und das ist die Herausforderung gerade*
- *in gewachsenen IT-Umgebungen und IT-Organisationen*
- *mit manchmal zu großen Latenzzeiten – um den Ausbau neuer Technologien und Innovationen, der den Marktvorsprung des Kunden sichert.*

- *Damit ist eine der Kernanforderungen an eine IT-Strategie*
- *und auch an die gesamte IT-Organisation sich agil und wendig genug aufzustellen,*
- *um wichtige Businessvorhaben in akzeptablen Zeitrahmen realisieren zu können,*
- *ohne aber die wichtigen Kernaufgaben*
- *wie effizienter, sicherer IT-Betrieb des Kernbusiness zu vernachlässigen.*

Was entscheidet über den Erfolg der IT-Strategie?
Der Wertbeitrag für das Unternehmen.

- *Viele IT-Managers haben nur die Kosten im Blick und nicht den Wertbeitrag.*
- *KPIs dienen dazu zu überprüfen, wie erfolgreich bestimmte Tätigkeiten in Unternehmen sind.*
- *Sämtliche Prozesse in Organisationen können*
- *anhand dieser Leistungskennzahlen kontrolliert werden.*
- *Anhand von Key Performance Indicators können das Management*
- *und das Controlling Abläufe im Unternehmen analysieren.*
- *Durch konsequentes Monitoring können*
- *Prozesse und Maßnahmen entsprechend angepasst und optimiert werden.*

Daher ist es eine wichtige Aufgabe des IT-Demandmanagements

- *IT- und Businessvorhaben auf die zu erwartenden Effekte abzuschätzen,*
- *die Kosten für das gesamte Vorhaben zu ermitteln*
- *und die knappen Ressourcen auf vielversprechende, langfristig wirkende Vorhaben zu lenken.*

Wie Märkte und Prozesse des Unternehmens verändern?

- *Auf das Unternehmen zugeschnittene IT-Strategien*
- *müssen dem raschen Wandel in den Märkten und in der Technik entsprechen.*
- *Innovationen können produktive Sprünge ermöglichen.*
- *Das bedeutet nicht, dass sich strategische Vorhaben*
- *und die strategische Richtung ständig ändern.*
- *Die geplanten Vorhaben müssen aber in kürzeren Zyklen darauf überprüft werden,*
- *ob sie sich nicht überholt haben oder durch neue Technologie besser gelöst werden können.*

- *Gut organisierte Unternehmen betreiben ein fortwährendes Screening*
- *von Innovationen, Technologien und beobachten,*
- *was sich im Verhalten der Marktteilnehmer und an den Rahmenbedingungen ändert.*

Welche Auswirkungen hat die IT-Strategie auf das Handeln in der Praxis?

- *Eine gute IT-Strategie kann für die Kunden außerhalb*
- *und die User im Unternehmen.*
- *sichere und performante Software mit guter Usability*
- *ohne Prozessbrüche guten IT-Suppor-tleistungen.zur Verfügung stellen.*

Eine wichtige Rolle dabei spielt das (IT-)Demandmanagement,

- *welches einerseits sicherstellt, dass nur kaufmännisch und*
- *strategisch sinnvolle Projekte durch die IT unterstützt werden*
- *und andererseits die technische Basis dabei sicher, performant und kostengünstig bleibt.*

Abb. 53: : Effizienzziele des Unternehmens III

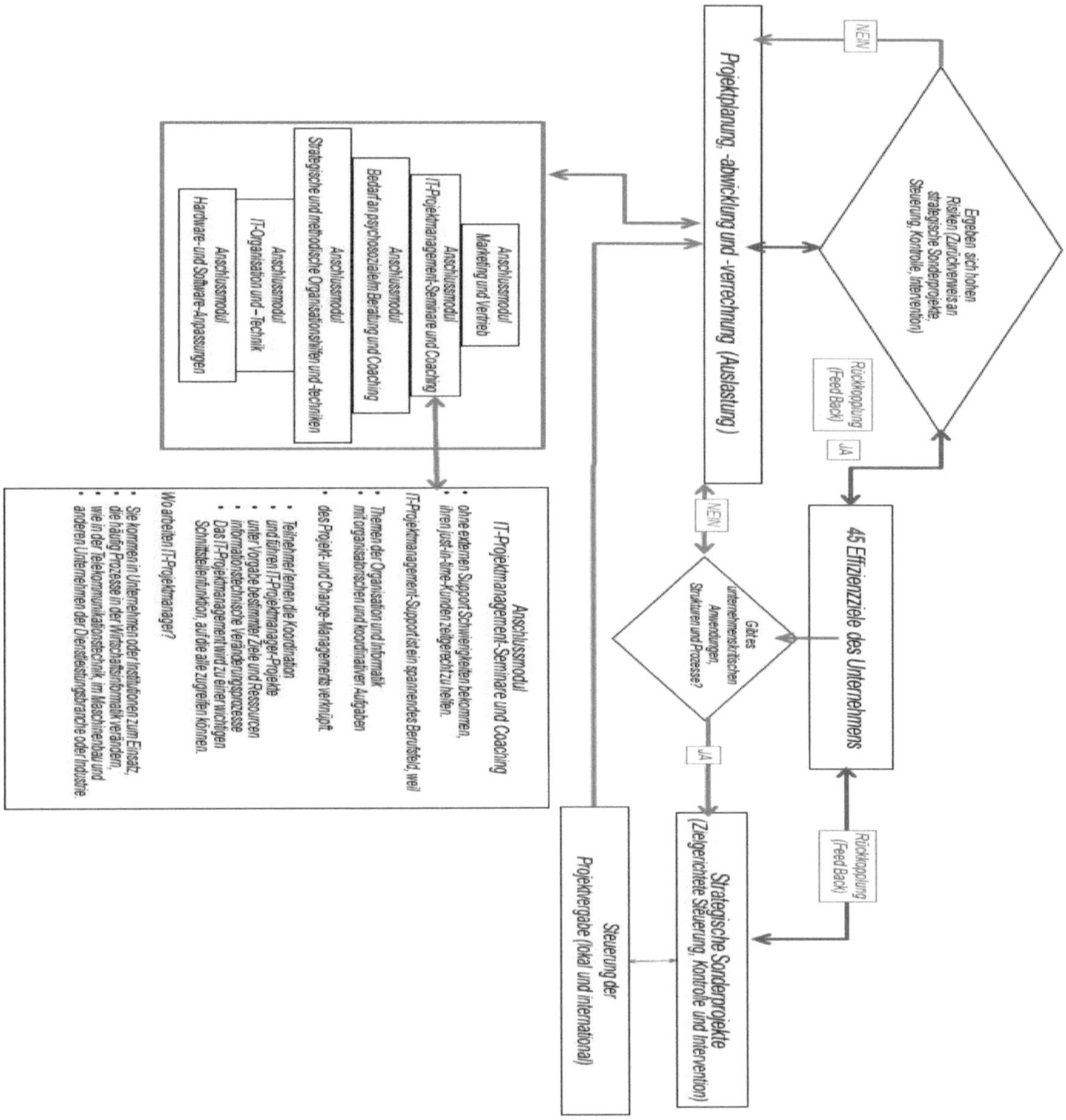

Abb. 54: Effizienzziele des Unternehmens IV

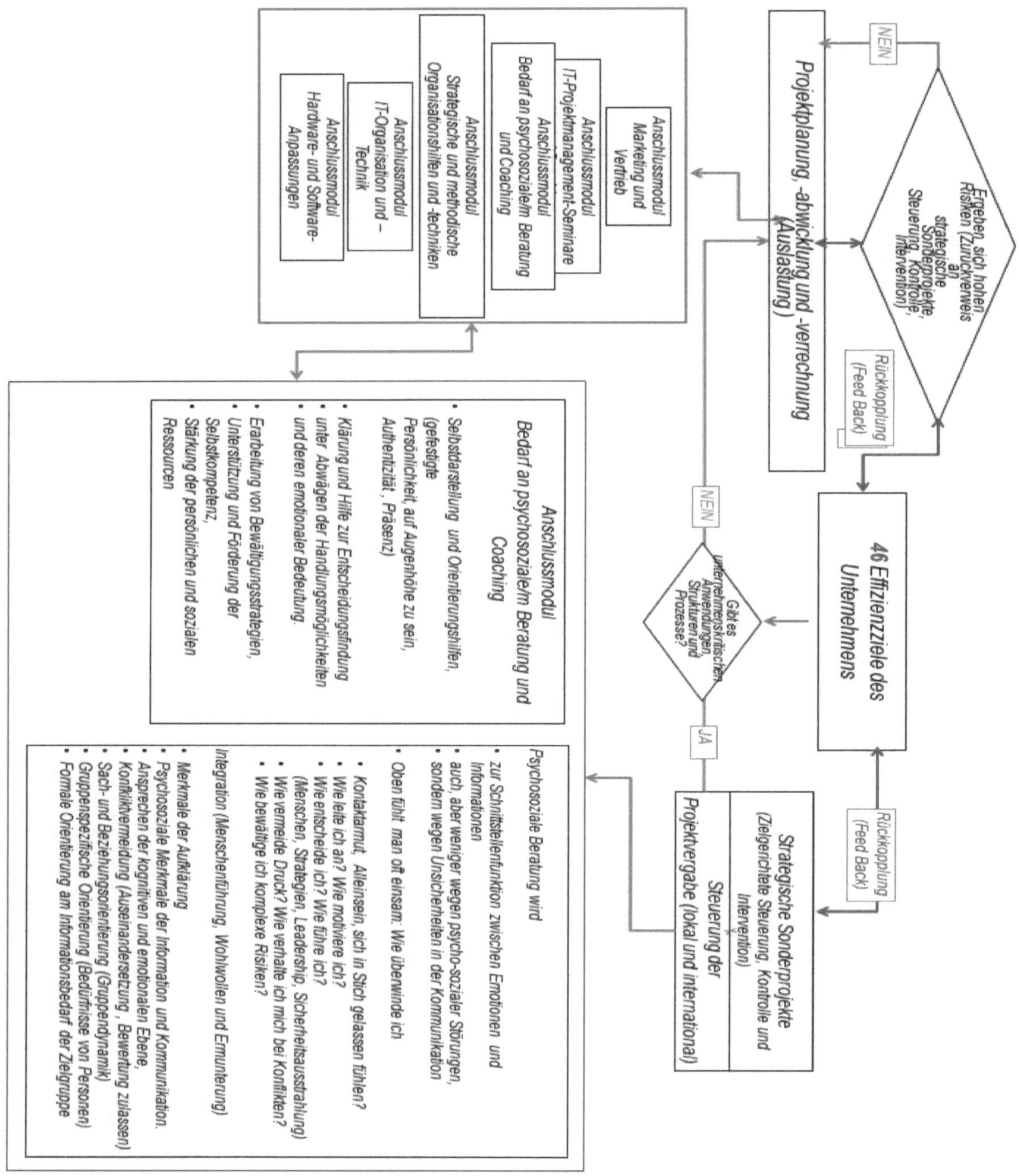

Abb. 55: Effizienzziele des Unternehmens V

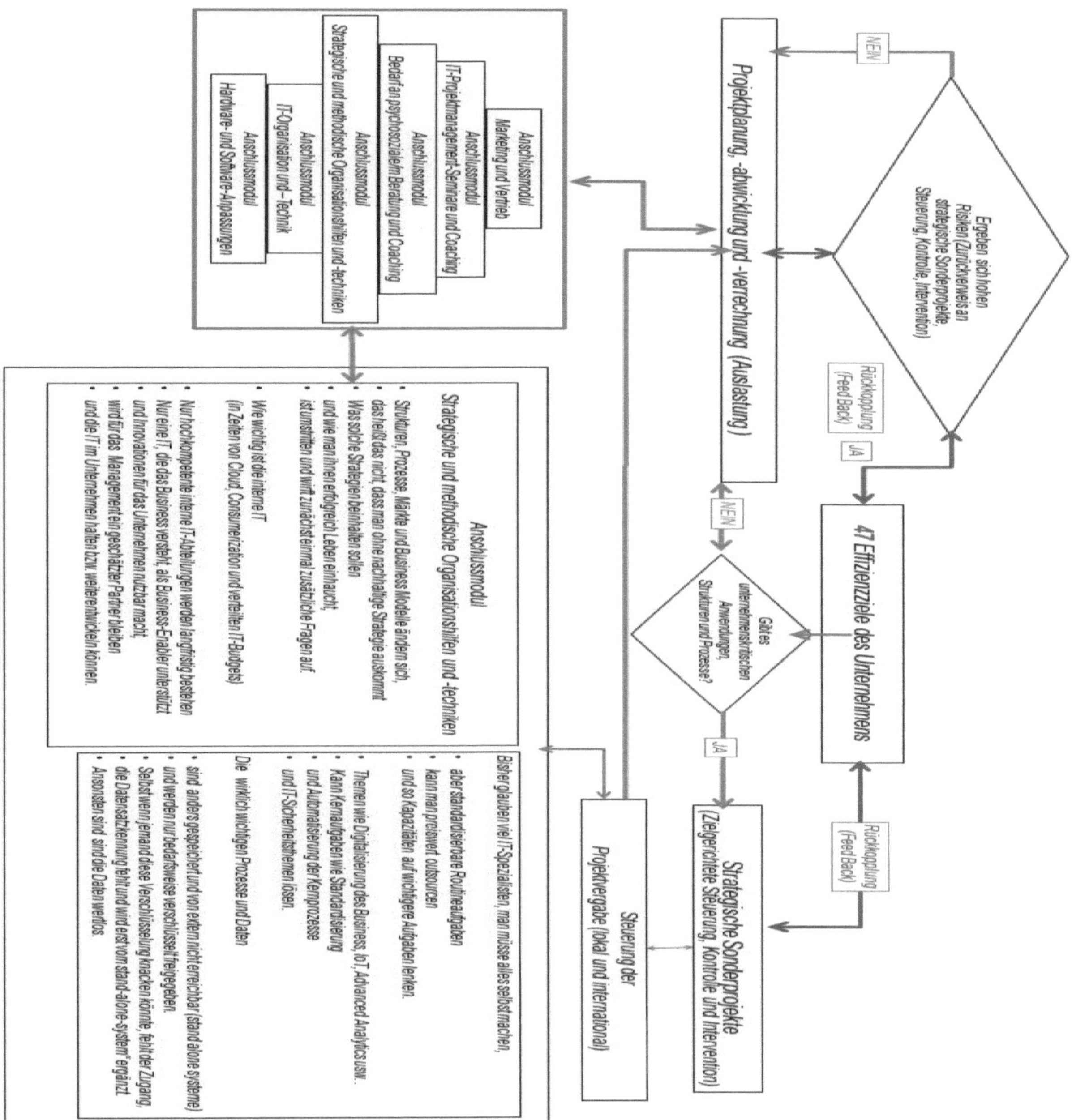

Abb. 56: Effizienzziele des Unternehmens VI

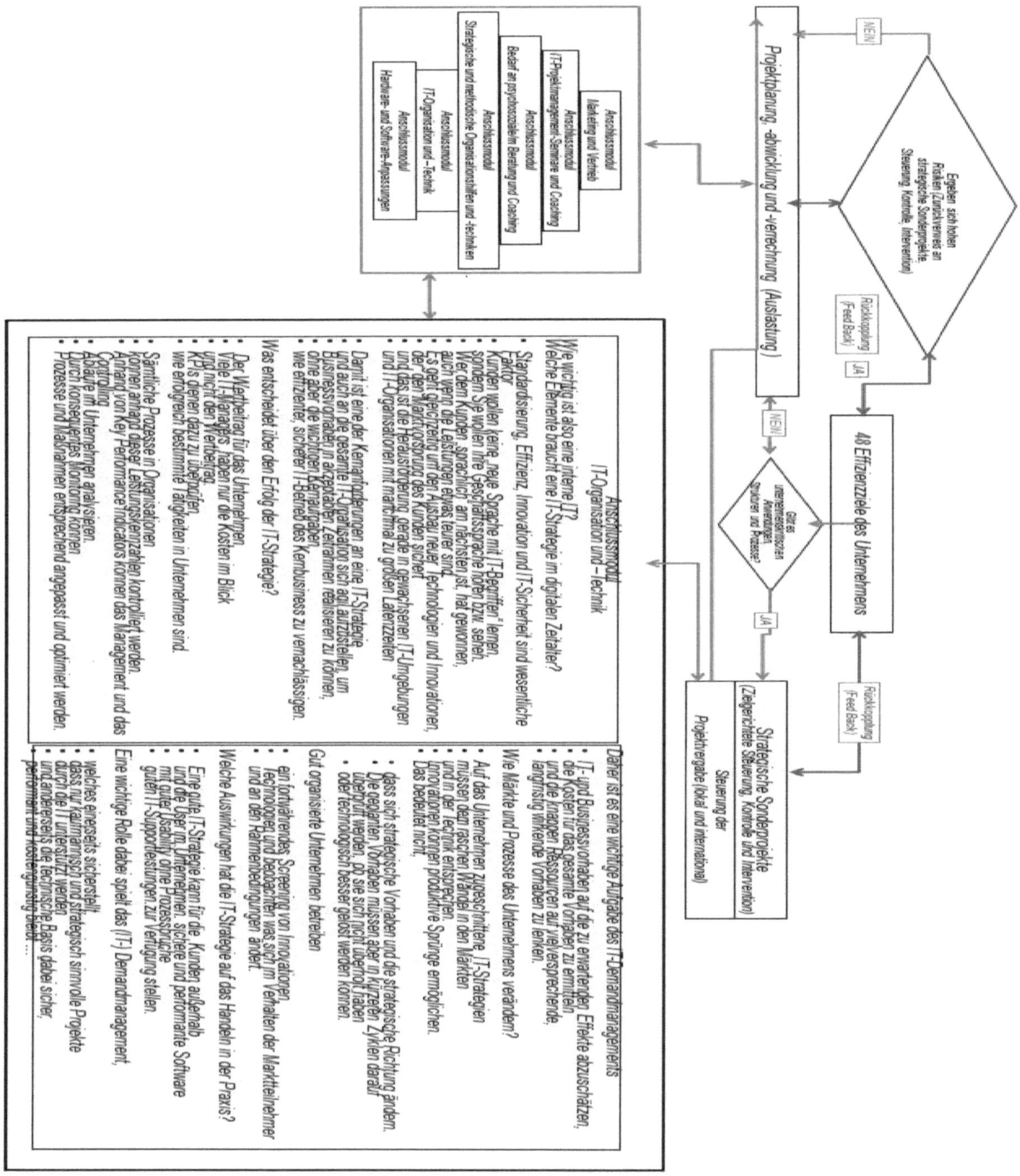

Abb. 57: Effizienzziele des Unternehmens VII

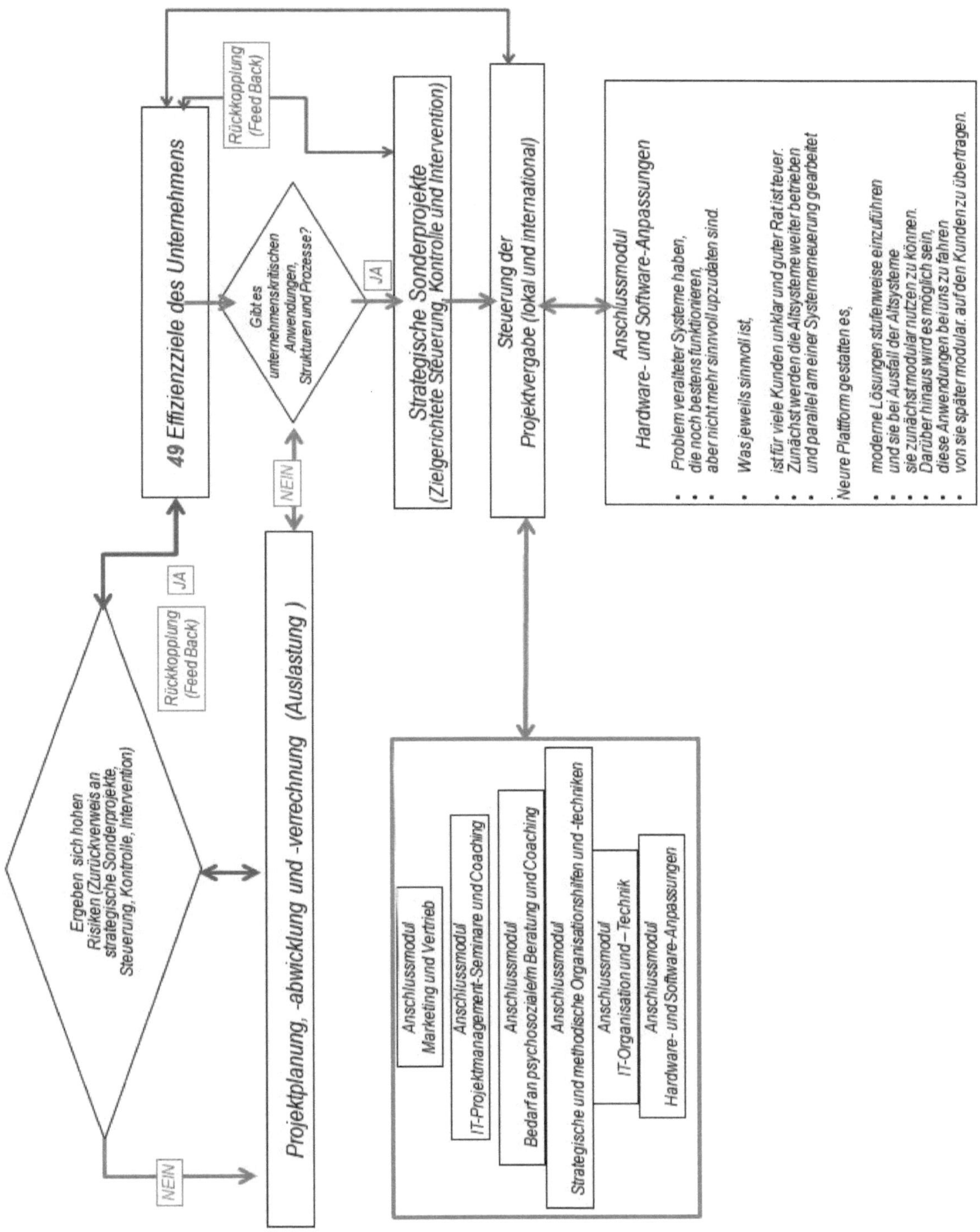

A.3.7.3 ZUSATZAUFGABEN ZUR SELBSTÄNDIGEN LÖSUNG-18:

Welche Möglichkeiten erkennen Sie im organisatorischen Zusammenhang von

- ***Effizienzziele des Unternehmens***
- ***Projektplanung, -abwicklung und -verrechnung (Auslastung)***

- ***Strategische Sonderprojekte***
- ***(Zielgerichtete Steuerung, Kontrolle und Intervention)***

- ***Steuerung der Projektvergabe (lokal und international)***

- ***Anschlussmodul Marketing und Vertrieb Anschlussmodul***
- ***Anschlussmodul IT-Projektmanagement-Seminare und Coaching***
- ***Anschlussmodul Bedarf an psychosoziale/m Beratung und Coaching***
- ***Anschlussmodul Strategische und methodische Organisationshilfen und -techniken***
- ***Anschlussmodul IT-Organisation und –Technik***
- ***Anschlussmodul Hardware- und Software-Anpassungen***

- ***Personalauswahl und Personalentwicklung***

schwierige Einstellungen und Situationen erkennt und ggf. vermeidet?

Bitte ordnen Sie die folgenden Themen in das Modell ein, dass der Frau Sabine Denkter zugeschrieben ist, und begründen Sie, warum das so ist und welche Auswirkungen damit verbunden sind.

(„1") Reizüberflutung aus dem Informationschaos

Die Menschen übernehmen nicht nur Aufgaben, sondern sie identifizieren sich auch mit ihnen (informale Rollenspezifizierung) und setzen sich dafür engagiert (bis begeistert) ein. Informale Störungen und Konflikte (Diskrepanzen zwischen Soll-. Will- und Istorganisation, dysfunktionalen Führungs-, Interaktions- und Improvisationswirkungen, negative Gruppendynamik) sollen formal abgefangen werden, kommen aber meistens ohne informale „people approach" –Wirkungen und informale (soziale) Kontrolle nicht aus. Dabei ändert sich der Rolleninhalt (meist unbewusst) und es entwickeln sich neue Verhaltensweisen, die nicht immer zu den erlebten Situationen passen und auch zu Fehlverhalten führen können.

Dazu kommt über die Informationsvielfalt eine Reizüberschwemmung von den Medien und dem jeweiligen Umfeld, die kaum noch verarbeitet werden kann, ohne dass der/die Betreffende sich dessen bewusst ist.

(„2") Was beanstanden die Arbeitgeber?

Es beginnt mit den Menschen und ihrer quantitativen und qualitativen Ausbildung, Kompetenz, Erfahrung, Qualifikationen und, was man gern vergisst mit Zuverlässigkeit und Loyalität. Zusätzlich sollen für den größten Teil aller Aufgaben kompatibel ihren Kollegen (Teamplayer, Kooperationsfähigkeit) und dem Unternehmen gegenüber.

Was fehlt alles bzw. teilweise (Schlagworte): genügend Kenntnisse in Mathematik, Chemie und Physik, sicheres und bedeutungssicheres Deutsch, Argumentations- und Kommunikationsstärke, Fremdsprachenkenntnisse, Flexibilität, Mobilität, Engagement und Ausdauer, Zielorientierung, Ergebnisorientierung, Pragmatismus, Vertriebsorientierung, Begeisterung usw.

Das Anspruchsdenken sei zu hoch. Akademischer Abschlüsse allein reichen selten aus und die Bereitschaft auch Routinegaben zu übernehmen, ist nicht sehr ausgeprägt. Noch ausgeprägte sei die Angst vor Überforderung.

(„3“) Technologien

Das Folgende bezieht sich nur auf IT-Technik und nicht auf andere Technologien. Die Älteren kommen aus einer Zeit, wo Fernsehen, Cassetten Recorder, Festnetz, Commodore, Sinclair, Schneider/Amstrad, Atari, Texas Instruments TI-99/4A, Amiga, Atari ST, „IBM-PC-kompatiblen Computer“, Sun Microsystems, Büro-Computer mit Maus/Lisa, Apple Macintosh usw. noch wichtig (jedenfalls wichtiger als heute) waren.

Selbst das Folgende ist morgen schon überholt: Internet, digitale Infrastruktur, soziale Medien, Breitband überall, universelle Vernetzung, Minirechner und Datenspeicher, offene IP-Schnittstellen, Fernseher (integriert in Kontext für optische Lösungen) technologische Spiele und Spielereien für viele Zielgruppen, Big Data, Tablets und Smartphones sind schon fast überholt, Automation überall, Videoerkennung für Arbeitssteuerung, YouTube und kein Ende, high-speed, low-speed Controller, Area Network (CAN-Bus, serielles Bussystem, Feldbussen), Daten-Frame, Remote Frame, Error Frame, Overload Frame, ACK-Slot (Acknowledge-Slot), Bit Stuffing usw. – und das ist nur ein willkürlicher Ausschnitt aus einer Riesenmenge.

Man muss nur das wissen, was man braucht und auch das weiß niemand so genau.

Was es heute gibt, können nur noch „wenige Auserwählte“ beherrschen. Die Älteren sind meistens weit von dem entfernt, was sie können sollten, aber sie wissen es nicht oder wollen es nicht wissen oder verlassen sich auf die jüngeren Mitarbeiter oder Kollegen oder Fremdfirmen (Dienstleister).

(„4“) Politische, gesellschaftliche und kulturelle Einflüsse

Wir glauben zwar, dass wir uns auskennen. Die Älteren fühlen sich den Jüngeren überlegen und die Jüngeren wissen häufig, dass die Älteren in ihren Liebhabereien und Hobbys Inzucht betreiben und „de fakto“ gar nicht wissen, wo sie sind. Das stimmt, nur wissen die Jüngeren nicht, dass das Gleiche auf einer aktuelleren Basis auch für Sie gilt.

Während die Einen gar nicht mitbekommen, was Shitstorms, Trolle und Online-Bashing sind, leiden die anderen darunter (manchmal bis Selbstmord), weil ihr Kommunikationsverhalten zum Teil zu freizügig mit ihren persönlichen Informationen umgeht. Aber wer nichts preisgibt, über den/die werden bösartige Verleumdungen verbreitet. Nur wer sich von vornherein um nichts kümmert und auch nicht reagiert (sich nicht verteidigt, nicht antwortet), vor allem sich nichts anmerken lässt, kann den Folgen entgehen.

Die Hoffnung, dass im Internet einmal etwas Positives kommt, ist berechtigt (Onlinekäufe, Angebots- und Dienstleistungsvermittlungen aller Art, Bewerbungen, Partnervermittlungen usw.), aber eben häufig auch nicht.

Auch kulturell ergeben sich leider nicht nur positive Einflüsse. Welche übereinstimmenden Risiken und Fehlentwicklungen ergeben sich auch aus klassischen Idealen (Architektur, Bildhauerei, Malerei, Grafik, Druckgraphik, bildenden Kunst, Tanz, darstellenden Kunst, Theater, Tonkunst, Film, Kammermusik und Lied, Musik, Poesie, Literatur und kein Ende). Aber die Grenzen zur Übertreibung, manchmal mit kriminellen Ausschlägen, sind fließend. Je mehr und je anspruchsvoller man konsumiert, desto eher kommt es zu finanziellen Schäden, weil die Preise immens steigen und die Leistungen und Darbietungen manchmal Volksverdummung sind, was man vielleicht bemerkt, aber nicht zugeben will,

Verschiedenen Aspekte der heutigen Zeit (Staat und Gesellschaft, Kulturdifferenzierung, „sanktionierte“ Unterhaltungsmusik, populär gesteigerte Gesellschaftsdriften wie Jazz, Beatmusik, Rock 'n' Roll Art Pop, Bubblegum Pop, Cantopop, Dance-Pop, Elektro-Pop, Operatic Pop usw.) bis zu akzep-tierten Subkulturen (Mods, Rocker, Hippies, Skinheads, Punks usw.) und zu ungesetzlichen Darstellungsformen im „Darknet“ (organisiertes Verbrechen: Drogen, Waffen, Auftragskriminalität, Menschenhandel, vor allem Mädchen/ Frauen und die fast grenzenlose Ausbeutung und Vermarktung der Sexualität) sind Tendenzen, in die manch‘ Einer schneller hineingerät, als er sich vorstellen kann.

Es geht hier nicht um Vollständigkeit, sondern um Einflüsse auf den Einzelnen, die er/sie verinnerlicht, zum Teil ohne zu bemerken, dass sich seine gesellschaftliche Orientierungsfähigkeit einengt oder ändert.

(„5“) Gewissheit, Wahrheit und Realität (informale Rollenspezifizierung)

Was dabei anzumerken ist: In der IT-Technik haben wir „wahrscheinlich“ die Übersicht verloren, aber im gesellschaftlichen Rahmen, da kennen wir uns aus. Oder täuschen wir uns da auch?

Was ein Einzelner für richtig hält, ist seine Gewissheit. Wenn eine Gruppe von Menschen weitgehend ähnliche, sich überschneidende Gewissheiten teilt, ist das ihre Wahrheit, aber nicht zwingend Realität. Das Beispiel, dass Menschen in einer zurückliegenden Zeit die Erde für eine Scheibe gehalten und das als Wahrheit akzeptiert haben, das wissen wir. Heute gehen wir meistens davon aus, dass die Erde eine Kugel ist. Aber das ist auch falsch; denn die Erde ist ein Ellipsoid, weil ihr Radius eben nicht an allen Stellen gleich, also identisch, ist. Aber der Informationsverlust von der Kugel zum Ellipsoid wird als gering betrachtet und nicht negativ bewertet.

Das Folgende gilt nicht nur für spezifische Einflüsse, sondern generell für alle Wahrnehmungen und Einstellungen; hier ist es nur ein Beispiel. Wie kommt z.B. ein einengender Fanatismus unter Einfluss von „Musik“ zustande? Die Bezeichnung "Fan" ist abgeleitet vom Wort "fanatisch". Doch nicht jeder, der sich besonders für eine Sache interessiert, fühlt sich als Fanatiker im üblichen Sinn. Ein singender Fußballfan, der gewalttätig wird, gilt noch als „fast“ harmlos, aber Rocker, Rechts- und Linksradikale werden schon als „möglicherweise“ gefährlich eingestuft. Religiöser bzw. anderer weltanschaulicher Extremismus sei hier der Vollständigkeit halber erwähnt.

Der regelmäßige Opernbesucher aus der „upper class“ ist da völlig sicher (Schutzschildfunktion: „zumal er ja musikalisch auf der Höhe ist“), dass er keine

Wirkungen diese Art verspürt, dass er aber von den Jugendlichen verlangt „Ihr sollt arbeiten und keinen Unsinn machen.
Wir durften das auch nicht und aus uns etwas geworden", ist eben seine Auffassung von Normalität. Aber dahinter kann auch ein kapitalistischer Extremismus stecken, der eben das Gesellschaftsbild „Arbeitgeber" bzw. „Vorgesetzter" gegenüber Arbeitnehmern verinnerlicht (unbewusste Rollenfärbung). Keiner von uns sollte sicher sein, dass er unbeeinflusst ist.

Eine Rollenspezifizierung kann sowohl eine bewusste Anpassung einer Rolle sein, als auch eine unbewusste Anpassung nach erlebten Eindrücken und Vorgängen.

Beispiel: Ein neuer Vorgesetzter „X" wird in der Abteilung eingesetzt und der hier beschriebene Mitarbeiter „Y", versucht sich darauf einzustellen. „X" erweist sich als Kontrollfreak und „Y" wird zu mehr Verwaltungsarbeit gezwungen, was ihm missfällt und er schaltet seine „Rolle gegenüber Vorgesetzten" um auf Kontaktreduzierung. Der Kunde „Z" reicht eine Auftragsbeschreibung ein; Da „Y" die Zustimmung von „X" braucht, er reicht eine Kopie mit Abwicklungsvorschlag an „X" weiter.

Nachdem „X" zugestimmt erhält der Kunde („Z") die Auftragsbestätigung mit der Kopie des Abwicklungsvertrages.

Der Abwicklungsvorschlag lautet:

„ ... a) Ausgangslage - Istzustand

Die Situation des Betriebes ist dadurch gekennzeichnet, dass Termine beim Kunden oft nicht gehalten werden können.

b) Projektbeschreibung

Folgende Investitionen sind erforderlich (Angabe der Gründe) und Kennzeichnung der Risiken bei der Existenzsicherung, weil Aufträge nicht zeitgerecht bearbeitet wurden, andererseits besteht eine Marktlücke, die nur mit mehr Personal geschlossen werden kann. Wer betreut die neuen Mitarbeiter? Brauchen Sie Unterstützung? Wenn ja, welche?

c) Projektauswirkungen, -ziele

Was wird mit den Investitionen erreicht (Modernisierung der IT-Anwendung; Sicherung der Produktion, Steigerung der Produktionsmenge, Qualitätssteigerung, zusätzliche Arbeitskräften, bessere Absatzmöglichkeiten,

d) Geplante Maßnahmen

Welche Investitionen sind in Zukunft geplant (Bau eines neuen Trakts, neue Zufahrtsstraße, Errichtung einer neuen Werkstatt mit Sozialräumen, Schulung der neuen Mitarbeiter, Terminplan.

e) Berufliche Qualifikation

Angabe der fachlichen Ausbildung (Besuch von einschlägigen Kursen; Praktische Einweisung, Schulungsprogramm mit Anleitung)

f) Offene Regelungen (zusätzliche Informationen gebraucht)

- *Direktvertrieb und/oder Händler?*
- *Wie sollen hygienischen Anforderungen gelöst werde?*
- *Werden die bestehenden Räume zu einem Verkaufs- und Service umgebaut?*
- *Oder wird ein Trakt angebaut?*
- *Wer wickelt ab, wo, wie, wann? (Raumausstattung, Installation, Elektrik, elektronischen Vorkehrungen, IT-Ausstattung, sanitären Einrichtungen) ...“*

Das Projekt läuft und alles scheint zu funktionieren. Nach ca. 6 Monaten gibt es eine Beschwerde des Kunden: „Z“ beanstandet, dass die neuen Mitarbeiter nicht eingesetzt werden können, weil sie weder betreut, noch geschult wurden. Er verlangt Schadenersatz.

„Y“ (Mitarbeiter) wird zu „X“ (Vorgesetzter) gerufen und auch der Kunde „Z“ ist dabei. „Y“ hat das Gefühl „Jetzt geht es mir an den Kragen“; denn „X“ mag mich sowieso nicht, und hört sich dann die grob anmaßend vorgebrachten Vorwürfe des Kunden an.

Bevor er antworten kann, spricht „X“: „Lieber Herr „Z“, Herr „Y“ ist der falsche Adressat. Wir hätten das natürlich alles lösen können und werden es auch noch tun, wenn Sie wollen. Aber im Abwicklungsvorschlag unter b) Projektbeschreibung steht an Sie gerichtet „ ... andererseits besteht eine Marktlücke, die nur mit mehr Personal geschlossen werden kann. Wer betreut die neuen Mitarbeiter? Brauchen Sie Unterstützung? Wenn ja, welche?“

„Z“ schaut nach, ist sehr überrascht und verlegen, entschuldigt sich, lenkt ein und bittet um rasche Lösung der Probleme.

„Y“ (Mitarbeiter) erkennt: Wenn „X“ kein Kontrollfreak gewesen wäre und ihm hätte schaden wollen, dann könnte er gesagt haben „Herr „Y“ da hätten Sie nachfassen müssen, um sicher zu gehen, dass nichts vergessen wurde“, aber „X“ hat ihn („Y“) geschützt.

Er ändert seine „Rolle gegenüber dem Vorgesetzten“ und wird selbst zum Kontrollfreak, um „X“ überzeugt zuzuarbeiten; denn er hat das Gefühl, auf „X“ kann man sich verlassen.

(„6“) Der Realitätsbezug von Informationen und Kommunikation

Die Informationsbeschaffer und –verbreiter müssen Inhalte häufig formulieren, bevor sie die erforderlichen Details kennen. Daher sind die verwerteten Hinweise vielfach unvollständig und unscharf. Der Zeitdruck vom Berichterstatter, möglichst als Erster in den Medien zu erscheinen, muss „aus seinem Gespür“ heraus interpretieren und „mangels Masse“ glaubhafte Überzeugungen „erfinden“.
Früher musste man aufwendig recherchieren, heute gehen wir ins Internet und auf Informationsdatenbanken, aus denen wir Informationen herausholen, ohne zu wissen, ob sie zutreffen oder nicht.

Hinzu kommt, dass das quantitative und qualitative Sprachniveau (Semantik, Syntax, Zeichen, Symbole, Worte, Idiome, Sätze, Zusammenhänge) von Informant und Informationsempfänger sehr unterschiedlich sein können und sich daraus Bedeutungsabweichungen ergeben. Dazu kommen „Erklärungsmodelle"; die selbst dann, wenn der Wortlaut verstanden wird, es häufig an Wissen (z.B. Vorkenntnisse) fehlt und das sequentiell-logische Begreifen (Fachsprache, Folgerichtigkeit) eingeschränkt ist. Wer z.B. nicht Physiker ist oder zumindest tiefe Kenntnisse hat, kann nicht begreifen, wie etwas funktioniert und ob die Fachlogik stimmt oder nicht.

Dem generelle Misstrauen über den „Wahrheitsgehalt der Medien" wird von diesen mit Floskeln und Konjunktiven begegnet: „Es ist nicht auszuschließen, dass …" oder „Ob das Behauptete wirklich geschehen ist? Möglich wäre es?" oder „Der Journalist „…" behauptet, er habe gehört, dass der „…" das … deutlich gesagt hat, was dieser bestreitet."

Lüge oder Unwahrheit: Beides gibt es in den Medien. Die Lüge geschieht absichtlich und bewusst, die Unwahrheit entsteht aus einem Mangel an Wissen, dessen sich der Urheber nicht bewusst ist. Da der Konsument das nicht voneinander unterscheiden kann, ist es letztlich ohne Belang.

(„7") Wie kann man den Informationsgehalt beurteilen?

***Hypothese:** „ … Alle Informationen, die wir aus den Medien und unseren Kontakten erhalten, sind selten zu 100 % richtig. Naturwissenschaftliche Logik (Mathematik, Physik, Chemie usw.) kann man wohl als (weitgehend) richtig betrachten. Sobald wir in den gesellschaftlichen Bereich der „sprachlichen Kommunikation" gelangen und komplexe Phänomene beschreiben, die sich nicht formal exakt oder (mangels geeigneter Informationen) logisch bestimmen lassen und als probabilistisch bezeichnet werden, sind sie zu ca. 80 % (ohne Streuung) fehlerhaft oder falsch, das heißt, dass sie zu weniger als ca. 50 % Wahrscheinlichkeit richtig sind und nur zu ca. 20 % (ohne Streuung) darüber …"*

Wirtschaftliche Interessen, staatliche und offiziöse Institutionen, auch das Militär u.a. neigen manchmal zu narzisstische Zügen und möchten nicht gut, sondern sehr gut dastehen, bewundert werden, vor allem aber mit einer Aura der Kompetenz beeindrucken. Was immer in den offiziellen und privaten Medien veröffentlich wird, ist bis zu 80 % angepasste Verklärung, Übertreibung oder Dramatisierung der im Hintergrund Interessierten.

Leider gibt es keine mir bekannten Untersuchungen, die das zweifelsfrei belegen können. Ich leite diese Behauptung aus der Impulsgebung (Bericht, Erklärung, Anweisungen, Fragen, Übungen, Antworten) von Lehrer und Schüler ab, die wir am Lehrstuhl für Wirtschaftspädagogik (Universität Köln) ausgewertet haben. Diese Analogie mag nicht im vollen Umfang übertragbar sein, aber der Schüler übernimmt tendenziell sein Rollen-verhalten aus der Schule mit.

Immerhin gibt es von https://www.uni-muenster.de/PeaCon/wissmed.html (H. J. Krysman: Erschienen in: Ingrid Lohmann / Ingrid Gogolin (Hg.): Die Kultivierung der Medien, Leske +Budrich, Opladen 2000 Die Transformation der

Massenmedien durch die Welt der ver-netzten Computer - und was Wissenschaft damit zu tun hat: Auszugsweise:

„ …Bei den Machern der Massenmedien ist diese Sicht auf die Welt der vernetzten Computer weit verbreitet. Kaum ein arriviertes Printmedium, dass nicht damit begonnen hätte, seine Archive und Jahrgänge zu digitalisieren und auf den Netzen partiell verfügbar zu machen; kaum ein Redakteur, der nicht im Zuge von Recherchen zahllose Dokumente vom Netz herunterladen würde. Das 'Docuverse' dehnt sich also in der Tat ungeheuer aus. Dennoch ist das nur die halbe Wahrheit, weil selbstverständlich die Welt der Texte nunmehr auch einem ganz neuen, der digitalen Netztechnik entspringenden Gesetz unterliegt: dem Gesetz der nomadisierenden, der 'sinnlosen' Sinnverknüpfungen. Hier werden nicht-intendierte Folgen des Schriftverkehrs aktiviert, welchen weder die Auswerter in den Nachrichtendiensten noch die traditionellen literati gewachsen sind …

Außerdem können Übersetzungen und Sprachanalysen in Windeseile hergestellt werden; die lingua franca des Englischen breitet sich aus, unter deren alles überwucherndem Netz sich zugleich ein neuer Typus von Sprachenvielfalt (durch Übersetzungssoftware an den globalen Prozess gebunden) auf lokaler Ebene etabliert usw. Vor allem aber wird die Welt des verschrifteten Wissens immer stärker in scheinbar lediglich visuelle, in Wirklichkeit aber strukturelle und prozessuale Muster eingebunden, welche - z.B. als 'Interface Culture' (s.u.) - die Entfaltung von gesellschaftlichem Sinn künftig viel stärker bestimmen werden als die verschrifteten Inhalte unserer kulturellen Tradition …“

(„8“) *Realität oder Wahrheit*

Ob wir die Realität wahrnehmen können oder nur ein verschwommenes Abbild, das wir Wahrheit nennen, ist nicht sicher. Es werden Wahrheiten erzeugt, die wir nicht überprüfen können. – Was bedeutet das? Bei der Vielfalt der Reize aus einem Wust von Informationen ist es völlig offen, ob wir jemals die „aktuelle“ Wahrheit erfahren, die der jeweiligen Realität entspricht.
Erst wenn eine Information sich als wahr oder auch unwahr herausstellt (nach langer Zeit, manchmal nach Jahren), dann ist sicher, ob wir zum Zeitpunkt des Informationsbedarfs das Richtige wussten oder eben nicht.

(„9“) Selbstdarstellung

Noch deutlicher ist die Selbstdarstellung, mit der man andere beeindrucken will, warum auch immer. Künstlerische und sportliche Leistungen kann man noch durchgehen lassen, aber wer das nicht bringt und z.B. Artikel in der Presse verbreitet oder gar Bücher schreibt, der muss sich fragen: Braucht das jemand? Hast Du das nötig?

Ja, ich habe das nötig, weil ich sonst nicht weiß, wie ich mich ansonsten „vernünftig und sinnvoll“ beschäftigen soll/kann.

(1) ***Organisation von morgen***

Die Akzeleration und die Dynamik, mit der die Mehrleistung neuer Systeme einhergeht können den Menschen überfordern, weil der gewohnte Wandel der Ziele, der Paradigmen und Szenarien sich von heute auf morgen ändert und Prioritäten, die wir bisher für richtig hielten, an Bedeutung verlieren. Ein Vorbote war die Zeit ab ca. 1950 - 1960 als Computeranwendungen die bis dahin gültigen administrativen Erfahrungen ablösten.

Viele Menschen versuchten diesem Trend zu entgehen, indem sie sich Aufgaben suchten, bei denen das noch nicht der Fall zu sein schien. Ältere gingen aus Angst vor der „EDV" in den Frühruhestand.

Organisation wurde früher als etwas angesehen, dass über längere Zeit Bestand hatte, heute durch den raschen Fortschritt in den Technologien, der Hard- und Software und der Vielfalt an Dienstleistungen, sind die bestehenden Organisationssysteme schon fast überholt, wenn sie erstmalig eingesetzt werden. Dabei geht vor allem darum, dass die neuen Systeme quantitativ und qualitativ deutlich mehr leisten, und wir mit den bestehenden Anwendungen einem zeitlichen Rückstand nachlaufen müssen. Also befinden wir uns in einem ständigen Anpassungsprozess, um Schritt halten zu können.

Aktualität bedeutet in diesem Zusammenhang nicht auf dem zeitlichen Stand der Gegenwart zu sein, sondern zu wissen, was die Kunden morgen brauchen und wie das organisatorisch gewährleistet werden kann.

Das Verblüffende daran ist, das die Kunden selbst nicht wissen, was sie morgen brauchen, aber auch sie müssen etwas tun, um als Wirtschaftseinheiten zu überleben. Mit mehr oder minder großen Erfolg übernehmen Sie die Angebote, die wichtig und aussichtsreich zu sein scheinen, weil sie von „glaubhaften und vertrauenswürdigen Menschen" vorgebracht werden. Das ist nicht ironisch gemeint, weil berechtigtes Vertrauen tatsächlich zum wichtigsten Wert wird. Aber auch das kann natürlich missbraucht werden und zu schwerwiegendem Schaden führen.

Auch wenn viele „Unternehmer" das nicht mehr schaffen, gibt es genügend Personen, die offensichtlich kreative Prozesse nutzen können, Nischen im Leistungsspektrum finden und sehr erfolgreich sind. Und das betrifft nicht nur „Silicon Valley"; manche „Kritiker" denken schon darüber nach, wann „Süd-Ost-Asien" (z.B. China) „Silicon Valley" ablösen wird; und Europa ist auch noch nicht „tot".

A.3.8 Fallstudie 1 – Teil 6: Lösung der Fallstudie) Bewerber der Organisationsleitung und IT-Management, Dr. Andreas Mutmacher (interessanter Bewerber / 38 Jahre)

A.3.8.1 Persönliche Anliegen und generelle Anliegen

*Da **Dr. Andreas Mutmacher** erst kurz im Unternehmen ist, gibt es noch keine Bewertung für persönliche Anliegen. Für ihn gibt es generelle Anliegen mit **55,25 % (Siehe Abb. 58)***

Abb. 58: Zusammenstellung (fachliche und emotionale Stärken)

Bewerber Dr. Andreas Mutmacher		Unternehmer- Familie		Umwandeln in vergleichbare %		
P=10	*(1) Mitarbeiter/Innen*	10	2	8,00	33,33	
P=1	*(2) Fehlern der Vergangenheit*	1	8	7,00	22,22	
P=8	*(3) Alt-IT-Systemen*	8	3	5,00	54,55	
P=3	*(4) Anwenderprogramme*	3	6	3,00	66,67	
P=5	*(5)Kontrollinstanz (erweiterte Revision)*	5	9	4,00	71,43	
P=7	*(6) Führungsteam*	7	5	2,00	83,33	
P=2	*(7) Detaillierter Plan*	2	7	5,00	44,44	
P=4	*(8) Export*	4	1	3,00	40,00	
P=6	*(9) Qualitätssystem*	6	10	4,00	75,00	
P=9	*(10) Projektleiter*	9	4	5,00	61,54	
Summe		55	55	46,00	552,51	55,25
		10	10	0,00	100,00	

*Wenn die Summe aus Zustimmung **unter 70 % liegt“,** muss mit dem/sie Betreffenden gesprochen werden. Das heißt nicht zwingend, dass er/sie für die Stelle nicht in Frage kommt. Wenn er/sie seine Bewertung plausibel erläutern kann, ist es immer noch möglich. Bei wichtigen Zusatzqualifikationen kann das ebenfalls zu Gunsten des/der Bewerbers/In überprüft werden.*

A.3.8.2 Auszug aus der Bewerbung von Dr. Andreas Mutmacher

***(nach https://www.bernd-slaghuis.de/karriere-blog/ehrliche-bewerbung/** Dr. Bernd Slaghuis*
Karriere- und Business-Coach, Steinfelder Gasse 14,50670 Köln)

Als ich Ihre Stellenanzeige las, war ich noch nicht begeistert. Denn schließlich klingt sie wie die vielen anderen, die ich täglich lese und so richtig weiß ich nicht, wen Sie suchen und was genau sich hinter dieser Stelle verbirgt.

Doch das, was ich über Ihr soziales Engagement hier in der Region gelesen habe, hat mich sehr beeindruckt und auch die dargestellten Unternehmenswerte passen gut zu dem, was mir im Beruf wichtig ist

Und ganz nebenbei: Ich möchte meine Lebenszeit nicht länger im Stau verschwenden und suche einen neuen Arbeitgeber.

Auf die Gefahr hin Sie zu erschrecken und gar zu verärgern: Man darf sich nie darauf verlassen, was in einer Bewerbung steht. Die geschliffenen Formulierungen fachlicher und sozialer Kompetenzen sind im Regelfall maßlose Übertreibung und im günstigsten Fall entsprechen sie dem Wunschbild des zukünftigen Arbeitgebers, aber nicht den tatsächlichen Möglichkeiten eines Bewerbers.

In jedem Unternehmen stimmt die organisatorische Realität selten mit dem überein, was man als Sollorganisation haben möchte. Mein Einstieg würde darin bestehen, ihre tatsächlichen Funktionalitäten kennenzulernen und auch das aufzudecken, was informativ und kommunikativ von ihren Mitarbeitern/Innen verstanden und empfunden wird.

Häufig gibt es verdeckte Spannungen, die von Aufgaben und Arbeitsschritten nicht abgebildet werden und darin bestehen, dass Personen und Personengruppen sich mehr oder weniger mit Misstrauen betrachten und mit mehr oder weniger hastigen Improvisationen Fehlfunktionen überwinden. Und das, Sie werden es nicht glauben, ist schon viel an Gutem – ich aber möchte mehr daraus machen.

Wenn Sie der Meinung sind, das trifft für Sie nicht zu. Dann brauchen Sie mich nicht.

Aber vielleicht doch: Wenn Sie einen roten Faden in meinem Lebenslauf suchen, werden Sie keinen finden. „Rote Fäden“ sind von Unternehmen zu Unternehmen sehr unterschiedlich.

Ich sehe mich als Generalist, bin vielseitig interessiert und brauche die Abwechslung im Beruf. Meine Erfahrungen aus unterschiedlichen Branchen und Funktionen sehe ich ebenso als Stärke wie auch die Erlebnisse aus meinen zwei jeweils 12-monatigen Reisen als Auszeiten während der letzten zehn Jahre, überwiegend im Ausland (UK, USA, Kanada, Australien, Frankreich und Japan). Und ich bleibe dabei: Nichts ist vergleichbar und standardisierte Organisationsschemata können immer nur Hilfsmittel sein, die ein Wenig Orientierung geben können und ansonsten sich den realen Erfordernissen anpassen müssen.

Wenn mein zukünftiger Chef mich und seine Teams wertschätzend führt, mich entsprechend meiner Stärken und Talente einsetzt und mir den Freiraum gibt, den ich brauche, dann können wir zusammen gewinnen.

Ich werde auch Fehler machen, besonders zu Beginn, weil eben alles neu für mich ist. Leider gibt es Fehler, die unverzeihlich sind und dem Unternehmen schwerwiegend schaden können. Dann muss ich gehen oder gegangen werden. Das ist so.

Auch diejenigen, denen es nicht gelingt, ihre Fehlerquote mittelfristig abzubauen, müssen umbesetzt oder gar entlassen werden. Das gilt auch für mich.

Ansonsten sehe ich Fehler als Chance, an denen man wachsen kann. Solche Fehler sollte man nicht bestrafen. Aus keinem Ereignis lernt man mehr als aus eigenen Fehlern.

Allein ist man nichts: Daher ist für mich der Erfolg im und als Team sehr wichtig. Als Mitarbeiter werde ich auch kritische Fragen stellen und manchmal unbequem sein. Ich arbeite nicht ab, sondern gestalte mit. Ich möchte Neues lernen und mich persönlich weiterentwickeln. Gerechtigkeit in der Aufgabenverteilung und Vergütung, Freiheit im Denken und Handeln, Freude bei der Arbeit sowie die Identifikation mit meinem Arbeitgeber und seinen Produkten sind mir besonders wichtig.

Mein Feierabend ist mir heilig. Ich arbeite länger, wenn es nötig ist, doch neben dem Beruf habe ich ein Privatleben. Ich werde regelmäßig Urlaub machen. Am Wochenende werde ich nur dann tätig werden, wenn ich das will und wenn ich es einsehe; ansonsten werde nicht erreichbar sein. Ich mag den Austausch mit Kollegen, aber auch meine Ruhe. Geschäftsreisen sind für mich in Ordnung, wenn sie wichtig sind. Wenn ich das nicht einsehe, dann bleibe ich bei meiner Familie zuhause.

Kommunikationsfähig und teamorientiert bin ich – aber Ich denke vor allem strategisch, schaue über den Tellerrand und gehe analytisch an alle Themen heran. Ich bin bei Bedarf sehr durchsetzungsstark und kann dann sehr unbequem werden – sowohl nach unter, aber auch nach oben. Ich bin zwar kompromissfähig, aber wenn es nicht so geht, wie ich es als notwendig erachte, dann gehe ich.

Ich schaffe gerne Strukturen, finde aber auch das Chaos für Kreativität und Innovation hilfreich, wenn es uns voran bringt. Ich bin kein Schwätzer, sondern beobachte und höre zu, bevor ich meine Meinung sage. Ich bin neugierig und offen gegenüber Neuem, Veränderungen sehe ich als Chance. Das erwarte ich auch von meinem Umfeld. Weiterbildung lässt mich wachsen und hat mir in der Vergangenheit viele Impulse gegeben. Hier weiß ich am besten selbst, was mich weiterbringt.

Ich möchte in den nächsten Jahren mehr Verantwortung übernehmen. Karriere um jeden Preis ist jedoch nicht mehr mein Antrieb. Andererseits erkenne ich, wenn ich nicht so gefördert werde, wie ich es verdiene. Das nehme ich nicht hin und scheue keine Konsequenzen. Es ist mir sehr wichtig, meinen Weg zu gehen und nicht nur den, von dem Sie glauben, dass er richtig für mich ist. Den gemeinsamen Weg möchte ich regelmäßig mit meinem Arbeitgeber reflektieren – häufiger als einmal im Jahr im Mitarbeitergespräch.

Ich bin sofort verfügbar. Meine Gehaltsvorstellung? Geld schenkt mir Sicherheit und ich möchte meinen guten Lebensstandard halten. Wenn alles andere erfüllt ist, was mir im Beruf wichtig ist und es zwischen uns menschlich passt, dann bin ich zuversichtlich, dass wir im Gesprächsverlauf auch beim Gehalt zusammenfinden werden.

Treffen wir uns zu einem persönlichen Gespräch, dann gefällt es mir, wenn wir uns auf Augen-höhe begegnen. Ich stehe weder auf Standardfragen zu meinen Stärken und Schwächen, noch auf Persönlichkeitstests und Rätselaufgaben. Ich werde Ihnen nicht jeden Arbeitgeberwechsel der Vergangenheit erklären oder die kleinste Lücke im Lebenslauf begründen. Sie dürfen mich alles fragen, was für Ihre Entscheidung wichtig ist, das gleiche gilt für mich.

Sie werden bequemere Bewerber finden. Ob Sie das wollen, müssen Sie entscheiden.

Wenn Sie jetzt das Gefühl haben, ich passe zu Ihnen sowie ins Team und bin derjenige, dem Sie die Verantwortung für die Aufgaben in dieser Position übertragen möchten, dann rufen Sie mich an und wir suchen nach einen Termin für unser erstes persönliches Kennenlernen.

„... Ein Bewerber, der mit 38 Jahren schon ein Insider in den Märkten ist, spricht zwar außer deutsch nur englisch, aber das fließend wie ein Muttersprachler – sowohl britisch wie amerikanisch wie australisch. Er hat Informatik in den USA studiert und danach Jura in München und Oxford. Danach hat für ein internationales Consultingunternehmen 4 Jahre in USA gearbeitet, 3 Jahre in UK und 4 Jahre in Australien und Neuseeland.

Auszugsweise: Sein Zeugnis liest sich wie eine Bewerbung um den Vorstandsposten bei Apple oder Microsoft.

*... Zielorientierung, Flexibilität, Belastbarkeit ... Die Liste seiner Eigenschaften ist lang. Und seine Anpassungsfähigkeit verändert sich in regelmäßigen Abständen, wenn die Märkte und die Technik es verlangen. Seine „**Innovationsfähigkeit**" für die" digitale Welt" wird gelobt. Seine Innovationsfähigkeit gegenüber den globalen Wettbewerbern ist nachgewiesen. Die Boston Consulting Group hat sie als Referenten eingesetzt und viele bekannte Persönlichkeiten haben von ihm gelernt und in Kommentaren bestätigt, dass er schnell verändernde Kundenansprüche analysieren und aufdecken konnte. Dabei brachte er neue Ideen zur Sprache, die zukunftsweisend waren.*

Er betont, dass Mitarbeiter/Innen der wichtigste Innovationsfaktor sind. Wem es gelingt, die Mitarbeiter/Innen einzubinden und für das Unternehmen zu begeistern, der hat schon fast gewonnen. Neben Innovationsfähigkeit sollte man die Intuition nicht unterschätzen. Er hatte fast immer das richtige Gespür und war mutig genug, das gegen alle massiven Zweifel einzusetzen.

- *Er Informierte uns regelmäßig über neue Trends und Entwicklungen in Ihrer Branche.*
- *Er gab Hinweise über die Entwicklung der Branchen in den kommenden zehn Jahren.*
- *Er diskutierte neue Ideen im Team und aktivierte die Umsetzung.*
- *Seine berufliche Laufbahn zeigte immer nach oben.*

Wenn er die Herausforderungen für den Vertrieb unsere Produkte/unserer Dienstleistungen ging, dann scheute er sich nicht vor den Konsequenzen. Austausch der „nicht mehr aktuellen Qualifikationen" gegen „Nerds"; Umbesetzungen, aber auch Personalabbau waren kein Tabu für ihn. Im Umgang mit Personal- und Betriebsräten war er nicht nur geschickt, sondern auch erfolgreich ...

Fragen, die sich stellen: Warum will sein Arbeitgeber ihn gehen lassen? Warum will er das Unternehmen verlassen?

A.3.8.3 Wie ist die Bewerbung von Dr. Andreas Mutmacher zu bewerten?

*Herr Mutmacher tritt im **„Überlegenheits- und Konfrontationsformat"** an, was manchen beeindrucken mag, andere aber nicht. Diese Form des **Imponiergehabes** findet man häufig im militärischen Bereich und soll den Eindruck vermitteln, dass der **ritualisierte Befehlston** (z.B. Still gestanden!) einerseits als „normal in der Situation" empfunden wird und andererseits befolgt werden muss.*

Die meisten Menschen glauben, sie könnten sich einer solchen Beeinflussung entziehen, aber die Praxis beim Militär zeigt, dass ganz wenige (ca. 1 unter 10.000) das tatsächlich durchhalten. Hinzu kommt der „Chorgeist" der mehrheitlichen Soldaten/ Innen, der Widerständler auf Dauer isoliert und zu Außenseiter stempelt (eine Art „Mobbing", das geduldet wird).

- ***Gegensatzbetonung (taktische Kontroverse)***

***Der erste Absatz** „war ich noch nicht begeistert“ **besagt, dass Herr Mutmacher sich etwas traut (Abwertung der Stellenanzeige), aber dann verstärkt der Absatz** „über Ihr soziales Engagement hier in der Region gelesen habe, hat mich sehr beeindruckt“ **einen größere Dimension des Lobes,** als wenn er auf gleicher Ebene gelobt hätte.*

Als ich Ihre Stellenanzeige las, war ich noch nicht begeistert. Denn schließlich klingt sie wie die vielen anderen, die ich täglich lese und so richtig weiß ich nicht, wen Sie suchen und was genau sich hinter dieser Stelle verbirgt.

Doch das, was ich über Ihr soziales Engagement hier in der Region gelesen habe, hat mich sehr beeindruckt und auch die dargestellten Unternehmenswerte passen gut zu dem, was mir im Beruf wichtig ist

- ***Imponiergehabe: Eigenlob***

aufbauend auf Provokationen und Konfrontationen wird überwiegend von Männern praktiziert, weil es kongruent zurr Sexualwerbung des Mannes steht und in der individuellen Auswirkung genetisch verankert ist. Es erfolgt affektiv bzw. triebhaft (Wut oder Freude, Zorn oder Neugier) und ist emotional echt.

*Wenn Frauen diese Form des Imponiergehabes anwenden, ist das (von Ausnahmen abgesehen) eine Rollenimitation, weil das im Wesentlichen **„gedanklich kalkuliert“** verläuft. Bösartig heißt das, die Frau strebt mit sexuellen Angeboten (Körpersprache, Gestik) ein **Tauschgeschäft** an. Wenn also eine Kontaktperson einen männlichen Bewerber manipuliert hat, wird er seine Gehaltsforderung reduzieren.*

„Ich möchte meine Lebenszeit nicht länger im Stau verschwenden“; Man darf sich nie darauf verlassen, was in einer Bewerbung steht“, „im günstigsten Fall entsprechen sie dem Wunschbild des zukünftigen Arbeitgebers“.

Er stellt sich über die Kompetenz des Arbeitgebers, weil er** „Wunschbild des zukünftigen Arbeitgebers“ **als nicht real betrachtet, nur eine trügerische Hoffnung.

- ***Fachliche Universalität oder „Snakes in Suits“***

können dargestellt werden, indem der Bewerber sich auf Modelle und Systeme bezieht, die in der Praxis noch gar nicht eingesetzt wurden und zum Teil noch nicht einmal bekannt sind.

https://www.karriere.de/meine-skills/demonstrative-inkompetenz-taeusch-dich-hoch/23162138.html:

karriere.de-Redaktion; Christian Rickens (verantwortlich i.S. des Presserechts), Thomas Jahn (stv.); Redaktionelle Leitung: Lazar Backovic; Redaktion: Anne Koschik, Claudia Obmann, Michael Scheppe-Verlag Angebot der Handelsblatt GmbH (Anbieter i.S.d. §§ 5 TMG, 55 RStV) Geschäftsführung: Frank Dopheide, Ingo Rieper, Gerrit Schumann Registergericht: Amtsgericht Düsseldorf, HRB 38183, UID: DE812813090 Toulouser Allee 27, 40211 Düsseldorf, Tel.: +49 (0)211 - 887-0, Fax: +49 (0)211 - 887-2980, E-Mail: handelsblatt@handelsblattgroup.com

Auszugsweise: „...Die britische Arbeitsmarktexpertin Joanne Lindley hat diesen Cheftypus einmal als „Snakes in Suits" bezeichnet. Sie sind Schlangen in Anzügen. Lindley hat in einer viel beachteten Studie untersucht, wie sich ***charakterliche Defizite*** *auf das berufliche Fortkommen auswirken.*

Ergebnis: In Führungsetagen ist ***Narzissmus, Machiavellismus und sogar Psychopathie*** *überdurchschnittlich stark ausgeprägt. Es hilft offenbar beim beruflichen Aufstieg, gut im Lügen ("Ich kann das"), Betrügen ("Ich kann das") und Vortäuschen ("Ich kann das") zu sein ..."*

In jedem Unternehmen stimmt die organisatorische Realität selten mit dem überein, was man als Sollorganisation haben möchte. Mein Einstieg würde darin bestehen, ihre tatsächlichen Funktionalitäten kennenzulernen und auch das aufzudecken, was informativ und kommunikativ von ihren Mitarbeitern/Innen verstanden und empfunden wird.

Fachliche Expertise oder „Snakes in Suits" *sind für den Lesenden oft schwer zu unterscheiden, es sei denn, er ist fachlich dazu in der Lage. Aber es besteht die Möglichkeit, eine Expertise einzuholen oder Assessment Center Übungen mit geeigneten Inhalten einzusetzen.*

- ***Konditionierter Verzicht (verdeckte Drohung)***

Dieser Verzicht ist kalkuliert, *weil er ja will, dass er Recht bekommt und seine Kompetenz unter Beweis gestellt hat, aber es kann auch schief gehen, weil der Arbeitgeber sich nicht gern drohen lässt.*

Häufig gibt es verdeckte Spannungen, die von Aufgaben und Arbeitsschritten nicht abgebildet werden und darin bestehen, dass Personen und Personengruppen sich mehr oder weniger mit Misstrauen betrachten und mit mehr oder weniger hastigen Improvisationen Fehlfunktionen überwinden. Und das, Sie werden es nicht glauben, ist schon viel an Gutem – ich aber möchte mehr daraus machen.

Wenn Sie der Meinung sind, das trifft für Sie nicht zu. Dann brauchen Sie mich nicht.

- ***Roter Faden versus Mut zur Lücke***

Aber vielleicht doch: Wenn Sie einen roten Faden in meinem Lebenslauf suchen, werden Sie keinen finden. „Rote Fäden“ sind von Unternehmen zu Unternehmen sehr unterschiedlich.

https://www.absolventa.de/karriereguide/ratgeber-bewerbung/roter-faden
Absolventa, GmbH, Berlin

„ ... Das Wichtigste im Lebenslauf ist, dass er schön geradlinig ist – wurde dir das auch eingeredet? Vor einigen Jahren mag das noch zutreffend gewesen sein, aber der Arbeitsmarkt, die Bedürfnisse der Arbeitnehmer und der Unternehmen haben sich verändert. Hier erfährst du, worauf es im Lebenslauf heutzutage ankommt und warum der ein oder andere Bruch darin zum Erfolg führen kann ...“

„ ... Die Arbeitswelt ist flexibler geworden und legt darauf auch viel Wert. Das hat natürlich viele Vorteile: Bist du unzufrieden in deinem Job, kommst du schnell raus, und interessieren dich verschiedene Bereiche, kannst du dich ausprobieren und unterschiedlichste Erfahrungen sammeln. Doch was für einen Eindruck macht es auf potenzielle Arbeitgeber, wenn dein Lebenslauf Brüche hat oder der rote Faden eher bunt ist? ...“

*Diese Einstellung beruht auf der Annahme, dass **Unregelmäßigkeiten und spontane Einschübe** interessant sind und Neugier erzeugen und ein **Signal der Flexibilität** in einer variablen multidimensionalen Welt sind.*

Das hängt wie immer von denjenigen ab, die über Bewerbungen entscheiden und deren Einstellung durchaus anders liegen können.

(6) Spezialist oder Generalist

***Wer sich als Generalist empfiehlt, will weit nach oben.** Die gesamte Bewerbung ist so angelegt.*

Das ändert nichts daran, dass gewisse Aufgaben Spezialisten erfordern, ohne deren spezifische/s Wissen, Kenntnisse und operative Erdauerung entsprechende Aufgaben nicht gelöst werden. Man denke an Handwerker, IT-Organisatoren, Dolmetscher u.a. Ob Generalisten mit Spezialisten konkurrieren müssen, ist m.E. eher der formale Ausnahmefall, aber es kann natürlich ein Vorteil sein, wenn der Generalist auch Spezialist in bestimmten Gebieten ist.

Ich sehe mich als Generalist, bin vielseitig interessiert und brauche die Abwechslung im Beruf. Meine Erfahrungen aus unterschiedlichen Branchen und Funktionen sehe ich ebenso als Stärke wie auch die Erlebnisse aus meinen zwei jeweils 12-monatigen Reisen als Auszeiten während der letzten zehn Jahre, überwiegend im Ausland (UK, USA, Kanada, Australien,

Frankreich und Japan). Und ich bleibe dabei: Nichts ist vergleichbar und standardisierte Organisationsschemata können immer nur Hilfsmittel sein, die ein Wenig Orientierung geben können und ansonsten sich den realen Erfordernissen anpassen müssen.

- ***Konditionierte Aktivitäten (verdeckte Drohung)***

Es ist ungewöhnlich, dass Fehler in einer Bewerbung erwähnt und

Wenn mein zukünftiger Chef mich und seine Teams wertschätzend führt, mich entsprechend meiner Stärken und Talente einsetzt und mir den Freiraum gibt, den ich brauche, dann können wir zusammen gewinnen.

- ***Fehlertoleranz Und Fehlerakzeptanz***

*Es ist ungewöhnlich, dass **Fehler in einer Bewerbung erwähnt und toleriert werden** (besonders zu Beginn einer Beschäftigung),*

*aber als unverzeihlich **betrachtete Fehler** (vermeidbare Fehler, bekannte, nicht vermeidbare Fehler, nicht antizipierbare Fehler, Fehlervermeidung, Fehlerkorrektur) ahndet und **Stellenumbesetzungen bis Entlassungen** (auch der eigenen Person) akzeptiert*

Ich werde auch Fehler machen, besonders zu Beginn, weil eben alles neu für mich ist. Leider gibt es Fehler, die unverzeihlich sind und dem Unternehmen schwerwiegend schaden können. Dann muss ich gehen oder gegangen werden. Das ist so.

Auch diejenigen, denen es nicht gelingt, ihre Fehlerquote mittelfristig abzubauen, müssen umbesetzt oder gar entlassen werden. Das gilt auch für mich.

Ansonsten sehe ich Fehler als Chance, an denen man wachsen kann. Solche Fehler sollte man nicht bestrafen. Aus keinem Ereignis lernt man mehr als aus eigenen Fehlern.

- ***Gruppen- bzw. Teambezug***

*Allein ist man nichts: Daher ist für mich der **Erfolg im und als Team** sehr wichtig. Als Mitarbeiter werde ich auch kritische Fragen stellen und manchmal unbequem sein. Ich arbeite nicht ab, sondern gestalte mit. Ich möchte Neues lernen und mich persönlich weiterentwickeln. Gerechtigkeit in der Aufgabenverteilung und Vergütung, Freiheit im Denken und Handeln, Freude bei der Arbeit sowie die Identifikation mit meinem Arbeitgeber und seinen Produkten sind mir besonders wichtig.*

- ***Freizeitanspruch als konditionierte Aktivität (verdeckte Drohung)***

  Mein Feierabend ist mir heilig. Ich arbeite länger, wenn es nötig ist, doch neben dem Beruf habe ich ein Privatleben. Ich werde regelmäßig Urlaub machen. Am Wochenende werde ich nur dann tätig werden, wenn ich das will und wenn ich es einsehe; ansonsten werde nicht erreichbar sein. Ich mag den Austausch mit Kollegen, aber auch meine Ruhe. Geschäftsreisen sind für mich in Ordnung, wenn sie wichtig sind. Wenn ich das nicht einsehe, dann bleibe ich bei meiner Familie zuhause.

- ***Schlüsselqualifikationen in der betrieblichen Praxis (Betonung formaler und psycho-sozialer Fähigkeiten)***

  Nach dem Vorspann (1 bis 9, der so aufgebaut ist, dass er die Erwartungen steigert, folgt jetzt ein Feuerwerk an im Wesentlichen für den Arbeitgeber positiven Eigenschaften, aber er singt nicht wie Frank Sinatra, aber er betont

  „I do / ddi it my way." (Unterton: Richtet Euch danach)

  - ***Kommunikationsfähig und teamorientiert** bin ich –*

    - ***aber ich denke vor allem strategisch,***
    - ***schaue über den Tellerrand** und gehe*
    - ***analytisch an alle Themen** heran. Ich bin bei Bedarf*
    - ***sehr durchsetzungsstark** und kann dann sehr unbequem werden – sowohl nach unter, aber auch nach oben. Ich bin zwar*
    - ***kompromissfähig**, aber wenn es nicht so geht, wie ich es als notwendig erachte, dann gehe ich.*
    - *Ich **schaffe gerne Strukturen**, finde aber auch das*
    - ***Chaos für Kreativität und Innovation** hilfreich, wenn es uns voran bringt. Ich bin*
    - ***kein Schwätzer**, sondern beobachte und höre zu, bevor ich meine Meinung sage. Ich bin*
    - ***neugierig und offen gegenüber Neuem**,*
    - ***Veränderungen sehe ich als Chance.** Das erwarte ich auch von meinem Umfeld. Weiterbildung lässt mich wachsen und hat mir in der Vergangenheit viele Impulse gegeben. Hier weiß ich am besten selbst, was mich weiterbringt.*

      Ich möchte in den nächsten Jahren

    - ***mehr Verantwortung übernehmen**. Karriere um jeden Preis ist jedoch nicht mehr mein Antrieb. Andererseits erkenne ich, wenn ich nicht so gefördert werde, wie ich es verdiene. Das nehme ich nicht hin und scheue keine Konsequenzen.*

- *Es ist mir sehr wichtig,* ***meinen Weg zu gehen*** *und nicht nur den,* ***von dem Sie glauben, dass er richtig für mich ist.***

- *Den* ***gemeinsamen Weg*** *möchte ich regelmäßig mit meinem Arbeitgeber reflektieren – häufiger als einmal im Jahr im Mitarbeitergespräch.*

  Ich bin sofort verfügbar. Meine Gehaltsvorstellung? Geld schenkt mir Sicherheit und ich möchte meinen guten Lebensstandard halten. Wenn alles andere erfüllt ist, was mir im Beruf wichtig ist und es zwischen uns menschlich passt, dann bin ich zuversichtlich, dass wir im Gesprächsverlauf auch beim Gehalt zusammenfinden werden.

- *Er betont wieder* ***Konditionierte Aktivitäten (verdeckte Drohung),*** *um unbe-queme Fragen gar nicht erst aufkommen zu lassen.*

  - *Treffen wir uns zu einem* ***persönlichen Gespräch****, dann gefällt es mir, wenn wir uns* ***auf Augenhöhe*** *begegnen. Ich stehe*

  - ***weder auf Standardfragen zu meinen Stärken und Schwächen,***

    noch auf Persönlichkeitstests und Rätselaufgaben*.*

    Ich werde Ihnen

    nicht jeden Arbeitgeberwechsel der Vergangenheit erklären oder die kleinste Lücke im Lebenslauf begründen.

    Sie dürfen mich alles fragen,

    was für Ihre Entscheidung wichtig ist, das gleiche gilt für mich.

- ***Unterton: Imponiergehabe: Eigenlob***

  - *Sie werden bequemere Bewerber finden. Ob Sie das wollen, müssen Sie entscheiden.*

  Entweder Sie nehmen mich so wie ich bin oder verzichten darauf.

  (Wehe nicht) *Wenn Sie jetzt das Gefühl ich passe zu Ihnen sowie ins Team und bin derjenige, dem Sie die Verantwortung für die Aufgaben in dieser Position übertragen möchten, dann rufen Sie mich an und wir suchen nach einen Termin für unser erstes persönliches Kennenlernen.*

Würdigung – sowohl positiv wie negativ (Problem der Glaubwürdigkeit)

„„… Ein Bewerber, der mit 38 Jahren schon ein Insider in den Märkten ist, spricht zwar außer deutsch nur englisch, aber das fließend wie ein Muttersprachler – sowohl britisch wie amerikanisch wie australisch. Er hat Informatik in den USA studiert und danach Jura in München und Oxford. Danach hat für ein internationales Consultingunternehmen 4 Jahre in USA gearbeitet, 3 Jahre in UK und 4 Jahre in Australien und Neuseeland.

Auszugsweise: Sein Zeugnis liest sich wie eine

- ***Bewerbung um den Vorstandsposten*** *bei Apple oder Microsoft.*
- ***Zielorientierung, Flexibilität, Belastbarkeit*** *... Die Liste seiner Eigenschaften ist lang. Und seine*

- ***Anpassungsfähigkeit*** *verändert sich in regelmäßigen Abständen, wenn die Märkte und die Technik es verlangen.*

- *Seine „**Innovationsfähigkeit**" für die" digitale Welt" wird gelobt. Seine Innovationsfähigkeit **gegenüber den globalen Wettbewerbern** ist nachgewiesen.*

  Die Boston Consulting Group hat sie als Referenten eingesetzt und viele bekannte Persönlichkeiten haben von ihm gelernt und in Kommentaren bestätigt, dass er schnell verändernde Kundenansprüche analysieren und aufdecken konnte. Dabei brachte er neue Ideen zur Sprache, die zukunftsweisend waren.

  Er betont, dass

- ***Mitarbeiter/Innen der wichtigste Innovationsfaktor*** *sind. Wem es gelingt, die Mitarbeiter/Innen einzubinden und für das Unternehmen zu begeistern, der hat schon fast gewonnen.*

*Neben **Innovationsfähigkeit** sollte man die **Intuition nicht unterschätzen**. Er hatte fast **immer das richtige Gespür und war mutig genug**, das gegen alle massiven Zweifel einzusetzen.*

- *Er Informierte uns regelmäßig über neue Trends und Entwicklungen in Ihrer Branche*
- *Er gab Hinweise über die Entwicklung der Branchen in den kommenden zehn Jahren.*
- *Er diskutierte neue Ideen im Team und aktivierte die Umsetzung.*
- *Seine berufliche Laufbahn zeigte immer nach oben.*

Wenn er die Herausforderungen für den Vertrieb unsere Produkte/unserer

*Dienstleistungen ging, dann scheute er sich nicht vor den Konsequenzen. Austausch der „nicht mehr aktuellen Qualifikationen" gegen „Nerds"; **Umbesetzungen, aber auch Personalabbau waren kein Tabu für ihn.***

*Im Umgang mit Personal- und Betriebsräten **war er nicht nur geschickt, sondern auch erfolgreich ...***

Ob die folgenden Fragen beantwortet wurden, müssen die Verantwortlichen selbst entscheiden und das dürfte angesichts aller Provokationen unterschiedlich sein.

- ***Warum will sein Arbeitgeber ihn gehen lassen?***
- ***Warum will er das Unternehmen verlassen?***

*Herr Mutmacher will mit dem **„Überlegenheits- und Konfrontationsformat"** erreichen, dass alle beeindruckt sind. Diese Form des **Imponiergehabes** soll den Eindruck vermitteln, dass diese Bewerbung progressiv, modern und attraktiv ist und will dem Leser suggerieren: Das ist der Richtige. Dieser und kein anderer. Gleichzeitig provoziert sie den Arbeitgeber und nimmt für den Bewerber Rechte in Anspruch, die man in früheren Zeiten um jeden Preis vermieden hätte.*

Ob das im Durchschnitt bei allen Arbeitgebern gut ankommt oder nicht, ist bisher nicht eindeutig zu belegen.

A.3.9 Risiken und Konflikte in der Kommunikation (neutral, synchron, asynchron)

A.3.9.1 Quantitative Modelle (Beispiel)

Dieses Modell ist stark vereinfacht und müsste in der Realität detaillierter abgeleitet und beschrieben sein. Differenzen von mehr als dem Durchschnitt (6,75) sprechen dafür, dass die Partner schwerer mit einander auskommen könnten. Zunächst geht es um das summarische Verhältnis zur Unternehmerfamilie.

Vorausgesetzt, dass die Hypothese richtig ist, wären Peter Expeer (Abweichung = 11.3) und Dr. Andreas Mutmacher (Abweichung = 12,1) zu hoch, um mit der Unternehmer-familie Einvernehmen zu erzielen. Hier wären psycho-soziale Vorkehrungen ratsam, zumindest klärende Gespräche und gruppendynamische Prozesse (z.B. mit gezielten Workshops).

Sehr nah ist Manfred Richter (Abweichung = 0,3), vertretbar sind Peter van Expeer (Abweichung = 4,6) und Sabine (Abweichung = 4,3). Bei Manfred Petersen (Abweichung = 7,9) ist der Wert noch unterschwellig und wahrscheinlich nicht brisant.

Abb. 59: Risiken und Konflikte in der Kommunikation (neutral, synchron, asynchron) Quantitative Modelle (Beispiel)

Gesamttabelle (Verhältnis zur Unternehmerdamilie)		Unternehmer Familie	Manfred Richter	Dr. Hans Dominik	Pieter van Expeer	Manfred Petersen	Bewerberin Sabine Denkter	Bewerber Dr. Andreas Mutmacher
P=10	(1) Mitarbeiter/Innen	**10**	9	1	2	7	8	2
P=1	(2) Fehlern der Vergangenheit	**1**	1	10	1	8	2	8
P=8	(3) Alt-IT-Systemen	**8**	8	4	6	6	9	3
P=3	(4) Anwenderprogramme	**3**	2	5	7	9	3	6
P=5	(5)Kontrollinstanz (erweiterte Revision)	**5**	4	6	6	2	6	9
P=7	(6) Führungsteam	**7**	7	9	5	1	5	5
P=2	(7) Detaillierter Plan	**2**	3	7	4	4	7	7
P=4	(8) Export	**4**	5	2	8	5	1	1
P=6	(9) Qualitätssystem	**6**	6	3	9	3	10	10
P=9	(10) Projektleiter	**9**	10	8	10	10	4	4
Summe		**55**	55	55	58	55	55	55
		10	10	10	10	10	10	10
Unternehmer-Familie		38,5	38,2	27,2	33,9	30,6	34,2	26,4
Formel für Durchschnitt ohne Unternehmer-Familie		*6,75*	*0,3*	*11,3*	*4,6*	*7,9*	*4,3*	*12,1*

=((F32-G32)+(F32-H32)+(F32-I32)+(F32-J32)+(F32-K32)+(F32-L32))/6

Dieses Modell ist stark vereinfacht und müsste in der Realität detaillierter abgeleitet und beschrieben sein.
Differenzen von mehr als dem Durchschnitt (6,75) sprechen dafür, dass die Partner schwerer mit einander auskommen könnten.
Zunächst geht es um das summarische Verhältnis zur Unternehmerfamilie.

Formel für Unternehmer-Familie (Maximum=38,5)

=((F8*F8)+(F10*F10)+(F12*F12)+(F14*F14)+(F16*F16)+(F18*F18)+(F20*F20)+(F22*F22)+(F24*F24)+(F26*F26))/10

Formel bei Manfred Richter (Beispiel)

=((G8*F8)+(G10*F10)+(G12*F12)+(G14*G14)+(G16*F16)+(G18*F18)+(G20*F20)+(G22*F22)+(G24*F24)+(G26*F26))/10

A.3.9.2 Qualitative Modelle (Beispiel)

Wir bauen auf dem quantitativen Modell auf und verfeinern das mit einem Frage-Antwort-Modell. Bei Einstellungsinterviews haben die Fragenden durchaus unterschiedliche Vorstellungen. Was der eine als neutral oder angemessen oder positiv bewertet, kann ein Anderer durchaus unterschiedlich empfinden und bewerten.

Fragen, deren Sinngehalt mit der Aufgabe zusammenhängt, sind im Regelfall leicht zu beantworten.Aber jeder Interviewer ist unsicher, ob die vom Bewerber gegebenen Antworten aufdecken, wo die Schwächen des Bewerbers liegen.

Einfacher strukturiert sind Fragen nach dem Engagement für eine Stelle bzw. Aufgabe: Wenn die Frage lautet „Wie verbringen Sie Ihre Freizeit?“ und „Wie oft können Sie Ihren Hobbys nach-gehen?“, dann ist Vorsicht geboten, denn es um den Ablenkungsfaktor, der dazu führen könnte, dass Sie früher nach Hause und, statt zu arbeiten, ihren Hobbys nachgehen.

Dazu gibt es sehr unterschiedliche Fragstellungen, vor allem dann, wenn sie in den Bereich der Fangfragen gehören, wie sie in den nachfolgenden Tabellen dargestellt sind.

Abb. 60: Risiken und Konflikte in der Kommunikation (neutral, synchron, asynchron) Qualitative Modelle (Beispiel)

	A	B	C	D	E	F	G	H	I	J
1							Bewerberin	Bewerber		
2			Manfred	Dr. Hans	Pieter	Manfred	Sabine	Dr. Andreas		
3			Richter	Dominik	van Expeer	Petersen	Denkter	Mutmacher		
4										
5										
6										
7			38,2	27,2	33,9	30,6	34,2	26,4		
8										
9	(100 % = 38,5)		99,22%	70,65%	88,05%	79,48%	88,83%	68,57%		
10										
11	Summe Fragen:		40	35	38	30	39	28		
12	(Maximum: 45)		88,89%	77,78%	84,44%	66,67%	86,67%	62,22%		
13										
14	Gesamtwert : Mittel aus									
15	beiden Werten		94,05%	74,21%	86,25%	73,07%	87,75%	65,40%		
16										
17	"Frage-Antwort-Modell"									
18										
19	Erklären Sie einem Blinden die Farbe Rot.									
20	Was ist Ihr persönliches Geheimnis?									
21	Welche drei positiven Charaktereigenschaften fehlen Ihnen?									
22	Welche Rolle spielt Geld für Sie?									
23	Welche Bücher haben Ihren Werdegang am meisten beeinflusst?									
24										

Abb. 61:Risiken und Konflikte in der Kommunikation (neutral, synchron, asynchron) (Alternative Einordnung)

	A	B
25		
26	"1"	Erklären Sie einem Blinden die Farbe Rot.
27		
28	Antwort 1	Punktzahl 9: Ohne für den Blinden nachvollziehbaren Erklärungsmodell ist das unsinnig.
29	Antwort 2	Punktzahl 6 Rot kann üblicherweise mit Hitze assoziiert werden.
30	Antwort 2	Punktzahl 3: Erkläre, dass ein intensiv süßer Geschmack rot ist.
31		
32	"2"	Was ist Ihr persönliches Geheimnis?
33		
34	Antwort 1	Punktzahl 9 Das geht Sie nichts an.
35	Antwort 2	Punktzahl 6 Ich habe keine Geheimnisse.
36	Antwort 2	Punktzahl 3 Wenn Sie Ihr persönliches Geheimnis erzählen, dann erzähle ich meines auch.
37		
38	"3"	Welche drei positiven Charaktereigenschaften fehlen Ihnen?
39		
40	Antwort 1	Punktzahl 9 Keine
41	Antwort 2	Punktzahl 6 Die kennt nur mein Psychater.
42	Antwort 3	Punktzahl 3 Wenn ich sie wüsste, würde ich sie Ihnen erzählen.
43		
44	"4"	Welche Rolle spielt Geld für Sie?
45		
46	Antwort 1	Punktzahl 9 Ich denke kaum daüber nach, aber ich nehme alles, lieber mehr als zu wenig.
47	Antwort 2	Punktzahl 6 Eine gute Leistung sollte auch gut mit Geld bezahlt werden.
48	Antwort 3	Punktzahl 3 Geld spielt für mich keine Rolle.
49		
50	"5"	Welche Bücher haben Ihren Werdegang am meisten beeinflusst?
51		
52	Antwort 1	Punktzahl 9 Am wichtigsten waren die Schulbücher und die Fachbücher im Studium
53		und in der Berufsausbildung. Aber das wollen Sie wahrschinlich gar nicht wissen:
54		Vom Winde verweht, Margaret Mitchell ; Der kleine Prinz, Antoine de Saint-Exupéry;
55		Wem die Stunde schlägt, Ernest Hemingway, usw.
56		
57	Antwort 2	Punktzahl 6 Ich habe Kant gelesen und kaum verstanden: Ich habe Heinrich Spörl gelesen
58		und verstanden, Man kann ruhig darüber sprechen, Die Feuerzangenbohle usw.
59		
60	Antwort 3	Punktzahl 3 die Bibel und das Gesangbuch.
61		

B. Fallstudie am Beispiel des Flughafen Berlin Brandenburg GmbH, "Willy Brandt"

B.0 Ist-Situation und Ausgangslage zur Fallstudie

B.0.1 Beschränkung auf das Wichtige und Notwendige

Die Fallstudie verwendet Begriffe und Kontexte aus den Medien.

Es geht im Folgenden nicht darum, dass ICH es hätte besser machen können. Dazu fehlen umfängliche Informationen und das wäre auch Anmaßung an Kompetenzen und Fachwissen, das versuchen zu wollen.

Es gibt vermutlich niemanden, der das ohne Überheblichkeit von sich behaupten kann,

(„1") **Projektobjektiviät:** *aber es geht darum zu erkennen,*

- *ob Großprojekte dieser Art überhaupt so riesig* **(Projektumfang)** *starten sollten und*
- *ob die Reduzierung auf* **übersichtliche Projekteinheiten** *hätte besser sein können.*

(„2") **Advocatus Diaboli:** *Es gibt aber auch die These, dass der Ablauf im Geheimen so wie geschehen geplant war, um die tatsächlichen Investitionen und Kosten zu verschwei-gen, nur schrittweise mit zeitlicher Verzögerung Kostenerhöhungen geltend zu machen und damit eine Nichtgenehmigung oder einen Projektabbruch zu vermeiden. - Das klingt so absurd, dass es wahr sein könnte.*

Es ist der begriffliche und kontextuelle Rahmen für diese Fallstudie. Ähnlichkeiten sind als Bezug gewollt, nicht aber der Anspruch, es besser bewältigen zu können.

Aber der Umfang und die Komplexität des Gesamtprojektes soll schon simuliert werden.

Ziele, Motive, Vorgaben und auftretenden Schwierigkeiten und Lösungsansätze werden von Ihnen gewichtet und entschieden. Quantifizieren Sie Ertrags- und Kostenstrukturen so weit möglich. Manche Entscheidungen ergeben sich aus Wirtschaftlichkeitserwägungen, andere betreffen vor allem die Zustimmung und Akzeptanz der Kunden, Zulieferer und Dienstleister (Güter, Waren, Leistungen – Orgware, Hardware, Software – Beratung, Planung, Kontrolle, Steuerung).

B.0.2 Ist-Situation und Ausgangslage zur Fallstudie

B.0.2.1 Aufgaben und Arbeitsschritte

Angesichts der Vielfalt an Informationen und komplexen Zusammenhänge ist es falsch, alles auf einmal machen zu wollen. Die Aufgaben und Arbeitsschritte, die für das Projekt am wichtigsten sind, sollten 1. Priorität erhalten.

Dabei geht es einmal um Funktionsfähigkeit und um Attraktivität

- ***Problemlösungen ohne Komfort***

- *Investitionen und Leistungen, die für das Erscheinungsbild unbedeutend sind,*
- *aber preiswert funktionieren müssen (z.B. Servicefunktionen im Hintergrund)*

- *und* ***Problemlösungen mit Komfort***

  - *Investitionen und Leistungen, die für das öffentliche Erscheinungsbild z.B. beim Kunden) funktionieren und Attraktivität ausstrahlen müssen*

(z.B. angenehme Umgebung, Bedienkomfort, bequeme und rasche Abfertigung)

- *und deshalb auch höhere Aufwendungen an Investitionen und Leistungen verursachen.*
- *Stellen Sie alles zurück, was funktionell und zeitlich nachrangige Priorität haben kann,*
- *aber spätestens dann aktiviert wird, wenn der Vorlauf es erfordert und*
- *die Funktionsfähigkeit der konkreten Aufgaben unter Beweis gestellt werden muss.*

Wenn man sich Projekte aller Art ansieht, ist man zunächst überwältigt, aber die Realität ist anscheinend eine andere.

http://www.spiegel.de/wirtschaft/soziales/grossprojekte-in-deutschland-die-top-und-flop-ten-a-1033977.html:

„...Doch auch im Detail verblüffen die Ergebnisse der Studie. So waren es weniger Bauprojekte wie die berüchtigten Flughäfen, Bahnhöfe oder Konzerthäuser, die ihren Kostenrahmen besonders drastisch sprengten - fertiggestellte Verkehrswege kosteten im Schnitt 33 Prozent mehr als geplant, Gebäude wurden durchschnittlich um 44 Prozent teurer ...“

http://www.berlin-airport.de/de/unternehmen/ueber-uns/unternehmensorganisation/geschaeftsfuehrung/index.php: Berlin Brandenburg GmbH

Abb. 62: Berlin-Airport; Unternehmensorganisation/ Geschaeftsfuehrung

Beteiligungsstruktur: „ .... Die Gesellschafter der Flughafen Berlin Brandenburg GmbH (FBB) sind mit jeweils einem Anteil von 37 Prozent die Länder Berlin und Brandenburg sowie die Bundesrepublik Deutschland mit einem Anteil von 26 Prozent ...“

Compliance Management: „ .... Für die Flughafen Berlin Brandenburg GmbH stehen Offenheit, Wertschätzung, Verbindlichkeit, Leistungsbereitschaft und Wirtschaftlichkeit im Mittelpunkt des Handelns. Wir fördern die Kenntnis der geltenden Gesetze, Richtlinien und internen Anweisungen, die für die FBB relevant sind u. a. durch Schulungen, Flyer und Artikel in der Mitarbeiterzeitung. Innerhalb unseres Regelungsrahmens ist die Stärkung einer Compliance-Kultur, die auf verbindlichen Werten und ethischen Standards basiert, ein wichtiger Bestandteil der Unternehmenskultur. Unterstützend wurden ein Compliance Management System sowie ein Hinweisgebersystem etabliert ...“

B.0.2.2 Corporate Governance Berichte der Flughafen Berlin Brandenburg GmbH

„ ... Auf Beschluss der Gesellschafter der Flughafen Berlin Brandenburg GmbH kommt bei der Gesellschaft der Corporate Governance Kodex für die Beteiligungen des Landes Brandenburg an privatrechtlichen Unternehmen (CGK Brandenburg) mit den dort enthaltenen Regeln für die Unternehmen (Abschnitt VI.) zur Anwendung. Für das

Geschäftsjahr 2011 wurde der Corporate Governance Bericht erstmals auf der Basis der aktualisierten Fassung des CGK Brandenburg vom 21.September 2010 erstellt ...“

Großprojekte wie der Flughafen Berlin Brandenburg „Willy Brandt“ (Finanzbedarf September 2006 2 Mrd. EUR; Juni 2014 5,4 Mrd. EUR bis zum Abschluss ca. 6,5 Mrd.) werden nicht im vorgesehen Zeitrahmen abgeschlossen, vermutlich, weil ein umfassendes Projektcontrolling und eine übergreifende Koordination (Multiprojektmanagement) fehlen bzw. nicht funktionieren. Und das, obwohl syndikatsähnliche „Joint Venture Verbindungen auf Vertragsbasis“ (Beteiligungsstruktur - Länder Berlin, Brandenburg und die Bundesrepublik Deutschland, Bundes- und Landesregierungen, Gesellschafterversammlung, Aufsichtsrat und Geschäftsführung, Konsortien, Behörden jeglicher Art, Körperschaften – wie der TÜV, Krisenmanagement, Unternehmens- und Projektberatungen, Großunternehmen wie Lieferanten usw.) dahinter stehen.

Dazu kommt eine moralisch-rechtliche Komponente mit Compliance Management (Kenntnis und Anwendung der geltenden Gesetze, Richtlinien und internen Anweisungen) und Corporate Governance (Regeln guter und verantwortungsvoller Unternehmensleitung und –kontrolle, Transparenz des Leitungs- und Kontrollsystems gegenüber der Öffentlichkeit); das bezeichnet die im Unternehmen eingerichteten Maßnahmen und Prozesse, um Regelkonformität, Nachvoll-ziehbarkeit und Gleichbehandlung sicherzustellen.

B.0.2.3 Alternative Betrachtung

Was muss ein Organisator nach diesen Ausführungen bedenken: Es ist Vorsicht geboten, nicht aber Passivität, auch bei Projekten, die als relativ unbedeutend angesehen werden: Wer Projekte definiert und ausschreibt, sollte bei der Vielfalt aller Faktoren die Risiken erkennen, nach Möglichkeit eingrenzen und versuchen nur das methodisch (ggf. zeitlich versetzt / Stufenplan) in die Praxis umzusetzen, was tatsächlich zu definierten Terminen gebraucht wird. Es kommt nicht darauf an, die eleganteste Lösung zu finden (im Regelfall zu teuer), sondern die geeignete.

https://www.merkur.de/lokales/flughafen-muenchen/flughafen-muenchen-zog-vor-25-jahren-von-riem-ins-erdinger-moos-8318564.html / http://www.flughafen-riem.de/1992/flughafenumzug-muenchen/:

Samstag, 16. Mai 1992 - Flughafen München, der Umzug nach Erding

„ ... Am 16.05.1992 fand der bislang größte Umzug in der europäischen Luftfahrt innerhalb von nur 16 Stunden statt: Der Flughafen Riem wurde an den neuen Franz-Josef-Strauß Flughafen im Erdinger Moos verlegt. Mehr als 2 Jahre hatte das 20-köpfige Organisationsteam um den 35 Jahre jungen Kuno Kirchner, den Leiter der Umzugsplanung den Umzug geplant und vorbereitet. Zwar konnten einige Umzugsaktivitäten schon im voraus bzw. im Nachgang erledigt werden, aber 500 “Fahrzeugbewegungen” konnten unvermeidlich nur in der Nacht zum 17. Mai stattfinden. Denn ein Großteil der Fahrzeuge und Geräte wurde bis zuletzt in Riem benötigt und musste pünktlich beim ersten Start am neuen Franz-Josef-Strauß Flughafen einsatzbereit sein. Mit dem Flughafenumzug wurden auch parallel 170 Firmen von Riem nach Erding umgezogen, die ebenfalls in die Planung von Kuno Kirchner auftauchten. Denn er hatte die Unternehmen zu einem gemeinsamen Umzug gedrängt um letztlich das perfekte Chaos und Engpässe bei Speditionsresourcen zu vermeiden ...“

Abb. 63: *Von Riem zum Flughafen im Erdinger Moos*

Der Flughafen zieht um: Lastwagen fahren Fluggasttreppen am 16. Mai 1992 im Konvoi von Riem zum Flughafen im Erdinger Moos.Aber was hätte man mit geringerem Aufwand tun können, ohne das Gesamtziel aufzugeben? Der Umzug des Münchner Flughafens Riem nach Erding (Erdinger Moos) hätte in der ersten Phase ein Muster für den Umzug des Tegeler Flughafens (Flughafen Tegel - Berlin Airport) zum neuen Standort sein können. Der spätere Ausbau zum Großflughafen Flughafen Berlin Brandenburg „Willy Brandt" hätte mit weniger Zeitdruck erfolgen können. Dass der Flughafen Berlin-Schönefeld ebenfalls betroffen sein könnte, wird in der Fallstudie nicht thematisiert.

B.1 Rahmendaten und Prämissen für Flughäfen

B.1.1 Prinzipielle Flughafeninfrastruktur (Wikipedia)
(Formale und informelle Wirkungen)

Flughäfen haben nicht nur technologisch-logistische Funktionen, sondern sind für die meisten Menschen entweder berufliche Verpflichtung, Aufgaben im Ausland und das „Tor zur Welt", oder Sehnsuchtsorte für Freizeit und Urlaub oder alles zusammen. Auch wer häufig „routinemäßig" fliegt, empfindet diese Perspektiven, die die Möglichkeiten des Jetztmenschen von den „Frühmenschen" deutlich unterscheidet. Das Fliegen wurde eben zu einem Vorzug derjenigen, die sich dieses kostspielige Erleben häufig leisten können, und ist leider auch mit Überheblichkeit und Arroganz verbunden.

Hier trifft man Menschen aus allen Ländern und Erdteilen, Kulturen und Religionen, mit neuen Erlebnis- /Modeangeboten, lukullischer Nahrungsaufnahme fremdländischer Küchen und erlebt spürbare Internationalität – beruflich und privat. Das weckt und erfüllt Bedürfnisse, die in Verbindung mit IT-Systemen zu einem Gefühl der Universalität und des unbegrenzten Genusses führen.

Wenn religiös und moralisch denkende Menschen das Gefühl haben, wir lebten in „Sodom und Gomorra", dann ist das wahrscheinlich übertrieben, aber etliche Menschen driften mangels Orientierung ab, landen im Rauschgift- und Rotlichtdschungel und auch die internationale Kriminalität zieht ihre Vorteile daraus. „Organisierte Kriminalität" wird zum weltweiten Problem.

Die Globalisierung mit Mitwirkung staatlicher Gruppierungen ist dabei, die „Internationalität der Vergangenheit" zu integrieren. Wirtschafts-, Finanz- und Handelsverbindungen werden möglich, die vor allem durch die immense Beschleunigung der Transporte, Dienstleistungen aller Art und Abwicklung zur wirtschaftlichen Expansion beitragen.

Der Bau eines größeren Flughafens ist mit der Gründung einer neuen Stadt vergleichbar. Die Flugplatzinfrastruktur ist eine Zusammenfassung aller Gebäude, technischer Einrichtungen und Anlagen, die an Flugplätzen für fliegendes Personal, Fluggesellschaften und Passagiere zur Verfügung stehen. Neben den Gebäuden zählen Start- und Landebahnen, Räumlichkeiten wie beispielsweise Wartehallen und Büros, Hangars, Flughafenfeuerwehren, Kommunika- tionseinrich-tungen (Funkfeuer, Flugfunk- und Telefonsysteme), Aufzugsanlagen, Fahrsteige, Fahrtreppen, Tower, Überwachungsanlagen (Radar, Videoüberwachung etc.) und Befeue-rungen dazu.

Abb. 64: Flugplatzinfrastruktur als Zusammenfassung aller Gebäude, technischer Einrichtungen und Anlagen

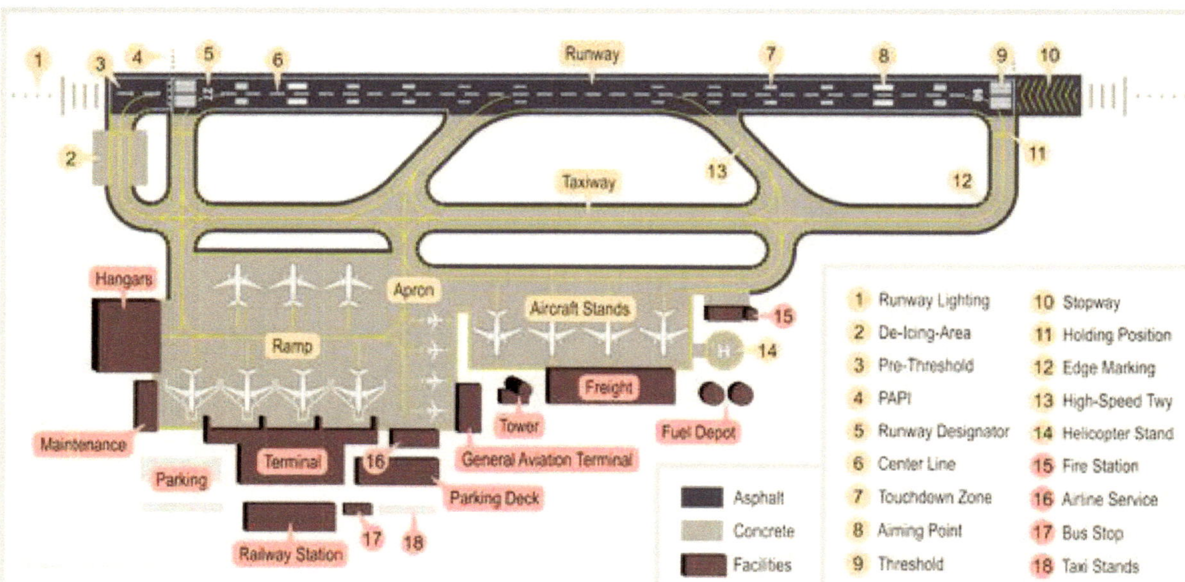

(1) A Runway Lighting: Beleuchtungssysteme der Start- und Landebahnen (ALS; deutsch Anflugbefeuerung).
(2) De-Icing-Area: Abstellplätze für Flugzeugenteisung.
(3) Pre-Threshold: Beim Erreichen des vorab eingestellten Schwellenwertes geben Lichtsensoren das Signal „Ein- oder Ausschalten",
(4) PAPI: „Präzisions-Anflug Gleitwinkelbefeuerung"
(5) Runway Designator: Start-/Landebahnkennung, die sich an den Gradzahlen der Kompassrose orientiert.
(6) Center Line: Bodenmarkierungen, hier der Mittellinie.
(7) Touchdown Zone: Die Aufsetzzone muss nur bei Präzisionslandebahnen (Codezahl 2, 3 oder 4) markiert sein.
(8) Aiming Point: Je nach Grundlänge der Bahn gibt es bei 250 m (Codezahl 2), bei 300 m (Codezahl 3) oder bei 400 m (Codezahl 4) bei Instrumentenbahnen eine Zielpunktmarkierung (englisch: Aiming Point Marking).
(9) Treshold: Landeschwellen oder Landebahnschwellen kennzeichnen normalerweise den Beginn einer Landebahn.
(10) Stopway bezeichnet im Sprachgebrauch der Luftfahrt einen Bereich jenseits der Start- und Landebahn, der als zusätzlicher Bremsweg im Falle eines Startabbruchs genutzt werden kann.
(11) Holding Position: Bodenmarkierungen auf Flugplätzen, bei denen Flugzeuge vorübergehend abgestellt werden dürfen.

(12) *Edge Marking: Pistenrandmarkierungen (Pistenrandsicherung, unmittelbarer Grenzbereich) dürfen nicht überquert werden.*

(13) *High-Speed Tay: Auf vielbeflogenen Flugplätzen erlauben. high-speed tays die Runway mit einer höheren Geschwindigkeit zu verlassen. Hierdurch ist die Start- und Landebahn schneller wieder frei, was eine höhere Staffelungsfrequenz erlaubt.*

(14) *Helikopter Stand: Standplatz für Hubschrauber. Runways: Start- und Landebahnen (engl. , RWY), Rollbahnen (engl. taxiway, TWY), Vorfeld, Frachtzentrum und Hangars.*

- *Hangers sind große Halle aus Metall, Holz, Beton oder ähnlichem Material für Flugzeuge aller Art.*
- *Ramp: Transportrampe Transfer der Fluggäste über „Passenger Gates" (Flugsteige)*
- *Maintenance: Wartungs- und Reparaturzentrum.*
- *Terminal: Unter einem Flughafenterminal, auch Abfertigungsgebäude oder Abfertigungshalle genannt, Ein Terminal gliedert sich in einen „landseitigen" Bereich, und einen „luftseitigen" Bereich.*
- *In einem General Aviation Terminal (GAT) genannt, befinden sich eine Sicherheits- und Passkontrolle, eine Executive Lounge und Konferenzräume und eine Lounge für Piloten (Briefingraum).*

- *Bodenbeschaffenheit (Asphalt, Concrete = Beton, Facilities = Ausstattung, Einrichtungen und Anlagen (Wasserversorgung, Abwasserentsorgung und -aufbereitung durch Kläranlagen, Müllentsorgung, Elektrizitätsversorgung und Verkehrsinfrastruktur wie Mautstrassen und Flughafenanlagen usw.).*

B.1.2 Flughafen Berlin Brandenburg GmbH, "Willy Brandt"

B.1.2.1 Bau- und Leistungsvolumen

https://www.berlin-airport.de/de/ber/zahlen-daten-fakten/index.php

Impressum; Flughafen Berlin Brandenburg GmbH; pressestelle@berlin-airport.de

Auszugsweise „ … Der BER in Kürze

- *Der Flughafen Schönefeld wird im Zuge des Ausbaus zum Flughafen Berlin Brandenburg um eine Fläche von 970 Hektar erweitert. Insgesamt wird der neue Airport 1.470 Hektar groß, das entspricht rund 2.000 Fußballfeldern.*

- *Midfield Airport: Das neue Terminalgebäude befindet sich zwischen zwei parallel angelegten Start- und Landebahnen, die aufgrund des seitlichen Abstandes von 1.900 Meter unabhängig voneinander betrieben werden können. Die dazugehörigen Gate-Positionen und Parkplätze liegen ebenfalls kompakt zwischen den Runways. Ein Großteil des Bodenlärms bleibt dadurch innerhalb des Flughafenzauns.*

- *Der neue Flughafen ist mit Anklängen an die regionale Bautradition klar in der deutschen Hauptstadtregion verortet. Das Terminal greift mit seinen gegliederten Fassaden und klaren geometrischen Formen architektonische Elemente von Schinkel bis zum Bauhaus auf. Die zentrale Zufahrt über eine baumbestandene Allee verweist auf charakteristische Merkmale aus dem Städte- und Landschaftsbild von Berlin und Brandenburg.*

- *Nordbahn: Die bereits bestehende, derzeitige Start- und Landebahn des Flughafens Schönefeld wird zur Nordbahn des BER und wurde von 3.000 auf 3.600 Meter verlängert.*

- *Südbahn: Der Flughafen Berlin Brandenburg hat eine völlig neue Start- und Landebahn mit einer Länge von 4.000 Metern und einer Breite von 60 Metern.*

- *Rollwege: Ein flexibles Rollwegesystem sorgt für die hohe Leistungsfähigkeit des neuen Flughafens.*

- *Das Terminal verfügt in der Startversion über 16 Fluggastbrücken am Mainpier. Weitere neun Brücken befinden sich am Pier Süd. Am Pier Nord sind die Luftfahrzeuge über Walk-Boarding zu erreichen.*
- *Der Flughafen Berlin Brandenburg verfügt zum Start über 85 Flugzeug-Abstellpositionen ...“*

B.1.2.2 Kapazitäts- und Leistungsdaten

Nach:

https://de.wikipedia.org/wiki/Flughafen_Berlin_Brandenburghttp://www.berlin-airport.de/de/ber/zahlen-daten-fakten/index.php http://www.berlin-airport.de/de/ber/zahlen-daten-fakten/index.php

Alle Angaben beruhen auf unterschiedlicher und moderner Technik und Organisation. Die unterschiedliche Größe der Flächen von Start- und Landebahnen gibt nicht wieder, wie viele Starts und Landungen pro Zeiteinheit mehr bewältigt werden können. Die Terminalkapazität ist nicht vergleichbar, weil eine andere Technik eingesetzt wird, die leistungsfähiger ist.

Die Fluggastzahlen pro Jahr (PAX – Passagierzahlen pro Jahr) werden anders ermittelt als die geplanten Kapazitäten. Abgesehen davon, dass alle Personen, die in irgendeiner Weise Dienstleister für den Flugbetrieb sind, nicht als Passagiere gelten, werden z.B. Fluggäste, die in Deutschland eine Reise beginnen, die über Tier 1 Airports (i.d.R. FRA oder MUC) fortgesetzt wurde, ebenso wenig mitgezählt wie internationale Transfer- und Transit- Passagiere.

Tier bedeutet auf Deutsch Ebene, Rang bzw. Bedeutung des Flughafens: Regionalflughäfen (Tier 3) mittelgroße (Tier 2) und Großflughäfen (Tier 1).

Aus: http://www.berlin-airport.de/de/geschaeftspartner/airlines-handling/luftfracht/markt-und-wachstum/index.php: Impressum; Flughafen Berlin Brandenburg GmbH; pressestelle@berlin-airport.de

Bei Luftfracht gibt es bisher keine sicheren Vergleichszahlen, obwohl diesbezüglich mit erheblichem Wachstum zu rechnen ist. Über die Frachtanlagen der Flughäfen Schönefeld und Tegel wurden im letzten Jahr rund 89.000 Tonnen Luftfracht umgeschlagen.

Mit über 20.000 Mitarbeitern wird der neue Flughafen Berlin Brandenburg fast eine kleine Stadt für sich. Weiterhin wird damit gerechnet, dass nach Eröffnung des Flughafens Berlin Brandenburg (BER) im Umfeld mehr als 40.000 neue Stellen entstehen werden. Das sind vor allem Ansiedlungen von Unternehmen und Wohnkomplexen, die mit ihren Leistungen gebraucht werden (Hotels, Lagerstätten, Frachtführer und Spediteure, Handwerker, Non Food- und Food-Unternehmen, Dienstleister aller Art usw.).

Siehe Abb. 65:

Ob Menschen, die es immer besser wissen, auch besser hätten machen können, ist die Frage, aber auch sie muss man zur Kenntnis nehmen.

Auszugsweise: http://www.spiegel.de/spiegel/print/d-9157811.html:
„ … .02.1995 Hauptstadt GESCHLAMPT UND GESCHÖNT

… Kein Zweifel: Die Politiker und ihr Berater haben abgehoben. Steuergelder in Milliardenhöhe stehen auf dem Spiel - für ein Projekt, das ökonomisch nicht sinnvoll scheint und ökologisch verheerend wirkt.

Etwa 15 Milliarden Mark, so die bisherige Planung, sollen der neue Super-Airport und seine Verkehrsanbindungen kosten. Damit werden selbst alle bisherigen Monumente politischen Größenwahns in den Schatten gestellt: der Rhein-Main-Donau-Kanal (5 Milliarden), der Transrapid (mindestens 8,9 Milliarden), der Flughafen von München (8,5 Milliarden). Doch nun bekommen die Gegner des Projekts, nüchtern rechnende Ökonomen sowie Ökologen, unerwartet Hilfe in ihrer Argumentation: Der Bundesrechnungshof schlägt Alarm. Zwei interne Gutachten, datiert vom 15. und 20. Dezember 1994, warnen den Verkehrsminister vor einem neuen Skandalprojekt. Die Prüfer halten es "für nicht verantwortbar, auf dieser Grundlage einen Ausbau zu planen, der Risiken für die öffentlichen Haushalte in Milliardenhöhe beinhaltet". Bei ihren monatelangen Recherchen stießen die Beamten auf geschönte Zahlen, unkalkulierte finanzielle und ökologische Risiken und immer wieder auf schlampiges Geschäftsgebaren der staatlichen Flughafen-Betreibergesellschaft …

Statt der heute rund 10,2 Millionen Passagiere an den drei Berliner Flughäfen Tegel, Tempelhof und Schönefeld soll der Superflughafen dann rund 25 Millionen Fluggäste pro Jahr abfertigen.

Der Flughafen werde "ohne Not deutlich zu groß geplant", was am Ende zum "Fehlschlag des Projektes" führen könne. Der Rechnungshof spricht von "Übermaßplanung". Unstrittig ist, dass die künftige Regierungszentrale Berlin zusätzliche Landebahnen benötigt. Die Prüfer fragen sich nur, ob dieser Bedarf "nicht allein durch den Ausbau der bestehenden Flughafenanlagen gedeckt werden sollte". Sie liefern die Antwort gleich hinterher: Dies sei "technisch möglich"…

… Die Experten von Barclays de Zoete Wedd, die im BBF-Auftrag bereits 1994 eine eigene Studie anfertigten, drücken sich drastischer aus. Nur "mit erheblichen Subventionsmitteln" seien die Ausbaupläne zu realisieren. An eine Privatisierung der Betreiberfirma sei wegen der hohen operativen Verluste im Flughafengeschäft gar nicht zu denken: Die BBF wirke regelrecht "abschreckend auf Investoren".

Die Firma, die heute schon die drei Berliner Flughäfen betreibt, ist längst ein Sanierungsfall. Sie macht regelmäßig Verluste …

… Ohne die Kapitalspritze, mußte Berlins Regierender Bürgermeister Eberhard Diepgen (CDU) entsetzt feststellen, komme "der gesamte Luftverkehr von und nach Berlin zum Erliegen". Hauptursache der aktuellen Finanznot ist ein bizarres Grundstücks-Monopoly der Flughafenmanager, das der Rechnungshof in seinem zweiten Gutachten genau durchleuchtet. Obwohl noch immer nicht feststeht, welche Grundstücke zum Flughafenausbau benötigt werden, begann die Geschäftsführung in der Nähe des alten DDR-Flughafens Schönefeld Ackerland aufzukaufen.

Im Auftrag der BBF ging die neugegründete Brandenburgische Landesentwicklungsgesellschaft (LEG) ans Werk. Die LEG-Manager erwarben treuhänderisch 118 Hektar wertlosen Ackerboden für 365 Millionen Mark. "Wir wollten", rechtfertigt LEG-Geschäftsführer Germanus Pause sein flächendeckendes Tun, "das Geschäft nicht den Ku'damm-Maklern überlassen."
Der staatliche Eifer kam den Steuerzahler teuer zu stehen …

Das Ergebnis solcher Bräuche: Laut Bundesrechnungshof zahlte der Staat insgesamt Provisionen in Höhe von 19 Millionen Mark an die LEG und die von ihr beauftragten Helfer und Berater.

Es kam noch schlimmer. Mehrmals wurde von den BBF-Managern eine "deutliche Verminderung des Flächenbedarfs" errechnet. In der Sitzung vom 28. Juni 1993 verkündete die Geschäftsführung sogar eine andere Ausbaurichtung, Süd statt bisher Nord. Die Grundstücksaufkäufe in Schönefeld-Nord mußten als Fehlkäufe verbucht werden - außer Spesen nichts gewesen …

…. Die staatlichen Eigentümer, das bestätigt auch die Studie von Barclays de Zoete Wedd, haben "finanzielle Forderungen größeren Umfangs" zu erwarten. In dem aktuellen Gemein-schaftsgutachten mit Arthur D. Little, Lahmeyer und Barclays kalkulieren die Ökonomen bereits mit "Baukostenüberschreitungen um 50 Prozent".

Nach den Erfahrungen des Flughafenbaus in München ist auch diese Zahl noch zu niedrig angesetzt. Der "Franz Josef Strauß Flughafen" im Erdinger Moos sollte ursprünglich 2,5 Milliarden Mark kosten, tatsächlich waren es 8,5 Milliarden Mark …

… Auch bundesweit wird das Großprojekt für Empörung sorgen. Der grüne Bundestagsabge-ordnete Albert Schmidt will in der kommenden Woche einen Planungsstopp für das Großprojekt beantragen.

Am Standort Sperenberg, für den das Stolpe-Kabinett Ende März offiziell votieren wird, würden rund 3300 Hektar märkisches Land unter Betonpisten, Terminals und Frachtzentren verschwinden. Für das "Luftkreuz des Ostens" (Diepgen) müssten 22 Millionen Bäume fallen. "Das wird die größte Waldzerstörung in der Geschichte der Bundesrepublik", sagt Carsten Preuß, Sprecher der örtlichen Bürgerinitiative; für den Grünen-Politiker Schmidt ist es "ein ökologisches Desaster".

Den BBF-Managern graust vor einem Volksaufstand gegen die Startbahn Ost. Der Aufsichtsrat unter Vorsitz von Henkel diskutiert bereits anhand einer streng vertraulichen Studie die "Durchsetzbarkeit" der Baupläne.

Die Realisierung des Großflughafens werde "auf nicht unerheblichen Widerstand stoßen", sagen die Gutachter, die öffentliche Äußerungen der Flughafengegner ausgewertet hatten. Neben dem festen "Sockel genereller Projektgegner" werde sich "standortspezifisch" auch der normale Bürger empören …"

Siehe Abb. 65: *Flughafen Berlin Brandenburg*

Abb. 65: *Flughafen Berlin Brandenburg*

Legende

- planfestgestellte Flughafenfläche
- Sicherheitszaun (§8-Grenze)
- Bahn-Tunnel
- Landesgrenze Berlin - Brandenburg
- Regierungsflughafen
- Baufelder
- Bestandsgebäude 2017
- Projekte in Planung bis 2030
- Flugbetriebsflächen im Bestand
- Flugbetriebsflächen in Planung
- weitere Eigentumsflächen der Flughafen Berlin Brandenburg GmbH

Abkürzungsverzeichnis

BAW	Betriebliche Abfallwirtschaft
BVD	Bodenverkehrsdienste
BPOL	Bundespolizei
DFS	Deutsche Flugsicherung
FFN	Flughafen Feuerwache Nord
FFO	Flughafen Feuerwache Ost
FFW	Flughafen Feuerwache West
FM	Facility Management
FOC	Flight Operation Center
GAT	General Aviation Terminal
ILA	Internationale Luft- und Raumfahrtausstellung
LHT	Lufthansa Technik
MAC	Medical Assessment Center
SD	Sicherheitsdienste
TIA	Technische Instandhaltung
ZKS	Zugangskontrollstelle

Berlin Brandenburg Airport
Willy Brandt

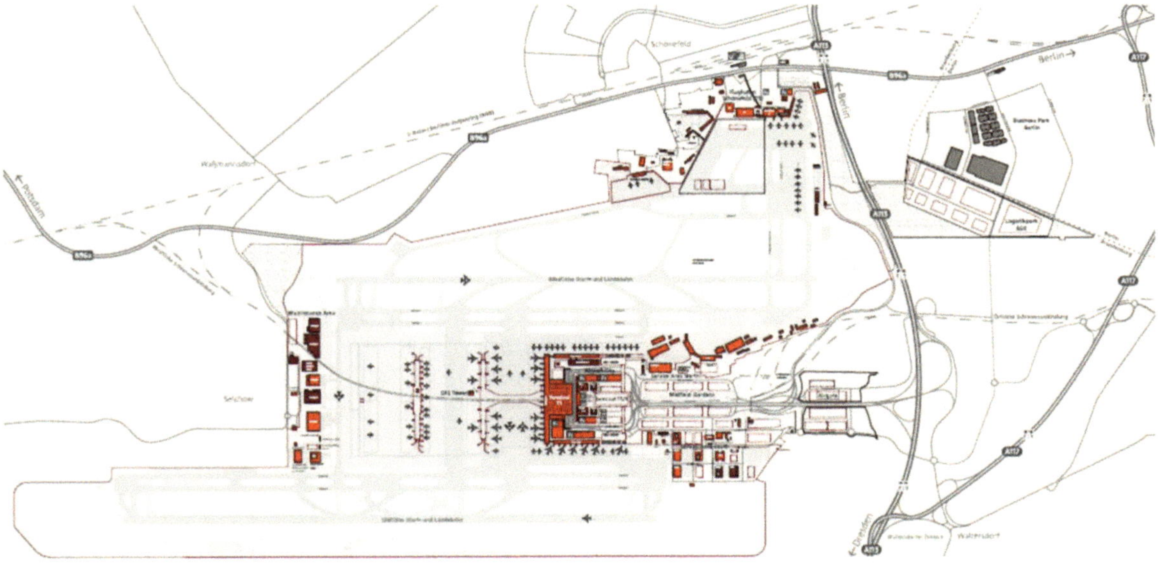

B.1.2.3 ZUSATZAUFGABEN ZUR SELBSTÄNDIGEN LÖSUNG-19:

Welche der folgenden Gesichtspunkte spielen In Bezug auf den Flughafen Berlin Brandenburg GmbH,"Willy Brandt" eine wesentliche Rolle? Begründen Sie im Detail, welche Wirkungen sich daraus ergeben.

Beginnen Sie mit der Ausgangslage (Istzustand) und erläutern den Projektablauf (Projektbeschreibung, Projektauswirkungen, -ziele, geplante Maßnahmen, berufliche Qualifikationen):

- *Welche Möglichkeiten erkennen Sie im organisatorischen Zusammenhang?*
- *Technologien*
- *Reizüberflutung aus dem Informationschaos*
- *Wie kann man den Informationsgehalt beurteilen (Realität oder Wahrheit)*
- *Realitätsbezug von Informationen und Kommunikation*
- *Politische, gesellschaftliche und kulturelle Einflüsse*
- *Gewissheit, Wahrheit und Realität (informale Rollenspezifizierung, Selbstdarstellung)*
- *Organisation von morgen*

Die Istorganisation ergibt sich aus den Wechselwirkungen zwischen Soll- und Willorganisation. Die begründenden Wirkungen (Interaktions-, Dispositions-, Improvisations-, Führungs- und Gruppenwirkungen (Gruppendynamik) funktionieren nur mit informationellen Verbindungen und Feed-Back-Verfahren bzw. Rückkopplungen (Abweichungs-, Steuerungs- bzw. Kontrollmeldungen). Daraus soll sich ein „selbst lernendes Organisationsverhalten" ergeben, bei dem jeder unbewusst (fast automatisch) und gemeinsam an einer positiven Entwicklung des eigenen Systems mitwirkt (intuitiv, idealistisch, gleichgesinnt, optimistisch, leidenschaftlich).

B.1.3 Rahmendaten und Prämissen für Flughäfen

Frei nach:
http://www.berlin-airport.de/de/unternehmen/ueber-uns/zahlen-daten-fakten/flughafen-berlin-brandenburg/index.php
pressestelle@berlin-airport.de:

*Am ehesten geben die geplanten Fluggastzahlen einen Hinweis auf die Ausbauverhältnisse wieder **(1. Ausbaustufe).***

„ … Die Grundstücks- und Gebäudenutzungsflächen von Tegel betragen ca. 30 % des Flughafens Berlin Brandenburg. Die Abfertigungs- und Flugbereitschafts- und Leistungseinrichtungen sind nicht „1 . 1" vergleichbar, weil die geplanten modernen Investitionen (bei gleicher Stückzahl) im Durchschnitt von höheren Kapazitäten und Leistungsmöglichkeiten für BER ausgehen und ca. 43 Millionen Fluggäste in der Anfangsphase erwartet werden, während nur in Tegel bis dahin mit ca. 25 Millionen Fluggäste zu rechnen ist.

https://www.n-tv.de/wirtschaft/Was-fuer-und-was-gegen-Tegel-spricht-article19781698.html:
Flughafen Berlin Brandenburg GmbH, "Willy Brandt": Aber schon 2016 fertigten alle Airports Berlins zusammen ca. 33 Millionen Reisende ab …"

Aus:
https://www.tagesspiegel.de/berlin/flughaefen-in-berlin-ber-passagierkapazitaet-soll-bis-2035-auf-58-millionen--teigen/20242450.html:

Obwohl der Flughafen Berlin Brandenburg (BER) ab 2035 soll BER 58 Millionen Passiere abfer-tigen soll, wird das erwartete Wachstum vermutlich höher liegen (2035 vermutlich deutlich mehr als 60 Millionen) und es bleibt zu prüfen, ob andere Berliner Flughäfen erhalten bleiben müssen.

https://www.n-tv.de/wirtschaft/Was-fuer-und-was-gegen-Tegel-spricht-article19781698.html:

„… Fakt ist: Die Hauptstadt braucht einen neuen, größeren Flughafen. Der Berlin-Tourismus boomt und die alten Berliner Flughäfen Schönefeld und Tegel können das steigende Passagieraufkommen der Hauptstadt allein nicht länger bewältigen. Laut "Tagesspiegel" rechnet die Flughafengesellschaft bis 2025 mit 43 Millionen Passagieren jährlich. Schon 2016 fertigten Berlins Airports 33 Millionen Reisende ab.

Ein Ausbau von Tegel allein reicht nicht, um diesen Ansturm zu bewältigen. Auf dem Gelände ist nicht genug Platz, um Landebahnen für Großflugzeuge zu bauen, auf denen parallel gelandet und gestartet werden kann. Aber es würde helfen.

Denn durch die jahrelangen Verzögerungen wird auch der neue Flughafen BER zu klein sein, wenn er dann 2018 oder später endlich öffnen sollte. Während der Pannenserie sind die Verkehrszahlen weiter angestiegen. Bereits jetzt wird der BER deshalb längst erweitert auf eine Kapazität von 39 Millionen Passagieren. Auch das ist mittelfristig aber zu wenig. Eine Lösung wäre also, das Passagieraufkommen zu verteilen und den Flugbetrieb in Tegel zusätzlich aufrecht zu erhalten …“

Dabei ist zu bedenken, dass die anderen Berliner Flughäfen modernisiert werden müssten, wenn sie konkurrenzfähig bleiben sollen. Das würde zusätzlich erhebliche Investitionen und Kosten bedeuten.

http://www.spiegel.de/wirtschaft/soziales/flughafen-berlin-brandenburg-ber-kosten-steigen-auf-7-3-milliarden-euro-a-1195101.html

„ … HauptstadtflughafenKosten für BER übersteigen sieben Milliarden Euro

Fehlplanungen, Verzögerungen und Baumängel lassen die Kosten für den neuen Hauptstadtflughafen auf mehr als sieben Milliarden Euro steigen. Ursprünglich sollten es einmal zwei Milliarden sein.

Freitag, 23.02.2018 13:28 Uhr

Die Kosten für den neuen Hauptstadtflughafen bei Berlin steigen voraussichtlich auf mehr als sieben Milliarden Euro. Nach dem Businessplan der Betreiber seien 770 Millionen Euro zusätzlich nötig, sagte ein Sprecher des Flughafens und bestätigte damit einen Bericht des Senders RBB …

… Damit würden die Kosten für den drittgrößten deutschen Flughafen BER knapp 7,3 Milliarden Euro erreichen - beim ersten Spatenstich 2006 war von zwei Milliarden Euro die Rede gewesen. Fehlplanungen, Verzögerungen, Baumängel und Erweiterungen des Baus treiben seither jedoch die Kosten in die Höhe. Dass sich weitere Mehrkosten ergeben würden, war klar, seit die Eröffnung des Flughafens im Dezember ein weiteres Mal verschoben wurde - dieses Mal von 2018 auf 2020. Ursprünglich sollten im neuen Terminal in Schönefeld 2011 die ersten Passagiere einchecken.

Bund und Länder sollen Hälfte der Mehrkosten tragen. Flughafenchef Engelbert Lütke Daldrup hatte im Januar erklärt, für das Terminal würden 300 bis 400 Millionen Euro benötigt. Zudem sei Geld nötig, um Kredite zu tilgen und Zinsen zu zahlen. Im vergangenen Jahr habe das Unternehmen 140 Millionen Euro für den Schuldendienst aufbringen müssen.

Damit ist der Sprung über die Marke von sieben Milliarden Euro plausibel. Lütke Daldrup betonte jedoch, insgesamt würden die Mehrkosten unter einer Milliarde Euro liegen.Nach RBB-Angaben soll die Hälfte der 770 Millionen von den Flughafeneigentümern Bund, Berlin und Brandenburg kommen - ob als Zuschuss oder Darlehen blieb offen. Für den Rest wolle die Flughafen-gesellschaft Bankkredite aufnehmen.

Der Berliner Finanzsenator Matthias Kollatz-Ahnen (SPD) bestätigte am Freitag, dass ihm Zahlen dazu vorliegen. Das Gremium dürfte am Dienstag tagen. Kollatz-Ahnen nannte das Ziel, die Finanzierungslücke durch Anstrengungen des Unternehmens sowie weitere Optimierung zu verkleinern …"

In unserer Fallstudie gehen wir von maximal 6 Mrd. € Gesamtkosten aus und vernachlässigen die Schwierigkeiten, die in der Realität benannt wurden. Dabei ist eine erhebliche Unter-schreitung bei berechtigten Einsparungsmöglichkeiten erwünscht.

Bei der vorrangigen Lösung beschränken Sie sich zunächst auf „2035: 58 Millionen Passa-giere" und bei vorsichtiger Betrachtung ist daher in der 1. Ausbaustufe mit 60 % dieses Volumens zu rechnen.

Aber ergänzende Ansätze aus der Realität (Terminüberschreitungen und funktionelle Fehl-entwicklungen) sollten Sie aus den dargestellten Hinweisen und Abhängigkeiten ableiten, wenn das die Gesamtsituation stabilisieren kann.

B.1.4 Mängelliste des Hauptstadtflughafens

B.1.4.1 Mängelkategorien

Beim Flughafen Berlin Brandenburg „Willy Brandt" hatte ich schon zuvor darauf hingewiesen, dass vermutlich ein umfassendes Projektcontrolling und eine übergreifende Koordination (Multipropßjektmanagement) gefehlt bzw. nicht funktioniert haben.

Aus: http://www.rp-online.de/panorama/deutschland/das-ist-die-maengelliste-des-hauptstadtflughafens-bid-1.2823501 Rheinische Post Online 03. Februar 2018; Rheinisch-Bergische Verlagsgesellschaft mbH, Düsseldorf:

„ … Das ist die Mängelliste des Hauptstadtflughafens

Kaum ein Großprojekt kommt ohne Schwierigkeiten aus. Doch rund um den neuen Flughafen Berlin Brandenburg häufen sich die Probleme - die wieder einmal geplatzte Eröffnung ist nicht das einzige.

STARTTERMIN: Im Juni 2010 wird die Eröffnung des Flughafens zum ersten Mal verschoben. Geplant war sie für den 30. Oktober 2011. Grund sind die Pleite von Planungsfirmen und die neuen Bestimmungen der Europäischen Union für Flüssigkeiten im Handgepäck. Die neuen, platzraubenden Prüfgeräte für die Sicherheitskontrollen machen umfangreiche Umbauten am Terminal nötig.

BRANDSCHUTZ: Die Brandschutzanlage kann nicht rechtzeitig vor der Eröffnung des Flughafens abgenommen werden. Es gebe Probleme bei der Programmierung und bei Steuerungsfragen, muss Chefplaner Manfred Körtgen zugeben. Die zuletzt für den 3. Juni 2012 vorgesehene Eröffnung wird wieder verschoben. Nun ist ein Termin im August avisiert.

SCHALLSCHUTZ: Obwohl der Flughafen fast fertig ist, haben erst gut 1200 von 25.000 berechtigten Eigentümern schalldichte Fenster, Lüfter und andere Lärmschutzeinrichtungen bekommen. 16.320 haben den notwendigen Antrag gestellt. Viele Anwohner warten ab, etwa weil sie zu große bauliche Änderungen fürchten oder sich später günstigere Regelungen erhoffen. Bislang sind 157 Millionen Euro veranschlagt.

CHECK-IN: Vor zwei Monaten stellt sich heraus, dass der Flughafen schon zu klein ist. Beim Probebetrieb fällt auf, dass zu wenig Check-in-Schalter eingeplant wurden, um bei Ausfällen Reserven zu haben und lange Warteschlangen zu vermeiden. Am Terminal wird ein Zelt für zusätzliche Schalter errichtet. Kosten: 2,5 Millionen Euro.

REGIERUNGSTERMINAL: Die Eröffnung des gesonderten Abflugbereichs für Regierungs-mitglieder im Norden des Flughafens wurde zwei Mal verschoben, zuletzt von 2014 auf 2016. Die Schuld geben sich die Beteiligten gegenseitig. Währenddessen verdoppelten sich die Baukosten auf 310 Millionen Euro. Bis 2016 werden die Regierungsflieger nun im alten Flughafen Schönefeld abgefertigt …“

B.1.4.2 Funktionsmängel

http://www.handelsblatt.com/unternehmen/handel-konsumgueter/flughafen-berlin-fehler-1-die-managerstruktur/6724430-2.html
Flughafen Berlin Sieben Todsünden machten BER zum Desaster; Verleger: Dieter von Holtzbrinck
Herausgeber: Gabor Steingart; Redaktion: Chefredakteur: Sven Afhüppe (Verantwortlicher i.S.d. § 55 Abs.2 RStV)
Anschrift: Toulouser Allee 27, 40211 Düsseldorf); Autor: Hans-Jürgen Jakobs; Chefökonom: Prof. Dr. Dr. h.c. Bert Rürup/(Handelsblatt-Reporter decken die Fehler auf. Daniel Delhaes, Fabian Gartmann, Silke Kersting, Jens Koenen), 08.06.2012 Update: 13.08.2012 - 16:21 Uhr)

(1) Strukturen und –Prozesse

Auszugsweise: „ …Sieben Todsünden machten BER zum Desaster Seite 2 von 8: Berlin hebt nicht ab: Nachdem die Eröffnung des Großflughafens geplatzt ist, kommt heraus: Es gibt mehr Probleme als Lösungen. Die Verantwortlichen flüchten sich in Ausreden.

Fehler 1: Die Managerstruktur
Fehler 2: Die Aufsichtsratsbesetzung
Fehler 3: Das Krisenmanagement
Fehler 4: Mangelhafte Baukontrolle
Fehler 5: Die Budgetplanung
Fehler 6: Die Standortwahl
Fehler 7: Die Ausschreibungspannen …“

Natürlich melden sich später Kritiker, die es schon immer besser gewusst haben. Auch ist es im Nachhinein immer einfacher, Fehler aufzudecken und ausführlich zu beschreiben, weil man mehr Zeit hat und auch keine Verantwortung übernehmen muss.

Es ist schade, dass diese Kritiker nicht zu finden sind, wenn es darum geht, ein Großprojekt zu planen und bis zur erfolgreichen Vollendung zu begleiten. Sie wissen, dass Sie ihren „guten“ Ruf schützen müssen und wirkliche Verantwortung zu übernehmen, ist ihnen viel zu riskant. Als Kritiker kann man im Brustton einer vorgetäuschten Überlegenheit viel eher Ruhm erwerben.

B.1.4.3 *Aufsichtsrats-, Führungs- Leitungs-, Planungs- und Kontrollprobleme:*
(Vergl. https://www.business-wissen.de/artikel/bremser-warum-so-viele-projekte-scheitern/)

(2) Expansion der Wünsche

Das eigentliche Thema dürfte sein, dass es zu viele Ideengeber gibt und z.B. in einem Brainstorming bilden sich dann Schwerpunkte mit Anhängern, die sich in informellen Gruppen wiederfinden. Dabei dominiert häufig eine Euphorie, die niemand systematisch einfängt oder einfangen kann.

(3) Ziel- und Thesenpapier

Der- oder diejenigen, die jetzt ein Ziel- und Thesenpapier formulieren, das dann verabschiedet wird, sind dann letztlich die Dummen, weil die informellen Gruppen später merken, unsere wichtigen Vorschläge sind gar nicht oder falsch aufgenommen worden.

Dann beginnt das Hick-Hack – einerseits mit der begonnenen Realisierung und andererseits mit Anpassungs- und Änderungsaktivitäten, die sich gegenseitig blockieren, bis nichts mehr läuft. Den komplexen Wust mit „zu vielen Köchen“ und „zu vielen Erwartungen“ kann niemand mehr beherrschen.

B.1.4.4 *Mängel bei Leitung, Führung, Aufsicht und Kontrolle*

Im Fall des Hauptstadtflughafens Berlin Brandenburg wird nicht alles wirklich alles offen gelegt. Der TÜV- Bericht ist noch nicht freigegeben. Bekannt wurden folgende detaillierte Fehlunktionen:

Auszugsweise ungewichteter Ausschnitt:
www.faz.net/aktuell/politik/inland/flughafen-berlin-brandenburg/berliner-flughafen-die-geheime-maengelliste-12023659.html

(4) Chaotische Planung

Chaotische Planung, dauernd Änderungswünsche, „gravierende Eingriffe“ und „massive Änderungen“ in der Planung durch die Flughafenbetreiber: mehr Ladenfläche, zusätzliche Flug-steige weitere Flächen für die Gastronomie, umplanen und „wesentliche Störungen“ (Ernst & Young) auf der Baustelle, Hektik beim Bau, unkoordinierte Bauaktivitäten, Fehlfunktionen einiger Systeme, Sicherheitsbedenken usw. Generalplaner gefeuert, Ersatz durch inkompetente Kräfte, Projektstillstand über mehrere Monate“, Folgen: „Termine und Kosten wurden nicht hinreichend erfasst, bewertet und kompensiert“, chaotisches Management, „keine Struktur beziehungsweise Zielführung“ (Soko) „permanente Schlechtleistung“, Terminpläne „bislang gänzlich ungeeignet gewesen“,

(5) Brandschutz: sehr komplexe Brandschutzanlage

Brandschutz: sehr komplexe Brandschutzanlage, Anlage nicht steuerbar, Mängel in der „Verkabelung, Programmierung und Einregulierung“ der Anlage, Computer-Steuerung kann die Daten aus den Teilbereichen - Brandmeldung, Brandbekämpfung, Rauchentfernung - nicht koordinieren. So ist weder gesichert, dass der Computer im Brandfall die Sprinkler anweist, wo sie wie viel Wasser sprühen sollen, noch, dass sich die Klappen der Entrauchungskanäle korrekt öffnen und schließen, noch, dass Warnungen über Lautsprecher ausgelöst werden. Rauch nicht ins Freie gepumpt. Für manche Komponenten der Anlage ist auch die Betriebszulassung schon wieder abgelaufen.

(6) Entscheider und Kontrollgremien

Um prominente Teilnehmer (Entscheider und Kontrollgremien) nicht bloßzustellen, gab es Rücktritte und Neubesetzungen, ohne dass bisher Verantwortliche zur Rechenschaft gezogen wurden.

http://www.rp-online.de/panorama/deutschland/das-ist-die-maengelliste-des-hauptstadtflughafens-bid-1.2823501 Rheinische Post Online 03. Februar 2018 Rheinisch-Bergische Verlagsgesellschaft mbH, Zülpicher Straße 10, 40196 Düsseldorf:

Kaum ein Großprojekt kommt ohne Schwierigkeiten aus. Doch rund um den neuen Flughafen Berlin Brandenburg häufen sich die Probleme - die wieder einmal geplatzte Eröffnung ist nicht das einzige.

B.1.4.5 Planungsstrategie, -taktik

Die Verantwortlichen wissen, dass der Projektumfang und die tatsächlichen Investitionskosten sehr viel höher sind, verschweigen das aber, weil das Projekt schon zum Genehmigungspunkt abgelehnt würde. Sie lancieren ein Projekt mit einem geschickt formulierten Projektumfang und geringerem Investitions-kosten Sie sind aber davon überzeugt, dass das Projekt viel zu wichtig ist, um es „sterben" zu lassen. Das kann – wenn auch nicht immer – gerechtfertigt sein.

Beispiel: http://old.wetterzentrale.de/cgi-bin/webbbs/wzconfig1.pl?noframes;read=93(1.2.1953)
Holland-Sturmflut-Katastrophe": schwerste Sturmflut seit 500 Jahren an der niederländischen Nordseeküste, fast 20% des Landes überflutet, Tausende Tote, als Folge beginnt das Deich-Projekt.

Vorher gab es schon Warnungen, dass der Hochwasserschutz ausgebaut werden müsste, wenn man für Flutkatastrophen Vorsorge treffen will. Aus Kostengründen war das zurückgestellt worden.

(7) Fehler in der Planungsphase

Zu den Folgefehlern hätte es gar nicht kommen dürfen. Das eigentliche Problem ist die Euphorie vieler Personen

- *Im Fall des Hauptstadtflughafens Berlin Brandenburg wird nicht alles wirklich alles offen gelegt. Der TÜV- Bericht ist noch nicht freigegeben. Bekannt wurden folgende detaillierte Fehlunktionen:*

Auszugsweise ungewichteter Ausschnitt:
www.faz.net/aktuell/politik/inland/flughafen-berlin-brandenburg/berliner-flughafen-die geheime-maengelliste-12023659.html

- *Generalplaner gefeuert, Ersatz durch inkompetente Kräfte, Projektstillstand über mehrere Monate", Folgen: „Termine und Kosten wurden nicht hinreichend erfasst, bewertet und kompensiert", chaotisches Management, „keine Struktur beziehungsweise Zielführung" (Soko) „permanente Schlechtleistung", Terminpläne „bislang gänzlich ungeeignet gewesen".*

- *Prominenz aus Politik und Wirtschaft ist nicht zwangsläufig kompetent genug, um solche Projekte zu betreuen. Um prominente Teilnehmer (Entscheider und Kontrollgremien) nicht bloßzustellen, gab es Rücktritte und Neubesetzungen, ohne dass bisher Verantwortliche zur Rechenschaft gezogen*

- *Projektleiter sind Personen, die auch Buchhalter sein sollen, aber vor allem Controller, die sowohl verwaltungstechnisch wie technisch-operativ ein Projekt – bedarfsweise auch im Detail – beurteilen und steuern zu können. Dazu gehört auch die Fähigkeit nachdrücklich zu wirken und notwendige Entscheidungen zeitgerecht durchzusetzen.*

- *Wenn eine Projektgruppe zu groß wird, stößt auch der beste Projektleiter an seine Grenzen. Daher sollen nicht mehr Personen eingesetzt werden, als gebraucht werden. Grundsätzlich ist „weniger mehr", organisatorisch, aber auch aus Kostengründen*

- *Im Fall des Hauptstadtflughafens Berlin Brandenburg wird nicht alles wirklich alles offen gelegt. Der TÜV- Bericht ist noch nicht freigegeben. Bekannt wurden folgende detaillierte Fehlunktionen: Beim Flughafen Berlin Brandenburg „Willy Brandt" hatte ich schon zuvor darauf hingewiesen, dass vermutlich ein umfassendes Projektcontrolling und eine übergreifende Koordination (Multiprojektmanagement) gefehlt bzw. nicht funktioniert haben.*

- *Etwas Einmaliges und Großartiges zu erstellen führt häufig zu einer Ausuferung der Wünsche, die sich von den realen Möglichkeiten immer weiter entfernen.*

B.1.4.6 ZUSATZAUFGABEN ZUR SELBSTÄNDIGEN LÖSUNG-20:

Beschreiben Sie im Detail, wie Sie eine Reorganisation realisieren und alle notwendigen Planungen, Analysen und Lösungskonzepte durchrechnen und konzeptionell vorbereiten würden. Dazu müsste alle ihren ehrlichen Input geben und mich ggf. auch auf Fehler und Risiken hinweisen. Auch für die sich daraus ergebenden Folgeaufgaben stehe ich zur Verfügung."

Es kann durchaus Alternativen geben, die vom Ursprungskonzept abweichen. Dazu gehört die Risikovorsorge: Risiken (Konflikte) aus der Organisation betreffen Informations- und Kommunikationsstörungen, Leitungs- und Führungsschwächen, personelle Risiken (Qualifikationen, unzufriedene Mitarbeiter), Unternehmensklima, Funktionsmängel (materielle, technische und prozessuale Fehler, Steuerung, Kontrolle) und Dispositionen (Interaktionen, Strukturen und Prozesse, Improvisationen und informelle Regelungen (z.B. Rollen formal, informell).

Beachten Sie folgende Punkte und Themen

- *Welche Rolle spielen die Abfertigungs- und Flugbereitschafts- und Leistungseinrichtungen?*

- *Die Hauptstadt braucht einen neuen, größeren Flughafen, aber wie man die Risiken so begrenzen, dass das Projekt beherrschbar ist?*

- *Baumängel lassen die Kosten für den neuen Hauptstadtflughafen auf mehr als sieben Milliarden Euro steigen. Wo und wie hätten man diese Kosten begrenzen können?*

- *Mängelarten und –folgen beim Hauptstadtflughafens*

- *Brandschutz, Schallschutz, Check-In, Regierungsterminal;*

- *Funktionsmängel*

  Fehler 1: Die Managerstruktur
  Fehler 2: Die Aufsichtsratsbesetzung
  Fehler 3: Das Krisenmanagement
  Fehler 4: Mangelhafte Baukontrolle
  Fehler 5: Die Budgetplanung
  Fehler 6: Die Standortwahl
  Fehler 7: Die Ausschreibungspannen ..."

- *Mängel bei Leitung, Führung, Aufsicht und Kontrolle*

  - *Chaotische Planung. dauernd Änderungswünsche, „gravierende Eingriffe" und „massive Änderungen" in der Planung*

  - *Beachten Sie psycho-soziale, emotionale, Informations- und Kommunikations-Handlungsmuster (Aufgaben- und Arbeitsbeziehungen und organisatorische Verkehrsbeziehungen, die stark beeinflussen und stören können.*

  - *Harmonisierung im Sinne von sozialer Harmonisierung, um positive Stimmungen zu nutzen und auf Aufgabenkomplexe (z.B. Gruppen) zu übertragen.*

B.2 Lösungsansätze

Alternative 1 und Alternative 2 sollen überprüft werden, ob ihre Ansätze organisatorisch sinnvoll sind und ob bei den Kosten Einsparungen möglich sind. Die folgenden Kostenübersichten für die Alternativen sind Grundlagen für Ihre Entscheidungen. Grundsätzlich ist zu überlegen, ob alle Strukturen und Prozesse gebraucht werden oder gar nicht oder ob manche erst nach Inbetriebnahme eingeführt werden sollten.

Orientiert an der Veröffentlichung des Bundesministeriums für Verkehr und digitale Infrastruktur, Berlin, den 04.04.2013, https://www.bmvi.de/SharedDocs/DE/Anlage/VerkehrUndMobilitaet/reformkommission-bau-grossprojekte-themenpapier-erste-sitzung.pdf?__blob=publicationFile BMVBS Berlin, den 04.04.2013 Mögliche Ursachen für Kosten- und Terminüberschreitungen bei der Realisierung von Großprojekten Themenpapier)

B.2.1 Investitions- , Kosten- und Ertragsübersicht (1. Ausbaustufe)

Abb. 66: 1. Ausbaustufe

1. Ausbaustufe

			Alternative 1 (in 1.000.000 €)	Alternative 2 (in 1.000.000 €)	
1.	*Grundlagenermittlung, Entwurfsplanung, Genehmigungsplanung*				
a.	*Sorgfältige Grundlagenermittlung*		400	200	
b.	*Differenzierte Planung vor Baubeginn*		700	250	
c.	*Realistische Kostenberechnung, Termine, Risikoabschätzung vor Baubeginn*		2.000	500	
d.	*Transparenz gegenüber der Öffentlichkeit*		50	50	
e.	*Einbeziehung von Bauausführenden in die Planung*		300	100	
2.	*Ausschreibung und Vergabe*				
a.	*Prüfung der Vergabe an einen Generalübernehmer / Generalunternehmer*		40	10	
b.	*Öffentlich-private Partnerschaften*		200	50	
c.	*Umfassende Vergabeunterlagen*		12	8	
d.	*Auswahl des wirtschaftlichsten Angebots*		22	8	
3.	*Vertragsgestaltung*				
a.	*Klare Regelung der Haftung*	Versicherung 2 % pro Jahr (8 Jahre)	596	235	(2 Jahre)
b.	*Prüfung von Bonus-Malus-Regelungen*	ca. 5 % von Gesamtkosten	216	71	
4.	*Bauausführung, Bauüberwachung*				
a.	*Projekt-, Kosten-, Risiko- und Zeitmanagement*		100	50	
b.	*Finanzierung*	6 % Zinsen p.a. (8 Jahre)	1.391	460	(2 Jahre)
c.	*Auswirkungen von Umplanungen*	Terminüberschreitung (3 Jahre) (400.000.000 € pro Jahr)	1.200	0	
		heutiger Stand der Kosten	7.227	1.991	

Die 1. Ausbaustufe gilt zeitlich für unterschiedliche Ansätze: ***Alternative 1*** *gilt für den völligen Neubau des Flughafens Berlin Brandenburg (5 Jahre Bauzeit, zusätzlich 3 Jahre Verspätung, erheblicher Nachbesserungsbedarf).*

Alternative 2: *Die 1. und 2. Ausbaustufe (Siehe Folgeseite) beginnt mi einem Umzug des Tegeler Flughafens (Flughafen Tegel - Berlin Airport) zum neuen Standort.. Der spätere Ausbau zum Großflughafen Flughafen Berlin Brandenburg „Willy Brandt“ könnte mit weniger Zeitdruck (insgesamt 5 Jahre, 2 Jahre 1. Ausbaustufe und 3 Jahre 2.. Ausbaustufe) und weniger Kosten erfolgen.*

B.2.2 *Investitions- , Kosten- und Ertragsübersicht (2. Ausbaustufe)*

Abb. 67: 2. Ausbaustufe

Die 2. Ausbaustufe gilt nur für Alternative 2.

			Alternative 1 (in 1.000.000 €)	Alternative 2 (in 1.000.000 €)	
		heutiger Stand der Kosten	7.227	1.991	
1.	*Grundlagenermittlung, Entwurfsplanung, Genehmigungsplanung*				
a.	*Sorgfältige Grundlagenermittlung*		0	200	
b.	*Differenzierte Planung vor Baubeginn*		0	450	
c.	*Realistische Kostenberechnung, Termine, Risikoabschätzung vor Baubeginn*		0	1.500	
d.	*Transparenz gegenüber der Öffentlichkeit*		0	50	
e.	*Einbeziehung von Bauausführenden in die Planung*		0	200	
2.	*Ausschreibung und Vergabe*				
a.	*Prüfung der Vergabe an einen Generalübernehmer / Generalunternehmer*		0	30	
b.	*Öffentlich-private Partnerschaften*		0	150	
c.	*Umfassende Vergabeunterlagen*		0	12	
d.	*Auswahl des wirtschaftlichsten Angebots*		0	22	
3.	*Vertragsgestaltung*				
a.	*Klare Regelung der Haftung*	Versicherung p.a.	0	314	(3 Jahre)
b.	*Prüfung von Bonus-Malus-Regelungen*	ca. 5 % von Gesamtkosten	0	246	
4.	*Bauausführung, Bauüberwachung*		0	50	
a.	*Projekt-, Kosten-, Risiko- und Zeitmanagement*	6 % Zinsen p.a. (3 Jahre)	0	939	
b.	*Finanzierung*	(Anpassung Ausbau)	0	300	
c.	*Auswirkungen von Umplanungen*	Terminüberschreitung	0	0	
			7.227	6.454	
	Einnahmen durch frühzeitige Nutzung als Flughafen (ca. 5 Jahre zu 360 Tagen) (500 Passagiere pro Tag / Durchschnittsticket 300 € / laufende Kosten pro Jahr 14.000.000 €		0	200	
	Gesamtsumme (Einnahmen-Kosten)		7.227	6.254	
	Kostendifferenz zu A2:A1 (kalkulierte Einsparung)			973	

Die Annahme, dass es bei der Alternative 2 zu keinen Verzögerungen kommt, ist willkürlich. Es gibt nicht nur eine Lösung. Bei der Lösung der Fallstudie geht es darum, die Ansätze mit den beschriebenen Methoden zu verbinden und bedarfsweise Änderungen vorzunehmen, die der logischen Konsequenz entsprechen. Es gibt keine eindeutige Musterlösung, weil viele Daten unsicher sind (probabilistische Elemente und Gruppen).

B.2.3 Arbeit/Leistungen und andere Dienste / Material: Roh-, Hilfs- und Betriebsstoffe

B.2.3.1 Arbeit/Leistungen, anderen Dienste, Material: Roh-, Hilfs- und Betriebsstoffe

__Alternative 1__ und __Alternative 2__ sollen überprüft werden, ob ihre Ansätze organisatorisch sinnvoll sind und ob bei den Kosten Einsparungen möglich sind.

Diese Angebote sind in die Kostenübersicht eingegangen. Grundsätzlich ist zu überlegen, ob alle der folgenden Strukturen und Prozesse gebraucht werden oder nicht oder ob manche erst nach Inbetriebnahme eingeführt werden sollten.

Die folgenden Daten zur Bestimmung von Arbeit/Leistungen, anderen Dienste, Material: Roh-, Hilfs- und Betriebsstoffe und die Ermittlung von Aufgaben- und Projektzeiten können für Neukalkulationen und für partielle Organisations-lösungen und –bewertungen eingesetzt werden.

Das folgende Beispiel ist angelehnt an

https://www.google.com/url?sa=t&rct=j&q=&esrc=s&source=web&cd=1&cad=rja&uact=8&ved=2ahUKEwiq_eHM36XgAhUGBywKHTsrDyMQFjAAegQIAxAC&url=https%3A%2F%2Fwww.strassenbau.niedersachsen.de%2Fdownload%2F44160%2FVerlaengerung_der_Start-_und_Landebahn_des_Flughafens_Braunschweig-Wolfsburg_15.01.2007_.pdf&usg=AOvVaw04m5g5HIKU6qmrsVTen8fM

***Niedersächsische Landesbehörde für Straßenbau und Verkehr
- 3326(WF)-30310 Fh BS - Planfeststellungsbeschluss
Verlängerung der Start- und Landebahn des Flughafens Braunschweig-Wolfsburg
vom 15. Januar 2007, Seite 55:***

Das Beispiel basiert auf Projekt-/Zeittage, einen 8 h-Tag, dem Mitarbeiterbestand und einen 20%igen Materialzuschlag.

Abb. 68: Verlängerung der Start- und Landebahn Flughafens Braunschweig-Wolfsburg

Beispiel

	Projektzeit Tage	Stunden pro Tag	Stundensatz	Kosten pro Person	Mitarbeiterbestand	Gesamtkosten	20 % Material		mit 20 % Materialanteil
Ausbau Start/-Landebahn	185,00	8	60,00 €	88.800,00	16	1.420.800,00 €	284.160,00 €		1.704.960,00 €
Umbau Rollbahn, Rollfeld	90,00	8	60,00 €	43.200,00	14	604.800,00 €	120.960,00 €		725.760,00 €
Vorfeldflächen	98,00	8	60,00 €	47.040,00	11	517.440,00 €	103.488,00 €		620.928,00 €
Abflugfeuerung	105,00	8	60,00 €	50.400,00	12	604.800,00 €	120.960,00 €		725.760,00 €
ILS-Anlagen	122	8	60,00 €	58.560,00	16	936.960,00 €	187.392,00 €		1.124.352,00 €
PAPI	8	8	60,00 €	3.840,00	7	26.880,00 €	5.376,00 €		32.256,00 €
MET-Anlage	19	8	60,00 €	9.120,00	12	109.440,00 €	21.888,00 €		131.328,00 €
Rückbauflächen	60	8	60,00 €	28.800,00	27	777.600,00 €	155.520,00 €		933.120,00 €
Summe	**687**					**4.998.720,00 €**	**999.744,00 €**		**5.998.464,00 €**
								Kontrolle	**5.998.464,00 €**

***ILS = Instrumentenlandesystem
PAPI = Precision approach path indicator = „Präzisions-Anflug Gleitwinkelbefeuerung“
MET = FlugMETeorologische Dienste***

Je konkreter Projekte nach einer Planungsphase werden, desto wichtiger ist, die Kostenansätze realistisch zu ermitteln

- *Konkrete Angebote oder nach erfolgten Abrechnungen.*
- *Sind Daten oder Teile davon unsicher, kann man durch pauschalierte Gruppen für eine sich ausgleichende Streuung sorgen.*

B.2.3.2 Projektplanung: Kosten und Ressourcen

Auszugsweise: https://www.openpm.info/display/openPM/Projektplanung%3A+Kosten+und+Ressourcen

„ … Grundlegendes

Kosten

Betriebswirtschaftlich gesehen dienen Kosten in einem Unternehmen als Werteinsatz zur Leistungserstellung. Werte an sich unterteilen sich in materielle sowie immaterielle Güter. Unter materiellen Gütern versteht man beispielsweise Materialien, also etwas was verbraucht wird. Gegenüber stehen immaterielle Werte, die nicht verbrauchbar sind. Beispiele dafür sind Ideen oder Patente. Somit sind Kosten bewerteter Verzehr von Gütern und Diensten zur Erstellung betrieblicher Leistungen.

Im Projektmanagement spielt der Begriff eine wichtige Rolle, da bei jedem Projekt Kosten anfallen, welche sich in folgende Kostenarten gliedern:

[1] *Personalkosten: dies sind alle Kosten, die der Arbeitgeber für ihre/seine Arbeitnehmer aufnehmen muss. Personalkosten werden in Form von Gehältern, Löhnen oder Provisionen freigegeben (abhängig von der Anstellungsart: Bsp.: Lohn-Arbeiter, Gehalt-Angestellter)*

[2] *Materialkosten: Roh- und Hilfsstoffe, die zur Herstellung benötigt werden. Bsp.: Baumaterial, Hilfsmaterial (Verschleißteile), Betriebsstoffe*

[3] *Gerätekosten: für bereitgestellte Geräte beispielsweise, darunter fallen die anfallen Kosten für Transport, Montage, Instandhaltung oder auch die Reparatur.*

[4] *Fremdleistungskosten: Kosten die man aufbringen muss, wenn man ein anderes Unternehmen für eine Leistung beauftragt. (am Bau: Subunternehmen)*

[5] *Kapitalkosten/Zinskosten: Kosten die durch die Bereitstellung von Kapital entstehen.*

[6] *Kosten des Umweltschutzes: aufgrund von Emissionen, Verunreinigungen etc. müssen die Verursacher mit Kosten zur Sanierung aufkommen.*

Basis für die Kostenplanung ist der Projektstrukturplan (Projektstrukturierung), der eine vollständige Aufstellung aller für die Erreichung des Projektziels notwendigen Arbeitspakete beinhaltet.

Die wichtigste Voraussetzung für eine realistische Kostenplanung bildet eine sorgfältig durchgeführte Termin- und Einsatzmittelplanung (Ressourcen).Hier wird bereits der Einsatzmittelbedarf pro Arbeitspaket ermittelt und die benötigten personellen und Sachmittel-Ressourcen zeitlich festgelegt. Das führt dazu, dass im Rahmen der Ressourcenplanung auch der eine oder andere Termin sich noch ändert, vor allem weil dadurch oft erhebliche Kosteneinsparungen möglich sind.

Ressourcen

„Ressource" bezeichnet im Projektmanagement ein für die Durchführung einer Aufgabe notwendiges Mittel. Dabei ist "Ressource" ein Oberbegriff sowohl für Mitarbeiter als auch für Sachmittel oder Finanzmittel.

Zu den Ressourcen gehören unter anderem Personal, Material, Betriebsmittel und sonstige Leistungen. Dabei werden nicht nur die benötigten Ressourcen an sich berechnet, sondern auch die benötigten Kapazitäten an Mitarbeitern, Materialien, Geräten oder Räumen für den jeweiligen Zeitraum. Somit müssen neben den berechneten Materialien, welche ich für mein Projekt brauche, auch Gegenstände wie Computer oder Räumlichkeiten, die ich beispielsweise anmieten oder kaufen muss, aufgerechnet.

Kostenplanung beim Bauprojekt

Unter der Kostenplanung versteht man, wie schon im vorherigen Kapitel erwähnt, die Vorausberechnung der entstehenden Kosten. Entsprechend des Planungsfortschrittes werden in den einzelnen Phasen folgende Stufen der Kostenplanung unterschieden:

- Stufe 1 – Kostenrahmen (Grundlagenermittlungsphase)
- Stufe 2 – Kostenschätzung (Vorentwurfsphase)
- Stufe 3 – Kostenberechnung (Entwurfsphase)
- Stufe 4 – Kostenanschlag (Ausführungsphase)

Weiterführendes Siehe Anlage 2 Projektplanung: Kosten und Ressourcen

B.2.3.3 Simulationsmodell (Dynamische Kostenermittlung auf Prozessebene)

https://www.haufe.de/finance/finance-office-professional/dynamische-kostenermittlung-auf-prozessebene-mithilfe-de-223-kostenintegration-in-die-simulation_idesk_PI11525_HI3051257.html
haufe.de/finance: Sabrina Preisinger, Verantwortliche Online-Redakteurin; Haufe-Lexware GmbH & Co. KG F

Auszugsweise „2.2.3 Kostenintegration in die Simulation"

Die Besonderheit der Kostenbetrachtung innerhalb des Simulationsmodells liegt darin, dass zwischen stochastischen und deterministischen Kostenkategorien unterschieden wird.

Deterministische und stochastische Kosten

Deterministische Kosten können wie gewohnt mittels einfacher Rechnung bestimmt werden. Die stochastischen Kosten werden in dem Simulationsmodell, entgegen der bisher gängigen Berechnungsart, nicht mittels Stundensätzen bzw. Durchschnittswerten berechnet, sondern mithilfe von statistischen Verteilungen, die aus empirischen Daten ermittelt werden. In Abb. 69 ist exemplarisch eine ermittelte Verteilung für Instandhaltungskosten eines Prozessschrittes dargestellt.

Instandhaltungskosten:

Stückzahl- und zeitabhängige Störungen

Sind die Kostenverteilungen bekannt, muss festgelegt werden, welches Ereignis Kosten verursacht. Analog zur Realität werden auch in dem Modell Kosten durch Störungen hervorgerufen. Hierbei muss jedoch zwischen stückzahl- und zeitabhängigen Störungen als Kostenursache unterschieden werden.

Kosten aufgrund zeitabhängiger Störungen
Instandhaltungskosten sowie Kosten für Verbrauchsstoffe fallen über die Produktionszeit hinweg an. Mithilfe der ermittelten Kostenverteilungen wird bei Auftreten einer zeitabhängigen Störung der jeweilige Kostenbetrag generiert.
Kostenneutral oder nicht?

Es hat sich jedoch herausgestellt, dass ein Teil dieser Störungen kostenneutral ist. Hierzu zählen viele kleine Störungen, die durch den Mitarbeiter vor Ort direkt gelöst werden können.
Aus dieser Erkenntnis folgt die Notwendigkeit, bei Auftreten einer zeitabhängigen Störung zunächst zu ermitteln, ob es sich um eine kostenneutrale Störung handelt oder nicht (s. Abb.69).

Abb. 69: Kostenermittlung auf Basis zeitabhängiger Störungen

Kosten aufgrund stückzahlabhängiger Störungen

Werkzeugkosten sind abhängig von der produzierten Stückzahl und können dadurch in Abhängigkeit von dieser ermittelt werden. Im Gegensatz zu den zeitabhängigen Störungen steht hier jedoch jede Störung für einen Werkzeugwechsel, wodurch immer Kosten entstehen. Somit bedarf es keiner vorgeschalteten Bernoulli-Verteilung.
Zur Auswertung der Simulationsdaten können zum einen die gängigen statistischen Datenauswertungen (Varianz, Mittelwert etc.) genutzt werden. Zum anderen kann auch der Vergleich realer Monatsdaten zu den durchschnittlichen Simulationsergebnissen als Indiz für die korrekte Funktionsweise des Systems herangezogen werden …"

Aus:https://dbp-architektur.de/wp-content/uploads/2018/04/dbp-Erla%CC%88uterung-der-HOAI-Leistungen-eines-Architekten.pdf; dbp Architektur, Dominik Bley, Hauptstraße 1, 26122 Oldenburg

B.2.3.4 Erläuterung HOAI - Architekten Honorar

„ … Was kostet ein Architekt nach HOAI?

Die individuelle Planung mit dem Architekten wird allgemein nach der HOAI ermittelt (Architekten Honorar).Entgegen Gerüchten, "die HOAI sei nicht mehr gültig", handelt es sich bei der Honorarordnung für Architekten undIngenieure (HOAI) nach wie vor um eine verbindliche, auf Grundlage eines Gesetzes erlassene Honorarverordnung der Bundesregierung. Architekten sind zur Einhaltung der HOAI-Bestimmungen verpflichtet. Die Nichteinhaltung der HOAI bedeutet einen Verstoß gegen geltendes Recht und gegen die Berufsordnung der Architekten. Die individuelle Planung mit dem Architekten wird allgemein nach der HOAI ermittelt (Honorarordnung für Architekten und Ingenieure) …

LPH 1 Grundlagenermittlung

- *Klären der Aufgabenstellung auf Grundlage der Vorgaben oder der Bedarfsplanung des Auftraggebers*
- *Beraten zum gesamten Leistungs- und Untersuchungsbedarf*
- *Formulieren der und dokumentieren der Ergebnisse*
- *Mitwirken bei GrundstücksEntscheidungshilfen für die Auswahl anderer an der Planung fachlich Beteiligter*
- *Zusammenfassen, erläutern - und Objektauswahl, -beschaffung, -übertragung*
- *Ortsbesichtigung / Standortanalyse • Bestandsaufnahme*
- *Bedarfsplanung*
- *Aufstellen eines Raum- und Funktionsprogramms*
- *Prüfen der Umwelterheblichkeit und der Umweltverträglichkeit werden*

Der Vorteil dieser Daten besteht darin, bei der Planung Anhaltspunkte zu haben, was man berücksichtigen muss und mit welchen Investitionen und Kosten man rechnen muss.

LPH 1 bis LPH 9: Siehe Projektplanung: Kosten und Ressourcen nach HOAI

B.2.3.5 Kurzfassung einer finanziellen Neubewertung

Abb. 69: Beispielkalkulation

Bei Neubauten gehen wir davon aus, dass folgende Arbeitsdaten für das Bauvolumen gelten:

Arbeitstag 8 h
Lohnkosten und lohnabhängige Kosten pro Stunde und Mitarbeiter 60,00 €
Materialzuschlag 20 % (beinhaltet Fertig- und Halbfertigwaren, Roh-, Hilfs- und Betriebsstoffe, kalkulatorische Finanzrisiken, Abschreibungen auf Investitionsgüter, Dienstleistungen aller Art)

Freie Flächen - pro 1.000 m2 – 2 Personen / pro 300 m2 – 1 Arbeitstag
Befestigte Flächen – pro 500 m2 – 2 Personen / pro 100 m2 – 1 Arbeitstag
Einfache Bauten – pro 250 m3 – 1 Person / pro 100 m3 – 1 Arbeitstag
Bauten mit Sicherheitsanspruch – pro 150 m3 – 2 Personen / pro 10 m3 – 3 Arbeitstage
Bauten mit Technikausstattung – pro 150 m3 – 3 Personen / pro 10 m3 – 5 Arbeitstage

Diese Art der Kostenplanung erfolgt aufgrund von Dutchschnittswerten vergleichbarer Projekte. Später werden genauere Kalkulationen aufgrund von Kostenvoranschlägen, Angeboten und Abrechnungen ermittelt.

(1) Neubau Logistikzentrum (5.000 m3; 12.000 m2 befestigte Fläche)
(2) Neubau Büro- und Verwaltungsgebäude mit Technikausstattung (4.000 m3; 8.000 m2 befestigte Fläche)
(3) Neubau von Hanger, Werk- und Lagerhallen mit Technikausstattung (6.000 m3; 14.000 m2 befestigte Fläche)
(4) Großgarage als Unterstand für Angestellte, Berufsfahrzeuge, Feuerwehr, Sicherheitsdienste, Liefer- und Kundenfahrzeuge (5.000 m3; 20.000 m2 befestigte Flächen)
(5) Neubau Bürogebäude; Tiefgarage (13.000 m3; 5.000 m2) mit Sicherheitsanspruch

(6);(7); usw. bis alle Positionen bearbeitet sind

						mit 20 % Zuschlag)
(1) "Personen="(5.000/250)+12.000/5	68	"Arbeitstage=(5.000/100)+(12000/100)"	170	"Kosten=(68*170*8*60)	5.548.800,00 €	6.658.560,00 €
(2) "Personen="(4.000/150)+8.000/5(	58,66666667	"Arbeitstage=(4.000/150)+(8000/100)"	106,6667	"Kosten=(58,7*106,7*60)	3.006.379,20 €	3.607.655,04 €
(3) "Personen="(6.000/150)+14.000/5	96	"Arbeitstage=(6.000/150)+(14000/100)"	180	"Kosten=(96*180*8*60)	8.294.400,00 €	9.953.280,00 €
(4) "Personen="(5.000/150)+20.000/5	113,3333333	"Arbeitstage=(5.000/150)+(20000/100)"	233,3333	"Kosten=(113,4*233,4*8*60)	12.704.428,80 €	15.245.314,56 €
(5) "Personen="(13.000/150)+5.000/5	106,6666667	"Arbeitstage=(13.000/150)+(5000/100)"	136,6667	"Kosten=(106,7*136,7*8*60)	7.001.227,20 €	8.401.472,64 €
			Summen		36.555.235,20 €	43.866.282,24 €
			Kontrolle	"=36.555.235,20*1,2)	43.866.282,24 €	

B.2.3.6 ZUSATZAUFGABEN ZUR SELBSTÄNDIGEN LÖSUNG-21:

Bitte erstellen Sie Neuplanung für beide Alternativen (1. und 2. Ausbaustufe) und versuchen Sie Fehler zu vermeiden und Kosten einzusparen. Richten Sie sich bei Aufgaben und Arbeitsprozessen nach ***LPH 1 bis LPH 9 (Siehe Anlage 3).***

Bei Neubauten gehen Sie bitte davon aus, dass folgende Arbeitsdaten für das Bauvolumen gelten:

- *Arbeitstag 8 h*
- *Lohnkosten und lohnabhängige Kosten pro Stunde und Mitarbeiter 60,00 €*
- *Materialzuschlag 20 % (beinhaltet Fertig- und Halbfertigwaren, Roh-, Hilfs- und Betriebsstoffe, kalkulatorische Finanzrisiken, Abschreibungen auf Investitionsgüter, Dienstleistungen aller Art)*

- *Freie Flächen - pro 1.000 m2 – 2 Personen / pro 300 m2 – 1 Arbeitstag*
- *Befestigte Flächen – pro 500 m2 – 2 Personen / pro 100 m2 – 1 Arbeitstag*
- *Einfache Bauten – pro 250 m3 – 1 Person / pro 100 m3 – 1 Arbeitstag*
- *Bauten mit Sicherheitsanspruch – pro 150 m3 – 2 Personen / pro 10 m3 – 3 Arbeitstage*
- *Bauten mit Technikausstattung – pro 150 m3 – 3 Personen / pro 10 m3 – 5 Arbeitstage*

Diese Art der Kostenplanung erfolgt aufgrund von Durchschnittswerten vergleichbarer Projekte. Später werden genauere Kalkulationen aufgrund von Kostenvoranschlägen, Angeboten und Abrechnungen ermittelt.

[1] Personalkosten: dies sind alle Kosten, die der Arbeitgeber für ihre/seine Arbeitnehmer aufnehmen muss. Personalkosten werden in Form von Gehältern, Löhnen oder Provisionen freigegeben (abhängig von der Anstellungsart: Bsp.: Lohn-Arbeiter, Gehalt-Angestellter)

[2] Materialkosten: Roh- und Hilfsstoffe, die zur Herstellung benötigt werden. Bsp.: Baumaterial, Hilfsmaterial (Verschleißteile), Betriebsstoffe

[3] Gerätekosten: für bereitgestellte Geräte beispielsweise, darunter fallen die anfallen Kosten für Transport, Montage, Instandhaltung oder auch die Reparatur.

[4] Fremdleistungskosten: Kosten die man aufbringen muss, wenn man ein anderes Unternehmen für eine Leistung beauftragt. (am Bau: Subunternehmen)

[5] Kapitalkosten/Zinskosten: Kosten die durch die Bereitstellung von Kapital entstehen.

[6] Kosten des Umweltschutzes: aufgrund von Emissionen, Verunreinigungen etc. müssen die Verursacher mit Kosten zur Sanierung aufkommen.

- *Diese Kostenarten ([1] - [6] sind in den Lohnkosten und lohnabhängige Kosten (pro Stunde und Mitarbeiter 60,00 €) und im Materialzuschlag von 20 % (beinhaltet Fertig- und Halbfertigwaren, Roh-, Hilfs- und Betriebsstoffe, kalkulatorische Finanzrisiken, Abschreibungen auf Investitionsgüter, Dienstleistungen aller Art) enthalten, können aber detaillierter und aufgrund exakter Eingangsdaten kalkuliert werden. Das macht die Ermittlungen natürlich aufwendiger.*

- *Simulationsmodell (Dynamische Kostenermittlung auf Prozessebene): Mit unterschiedlichen Anpassungen (strukturell, prozessual: quantitativ, qualitativ und zeitlich) kommt man in komplexe, zum Teil unübersichtliche Bereiche, bei denen es besser wäre, konkrete Angebote einzuholen. Aber das scheitert häufig daran, dass man selbst nicht genau weiß, was man braucht.*

- *Mängel bei Leitung, Führung, Aufsicht und Kontrolle*
- *Entscheidungs- und Durchsetzungskompetenz*

Deshalb beschränken Sie sich auf einzelne Beispiele, ansonsten werden Ihre Berechnungen zu aufwendig. Denn mit den hier verwendeten einfachen Eingangsdaten liegen Sie bei den Kosten meistens schon höher als die tatsächlich anfallenden Kosten.

In der Praxis ist es meistens umgekehrt: Man berechnet die Kosten möglichst niedrig, um den Auftrag zu bekommen. Wenn dann zusätzliche Kosten entstehen, verweist man auf den Punkt „zusätzliche Anforderungen des Kunden" und der ist schon so formuliert, dass das fast immer nachgewiesen werden kann.

B.2.3.7 Mängel bei Leitung, Führung, Aufsicht und Kontrolle

- *Prominenz aus Politik und Wirtschaft ist nicht zwangsläufig kompetent genug, um solche Projekte zu betreuen. Um prominente Teilnehmer (Entscheider und Kontrollgremien) nicht bloßzustellen, gab es Rücktritte und Neubesetzungen, ohne dass bisher Verantwortliche zur Rechenschaft gezogen*

- *Projektleiter sind Personen, die auch Buchhalter sein sollen, aber vor allem Controller, die sowohl verwaltungstechnisch wie technisch-operativ ein Projekt – bedarfsweise auch im Detail – beurteilen und steuern zu können. Dazu gehört auch die Fähigkeit nachdrücklich zu wirken und notwendige Entscheidungen zeitgerecht durchzusetzen.*

- *Wenn eine Projektgruppe zu groß wird, stößt auch der beste Projektleiter an seine Grenzen. Daher sollen nicht mehr Personen eingesetzt werden, als gebraucht werden. Grundsätzlich ist „weniger mehr", organisatorisch, aber auch aus Kostengründen.*

Im Fall des Hauptstadtflughafens Berlin Brandenburg wird nicht alles wirklich alles offen gelegt. Der TÜV- Bericht ist noch nicht freigegeben. Bekannt wurden folgende detaillierte Fehlunktionen:

Auszugsweise umgedichteter Ausschnitt:
www.faz.net/aktuell/politik/inland/flughafen-berlin-brandenburg/berliner-flughafen-die-geheime-maengelliste-12023659.html

- *„ … chaotische Planung. dauernd Änderungswünsche, „gravierende Eingriffe" und „massive Änderungen" in der Planung durch die Flughafenbetreiber: mehr Ladenfläche, zusätzliche Flugsteige weitere Flächen für die Gastronomie, umplanen und „wesentliche Störungen" (Ernst & Young) auf der Baustelle, Hektik beim Bau, unkoordinierte Bauaktivitäten, Fehlfunktionen einiger Systeme, Sicherheitsbedenken usw. Generalplaner gefeuert, Ersatz durch inkompetente Kräfte, Projektstillstand über mehrere Monate", Folgen: „Termine und Kosten wurden nicht hinreichend erfasst, bewertet und kompensiert", chaotisches Management, „keine Struktur beziehungsweise Zielführung" (Soko) „permanente Schlechtleistung", Terminpläne „bislang gänzlich ungeeignet gewesen",*

- *Brandschutz: sehr komplexe Brandschutzanlage, Anlage nicht steuerbar, Mängel in der „Verkabelung, Programmierung und Einregulierung" der Anlage, Computer-Steuerung kann die Daten aus den Teilbereichen - Brandmeldung, Brandbekämpfung, Rauchentfernung - nicht koordinieren. So ist weder gesichert, dass der Computer im Brandfall die Sprinkler anweist, wo sie wie viel Wasser sprühen sollen, noch, dass sich die Klappen der Entrauchungskanäle korrekt öffnen und schließen, noch, dass Warnungen über Lautsprecher ausgelöst werden. Rauch nicht ins Freie gepumpt. Für manche Komponenten der Anlage ist auch die Betriebszulassung schon wieder abgelaufen …"*

B.3 Entscheidungsstrukturen und –Modelle

B.3.1 Entscheidungs- und Durchsetzungskompetenz

Aber es ist das Eine, Dinge zu beschreiben und ganz etwas anderes sie in die Praxis umzusetzen. Dabei geht es um sehr persönliche Eigenschaften, die die meisten Menschen nicht haben, aber m.E. Helmut Schmidt bei der Flutkatastrophe 1962 in Hamburg (und nicht nur dort) unter Beweis stellte.

https://www.welt.de/regionales/hamburg/article13825421/Als-der-Herr-der-Flut-40-000-Retter-kommandierte.html:
Auszugsweise: „… Alles hört auf das Kommando des jüngsten Senatsmitglieds

Was unterscheidet solche Menschen von anderen?

Der 43-jährige Bundeswehr-Hauptmann der Reserve Helmut Schmidt ist nach Lebens- und Dienstalter das jüngste Mitglied des Senats. Tatsächlich aber ist er an diesem Vormittag und in den nächsten drei Tagen, ganz unabhängig von den ihm erteilten Vollmachten, die anordnende und vollziehende Gewalt in der Stadt. Alles hört auf sein Kommando. Es ist die normative Kraft des Faktischen, die hier zu besichtigen ist …"

Viele Menschen fühlen sich in schwierigen Situationen unwohl und möchten keine Verantwortung übernehmen, weil sie Angst haben „es könnte schief gehen und sie könnten Schuld sein". Ihr Ausweg ist, „sie seien nicht zuständig und es wäre Amtsanmaßung, wenn sie es täten."

Abb. 70: Helmut Schmidt

HAMBURG HELMUT SCHMIDT

Als der "Herr der Flut" 40.000 Retter kommandierte

Von Uwe Bahnsen | Veröffentlicht am 22.01.2012 | Lesedauer: 7 Minuten

Als die große Flut hereinbrach tanzten alle nach seiner Pfeife: Helmut Schmidt dirigierte die Rettungsmaßnahmen 1962

Quelle: picture-alliance / dpa/dpa/Rauchwetter

Sie betreiben eine Art „Vogelstraußpolitik" und „stecken den Kopf in den Sand" – sie sind einfach nicht da. Helmut Schmidt wird zum Teil negativ beurteilt, weil er „Angst vor Kontrollverlust" habe und immer der „tolle Hecht" sein möchte (Martin Rupps, Der Lotse - Helmut Schmidt und die Deutschen, Orell Fuessli Verlag - Gebundene Ausgabe - 368 Seiten, Erscheinungsdatum: 17. September 2015, ISBN-13: 978-3-28005-553-3,EAN: 9783280055533).

Wer nun psychisch mehr gefährdet ist bzw. war, Helmut Schmidt oder diese Kritiker – das ist hier die Frage. Für mich schwingt unterschwelliger Neid dabei mit, der dem Narzissmus dieser Kritiker dient und weniger der objektiven Beurteilung von Helmut Schmidt. Selbst wenn wir hypothetisch annehmen, dass er „Angst vor Kontrollverlust" hatte und immer der „tolle Hecht" sein wollte, so sind das die Eigenschaften, die nicht nur ein guter Organisator in schwierigen Situationen braucht.

Der Begriff „chuzpe" ist im Prinzip negativ besetzt (Dreistigkeit, Frechheit, Impertinenz, Respektlosigkeit, Unbescheidenheit, Unverschämtheit usw.), aber für Persönlichkeiten wie Helmut Schmidt, die damit außergewöhnliche Ergebnisse erzielen, die anders nicht erreicht werden können, bedeutet Chuzpe eher Kühnheit, Beherztheit, Courage, Bravur, Mumm usw. Helmut Schmidt ist/war eine große Persönlichkeit.

„https://www.welt.de/regionales/hamburg/article149144377/Welchen-Platz-nimmt-Schmidt-in-der-Geschichte-ein.html"
(Tod des Altkanzlers: Welchen Platz nimmt Helmut Schmidt in der Geschichte ein? Von Uwe Bahnsen, Veröffentlicht am 23.11.2015).

Auszugsweise: *„ … Was Jacob Burckhardt über die Merkmale einer großen Persönlichkeit sagt, möchte man Wort für Wort wie auf den Ausnahmepolitiker Helmut Schmidt gemünzt finden: „Die Fähigkeiten entwickeln sich oder schließen sich wie selbstverständlich und vollständig auf mit dem Selbstbewusstsein und den Aufgaben … Abnorm ist seine Macht und Leichtigkeit in allen geistigen (und selbst leiblichen) Funktionen, im Erkennen sowohl als im Schaffen, in der Analyse wie in der Synthese. Dazu ist ihm eigen und natürlich die Fähigkeit, sich nach Belieben auf eine Sache zu konzentrieren und dann ebenso zu einer anderen überzugehen …*

Das große Individuum übersieht und durchdringt jedes Verhältnis, im Detail wie im Ganzen, nach Ursachen und Wirkungen … Es sieht zunächst überall die wirkliche Lage der Dinge und der möglichen Machtmittel und lässt sich durch keinen bloßen Schein blenden und durch keinen Lärm des Augenblicks betäuben. Von allem Anfang an weiß es, welches die Grundlagen seiner künftigen Macht sein können. Gegenüber Parlamenten, Senaten, Versammlungen, Presse, öffentlicher Meinung weiß es jederzeit, wie weit sie wirkliche Mächte oder bloß Scheinmächte sind, die es dann einfach benützt … Sodann aber weiß es den Moment des Eingreifens im Voraus, während wir die Sachen erst hernach aus den Zeitungen lernen … Endlich als kenntlichste und notwendigste Ergänzung kommt zu all diesem die Seelenstärke, welche es allein vermag und daher auch allein liebt, im Sturm zu fahren."

"Schmidt-Schnauze" - Worte für die Ewigkeit

Seine Markenzeichen: Menthol-Zigaretten und direkte Worte. Ob im Wahlkampf, als Kanzler oder nach seiner aktiven Karriere: Mit Helmut Schmidt geht einer, der mit Worten umgehen konnte, wie kaum ein anderer.

Quelle: Die Welt

Das sind Sätze, die sich wie ein Psychogramm des Politikers Helmut Schmidt lesen. Es ist die Summe all dieser Eigenschaften, die uns im Hinblick auf diesen Mann in die Lage versetzt, Jacob Burckhardts „Mysterium Größe" näherzukommen. Werden die Historiker, werden die Deutschen, werden die Europäer Helmut Schmidt zu den Großen seiner Zeit rechnen? Vieles spricht dafür. Er hat die Grundlagen dafür gelegt, dass sich der Kontinent tiefgreifend verändern und seine Spaltung überwinden konnte. Die deutsche Einheit war das Ergebnis einer Politik, die mit dem von ihm durchgesetzten Nato-Doppelbeschluss begann.

Seine Partei, die SPD, hat Helmut Schmidt damals die Gefolgschaft verweigert. Sein Nachfolger Helmut Kohl aber hat an dieser Politik festgehalten, massenhaft organisiertem Widerstand zum Trotz. Beide gehören zu den großen Gestalten der deutschen Nachkriegsgeschichte …"

Ich selbst habe als Student Helmut Schmidt in einer Vorlesung über Verteidigungspolitik (Akademie für Wirtschaft und Politik in Hamburg) kennen gelernt. Er war sehr arrogant und hat manchen Studenten/In im wahrsten Sinne des Wortes „abgekanzelt". Zu der Frage einer Studentin, wie dann China in sein Konzept passe, wenn Millionen chinesischer Soldaten an der deutschen Grenze aufmarschierten, antwortete er: „Wir wollen doch das Niveau dieser Veranstaltung nicht unnötig senken." Die junge Dame war, das war äußerlich zu sehen, völlig fertig.

Dann bequemte er sich zu einer Antwort: „Erstens verfügen die Chinesen zur Zeit nicht über die notwendige Logistik. Zweitens, glauben Sie denn, dass die Polen, die Tschechen, die Ungarn und die Balkanstaaten und selbst die Sowjet Union Millionen chinesischer Soldaten auf ihrem Staatsgebiet oder auch nur in ihrer Nähe haben wollen? Wohl kaum."

Selbst Arroganz konnte er besser als alle anderen Arroganten. Die Vorlesung selbst war für mich eine „Offenbarung". Man spürte den riesigen Umfang seiner Kompetenz – nicht nur, mit dem, was er präzis, stimmig und schlüssig vortrug, sondern wenn er sagte: „Das weiß ich nicht."

Bei jedem Anderen hätte das nach „Versagensangst" geklungen. Bei ihm bedeutete es: „Wenn ich es nicht weiß, weiß es niemand (höchstens Gott)."

Ich habe danach so oft wie möglich seine Auftritte besucht und – zugegebener Maßen im Laufe der Zeit auch an Ehrfurcht verloren, aber was blieb und bleibt, ist der Eindruck: „Das kann sonst kaum einer, den ich in der Gesellschaft kenne." Wenn eine Mehrheit aller Deutschen Helmut Schmidt für den weisesten Menschen in Deutschland halten/hielten, dann muss das nicht (ganz) falsch sein.

Helmut Schmidt hat Gott aus seiner Anschauung abgelehnt, weil er so viel zulässt und zugelassen hat, was an Unmenschlichen geschieht und geschah (u.a. den Holocaust).

Auch ich weiß nicht, ob und wie Gott denkt, wenn es ihn dann gibt, aber gegenüber meinem jugendlichen Atheismus, werde ich als Agnostiker allmählich unsicher, ob es nicht doch „so etwas" geben könnte.

Eine gewisse kritische Distanz ist bei allen Menschen angebracht – wir sind eben nicht Gott, auch Helmut Schmidt nicht.

https://philomag.de/helmut-schmidt-der-weise/; Von Philipp Felsch
Philosophie Magazin, Philomagazin Verlag GmbH, Berlin: Helmut Schmidt ist heute im Alter von 96 Jahren gestorben. In unserer Sommerausgabe Nr. 05/2015 porträtierten wir den großen Publizisten als distanzierten Denker, der alles erreicht hat. Ein Nachruf:

„ … Vor ein paar Jahren veröffentlichten Helmut Schmidt und der amtierende Zeit-Chefredakteur Giovanni di Lorenzo eine Reihe von Gesprächen unter dem Titel „Auf eine Zigarette mit Helmut Schmidt". Das Büchlein, das ein Bestseller wurde, brachte den Stil der öffentlichen Interventionen, die der Altkanzler seit vielen Jahren pflegt und an die wir uns wie an eine überflüssige Instanz gewöhnt haben, auf den Punkt: Die Antworten, die er auf die Fragen di Lorenzos gibt, sind abwiegelnd, bisweilen unwirsch und selten mehr als ein paar Zeilen lang. Egal, welches Thema sein Gegenüber anschneidet:

Schmidt wischt die steilen Thesen und die vermeintliche Hysterie zur Seite, redet Klartext und mahnt grummelnd zur Besonnenheit. Als „Ruhig-Blut-Appell" hat ein Rezensent das Buch bezeichnet. Jeder Blick, den sein Autor in die Zukunft wirft, ist in die Vergangenheit gerichtet. Was auf uns zukommt, ist schon mal da gewesen. Zukunftsweisende Ziele hat so ein Mensch klarerweise nicht mehr. Wenn man Kategorien in Anschlag bringen will, könnte man damit sagen, Helmut Schmidt übt in unserer Medienlandschaft weniger die Funktion des Intellektuellen als die des Weisen aus.

Alexandre Kojève, der das 20. Jahrhundert im Licht von Hegel interpretierte, hielt die Weisheit für die zeitgemäße Form des Denkens. Als „absolutes Wissen", wie es in Hegels „Phänomenologie des Geistes" heißt, stelle sie die Verbindung von vollkommenem Selbstbewusstsein und vollkommener Zufriedenheit dar. Während der Intellektuelle das unglückliche Bewusstsein repräsentiere, das dem Menschen auf dessen Gang durch die Geschichte eigen gewesen sei, verkörpere der Weise die Überwindung dieser Diskrepanz von Geist und Welt in der Ära der Posthistoire. In Kojèves Augen gebührt Hegel das Verdienst, als Erster erkannt zu haben, dass mit Napoleon der epische Kampf der Menschen um Anerkennung abgeschlossen und die Ausbreitung des universalen Staates das einzig verbleibende historische Ereignis sei. Als Berater der Mächtigen übernehme der Weise die Aufgabe, zu dessen effizienterer Einrichtung beizutragen. Er ist der Denker, den sich eine Welt leisten kann, die keine Revolutionen mehr erwartet, weil alle Revolutionen schon geschehen sind.

Helmut Schmidt ist ein solcher Denker – auch wenn er kein geheimes Wissen, sondern sozialdemokratischen Common Sense bemüht und auch wenn die Posthistoire, aus der er zu uns spricht, mindestens ebenso eine biografische wie politische ist: Mit beinah hundert hat er alles erreicht, was man als Politiker in Deutschland erreichen kann, stellt sich keiner Wiederwahl und muss keine Delegierten mehr überzeugen. Seine Rolle, die ihm seine Präsenz in den Medien sichert, ist die des Elder Statesman, der ohne parteipolitische Verklausulierung sprechen kann. Nicht einmal auf seine Gesundheit muss er mehr Rücksicht nehmen. Daher ist er der Einzige, der im deutschen Fernsehen noch rauchen darf. Der Intendant, der ihm das verbieten wollte, würde vermutlich seinen Job verlieren. Obwohl die Souveränität, die der Patriarch mit Mentholzigarette verkörpert, von seiner Entmündigung ununterscheidbar ist: Lass den Opa doch rauchen, das schadet nicht. Dass Schmidt Karl Popper als seinen Lieblingsphilosophen bezeichnet, ist übrigens ein Missverständnis. Nichts könnte der Figur des Altkanzlers ferner sein, als Poppers Kernidee, dass sich jede Erkenntnis als falsch erweisen könnte …"

B.3.2 ZUSATZAUFGABEN ZUR SELBSTÄNDIGEN LÖSUNG-22:

Diese Aufgabe ist die mit den höchsten Anforderungen in dieser Ausgabe.

Nicht jedes Moment aus der folgenden Beschreibung ist für die Beantwortung der Punkte, Themen und Kontexte nachzuvollziehen. Ansonsten verzetteln Sie sich.

Beschreiben Sie am nachfolgen Beispiel ("Brandenburg Gate" – Wie man einen Flughafen nicht baut) im Detail, wie Sie eine Organisation realisieren und alle notwendigen Planungen, Analysen und Lösungskonzepte durchrechnen und konzeptionell vorbereiten würden.

Beachten Sie folgende Punkte, Themen und Kontexte:

- ***Arbeit/Leistungen und andere Dienste / Material: Roh-, Hilfs- und Betriebsstoffe*** *(HOAI - Architekten Honorar: LPH 1 bis LPH 9: Siehe Anlage 3)*

- ***Investitions-, Kosten- und Ertragsübersicht***

    - ***Projektkalkulation (Zeit, h/Tag, Mitarbeiterbestand, Materialzuschlag)***
    - ***Projektplanung: Kosten und Ressourcen***
    - ***Simulationsmodell (Dynamische Kostenermittlung auf Prozessebene)***

- ***Mängel bei Leitung, Führung, Aufsicht und Kontrolle***

- ***Entscheidungs- und Durchsetzungskompetenz***

Organisatorischer Rahmen

(1) Information und Kommunikation, Entscheidungs- und Durchsetzungskompetenz

- ***Führung und Führungskompetenzen:*** *Wer zum Führen großer Projekte geeignet ist, muss eine Ausstrahlung haben, aber auch die Fähigkeit,*

- ***Kommunikation:*** *Informationen zu formulieren, dass Sie* ***kurz und verständlich*** *sind. Langatmige Ausführungen und Diskussionen schwächen den Führenden.*

- *Den Anhängern von Demokratie und Kooperation sei gesagt, dass es in* ***neuralgischen Situationen*** *nicht funktioniert, eine neue Arbeitsgruppe zu bilden und nach Lösungen zu suchen.*

- *Dabei ist der Zeitbedarf nicht allein entscheidend, sondern die Wirkung des Führenden. Viele Projekte leiden daran, dass keiner die Übersicht hat.*

- ***Praxisorientierte Handlungs- und Entscheidungsorientierung***
  Dinge zu beschreiben ist etwas ganz anderes, als sie in die Praxis umzusetzen.

- ***Informelle Führerschaft*** *ist fast unbezahlbar, wenn sie zum Nutzen des Projektes eingesetzt wird* ***und „****Alles hört auf das Kommando“ akzeptiert.*

- *Was unterscheidet solche Menschen von anderen? Es ist die* ***normative Kraft des Faktischen:*** *Jeder (fast alle) spüren: „Der/Die kann es.“*

- *Dazu kommt, dass die meisten Menschen fühlen sich in schwierigen Situationen unwohl fühlen und keine Verantwortung übernehmen möchten, weil sie Angst haben „es könnte schief gehen und sie könnten Schuld sein“.*

- *Dazu gehören vor allem* ***psycho-soziale und emotionale Interaktionen****, um Kontakte (Verbindungen, Netzwerke), Verständigung, Beziehungen und Lob einzusetzen, um Risiken, Konflikte, Streitigkeiten, Rivalitätshandlungen usw. auszugleichen und zu vermeiden.*

- ***Ausnahmefälle:*** *Die* ***Arroganz der Macht*** *schneidet aus moralischen Gründen nicht gut ab, aber kann es sein, dass gerade dann, wenn in einem Projekt alles schief zu gehen scheint (Denken Sie bitte an die Flutkatastrophe in Hamburg, als erst Helmut Schmidt mit Amtsanmaßung und Kompetenzüberschreitungen eine wirksame Lösung herbeiführte.).*

(2) Formale Organisation *bleibt* ***Handlungsrahmen***

- ***Formale Interaktionen (Dispositionen)****, die Ziele, Planung, Anwendung der Organisations- und Entscheidungsregeln, Aufgabenverteilung und –überwachung, Anleitung, Anweisung und Motivation der Mitarbeiter/Innen, menschliche und technische Arbeitsstrukturen und –abläufe, Problemanalysen, Lösungsanregung und –vorgaben, Information, Kommunikation, Kontrolle und Steuerung, Mitarbeiterführung und bedarfsweise positive und negative Sanktionierung betreffen, gehören zur* ***Koordination.***

- *Koordination soll* ***Kooperation (Zusammenarbeit)*** *bewirken, indem die genannten Strukturen und Prozesse* ***in sich gegenseitig unterstützende Beziehungen*** *überführt werden. Die Verbindung aller Stellen durch ein Kommunikationssystem soll dazu anregen, Arbeitsprozesse* ***bewusst gemeinsam*** *durchzuführen.*

- *Zur* ***Koordination*** *und* ***Kooperation*** *gehören Menschen, Maschinen und sonstige materielle und immaterielle Mittel, die die formalen organisatorischen Gestaltungsansätze mit rationalem Verhalten verfolgen. Instrumentale Verhaltensmuster (Kombination von Mensch-Maschineeinheiten und –gruppen) werden als formale Rollenspezifizierung (Aufgaben- und Arbeitsverteilung) geregelt. Dabei sind (Position, Status und Rolle, Rangfolgen, Vorgesetzte-Mitarbeiterbeziehungen)* ***Weisung und funktioneller Gehorsam*** *erforderlich, um mit formaler Kommunikation, Dispositionen, bedarfsweise Improvisationen und technologische Maßnahmen die Organisationsprozesse in Gang zu setzen und durchzuhalten.*

- *Damit die* ***Ziele und Constraints*** *(Beschränkungen, Zwänge, Restriktionen, Bedingungsrahmen)* ***der Sollorganisation*** *erreicht werden, muss einerseits dass Soll bewusst gewollt (dispositive Anweisungen und Überzeugungen,* ***„people approach" – Maßnahmen****) werden* ***(Willorganisation)*** *und andererseits Abweichungen vom Soll* ***(Istorganisation)*** *durch die* ***formale (soziale) Kontrolle a****ufgedeckt und dispositiv (bedarfsweise improvisatorisch) bereinigt werden.*

(3) Soziale Harmonisierung

- *Die* ***formale Organisation*** *bleibt* ***Handlungsrahmen,*** *aber es muss den Führungspersönlichkeiten bewusst sein, dass ohne die* ***Zusammenführung formaler und informaler Beziehungen zwischen Menschen und Gruppen*** *(Gefühle, Werte und Normen) auch formalen Wirkungen nicht funktionieren.*

- *Dazu gehört es, Stimmungen zu positiveren* ***(psycho- und soziale und emotionale Verhaltensebene)*** *und als* ***geeignete Interaktions- und Verhaltensmuster*** *zu nutzen.*

- *Die Menschen sollen nicht nur Aufgaben übernehmen, sondern sich auch mit ihnen identifizieren* ***(informale Rollenspezifizierung)*** *und dafür engagiert (bis begeistert) einsetzen.*

- *Formale und informale* ***Störungen und Konflikte*** *(Diskrepanzen zwischen Soll-. Will- und Istorganisation, dysfunktionalen Führungs-, Interaktions- und Improvisationswirkungen, negative Gruppen-dynamik) sollen abgefangen werden und dem formalen* ***Handlungsrahmen*** *zugeführt*

- *Der Ansatz einer **sozialen Harmonisierung** geht davon aus, dass eine **positive Stimmung** in der Gesellschaft (als auch dem Unternehmen) sich günstig auswirkt. Das heißt, alle an der Organisation beteiligten Menschen müssen **auch ihre Interessen und Neigungen zu einem wesentlichen Anteil erfüllt sehen**.*

- *Die psycho-sozialen und emotionalen Eigenschaften aller Im Organisationsprozess arbeitenden Menschen sollen aus Sicht der **Ziele und Constraints der Sollorganisation** auf die formale Organisation ausgerichtet werden.*

- *Das betrifft die **Zusammenführung formaler und informaler Beziehungen zwischen Menschen und Gruppen** (Gefühle, Werte und Normen) und sollformalen Wirkungen auch durch informelle Interaktionen auf die Organisationunterstützen*

(4) ***Kontrollen***

- *gibt es in unterschiedlicher Form (arbeitsintegrierte Leistungskontrollen, Stich-proben, Abnahmekontrollen, Funktions- und Aktivitäten-Kontrollen - z.B. Finanz- und Kostenkontrollen, Organisations- und Revisions-kontrollen, Traesuring, Controlling usw.).*

- ***Bei Projekten** ist es immer dann wichtig, wenn Führungs-persönlichkeiten Entscheidungen treffen und nicht immer sicher ist, ob sie alle projektdienlich waren.*

- *Eine **integrierte Kontrollinstanz** (erweiterte Revision) kann riskanten Geschäfte vorher beurteilen und auch für die Zukunft alles das reorganisieren, was verbesserungsfähig ist, aber sie darf den Führenden in neuralgischen Situationen ausbremsen.*

- ***Das bedarf einer Abstimmung der kurzen Wege (Improvisations-kontakt).***

- ***Führungs- und Kontrollpersönlichkeit** sollten einen guten Draht zueinander haben, um sich nicht gegenseitig zu behindern.*

.Fallstudie: "Brandenburg Gate" – Wie man einen Flughafen nicht baut.

„ ...Vorwort

Die "Brandenburg-Gate-Saga", die Geschichte über Berlins neuen Hauptstadtflughafen BER, ist keine typische Fallstudie einer Infrastruktureinrichtung, die sich in privater Hand befindet und privatwirtschaftlich betrieben wird. Soweit kam es nie. Private Investoren, die zu Beginn ein deutliches Interesse an einer öffentlich-privaten Partnerschaft sowie ihre Kompetenz in Bezug auf den Bau und Betrieb des neuen Flughafens der deutschen Hauptstadt signalisiert hatten, zogen sich zurück sobald sie die ungünstigen Dynamiken des Projekts erkannten.

Dennoch lohnt es sich zu analysieren was schiefgelaufen ist und die richtigen Lehren daraus zu ziehen. Diese Lehren gelten hauptsächlich für im Bau befindliche Infrastrukturprojekte. Zudem werfen sie ein Licht auf Infrastruktureinrichtungen, die zwar seit mehreren Jahren betrieben werden, aber die vor großen Überarbeitungen oder sogar Restrukturierungen stehen – egal ob diese bewusst geplant oder durch unerwartete externe Kräfte ausgelöst wurden.

Berlin blickt auf eine lange Geschichte in Bezug auf Flughäfen zurück. Der erste Flughafen der Stadt, Johannisthal, wurde 1909 eröffnet und war fast durchgängig in Betrieb bis er 1995 geschlossen wurde. Er war hauptsächlich für kleine private Flugzeuge ausgelegt. Berlins wichtigster Flughafen vor dem Krieg war Tempelhof, der 1923 in Betrieb genommen wurde. Angesiedelt im Herzen der Stadt wurde Tempelhof als Landeflughafen der westlichen Alliierten Streitkräfte während der Berlin-Blockade bekannt. Nach dem Zweiten Weltkrieg beeilten sich die Machthaber der DDR, den Flughafen Schönefeld zu eröffnen, der in den südöstlichen Randbezirken von Berlin liegt. Schönefeld wird noch heute als zusätzliche Kapazität hauptsächlich für das Angebot von Billigfluganbietern genutzt. Der neue Nachkriegsflughafen von West-Berlin, Flughafen Tegel, eröffnete 1948 und muss noch heute mit Abstand die Hauptlast von Berlins gewerblichem Luftverkehr von ungefähr 27 Millionen Passagieren pro Jahr tragen. Gute Idee, schlechte Ausführung.

Abb. 71: Entwurf für den Masterplan zu Berlins neuem Hauptstadtflughafen

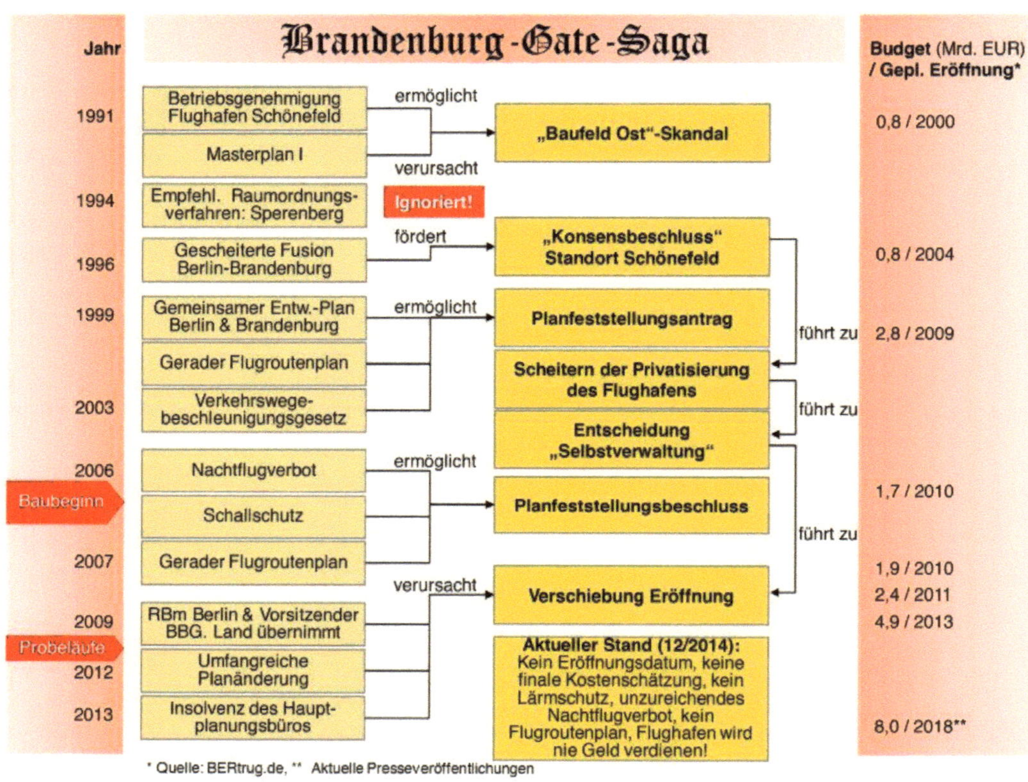

Der erste Entwurf für den Masterplan zu Berlins neuem Hauptstadtflughafen, der nach der deutschen Wiedervereinigung 1991 erstellt wurde, war einfach und klar. Der Flughafen sollte für 22 Millionen Passagiere pro Jahr ausgelegt sein, mit einer Spitzenkapazität von 6.000 Passagieren pro Stunde. Die Baukosten sollten 1 Mrd. Euro nicht übersteigen. Um übermäßige Risiken für den Steuerzahler zu vermeiden, war von Anfang an vorgesehen sowohl den Bau als auch den Betrieb des Flughafens zu privatisieren. Die Eröffnung war für den Jahrtausendwechsel geplant.

Keines dieser Ziele wurde bis heute erreicht. Eine lange Liste von Änderungsanträgen hat zu wiederholten Verschiebungen der geplanten Eröffnungstermine, massiven Kostenüberschre-itungen und schließlich sogar zu einem mehr oder weniger kompletten Umbau der Hauptabfertigungshalle des Flughafens geführt. Zum Zeitpunkt der Erstellung dieser Fallstudie ist die Eröffnung laut der letzten offiziellen Ankündigung für irgendwann im Laufe des Jahres 2017 geplant, die finale Kostenschätzung liegt bei 6,7 Mrd. Euro.

Es sei dem Autor an dieser Stelle gestattet, gewisse Zweifel bezüglich dieser Ziele auszudrücken. Er hält sich deshalb lieber an die Schätzungen, die in der folgenden Abbildung aufgeführt sind und die auf eine Eröffnung im Jahr 2018 und Gesamtkosten von 8 Mrd. Euro hindeuten.

Gründe für das Scheitern

Das Ergebnis ist aus wirtschaftlicher Sicht ein Desaster und führt Deutschlands Ruf als ein Land der effizienten und fleißigen Menschen nachhaltigen Schaden zu.

Im Nachhinein betrachtet haben offen gesagt drei Faktoren zu diesem Ergebnis geführt:

- *Unfähigkeit an zentralen Managementpositionen*
- *Eine wahre Verschwörung von Optimisten*
- *Untragbare Komplexität ausgelöst durch gezielte Entscheidungen.*

Unfähiges Management

Führungskräfte und Aufsicht waren nicht in der Lage, einen Plan auszuarbeiten, der Annahmen bezüglich unsicherer Aspekte des Geschäftsmodells des Flughafens ausreichend gut widerspiegelt. Die bekanntesten zwei Beispiele hierfür sind die Prognose zur Nachfrage und das Flugzeugdesign:

- *Nachfragevolumen: Sämtliche Schätzungen zum Passagieraufkommen des Berliner Flughafens waren viel zu niedrig. Die Anziehungskraft von Berlin nach der deutschen Wiedervereinigung, das Image von Berlin als „hippe" Stadt, das zu einer explosionsartigen Zunahme des Tourismus geführt hat, wurde nicht berücksichtigt. BER war ursprünglich für 22 Millionen Passagiere pro Jahr ausgelegt. Die Flughäfen Tegel und Schönefeld zählen heute 27 Millionen Passagiere. Bereits vor Beginn der Bauarbeiten war klar, dass der Flughafen nicht in der Lage sein würde, dieses Volumen zu tragen. Der „Point of no return" war allerdings schon lange überschritten bevor der Masterplan tatsächlich genehmigt wurde – ein typisches Phänomen großer öffentlich finanzierter Projekte. Eine drastische Planänderung, die wesentliche Elemente betrifft, wird in der Öffentlichkeit als Scheitern wahrgenommen, und in der Politik gilt das Wahren des Gesichts mehr als das wirtschaftliche Überleben.*

- *Neues Flugzeugdesign: Der Bauplan von Tegel aus den späten 70er Jahren basierte auf einem Hub-and-Spoke-System. Dies ermöglichte sehr kurze Passagierwege und die räumliche Anordnung auf einer Ebene, wobei im Erdgeschoss Raum für die Gepäckabwicklung, die Installation technischer Ausstattung etc. blieb. Neuere Geschäftsmodelle für Flughäfen konzentrieren sich auf Einnahmen aus Verkaufsläden, Boutiquen, Essen und Trinken usw. Dementsprechend verlangen diese Geschäftsmodelle eine Raumplanung wie für eine Shopping Mall.*

- *Die Trennung von Ankunfts- und Abflugbereich lässt sich am besten durch eine Passagierlogistik auf zwei Ebenen erreichen. Gepäckabwicklung, Luftzirkulationssysteme etc. müssen unterirdisch oder auf dem Dach untergebracht werden. BER, so wie der Flughafen München, haben sich für eine „Shopping Mall mit Flugzeugzugang" entschieden. In einem kurzsichtigen Versuch, die Kosten zu begrenzen, wurden im Gegensatz zu München allerdings nur zwei Hauptebenen eingeplant.*

- *Eine neue Dynamik, der Airbus 380, kommt ins Spiel. Die Auslegung auf ein solches „Vorzeige"-Flugzeug wurde gleich nach der ersten Ankündigung von Airbus als klare*

Priorität angesehen. Aus diesem Grund musste das Hauptabfertigungsgebäude noch einmal komplett neu geplant werden, um dem Airbus 380 Rechnung zu tragen – was im Grunde einen Neubau erforderte, um einen geordneten Passagierfluss zu garantieren.

- *Bei Entscheidungen geht es darum „nein" zu sagen, wenn kostspielige Alternativen auftauchen! Die Verantwortlichen aus der Politik konnten sich allerdings nicht vorstellen, nein zu sagen. Sie zogen es lieber vor, das Projekt weiter voranzutreiben ohne die Konsequenzen und potenziellen Alternativen sorgfältig in Betracht zu ziehen.*
  Eine wahre Verschwörung von Optimisten

So gut wie niemand in einer Führungsposition beim BER war für Pessimismus verantwortlich.

- *So taten sich beispielsweise die Ingenieursfirmen, die die Aufgabe hatten, die großen und hoch innovativen integrierten Luftzirkulations- und Brandschutzsysteme zu entwerfen und zu fertigen, mit Architekten und technischen Designbüros zusammen, die damit beauftragt waren, die Betriebsanlagen des Flughafens zu planen und steuern. Sie überzeugten sich gegenseitig, dass ungelöste Fragen bezüglich der Komplexität der Interaktion von Luftzirkulationssteuerung und Entrauchung quasi „im Vorbeigehen" während der Installation der Anlagen gelöst werden könnten. Grundsätzlich ist die „On-the-fly"-Technik gar kein schlechter Ansatz, vorausgesetzt dass die Optionalität explizit gesteuert wird. In diesem Fall war der ursprüngliche Plan allerdings überhaupt nicht umsetzbar.*

- *Zudem taten sich Flughafengestalter und -architekten mit Passagierlogistikplanern zusammen. Beim Entwurf von Grundrissplänen und Steuerungssystemen für den Passagierfluss überzeugten sie sich gegenseitig, dass ein Computeralgorithmus in der Lage sei, mit vorhersehbaren, aber noch nicht näher spezifizierten Komplikationen durch Spitzenauslastung bei Passagierlogistik und Gepäcktransport am Boden umzugehen. Aus kybernetischer Sicht würde man ein derartiges Vorgehen bestenfalls als „zu optimistisch" bezeichnen.*

- *Schließlich überzeugten sich noch das Flughafenmanagement und potenzielle Ladenbesitzer gegenseitig, dass die gesamte Flughafengestaltung skalierbar sei. Sie nahmen an, dass Pläne ohne hohen Kostenaufwand geändert werden könnten, wenn die Nachfrage über die bestehenden Prognosen hinausgehen würden. Ladenbetreiber, meist kleine und mittlere Unternehmen, gerieten in eine Art Goldrausch. Bedauerlicherweise scheint es als ob die meisten der Firmen, die in die Ladenpassagen des Flughafens investiert haben, nun in ernsthaften Schwierigkeiten stecken, bis hin zur Insolvenz.*

Untragbare Komplexität ausgelöst durch gezielte Entscheidungen
Die am beunruhigsten Fehler wurden allerdings wiedergeholt gemacht:

- *Standort: Die Zusammenarbeit der oberen Ebenen unseres dreigliedrigen Regierungssystems, Bund und Länder, die in die Planung, Genehmigung und administrative Belange des Flughafens involviert sind, ist eine der Hauptzutaten des Katastrophenrezepts für den Berliner Flughafen. Die Bundesregierung wollte sicherstellen, dass die internationale Drehkreuzfunktion des Münchner Flughafens nicht gefährdet wird. Aus diesem Grund wurde ein Nachtflugverbot als entscheidend für die Existenz des Berliner Flughafens angesehen.*

- *Das Land Berlin wollte den Flughafen nahe an der Stadtgrenze haben, um von dem Geschäft, das um den Flughafen herum florieren sollte, zu profitieren. Angetrieben von dem Ehrgeiz, den Prozess zu steuern und die Nähe zur Stadtgrenze sicherzustellen, hat das Land Berlin bereits 1991 ein großes Stück Land neben dem Flughafen Schönefeld gekauft – Jahre bevor die Standortwahl abschließend genehmigt war!*

- *in weiterer Standort, Sperenberg in Brandenburg, war von allen Experten, die ihm Rahmen des Auswahlprozesses hinzugezogen wurden, favorisiert worden. Sperenberg würde kein Risiko für einen Betrieb von 24 Stunden am Tag, 7 Tage die Woche darstellen, eine sehr flexible Flugroutenplanung ermöglichen und keine zusätzlichen Kosten für Lärmschutz verursachen. Und am allerwichtigsten, Sperenberg könnte man bei Bedarf leicht um eine dritte und sogar vierte Start- und Landebahn erweitern. Sperenberg wurde jedoch schließlich fallengelassen und Schönefeld, der schlechteste aller möglichen Standorte, wurde ausgewählt. Die Nachteile von Schönefeld gegenüber allen anderen Standorten in der engeren Wahl waren von Beginn an offensichtlich:*

    - *Sumpfiger Untergrund und entsprechendes Potenzial für bekannte Unbekannte und unbekannte Unbekannte beim Bau*
    - *Starke Einschränkungen bezüglich Flugrouten für Abflug und Landung sowie bezüglich Betriebszeiten*
    - *Extrem hohe Kosten für Lärmvermeidung und Lärmschutz*
    - *Höchste Grundstückspreise für den Kauf*
    - *Der Inbegriff von Ignoranz: vollständiger Verlust des Flughafens Schönefeld als Real-Option*

- *Design: Architektur- und Designvorgaben, die Berlins Anspruch als eine moderne Hauptstadt eines großartigen Landes widerspiegeln, wurde öffentlich Priorität eingeräumt. Das bedeutete beispielsweise, dass das Dach der Haupthalle des Flughafens nicht durch irgendeine hässliche technische Ausrüstung versperrt werden sollte – keine Abluftrohre, keine Kompressoren, keine Aufzugsschachtgehäuse etc. Entsprechend musste so gut wie die ganze Technik, die ungefähr die Hälfte der üblichen Kosten eines Flughafenbaus ausmacht, hinter Wänden versteckt oder unterirdisch verstaut werden. Die drohenden Kosten dieser Entscheidung: abgesehen davon, dass sie externe Optionen aufgeben, haben die Planer nun alle effizienten internen Optionen für Änderungsanträge verloren. In einem Umfeld in dem kritische Entscheidungen nicht getroffen werden, übernehmen Änderungsanträge nun faktisch die Kontrolle über die Kostenentwicklung. Mit Management hat dies nichts mehr gemein.*

B.3.3 „SOS"-Methode

(Strategische Ausrichtung, Organisatorisches Umfeld, Systemunterstützung)

Es gibt und gab umfangreiche Abhandlungen, wie man Großprojekte planen, realisieren und kontrollieren sollte – wie das folgende Beispiel:

Vom Bundesverwaltungsamt, Stand September 2015, in Zusammenarbeit mit den Firmen McKinsey & Company, Inc., Capgemini Deutschland. GmbH und 4Soft GmbH erstellt, Autoren Jorg Magerkurth, Thomas Schroder, Dr. Sebastian Muschter, Silvio Tannert, Bernd Tophoven, Mario Kuhl, Marc-Ingo Muller, Lizenz/Copyright, Copyright c Bundesverwaltungsamt 2015, Die S-O-S-Methodec darf mit Hinweis auf die Urheberin frei angewendet werden – Auszugsweise Seite 1:

„ … Vielleicht zu viel Unübersichtlichkeit und Komplexität sich überschneidender Bedingungen und Zuständigkeiten Warum das nicht so funktioniert hat, ist m.E. darauf zurückzuführen, dass die funktionellen Koordinations- und Überwachungsfunktionen nicht eindeutig genug für die Aufgabenträger formuliert waren und damit auch sachlich-zeitliche Auslöser, Eingriffe und die damit verbundenen Entscheidungsbefugnisse (Interventions-stufen) nicht geregelt waren bzw. nicht verstanden wurden …"

www.bva.bund.de/SharedDocs/Downloads/DE/BIT/GrPM/GroßPM_SOS-Methode.pdf?__blob=publicationFile&v=3

Herausgeber Bundesverwaltungsamt, Ansprechpartner Herr Thomas Schröder, Kompetenz-zentrum Großprojektmanagement; Bundesverwaltungsamt, Seite 11:

Auf Grund ihrer Komplexität und spezieller Rahmenbedingungen stellen Großprojekte in der öffentlichen Verwaltung besondere Anforderungen an das Projektmanagement. Für diesen Zweck stellt das Bundesverwaltungsamt (BVA) mit dem Kompetenzzentrum Großprojekt-management (CC GroßPM) kompetentes Personal und eine einheitliche Projektmanagement-Methodik (S-O-S-Methode©) vor. Das GroßPM-Vorgehen orientiert sich an der durch das Project Management Institute (PMI) vorgegebenen Struktur, berücksichtigt Inhalte aus dem Praxisleit-faden des Bundesministeriums des Innern (BMI) (siehe Kapitel Project Management Institute: PMBOK® Guide und Praxisleitfaden Projektmanagement für die öffentliche Verwaltung) und vertieft insbesondere die spezifischen Aspekte des GroßPM in der öffentlichen Verwaltung.
Die S-O-S-Methode© trägt bei stringenter Anwendung maßgeblich dazu bei, dass die IT-Großprojekte des Bundes ihre Ziele innerhalb des jeweiligen Zeit- und Budgetrahmens erreichen.

www.bva.bund.de/SharedDocs/Downloads/DE/BIT/GrPM/GroßPM_SOS-Methode.pdf?__blob=publicationFile&v=3
Herausgeber Bundesverwaltungsamt, Ansprechpartner Herr Thomas Schröder, Kompetenzzentrum Großprojektmanagement
Bundesverwaltungsamt, Seite 10: (Abb. 72)

Abb. 72:

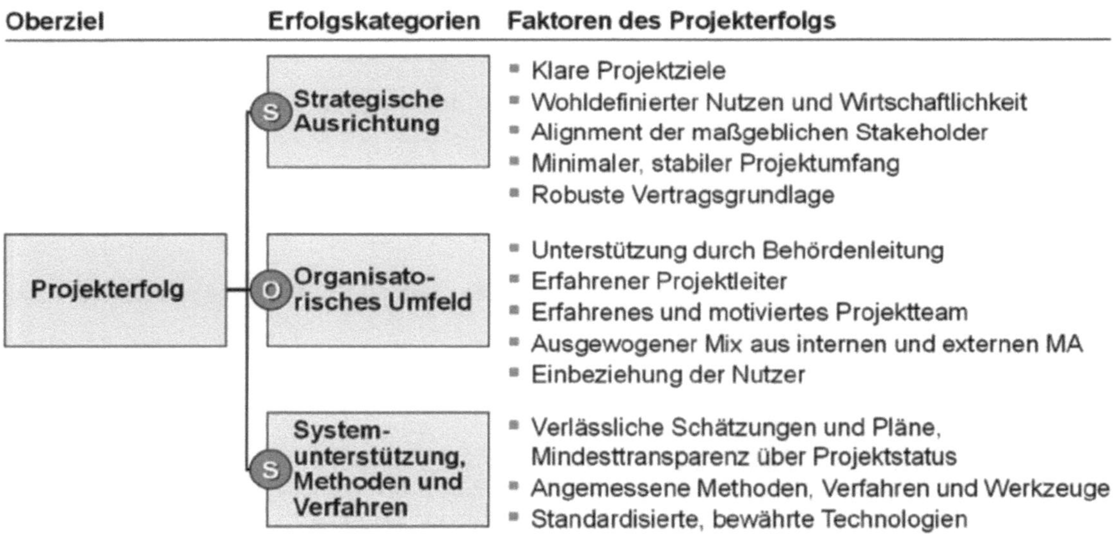

Abbildung 1: S-O-S-Methode© für das GroßPM

„... Auf diese Erfolgsfaktoren kann die Projektleitung mit Hilfe von zehn – in diesem Dokument beschriebenen –Projektmanagement-Disziplinen einwirken. Die Disziplinen reichen von Standards wie Projektplanung und Qualitätsmanagement bis hin zu speziellen Maßnahmen und Instrumenten, die für IT-Großprojekte der öffentlichen Verwaltung besonders wichtig sind. Zu Letzteren zahlt vor allem die Festlegung der Projektrahmenbedingungen, die es z.B. der Projektleitung in einem komplexen Umfeld mit vielen Stakeholdern und unklaren oder widersprüchlichen Prioritäten ermöglicht, die notwendige Vorabstimmung zu erreichen. Die S-O-S-Methodik kann auch in kleineren und mittleren sowie in Megaprojekten angewendet werden ...“

B.3.4 Vom Struktur-Stufen-Modell zum prozessualen Systemaufbau

B.3.4.1 Struktur-Stufen-Modell (Ganzheitlichkeitsmodell nach Christian Hoffmann)

Bei Organisationsaufgaben zählt nicht nur die Fähigkeit das Richtige zum richtigen Zeitpunkt zu tun, sondern die Organisation als Institution so auszustatten, dass sie überlebensfähig bleibt.

Auszugsweise: http://christianhofmann.org/nachhaltige-entwicklung/index.html
Nachhaltige Entwicklung Notwendigkeit und Herausforderung
Christian Hofmann, freier Berater, Hampsteadstraße57, 14167 Berlin

„ ...Ganzheitlichkeit bedeutet aber auch einen erweiterten Blick auf die Umwelten und Kontexte der Organisation. Ein Überleben der Organisation als soziales System ist ohne ihre relevanten Umwelten nicht denkbar. Bedeutende Entscheidungsprämissen unterneh-merischen Handelns resultieren daher aus den Interessen, Einflüssen, Erwartungen und Einwirkungen denen die Organisation ausgesetzt ist ...“

Abb. 73: Struktur-Stufen-Modell I

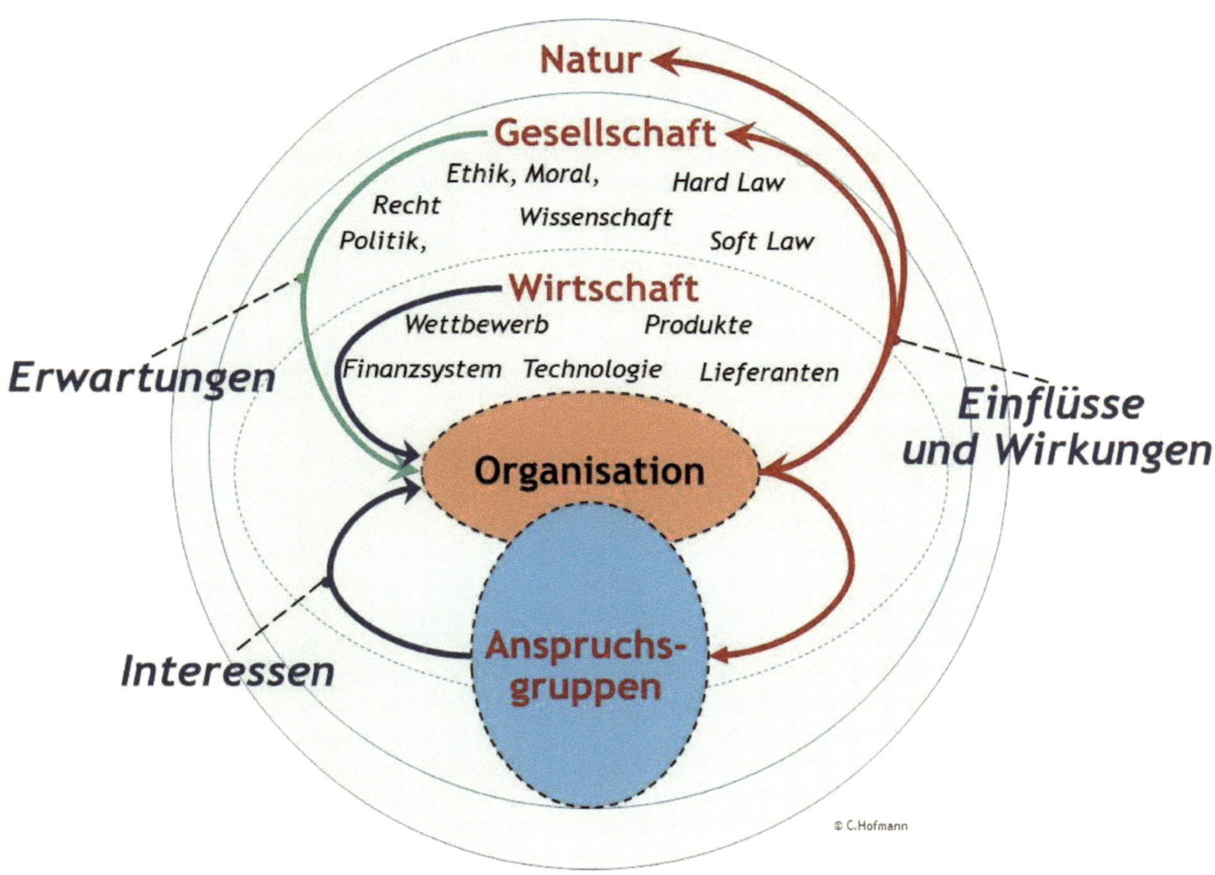

Altmeister „Erich Kosiol“ nannte Organisation „Integrative Strukturierung von Ganzheiten“. Dabei bezog er sich ausschließlich auf die formalen Prinzipien-zusammenhänge („Aufbau- und Ablauforganisaton mit Analyse und Synthese“).

Heute haben sich viele Strömungen der Organisationswissenschaft und Organisationspraxis entwickelt und es ist ein Trend zu mehr übergreifender Betrachtung, weil das Funktionieren einer Organisation von vielen Komponenten abhängt bzw. abhängen kann: Erich Kosiols Begriff müsste ergänzt und als „Integrative Strukturierung von Organisationssystemen“ beschrieben werden.

Im Detail: Der interdisziplinäre Systembegriff der Organisation, der die funktionsbezogene Menge von formalen und informalen Elementen und Subsystemen (aus formaler und informeller Arbeitsteilung, Kooperation und Koordination) miteinander in Beziehung stellt und daraus die Organisationslösung ableitet. Als Fachgebiete werden interdisziplinär einbezogen: Kybernetik, Informatik, Physiologie, Neurologie und Psychologie für physische Leistungsfähigkeit, Denk- und Gedächtnisleistungen, Organisationspsychologie, -soziologie, Informations- und Kommunikationswissenschaft und bedarfsweise Einflüssen anderer Gebiete. Dabei hat jede Organisations-aufgabe und jedes Organisationsprojekt eine andere (wenn auch zum Teil ähnliche) Systemkonstellation. Es gibt keinen Standard, der für alle Aufgaben und Projekte unverändert gilt.

Abb. 74: Struktur-Stufen-Modell II

Christian Hofmanns „Ganzheitlichkeit“ ist eine Struktur-Stufe vor dem prozessualen Systemaufbau. Das habe ich im Folgenden nachempfunden und als System-Modell (Regelkreis) dargestellt.

Die Natur ist allumfassend (grün), gelb ist sind „Organisationsstrukturen und – prozesse. Die grünen Pfeile sind die normalen Informations- und Kommunikationsprozesse.

Die roten Pfeile sind Mess- und Kontrollfunktionen und

diese Pfeile sind Mess- und Kontrollfunktionen mit Interventionen (Anpassungsprozesse), wenn die Störgrößen von den Regelgrößen (definierte Ziele) abweichen.

Die Systemprozesse beginnen mit „Ziele und Erwartungen“ (Regelgrößen). Alle Störgrößen werden mit den Regelgrößen verglichen und bei Abweichungen mit Interventionen (Anpassungsprozesse) bereinigt. Wenn keine Störgrößen (Abweichungen vom normalen Leistungsprozess) auftreten, dann läuft der Prozess ohne Änderungen weiter.

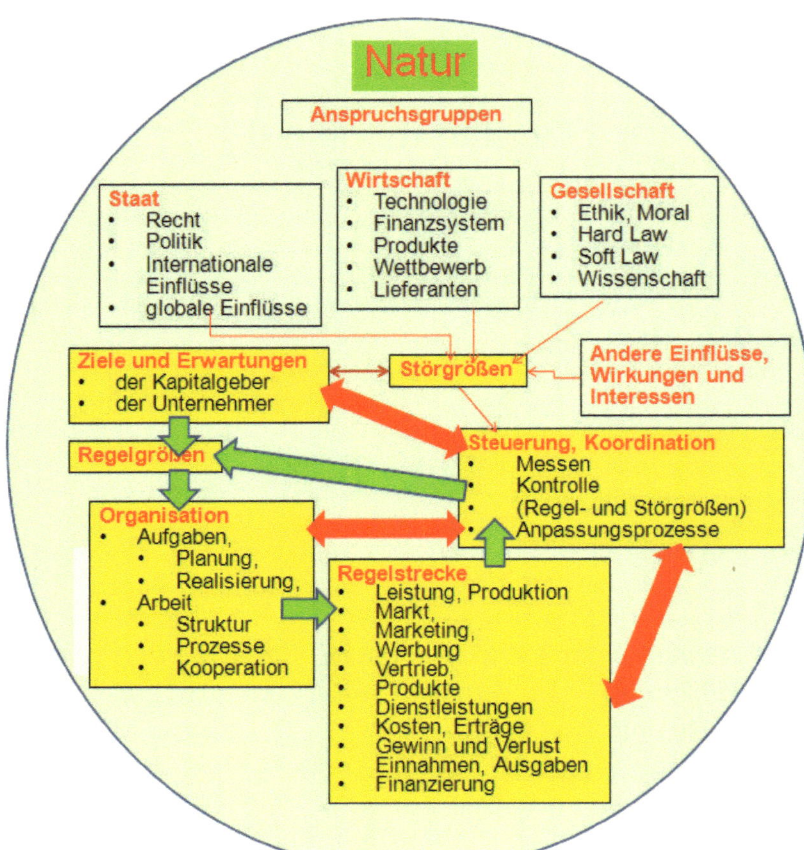

B.3.4.2 Mehrdimensionale Systemstruktur

Was in diesem Modell bisher noch fehlt, sind die „Anteile funktioneller Netzwerke“ und der „Interdisziplinären Organisation“. Tatsächlich beinhaltet das zusätzliche Dimensionen von Systemelementen und Subsystemen auf, die sich auf eine konkrete Aufgabe beziehen. Auch hier gibt es keinen Standard, der für alle Aufgaben und Projekte unverändert gilt

Auszugsweise: http://wirtschaftslexikon.gabler.de/Definition/mehrdimensionale-organisationsstruktur.html?extGraphKwId=9096
Prof. Dr. Gerhard Schewe, Univ.-Professor, Autor des Stichworts, GABLER WIRTSCHAFTSLEXIKON:

Mehrdimensionale Organisationsstruktur: „… Organisationsstruktur, bei der durch parallele Verwendung mehrerer Kriterien für die Bereichsbildung auf einer Hierarchieebene organisatorische Teilbereiche gebildet werden, die auf unterschiedliche Handlungsaspekte aus-gerichtet sind. Es sollen gleichzeitig mehrere Dimensionen einer Handlung im Entscheidungsprozess berücksichtigt werden. werden. …“

Abb. 75: Mehrdimensionale Organisationsstruktur

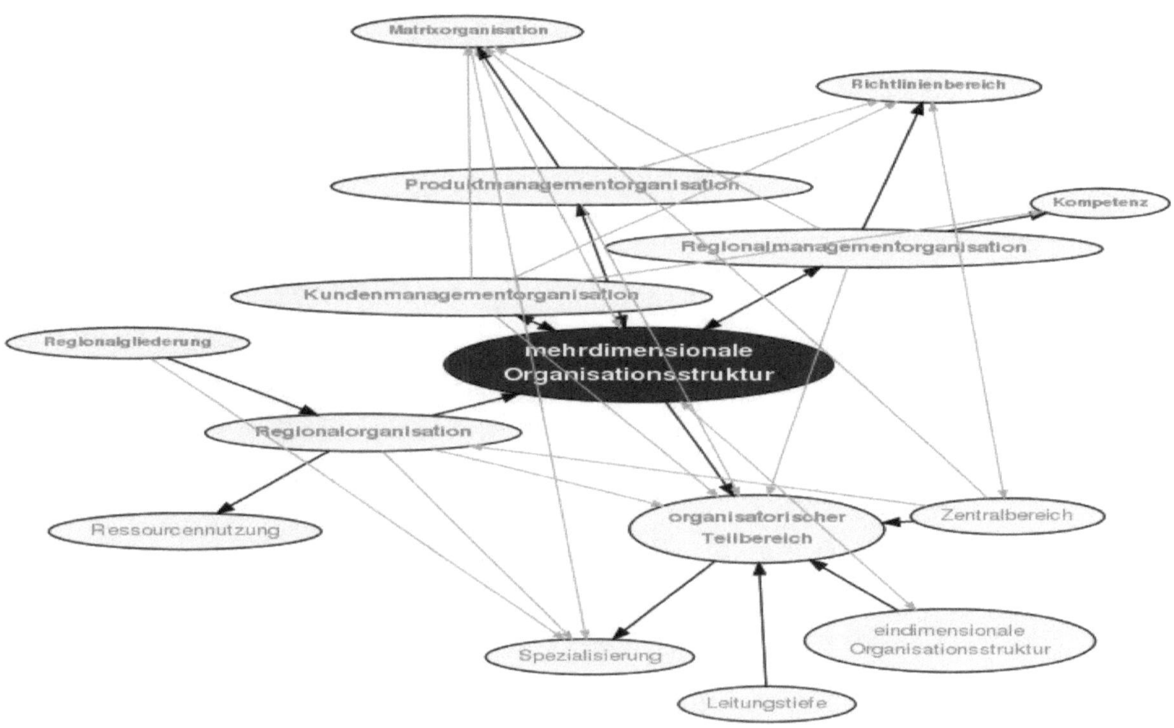

*Eine **tabellarische Lösung** könnte folgendermaßen aussehen:*

***X** wäre mit zeitlichen, prioritären, kosten- und finanzwirtschaftlichen Zusammenhängen beschrieben; Netzplanbezüge sind von Vorteil. Hier drücken Zahlenwerte (0 – 9) die Priorität aus, die auch mit Zeitdimensionen (Termin, Kern-, Rüst- und Verteilzeiten bis zur Bereitstellung) verbunden sein können.*

Abb. 76: Mehrdimensionale Organisationsstruktur (Tabelle)

Mehrdimensionale Systemstruktur	*Kriterien, Elemente, Gruppen, Zusammenhänge*		
Abhängigkeiten	*Matrix*	*Regional-organisation*	*Netzplan-bezug*
Projektmanagement-organisation	*X5*	*X3*	*2*
Kundenmanagement-organisation	*X9*	*X9*	*1*
Richtlinienbereich	*X6*	*X6*	*2*
Kompetenz	*X8*	*X8*	*1*
Regionalmanagement-Organisation	*X8*	*X9*	*3*
Regionalgliederung	*X5*	*X9*	*3*
Regionalorganisation	*X5*	*X9*	*3*
Ressourcen	*X8*	*X8*	*4*
Zentralbereich	*X8*	*X8*	*2*
Organisatorischer Teilbereich	*X8*	*X8*	*1*
Leistungstiefe	*X9*	*X8*	*2*
Spezialisierung	*X8*	*X9*	*2*

B.3.5 ABSCHLUSSAUFGABEN ZUR SELBSTÄNDIGEN LÖSUNG-23:

Diese Aufgabe ist zwar schwierig, aber quantitativ überschaubar.

Beschreiben Sie am nachfolgen Beispiel ("Brandenburg Gate" – Wie man einen Flughafen nicht baut) im Detail, wie Sie eine Organisation realisieren und alle notwendigen Planungen, Analysen und Lösungskonzepte durchrechnen und konzeptionell vorbereiten würden.

Beachten Sie folgende Punkte, Themen und Kontexte:

- *Arbeit/Leistungen und andere Dienste / Material: Roh-, Hilfs- und Betriebsstoffe (HOAI - Architekten Honorar: LPH 1 bis LPH 9: Siehe Anlage 3)*
- ***Investitions- , Kosten- und Ertragsübersicht***
    - ***Projektkalkulation (Zeit, h/Tag, Mitarbeiterbestand, Materialzuschlag)***
    - ***Projektplanung: Kosten und Ressourcen***
    - ***Simulationsmodell (Dynamische Kostenermittlung auf Prozessebene)***
- ***Mängel bei Leitung, Führung, Aufsicht und Kontrolle***
- ***Entscheidungs- und Durchsetzungskompetenz***
- ***„SOS"-Methode***
  (Strategische Ausrichtung, Organisatorisches Umfeld, Systemunterstützung)
- ***Struktur-Stufen-Modell (Ganzheitlichkeitsmodell nach Christian Hoffmann)***
- ***Mehrdimensionale Systemstruktur***

Nicht jedes Moment aus der folgenden Beschreibung ist für die Beantwortung der Punkte, Themen und Kontexte nachzuvollziehen. Ansonsten verzetteln Sie sich.

http://www.theron.com/2015-die-publikationen/fallstudie-brandenburg-gate-wie-man-einen-flughafen-nicht-baut/

Auszugsweise: Lehren aus Sicht der Steuerung von Infrastrukturprojekten

Auswahl der geeigneten Mitarbeiter

Wie bei jeder anderen Investition ist der Wertzuwachs einer Infrastruktureinrichtung, unabhängig von ihrem Kontext, von drei Schritten getrieben:

- *Frühzeitige und umfassende Identifikation der kritischen Fragen, die zu lösen sind*
- *Echte Managemententscheidungen unter Unsicherheit*

Der wesentliche Erfolgsfaktor bei jedem dieser Schritte ist es, Personen mit den geeigneten Fähigkeiten an Bord zu haben. Dies kann zum Teil als ein Beschaffungsproblem angesehen werden. Das heißt wie definiert man, was benötigt wird, wie gewinnt man Zugang zu guten Leuten, wie wählt man die besten davon aus und begeistert sie für das Vorhaben.

Die BER-Stakeholder haben bei der Steuerung kritischer Fähigkeiten und Mitarbeiter kläglich versagt. Wie die Öffentlichkeit Schritt für Schritt herausfinden musste, gerieten mehrere kritische Personalaktivitäten außer Kontrolle. 2014 wurde der damalige technische Leiter die Hauptfigur eines weitreichenden Korruptionsskandals. Des Weiteren musste der Chefplaner der hoch komplexen Entrauchungsanlage zugeben, dass er seinen Arbeitgeber bezüglich seiner Referenzen und seines akademischen Hintergrunds getäuscht hatte.

Statt eines Diplom-Ingenieurs hatte ein technischer Zeichner eine der kritischsten Komponenten des Projekts geplant. Wie wir jetzt wissen ist das Ergebnis verheerend.

Besonders nach der Brandkatastrophe am Flughafen Düsseldorf, bei der 17 Personen ums Leben kamen – die meisten davon durch das Einatmen von Rauch – wurden in Deutschland die Anforderungen an den Brandschutz zu einer echten Herausforderung für große Bauvorhaben, besonders für Flughäfen. Die Führungsetage des BER wusste sicher von diesen Anforderungen. Und dennoch war sie nicht in der Lage, ihrer Hauptverantwortung nachzukommen – kritische Bereiche zu steuern! Man muss kein Experte sein um Experten zu steuern. Kaufmännisches Management und Projektmanagement sind wirklich allgemeine Aufgaben, keine Expertenaufgaben. Der Kernpunkt hier: Was bei Hardware und natürlichen Ressourcen selbstverständlich ist, gilt genauso für das Personal. Es gibt Experten, die darauf spezialisiert sind, knappe Ressourcen zu beschaffen. Manager müssen diese Fähigkeiten von Experten nutzen. Deshalb ist gerade zu Beginn eines potenziellen Infrastrukturinvestitionsprojekts die Auswahl und Zusammenarbeit mit einem Headhunter für Spitzenkräfte eine der wichtigsten Aufgaben eines Asset Managers.

Optimistischer Pessimismus

Abgesehen davon, dass Manager es häufig hassen, sich mit Worst-Case-Szenarien auseinanderzusetzen, gibt es zwei wesentliche Aspekte im Risikomanagement. Erstens, Nachhinein sind Worst-Case-Szenarien die wahrscheinlichste Realität. Von der allgegenwärtigen glockenförmigen Risikokurve beeinflusst, tendieren wir dazu zu glauben, dass der Worst Case die Ausnahme und nicht die Regel ist.

Zweitens, bei der Entwicklung von Szenarien und der Identifikation des Worst Case beschränken sich Analysten häufig auf „schlecht" und lassen „viel besser als erwartet" völlig außer Acht. Dieses Vorgehen basiert ebenfalls auf der Idee der Glockenform. Aber selbst wenn die Wahrscheinlichkeit von „viel besser" relativ gering ist, kann der Erwartungswert gewaltig sein.

Infrastrukturprojekte basieren oft auf einer Art Plattform mit eher starren Kapazitätsbedingungen. Plattform bedeutet, dass die Nutzer der Plattformdienste sich den Wert innerhalb eines komplexen Ökosystems teilen. Das heißt im Wesentlichen, dass der Nettonutzen des einzelnen Nutzers mit jedem zusätzlichen Nutzer steigt, entweder durch geteilte Kostenvorteile oder den Netzwerkeffekt der Nutzerkooperation.

Diese interessante Eigenschaft kann in Kombination mit Kapazitätsbeschränkungen zu einem erheblichen Risiko werden, da sie zu einer immanenten Stau-Neigung führt. In diesem Fall erhöht sich schnell der Druck auf die Plattform-Services und die Nutzer weichen auf andere Plattformen aus oder halten den Service für unbrauchbar. Besitzt man eine Einrichtung mit solchen Eigenschaften, sollte man sicherstellen, dass Optionen vorhanden sind, zum Beispiel in Form von Skalierbarkeit oder Zugang zu angrenzenden Plattformen. Dies ist der einzige Weg heraus aus einem potenziellen Albtraum!

Dieser Ausweg war beim BER früh versperrt, da eine drastische Explosion der Nachfrage von Flugpassagieren einfach nicht Teil der Rechnung war. Das führte zu einer fatalen Konsequenz, zusätzlich zur schlechten Raumplanung des neuen Flughafens. Es erfolgte eine frühe Entscheidung auf der Basis landläufiger Meinungen, alle anderen großen Flughäfen in Berlin außer Betrieb zu nehmen und zu schließen.

Bezüglich der Schließung von Tempelhof gab es irgendwann zwischen 1992 und 1993 kein Zurück mehr. Die Öffentlichkeit war darüber informiert worden, dass das wertvolle Stück Land in Berlins Mitte bald frei würde und dass neue und attraktive Verwendungszwecke dafür entwickelt würden. Die Bürger wurden darüber informiert, dass sie davon profitieren werden. Heute ist Tempelhof ein offener Park, der für Flohmärkte und Freiluftkonzerte genutzt wird.

Am Flughafen Tegel war der Zeitpunkt, ab dem es kein Zurück mehr gab, deutlich später erreicht, aber immer noch zu früh, um ihn als Option zu erhalten. Selbst heute, nachdem der Schlamassel offensichtlich ist, gibt es keinen Politiker, der in der Lage oder willens ist, die Entscheidung zu revidieren. Denn die meisten Tegel-Interessengruppen sind inzwischen sowohl finanziell als auch emotional in die endgültige Schließung des Flughafens enorm engagiert. Immobilienunternehmen haben zum Beispiel in Planungsvorhaben investiert, Grundstücke, Gebäude und sogar Geschäfte gekauft, um an dem Immobilienboom teilzuhaben, der nach der Schließung des Flughafens zu erwarten ist.

Andere Unternehmen haben ihre Entwicklungspläne für neue Einrichtungen und Fabriken in Berlin angepasst in der Hoffnung, ein freies Stück von Tegel zu einem vernünftigen Preis zu ergattern. Diese Entscheidungen zurückzurollen würde eine Flut von Schadensersatzklagen gegen die Stadt Berlin in Gang setzen. Durch das Ignorieren der „Best Business – Worst Case"- Realität ist ein Stillstand entstanden, der teuer wird.

Wie können Asset Manager einen Stillstand vermeiden? Das ist eigentlich ziemlich einfach wenn man sich dieses Risikos bewusst ist und wenn man die Sensitivitäten versteht. Entwickeln Sie Ihre Szenarien und sobald Sie mit dem Ergebnis zufrieden sind, drehen Sie die Quotienten jedes Parameters um, im Wesentlichen indem sie die Quotienten mit -1 multiplizieren. Dann überprüfen Sie, ob Sie immer noch zufrieden sind. Nehmen Sie BER: 22 Millionen Passagiere pro Jahr waren in dem erwarteten Fall prognostiziert worden. Laut einem der involvierten Planer zeigte einer der sogenannten Worst Cases knapp 17,5 Millionen Passagiere, was einem Verhältnis von ungefähr – 20,5% entspricht. Der Flughafen würde Geld verlieren. Es wurden Pläne erstellt, um die Nachfrage in diesem Fall zu steigern.

Der sogenannte Best Case ergab beinahe 24 Millionen Passagiere. Die Gewinne würden in die Höhe schießen. Die Kapazität wäre eng, aber selbst bei einer Spitzenauslastung wären alle wichtigen Plattformkomponenten immer noch in Lage wie geplant zu laufen.

Hätten die Planer einen "konstruierten Worst Case" von 22 Millionen Passagieren mal 120,5% genommen, was 26,5 Millionen Passagiere pro Jahr ergeben hätte, hätten sie sich wohl sehr befangen gefühlt.

Man könnte argumentieren, dass, nachdem niemand diese Zahl ernst genommen hätte, auch niemand über die Konsequenzen nachgedacht hätte. Das stimmt allerdings nicht zwingend solange man die Perspektive eines Pessimisten einnimmt während man vorgibt, ein Optimist zu sein. Denn die Natur der echten Optimisten vor Ort wird das Problem lösen. Ein Pessimist, der mit optimistischen Annahmen argumentiert, verdient unter Optimisten enorme Glaubwürdigkeit. Seine Stimme wird gehört und der Optimismus wird bald wieder übernehmen – diesmal zum Guten zur Schaffung und dem Erhalt von Optionen.

Einfach – einfach einfacher

Ein Flughafen ist ganz offensichtlich eine komplexe Angelegenheit. Infrastruktur ist allgemein eine komplexe Sache. Und da Infrastruktur dinglich ist, was bedeutet, dass es weh tut, wenn man dagegen tritt, lässt sich daran auch nichts ändern, oder?

Falsch! Vereinfachung ist eine Frage des Willens und Könnens, nicht der Umsetzbarkeit. Es geht dabei um schwierige Managemententscheidungen, nicht um immobile Fakten.

Konzentrieren sich Asset Manager auf Werte statt auf Hardware, können sie Alternativen für Managemententscheidungen finden. Neben analytischen Fähigkeiten braucht es dafür den Willen, Risiken einzugehen. Das Wesen von Entscheidungen liegt in ihren Opportunitätskosten. Eine kostenlose Entscheidung ist auch nichts wert!

Beim BER können im Nachhinein eine Reihe von komplexitätsreduzierenden Entscheidungen identifiziert werden. Wenn man bei den wirklich einfachen anfängt, sehen selbst die schwierigen im Vergleich zu typischen Geschäftsentscheidungen unter Unsicherheit einfach aus.

- *Gebäudegestaltung: Vermeidung von Engpässen und mangelnder Flexibilität, die sich aus „sauberer und cooler Design-Etikette" ergeben. Technische Anlagen sind da anzubringen wo sie in einem Flughafengebäude hingehören! Die Opportunitätskosten sind nahe Null, da Passagiernachfrage, Ladenumsätze und die Bereitschaft der Fluglinien, Servicegebühren zu zahlen – die Haupteinnahmetreiber von Flughäfen – nicht von der Gestaltung des Abflughallendachs abhängen.*

- *Systemintegration: Sicherstellung der Funktionalität durch eine vollständige Trennung von Klimaanlagen, automatischer Passagiernotfallsteuerung, Entrauchung und Feuerlöschausrüstung sowohl physisch als auch in Bezug auf die operative Steuerung! Selbst im Nachhinein ist der Vorteil eines integrierten Systems nicht klar. Integration ist immer mit hohen Komplexitätskosten verbunden. Es ist seit langem bekannt, dass Komplexitätskostenkurven gewöhnlich einen progressiven Verlauf haben, was schnell zu einem übermäßigen Aufwand in der Gestaltung sowie beim Betrieb führt. Was für Opportunitätskosten auch immer durch eine Vereinfachungsentscheidung entstehen, sie können kaum über den damit einhergehenden Vorteilen liegen.*

- *Flugzeuge: Ignorieren von zweistöckigen Flugzeugen wie dem Airbus 380! Was ist die Konsequenz? Wenn Lufthansa sich entschließt, Berlin von seinem Flugplannetz zu streichen, sinkt das Passagieraufkommen von 27 Millionen auf etwa 26,93 Millionen pro Jahr – was zu weniger Problemen in Bezug auf Spitzenauslastung, Lärmschutz, Nachtflugverbot, kürzeren AbflugSlots durch verringerte Luftströmung, geringeren Kosten für Bau und Wartung von Start- und Landebahnen, Standardauftankverfahren etc. führt. Eine Entschluss, Berlin nicht anzufliegen wird Lufthansa Kopfschmerzen bereiten sowie allen anderen Fluglinien, die mit Deutschlands Hauptstadt Geld verdienen möchten. Wieder eine ziemlich einfache Entscheidung, die BER fast nichts kostet, aber enorme Vorteile bietet.*

- *Standortwahl: Wahl von Sperenberg statt Schönefeld! Die Vorteile einer solchen Entscheidung liegen auf der Hand. Wie sieht es mit den Opportunitätskosten aus? Wenn man an den Wert künstlicher Monopole glaubt – Schutz der Drehkreuzstellung der Flughäfen Frankfurt/Main und München – könnte man diesen Wert Opportunitätskosten nennen. Dies hätte allerdings auch einfach durch eine entsprechende BER-Betriebsgenehmigung gewährleistet werden können. So wurde bereits bei anderen großen Flughäfen verfahren. Wenn die Stadt Berlin als eine der Hauptinteressengruppen ein wesentliches Stück des wirtschaftlichen Beitrags des neuen Flughafens abhaben möchte – über ihre wesentliche Rolle bei der Stadtentwicklung hinaus – hätte dies auch dadurch erreicht werden können, dass Berlin zum Beispiel durch eine Autobahngebühr auf der neu gebauten Flughafenautobahn verdient. Wieder eine Entscheidung mit relativ geringen Opportunitätskosten.*

- *Vereinfachung kann ein wesentlicher Werttreiber für alle Arten von nicht durch den Preis regulierten Infrastruktureinrichtungen sein. Der Grund dafür liegt im Wesen der Komplexität. Komplexität reduziert Transparenz für den durchschnittlichen Nutzer, da es kaum möglich ist, die kausalen Zusammenhänge zwischen Kostentreibern auf der einen Seite und individuellem Wert auf der anderen Seite zu verstehen. Wird eine bestimmte Komplexitätsgrenze überschritten, führt dies zu einer schnell sinkenden Zahlungsbereitschaft, ausgelöst durch das zunehmende Empfinden, unfair behandelt zu werden, während Trittbrettfahrer nicht vermieden werden können.*

Geliebter Gegner

Aus Sicht eines Infrastrukturinvestors oder Asset Managers kann es sich lohnen auf eine bekannte, aber wahrscheinlich nicht immer verstandene Tatsache des Lebens hinzuweisen: Politiker sind keine Manager. Manager müssen Transparenz schaffen und Entscheidungen unter bestimmten Vorgaben treffen, basierend auf Kosten und Nutzen. Politiker müssen die herrschenden Kräfte verstehen und Macht verlagern, um ihre erklärten Ziele zu erreichen. Kosten im politischen Sinne haben nichts mit einer Bilanz zu tun, sondern spiegeln sich nur im Balance der Macht wider. Der Verlust von Wählern ist für Politiker unterm Strich ein wirklicher Verlust.

Das führt gewöhnlich zu einer einfachen Konsequenz. Wenn ein Projekt bergab geht, muss der Politiker in der Öffentlichkeit das Schuldzuweisungsspiel beginnen. Um dabei zu gewinnen, hat der kluge Kopf sein Schlachtfeld so vorsichtig und umsichtig vorbereitet wie ein Schachspieler sein End Game. Wie auch immer seine Rolle und Position ist, ein Politiker ist im Projekt der Gegner des Managers!

Diese Tatsache des Lebens führt zu zwei Erkenntnissen:

Politikern die Verantwortung für komplexe geschäftliche Unternehmungen zu übertragen führt unweigerlich zu einem wirtschaftlichen Desaster. Während für Manager ein komplexes Unterfangen ein hohes wirtschaftliches Risiko bedeutet, werden darin involvierte Politiker es definitiv zum Scheitern bringen. Wenn Sie Politiker in Aufsichtsräten von mit wirtschaftlichen Risiken behafteten Infrastrukturprojekten vorfinden, lassen Sie die Finger davon!

Sitzen Politiker jedoch in den Aufsichtsräten von regulierten Infrastruktureinrichtungen, ist dies eine wirksame Geldmaschine. Wenn es schwierig wird, neigen Politiker dazu, ihre Gegner zu besänftigen, indem sie sich schlicht und einfach ihre Unterstützung erkaufen. Da sie mit öffentlichen Geldern zahlen, scheint für sie dieser Weg immer der billigste.

Nun stellt sich vielleicht folgende berechtigte Frage: Warum gelang es dann Berlins früherem Regierenden Bürgermeister nicht, seinen Posten zu retten und sein Gesicht zu wahren nachdem die Probleme des Berliner Flughafens an die Öffentlichkeit drangen? Die Antwort stützt unsere obige These: Es war nicht das Verbrennen von öffentlichen Geldern, das den Schleudersitz von Klaus Wowereit letztendlich auslöste. Stattdessen musste er mit dem guten Ruf Deutschlands als weltweit führende Nation im Bereich technologischer Entwicklung bezahlen. Diese Währung wird zu einem hohen Wechselkurs gegen politische Schlagkraft eingetauscht – viel zu wertvoll um von seinen Kollegen aller Parlamente und Parteien ignoriert zu werden …“

C. Sexualität, Sexismus, Promiskuität und Prostitution

Bestimmungsgründe des Sexismus

Moral versus Sexismus

- *Gesellschaftstheorie der Normalität*
- *Anpassungsprozesse*
- *Sozialisierung, Fortschritt*
- *von der Disziplinargesellschaft*
- *zur sexuellen Freiheit*

Letztlich bestimmen .

- *die Herrschaftsform,*
- *die Wirtschaftslage,*
- *Wohlstand, Armut,*
- *spirituelle Visionen,*
- *gesellschaftliche Grundhaltungen,*
- *Freigabe sexueller Einschränkungen,*
- *und die Freizügigkeit der Sozialen Kontrolle*
- *individueller Wunsch zur Befriedigung sexueller Reize*

Ethik und Moral spielen nur dann eine Rolle, wenn die Mehrheit einer Gesellschaft sie verbindlich akzeptiert.

Aus: https://elibrary.chbeck.de/10.17104/9783406646317/ethik/Disziplinartechnologien/Normalität/Normalisierung, Jürgen Link:

- *Fundamentalethik*
- *Anthropologie*
- *Handlungstheorie*
- *Angewandten Ethik*

- *Warum braucht der Mensch Moral, Ethik?*
- *Was unterscheidet die Moral von anderen Verbindlichkeiten menschlichen Handelns?*
- *Welche Grundmodelle der Ethik entwickelte die Philosophie im Laufe der Geschichte?*
- *Fragen und Kontroversen (heutigen Debatte)*
- *Herausforderungen einer globalisierten Welt (Wirtschaft, Wissenschaft und Umwelt)*
- *Gentechnik und Humanmedizin*

Realität: Ob sich mehr Freizügigkeit oder mehr Einschränkungen ergeben, hängt von staatlichen Vorgaben und von der Dominanz des Zeitgeistes ab. Früher waren es die Religionen, heute häufig

- *von gesellschaftlichen Meinungsmachern (Medien, globale Informationsprozesse – z.B. Internet)*
- *und vom Vorbild Prominenter (aus Kultur und Unterhaltung)*

Moral versus Sexismus
(Historische Dimension)

Freizügigkeit Männer ./. Frauen
(sexuelle Ausschweifung)

- *früher männlicher Vorrang*
- *heute immer mehr Frauen*
- *auch die in Partnerschaften gebundenen (auch Verheiratete)*
- *die außerhalb ihrer Beziehung(sexuelle Erlebnisse , weil andere Männer es besser können.*

Disziplin Männer ./. Frauen
(sexuelle Einschränkung / Treue)

- *Moralisch denken und handeln, aber der Reiz des Verbotenen führt auch hier zu Unsicherheiten (auszubrechen und genießen)*
- *Die Spanne zwischen Pflicht und Disziplin können viele Menschen nur noch mit psychischen Problemen bewältigen.*

Heutige Quantitative und Qualitative Freizügigkeit
(insbesondere bei Frauen)

- *mit der Quantität der Sexualpartner steigt die Gewöhnung*
- *und die sexuelle Ekstase wird immer weniger erreicht.*
- *Dann werden Praktiken und Mitteleinsatz immer mehr erweitert,*
- *um doch zum höheren Genuss zu kommen.*

Auszugsweise: https://antjeschrupp.com/2012/05/15/ohne-jede-moral-was-frauen-sex-bedeutet/
Barbara Sichtermann: Was Frauen Sex bedeutet. 183 S., Brandes & Apsel, Frankfurt 2012:

- *Vollständige Abwesenheit jeglicher Moral,*
- *Die vermutete höhere Moralität bei Frauen erweist sich als nicht stabil.*
- *Das sexuelle Begehren bei Frauen erweist als sehr intensiv*
- *und folgt einer anderen Logik, es überwältigt,*
- *schmeißt Konventionen um, ist unverfügbar,*
- *bringt Dinge durcheinander.*

Sexualität, Sexismus, Promiskuität und Prostitution

Ich habe mich im Folgenden weitgehend auf die heterosexuelle Szene beschränkt und war damit schon überfordert, eine Ausweitung darüberhinaus war mir zeitlich nicht möglich. Ich habe mehr zwei Jahre für die Recherche gebraucht, das war an sich schon zu viel.

C.0 Zur Einleitung - Warum dieses Thema? („sex sales“)

Meine ersten beiden Bände „Das Wunder der Organisation – Menschen zwischen Pflichten und Emotionen“ haben sich nicht so gut verkauft, wie ich gehofft hatte, was für Fachbücher wohl typisch ist.

Um Bücher zu schreiben wie „Harry Potter“ (Autorin: Joanne K. Rowling) oder Familien- oder Liebesromane wie Rosamunde Pilcher fehlt mir die Begabung.

Die Themen Organisation, Strukturen und Prozesse bei Sexualität, Sexismus, Promiskuität und Prostitution habe ich unterschätzt. Unter Amateuren bin ich jetzt ein Profi, unter Profis ein Amateur.

Das Alles hat viel Zeit und auch Geld gekostet und so viel Stoff gebracht, dass Band 3 nicht ausreicht. Einerseits habe ich zunächst mit Herablassung auf meine Gesprächspartnerinnen und Gesprächspartner gesehen, andererseits musste ich erkennen, dass es um mehr geht, nämlich um menschliche Schickmale und ihre tiefgründige Problematik, mit Depressionen, Manien, Hysterie, Psychosen mit Wirkungen bis zu suizidalen Tendenzen.

Dabei spielen das Menschen verachtenden Verhalten der Beteiligten (z.B. Zuhälter) und Kunden (z.B. Freier), aber auch die Herablassung der Gesellschaft, Prostituierte quasi als unwerten Ausschuss zu sehen und auch so behandeln (Ausgrenzung, Diskriminierung, Benachteiligung, Demütigung, Erniedrigung, Stigmatisierung, Diffamierung, Drangsalierung, Mobbing und Bullying), eine zum Teil verhängnis-volle Rolle.

Es geht mir nicht darum, aus der Sexarbeit und ihrem Umfeld eine besonders gelungene Form der gesellschaftlichen Kultur zu machen, aber aus der Geschichte und aus den sozialen Wirkungszusammengängen ist mehr abzuleiten als nur herablassende Besserwisserei. – Vielleicht kann ich ein Wenig zur Aufklärung beitragen.

Um klar zu machen, was ich meine, ein Beispielsvergleich:

- *Wenn junge Soldaten voller Begeisterung und nationaler Euphorie in den Krieg ziehen, dann kommt irgendwann das böse Erwachen, wenn die Waffentechnik zuschlägt und Tote und Schwerverwundete auf der Strecke bleiben, enge Verwandte, Freunde und nahe Bekannte, Menschen, ohne die wir uns ein Leben nicht vorstellen können.*
- *Wenn junge und attraktive Menschen, Damen und Herren, heute über Internetvermittlung „geile Partnerschaften“ finden und sexuell, so oft wie möglich, mit wem auch immer, größten Spaß und Vergnügen haben und ihr Leben wirklich lebenswert finden und dann auch noch gutes Geld verdienen können, was soll denen fehlen?*

Oder kommt das böse Erwachen dort auch?

Das mag nicht für alle gelten, aber irgendwann stellen viele fest, wie die Menschen denken. Keiner möchte eine/e Person heiraten, die vorher schon tausendfach Sex mit einer großen Anzahl anderer Männer wie Frauen in virtueller Folge und Dimension gehabt hat. Und keiner möchte, dass seine Kinder Prostituierte werden.

Und gerade die Person, die man am meisten lieben und schätzen gelernt hat, mit der man dann aus dem Metier aussteigen möchte, akzeptiert einen günstigstenfalls als Geliebte/n, wird aber im Bekanntenkreis nach Möglichkeit verschwiegen und versteckt. Das geht bisher mehr zu Lasten von Frauen als von Männern, denen man das aus tradierter Historie eher nachsieht.

Einerseits habe ich zunächst mit Herablassung auf meine in der Sexarbeit beschäftigten Gesprächspartnerinnen und Gesprächspartner gesehen, andererseits musste ich erkennen, dass es um mehr geht, nämlich um menschliche Schickmale und ihre tiefgründige Problematik, mit Depressionen, Manien, Hysterie, Psychosen mit Wirkungen bis zu suizidalen Tendenzen.

Dabei spielen das Menschen verachtenden Verhalten der Beteiligten (z.B. Zuhälter) und Kunden (z.B. Freier), aber auch die Herablassung der Gesellschaft, Prostituierte quasi als unwerten Ausschuss zu sehen und auch so behandeln (Ausgrenzung, Diskriminierung, Benachteili-gung, Demütigung, Erniedrigung, Stigmatisierung, Diffamierung, Drang-salierung, Mobbing und Bullying), eine zum Teil verhängnisvolle Rolle. –

Vielleicht kann ich ein Wenig zur Aufklärung beitragen.

Vielleicht stehen etliche der Betroffenen das locker durch, als selbstbewusste und emanzipierte Single, denen es gleichgültig ist, was andere denken. Meine Erfahrungen sind häufig aber andere und stoßen auf Betroffenheiten, die diese Menschen nicht zugeben oder zugeben wollen.

Risiken entstehen vor allem dann, wenn im Zuge des Älterwerdens, bei Arbeitslosigkeit und im Falle gesundheitlicher Beeinträchtigung keine hinreichende Vorsorge getroffen wurde.

Prominente und Gutsituierte jeglicher Art haben auf solche Bedenken zu keiner Zeit große Rücksichten genommen oder nur nach außenhin und offiziell, jeder Art von Sex gefrönt. Herkunft, Status, Reichtum und andere Privilegien (Adel, Standes- und Kastendenken, Politiker und Amtsträger, bekannte Künstler aus Theater, Musik-, Film- und Schlagergeschäft, Sportler usw.) werden erstaunlicher Weise zu großen Teilen auch von Nicht-Privilegierten akzeptiert und bewundert (Zuschauer-, Anhänger-, Fan-, Follower-, Groupie- und Fanatiker-Mentalität).

C.1 Umfang der Betrachtung

Ich habe mit ca. 50 Betriebe Kontakt gehabt, ca. 30 Interviews geführt (Kapitalgeber, Organisatoren, Bordell-, Sexshopbetreiber und –agenturen jeder Art, Zuhältern, Professionellen und Amateuren und vor allem mit dem Internetgeschäft (ca. 2.000 Einrichtungen allein in Deutschland, ca. 5.000 westeuropaweit, die Niederlande, Österreich und die Schweiz mit jeweils mit bis zu 600 Anbietern sind in Deutschland besonders aktiv; dabei gibt es mit Zugang nach Westeuropa aus Osteuropa ca. 3.000, weitere Einrichtungen aus USA, Asien usw. mehr als 10.000). Ihr Erfolg konzentriert sich der Umsatzstärke nach in Deutschland auf ca. 500 Anbieter.

Im Band 3 meiner Buchreihe geht es u.a. um spezifische Organisations-projekte (Flughafenbau Berlin, Planung, Steuerung und Kontrolle von Großprojekten).

Weiterhin geht es um die Sex-Industrie in Deutschland. Dazu gehören Prostitution und die Pornografie sowie Sexspielzeuge und sexuelle Hygieneprodukte wie Kondome und Aphrodisiaka gezählt. Der Ausschuss für die Rechte der Frau und die Gleichstellung der Geschlechter des Europäischen Parlaments definiert in seinem "Bericht über die Konsequenzen der Sexindustrie in der Europäischen Union" aus dem Jahr 2004 die Sexindustrie als „Tätigkeiten, die darauf abzielen, auf legale oder illegale Weise sexuelle Dienste/Produkte in organisierter Form zu vermarkten und/oder zu verkaufen und Menschen – ob Kinder, Frauen oder Männer – zu Profitzwecken sexuell auszubeuten".

Dazu zählt der Ausschuss auch die organisierte Prostitution – bei-spielsweise Escortservice, Call-Girls, das Betreibern von Bordellen, Straßenprostitution, Internetprostitution, Massageinstitute, Stripklubs, Telefonsex, Ehevermittlungen, Sextourismus, Pornografie und Erotikmessen.

C.2 Milliardengeschäft mit der Prostitution

Auszugsweise: https://www.zdf.de/dokumentation/zdfinfo-doku/deutschlands-sex-industrie-prostitution-102.html:

*„... **Deutschlands Sex-Industrie - Das Milliardengeschäft mit der Prostitution:** Seit 2002 herrscht in unserem Land eine der liberalsten Prostitutionsgesetzgebungen Europas – seitdem sind immer mehr Bordelle entstanden. Das Geschäft boomt, mit bizarren Auswüchsen. something44 min something 20.05.2020 Video verfügbar bis 19.05.2021 (Mehr von ZDFinfo Doku). Von Flatrate-, über Edel- bis hin zu sogenannten Gang-bang-Bordellen, in denen eine Prosituierte mit mehreren Männern gleichzeitig Sex hat – nichts scheint unmöglich. Den Männern gefällt das, und zwar nicht nur den Deutschen.*

C.3 Das Paradies für Sextouristen

Längst ist unser Land zum Paradies für Sextouristen aus der ganzen Welt geworden. Internationale Unter-nehmen organisieren mehrtägige Rundreisen quer durch unsere Bordell-Landschaft. Über die Bundesrepublik wird im Ausland ähnlich berichtet, wie wir es über Thailand tun. Doch der liberale Umgang mit der Prostitution hat dramatische Nebenwirkungen.

Deutschland ist zum Bordell Europas und laut Experten zur Drehscheibe für Zwangsprostitution und Menschen-handel geworden. Zwischen 80 und 90 Prozent der Prostituierten kommen aus dem Ausland, die wenigsten arbeiten freiwillig, viele werden gezwungen.

Die Bedingungen werden immer schlimmer, oft sind sie menschen-unwürdig. Im Rotlicht dominieren kriminelle Organisationen – und mit ihnen das Verbrechen, Frauen- und Drogenhandel. Aber wie konnte es so weit kommen? Diese Frage beantwortet die Dokumentation.

C.4 Die Bundesregierung als Zuhälter?

Schuld sei, so die Experten und Insider, unsere Bundesregierung. Sie sei der größte Zuhälter der Prostitution. Der Staat kassiere die enormen Steuereinnahmen der boomenden Sexindustrie und ignoriere dabei, dass die Prostituierten systematisch ausgebeutet und zerstört werden - er fördere das mit seiner Gesetzgebung sogar. Die Dokumentation zeigt, wie schlimm die Zustände in der Prostitution tatsächlich sind und deckt auf, welche Rollen Prostitutionsverbände, Bordellbetreiber und die Politik im System Prostitution spielen …

C.5 Wirtschafts- und Finanzbetrachtung und ihre Perspektiven

"… Das Statistische Bundesamt geht von einer Zahl zwischen 14 und 15 Milliarden Euro Umsatz im Jahr aus, die keinesfalls mit Gewinn verwechselt werden darf. Denn auch Prostituierte haben Kosten, zum Beispiel für Miete, Werbung, Fahrten, Versicherungen. Der geschätzte Umsatz beschreibt nur das Gesamtaufkommen der Zahlungen, die in Deutschland von Freiern an Prostituierte bezahlt werden.

Dabei geht das Statistische Bundesamt nach einem Bericht von "Welt Online" von 5,475 Milliarden Euro Umsatz in Bordellen, 2,738 Milliarden Euro in der Straßenprostitution, 3,65 Milliarden Euro bei Hostessen-Diensten und 2,738 Milliarden Euro für sonstige Prostitution aus.Der tatsächliche Gewinn wird nur auf ungefähr die Hälfte der Einnahmen geschätzt. Das heißt, zirka 7 bis 8 Milliarden Euro der Einnahmen fließen über Mietzahlungen und andere Ausgaben direkt zurück in den Wirtschaftskreislauf …"

Hierbei sind nicht die Umsätze aus dem ***verdeckten Sexgeschäft*** *enthalten: z.B.:* ***Pretiale, organisationsfreie Lenkung****: Angeblich müssen mit Umsatzsummen in gleicher Höhe angenommen werden.*

In einem Interview erfuhr ich Folgendes: In Zukunft soll es in vielen Fällen keine direkte Lenkung vor allem der Sexanbieterinnen geben. Sie haben zwar alle abhängig beschäftigt, haben alle normale Arbeitsverträge in normalen Berufen und sind dem Staat als abhängig Beschäftigte bekannt. Aber Ihr Sexleben findet vollkommen privat statt, ob im Inland oder im Ausland als Urlauberin in Hotels und anderen geeigneten Anlagen, ist von Fall zu Fall unterschiedlich.

Ihre Kunden werden ihnen schriftlich, aber ohne Absender, ausführlich beschrieben. Die Kunden wissen vor Ort, dass sie umworben werden, nicht genau von wem und wann, aber im Rahmen einer vorgesehenen Veranstaltungszeit. Der Vorteil dieser Organisation besteht darin, dass es niemanden, also keine namentliche Person gibt, die als Auftraggeber und Koordinator sichtbar wird. Alles ist privat und einvernehmlich.

Das eigentliche Problem besteht darin, dass die Rechtslage von Land zu Land unterschiedlich ist und sich das häufiger ändern kann (Rechtspflege, Gesetzesänderungen). Die betreffende Sexanbieterin sollte offiziell dort ihren Wohnsitz haben, wo geeignete Formen der steuerlichen Abgeltung erlaubt bzw. nicht verboten sind.

Ob und in welchem Umfang sich diese Formen nicht offizieller Prostitution bewähren, muss abgewartet werden. Aber solche bzw. ähnliche Konstruktionen gab es bisher schon, zwar nicht im Sexgeschäft, aber im Bereich normaler Kapitalanleger, die ihre Erträge nur „verträglich“ versteuern wollten. Der Einfallsreichtum der „Rechtsgelehrten“ war bisher immer groß genug, um geeignete legale Wege aufzudecken, um Finanzgeschäfte rechtsgültig abzusichern.

C.6 Dona Carmen e.V. Frankfurt am Main (Öffnet die Bordelle)

Am 30. September bekam ich während der Corona-Zeit folgende Email:

Von: Dona Carmen e.V.
Gesendet: Montag, 30. September 2020 …
An: Georg Schanz
Betreff: Spendenaufruf Öffnet die Bordelle

„ …Spendenaufruf

Am 19.09.2020 hat Doña Carmen e.V. auf dem Frankfurter Opernplatz zusammen mit vielen anderen Beteiligten eine Kundgebung für die „Öffnung der Bordelle“ und das „uneingeschränkte Recht auf sexuelle Dienstleistungen“ durchgeführt. Im Anschluss daran zog eine kleine, aber selbstbewusst-kämpferische Demonstration durch die Innenstadt ins Frankfurter Bahnhofsviertel.

Diese politische Manifestation gegen eine andauernde, unsägliche Schließungs- und Verbotspolitik in Bezug auf Prostitution war absolut notwendig. Sie fand positive Resonanz in der Öffentlichkeit.

Wir sind auch ein klein wenig stolz darauf, dass Rednerinnen aus Kolumbien und Rumänien auf der Kundgebung das Wort ergriffen haben. Denn wir wissen aus langer Erfahrung, dass ein solcher Schritt in die Öffentlichkeit den Betroffenen nicht leicht fällt.

Diese Aktion und ihre Vorbereitung hat allerdings unsere „Kriegskasse“ erheblich geplündert. Aus diesem Grund bitten wir Euch / Sie um eine finanzielle Unterstützung, um die dabei angefallenen Kosten (LKW, Plakate, Transparente, Farben, Mundschutz, Personalkosten LKW, rote Masken, Auslagen für Reisekosten etc.) zu decken. Unsere Unkosten belaufen sich auf etwa 2.500 Euro …“

Daraus entspann sich folgender Emailverkehr (gekürzt):

Am 30.09.2020 … schrieb Georg Schanz:

„… Sehr geehrte Damen und Herren,

mich würde interessieren, wie ich in Ihren Verteiler komme, nicht um mich zu beschweren, sondern aus reiner Neugier …“

Von: Dona Carmen e.V.
Gesendet: Montag, 5. Oktober 2020 …
An: Georg Schanz
Betreff: Spendenaufruf Öffnet die Bordelle

„Sehr geehrter Herr Schanz,

da wir keine Mails kaufen oder jemanden beauftragen Emails zu sammeln, gehe wir davon aus, das wir Email Kontakt hatten …“

Allen Personen, denen wir eine Email schreiben, gehen automatisch in unsern Emailverteiler.

Mit freundlichen Grüße …“

Davon war mir zwar nichts bekannt, aber der Emailverkehr ging weiter:

Am 05.10.2020 … schrieb Georg Schanz:

Vielen Dank für Ihre Nachricht: ….

Ich schreibe Bücher u.a. über die Sexindustrie in Deutschland. Vielleicht gibt es Möglichkeiten für mich, Interviews zu führen, die ich für meine Bücher verwenden kann.

Auch wenn ich kein Befürworter der Prostitution bin, kenne ich etliche Damen aus dem Metier, solche, denen es vergleichsweise gut geht und diejenigen, die aus der Not eine Tugend machen.

Obwohl ich kein Anhänger von Alice Schwarzer bin: Die wahren Schuldigen sind tatsächlich die Männer; seit ca. 20.000 Jahren, wenn nicht mehr, und sie haben gesellschaftliche Strukturen geschaffen, um Frauen für ihre Zwecke, auch für ihre sexuelle Befriedigung, zu benutzen.

Zwar haben sich die Frauen Dank Ihrer sexuellen Wirkung (Attraktivität) und kommunikativen Geschicklichkeit Im Laufe der Zeit auf die Dummheit der Männer eingestellt und ziehen daraus ihre Vorteile, aber trotz allem werden sie immer Probleme haben, von der Gesellschaft anerkannt zu werden.

Heute im Rahmen der Emanzipation ändert sich das Eine oder Andere, aber es wird noch lange sehr dauern, bis es zu einem verträglichen Gleichgewicht kommt.

Was ist mit Prostituierten. Haben Sie nicht auch eine Chance verdient?

Auch das ist richtig. Allerdings ist das Sexgeschäft so lukrativ, dass sich kurzfristig nur das Geschäftliche weiter entwickeln wird. Auch hier sind es die Männer, partiell immer mehr Frauen, die als Kapitalgeber, Organisatoren, Zuhälter und Betreiber aller Art Sexshops das Geschäft bestimmen.

Die abhängigen Sexarbeiterinnen werden von vor allem von Männern, von oben, den Auftraggebern, und von unten, den männlichen Kunden, wie Nutztiere und Sklaven behandelt und benutzt. Auch wenn sie zum Teil Spaß haben und gut dabei verdienen, aber nicht immer dauerhaft und erfolgreich. Die gesellschaftliche Ächtung kommt als Zugabe dazu.

Ich weiß natürlich, dass Prostituierte Gefühle wie alle anderen Menschen haben und unter Ungerechtigkeit genauso leiden. –

Das möchte ich nicht und das tut mir auch leid …"

-----Original-Nachricht-----
Betreff: AW: Spendenaufruf Öffnet die Bordelle
Datum: 2020-10-21T11:24:20+0200
Von: "donacarmen …
An: "Georg Schanz …

Sehr geehrter Herr Schanz,

…

Ihre Ansichten über die Sexarbeiterinnen und Freier teile ich nicht.

Anbei ein Artikel, den wir nach der Ausstrahlung des Films ZDF-Doku „Bordell Deutschland", veröffentlicht haben.

https://www.donacarmen.de/wp-content/uploads/KRITIK-ZDF-DOKU.pdf

Mit freundlichen Grüßen …"

-----Original-Nachricht-----
Betreff: AW: Spendenaufruf Öffnet die Bordelle
Datum: 2020-10-21T14:07:48+0200
Von: "donacarmen …
An: "schanz.georg ….

Sehr geehrter Herr Schanz,

ob man für oder gegen die Prostitution ist, spielt letztendlich keine Rolle für die Frauen, die sich entschieden haben, in der Prostitution zu arbeiten. Entscheidend ist jedoch, dass man den Frauen - wenn sie sich einmal für die Prostitution entschieden haben - alle bürgerlichen Rechte zugesteht und ihnen die Möglichkeit gibt, ihre Arbeit unter angemessenen Umständen durchzuführen.

Man muss ja nicht für die Scheidung sein, aber es muss das Recht auf Scheidung geben.

Mit freundlichen Grüßen …"

Meine Antwort entsprach wohl eher meiner Eitelkeit (Rechthaberei), nicht nachgeben zu wollen:

Am 21.10.2020 … schrieb Georg Schanz:

„Hallo Frau …,

unsere Meinungsverschiedenheiten beruhen nicht auf irgendwelchen Auffassungen zur Prostitution. Im Grundsatz teile ich Ihre Meinung und zum Teil auch die zu den im Artikel beschriebenen Sachverhalten.

Ich werde den Artikel in meinem Buch (3. Band) als Anlage veröffentlichen.

Aber ich nehme für mich folgende Bedingungen in Anspruch:

1. *Ich würde nie eine Prostituierte zur Partnerin (Ehefrau) nehmen, weil ich meine engste Freundin nicht mit anderen Männern teile.*

2. *Ich habe zwei Töchter und ich möchte nicht, dass diese Prostituierte werden oder sind.*

Das mögen andere anders sehen und auch anders handeln. Ob meine Einstellung nun objektiv richtig oder falsch ist, spielt für meine Entscheidung keine Rolle.

Ihr Bezug auf das Scheidungsrecht „Man muss ja nicht für die Scheidung sein, aber es muss das Recht auf Scheidung geben." ist zwar im Hinblick auf eine notwendige Regelung richtig, aber im Hinblick auf meine Bedingungen sachlich falsch; denn das beschreibt gerade das, was man nicht will (ein weiteres Zusammensein) und ich muss mich nicht von einer Prostituierten scheiden lassen, ich vermeide es von vornherein oder auch nicht.

Ich bitte um Ihr Verständnis.

Beste Grüße …"

Wahrscheinlich hätte ich diesen Kommentar unterlassen sollen, ersatzweise verweise ich auf:

- *https://www.donacarmen.de/wp-content/uploads/KRITIK-ZDF-DOKU.pdf*
- *ZDF-Doku „Bordell Deutschland"*

Beide Dokumentionen sind durchaus interessant und in ihrer Widersprüch-lichkeit verständlich. Wie immer werden betonen sowohl ZDF wie Donacarmen Argumente, die die jeweilige Ziele und Ansichten stützen und gegenläufige Kommentierungen weglassen, bestreiten, widerlegen („unzutreffende Bezü-ge") und/oder „entwerten" („nicht belegbare Behauptungen"). – Häufig sind es Statistiken und/oder Ableitungen, die etwas beweisen sollen, es aber de facto nicht oder nur bedingt tun.

Ich zitiere auszugsweise einige interessante Schlussfolgerungen, ohne dazu im Einzelnen Stellung zu nehmen:

(„1") *Bekämpfung der „freiwilligen Prostitution"*

„… Jahrelang wurde die Öffentlichkeit, insbesondere das Fernsehpublikum, von Medien hierzulande eingestimmt auf die Bekämpfung von „Menschenhandel" und „Zwangsprostitution", die als große Verbrechen präsentiert wurden. Jetzt wird die Katze aus dem Sack gelassen: Das Ganze war nur ein Vorspiel. In Wirklichkeit geht es um die ***Bekämpfung der „freiwilligen Prostitution"!*** Nunmehr heißt es: Prostitution als solche sei ein „kriminelles Gewerbe", ein nicht länger hinzunehmendes Verbrechen! …

(„2") Mischung aus Desinformation und Fake News (keinen nennenswerten Zuwachs an Sexarbeiter/innen)

… Allerdings: Journalisten und Redaktionen, die glauben, dem ZDF und seinem Filmemacher unbesehen aus der Hand fressen zu können, seien vorgewarnt. Denn was dem Publikum als ungeschönte „Fakten" serviert wird, erweist sich bei Licht betrachtet als interessierte 2 Mischung aus Desinformation und Fake News. Das soll nachfolgend anhand von acht Punkten herausgearbeitet und verdeutlicht werden …

Denn der Blick auf großstädtische Kommunen und die Gesamtzahl der pro Jahr von der Polizei registrierten Sexarbeiter/innen ergibt: (1) es gibt in den vergangenen zwei Jahrzehnten **keinen nennenswerten Zuwachs an Sexarbeiter/innen** …

insbesondere seit 2002, der Einführung des Prostitutionsgesetzes ist die zahlenmäßige Gesamt-Entwicklung durch Stagnation gekennzeichnet;

(bezogen auf jeweils 100.000 Einwohner und unter Berücksichtigung des Bevölkerungszuwachses ist der Anteil der Sexarbeiter/innen de facto gesunken;

Der Blick auf die Zahlenangaben einiger Städte verdeutlicht, dass die Zunahme der Sexarbeiter/innen nicht etwa Produkt der „Legalisierung" von Prostitution, sondern bereits Teil der Migrationsströme der 90er Jahre nach dem Fall des Eisernen Vorhangs war.

TABELLE 01: Gesamtzahl der pro Jahr registrierten Sexarbeiter/innen bzw. Arbeitsplätze für Sexarbeiter/innen in Großstädten (nach Angaben der Polizei, städtischer Angaben, offizieller Publikationen):

Stadt	Zahl d. Sexarbeiter/innen vor dem PROSTG (2002)			Zahl der Sexarbeiter/innen nach dem PROSTG (2002)								
	1992	1997	1998	2007	2010	2011	2012	2013	2014	2015	2016	2017
Hamburg	5.000	6.000	4.300	2.400	2.500		2.250					
Berlin	5.500	7.000		8.000					8.000			
Dortmund	1.000			1.200						317		
Frankfurt	2.000			2.000								2.000 +800
Stuttgart	2.000						1.698	1.682	1.541			
München	1.000					2.881	2.760	2.700			2.800	

… Die Gesamtentwicklung – ausgehend vom Beispiel der genannten Kommunen – stellt sich wie folgt dar:

TABELLE 02: Sexarbeiter pro 100.000 Einwohner in ausgewählten deutschen Großstädten

Stadt	Vor ProstG (1992)	Nach ProstG	Einwohner 1992	Einw. 2015	Sexarbeiter pro 100.000 Einwohner (vor ProstG)	Sexarbeiter pro 100.000 Einwohner (nachProstG)	Differenz
Hamburg	5.000	2.250	1.607.000	1.805.000	310	125	minus
Berlin	5.500	8.000	3.370.000	3.520.000	160	237	Plus
Dortmund	1.000	317	590.000	586.000	170	54	Minus
Frankfurt	2.000	2.000 (+800)	630.000	733.000	320	382	Plus
Stuttgart	2.000	1.541	566.000	624.000	350	247	minus
München	1.000	2.800	1.220.000	1.450.000	80	193	Plus
SUMME:	16.500	17.708	7.983.000	8.718.000	**206**	**203**	**minus**

Wir sehen hier also eine tatsächlich stagnierende, z.T. rückläufige Entwicklung. Das zeigt sich auch in anderen Kommunen, z. B. in Bremen:

.... **„In Bremen** gehen nach Angaben der Polizei derzeit etwa 400 Prostituierte ihrer Beschäftigung nach, und zwar überwiegend in Mitte, West und Süd. In diesen Gebieten befinde sich auch der Großteil der rund 110 Modellwohnungen, verteilt auf circa 55 Gebäude. Das sind ganz andere Zahlen als noch vor vier Jahren, als in Bremen um die 1000 Frauen anschaffen gingen, dies unter anderem in geschätzten 250 Appartements." (Quelle: Weser-Kurier, 1.9.2014: https://www.weser-kurier.de/bremen/bremen-stadt_artikel,-

Berlin und Hamburg: Zahlder-Prostituierten-rueckgaengig-_arid,931252.html)
Berlin und Hamburg zeigen im Übrigen, dass anfängliche Zuwächse auf die Migrationsbewegungen in den 90er Jahren nach dem Mauerfall, nicht aber auf die „Legalisierung" von 2002 zurückzuführen sind. Es spricht einiges dafür, dass dies auch in anderen Städten wie etwa Frankfurt der Fall gewesen sein dürfte.

Zuwachs ein Produkt der „Legalisierung" von 2002? Dass also der Zuwachs ein Produkt der „Legalisierung" von 2002 gewesen sein soll – das ist Schall und Rauch. Sauber recherchiert, Herr Stracke! Die hier von uns genannten Zahlen sind keine absolut validen Zahlen, zeigen aber sehr wohl den tatsächlichen Trend, den auch das ZDF nicht beiseite reden kann. Sie bestätigen zumindest nicht die Bedrohungsszenarien, die ein Herr Paulus in der „sauberen Recherche" des ZDF an die Wand malen darf. ...

(„3") „Das Geschäft boomt"? „Das Geschäft boomt mit teilweise bizarren Auswüchsen. Von Flatrate- über Edel- bis hin zu sogenannten Gangbang-Bordellen, in denen eine Prostituierte mit mehreren Männern gleichzeitig Sex hat – nichts scheint unmöglich." So liest man in der Ankündigung der ZDF-Doku.

Entgegnung Doña Carmen e.V.: Das ZDF verschweigt in seinen Ankündigungen vom November 2017, dass sowohl Flatrate wie Gangbang-Angebote bereits seit Juli 2016 vergangenen Jahres nach dem neuen Prostituiertenschutzgesetz verboten sind. Also doch „unmöglich"!

Ein klarer Fall von Desinformation! Die ZDF-Doku, die gegen den angeblichen „Mythos der Freiwilligkeit" in der Prostitution Sturm läuft, hätte an diesem Beispiel Gelegenheit darzustellen, wie die Freiwilligkeit von Seiten des Staates verunmöglicht und durch Zwang ersetzt wird. Denn fortan werden örtliche Behördenvertreter im Rahmen der Erlaubniserteilung Formen der Prostitutions-ausübung verbieten dürfen, „die unter keinen Umständen als tolerabel angesehen werden können, weil sie in ihrer Ausgestaltung so angelegt sind, dass sie einer schweren Verletzung der Rechte der beteiligten Individuen Vorschub leisten." (ProstSchG, S. 81)

- **Erlaubt ist jedenfalls nicht,** „dass jedwede beliebige vorstellbare sexuelle Aktivität zwischen mündigen Individuen, solange zwischen allen Beteiligten Konsens über Preis und Gegenleistung herrscht, rechtswirksam vereinbart werden können." (S. 81)

- **Zufriedenheit:** Dass einzelne Prostituierte „mit diesen Rahmenbedingungen zufrieden wären oder ...aufgrund ihrer selbstbewussten Persönlichkeit in der Lage wären, solche Gefährdungen abzuwehren", spiele „keine Rolle". (S. 85)

- Denn: „**Generell gilt,** dass die Beurteilung der Zulässigkeit gewerbsmäßiger Angebote nicht vollständig wertneutral erfolgt, sondern anhand des grundgesetzlich gebotenen Vorverständnisses und im Lichte der Schutzpflichten des Staates..." (S. 80)

(„4“) „Deutschland ist Drehscheibe von Menschenhandel“?

.... „Der ehemalige Leiter des Dezernats "Sexuelle Gewalt und Rotlichtkriminalität" in Ulm, Manfred Paulus, beobachtet die Szene seit Jahrzehnten und warnt: "Deutschland ist zur Drehscheibe für Zwangsprostitution geworden.“ (https://presseportal.zdf.de/pm/bordell-deutschland-neue-zdfinfo-doku/)

Diese Behauptung hat einen Bart und ist sachlich falsch.

Sie wird auch nicht durch Wiederholung wahr. Entgegnung:

- Es gab zuletzt, im Jahr 2016, bundesweit 552 mutmaßliche, d.h. polizeilich angezeigte, aber noch nicht gerichtlich verifizierte Menschenhandels-Opfer. Ausgehend von 200.000 in Deutschland tätigen Sexarbeiter/innen sind das gerademal 0,3 %. Mithin sind 99,7 % aller Frauen keine Opfer von Menschenhandel.

- Das Verhältnis von Opfern zu Tatverdächtigen ist bei diesem Delikt seit Jahrzehnten etwa 1:1. Sollte diese Relation auch im Hinblick auf die gerichtlich festgestellten Fälle von Menschenhandel zutreffen, hätte man es pro Jahr in Deutschland mit rund 80 Opfern von Menschenhandel zu tun. Und dann soll Deutschland eine „Drehscheibe von Menschenhandel“ sein? Das zu behaupten, ist pure Desinformation.

- Selbst wenn eine Dunkelziffer existierte, die ein „Vielfaches“, z.B. das 20-fache der genannten Zahl wäre, bliebe die Zahl der nicht-gehandelten Sexarbeiter/innen immer noch bei 99 %! Bei zuletzt 373 Mordopfern pro Jahr kommt hierzulande niemand auf die Idee, Deutschland als „Drehscheibe von Mord und Totschlag“ zu bezeichnen. Bei weniger als der Hälfte gerichtlich bestätigter Menschenhandels-Opfer aber ist es möglich, Deutschland als Drehscheibe von Menschenhandel und Zwangsprostitution zu bezeichnen, ohne dabei für geistig verwirrt erklärt zu werden ...“

Fazit Doña Carmen e.V.: „Rohrkrepierer“: *Es ist gerade einmal anderthalb Jahrzehnte her, dass Prostitution hierzulande die rechtliche Anerkennung als Beruf erfahren hat und die Tätigkeit von Sexarbeiter/innen in einem ersten Schritt entdiskriminiert wurde. Jetzt versucht man, diese Entwicklung wieder zu kippen. Das öffentlich-rechtliche Fernsehen beteiligt sich nunmehr in vorders-ter Front an diesem schäbigen Versuch einer erneuten Entrechtung von Sex-arbeit. Man will „für Wirbel sorgen“. Aber der Staub, den man dabei aufwirbelt, kann nicht verdecken, dass die vermeintlichen Belege der ZDF-Doku zu dürftig und die Grundlage der Argumentation zu brüchig ist. Die ZDF-Dokumentation „Bordell Deutschland“ erweist sich als Rohrkrepierer.*

Anmerkung Autor zu „Das tut man nicht“ bzw. „hätte man nicht tun sollen“:

Es gibt viele strittige Punkte und auch, wenn nicht alle gleichermaßen einsichtig sind und manches zu unscharf gesehen wird, wäre etwas mehr Objektivität auf allen Seiten von Vorteil. Argumente aus verschiedenen Perspektiven (Realität, Moral, gesellschaftliche Paradigmen, Regeln und Rituale, Subjektivität, Egois-men, Interessenlage, Politikparameter, Entscheidungskonsequenzen usw.) sind nicht immer kompatibel und ihre willkürliche Auslegung nach Interessenlage wird niemandem wirklich gerecht.

Prostituierte sind (auch) Menschen und sollten auch mit geeigneten Zukunfts-perspektiven menschlich(er) behandelt werden. Rückwirkende Vorwürfe, Vorbe-halte und Verhaltenserwartungen helfen da nicht weiter.

An dieser Stelle beende ich die Zitierung – Sie können unter dem Link noch folgende Abschnitte weiter lesen:

(„5") Willkür bei Verurteilungen zum Straftatbestand Menschenhandel
(„6") „Seltene Kriminalität"
(„7") Menschenhandel in Deutschland – EU-weites Ranking
(„8„) Immer mehr minderjährige Opfer von Menschenhandel"?
(„9") „Neun von zehn Frauen zur Prostitution gezwungen" – Ist Freiwilligkeit in der Prostitution ein „Mythos"?
(„10") Dominieren „kriminelle Organisationen" das Rotlichtmilieu?
(„11") Ist Prostitution gefährlicher, als in den Krieg zu ziehen?

C.7 Interview mir dem Doktor über Unterhaltungswirtschaft und Sexual Entertainment (SE)

Wir trafen uns in einem Düsseldorfer Hotel – er wollte kein Geld von mir. Wir haben uns dort mehrfach getroffen. Ich hatte den Eindruck, dass er ohnehin in der Gegend war.

Bedingungen waren keine Fotos, keine Informationen über Ort, Datum und sonstige persönliche Hinweise und Eigenheiten. Er sprach ausgezeichnet Deutsch, war aber nach meinem Sprachgefühl weder Deutscher, noch Österreicher, noch Schweizer, vermutlich dem Akzent nach aus den Niederlanden, Belgien oder Luxemburg.

Diese Zeichnung stellt den Mann nicht dar, vermittelt aber einen Eindruck davon, wie ich ihn empfunden habe (https://www.kunstnet.de/werk/93197-portrait-eines-aelteren-herrn).

Die Fragen hatte ich aus dem Internet zusammen getragen und ihm beim ersten Treffen übergeben.

Er war sehr bemüht, darauf hinzuweisen, dass die von ihm vertretenen Organisationen und deren Ziele nicht an missbräuchlichen und gesetzwidrigen Vorgängen beteiligt seien, und erklärte das in aller Breite.

Weiterhin legte er darauf Wert, dass ich frei formulieren solle und ihn nicht wortwörtlich wiedergeben möge. Ich habe ihm später den Text vorgelegt und er war einverstanden.

Vorweg genommen: Er wusste sehr gut Bescheid und ich erfuhr Einiges, von dem vorher nichts geahnt habe.

***Seine Eingangsausführungen:** Inzwischen geht es den Finanziers um sehr hohe Margen (möglichst über 10 %) und einen überdurchschnittlichen Cash Flow (möglichst über 20 %), damit alles ohne „externes Fremdkapital" auskommt. Dazu ist Risikominimierung das Gebot der Stunde (keine Auffälligkeiten im nationalen, internationalen und globalen Recht). Dazu kommen eine organisatorische Straffung und eine weitere Reduzierung der Auffindbarkeit vom Einrichtungen und Funktionen des Sex-Angebotes und seiner Planung, Realisierung und Kontrolle.*

Zu Moral und Ethik muss man wissen, dass die philosophischen Parameter viel zu weit von der Realität entfernt sind. Wir haben kein Sinnesorgan oder Reflexverhalten, das uns unmittelbar hindern würde, wie z.B. die Hand von der heißen Herdplatte zu nehmen.

Unabhängig davon, wie berechtigt moralische Vorbehalte sind, und wie nachteilig die Überlagerung des menschlichen Verhaltens durch Sexsucht (Sodom und Gomorra) auch sein mögen, die Expansion und Weiterentwicklung des Sexgeschäftes wird von der Gewinnmarge bestimmt und nicht vom Glauben an eine bessere Welt.

Sie können mir glauben, dass wir möglichst nicht unangenehm auffallen wollen, und alles zur Klärung tun, damit unser Geschäft nicht beeinträchtigt wird – dafür nehmen wir auch Einbußen hin, wenn damit auftretende Risiken und Probleme gelöst werden können.

Es ist ja nicht so, als ob wir das Sexgeschäft erfunden hätten: Es gab immer ein Angebot und eine Nachfrage und auch er der Staat war nie in der Lage, diese Dinge zu regeln, geschweige denn sie zu unterdrücken. Wir ordnen sie eher und sorgen für eine weitgehend reibungslose Abwicklung.

Ich versuche, meinen Einfluss darauf zu richten, dass niemand, vor allem die betroffenen Frauen, in diesem Business zu nichts gezwungen werden, was sie nicht wollen und dass sie von ihren Einkünften leben können. Wir begleiten sogar Ausstiegswillige finanziell und betreuend und vermitteln sie in andere Berufe, am leichtesten in mit uns verbundenen Unternehmen.

In Westeuropa können wir für weitgehend vertretbare Lösungen sorgen, darüber hinaus wird es immer schwerer und unübersichtlicher. Menschenhandel, Zwang, und Ausbeutung von Frauen und Kindern werden auch nach Deutschland getragen und werden immer seltener aufgedeckt und unterbunden.

Es wird in den Medien immer wieder Berichte geben, die von schlimmsten kriminellen Machenschaften und Verbrechen berichten, wie Zwänge und Gewalt gegenüber Frauen, vor allem gegenüber Migrantinnen. Dazu kommen Rivalitäten im Rotlichtmilieu mit Mord und Totschlag, Polizisten lassen sich bestechen und verraten Razzien, Drogenhandel, Raub, Diebstahl und Gewaltverbrechen usw.

Dazu kommt die organisierte Kriminalität ("White Collar Crime"). Sie wird der „Oberschicht der Gesellschaft“ zugerechnet, vor allem internationalen und global agierenden Finanzinstituten und –organisationen bis hin zu Mafia, aber auch mit staatliche Mitwirkung mangels geeigneter Gesetze und konsequenter Verfolgung. In übersichtlicher Weise “Geld beschafft und gewaschen wird“.

Der Staat hat nicht die Kapazitäten, um alle kriminelle Vorgänge aufzuklären und zu ahnden (Straftatbestände aller Art, manipulierte Wertpapiertransaktionen, Korruption, Steuerhinterziehung, Cum-Ex usw.) Es geht uns ähnlich wie dem Staat, der wegen der Unübersichtlichkeit der Gesellschaft auch nicht alle sozialen Härten vermeiden kann und dass es überall schwarze Schafe gibt, die sich nicht gesellschaftskonform verhalten.

Die Sex-Branche ist nicht Urheber dieser Geschäftspraktiken; es mag Einzelne aus unserer Branche geben, die sich daran beteiligen, aber es nicht Ziel unserer Geschäftsauffassung

Auch wenn die medialen Informationen aus Marketinggründen aufgebauscht werden, stimmen sie im Wesentlichen.

Das gefällt uns alles nicht, aber mit dem Eindringen organisierter Prostitution aus Osteuropa, Asien, Afrika, Nord- und Südamerika verlieren wir erheblichen Einfluss und auch der Staat stößt an seine Grenzen. Die gesetzliche und rechtliche Freizügigkeit ist gegenüber Wildwuchs zu großzügig, aber gegenüber organisatorischen und kommerziellen Entwicklungsmöglichkeiten zu kurzsichtig.

C.7.1 Welche Entwicklung nimmt die Sexindustrie in Deutschland? Was kommt dazu? Was hält sich? Was kommt neu dazu?

C.7.1.1 Was ändert sich?

Deutschland ist von einem Entwicklungsland zu einem der führenden Anbieter (wenn nicht sogar auf dem Ersten Platz stehend) geworden, weil die deutschen Gesetze zwar vieles verhindern (wollen), aber gleichzeitig neue und bessere Möglichkeiten schaffen.

*Die neuen Prostitutionsgesetze haben eine **soziale Absicherung** für sehr wenige Frauen gebracht (vermutlich weniger als 20 %) – und das macht abhängiger als je zuvor und zwar mit staatlicher Unterstützung.*

- ***weil sich weniger Frauen sich registrieren lassen***

  *Eine Folge ist, dass **weniger Frauen sich registrieren lassen** und der Zuwachs an billigen Amateuren immens ist.*

- ***Erheblicher Zuwachs an Amateuren***

  *Wenn heute von **500.000 bis 800.000 Prostituierten** gesprochen wird, dann ist das Augenwischerei. Die Zahl der Abenteuer suchenden Amateure **(Singles, vor allem junge Schulabgängerinnen ab 18, viele Verheirate und in sonstigen Partnerschaften Lebende)** nimmt dermaßen zu, dass wir **wahrscheinlich mehr als 2 Mio. Personen** in Deutschland zu zählen sind.*

- ***Verfolgung verbotener Prostitution (professionelle Betreiber)***

  *Das bedeutet, dass gerade die **professionellen Betreiber** sich geschädigt fühlen und sich dagegen zu wehren versuchen. Leider bleibt Ihnen nichts andres übrig, als **über geeignete Anwaltskanzleien verbotene Prostitution verfolgen zu lassen** – inzwischen kostspielig, aber relativ erfolgreich.*

- ***Qualifikationen von Prostituierten (vom Flatrate-Modell zur Diplomprostituierten)***

  *Die Damen der unteren Kategorien sind im High-End-Sektor nicht zu ge-brauchen: Sie werden nach Möglichkeit z.B. in Partnerschaftsvermittlungen untergebracht, **wo sie preiswert für Fremdgänger angeboten werden** und davon auch leben können – aber ein Traumjob ist das nicht. Portale wie „FickenmithässlichenFrauen“ sind ein trauriges Symbol.*

  Die Verwissenschaftlichung bringt den Frauen wenig. Bei der Auswahl hat sie die Frage Vorrang

- ***Welche Kategorie von Männern bevorzugt welche Kategorie von Frauen?***

  Modellkategorien aus der Mode reichen nicht aus, weil die anatomische Ausstattung, die emotionalen Fähigkeiten (z.B. Einsatz auch vom Sexsüchtigen/ Nymphomaninnen), aber auch Freundlichkeit und sexuelle Zuwendung, Aktivität, Dynamik, Ausdauer eine entscheidende Rolle spielen, vor allem bei der Preisgestaltung.

  *Es werden psychologische Tests, psycho-soziale Rollenspiele und Befragungen von Kunden/Freiern erstellt, ausgewertet und als **Soll-Profile** vorgegeben. Im ersten Ansatz mögen noch Mängel und Fehler enthalten sein, das reduziert sich stufenweise, bis es sich weitgehend bewährt.*

  Es gibt keine einhaltbare Preisbindung. Je attraktiver ein Mann eine Frau findet, desto mehr ist bereit zu zahlen, wenn er zahlungsfähig ist; das gilt leider auch umgekehrt.

  Im High-End-Bereich sind durchaus Preise bis 5.000 € pro Tag (24 h) möglich und Super-Level-Bereich 50.000 € pro Woche (z.B. innerhalb eines luxuriösen Urlaubsangebotes).

  Im Super-Level-Bereich spielt auch die Prominenz einer Dame (aus der Gesellschaft, Kultur, künstlerisches Umfeld, Wirtschaft und Verwaltung) eine große Rolle. Wenn so etwas vorkommt, mag in den Medien darüber spekuliert werden, offiziell wird es niemals eine Bestätigung geben.

C.7.1.2 Was bleibt?

Nun die gängigen Einrichtungen (bildliche und video-gestützte Darstellungen mit allerlei funktionalen Zubehör, aus der Mediathek, aber auch Live ausgestattet und organisiert.

Aber vor allem für finanzschwache Segmente der Gesellschaft werden die körperliche Sexangebote bleiben, weil alles aus der Konserve nicht den persönlichen Kontakt mit einer Frau ersetzt.

- ***Illusion, Hoffnung, Wunsch und Phantasie***
  Ob vaginaler Koitus, ob anale, orale, manuelle Reizpraktiken, Körperzonensex (Verkehr auf der weibliche Brust, Schenkelverkehr, Tribadie), Telefonsex, Voyeurismus (Dogging), BDSM (Bondage & Disziplin, Dominanz, Unterwerfung, Sadismus, Masochismismus, Gruppensex, Fete-schisus usw., bei allen Sexpraktiken spielt die Illusion mit:

Wenn Hoffnung, Wunsch und Phantasie zu weit von der Praxis in der Wirklichkeit entfernt sind, dann entstehen Fehlwirkungen, die nicht weniger gravierend sind als der nicht erfüllte Wunsch nach Rauschgift.

- ***Bereitstellung weiblicher Modelle***
  *Die Verfügung und organisatorische Bereitstellung **weiblicher Modelle** (vom Begleitservice, in der Regel verbunden mit Prostitutionsangeboten, Call Girls, bei stationären und transportablen Bordellen u.ä.) wird mit Hilfe des Internets ein starkes Wachstum erleben.*

- ***Straßen-, Hotel- und Appartments-Prostitution***
  Die Straßen-, Hotel- und Appartments-Prostitution wird als selbständige Einrichtungen an Bedeutung verlieren und in übergeordnete Organisationen eingebettet. Das Gleiche gilt für Zurschaustellungen (Strippen, künstlerische Darbietungen, Wellness usw.)

- ***Logistik (Animation und Performance)***
  Alle Sexangebote in Prostitution, bei Pornografie, Sexzubehör, sexuellen Produktangeboten (Verhütung, Anregung, Fetischismus, Wellness), Begleit- und Besuchsservices, Call-Girls, werden als logistische Ergänzung (Animation und Performance) bleiben, aber nur bedingt zum exklusiven Geschäft gehören.

- ***Sexmessen***
  Informationsangebote für jede Art von Kunden, vom exklusiven Anbieter (z.B. terminierte Verhandlungen) bis zum aller einfachsten Mann auf der Straße.

Sexmessen werden weniger für die Vermarktung gebraucht, sondern hauptsächlich für Männer, die es aus finanziellen Gründen und wegen der Aufsicht ihrer Partnerinnen bzw. Ehefrauen sich andere Vergnügungen nicht leisten können oder dürfen. Aber sie erhöhen die sexuelle Begierde und Abhängigkeit von Druck- und Filmerzeugnisse (vor allem mit Hilfe des Internets).

C.7.1.3 Was kommt neu dazu?

C.7.1.3.1 Interne Hotspots

sind eine relativ neue Erscheinungsform und kann mit folgendem Beispiel erklärt werden:

- *Eine Ehefrau muss zum Frauenarzt und bittet ihren Mann um Begleitung, weil sie seine Zuversicht und seinen Zuspruch braucht. Sie kommen zu einer großzügig ausgebauten Praxis. Der Mann wird gebeten in einem Wartezimmer Platz zu nehmen, er wird gut versorgt mit Kaffee, Kuchen, Zeitschriften, Fernsehen, Videos usw.*

- *Da die Untersuchung sehr komplex sei, müsse er mit bis 2 Stunden rechnen.*

- *Die Dame selbst hat in den „Untersuchungsräumen“ Sex mit mehreren Männern und mit allem, was man bei so extremen Anwendungen alles braucht.*

- *Nach ca. 2 Stunden kommt die Frau erschöpft, aber glücklich, aus den Untersuchungsräumen. Man habe nichts Gravierenden gefunden. Der Mann lädt seine Frau ins Café ein und man gedenkt der guten Botschaft.*

- *Das funktioniert umgekehrt genau so gut, wenn der Mann zum Rechtsanwalt geht und die Frau im Wartezimmer wartet.*

- *Aber solche Regelungen sind in der Vorbereitung kostspielig (Investitionen, Personal, laufende Aufwendungen für Miete, Logistik, Services und sonstige Ausgaben) und werden nur getätigt, wenn die Leistungen mit hohem Gewinn erbracht werden können – genügend Dates und Treffen zu hohen Preisen.*

- *In Deutschland stagniert das Geschäft, weil die gesetzlichen Auflagen, Gewerberecht, Aufsichtskontrollen und Standesregelungen streng sind und betroffene Freiberufler große Angst vor Praxisschließungen und Berufsverboten haben, selbst dann, wenn die rechtliche und organisatorische Trennung eindeutig zu sein scheint.*

- *Im den westlichen und südlichen Nachbarländern funktioniert es besser, aber auch hier sind wir noch lange nicht am Ziel.*

D.7.1.3.2 **Pretiale, organisationsfreie Lenkung**

Organisationsfreie Lenkung ist begrifflich falsch, das gilt nur im Hinblick darauf, dass die Organisation und ihre Strukturen und Prozesse nicht sichtbar sind. In Zukunft soll es in vielen Fällen keine direkte Lenkung vor allem der Sexanbieterinnen geben. Sie haben zwar alle abhängig beschäftigt, haben alle normale Arbeitsverträge in normalen Berufen und sind dem Staat als abhängig Beschäftigte bekannt.

Aber Ihr Sexleben findet vollkommen privat statt, ob im Inland oder im Ausland als Urlauberin in Hotels und anderen geeigneten Anlagen, ist von Fall zu Fall unterschiedlich.

Ihre Kunden werden ihnen schriftlich, aber ohne Absender, ausführlich beschrieben. Die Kunden wissen vor Ort, dass sie umworben werden, nicht genau von wem und wann, aber im Rahmen einer vorgesehenen Veranstaltungszeit.

Weder Sexanbieterin noch Kunde müssen vor Ort etwas bezahlen. Dafür gibt es unterschiedliche Modelle. Beispielsweise schließt der Kunde eine gewinn-beteiligende Lebensversicherung über 6.000 €/monatlich ab und kann im 1. Jahr eine Leistung (Gewinnausschüttung) von 36.000 € abrufen.

Für die Sexanbieterin ist ebenfalls eine gewinnbeteiligende Lebensversicherung zu deutlich günstigeren Bedingungen abgeschlossen worden, die auch körperschaftlich durchaus angemessen versteuert wird, aber nicht unter ihrem Namen, aber zu ihren Gunsten werden z.B. 18.000 € ausgezahlt – die Auszahlungsformen sind unterschiedlich geregelt.

Der Vorteil dieser Organisation besteht darin, dass es niemanden, also keine namentliche Person, gibt, die als Auftraggeber und Koordinator sichtbar wird. Alles ist privat und einvernehmlich.

Meine Frage, wie man Zugriff auf diese Art von Leistungen bekommt, wurde ausweichend beantwortet. Man kann sich nicht bewerben: Man muss sehr anonym entdeckt und interessiert werden, um bei Einverständnis den Zugang zu erhalten.

„Er ist ein möglichst gesunder und sportlicher, dynamischer Typ, der trotzdem eine gewisse Ruhe und Ausgeglichenheit ausstrahlt, kulturell sehr interessiert und aktiv ist, sich in Geschichte, Architektur, Mode, Design, Musik und Stilepochen gut auskennt.

Im sportlichem Bereich sind es: Skifahren, Golfen, Schwimmen, Wandern, Tennis, Klettern, Segeln und Drachenfliegen. Außerdem hat er anspruchs-volle Hobbys, liest gerne, fotografiert, mag Kulinarik, geht gerne auf Reisen usw.

Das Alles ist wichtig, aber noch wichtiger und wirklich wichtig sind seine Vermögensverhältnisse, seine Finanzierungsmöglichkeiten (Liquidität) und entscheidend seine Fähigkeit und Bereitschaft viel Geld für sexuelle Leistungen auszugeben."

Das eigentliche Problem besteht darin, dass die Rechtslage von Land zu Land unterschiedlich ist und sich das häufiger ändern kann (Rechtspflege, Gesetzes-änderungen). Die betreffende Sexanbieterin sollte offiziell dort ihren Wohnsitz haben, wo solche bzw. andere geeignete Formen der Abgeltung erlaubt bzw. nicht verboten sind.

Wenn die Sexanbieterin ihre Leistungen nicht so erbringt, wie es erwartet wird, reduzieren sich ihre Ausschüttungen so, dass sie es nachdrücklich verspürt.

Ob sich diese Formen nicht offizieller Prostitution bewähren, muss abge-wartet werden. Aber solche bzw. ähnliche Konstruktionen gab es bisher schon, zwar nicht im Sex-geschäft, aber im Bereich normaler Kapitalanleger, die ihre Erträge nur zeitverträglich versteuern wollten. Der Einfallsreichtum der Rechtssachver-ständigen war bisher immer groß genug, um geeignete legale Wege aufzudecken, um Finanzgeschäfte rechtsgültig abzusichern.

C.7.2 Genuss und Sucht

***Frage:** Was bewegt die Menschen, wenn es um Sex geht, was ist normal, was ist Phantasie und was ist Auswuchs?*

Antwort:
Nun darüber gibt es wissenschaftliche Studien und mediale Berichte, die mehr oder weniger glaubwürdig sind.

- ***Der wundervollste Sex***
  Die Hoffnung besteht vor allem darin das Wundervollste zu erleben, was noch man noch nie erlebt hat. Am Anfang ist alles toll, aber mit der Menge wirkt die Gewöhnung und steigt der Anspruch, ein Phänomen, dass fast in jeder Partnerschaft oder Ehe eintritt, entweder bewältigt wird und zu Span-nungen führt.

- ***Gewöhnung und Anspruch***
  Es ist, als wenn man Schokolade mag und jeden Tag neue Produkte unterschiedlicher Konsistenz und Aufmachung zu sich nimmt und feststellt, letztlich ist alles Schokolade und die Wahrscheinlichkeit etwas zu erleben, was man noch nie erlebt, wird immer von Tag zu Tag geringer.

- ***Sex-Sucht und Unterhaltungsangebote***

  Sex-Sucht ist in ihren Folgen durchaus nicht zu unterschätzen. Diese Menschen, und es gibt viele Prominente (wie John F. Kennedy), denen man das nachsagt, sind nicht mehr in der Lage ihr Sexverhalten zu steuern und verzweifeln und entwickeln schwerwiegende Verhaltensstörungen. Dazu kommen Entzugserscheinungen, die nicht mehr systematisch und vernünftig gesteuert werden können.

Prominente Damen, denen Sex-Sucht nachgesagt wurde, halte sich – im Gegensatz zu Männer – mit Outings zurück. Weniger Prominente versuchen damit Aufsehen zu erregen und aktive Beachtung zu finden, auch wenn sie keine Nymphomaninnen sind.

Es mag Ihnen weltfremd vorkommen, wir versuchen Sexaktivitäten dadurch zu unterbrechen, dass wir Unterhaltungsangebote anbieten – möglichst Männer und Frauen getrennt (Golf, Segeln, Tauchen, Tennis bis zu Spieleorganisation, auch Schach usw.), die eine gedankliche Trennung vom Sex ermöglichen sollen.

Wenn der/die Betroffene auf sein/ihr Hobby stößt oder auf etwas, was man immer schon einmal machen wollte (Männer z.B. mit einem Rennauto fahren, Frauen z.B. als Modell bei einer Modenschau auftreten), dann kann das den gewünschten Erfolg erzielen – verteuert natürlich das Gesamtprojekt.

C.7.3 Hypersexualität (Nymphomanie und Satyriasis)

- ***Der Trieb als solcher***

  Das ist ein Kapitel von besonderer Dimension. Einerseits haben diese Personen eine sexuelle Appetenz (innerer Antrieb nach mehr Sexualität), verbunden mit dem Antrieb nie aufhören zu können („der bzw. die Nächste bitte"). Selbstbefriedigung, Aufdringlichkeit, Vernachlässigung beruflicher Aktivitäten und sozialer wie privater Kontakte, Stress- und Entzugs-verhalten sind die Negativfolgen.

  Psychisch kann das dazu führen, dass diese Menschen kein Lebensinhalt mehr empfinden und mit ungewöhnlichen Aktivitäten auffallen (von extremen Narzissmus bis hin zur Verwahrlosung). In solchen Fällen ist eine psychiatrische Behandlung angesagt. Soweit solche Personen direkt oder indirekt mit uns in Verbindung stehen, sorge wir sowohl für ärztliche wie psychiatrische Betreuung.

- ***Sondereinsätze***

  Andererseits haben sehr attraktive Nymphomaninnen eine unglaublich starke sexuelle Ausstrahlung in allen Fasern ihrer Körperlichkeit und zeigen immense Aktivität und Ausdauer, die auch den höchsten Ansprüchen genügen können und sich hochpreisig vermarkten lassen.

  Die Verlässlichkeit, übernommene Projekte und Aufgaben dauerhaft zu übernehmen, leidet manchmal und bedarf einer vorsichtigen Überwachung.

C.7.4 Dauerhafte Liebe und Treue, ein auslaufenden Modell?

Vorhandene Statistische Übersichten sind unscharf, weil es keine repräsentativen Erhebungen gibt. Medien haben Befragungen durchgeführt und ausgewertet. Die Ergebnisse wichen in so erheblichen Maße voneinander ab, dass eine sinnvolle Verwertung nur begrenzt möglich ist.

- *Zwar scheint eine Mehrheit immer noch von Liebe und Treue in ihrer Partnerschaft (ca. 60 % +/- 10 %) auszugehen, aber das, was in den ersten 10 Jahren einer Ehe noch funktioniert (vorbehaltlich vorheriger Trennungen und Scheidungen – ca. 40 %), erodiert in den nächsten 10 Jahren, in etwa 30 % der verbleibenden Partnerschaften.*

- *Anfangs sind es vor allem Fehler bei der Partnerwahl; das, was anfangs noch als attraktiv und aufregend zu sein scheint, bewährt sich im Alltag nicht (äußerliche Attraktivität und Charme, sexuelles Begehren und wirkungsvolles Auftreten, Abenteuerlust, Sportlichkeit, Unternehmenslustigkeit, dauernd unterwegs zu sein mit Freunden, allein zu verreisen usw.).*

- *Ob die der deutsche Sexbetrieb sich wirklich von anderen Ländern unterscheidet, ist wohl teilweise zu bestätigen. Mehr als in anderen Ländern scheint die Scheidungsrate in Deutschland höher zu sein, weil vor allem deutsche Männer sich von ihren Partnerinnen trennen, weil sie mit dem Sex nicht zufrieden sind.*

- *Aber die Frauen holen auf, wobei sie sich seltener offiziell trennen, sondern immer häufiger fremdgehen und das nicht nur mit einem Mann.*

- *Männer haben insofern Vorteile, als Frauen, die einen Partner suchen, sich häufig einsam fühlen und sich in der Überzahl gegenüber Männern befinden. Um es locker auszudrücken, Männer ertränken ihre Einsamkeit eher im Alkohol als Frauen, wenn es geht mit ähnlich denkenden und empfindenden Freunden.*

- ***Verständigung über konkrete Schritte beim Sex***

  Die normale Frau und der normalen sprechen beim Sex nicht viel. Da haben professionelle Damen eine erheblichen Vorsprung und können Verlegenheit und Schüchternheit abbauen und auch Impulse zur Anregung setzen und Aktivitäten auslösen, die ansonsten nicht zustande gekommen wären. Das gilt z.B. für Gruppensex und für besondere Erweiterungen und Ergänzungen (flotte Dreier, Rollenspiele mit „dirty talks", besondere Stellungs- und Ortswechsel usw.)

- ***Neue Partnerschaftsformen und neu Formen der Sexpraktiken***

- ***Offene Beziehungen mit jeglichem Freiraum***

- ***Offene Beziehungen mit Einschränkungen***

Es hängt sehr davon ab, ob beide Partner wirklich bereit sind, dem anderen Freiheiten zuzubilligen. Häufig geben Partner (meist Ehe-frauen) nach, um zu retten, was noch zu retten ist.

Es kann aber passieren, dass gerade die Ehefrauen nach ersten Begegnungen Spaß an der Sache kriegen und den Ehemännern entgleiten, die das Ganze eingeleitet haben.

Einschränkungen zu formulieren, ist das Eine, sie praktikabel zu gestalten, das Andere.

Am sichersten ist die ***Erlaubnispraxis****, d.h., wenn ein/e Partner/In eine neues sexuelles Erlebnis anstrebt, dann fragt man ausdrücklich um Erlaubnis.*

Schwieriger ist es mit gestaffelten Einzelregeln. Wenn beispielsweise es heißt „Wenn ein neues Sexerlebnis vollzogen ist", dann bedarf es der Information mit wem.

Ohne Personenangabe kann es zu Verdächtigungen kommen, dass doch mehr dran ist, als ursprünglich vorgesehen ist.

Wenn Regeln zu umfangreich formuliert sind, funktionieren sie meistens nicht:

- *Begrenzung der Freiheiten (Regelmäßige Berichterstattung)*
- *Zärtlichkeiten ohne Geschlechtsverkehr sind frei*
- *Zärtlichkeiten mit Geschlechtsverkehr sind vorher abzustimmen*
- *Wichtige Entscheidungen beim eigenen Partner absichern*
- *Im Zweifelsfalle auf den eigenen Partner Rücksicht nehmen*

C.7.5 Gruppenbeziehungen

- *Dem Anspruch sogenannter bürgerlicher Moral sind die Möglichkeiten des Gruppensexes wie ein Vergleich von harmlosen Computerspielen mit echten Weltkriegsszenarien – kaum vorstellbar.*

- *Polyamorie und ihre Abarten, ihre moralischen Werte, Auffassungen und Überzeugungen unterliegen keiner logischen Gesetzmäßigkeit, sondern sind wie Glaubensrichtungen und handeln davon, neue Beziehungskonzepte zu entwickeln und auszukosten. Überzeugte Monogamisten sind wie eine andere Partei oder Religionsgemeinschaft, die nichts, aber auch gar nichts, mit den anderen zu tun haben möchte.*

- *Das Folgende sind nur Überschriften für eine Vielzahl von Praktiken im öffentlichen und privaten Rahmen, für Herren angereichert mit jungen und willigen Damen, möglichst attraktiv Gruppensex ist im Prinzip ein Ausweichmanöver, wenn normaler Sex nicht mehr auszureichen scheint. Ob das Selbsttäuschung oder echtes Anliegen ist, lässt sich nur schwer beurteilen. Der Erlebnishunger vieler Menschen führt zu unterschiedlichsten Formen von offener Partnerschaft, Polyamo-rie, Polygamie, Swinging und was auch immer.*

- *Dazu können Tribadie, Exhibitionismus, Voyeurismus, Urethralverkehr, Bon-dage, BDSM, Fetischismus, Analverkehr und –massage, Harnröhrenreizung, künstliche Werkzeuge und Chemikalien zur Steigerung der Sexualreize (Dildos, Vibratoren, G-Punkt-Stimulatoren, Düfte und Reizmittel jeglicher Art) gehören, eben mehr und mehr bis zu Spielarten aus Absurdestan – erlaubte und nicht erlaubte.*

- *Gangbang, bis zu vergewaltigungsähnlichen Vorgängen (mit voriger Zustimmung der Betroffenen), Drogeneinfluss mit unabsehbaren Folgen hinsichtlich der Praktiken.*

- *Dabei ist das gemeinsame Ausscheiden von Fäkalien eine Spielart, die sich immer größerer Beliebtheit erfreut. – Vermutlich mangels anderer Alternativen, lassen sich vor allem ältere Herren (ab 60) gern von meh-reren jüngeren Frauen bepinkeln (Natursekt), über alle Teile des Körpers, auch über Nase und geöffneten Mund. Der voyeuristische Anblick entschädigt offensichtlich für alles.*

- *Für die sogenannte bürgerliche Moral sind die Möglichkeiten des Grup-pensexes kaum vorstellbar, das ist wie ein Vergleich von harmlosen Computerspielen mit extremen Gewalt- und Kriegsspielen.*

C.7.6 Sex an sich

- *In der Natur verläuft die Vermehrung unter allen Lebensformen wenig spektakulär, erst die Primaten, vor allem der Mensch, kamen aus die Idee aus, aus der Vermehrung Sex zu machen. Es ist der Verstand, seine Denk- und Erinnerungsleistung und die in der Folge verbreitete Kommunikation, was man alles machen kann*

- *Nun ist der Geschlechtstrieb das Normalste überhaupt und seine kreative Ausgestaltung gefällt letztlich fast allen Menschen. Das beginnt mit der Wahrnehmung eine/s Partners/In, mit der Annäherung, der Werbung, der Verführung und dem Genuss der Sexpraktiken.*

- *Dass damit auch die Vermehrung der Menschen bewerkstelligt werden kann, ist ein positiver „Nebeneffekt".*

- *Hinzu kommt, dass Sex nicht nur aus Praktiken besteht, sondern auch aus der Motivation, erfolgreich zu sein und damit die gewünschten Partner/Innen zu beeindrucken und für sich zu gewinnen.*

- *Bei Männern zählt der Erfolg in aussichtsreichen Berufsfeldern und spektakulärer in gefährlichen bzw. beeindruckenden Hobbys (Bergsteigen, Drachenfliegen, Surfen im Sturm usw.). Tennis, Golf und Segeln gehören schon zu den einfacheren Leistungen und Minigolf und Tischtennis sind in der Anerkennung nachrangig. Schachspielen wird im Sexualgenre eher belächelt.*

  Bei Frauen zählen im Zuge der Gleichberechtigung auch der Beruf und der Erfolg im gesellschaftlichen Umfeld (möglichst ohne Quote), aber – zwar nicht offiziell – der Erfolg bei der Partnerwahl und beim Sex überstrahlt alles. Äußerliche und innerliche Attraktivität, wahrnehmbar mit allen Sinnen, zieht die meisten Männer so in den Bann, dass das Bisschen Verstand, den Männer beim Sex haben, auch noch verloren geht.

- *Ohne diese männliche Verlorenheit und ohne die ausgeprägte, über Jahrtausende entwickelte weibliche Raffinesse und Verführungskunst vieler Frauen wäre die Sexindustrie – nicht nur in Deutschland – zum Erliegen gekommen und das trotz überwiegend männlicher Machtverhältnisse.*

- *Obwohl das quantitative Angebot an weiblichen Sex in den letzten 20 Jahren, neben professioneller Angebote (ca. 600.000 Damen) wegen erhöhter Promiskuität und sexueller Amateurangebote erhöht (von ca. 500.000 auf ca. 1.400.000 Damen, insgesamt ca. 2.000.000, eine höhere Dunkelziffer vorbehalten) und preissenkend gewirkt hat, ist das hoch qualifizierte und attraktive Angebot so verknappt worden, dass im Durchschnitt Preissteigerungen bis zu 500 % (von ca. 100 € pro Stunde auf 600 €) möglich sind. Das ist der lukrative Teil des Ganzen.*

- *In den Low- und Middle-Segmenten herrscht starker Wettbewerb. Wir versuchen den Überschuss an überalterten Damen (ab ca. 50) herauszunehmen und ihn sozial abzu-sichern, den äußerst attraktiven Teil in andere Gebiete (zum Teil im Ausland, z.B. in dafür organisierten Ferienanlagen) zu überführen – vergleichbar dem Transfer von Fußballspielern.*

C.7.7 Bündelung der Möglichkeiten

Es kommt letztlich darauf an, alle Möglichkeiten des Sexgeschäftes so zu bündeln, dass alle wirtschaftlich Beteiligten zufrieden sind, aber vorrangig die Kunden müssen zufrieden sein.

Das ist in vielen Fällen ein Spagat zwischen dem Anspruch der Kapitalgeber, des Managements und der Organisatoren, des operativen Personal und – last not least – den Damen und Herren des aktiven Geschäfts. Das funktioniert nicht immer und kann zu Konflikten und Friktionen führen, die an sich unerwünscht sind.

Es geht einerseits darum, die Einnahmen möglichst günstig zu versteuern und andererseits darum, die Staaten, in denen man tätig ist, nicht mangels ausreichender Steuereinnahmen zu verärgern.

Deshalb zahlen wir lieber mehr Steuern, als ins Visier der Fahnder als Steuerflüchtlinge zu gelangen. Dazu gehört, dass wir alle regionalen und überregionalen staatlichen Ansprüche (Abgaben, Steuern, Gebühren und Beiträge), Anforderungen für Amtshandlungen oder sonstige Tätigkeiten, Verwaltungs-, Nutzungs-, Zulassungs- und Zertifizierungsregelungen beachten.

Wir müssen noch mit folgenden Verdächtigungen leben:

- *Geldwäsche und Schwarzgeldgeschäfte wären aussichtsreich, aber wenn sie auffliegen, gefährden sie alles. Es mag Nischen geben, wo das noch funktioniert, in Deutschland aber muss man sich vorsehen.*

- *Kriminelle Geschäfte mit Drogen und Rauschgift, Glücksspiel, Kunstdiebstahl, Abfallgeschäfte, Waffen, Menschenhandel (vor allem mit Frauen), Falschgeld usw. können sehr lukrativ sein, aber keiner der bei uns verantwortlich Beteiligten möchte in den Strafvollzug und niemand ist sicher entkommen zu können, da er/sie obendrein sein/ihr abgesichertes Leben in angenehmen Umfeldern mit der Familie aufgeben müsste.*

- *Das Alles mag früher noch eine Alternative gewesen sein, aber das gilt immer weniger im lukrativen Sexgeschäft. Dass es mafiose Organisationen gibt, die das immer noch tun und Dank ihrer Größe bisher auch überleben, ist kein Anreiz für uns, zumal wir uns mit denen weder anlegen, noch konkurrieren möchten. Auch wollen wir nicht in Blickwinkel ermittelnder nationaler und internationaler Behörden gelangen, nicht immer einfach.*

- *Heute sind es lukrative Geldanlagen, die das Geschäft absichern, am besten im Umfeld von Banken, Versicherungen, Geldhäusern und anderen Finanz-instituten (Beteiligungs-management, Leasingprojekte, Zahlungsmittelgeschäfte, -Arbitrage, Wertpapierhandel, -emissionen, Terminkontrakte, Wechselkursinstrumente, Kreditvergabe usw.), aber auch hier kann man Geld verlieren. Aber bisher läuft es.*

C. Die Zauberhafte

D.0 Wissen, „schlechtes Gewissen" und wissenschaftlicher Anspruch

Als ich mit der Beschreibung der Zauberhaften begann, war ich unbefangen und mir meiner Sache sicher.

*Heute habe ich ein **schlechtes Gewissen**, weil ich so tief in das Schicksal eines Menschen eingedrungen bin und **rücksichtslos provoziert habe,** um das zu wissen, was ich dem Thema meines Buches entsprechend **„Menschen zwischen Pflichten und Emotionen"** erfahren wollte. Im Folgenden geht es darum, was will die Zauberhafte eigentlich. Durch meine Interventionen zeigte sie auch, dass sie in gewisser Weise ein normales Leben führen möchte. Und sie tat und tut mir Leid, aber anders hätte ich nicht erfahren, was ich wissen will.*

In der Rückschau habe ich den Eindruck, dass sie mit mir einen Weg finden wollte, aus ihrem damaligen Leben auszusteigen. Sie mochte mich, ob sie mich wirklich liebte und mehr von mir wollte, ist mir bis heute nicht wirklich klar.

https://www.uni-giessen.de/fbz/fb03/institute/ifezw/prof/allgemeine/promotion/expose/exposejuliawege: Auszug aus: Julia Wege: Die Lebensweltorientierung von Prostituierten - eine qualitative Untersuchung des Beratungsbedarfs unter besonderer Berücksichtigung von Biographie und Bildung:

„...Ein Ausstieg aus der Prostitution ist für die Frauen besonders schwierig, da sie die Prostitution oft mit psychischen Belastungen verlassen und über keine entsprechende Bildung oder Qualifikationen verfügen, um sich eine neue berufliche Existenz aufbauen zu können ...

- *...Welchen Beratungsbedarf weisen Prostituierte unter dem Aspekt von Ausstieg und beruflicher Qualifizierung bzw. Weiterbildung aus der Sicht der betroffenen Frauen auf?*

- *... Über welche persönlichen, sozialen und beruflichen Ressourcen verfügen die Frauen und wie können diese in eine handlungsorientierte Beratungspraxis in Bezug auf den Ausstieg integriert werden? ..."*

Es ist/war schwer für die Zauberhafte mir die Wahrheit zu sagen, weil sie anscheinend fürchtet/e,

- *ihre Chancen zu schmälern, ein neues Leben zu beginnen,*
- *andererseits macht/e sie (mit schlechtem Gewissen?) in der Prostitution weiter.*

Falls sie dieses Buch lesen oder auf andere Art davon erfahren sollte, möchte ich mich bei ihr entschuldigen – für meine Überheblichkeit, mein mangelndes Gespür, ihre Situation zu verstehen, für meine Grobkeiten und Kränkungen. Es tut mir wirklich Leid.

*Ich kann mich täuschen: Bei einem späteren Kurzkontakt hatte ich den Eindruck, dass sich an ihren ursprünglichen Verhaltensmustern nichts geändert hat – möglicher Weise meine Verantwortung? Das ändert nichts daran, dass ich meine Vorgehensweise für gedankenlos und formal fahrlässig halte. Rechtfertigt der **Wunsch nach materiellem Wissen** eine solche Vorgehensweise.*

D.1 Wer ist die Zauberhafte?

D.1.1 Mein erster Eindruck von der Zauberhaften

(https://www.bing.com/images/blob?bcid=ROUolg0CyC0CKQ)

(https://www.bing.com/images/blob?bcid=ROUolg0CyC0CKQ)

Da konkrete Informationen (Namen, Örtlichkeiten, Zeit angaben) aus Datenschutzgründen nicht gebracht werden dürfen, verwende ich folgendes Bild (sexy blonde mooie vrouw — Stockfoto © oleanderst #40443777nl.depositphotos.com) aus dem Internet.

Grundsätzlich muss ich als recherchierender Autor Distanz wahren, aber andererseits gegenüber den Kontaktpersonen eine Rolle spielen, die den echten Bewerber bis zum Freier darstellt. Ich bin durchaus sicher, dass ich tendenziell eher die Rolle empfunden habe (Zuneigung, Eifersucht) als die des neutralen Autors. – Ich habe es „Gott sei Dank" unbeschadet überstanden.

Wirkung auf mich:

Auch ich konnte mich ihrer erotisch sexuellen Wirkung nicht entziehen, sie hat mich sehr beeindruckt, aber gleichzeitig war ich gegenüber ihrem Zuneigungsrollenspiel und aus- drücklichen Liebesbekundungen immer sehr misstrauisch, was mich letztlich vor Nach teilen bewahrt hat.

Allem Anschein nach war sie an mir sehr interessiert – wie an einen Gesprächs-partner, den sie brauchte, um sich bei eigenen Problemen an mir aufzurichten.

Aber sie war attraktiven Männern mit einer unmittelbar spürbaren sexuellen Aus- strahlung und Präsenz ausgeliefert und gab sich ihnen hin

ich sagte ihr in einem Chat und das meinte ich auch so:

„Wenn Du mich wirklich lieben würdest, hättest Du Himmel und Erde in Bewegung gesetzt und wir wären schon am 1. bzw. 2 Tag zusammen gewesen.

Du liebst mich nur so lange, bis Dir jemand begegnet, der Deine sexuelle Stimulation explodieren lässt, dann vergisst Du alles, als Erstes mich.

Warum Du letztlich den Kontakt zu mir gesucht hast, weißt Du wahrscheinlich selbst nicht so genau."

D.1.2 Chat: Alles oder nichts

(ICH)-Klammern stehen für Nennungen des Vornamens oder gesamten Namens für die Nennung des Chatpartners der ZH oder für direkte Anspra- chen der ZH.

ZH: *um 9:21: Wer bist Du? Was erwartest Du hier? Warum hast Du kein Bild geladen?*

ICH: *um 09:27: ich habe kein Bild geladen, damit mich niemand erkennt. Hast Du am … vormittags Zeit, Dich mit mir bei Café … zu treffen?*

ZH: *um 9:34: Sei mir nicht böse, aber so lange es kein Bild von Dir gibt, da kann ich das nicht zusagen. Aber wer bist Du?*

Kommentar: ***DZ kommt gleicht mit einem Vorwurf „Warum hast Du kein Bild geladen …" und zwingt mich zur einer Rechtfertigung. Sie übernimmt damit zunächst die Steuerung des Chattens***

ICH: 9:37Uhr : Ich heiße XXX und wohne in XXX. Meine WEB-Adresse mit Fotos ist „www… ". Da findest Du alles über mich.

DZ: um 9:48: Na Du bist mir ja einer, so einfach machst du dir also. Seit wann geht der Knochen zum Hund?

ICH: *um 09.50: „der Knochen zum Hund" bedeutet, dass derjenige, der etwas erreichen möchte, selbst aktiv werden muss.*

DZ: um 9:52: Nun sei mal nicht so bitter. Ich wünsche dir jedenfalls Erfolg und gute Laune. Hab es gut!

ICH: *um 09.54: Was will ich denn erreichen?*

ICH: *um 10:00: ich weiß auch nicht, wer Du bist, aber ich leiste etwas vor: ich heiße …, bin aus … (www…..de): Meine meiste Zeit verbringe als Unternehmensberater mit Arbeiten zur Organisationswissenschaft und Praxis, Schwerpunkt systemische und psycho-soziale Systeme – im Verbund. - ich bin verheiratet und habe Familie. In allgemeiner Betrachtung bin ich ein umgänglicher Kulturmensch mit Bildung, dessen größte Schwäche und gleichzeitig Faszination Frauen sind. Der weibliche Körper berührt mich stark emotional und kann mich zur Ektase bringen. Andererseits brauche ein inniges Vertrauen, um mich wirklich zu öffnen.*

Kommentar: ***Meine Entgegnung hat zwei Ziele (1) Beeindrucken und (2) meine Zuneigung zu Frauen als verdecktes Kompliment einzubringen.***

ZH: um 10:06: Wow !!! Angabe oder Können?

ICH: um 10:08: Von Beidem ein Bisschen. Es ist letztlich egal, wenn der/die Andere nicht merkt, was es ist. Aber wer oder was bist Du?

ZH: um 10:10: Wenn ich Dir gefalle, muss das reichen, Frauen brauchen ihre Geheimnisse.

ICH: um 10:13 Wer Geheimnisse hat, hat etwas Schlimmes zu verbergen und man sollte ihn/sie meiden.

Kommentar: Meine Entgegnung war auf die Vermeldung „Frauen brauchen ihre Geheimnisse" bezogen und als dir.

Neuer Tag

ZH: um 9:48: Na Du bist mir ja einer, so einfach machst du dir also. Seit wann geht der Knochen zum Hund? Nun sei mal nicht so bitter. Ich wünsche dir jedenfalls Erfolg und gute Laune. Hab es gut!

ICH: um 9:52: Welchen Erfolg? Es mag dumm sein, dass wir in Konflikt geraten, aber ich habe keine Forderungen gestellt. Ich werde keine Kompromisse zu Deinen Gunsten schließen.

Kommentar: „Seit wann geht der Knochen zum Hund?"bedeutet, dass derjenige, der etwas haben / erreichen möchte, muss selbst aktiv werden. Mit den direkten Fragen (Was will ich denn erreichen? Welchen Erfolg) und mit verkappter Drohung (mich von der harten Seite kennen lernen) wird DZ unsicher.

ICH: Vielleicht ist es gut, dass Du mich auch von der harten Seite kennen lernst. Damit kannst Du Dir viel ersparen.

ZH: um 9:55: Aus dieser Sicht betrachtet kannst Du ohne weiteres Recht haben. Sag mir doch einfach ganz konkret, was dich zum Ticken bringt.

ICH: um 10:00: Vermutlich könntest Du das leicht schaffen. Aber was würdest Du mir bieten?

ZH: um 10:03: Was meinst Du? Meine Frage war was dich zum Ticken bringt. Das bedeutet, worüber würdest Du dich freuen, was magst Du?

ICH: um 10:08: Mein Vorschlag für ein Treffen mit Dir am XX.XX. . vormittags: ich käme auch nach …, aber wohin genau?

ZH: um 10:11: Das geht ohne Foto von Dir nicht.

Kommentar: Die anfängliche Chat-Führung von DZ geht an mich über. Das bedeutet, gefällt, weil sie wohl ein Interesse an mir hat („... das war nur ein Bisschen geneckt .. und nun ablenken will.

ICH: um 10:14: Fang nicht noch einmal Streit an. Vorsicht, das brächte uns auseinander, aber wenn Du willst – bitte.

ZH: um 10:26: ich fang doch kein Streit an mein Lieber, das war nur Bisschen geneckt, was machst denn noch so Schönes?

ICH: um 10:30: Nichts, wo treffen wir uns am 11.04.?

DZ: um 13:35: Wer hat denn eigentlich was von Treffen gesagt? Ich bin natürlich hier wie jeden Tag und fühle mich hier sehr wohl, mein Schätzchen.

ICH: um 13:51: Wo hältst Du Dich auf? Das heißt also: Ich darf zu Dir kommen.

DZ: um 13:53: Natürlich nicht. Soviel weiß ich nicht über dich und es wäre schön wenn wir uns hier erstmal abtasten. Bin nicht so eine?

ICH: um 13:55: Eine, wie was? Schon wieder ein Geheimnis. Arbeitest Du in einem Bordell? Dann haben wir es jetzt endgültig geschafft. Herzlichen Glückwunsch.

DZ: um 13:58: Willst Du mich endgültig verärgern, dass Du mir so etwas nachsagst? Ich arbeite als Hotelfachfrau in einem Hotel?

ICH: um 14:05: Dann kommen wir doch zur Sache: Wie heißt Dein Hotel, weiterhin Dein richtiger Nachname, Deine Berufsadresse, Deine Privatadresse, Dein Telefon- und Handynummer, Deine Emailadresse usw., eben alles, was für mich wichtig ist.

ZH: um 14:08: Nein sorry, aber das mache ich nicht. ich fühle mich ja fast, als würde ich vor Gericht stehen. Nein so gut kenne ich dich nicht, dass ich dir so wertvolle Daten hier im Chat weiter reichen würde. ich, mein Lieber, würde mich das bei dir nie zu fragen trauen.

ICH: um 14:10: ich habe alles freiwillig geliefert: Du hast doch schon alles schon ab 9:37Uhr bekommen, wenn Du unter „www...de“ nachgeschaut hättest. - Bei Deiner Geheimniskrämerei muss es sehr schlimm sein, was Du machst. Da ist Prostitution noch eine Schmeichelei.

ZH: um 14:11: Es reicht: Wir sind geschiedene Leute.

ICH: um 14:12: Geschieden, ohne vorher geheiratet zu haben oder einig gewesen zu sein? Aber wie Du willst: Damen aus diesem Gewerbe gibt es für mich genug, sogar jüngere und attraktivere. - Dann noch ein gutes Geschäft.

ICH: um 14:14: Arbeitest Du noch in einem Bordell? Kommentar: Die Frage „Arbeitest Du noch in einem Bordell?“ war eine Provotation, aber aufgrund der Verweigerung persönlicher Daten habe ich weiter gebohrt. Zu diesem Zeitpunkt war das noch reine Spekulation.

Zunächst keine Antwort mehr, erst abends wieder:

ZH: um 22:40: Aus dieser Sicht betrachtet kannst Du ohne weiteres Recht haben. Sag mir doch einfach ganz konkret, was dich zum Ticken bringt.

ICH: um 22:45 Uhr Vermutlich könntest Du das leicht schaffen. Aber was würdest Du mir bieten?

ZH: um 22:48 Uhr: Was meinst Du? Meine Frage war was dich zum Ticken bringt. Das bedeutet, worüber würdest Du dich freuen, was magst Du?

ICH: um 22:50: Hast Du ein bestimmtes Angebot?

ZH: 22:52 Uhr: Meine Frage war was dich zum Ticken bringt. Mein Süßer, ich biete Dir eine Reizwäsche-Show an, die Dich überzeugen wird. Bist Du interessiert?

ICH: um 22:52: Geht das auch ohne Wäsche?

ZH: 22:57 Uhr: Aber meine Kollektion an Vionary-BHs, Bikinis, Strapsgürtel, G-Strings, Tangas, Bodys, Catsuits, Playsuits und Negligees würde Dich. begeistern. Aber Du bist ein Ferkel, wenn Du mich nackt sehen willst.

ICH: um 22:59: Du kennst das Lied von den Toten Hosen „Männer sind Schweine“. Ich lebe nach dem Motto „Lieber ein Frau nackt im Bett als in Reizwäsche auf dem Dach“.

DZ: um 23:00: Das Lied ist von den Ärzten.

Neuer Tag

ICH: um 10:41 Uhr: Ich will Deinen Entfaltungsmöglichkeiten, dass Du als freier Single so ficken kannst, mit so vielen Männern und wann auch immer Du willst, nicht im Wege stehen. Wenn Du einerseits so deutlich schreibst und andererseits alles verschweigst, stelle ich mir die Frage, auf was muss ich mich bei Dir einstellen.

DZ: um 10:46: Mache es mir nicht so schwer.

ICH: um 10:50: Es ist ein Unterschied, ob Hunderte oder gar mehr als 1000 Männer über Dich gestiegen sind, unabhängig davon, ob sie bezahlt haben oder nicht. Für mich ist Sex gegen Sex aus Vergnügungssucht finanziell der Prostitution gleichwertig.

ZH: um 10:54: Das verbitte ich mir. Für das, was ich tue oder nicht tue, bin ich Dir keine Rechenschaft schuldig – ich bin ein freier Single.

ICH: um 10:57: Das darfst Du sein, aber ohne mich. Vielleicht bis Du ja im Sinne der Sexsucht krank und kannst als Nymphomanin nichts dafür. Solche Damen tun mir zwar Leid, aber auch mit denen möchte ich keine Partnerschaft pflegen.

ZH: um 11:01: Lass mich in Ruh.

***Kommentar:* Da ich wieder angreife („Sex gegen Sex aus Vergnügungssucht ist finanziell der Prostitution gleichwertig", „Du kannst als Nymphomanin nichts dafür") bleibt die Chatführung bei mir. Allerdings ist dabei zu bedenken, dass Chat-Partnerinnen normaler Weise bei solchen Vorwürfen verärgert und beleidigt aussteigen. Es scheint also etwas dran zu sein.**

***Zu Kommentar:* Das, was ursächlich beobachtet wird, warum Menschen verstärkt nach Sexgelegenheiten suchen oder zunehmend und oft fremd gehen, ist weder logisch noch emotional einfach zu erklären.**

Dazu gehören Ambivalenzen (Störungen in der alten Beziehung, Reiz des Neuen), multifaktorielle Komplexität (Verlust der Übersicht bei Problemen aller Art, Einsamkeit, Sexfrust, Untreue der/s Partner/In; Suche nach neuer Übersicht, Spannung zwischen Selbstkontrolle und Freiwilligkeit gegenüber neuen Reizen, Verführung und erhofftes Beziehungsglück).

Auszugsweise: https://www.infosperber.ch/Sexismus/Prostitution-Freier-Mann-Sexualitat Prostitution beschädigt auch den Käufer Jürgmeier / 08. Jul 2018 - Der Mangel an Selbstbewusstsein und fehlender Stolz «des Mannes» in sexuellen «Dingen» bilden die Geschäftsbasis der Prostitution. Redaktion, fosperber c/o Schweizerische Stiftung zur Förderung unabhängiger Information SSUI, Jurablickstrasse, 9, CH-3095 Spiegel b. Bern:

„…«Eine Welt ohne Prostitution ist denkbar» (Alice Schwarzer, «Emma»)
Auch wenn in den letzten Jahren und Jahrzehnten in «normalen» heterosexuellen Beziehungen der traditionelle Tausch «Sex gegen Geld» durch zunehmende, wenn auch noch längst nicht vollständig eingelöste Gleichheit der Geschlechter, das heißt durch Liebe und Leidenschaft auf Augenhöhe abgelöst worden zu sein scheint, zeigt das wirtschaftliche Ausmaß realer Prostitution, dass Sexualität nach wie vor eine Ware ist, für die insbesondere Männer zu zahlen bereit sind und es, offensichtlich, auch häufig tun. Das ist, unter anderem, Indiz für ein schwaches sexuelles Selbst- bewusst-sein «der Männer» und dafür, dass der sozioökonomischen Befreiung «der Frau» keine gleichwertige sexuelle (und emotionale) Befreiung «des Mannes» gegenübersteht.

Es geht in diesem Text nicht um die vor allem im Ausland heftig diskutierte Frage, ob Prostitution Frauen generell zu Opfern mache oder ob sie auch als selbstbestimmte Profession betrieben werden könne, ob monetarisierte sexuelle Dienstleistungen grundsätzlich verboten oder nur die Bedingungen, unter denen sie praktiziert werden, frauenbeziehungsweise menschenfreundlicher gestaltet werden müssten. Thema ist die Liaison zwischen Prostitution und Männlichkeit.

Zu „... «Eine Welt ohne Prostitution ist denkbar» (Alice Schwarzer, «Emma»)

ICH habe einen Traum – dass Sex nur noch für Sex zu haben sei, dass kein Mann (und keine Frau) mehr für Sex bezahle beziehungsweise bezahlt werde. ich hoffe, der sexuelle Markt wird, lieber früher als später, ausgetrocknet.

Weil die Nachfrage einbricht, Männer nicht länger durch dieses Geschäft – das Leidenschaft und Erotik zur physiothera-peutischen Dienstleistung degradiert, u.a. in so genannten «Verrichtungsboxen», die sprachlich, den

«Versäuberungsplätzen» Konkurrenz machen – beschädigt werden wollen; weil sie zu stolz geworden sein werden, für etwas zu bezahlen, das einem/einer nur zufallen kann, aufgrund gegenseitigen Begehrens ...“

Alice Schwarze hat im Prinzip Recht,

- *vor allem damit, **dass viele Männer ihre Begierden in den Griff kriegen müssen**, sich ggf. therapeutisch behandeln lassen sollten,*
- *aber sie vergisst dabei, dass vor **allem Männer (als Kapitalgeber, Organisatoren, Zuhälter, Verwalter und als Kunden/Freier)**, aber auch sich prostituierende Frauen wahrscheinlich sich über Jahrtausende angepasst haben und **eine Tradition der gewerbsmäßigen Prostitution („ältestes Gewerbe“) begründet bzw. mitbegründet haben**, die schwer auszumerzen ist.*
- *Das bedeutet einerseits, **dass die wirtschaftlich-finanzielle Entwicklung der Sexindustrie zu lukrativ ist, als dass sie die Kapitalgeber, Organisatoren und Verwalter sie freiwillig aufgeben würden. Im Zweifelsfall finden sie Nischen im Inland und im Ausland – irgendwann funktioniert der Sexbetrieb, ohne dass irgendwo ein/e Verantwortlich/e zu lokalisieren und namhaft zu machen ist.***
- *Dazu kommt das **Beharrungsvermögen der Prostituierten selbst**: Sie haben das Gefühl auf eigenen Beinen zu stehen und gutes Geld zu verdienen. Viele von Ihnen haben nichts Anderes gelernt und scheuen den Ausstieg mit sozialem (finanziellem) Abstieg.*
- *Dazu kommen **Lust und Spaß am Sex und das Gefühl, sich die Partner nach eigenem Geschmack aussuchen zu können. Das betrifft die Zauberhafte ganz eindeutig und sie nimmt/nahm es mir übel, dass ich das zwar zum Teil neutral, im Wesentlichen aber negativ kommentiert habe.***

„ …. ICH: 15:37 Das wollte ich Dir noch sagen: ich habe für meine Buchrecherchen in ca. 40 Portalen mit mehr als 50 Damen gechattet, aber so attraktiv, freundlich, sympathisch, gebildet und ausdrucksstark wie Du war keine. Wenn Deine Vergangenheit und Dein verdorbener Charakter nicht wären, ... ???

Ob das dauerhaft funktionieren wird oder irgendwann das negative Ende kommt, wird verdrängt, aber die Wenigsten halten durch und werden selten finanziell so unabhängig, wie sie es erhofft haben.

Neuer Tag

ZH: um 17:20: Wie geht es Dir? Wir sollten doch froh sein, dass wir uns hier kennen gelernt haben.

ZH: um 17:23: (Chat-Moderator-Portal der ZH) kann froh sein, dass ich bereit bin, überhöhte Preise zu zahlen. Außerdem ist (Chat-Moderator-Portal der ZH) kein seriöses Portal, aber seriös bist Du ja auch nicht. Du bist zweifellos sehr attraktiv und für (Chat-Moderator-Portal der ZH) ein Aushängeschild und ein Lockvogel.

Lockvögel sind Damen und Herren gewählt, deren Attraktivität sehr hoch ist. Mit solchen Personen rechnet man in den Vermittlungen gar nicht; denn die meisten hätten fast überall große Chancen eine/n Partner zu finden. Aber sie dienen (bewusst oder unbewusst) als Lockvögel. Deshalb verlieren sich die Kontakte in ellenlangen Chats mit kostenintensiven Folgen, an deren Ende der attraktivere Partner aussteigt.

Fakes sind in der Regel Computerapps, die Parameter gesteuert Antworten geben und erst, wenn der Gefakete das merkt, werden Personen (Chatmoderatoren und Lockvögel) eingesetzt.

Alle diese Formen stehen für konkrete Kontakte und Treffen nicht zur Verfügung. Aber schon in den AGBs sind sie geschickt verankert und versuchen damit Betrugsvorwürfe zu vermeiden - z.B. für i…(Portal).

ICH: um 17:40: Auch das würde ich nicht grundsätzlich ausschließen, wenn Du ein anständiges Mädchen wärst.

Neuer Tag: *ZH: um 10:23: Deine letzten Bemerkungen waren nicht liebenswürdig. ich möchte nicht, dass Du über mich in Deinem Buch schreibst.*

ICH: um 10:26: Dafür bist Du viel zu interessant, aber wenn überhaupt völlig anonym: ohne realen Orts- und Zeitbezug, ohne echten Namen und Bild, ohne jeglichen Hinweis auf eine konkrete Person.

ZH: um 10:29: ich will das nicht.

ICH: um 10:30: Außer Dir kann niemand erkennen, dass Du die Urheberin warst, und Du wirst damit nicht an die Öffentlichkeit gehen. Es wird sicherlich Menschen geben, die nicht wissen sollen, dass Du ein Sexstar bist, quasi ein Glücksbringer für unzählige Männer.

e. Boranu setzt zur Unterhaltung der Nutzer professionelle Animateure und Operatoren ein, die im System nicht gesondert gekennzeichnet werden. Diese Dienstleistung wird in höchster Qualität betrieben. Mit diesen Operatoren sind keine realen Treffen möglich. Die Nutzer können ihnen lediglich Nachrichten innerhalb des Portals senden.

ICH: um 17:26: Zwar ist Chatten Zeit- und Geldverschwendung, aber ich verfolge ja ein Ziel: Ich habe Bücher geschrieben, 2 Bände sind auf dem Markt: Das Wunder Der Organisation – Menschen zwischen Pflichten und Emotionen. Ich sitze am
2. Band, der vermutlich im nächsten Jahr erscheinen wird und einen Artikel über die Sexindustrie in Deutschland enthalten soll. Ich bin in verschiedenen Portalen, um zu recherchieren.

DZ: um 17:32: Was willst Du von mir. Lass mich in Frieden. Ich bin keine Nutte.
ICH: um 17:35: Das würde ich nie sagen, Prostituierte klingt besser.
DZ: um 17:38: Du kannst mich mal

Kommentar: Dass ich Bücher – auch über sie – schreibe und sie unverhohlen als Prostituierte bezeichne, bringt sie in Verlegenheit. Erstaunlich ist, dass sie sich das letztlich gefallen lässt. Das Warum ist noch unklar und könnte sich im Folgenden ermitteln lassen.

DZ: um 10:34: Das bin ich nicht. Ich bin ein freier Single. Um wer weiß, was Du alles getrieben hast.

ICG: um 10:37: Ich weiß das.

DZ: um 10:40: Ich möchte nicht so behandelt werden und meine Selbstachtung behalten.

Pause

ICH: um 18:20: Das muss man auch können: Verzichten, um der Selbstachtung wegen. Außerdem kann man ruhig dumm sein, wenn man sich zu helfen weiß. Deine Selbstachtung endet in der moralischen Öffentlichkeit; das ist zwar nicht sachlich gerechtfertigt, aber entspricht der menschlichen Natur, andere zu diskreditieren.

ZH: um 18:22: Aber, mein Süßer, Du bist doch bei mir, um etwas Tolles zu erleben.

ICH: um 18:25: Mag sein, aber ich habe ja die Ausrede der Buchrecherche. Nur ernsthafte Erwägungen führen zu diesem Kontakt mit Dir.

ZH: um 18:26: Ha, ha …, das glaubst Du doch selbst nicht. Mein Süßer, Du willst mit mir ficken, wie alle anderen auch.

Kommentar: „Andere Frauen tun das Gleiche wie ich und sind nicht besser als ich" bedeutet wohl, dass sie sich mit Prostituierten gleichstellt und das zumindest indirekt zugibt. Es bewegt sie so stark, dass sie eine Grundsatzdiskussion anstrebt.

ZH: um 18:27: Andere Frauen tun das Gleiche und sind auch nicht besser als ich.

ICH: um 18:29: Auch das ist richtig. Damen und Herren aus dem Bürgertum und auch aus der gehobenen Gesellschaft und der Prominenz, tun im Rahmen der sexuellen Freizügigkeit das Gleiche und sind nicht besser, können sich hinter ihren bürgerlichen Fassaden besser verstecken und ihre „moralische Kompetenz" zur Schau tragen

ZH: um 18:31: Das ist Scheiße. Und Männer dürfen alles.

ICH: um 18:33: Ja, bei Männern war man immer großzügiger; die mussten sich die Hörner abstoßen. Eine Frau ist entweder eine Schlampe, wenn sie gleich beim ersten Date mit dem Mann ins Bett geht, oder ein dumme Kuh, wenn sie es nicht tut.

ZH: um 18:34: Findest Du das gerecht?

ICH: um 18:39: Nein, das ist nicht gerecht, aber die Menschen tun meistens das, was ihnen nützt, unabhängig davon, ob es gerecht oder ungerecht ist.

ZH: um 18:42: Wird sich das ändern?

ICH: um 18:45: Obwohl ich kein Anhänger von Alice Schwarzer bin: Die wahren Schuldigen sind tatsächlich die Männer; seit ca. 20.000 Jahren, wenn nicht mehr, haben sie gesellschaftliche Strukturen geschaffen, um Frauen für ihre Zwecke, auch für ihre sexuelle Befriedigung, zu benutzen. Heute im Rahmen der Emanzipation ändert sich das Eine oder Andere, aber es wird noch sehr lange dauern, bis es zu einem verträglichen Gleichgewicht kommt.

ZH: um 18:56: Und wie stehst Du dazu?

ICH: um 18:57: Ich bin mir selbst unsicher. Jeder hat zwar eine Chance verdient, auch eine zweite oder mehr, aber ich möchte keine Prostituierte heiraten und nicht, dass meine Töchter Prostituierte werden oder nicht.

DZ: um 18:59: Hältst Du mich für eine Prostituierte? Ich bin keine.

ICH: um 19:02: Ich weiß es nicht genau, aber ich halte es für wahrscheinlich, dass Du so etwas wie eine Prostituierte bist. Auf jeden Fall glaube ich, dass Du dem Umfeld sehr nahe bist. Ich möchte meine Freundin auch nicht mit anderen Männern teilen, weder mit Geliebten, noch mit zahlenden oder nicht zahlenden Kunden.

***Kommentar:* Immer dann, wenn es um das eigene sexuelle Leben geht, sind sowohl Frauen wie Männer großzügiger als in der Öffentlichkeit oder ihren Kindern gegenüber, besonders negativ aber bezüglich der Prostituierten, überwiegend zurückhaltend bis abweisend und diskreditierend.**

Die Prostituierten sind auch Menschen, haben auch Gefühle, leiden unter ungerechter Behandlung und in der Folge auch an psychische Störungen und anderen Erkrankungen.

Daraus resultiert die Forderung mancher gesellschaftlicher Strömungen in Deutschland, Prostitution als normalen Beruf anzuerkennen und Prostituierte auch so behandeln. Doppelmoral wäre insofern unmoralisch: Wer einerseits auch seine sexuellen Freiheiten genießen will, muss andererseits diejenigen, „die dafür anscheinend die besseren Leistungen erbringen“ (berufliche Professionalität), so fair wie möglich behandeln.

Aber auch ich habe Vorbehalte: Ich möchte keine Prostituierte zur Frau haben und nicht, dass meine Töchter Prostituierte werden – ist das berechtigt oder nicht?

ZH: um 19:05: Das ist doch Blödsinn. ich will Dich für mich haben, als Partner, der mir zur Seite steht. Liebst Du mich.

ICH: um 19:07: Wie stellst Du Dir das vor, ich habe wegen meiner beruflichen Einsätze nur wenig Zeit, vielleicht, vielleicht ein bis zwei Mal die Woche 2 bis 4 Stunden.

ZH: um 19:05: Das reicht für uns, wenn Du meine Bedürfnisse befriedigen kannst. Da kann ich Dir Einiges bieten, mehr als Du Dir vorstellen kannst. - Hättest Du etwas dagegen, wenn ich einmal im Monat mit einer Freundin für eine Woche irgendwo hinfahre?

um 19:07: Natürlich, mir ist klar, dass Du in dieser Zeit Deine Sexgier über das hinaus befriedigen willst, wenn Du etwas bei mir vermissen könntest. - ich mag Dich sehr, aber ich vertraue Dir nicht. Deshalb sehe ich eine solche Partnerschaft mit großen Vorbehalten an und möchte dazu, zumindest noch nicht, Ja sagen.

DZ: um 19:15: Feigling, auf Männer kann man sich nicht verlassen. Leck mich. ICH: um 19:16: Alles zu seiner Zeit.

***Kommentar:* Was erstaunlich ist, dass sie jetzt umschwenkt „Ich will Dich für mich haben, als Partner, der mir zur Seite steht. Liebst Du mich.“ Das sollte mich nicht verführen, auf reine Liebe zu hoffen. Als Lockvogel könnte es ihre Aufgabe sein, Zeit zu schinden, um Einnahmen (Coins) zu generieren. Man sollte vorsichtig sein.**

Neuer Tag

ZH: um 16:43: Bist Du noch da, mein Süßer? ich will Dich nicht verlieren.
ICH: um 16:45: Dazu müsstest Du mich erst einmal gewinnen.

ZH: um 16:49: ich weiß, dass Du mich magst. Lass Deinen Gefühlen freien Lauf. Lass uns Spaß haben und nicht alles bedenken.

ICH: um 16:52: Du bist zwar verdorben, aber es stimmt schon, dass ich auf Dich reagiere, wie auf eine verbotene Frucht.
ZH: um 16:54: Mein Süßer, das Verdorbene macht den Männern am meisten Spaß, weil sie es zu Hause nicht kriegen.

ICH: um 16:56: Das ist häufig so, aber im Geleitzug mit vielen Männern macht mir das keinen Spaß. Da spielt mein Verstand nicht mit. Dir mag das gleichgültig sein. Treue ist für Dich ein Fremdwort.

ZH: um 16:59: Aber Treue bezieht sich auf einen bestimmten Menschen, das gilt für mich auch, aber Spaß kann man auch mit anderen haben. Das ist doch nicht schlimm.
ICH: um 17:59: Da trennen uns Welten. Das ist für mich das Schlimmste überhaupt
– Untreue. Dir fehlt der Bezug zu einer innigen Partnerschaft, bei dem Sex dazu gehört wie das Dessert zum Hauptgericht, der eigentlichen Liebe.
ZH: um 18:02: Ist das nicht langweilig?

ICH: um 18:04: Da streiten sich die Götter. Entweder war die Partnerwahl falsch oder eine Beziehung ermüdet, aber die wahre Liebe soll das überwinden. ich weiß vieles. Aber da fehlt mir die endgültige Einsicht.

***Kommentar:* Warum scheitern Partnerschaften und Ehen?). Entweder findet man den / die idealen Partner/In nicht oder man trennt sich von der/die nicht idealen Partner/In oder es gibt ihn/sie gar nicht im erreichbaren Umfeld.**

Andererseits ist auch der starke Wille Beider erforderlich, um eine Verbindung aufrecht zu erhalten, um nicht erfüllbare Idealitätsanprüche zu überwinden.

ICH: um 18:08: Falls es einmal zur Entscheidung stünde, ich würde Dich nie mit anderen Männern teilen, weder mit zahlenden, noch mit nicht zahlenden Kunden, noch mit Freunden oder guten Bekannten oder sonstigen Männern.

Kommentar: Eine Beziehung kann auch ermüden, aber die wahre Liebe soll das überwinden können. ich weiß vieles, aber da fehlt mir eine endgültige Einsicht. Letztlich ist alles möglich und ob der Einzelne das einsieht und akzeptiert oder nicht, ist sein Problem und ändert an der Thematik nichts.

„ich glaube, es geht hier um Unsicherheit in der modernen Gesellschaft, Ängste, Geborgenheitsbedürfnisse, Sicherheit. Das versuchen manche Durch Abwertung, Missionierung etc. zu steuern/ihre Umwelt zu beeinflussen", deutet ein Nutzer.

Oder mit anderen Worten: Zum Beispiel der Versuch, eine Partnerschaft krampfhaft aufrecht zu erhalten, kann dann Verhaltensweisen führen, die die Partnerschaft erst gefährden.

Eifersucht mag ein Indikator sein, andererseits ist ein/e Partner/In, dem/r alles egal ist, was sein/ihr Partner/In tut, ob er/sie fremd geht oder nicht, auch nicht der ideale Kitt. Ob echte Liebe ohne Eifersucht auskommt, ist auch nicht sicher.

ZH: um 18:11: Findest Du das nicht kleinlich?

ICH: um 18:12: Das magst Du so sehen, aber ich will kein Zuhälter werden oder Freier.

ZH: um 15:14: Was würdest Du tun?

ICH: um 18:15: Nein, nicht wie alle anderen auch. Zwar habe ich ähnliche Gefühle, aber letztlich bin ich anders und das hast Du auch schon gemerkt. Selbst auf die Gefahr hin, auf etwas verzichten zu müssen, werde ich einer sexuellen Primitivität und Ignoranz nicht folgen.

ZH: um 18:19: Das merke ich schon. Ich halte das für Dummheit und sinnlosen Verzicht. um 18:20: Das muss man auch können: Verzichten, um der Selbstachtung wegen. Außerdem kann man ruhig dumm sein, wenn man sich zu helfen weiß. Deine Selbstachtung endet in der moralischen Öffentlichkeit; das ist zwar nicht sachlich gerechtfertigt, aber entspricht der menschlichen Natur, andere zu diskreditieren.

Kommentar: **Sexistisch ist nicht nur als krankhafter Ansatz der Sexsucht (Nymphomanie, Satyriasis) gemeint, sondern als spürbare Verhaltensentwicklung in geeigneten Umfeldern.**

Wenn es hier auch um ein fiktives Beispiel geht, den Zunahme an promiskuitiven Verhalten, verstärkt bei Frauen, ist eine durchaus registrierte Tendenz, nicht mehr so „prüde" wie früher zu sein. Ob das mehr Illusion oder doch Realität ist, wird tendenziell unterschiedlich **sein: Dort, wo es zu klappen scheint, mag es sich stabilisieren. Aber man macht sich** häufig **etwas vor und wacht dann später überrascht und erschreckt auf – dann kann dann alles verloren sein, was man vorher geschätzt hat, und das Neue ist dann auch dahin.**

Zu Kommentar: Das, was ursächlich beobachtet wird, warum Menschen verstärkt nach Sexgelegenheiten suchen oder zunehmend und oft fremd gehen, ist weder logisch noch emotional einfach zu erklären.

Dazu gehören Ambivalenzen (Störungen in der alten Beziehung, Reiz des Neuen), multifaktorielle Komplexität (Verlust der Übersicht bei Problemen aller Art, Einsamkeit, Sexfrust, Untreue der/s Partner/In; Suche nach neuer Übersicht, Spannung zwischen Selbstkontrolle und Freiwilligkeit gegenüber neuen Reizen, Verführung und erhofftes Beziehungsglück).

D.1.3 Werdegang

Sie schilderte Ihr Leben in Kurzform so: "Oh ja - aufgewachsen als Kind eines Alkoholiker-Ehepaares. Mit 12 Jahren auf den Strich gegangen und gut verdient. Kurz den Drogen verfallen - danach nur noch Edelprostitution mit betuchten älteren Herren. Später war Sie in der Lage aufgrund einer geschickten Datingauswahl nur noch mit Männern Sex zu haben, die Dir gefielen." - Ob das jetzt stimmt oder nicht, kann ich nicht sicher kontrollieren.

In der Zwischenzeit sind etliche Chats gelaufen. Etwas später wollte sie das als humorvoll ablenkende Irreführung dementieren.

ich: um 17:39: Das warst Du: ich zitiere aus dem Chat: // Oh ja - aufgewachsen als Kind eines Alkoholiker-Ehepaares. Mit 12 Jahren auf den Strich gegangen und gut verdient. Kurz den Drogen verfallen - danach nur noch Edelprostitution mit betuchten älteren Herren…

ZH: um 17:41: Ja, war ein Zitat von Schwester Eva aus deren Buch. Kannst da gerne nachlesen...lach …

um 17:47: Du erzählst mir nichts, weil ich Dich an insgesamt an 6 Stellen mit fiktiven Partner überführt habe. --- Aber Du bist vergesslich: Als Du mir Dein Metier eröffnet hast, habe ich gesagt: Wenn Du das sofort aufgibst, bringe ich Dich in der Unternehmensberatung unter. Da kannst Du gut verdienen, aber Du entgegnetest: ich habe lieber Spaß und werde meine Sexsehnsucht erfüllen …

ZH: um 17:50: … ich lache mich fast weg. Danke für deinen Spaß. ich bin Prostituierte. Gratuliere dir, Du bist der Erste, der mir das sagt!

ICH: um 17.52: ich bin nicht der Erste und nicht der Letzte, die nennen Dich eindeutiger Bordsteinschwalbe, Hure oder Dirne. Das warst Du*: ich zitiere aus dem Chat: // Oh ja - aufgewachsen als Kind eines Alkoholiker-Ehepaares. Mit 12 Jahren auf den Strich gegangen und gut verdient. Kurz den Drogen verfallen - danach nur noch Edelprostitution mit betuchten älteren Herren…*

ZH: um 17:54: Du täuscht Dich in allem. ich bin keine Prostituierte. ich arbeite als Hotel- fachkraft.

ICH: 17:56: Dann sag mir den Namen und die Adresse des Hotels.

ZH: um 17:58: Nein, das geht Dich nichts an; das ist meine Sache.

ICH: um 18:04: Dann hast Du etwas zu verbergen – Dein Prostitutionsgeschäft. - Lass uns endgültig Schluss machen. Das mit SCHWESTER EVA werde ich überprüfen und in meinem 3. Band vermerken …"

***Kommentar:** Aus Wikipedia: „… Schwesta Eva (* 16. Juli 1984 in Koszalin, Polen; bürgerlich Ewa Müller; nach Namensänderung).*

Eva Malanda ist eine deutsch-sprachige Rapperin und ehemalige Prostituierte aus der Frankfurter Szene. Malanda ist polnische Staatsangehörige …

Ewa Malanda wurde 1984 im polnischen Koszalin als ältestes von drei Kindern geboren. Ihr bürgerlicher Name lautete Ewa Müller, den sich nachträglich ändern ließ.

Über eine Stelle als Kellnerin in einem Kieler Rotlichtlokal kam sie erstmals mit dem Rotlichtmilieu in Kontakt und begann im Alter von 16 Jahren als Prostituierte zu arbeiten.

Zu SCHWESTER EVA: Dabei kam sie mit illegalen Betäubungsmitteln in Berührung und war unter anderem von Crack abhängig, von dem sie selbständig weggekommen sei. Nach ihrem Hauptschulabschluss im Jahr 2004 zog sie nach Frankfurt am Main …"

Es gibt zwar inhaltliche Überschneidungen, aber in wesentlichen Punkten (Alkoholiker- Ehepaares, mit 12 Jahren auf den Strich gegangen, gut verdient, kurz den Drogen verfallen, danach Edelprostitution mit betuchten älteren Herren.) doch deutliche Abwei- chungen. Es ist zwar möglich, aber es fehlt der eindeutige Beweis, ob der Lebensweg der Zauberhaften so verlaufen ist.

D.2 Motive, Emotionen und Auftritt

D.2.1 Anspruch und sexuelle Ansprache

Diese Frau sieht aus wie Engel – jedenfalls auf dem Chat-Foto, aber sie ist eine überprofessionelle Prostituierte, die in einem aus geklügelten Verfahren stufenweisen Dates zur gefälligen Auswahl bis zum echten Sex-Erlebnis, als multidimensionaler Parcours, organisiert hat, dabei sehr geschäftstüchtig und „konsequent am Mann". Es kann nicht jeder kommen, sie hat nur Sex mit Männern, die ihr wirklich gefallen.

Der Neuling hat das Gefühl, einem Staatsrechtlich geregelten gefallen Prüfungsverfahren unterworfen zu sein, schwieriger als eine Promotion im Mathematik, nicht wegen fachlicher Anforderungen,sondern vor Angst, den „sexuellen Anforderungen und Finessen der Meisterin" nicht gewachsen zu sein.

Dabei hat sie die Fähigkeiten, die meisten Männer für sich zu gewinnen, was untertrieben ist, dagegen ist die Abhängigkeit von Rauschgift eine Lappalie. Sie gibt ihnen das Gefühl, die Einzigen zu sein, die sie glücklich machen könnten, und die Männer wollen das glauben, obwohl dahinter häufig die verschwommene Ahnung besteht, dass sie manipuliert sind. Aber sie verdrängen das meistens. Während die Abhängigkeit vom Rauschgift aus Gewohnheit entsteht, ist sexuelle Abhängigkeit genetisch verankert und wirkt unmittelbar.

Auch Ihre sexuellen Aktivitäten sind – wahrscheinlich nymphomanisch beeinflusst, was sie bestreitet, wenn sie auch eine gewisse Sex-Sucht nicht ausschließt – von extremer Wirksamkeit und auch ihre Sprache eindeutig von professioneller Deutlichkeit und Färbung, allerdings beginnend auf hohem sprachlichen Niveau bis zu vulgärer Deutlichkeit.

- *Wie steht es mit Deinen Fähigkeiten aus, das Paradies einer Dame zu erobern und dabei auch den Anforderungen der Dame gerecht zu werden?*
- *Wenn Du meine Schönheiten näher betrachten willst und ihren köstlichen Duft und ihren erlesenen Geschmack genießen willst, muss Du mein Herz erwärmen und Dich mir zärtlich nähern – komm und sei bei mir.*
- *Also Du suchst bestimmt keine feste Beziehung, mein Lieber, ich denke mir, dass Du mich einmal richtig durchficken möchtest.*

Fast alle Männer jeder Art von Herkunft, sozialem Status und Wohlstand reagieren meistens sexistisch, auch wenn sie es gern leugnen, das gilt auch die Männer aus der bürgerlichen und sogenannten besseren Gesellschaft, mit hohem intellektuellen Niveau und beachtlichen gesellschaftlichen Ansehen, lassen sich allzu gern einfangen, wenn sie – wider besseren Wissens - das Gefühl haben hier landen zu können, was angesichts der Auswahlkriterien sich häufig Illusion erweist oder finanziell auszugleichen ist.

Und das lässt sich fortsetzen:

- *Oh, ja, immer weiter fick mich bis ich wund bin und dann lass mich Dich reiten, bist du ohnmächtig wirst und wieder zur Besinnung kommst, wenn Du mich voller Glück und Befriedigung wieder wahrnimmst.*
- *Wenn ich deinen Schwanz einmal lutschen würde, dann käme zwei Monate lang keinen Tropfen Sperma mehr kommen, und Du wärst wie neugeboren.*
- *Am liebsten würde ich jetzt auf deiner Couch die Beine spreizen und du leckst meine Klitoris mit deiner frechen Zunge solange, bis mein Natursaft in dein Gesicht spritzt, du geiler Bock.*

D.2.2 Niveau der Zauberhaften

Wenn man an Prostituierte denkt, hat man häufig dunkle Ecken hinterm Bahnhof im Auge, aber die Zauberhafte ist sowohl in der äußeren wie in der intellektuellen Attraktivität den Damen aus der bürgerlichen bzw. höheren Gesellschaft ebenbürtig, die in der Häufigkeit ihrer sexuellen Kontakte zwar auf gleichen, aber häufig weniger wählerisch sind.

Dach bewirkt ein Erfahrungsvorsprung, der damit korrespondiert, dass er von finanzieller Abhängigkeit und vom sexuellen Leistungsvermögen bestimmt war und daraus mehr operative Versiertheit und Routine entstehen konnte. Die Selektion der Partner nach qualitativen und finanziellen Gesichtspunkten wurde zur ersten Priorität. Nicht jede Dame hat das so erfolgreich bewerkstelligen können wie die Zauberhafte.

Es kann nicht jeder kommen, die Zauberhafte hat nur Sex mit Männern, die ihr wirklich gefallen, und sie geht dabei sehr sorgfältig vor. Sie ist versiert bei kulturellen, sozialen und polittischen Themen und ist dem Durchschnittsbürger gegenüber im Vorteil. Die interessierten Männer müssen sich erst im Gespräch bewähren, bevor sie in die engere Auswahl gelangen.

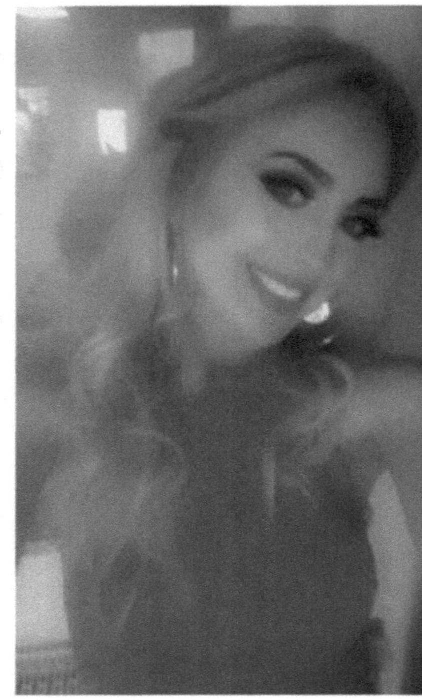

Die Männer aus der besseren Gesellschaft mit hohem intellektuellen Niveau und beachtlichen gesellschaftlichen Status mögen ihr geistig überlegen sein, werden aber im Regel Regelfall sehr schnell weich, wenn die Zauberhafte ihre sexuelle Kompetenz verdeutlicht.

Die Herren sind – gegen jede Vernunft - allzu schnell bereit, daran zu glauben, dass sie die Einzigen wären, die die Zauberhafte glücklich machen könnten.

Diese hervorragende Stellung der Zauberhaften sollte nicht darüber hinwegtäuschen, dass sie trotzdem um ihren Ruf fürchten muss.

Mögen andere in ihrer sexuellen Praxis nicht weniger aktiv sein, aber sie können sich hinter einer bürgerlichen Fassade verstecken und brauchen nicht das Stigma „Hure“ oder „Nutte“ zu fürchten. Das beanstandet sie sehr, aber die Gesellschaft gefällt sich mehrheitlich in der Rolle des moralisierenden Kritikers.

D.3 Gefühl des Ausgestoßen Seins (Vergleichslogik)

D.3.1 Problematik der Unsicherheit

D.3.1.1 Motive und Antriebe

Neuer Tag

ICH: um 16:24: Das wirst bei i… (Portal) nicht mehr schaffen, Du weißt alles über mich und mehr werde ich hier nicht preisgeben. Jetzt musst Du Dich entscheiden, ob Du noch etwas mit mir unternehmen willst oder auch nicht.

ICH: um 16:27: Nach 12 Monaten ist meine Geduld erschöpft und es ist bei Dir nicht abzusehen, ob Du wirklich interessiert bist oder nicht. Für Dich ist wahrscheinlich nur ein Chat-Spiel, für mich war es mehr.

ICH: um 16:17: Du weißt ALLES von mir, nur vergisst Du schneller, als man Dir etwas mitteilen kann. Du weißt gar nicht, wer ich wirklich bin. Deshalb brauchst Du mich nicht. – Gibt mich auf und ich gehe in Frieden.

ZH: um 16:18: Warum stellst auf einmal solche Auflagen, mein Lieber, so kenne ich dich doch gar nicht

ICH: um 16:20: Ich habe den Eindruck, dass verschiedene Personen Dein Synonym gebrauchen und deshalb, wie der/die Eine nicht, was vorher besprochen wurde.

ZH: um 16:22: Das glaube ich nicht und ich finde ich sehr schade :(hätte dich weiterhin besser kennengelernt, aber ja, so ist es halt.

ZH: um 16:28: Bist Du heute mit dem falschen Fuß aufgestanden? Das kommt alles so plötzlich für mich, Weiß gar nicht was ich sagen soll.

ICH: um 16:30: Das liegt daran, dass ich bisher zu geduldig war.

ZH: um 16:36: ich fühle mich nicht gerade gut, wenn Du versuchst alles auf mich zu schieben.

ICH: um 16:38: Das brauche ich gar nicht, Du ALLEIN trägst die Verantwortung und das weißt Du.

ZH: um 16:39: ich weiß wirklich nicht, ich fühle mich bei den ganzen Schuldzuweisungen unwohl, will ich dich doch nicht verletzen.

Kommentar: ***Ich habe die Zauberhafte so verstanden, dass sie einerseits mit mir einen Weg finden will/wollte, aus ihrem damaligen Leben auszusteigen. Sie mochte mich anscheinend – warum auch immer, und ich sollte ihr helfen.***

https://www.uni-giessen.de/fbz/fb03/institute/ifezw/prof/allgemeine/promotion/expose/exposejuliawege:
Auszug aus: Julia Wege: Die Lebensweltorientierung von Prostituierten - eine qualitative Untersuchung des Beratungsbedarfs unter besonderer Berücksichtigung von Biographie und Bildung:

„... Durch die Rekonstruktion von biographischen Daten können Motive bezüglich der Erfahrungen und Entscheidungen ermittelt werden und aus welchen Gründen sich Frauen für einen Ausstieg aus der Prostitution entscheiden ... Dieser Forschungsansatz und die weiterführenden theoretischen Ansätze der Biographieforschung bilden die wissenschaftliche Grundlage für die vorliegende Arbeit. Narrative bzw. biographische Interviews sind für die vorliegende Untersuchung geeignete sozialwissenschaftliche Verfahren, da es den Gesprächspartnern (Prostituierten) den größtmöglichen Raum bietet, frei und offen über die eigene Biographie zu erzählen ...“

Zu Kommentar:

- ***Es ist/war schwer für die Zauberhafte mir die Wahrheit zu sagen, weil sie anscheinend fürchtet/e, ihre Chancen zu schmälern, ein neues Leben zu beginnen,***
- ***andererseits macht/e sie als Prostituierte weiter (vielleicht schlechtem Gewissen).***

Die Motive und Antriebe – Wunsch, Wille, Empfindungen, aber auch Ängste, Zwänge und Einflüsse aus naher (Auftraggeber, Familie, Freunde und Bekannte usw.) und ferner Umwelt (Nachbarschaft, Gesellschaft) – könnten das Verhalten begünstigen, aber auch behindern.

ZH: um 16:51: nein Du hast es nicht richtig verstanden, ich bin einfach so, dass mich ein Mann erobern muss, zuerst mit seinen romantischen Phantasien und später im realen Leben.

ICH: um 16:55: Du bist vergesslich, ich habe Dir alle Komplimente gemacht, Dich zu einem Candle Dinner eingeladen und Dir meine Liebe erklärt, allerdings habe ich Dir auch alle unangenehmen Wahrheiten gesagt. Wenn das nicht reicht, dann reicht es nicht.

ZH: um 16:59: aber mein Lieber, Du sollt Dich nicht ärgern, genieße einfach die Zeit mit mir und Du weißt ja wie lieb ich sein kann wenn Du mich gut behandelst

ICH: um 17:02: Woher soll ich das wissen? --- Nein meine Liebe, jetzt ist Deine Stunde gekommen: Entweder Du kannst sie nutzen oder auch nicht.

Zu Kommentar:

- ***Es ist/war schwer für die Zauberhafte mir die Wahrheit zu sagen, weil sie anscheinend fürchtet/e, ihre Chancen zu schmälern, ein neues Leben zu beginnen,***
- ***andererseits macht/e sie als Prostituierte weiter (vielleicht schlechtem Gewissen).***

Die Motive und Antriebe – Wunsch, Wille, Empfindungen, aber auch Ängste, Zwänge und Einflüsse aus naher (Auftraggeber, Familie, Freunde und Bekannte usw.) und ferner Umwelt (Nachbarschaft, Gesellschaft) – könnten das Verhalten begünstigen, aber auch behindern.

ZH: um 16:51: nein Du hast es nicht richtig verstanden, ich bin einfach so, dass mich ein Mann erobern muss, zuerst mit seinen romantischen Phantasien und später im realen Leben.

ICH: um 16:55: Du bist vergesslich, ich habe Dir alle Komplimente gemacht, Dich zu einem Candle Dinner eingeladen und Dir meine Liebe erklärt, allerdings habe ich Dir auch alle unangenehmen Wahrheiten gesagt. Wenn das nicht reicht, dann reicht es nicht.

ZH: um 16:59: aber mein Lieber, Du sollt Dich nicht ärgern, genieße einfach die Zeit mit mir und Du weißt ja wie lieb ich sein kann wenn Du mich gut behandelst

ICH: um 17:02: Woher soll ich das wissen? --- Nein meine Liebe, jetzt ist Deine Stunde gekommen: Entweder Du kannst sie nutzen oder auch nicht.

ZH: um 17:04: ja Du hast ja recht, irgendwann muss man sich entscheiden, vielleicht bin ich einfach nicht die richtige Frau für dich

ICH: um 17:07: Du bist bestimmt nicht die Richtige, aber die Einzige laut Foto, die ich einmal haben wollte.

D.3.1.2 Persönliche Daten und die Angst vor Aufdeckung (Chat)

Auslassung (Neuer Tag)

ICH: um 7:19: Nun ich habe es immer gewusst, wollte es aber nicht wahr haben. Einmal Prostituierte, immer Prostituierte, auch wenn Du nicht immer mit Geld, sondern mit Sex bezahlt wirst. Alles Gute.

ZH: um 7:21: Schade das Du misstrauisch bist. Aber eigentlich genau aus diesem Grund könntest Du ja auch verstehen weshalb ich mit meinen privaten Daten nicht preisgebe.

ICH: Um 7:30: Das verstehe ich auch, habe es immer verstanden, wollte es nur nicht wahr haben. Ein dummer Greis hat versucht, Dir zu vertrauen, einer Sexgier leidenden Promiskuitiven. Das muss Dich natürlich abstellen und andere Wege gehen. Alles Gute.

ZH: um 7:35: Das tut mir so richtig leid das Du so unglücklich bist. Es ist schade, dass wir anscheinend nicht weiterkommen, mag Dich halt einfach...

ICH: um 7:38: Du gibst mir keine Sicherheit, hast mich belogen und betrogen, und Treue ist für Dich eine lächerliche Dummheit. Nur das sind das meine Maßstäbe, daran kannst Du mich messen, Dich aber nicht.

ZH: um 7:43: Treue ist durchaus eine wichtige Eigenschaft. Allerdings nicht immer so einfach. Ich denke mal wir alle haben so ab und dann unsere Schwächen...

ICH: um 14:28: Ich habe diese Schwächen nicht, aber das ist auch nicht mehr wichtig. - Du bist zwar für mich der größte emotionale Verlust meines Lebens, aber die Entscheidung hast Du schon vor 20 / 25 Jahren getroffen, als wir uns noch nicht kannten. - Als Erinnerung ziehe ich die Konsequenz, Menschen noch weniger zu trauen, als ich es ohnehin schon tue. Was bleibt ist der fachliche Aspekt, der sich für mich gelohnt hat.

ZH: um 14:52: Aber mein Lieber, was habe ich denn genau falsch gemacht? Können wir es nicht dennoch noch einmal versuchen?

ICH: um 15:00: Du hast mich in etlichen nachweisbaren Fällen belogen und betrogen, und Treue mir gegenüber war Dir günstigstenfalls egal. Du wärst natürlich beleidigt, wenn man Dir untreu gewesen wäre, Die Anzahl der Fälle bei Sex mit anderen Männern, die ich gar kennen konnte, werden das alles bei Weitem überwiegen. Nein es gibt nichts mehr regeln.

ZH: um 15:02: Mein Lieber, wie und wann und wo soll ich Dich denn betrogen haben? Bin jetzt sehr verwirrt.

ICH: um 15:05: ich werde mehr als 300 Seiten Chatkopien nicht wiedergeben; Du hast es ausdrücklich zugegeben und Dich bei mir entschuldigt. Damit warst Du damals schon draußen. ich war zu dumm und wollte das nicht glauben. Jetzt weiß ich es.

ZH: um 15:08: Was denkst Du. Sollen wir vielleicht die Uhr auf Null zurück drehen und neu beginnen?

ICH: um 15:13: Das geht nicht, weil der Ballast der Vergangenheit sich nicht abwerfen lässt. Die Erinnerung bleibt.

ZH: um 15:15: Und wenn wir beide die Erinnerung versuchen auszublenden für den Anfang?

ICH: um 16:12: Liebe …, auch wenn Dein Foto immer noch in meinem Kopf leuchtet, das ist völlig unrealistisch: Einmal werde ich unter diesen Umständen niemals auf Deine privaten Daten verzichten und zum anderen befürchte ich, dass Deine Treue auch in Zukunft nicht lange halten wird.

ZH: um 16:18: Ob meine "Treue" in Zukunft hält, kommt es auf den Mann an, wie er mich behandelt☺

ICH: um 16:20: Überlege Dir meine Hinweise; ich habe so lange gewartet, jetzt kommt es auf einen Tag auch nicht mehr an, aber zur Zeit sehe ich kaum realistische Möglichkeiten

Etwas später

ich: um 16:30: Das wirst Du nicht tun, weil Du Deine privaten Daten nicht aufdecken wirst. Und ohne diese darfst Du mit mir nicht rechnen.

ZH: um 16:32: was meinst du denn mit privaten Daten? Man kann auch hier alles weitere kläre klären mein lieber

ich: um 16:35: (Dein richtiger Nachname, Deine Berufsadresse, Deine Privatadresse, Deine Telefon- und Handynummer, Deine Emailadresse usw., eben alles, was für mich wichtig ist.)

ZH: um 16:40: Meinen richtigen Namen sage ich Dir, wenn man sich sieht! Meine private Adresse vergebe ich niemals im Internet!!! Eine Emailadresse habe ich nur von der Arbeit, da kann aber auch ein Kollege darauf zugreifen!

ich: um 16:43: Wie und womit Du sie mir benennst, ist unwichtig (persönlich, per Email oder wie auch immer), aber ich werde nicht darauf verzichten.

ZH: um 16:45: ich habe ja auch keine persönliche Emailadresse: das wollte ich Dir ja damit sagen nur von der Arbeit.

ich um 16:46: Auf Deine persönlichen Daten, werde ich nicht verzichten; denn um zu wissen, was Du wirklich treibst, sind sie unverzichtbar.

ZH: um 16:49: ich erzähle Dir doch, was ich treibe, wenn du was wissen willst, dann musst du mich doch nur fragen

um 16:51: Du kennst meine Fragen und kannst antworten wie und wo immer Du willst oder auch nicht. Alles, was im Umgang mit einer Freundin erleben, telefonieren, sich treffen, sich gegenseitig besuchen, etwas zusammen unternehmen, Kontakte in jeder Weise und vieles mehr ist mit Dir nicht möglich. Das ist dann das Ende - die Zeit der Kompromisse ist vorbei. Du bist mit Deinem Verschweigen sehr verdächtig, vor allem, was Deine Sextätigkeiten betrifft.

D.3.1.3 Was bedeutet „Helden./. Schlampen“

Die Zauberhafte beanstandet ***„Wenn Männer häufig Sex mit vielen Partnerinnen haben, sind es Helden, Frauen sind dann Schlampen.“***

Dieser Vergleich drückt das ***Gefühl des Ausgestoßen Seins*** *und kränkt sie schwer. Dabei ist es mehr als ein Gefühl: Wenn Menschen etwas ethisch-moralisch bewerten, spielt der subjektive Bezug eine entscheidende Rolle.*

- *Die betrogene Ehefrau wird den Begrifft Schlampe gern verwenden.*

Wenn diese Ehefrau aber selber fremd geht, möchte sie bestimmt nicht als Schlampe bezeichnet werden (am liebsten natürlich verheimlichen).

- ***https://www.sexmitschlampen.de/message-centre-new.php***

Andererseits sollte sich die Zauberhafte nicht wundern, wenn sie sich in solchen Portalen ***als Schlampe anbietet*** *– und das tut sie.*

Der folgende Artikel dürfte der Zauberhaften gefallen (Bitte nachlesen):
https://ze.tt/warum-wir-das-wort-schlampe-endlich-aus-unserem-wortschatz-streichen-sollten/
Dr. Gunda Windmüller schreibt über alles, was schön schwierig ist. Sex und Liebe zum Beispiel. Ihr Buch “Weiblich, ledig, glücklich - sucht nicht” erschien im März 2019.
ze.tt GmbH, Buceriusstraße, Eingang Speersort 1, 20095 Hamburg

Auszugsweise: Stichworte und Schlussfolgerungen;

Warum wir das Wort Schlampe endlich aus unserem Wortschatz streichen sollten?

- *Was heißt das: Eine Schlampe sein? Frauen, die Spaß wollen …*

„ … Ja, da musste ich auch grinsen. Soll nur ja niemand auf die falschen [sic!] Gedanken kommen. Chrissi möchte sich als Frau zwar über den Begriff beschwe- ren, aber zugleich nimmt sie ihn ernst genug, um sich lieber absichernd davon zu distanzieren. Der Beitrag ist schon ein paar Jahre alt und so könnte es gut sein, dass es Chrissi mittlerweile vielen Geschlechtsgenossinnen nachmacht ***und stolz auf einem „slut walk“ ihre Sexualität als unantastbar erklärt …“***

„ … *Aber letzten Endes sind auch diese „slut walks“ ein Zeichen dafür, wie ziel- genau der Begriff Schlampe immer noch wirkt. Wie er dazu dient,* ***Frauen zu erniedrigen, ihre Sexualität zu diskreditieren.*** *Deshalb ist die Beleidigung auch nichts, was man einfach an sich abprallen lassen sollte. Oder abprallen lassen könnte. Denn Wörter sind nicht einfach nur Lauthülsen, die man lässig von der Schulter schnipsen kann, wenn sie einen treffen …“*

Wörter schaffen Welten

„ … Die Beleidigung Schlampe stellt nämlich klar, dass weibliche Lust eigentlich keine sein darf.

Klar, das ist absurd. Kümmert sich doch die Lust als solche wenig um Grenzen. Aber weibliche Lust darf eben weder zu viel wollen noch sich zu viel nehmen. Sie hat zu sein wie ein ordentliches Vorgartenbeet: überschaubar und nur mit viel Liebe und Aufwand zu begrünen …"

Schlussfolgerung: Was tun?!

*„… Schlampe" kommt nicht nur im Wortschatz von Männern vor. Auch Frauen können sich untereinander als Schlampen bezeichnen. Sie tun es auch. Wir sollten uns deswegen nicht nur klar machen, was solche Begriffe mit Menschen anstellen, sondern auch, was das für Menschen sind, die sie äußern. Und wir sollten uns deutlich machen, was solche Menschen dabei in erster Linie sind: „f***ing rude", wie Lena Dunham mal so schön bemerkte. Lasst das also nicht auf Euch sitzen.*

Habt den Sex, der euch zusteht. Niemand ist eine Schlampe …"

Aus dem Zusammenhang gerissen klingt das nachvollziehbar, aber wer möchte schon, dass sein/e Partner/In fremdgeht und ihn / sie mit anderen teilen? Oder wer möchte schon, dass die eigenen Töchter / Söhne Prostituierte werden oder sind?

(https://ze.tt/warum-wir-das-wort-schlampe-endlich-aus-unserem-wortschatz-streichen-sollten/)

- ***Casanova und Don Juan***

***„… Männliche Liebhaber sind Casanovas und Don Juans** – vielleicht irgendwann dezent melancholisch, aber immer auch be- wundert. Sicher, unsere sogenannte sexuelle Befreiung ist historisch gesehen erst einen Wimpernschlag her. Aber wenn es mit dem Slut Shaming so weitergeht, können wir noch lange auf weibliche Vorbilder hoffen …"*

*„… Wer Frauen als Schlampen bezeichnet, der bläst nicht nur Diskursnebel in die Hirne, sondern **sorgt auf ganz vielfältige Art auch dafür, dass Frauen im öffentlichen Raum diskriminiert werden**. Das hat Auswirkungen auf Gerichtsverfahren wegen sexueller Übergriffe, auf den Ausgang von Bewerbungen und die Reputation. Und die ist in vielen Kontexten ganz handfest …"*

Schlussfolgerung: Was tun?!

„... Schlampe" kommt nicht nur im Wortschatz von Männern vor. Auch Frauen können sich untereinander als Schlampen bezeichnen. Sie tun es auch. Wir sollten uns deswegen nicht nur klar machen, was solche Begriffe mit Menschen anstellen, sondern auch, was das für Menschen sind, die sie äußern. Und wir sollten uns deu- tlich machen, was solche Menschen dabei in erster Linie sind:

*„f***ing rude", wie Lena Dunham mal so schön bemerkte. Lasst das also nicht auf Euch sitzen.* ***Habt den Sex, der euch zusteht. Niemand ist eine Schlampe ..."***

Anmerkung Schanz: *Das Wort* ***Schlampe*** *wurde vermutlich ab Anfang 18. Jahrhundert verwandt, um* ***eine Frau als sexuell freizügig*** *zu chakterisieren – vermutlich vorwiegend von Männern, die sich betrogen fühlten.*

Das wurde im Laufe der Zeit auch von ***Frauen gegenüber Frauen eingesetzt****, um beispielsweise eine Frau zu beschimpfen, die mit dem Ehemann der Ersten Ehebruch begangen hatte.*

Mit der verstärkten ***erkennbaren sexuellen Freizügigkeit*** *(nach dem 1. Weltkrieg, seit 1920 bei Prominenten schon immer und verstärkt in der Nachkriegszeit bei vielen Bürgern nach dem 2. Weltkrieg 1945 nach 1950 bei allen, u.a. mit Oswalt Kolle) begannen die Moralregeln zu schwanken und sind bisher immer noch nicht rational erklärbar:*

Es sind ***Glaubens-, Überzeugungs- und mehr oder weniger strikte Moralregeln****, keine logisch ableitbaren Naturgesetze.* ***Sollte es verbindliche Grenzen geben oder nicht?***

- *Ist es legitim, zumindest aber zu dulden, wenn man sich alle sexuellen Vergnügungen einfach nimmt, auch wenn man in andere Partnerschaften einbricht,*

- *oder muss es Regeln geben, die diese Art von Aktivitäten verhindern, einschränken oder sanktionieren (z.B. Geldstrafe), ggf. auch mit geeigneten rechtlichen Begrifflichkeiten (vergleichbar mit vorbestraft) bezeichnen.*

- *Wenn beide Partner vereinbaren, dass eine freie und ohne Vorbehalte bestimmte sexuelle Partnerschaft für sie ideal sind, mag es funktionieren. – Das ist nicht immer eine sichere Konstellation, wenn die eigene persönliche Betroffenheit sich auswirkt: Zwar, wenn man selbst fremd geht, ist das in Ordnung, wenn aber der/die andere das auch tut, dann wird es häufig als ganz, ganz schlimm, als Verrat empfunden.*

D.3.1.4 Genie ./. Schlampen

*Die Zauberhafte bringt folgendes Beispiel: „Wenn ein Produkt aus der Militärtechnik erfolgreich auf den Markt gebracht wird und im Einsatz Hunderten von Menschen das Leben kostet, **bleibt der Erfinder ein technisches Genie**. Wenn ich aber Hunderte von Männern glücklich mache, bin ich **kein Sexgenie, sondern eine Schlampe**. Ist das gerecht?“*

Gerechtigkeit ist ein Begriff, der ebenso Interpretierbar ist wie Ethik und Moral. Der logisch denkende Wissenschaftler wird nach der „Apfel-Birnen-Theorie“ sagen, weder die Hypothese selbst, noch ihre Eingangsdaten, sind vollständig und schon gar nicht repräsentativ.

Bei mir bleibt das unbestimmte Gefühl, dass die Zauberhafte nicht „ganz“ Unrecht hat.

Zum Nutzen der Prostitution:

Es ist schon fast ein Sakrileg, wenn man in der Prostitution einen Nutzen für die Gesellschaft erkennt, aber es gibt bedenkenswerte Anhaltspunkte.

file:///C:/Users/Schanz/Downloads/Empowerment_und_Prostitution.pdf Fachhochschule Düsseldorf Fachbereich Sozial- und Kulturwissenschaften Studiengang Sozialpädagogik Gutachter 1. Gutachter: Professor Dr. jur. Klaus Riekenbrauk 2. Gutachter: Dipl. Soz-päd. Walter Scheffler Diplomarbeit zum Thema: Empowerment und Prostitution - Auswirkungen des Prostitutionsgesetzes auf die Lebenswirklichkeit von Prostituierten - Eingereicht im Wintersemester 2006/2007 von: Michael Richter Matrikel Nr. 426448 An der Vogelstange 2 48301 Nottuln

Auszugsweise:

Aus dem Inhaltsverzeichnis
5. Prostitution und ihr Ansehen innerhalb der Gesellschaft

- ***Wirtschaftliche Aspekte***
- ***ökonomische Bedeutung der Prostitution***
- ***steuerliche Bedeutung***
- ***Einkommenshöhe und Marktform***
- ***Prostitution als Schutz der Ehe und Familie***
- ***Prostitution als Schutz vor Sexualstraftaten***
- ***Prostitution als Sozialarbeit***
- ***Ehe- und Sexualberaterin***
- ***Therapeutin bei Kontaktschwierigkeiten***
- ***Therapeutin für den gestressten Mann***
- ***Die Doppelmoral beim Umgang mit Prostituierten***
- ***Prostitution und Gesundheitsrisiken***
- ***Prostitution und Medien – Das verzerrte Bild eines Arbeitsplatzes***
- ***Gesellschaftlicher Wert der Prostitution***

Dass alles nachzulesen zeigt durchaus den Nutzen von Prostituierten. Man kann meinen, dass alles bräuchte man nicht, aber man kann es auch anders sehen – vor allem im konkreten Fall, ***wenn einem Menschen (Mann) tatsächlich in einer psychi- schen Notlage geholfen wird.***
Auszugsweise aus 5.8.: Gesellschaftlicher Wert der Prostitution

Domentat, Tamara (2003): a.a.O., S. 172:

„... In einer Welt, in der Männer sich beruflich anpassen, aber auch durchsetzen sollen, gleichberechtigte Partnerschaften führen, aber ab und zu den Spanier heraushängen lassen sollen, in der ein sicherheitsfixierter Staat keine Risikosituation ungeregelt lässt, aber ständig neue Extremsportarten auf den Markt drängen, ***ist die Prostitution oft das einzige Refugium, um sich von der Last widersprüchlicher Männlichkeits-gebote zu erholen ...“***

„ ... Die Autorin Domentat, Tamara (2003) schreibt hierzu folgendes: „Sexarbeiterinnen sind praktisch Sozialarbeiterinnen: ***Sie regenerieren ihre Kunden, stärken deren Identität als sexuelle Wesen, steigern deren Vitalität und stabilisieren deren Ehen ...“***

„ ... So vermittelt gerade die Prostitution in einer Welt, die durch berufliche und private Zwänge gekennzeichnet ist, dass der Kunde durch die Möglichkeiten des Gelegenheitssexes die Gewissheit erfährt, dass er autonom und frei ist. Die Prostitution führt somit dazu, dass er eine ***psychische Stabilisierung*** *erfährt. Gerade dadurch, dass es bei dem Kontakt zur Prostitution nicht um die Abspaltung sondern um die* ***Widerherstellung der Ganzheit*** *geht, wird das Potenzial eine Beziehung in Frage zustellen abgebaut ...“*

Anmerkung Schanz: *Dass mag das anscheinend moralgläubige Bürgertum erzürnen, wenngleich im privaten Bereich so manches passiert, was nicht so ethisch wertvoll ist, wie seine Urheber es glauben machen möchten.*

Es gibt auch berechtigte Einwände, aber zwischen dem, was als überzogen angesehen werden kann, und dem, was für die Gesellschaft nützlich ist, ***kann es sinnvolle Kom-promisse geben.***

D.3.2 Meine subjektiven Befindlichkeiten

Wer hieraus den Schluss ziehen möchte, dass ich jetzt gar nichts gegen Prostitution habe und ihre Anerkennung fördern möchte, stößt auf ***meine subjektiven Befindlichkeiten****:*

- *Wenn ich eine sehr attraktive Frau (wie die Zauberhafte) geheiratet hätte, würde ich öffentlich nie zugeben, dass sie vorher eine Prostituierte war. Vermutlich würde ich alles verschweigen und eine neue Identität erfinden.*
- *Wenn meine Töchter Prostituierte geworden wären, ist ausgeschlossen, dass ich das in der Öffentlichkeit voller Stolz verkünden würde. Ich würde nur das hinnehmen (müssen), was ich nicht verschweigen kann.*

D.3.3 Zwischen Psyche und Psychiatrie

D.3.3.1 Subjektive Befindlichkeiten der Zauberhaften

D.3.3.1.1 Teilung der Sexualität (inneres Vertrauen, Sexsehnsucht, Kunden

Was die subjektive Befindlichkeit von der Zauberhaften betrifft, bin ich nicht sicher, wie das zu deuten und bewerten ist.

- *Allem Anschein ist sie mit ihrer Situation sehr zufrieden und genießt, wie sie es selbst bezeichnet, die* ***Erfüllung ihrer Sexsehnsucht****.*
- *Andererseits möchte sie* ***einen festen Partner****, ohne aber ihr Sexmetier mit ihren Kunden (Freiern) aufzugeben.*
- *Ob man Hypersexualität als Form der Emanzipation deutet oder als krankhaft (Bipolare Störung, Paranoidität, Schizophrenie, Dissozialität, Persönlichkeits-störung, emotionale Instabilität, Histrionie, Zwanghaftigkeit, Neu-rotische-, Belas-tungs- und somatoforme Störungen, aufgeführt, soziale Phobien, spezifischen (isolierten) Phobien, Agoraphobie, Angst- und Panikstörungen, Narzissmus, Hybris, Aggressionsstörungen, Borderline-Störungen usw.) oder als Suchtprobleme (Sex-, Alkohol- oder Drogensucht) beschreibt oder nicht, darf nicht unter dem Aspekt von Ethik und Moral entschieden werden, es bedarf einer langwierigen Analyse, Diagnose und ggf. therapeutischer Betreuung, wenn der/die Betroffene es will.*

Kommentar: Sie schien ernsthaft zu glauben, dass sie mir treu bliebe, wenn sie beruflich mit anderen Männer (Freiern) Sex hätte. So hat sie es auch immer gehandhabt.

Wer in seiner Kindheit / Jugend an das Prostitutionsumfeld gewöhnt ist, sieht auch als Erwachsene Prostitution als ganz normal an – weil sie es nicht anders kennen.

„ … ICH: um 13:38: Es mag wohl richtig sein, dass Du nicht jeden bumst, aber für meine Vorstellung von Treue ist mir das zu viel.

ZH: 13:40: Sei nicht so kleinlich, ich würde Dir alles bieten, wovon Du sonst nur träumen würdest. ich mag Dich mehr als jeden anderen.

ICH: 13:41: Deshalb haben wir uns getrennt. Alles Chats, die Du an mich oder sonst wen richtest, kosten unnötig Coins und bringen Dir nichts. Meine Meinung über Dich steht fest, daran wirst und kannst Du nichts ändern.

ZH: um 14:08: wäre doch schön, nach all dem was zwischen uns war, wenn wir beide wieder auf eine normale Basis zurückkommen oder was meinst du Liebling?

Auszugsweise: https://ediss.sub.uni-hamburg.de/volltexte/2004/2125/pdf/Dissertation.pdf Interpersonelles Vertrauen Entwicklung eines Inventars zur Erfassung spezifischer Aspekte des Konstrukts Dissertation zur Erlangung der Würde des Doktors der Philosophie der Universität Hamburg vorgelegt von Ulf Bernd Kassebaum aus Ratzeburg Hamburg:

Dabei beziehen sich die Autoren auf eine Untersuchung von Seligman, Fazio und Zanna (1980) und unterscheiden folgende drei Arten von Motiven:

1. **„… Extrinsische Motivation:** *Die Beziehung wird aufrecht erhalten, um positive Konsequenzen, die außerhalb der Beziehung liegen (z.B. Status, Ansehen, Geld) zu erreichen.*

2. ***Instrumentelle Motivation**: Die Beziehung wird aufrecht erhalten wegen positiver Konsequenzen, die nur innerhalb der Beziehung zu erlangen sind (z.B. Liebe, Lob, Unterstützung, Sexualität).*

3. ***Intrinsische Motivation:** Die Beziehung wird aufrecht erhalten, weil sie wegen der Freude am gemeinsamen Erleben und der gegenseitigen Rücksichtnahme einen Wert an sich darstellt …“*

„… Abhängigkeit von Geschlecht, Alter, Bildung und Herkunft

In einer Reihe von Untersuchungen (Rosenberg, 1957; Wrightsman, 1964; Nottingham, Gorsuch & Wrightsman, 1968; Chun & Campbell, 1974; Lacy, 1978; Johnson-George & Swap, 1982; Rotenberg, 1984; Rempel et al., 1985, Couch & Jones, 1997) zeigte sich,

- *dass **Frauen höhere Vertrauenswerte** hatten als Männer. In einigen Studien (Terrell & Barrett, 1979; Krampen et al., 1982) erwiesen sich die **weiblichen Befragten hingegen als misstrauischer**.*

- *In empirischen Studien fanden Brickman et al. (1979) **geschlechtsspezifische Unterschiede** hinsichtlich vertrauensvollen Verhaltens im Gefangenen-Dilemma-Spiel.*

- *Croson und Buchan (1999) stellten fest, dass Frauen* ***entgegengebrachtes Vertrauen eher erwidern*** *als Männer.*

- *Andererseits scheinen* ***Frauen Vertrauensverletzungen anders zu erleben als Männer*** *(Cramer et al., 2000) – Frauen sind bekümmerter über emotionale,* ***Männer über sexuelle Untreue …"***

ICH: um 14:19: Allein die Vorstellung, dass nicht nur heute, sondern alle Zeit, zuvor Hunderte von Männern, bei Dir waren, und Du kommst nach Hause und bietest mir, liebevollen Partnersex an, ekelt mich an.

DZ: 14: 25 Wieso ekelst Du Dich? Meinst Du an meiner Muschi wäre noch Sperma? Keine Sorge, das wird es nicht geben.

ICH: 14:28: Das wäre zwar mehr als eklig, aber mir geht darum, dass ich Dich grundsätzlich nicht mit anderen Männern teile - das entspricht nicht meiner Vorstellung von einem anständigen und liebevollen Umgang miteinander. Dein Charakter ist jenseits aller Vorstellungen verdorben.

ICH: um 14:30: Nein, das kann ich nicht, weil ich Dich mit anderen Männern teilen werde, weil ich selbst an Sex mit Dir interessiert bin und das ohne Treue nicht ertragen kann. Ich kann mir nicht vorstellen, dass Du mir Sex mit anderen Frauen gestatten würdest.

DZ: um 14:32: Wieso: Das ist doch nur Sex, nicht Liebe. Ich denke, wenn man es vorher bespricht, dann kann man doch bestimmte Kompromisse eingehen, es hätte ja dann nichts mit Betrügen zu tun, wenn der andere davon wüsste.

ICH: um 14:35: Deine Art von Ehrlichkeit wirft mich um. Das erinnert mich an das Verhalten von Fremd gängern, Frauen wie Männer: Zwar, wenn sie selbst fremd gehen, ist das in Ordnung, wenn aber der/die Partner/In das auch tut, dann wird es häufig als ganz, ganz schlimm, als Verrat empfunden.

DZ: 14:37: Keine Angst, ich würde Dir das auch gönnen.

ICH: 14:40: Danke nein, das ist für mich keine Verhandlungsmasse. Dann lasse ich Dich lieber gehen.

DZ: 14:44: Das will ich aber nicht.

Vorläufiges Ende

D.3.3.1.2 Treue und Vertrauen

ZH: um 22:30: ich war dir nie untreu und werde es auch nicht sein.. Warum sollte ich das? ich habe doch dich!

ICH: um 22:45: Du warst untreu: Deine Worte am Sonntag XX.XX.2019 - um 18:52.

ZH: um 22:46: Küssi, mein Lieber, das tut mir Leid und es ist alles wahr, ich entschuldige mich, dass ich fremdgegangen bin: Um ehrlich zu sein nur wenige Male und ich bereue es auch zutiefst. –

ICH: um 22:47: Auch Dein zärtliches Techtelmechtel mit P.. .G… (Chatkopie XX.XX.2020) haben mich abgeschreckt.

ZH: um 22:48: ich war verletzt und aus Wut habe ich das geschrieben. Da es wirklich kindisch ist, wollte ich es dir nicht sagen. So, jetzt ist es raus.

ICH: um 22:58: Lass das, Deine Einlassung ist unglaubwürdig und ist ein schäbiger Versuch, mich zu verunsichern. Es hat sich ja auch mehrfach wiederholt: ich kann Dir die 7 Namen aus den Chats nennen: (1-D…r), (2-D…t), (3-H…r), (4-P…n), (5-H…g), (6-A…o) und (7-P…o). Sei bitte fair.

ICH: um 23:01: Am 10.XX.XX um 14:16 hast Du geschrieben: // ich weiß nicht wieso Du mir das antust? ich habe echt nicht gedacht, dass Du so stark kontrollierst. // Mit anderen Worten: Wenn ich Dich nicht kontrolliert hätte, hättest Du mich locker belogen. Das ist für mich hinterhältig.

Kommentar: Darf man von einer Prostituierten Treue und Vertrauen erwarten? Im Prinzip ja, wenn es wirklich zu einer liebevollen Gemeinsamkeit kommen soll, aber wie wahrscheinlich ist das?

Die Dame müsste einen Vertrauenssprung tun, der ihr aus ihrer Wahrnehmung nicht möglich ist.

Es ist die typische Einstellung von Prostituierten, nichts preiszugeben, was auf ihre wahres Tun schließen lässt. Andererseits verdient sie Ihren Lebensunterhalt damit. Hat sie realistische Möglichkeiten etwas Wesentliches zu ändern, ohne Nachteile in Kauf nehmen zu müssen?

Das alles ist auch verständlich, weil die tatsächlichen und empfundenen gesellschaftlichen Zwänge sie ängstigen.

Es ist Ihre Angst vor Entdeckung, Aufdeckung, Bloßstellung und Diskriminierung. Krampfhaft versuchen sie jeden Hinweis auf ihre wahre Identität und ihr persönliches Umfeld zu vermeiden.

Sie befürchten, von Männern (Zuhältern, Freiern, Kunden usw.) weswegen auch immer zur Rechenschaft gezogen zu werden, Prügel angedroht zu bekommen und auch noch Schlimmeres. Sie fühlen sich ausgebeutet und gedemütigt. Ihrem Gefühl nach hilft ihnen niemand und schützt sie.

Wie kann ich erwarten, dass die Zauberhafte sich mir gegenüber öffnet.

(ICH): um 13:53: Zu dem, was ich Dir zuletzt vorgehalten habe, bleibe ich bei meiner Meinung, aber Du hast u.a. geschrieben, dass Du nicht aus Deiner Haut heraus kannst. Wir haben schon vor längerer Zeit darüber geschrieben, dass ich Dich für nymphomanisch halte und Du eine Therapie bräuchtest (u.a. Hormonbehandlung). Du hast das damals bestritten.

ZH: um 13:59:
Ja ich weiß noch, dass du mir das schon ein-einmal vorgeschlagen hast. Trotzdem bin ich mir nicht so sicher ob das bei mir eine Wirkung zeigen wird. bzw. ob es überhaupt funktioniert ...

ICH: um 14:04:
Es ist so, dass Ich Dir immer noch helfen möchte, aber einmal must Du das WIRKLICH wollen und zum anderen weiß ich nicht, ob Du psychisch in der Lage bist, eine solche Behandlung durchzustehen.

ZH: um 14:07:
Also, mein Lieber, danke dir dass du dich so um mich kümmerst. Das kenne ich sonst nicht von einem Mann... Aber wie Du bereits auch gesagt hast, auch wenn ich so etwas starte, ich weiß nicht, was mich da erwartet und ob ich es überhaupt schaffen kann...

D.3.4 Abwehrmechanismen

D.3.4.1 Verdrängung, Anpassung und Selbsttäuschung

D.3.4.1.1 Psychische Tendenzen (Triebe, Wünsche, Motive, Werte)

***Wikipedia: Abwehrmechanismus** ist ein Begriff aus der Psychoanalyse.*

- ***Konflikte mental bewältigen bzw. kompensieren:** Mit ihm werden psychische Vorgänge bezeichnet, die den Zweck haben, miteinander in Konflikt stehende psychische Tendenzen (Triebe, Wünsche, Motive, Werte)*
-

– also innerseelische Konflikte – oder zwischenmenschliche Konflikte mental so zu bewältigen bzw. zu kompensieren, dass die resultierende seelische Verfassung konfliktfreier ist. Dies erfolgt meist unbewusst.

- ***Attraktivität:** Die Zauberhafte sucht Ihre Partner aber nur nach ihrem Geschmack und hat wohl auch keine Schwierigkeiten diese zu finden, dabei ist sie sowohl quantitativ wie qualitativ in der Lage, eine relativ hohe Anzahl an Freiern glücklich zu machen.*

- ***Partner-Anspruch:*** *Aber ihr Partner-Anspruch an eine vorzeigbare, selbstbewusste, verlässliche und anerkannte Persönlichkeit wird im Regelfall daran scheitern, dass sie als Edel-Prostituierte wahrgenommen wird, die nicht treu sein kann. Vermutlich ist sie zudem Nymphomanin (was sie selbst bestreitet), was ihr Leben diesbezüglich nicht erleichtert. Solche Frauen mögen bei dieser Art von Männern als Geliebte eine Rolle spielen, nicht aber als standesgemäße Ehefrau.*

- ***Tolerante Duldung:*** *Gleichzeitig erwartet sie von diesem Mann, dass er ihr vielseitiges sexuelles Metier mit männlichen Kunden (Freiern) in jeder Hinsicht tolerant duldet.*

Während viele Prostituierte darunter leiden, Prostituierte zu sein, scheint das bei der Zauberhaften eine untergeordnete Rolle zu spielen.

Auszugsweise:

https://www.trauma-and-prostitution.eu/category/wissenschaftliche-texte/psychische-und-koerperliche-auswirkungen/

Führende Psychotraumatologen/Innen haben sich dem Appell von Frau Dr. Inge- borg Kraus angeschlossen, um auf die dramatischen gesundheitlichen Folgen von Prostitution hinzuweisen. Sie fordern eindeutig einen Sexkaufverbot. Mittlerweile hat sich durch diese Initiative ein europäisches Netzwerk von Experten und Expertinnen gefunden, die ihre Stimmen zum Thema Prostitution kund geben. Diese Seite soll dies sichtbar machen.

- ***Schädel-Hirn-Trauma bei prostituierten Frauen***

  TBI: Traumatic Brain Injury: *Gewalt in der Prostitution ist allgegenwärtig und kann Schädel-Hirn-Traumata verursachen. Auf Englisch TBI: Traumatic Brain Injury. Diese Studie, die an 66 Frauen und Transfrauen durchgeführt wurde, weist erschreckende Resultate auf: 95% weisen dauerhafte Kopfver-letzungen auf, entweder indem sie mit Gegenständen geschlagen wurden oder ihr Kopf gegen Objekte geschlagen wurde.*

- ***Akute und chronische Symptome:*** *Die Frauen beschreiben akute und chronische Symptome, die von diesen Verletzungen hervorgehen und/ oder Gehirnerschütterungen. Diese beinhalten Schwindel, depressive Verstimmun- gen, Kopfschmerzen, Schlafstörungen, Konzentrationsstörungen, Gedächtnisstörungen, Orientierungsprobleme, niedrige Frustrationstoleranz, Erschöpfungszustände, Appetitlosigkeit und Gewichtsverlust, etc. Die Abklärung auf TBI ist äußerst wichtig in der Behandlung von prostituierten Frauen …"*

Zu Schädel-Hirn-Trauma bei prostituierten Frauen

- ***Kindliche Seele (Spieltrieb – Bonobo-Effekt)***

Mit all diesen Traumata scheint die Zauberhafte nichts zu tun zu haben. Was bei der Zauberhaften auffällt, sie wollte mir anfangs ihre Vergangenheit um jeden Preis verschweigen. Als das nicht mehr möglich war, gab es folgenden Chat.

ich behauptete, dass die kindliche SEELE vieler Menschen verhindert, dass sie erwachsen werden und das würde den Spieltrieb auf etliche Jahre verlängern. Äußerlich scheint der Mensch ausgereift, aber sein Spieltrieb kann sich in Sexsucht äußern.

Rauchgiftsucht und auch zur Sexsucht (Bonobo-Effekt) führen. Im Laufe der Jahre kommen dann Bedenken und der Versuch, alles zu verschweigen und zu leugnen, was belastet oder zu belasten scheint. Das stört das Gleichgewicht des stabilen Verhaltens und macht auf Dauer unzufrieden bis resignativ.

DZ: Was willst Du mir damit sagen?

ICH: um 18:59: Dein letzter Versuch war das Schützen Deiner Hoteltätigkeit, nicht einmal den Namen des Hotels hast preisgegeben und der Privat/Dienst-Bezug ist eine reine Schutzbehauptung. Was Du verschweigst, kann irgendwann unser Verhältnis sprengen. – Heute bin ich nicht daran interessiert.

D.3.4.1.2 Trauma der Prostituierten
Auszug aus dem Chat: (DZ = Die Zauberhafte)

ZH: um 19.01 ich habe gesagt, dass Dich meine privaten Daten nichts angehen.

ICH: um 19:02: ich wiederhole: Ehrlichkeit wird von mir weitgehend akzeptiert und meine Liebe ist Regelfall groß genug, um damit zu leben. Meine Vermu- tungen über Deine Tätigkeit scheinen richtig zu sein, sonst würdest Du Dich nicht vehement dagegen wehren.

ZH: um 19:04: ich bin nur hier angemeldet, weil mir die AGBs das gestatten.

ICH: um 19:06: NOCH bin ich nicht daran interessiert, unser Verhältnis aufzulösen, aber Du must spätestens Ende August damit rechnen.

DZ: um 19:07: Tue das nicht, wir verstehen uns doch gut.

ICH: um 19:10: Wenn Du mir nicht die Wahrheit erzählen willst, kannst Du mir zuvor kommen und den Chat verlassen.

DZ: um 19:13: Deine Wahrheit? Selbst wenn ich Sex mit anderen Männern hätte, es wäre meine Sache. ich bin ein freier Single.

ICH: um 19:30: Du hast mir Treue zugesagt. Über Liebe reden, aber wenn Du mit anderen Männern intim wirst, kannst Du kein Verständnis von mir erwarten. Freier Single wirst Du ohne mich sein.

ZH: um 19:57: Aber über was möchtest du dich denn gerne unterhalten, ich bin noch immer sehr ehrlich oder nicht, oder findest du das jetzt nicht?

ICH: um 20:00: Dein letzter Versuch war das Schützen Deiner Hoteltätigkeit, nicht einmal den Namen des Hotels hast preisgegeben und der Privat/Dienst-Bezug ist eine reine Schutzbehauptung. Was Du verschweigst, kann irgendwann unser Verhältnis sprengen. - Wenn Du in der Zeit, in der wir Beide über Liebe reden, mit anderen intim wirst, kannst Du kein Verständnis von mir erwarten.

ZH: um 20:01: Aber ich finde das gut, dass du so viel Verständnis zeigt mein Schatz: Das zeigt natürlich auch, dass Du sehr großes Interesse an mir hast.

ICH: um 20:03 Deine Angaben über Deine HOTELTÄTIGKEIT und mehr sind unglaubwürdig: Wenn Du in der Zeit, in der wir Beide über Liebe reden, mit anderen intim wirst, kannst Du kein Verständnis von mir erwarten.

ZH: um 20:04: Wieso denn das mein Schatz, ich bin doch einfach nur ehrlich, warum sollte ich dich anlügen?

ICH: um 20:06: ... weil Du Dich schützen willst: Du kannst mir ja den Namen des Hotels nennen. Dann kann ich meine Meinung ggf. korrigieren.

ZH: um 20:07: Aber was ist denn gerade dein Problem, ich frage mich das gerade und habe das immer noch ehrlich gesagt.

ICH: um 20:07: Du kannst mir ja den Namen des Hotels nennen. Dann kann ich meine Meinung ggf. korrigieren.

ZH: um 20:08: Warum denn das jetzt auf einmal, ich bin aber da gerne geheimnisvoll, ich habe schlechte Erfahrung damit gesammelt.

Kommentar:

Durch meine Interventionen zeigte sie auch, wie ihre Gefühle gelagert sind und wie sie darauf emotional reagiert. Die Taktik der Zauberhaften besteht dabei im Ausweichen, Bagatellisieren, plötzlich Gefühle zeigen, Befürchtungen ausdrücken und auf ihre Rechte verweisen. Das ist ja zunächst auch der Sinn solcher anonymen Chats.

Wenn man sich aber nahe kommen will, führen solche Art Spannungen zur Begrenzung der Annäherung oder man müsste sich dem Kontakt-partner (ZH) ohne jegliche Vorbehalte und jeglichen Widerspruch „aus-liefern" und sich z.B. auf Verabredungen zum Sex einlassen. Die Wahrheit (z.B. persönliche Daten der ZH) erfahren zu wollen, ist dann hinder-lich.

Das Verhalten der ZH ist angesichts der Lage zwar unlogisch, aber eine Art unbewusstes Ausblenden der Realität. Da die ZH ja früher zugeben hat, als Prostituierte zu arbeiten, muss es andere Gründe geben, sich jetzt so zu verhalten. Das ist allem Anschein nach ein beinahe automatisierter Selbstschutz mit Abwehrmechanismen (Verdrängung, Anpassung und Selbsttäuschung).

Auszugsweise:
https://www.trauma-and-prostitution.eu/category/wissenschaftliche-texte/psychische-und koerperlicheauswirkungen/

„ ... ich habe auch Frauen in therapeutischer Behandlung gehabt, die sagten, sie täten es liebend gerne (Sex mit Männern ausüben). Sie sind aber nur eine minimale Spitze des Eisbergs. Aber auch sie blenden aus, was mit ihnen wirklich dort passiert. Sie haben gelernt abzuschalten, weil schwere Dinge in ihren wirklichen Leben passiert sind, und sie diese nicht aufgearbeitet haben. Sie meinen, sie prostituieren sich freiwillig – dabei verleugnen sie sich selbst.

Sie meinen also: Frauen die ihren Körper "freiwillig" für Geld verkaufen, laufen vor ihren eigenen Problemen davon? ..."

ICH: um 20:11: Das hat seine Gründe und die sprechen gegen Dich. Du willst etwas verbergen. Wenn Du in der Zeit, in der wir Beide über Liebe reden, mit anderen z.B. in Deinem Hotel intim wirst oder geworden bist, kannst Du kein Verständnis von mir erwarten. Ohne den Namen des Hotels werde ich Dir kein Pardon geben.

DZ: um 20:48: Lieber Schatz, ich lass jetzt das immer noch geheim bleiben, hoffe dass Du es verstehst.

ICH: um 21:00: Deine Reaktion ist der konkludente Beweis, dass ich leider Recht habe. Es mag Gründe gegeben, weshalb manche Handlungen vielleicht Verständnis verdient hätten, aber ich erkenne sie nicht. ich bin sicher, dass Du nicht anders handeln würdest, wenn Du an meiner Stelle wärst. ich verstehe Dich zwar, aber wenn Du mir nicht die Wahrheit erzählst, ist es aus. Ich bin sicher, dass Du hinter meinem Rücken weiterhin Sex mit anderen Männern hast.

ZH: um 21:04: ich bin restlos traurig und muss weinen. - Nah gut, ich habe mit anderen Männer gehabt, aber dass wird nie wieder vorkommen. Glaub es mir mein süßer Schatz, Du kannst Dich darauf verlassen, mein Schatz. ...“

Kommentar: Natürlich hat sich Ihr Verhalten nicht geändert, aber es war klar, es war ihr unangenehm, etwas zugeben zu müssen, was ihr hätte schaden können. Aber warum, wenn sie mit ihrer Lebensführung ansonsten sehr zufrieden war? Aus irgendeinem Grund wollte sie mich für sich gewogen halten.

Warum sie jetzt zugegeben hat, Sex mit anderen Männern gehabt zu haben, ist nicht ganz. Vermutlich wusste sie keinen Ausweg mehr, aber sie versucht versöhnlich zu kompensieren: „dass wird nie wieder vorkommen. Glaub es mir mein süßer Schatz, Du kannst Dich darauf verlassen, mein Schatz“.

Es ist anscheinend so, dass ein Verhalten, dass man im Laufe der Entwicklung als normal kennen gelernt hat, nicht mit den Tabus versehen ist, die die Gesell- schaft vorgibt – wenn das auch im Laufe der Nachkriegszeit (ca. ab 2060) nicht mehr mit der gleichen Strenge betrachtet wird wie vorher. Eine Frau, die ein uneheliches Kind zu Welt bringt, muss sich nicht mehr schämen.

Was sich noch recht lange erhalten hat, ist das Kranzgeld (finanzielle Entschädigung, die einer Frau gewährt wurde wenn sie einem Mann Geschlechtsverkehr gestattet hatte und der anschließend das Verlöbnis löste; 4. Mai 1998 Kranzgeld wird abgeschafft; Richterin Schöne, bahnbrechendes Urteil, weil das Kranzgeld die Gleichstellung von Mann und Frau unterwandere; Amtsgericht Münster, vom Bundesverfassungsgericht bestätigt).

Wenn es aber um Prostitution geht, gibt es – trotz aller sexuellen Freiheiten – gesellschaftliche Vorbehalte, obwohl viele Männer die Dienste dieser Damen in Anspruch nehmen und das Sexualverhalten bürgerlicher Frauen durchaus dem ähnelt, was man Prostituierten vorwirft.

D.3.4.1.3 Schuldgefühle und Therapien

Ingeborg Kraus kämpft gegen Prostitution:

Auszugsweise:
https://www.bento.de/gefuehle/prostitution-was-sexarbeit-anrichten-kann-a-00000000- 0003-0001-0000-000002034187 (Das junge Magazin vom Spiegel, Anbieter: bento@bento.de, Redaktion: redaktion@bento.de, Vermarkter (Werbung): verkauf@spiegel.de (Gerechtigkeit, Uni und Arbeit, Gefühle, Freizeit):

„Sie meinen, sie prostituieren sich freiwillig – dabei verleugnen sie sich selbst."

- *Internationale Petition zum Abbau der Prostitution in Deutschland Ingeborg Kraus kämpft gegen Prostitution: So hat sie ein Appell der Trauma-Therapeuten gegen Prostitution initiiert. Zudem hat sie die internationale Petition zum Abbau der Prostitution in Deutschland lanciert. Die Psychotherapeutin mit eigener Praxis ist Mitglied der deutschen Gesellschaft für Psychotraumatologie und der deutschen Gesellschaft für Trauma und Dissoziation. Sie hält weltweit Vorträge über den Zusammenhang von Trauma und Prostitution und veröffentlichte zahlreiche Texte zu diesem Thema.*

- *Tiefe Verletzungen in den Biografien:*
  Ja. Viele Frauen haben mir zu Beginn der Therapie gesagt: "Dieser Beruf ist kein Problem, was will man mir da wegnehmen? Nach einer Weile tauchen aber tiefe Verletzungen in den Biografien auf, erst später wird den Frauen klar, was sie mit sich haben machen lassen.

Auszugsweise: Hintergrundinformationen zur psychischen Situation von weiblichen/männlichen Prostituierte

Rhein-Maas Klinikum GmbH
Krankenhaus der Knappschaft und der StädteRegion Aachen
Mauerfeldchen 25
52146 Würselen
Begleitung des ehrenamtlichen Dienstes
Pfarrer i. R. Theodor Maas
theodor.maas@t-online.de

https://www.rheinmaasklinikum.de/Inhalt/Patienten/_doc/Evangelische/Hintergrundinformationen_zur_psychischen_Situation_von_maennlichen_und_weiblichen_Prostituierten.pdf:

„...Prostituierte und Stricher gelten als ***Hochrisikogruppe für psychische Störungen****. Häufig findet man bei ihnen erhebliche Störungen vor. Viele Pros- tituierte leiden an psychischen Traumata, die in ihrer Vergangenheit und durch ihren Beruf bedingt sind. Hierbei liegt sexueller Missbrauch von Kindern bei 26 – 73% vor. An körperliche Kindesmisshandlung litt etwa die Hälfte der untersuchten Prostituierten. Auch sonstige potentiell Trauma auslösende Situationen, sind häu- figer zu finden als bei nicht Prostituierten.*

Zu Hintergrundinformationen zur psychischen Situation von weiblichen / männlichen Prostituierten

Statistik über Traumata: *In Hamburg wurden bei 98% der untersuchten Prostituierten mind. ein traumatisches Ereignis festgestellt. Hierbei fanden sich bei 83% bereits ein Trauma in der Kindheit (familiäre Gewalt 70 %, körperliche Misshandlung 65 %, sexueller Missbrauch 48 %). Während der Prostitution erfahrene Traumata fanden sich bei 83% (körperlicher Angriff 61%, Vergewaltigung 61%, Bedrohung mit einer Waffe 52%). Hierbei erreichten 53% einen Krankheitswert im Sinne einer Posttraumatischen Belastungsstörung. Missbrauch und Abhängigkeit von illegalen Drogen bei 74%. In internationalen Vergleichsstudien finden sich ähnlich alarmierende Befunde. (Zumbeck, Prävalenz….)…“*

Kommentar: In dieser Phase scheint sich die Zauberhafte zu finden, noch wirkt die Verdrängung, aber es wird ihr bewusst, dass sie mit ihren Problemen allein da steht und gern einen Partner hätte, der ihr hilft und sie im Risikofall schützt.)

Prostitution eine Entwürdigung aller Frauen: Viele Menschen gehen ungern zur Arbeit – sie tun oft Dinge nur deswegen, weil sie Geld dafür bekommen. Ein Koch zum Beispiel arbeitet auch unter körperlich harten Bedingungen für das Wohlergehen anderer Menschen. In der Prostitution geht es nicht um das Wohlergehen anderer Menschen, es dreht sich alles nur um den Mann. Es ist Aus-druck sexualisierter Macht und spiegelt ein Frau-Mann-Verhältnis wieder, das so nicht mehr akzeptiert ist. Und gesellschaftlich betrachtet ist Prostitution eine Entwürdigung aller Frauen, mit anderen Worten: Es ist in Ordnung, den Körper einer Frau zu kaufen und zu benutzen.

Nicht gefestigte Persönlichkeit: „ … Je schwerer das Trauma, je jünger die Frauen, desto schwerwiegender die Auswirkungen. Wenn die Persönlichkeit noch nicht gefestigt ist, hat es fast immer schlimme Folgen. Deswegen kann ich nicht verstehen, warum die Regierung die Forderung abgelehnt hat, das Einstiegsalter in die Prostitution auf 21 Jahre zu setzen. Mit 18 Jahren hat man noch keine gefestigte Persönlichkeit aufgebaut. Prostitution in diesem Alter macht alles kaputt. ich hatte schon Fälle, bei denen die Eltern ihr eigenes Kind verkauft haben. Diese Kinder sehen auch als Erwachsene Prostitution als ganz normal an – weil sie es nicht anders kennen …“

Auszug aus dem Chat: (DZ = Die Zauberhafte)

ICH: gestern, 4:43: Was fordere ich denn? ich will Dir nur helfen und Dich nicht aus den Augen verlieren, ich werde Dich zu nichts zwingen.

ZH: gestern, 4:43: Da warst du aber gerade auf dem besten Weg zu... ich habe mich nicht nur in dich verguckt sondern mehr und ich weiß was für ein toller Mann du sein kannst.

ICH: gestern, 4:49: Denk daran, dass ich immer die Übersicht behalte. Dann lass uns jetzt ins Bett gehen. Gute Nacht, …

ZH: gestern, 4:51: ja das weiß ich.. ja, lass uns schlafen. ich werde von dir träumen mein (ICH). gute Nacht mein Liebster.

Das genau lässt sich übertragen:

Die Zauberhafte schilderte Ihr Leben in Kurzform so: "Oh ja - aufgewachsen als Kind eines Alkoholiker-Ehepaares. Mit 12 Jahren auf den Strich gegangen und gut verdient. Kurz den Drogen verfallen - danach nur noch Edelprostitution mit betuchten älteren Herren."

Bisher vor Kurzem schien ihr die Prostitution als etwas ganz Normales zu gelten und jetzt z.B. komme ich oder auch andere und malen das in den schwärzesten Farben der Unmoral – damit wird sie nicht fertig, kann aber ihre Lebensführung auch nicht ändern.

Kommentar: Viele Prostituierte haben oft mehrere Störungen gleichzeitig.

Störungen: Suchterkrankungen, Angst- und depressive Störungen sind häufig. Aber nicht nur. ich habe auch Frauen mit Essstörung und Zwänge, als Folge der Prostitution behandelt. Schlafstörungen sind fast immer vorhanden. ich habe eine Patientin gehabt, die in der Nacht kaum mehr schlafen konnte, immer wieder mal kurz für zehn Minuten. Die Nacht machte ihr Angst. Ihr Alarm- system konnte nicht zur Ruhe kommen.

Schlafstörungen seine oft Folge der Prostitution, sagt Kraus. Was ist ihr Eindruck: Ist den Freiern bewusst, dass sie diese Frauen für ihre Befriedigung missbrauchen?

Keine Schuldgefühle der Sexkäufer: Nein. Schuldgefühle tauchen erst gar nicht auf, weil Sexkäufer denken, ein Recht auf Sex zu haben und dafür Frauen benut- zen zu dürfen. Die Frau wird in ein sozial konstruiertes Bild eingesperrt, und zwar in das Bild "einer unersättlichen Sexbestie". Andere Bedürfnisse werden ihr abgesprochen. „Die Gewalt wird verleugnet, die Realität ausgeblendet."

Ingeborg Kraus: Sie wird entmenschlicht, sie ist nur noch das: ein Körper ohne Seele. Das erlaubt dem Sexkäufer jegliche Form von Skrupellosigkeit, ihr Mitge- fühl ist blockiert, an seine Stelle tritt Gleichgültigkeit ..."

Zu Auszug aus dem Chat: (DZ = Die Zauberhafte)

ICH: um 9:14: Guten Morgen, auch wenn ich Dich ganz gut verstehe, ohne Verlässlichkeit und Treue werde ich nicht weiter machen. ich warte jetzt auf unser Treffen und hoffe, dass wir einen Weg finden. Aber ich muss sicher sein.

DZ: um 9:22: Guten Morgen mein Liebster, wie darf ich das verstehen? Das wir jetzt nicht mehr schreiben, bis wir uns treffen?

ICH: um 9:24: ich werde Dir schon antworten – vor allem, wenn es wichtig ist.

DZ: um 9:26: ich habe immer Angst, dass ich in dieser Gesellschaft nach Fehlern kontrolliert werde.

ICH: um 9:32: Das ist immer so, wobei bei uns geht es um mehr als um Fehler, bei uns geht es darum, unser Leben zu zerstören oder auch nicht. Das weiß man leider immer erst hinterher.

Kommentar: „Die Gesellschaft kontrolliert auf Fehler": Ob die Zauberhafte das nur so sagt oder ob sie weiter denkt, weiß ich nicht, aber es wird als belastend empfunden.

Durchgängig ist sie zurückhaltend bis ängstlich, wenn es um ihre privaten Daten geht. Anscheinend hat sie schlechte Erfahrungen mit Männern gemacht. – Und die sogenannte Gesellschaft tut alles, dass es so bleibt.

Körper unter Kontrolle: Prostitution als 'soziales Problem' der Geschlechterordnung Ruhne, Renate Veröffentlichungsversion / Published Version Sammelwerksbeitrag / collection article Empfohlene Zitierung / Suggested Citation: Ruhne, R. (2008).
Körper unter Kontrolle: Prostitution als 'soziales Problem' der Geschlechterordnung. In K.-S. Rehberg (Hrsg.), Die Natur der Gesellschaft: Verhandlungen des 33. Kongresses der Deutschen Gesellschaft für Soziologie in Kassel 2006. Teilbd. 1 u. 2 (S. 2520-2531). Frankfurt am Main: Campus Verl. https://nbn-resolving.org/ urn:nbn:de:0168-ssoar-151831https://www.ssoar.info/ ssoar/bitstream/handle/document/18242/ssoar-2008-ruhne-korper_unter_kontrolle.pdf?sequence=1

Auszugsweise: Die (Re-)Produktion der geschlechtlichen Ordnung über die räumliche Kontrolle und Ausgrenzung der ›Unordnung‹

Zu Kommentar: „... Obwohl vieles darauf hindeutet, dass Prostitution »kein eigentliches Kontrollproblem dar(stellt)« (Beste 2000: 247), ist der gesellschaftliche Umgang mit dem Feld bis in die heutige Zeit dennoch von einem besonderen Kontroll- und Ausgrenzungsbedürfnis geprägt ...

.... Die gerade an zentralen Orten der Städte um Kundschaft werbenden Prostituierten waren in ihrer körperlichen Präsenz auch ein permanenter ›Stachel im Fleisch‹ bürgerlich- weiblicher Körpervorstellungen, den es auszugrenzen galt, da er die Konzeptualisierung einer auf Liebe, Fortpflanzung und ein insgesamt eher passives Verhalten hin orientierten ›weiblichen Sexualität‹ in ihrer ontologischen Setzung deutlich infrage stellte. Ausgrenzung und Stigmatisierung der Prostitution kommen damit nicht nur als eine Reaktion auf gesellschaftliche Verunsicherungen, ... gleichzeitig auch als ein stabilisierender bzw. (re)produ-

zierender Faktor eines Zweigeschlechterverhältnisses mit ›Normalitätsanspruch‹ …"

… Ausgrenzung und Stigmatisierung der Prostitution ›sichern‹ so auch eine relativ strikte räumliche Geschlechtertrennung (verknüpft mit einer Ausgrenzung von Frauen), wie sie in unserem Kulturkreis ansonsten kaum (noch) vorzufinden ist …"

ZH: um 9:38: Allerdings kann man auch in der Gegenwart wach sein und sich dann vieles ersparen.

ICH: um 9:45: Dann sei wach - sehr wach.

ZH: um 9:49: ich bin hellwach mein Liebster, aber bei dir bin ich mir da nicht ganz sicher? Sex ist für mich nicht einfach Sex. Sich einfach kurz befriedigen wollen ist allein fast schöner. Gefühlvoller leidenschaftlicher Sex ist das richtige Spiel!

ICH: um 9:54: Das klingt gut, aber für gehört noch mehr dazu, nämlich, dass wir uns auch ohne Sex persönlich wirklich sympathisch sind und vor allem, dass wir auch ohne Sex emotional zusammen gehören. Und das ist das Schwierigste überhaupt für Dich, weniger für mich.

Kommentar - ZH: Wunsch nach Harmonie: „Das klingt gut, aber für gehört noch mehr dazu, nämlich, dass wir uns auch ohne Sex persönlich wirklich sympathisch sind und vor allem, dass wir auch ohne Sex emotional zusammen gehören. Und das ist das Schwierigste überhaupt für Dich, weniger für mich."

DZ: um 9:58: das sind für mich die Grundsteine um überhaupt mit jemandem Sex zu haben, alles andere bringt doch nix.

ICH: um 10:02: Nah gut, ich hoffe auf Dich.

ZH: um 10:05: dann erzähle mir doch einmal, wie Du eine Frau zum Legen dieser Grundsteine überzeugen kannst, lieber (ICH).

ICH: um 10:10 … ohne die erforderliche Einsicht und ohne die konsequente Absicht, Verlässlichkeit und Treue zu gewährleisten, kann auch ich nichts bewirken … Es liegt an uns Beiden, bei mir bin ich sicher, ob Du sicher bist, weiß ich nicht …

ZH: um 10:14: An sich würde ich dir da zustimmen, aber ist es nicht so, dass der Mann erst mal in allen Erforderlichkeiten vorlegen sollte, mit gutem Vorbild voran gehen sollte.

ICH: um 10:32: … das wäre für Dich natürlich bequemer, aber ich bin nicht derjenige, der sich ändern muss, das bist eindeutig Du … das heißt: ich bin jetzt schon Vorbild - und das sage ich ohne jegliche Eitelkeit. ZH: um 10:36: ach echt und wie kommst du zu deiner doch recht merkwürdigen Ansicht?? nun bin ich mal gespannt

ICH: um 10:41: Was habe ich in meinem Leben falsch gemacht? ich habe sicherlich nicht alles richtig gemacht, aber Du wirst kaum etwas finden, was von Bedeutung ist. ich habe in der Zeit meiner Zuneigung zu Dir ohne jegliche Abweichung und mit uneingeschränkter Treue zu Dir gestanden.

ZH: um 10:45: nun ja wenn du dir die Frage schon so stellst, meinst du denn nicht auch, dass du vielleicht nicht alles gegeben haben könntest, dass schon mal in Betracht gezogen, mein Schöner??

ICH: um 10:47: Das Einzige, was Du beanstanden könntest, wäre die Tatsache, dass ich mich nicht von meiner Frau trennen werde, aber das hätte im Umkehrschluss auch für Dich gegolten.

ZH: um 10:52: Ach mein lieber, jetzt sei aber nicht so zu mir okay? ich mein das doch nicht böse.

ICH: um 10:53: Das weiß ich, aber ich bin mir keiner Schuld bewusst.

DZ: um 10:56: Ach das brauchst du doch auch nicht okay? ich möchte nicht streiten oder so. Aber zwischen offen und total treu ist doch unheimlich viel Zone, ich mag es mit dir zu chatten, ich mag dich, wo liegt dass Problem? ich bin Dir treu mein Schatz. Außer Dir gibt es niemanden in meinem Kopf, auch chatte ich mit keinem anderen.

ICH: um 10:59: ich glaube nicht, dass Du mir treu bist. Du hoffst, dass ich nichts merke.

DZ: um 11:14: Wie ich ja schon sagte, ich komme da allein heraus. ich bin so froh, deine Hilfe zu haben. Das ist wichtig.

ICH: um 11:15: Aber ich muss mich darauf verlassen können.

DZ: um 11:16: ich mag nicht das auch du mich unter Druck setzt, wenn ich dir sage das ich das schaffe.

ICH: um 11:18: Du verlangst viel von mir - ich werde nicht still halten.

DZ: um 11:21: Und das ist ja schon wieder eine Dro-hung, warum reden wir nicht von besseren Momenten.

ICH: um 11:26: Du interpretierst falsch: ich bin nicht in der Schuld, das bist Du. Du erpresst mich, indem Du Zugeständnisse erwartest, die Du bisher nie eingehalten hast.

ZH: um 11:33: Reden wir doch bitte nicht von Schuld. Schuldzuweisungen gehören nicht zu einer Freundschaft, finde ich, oder?

ICH: um 11:36: Du bist diejenige, die unsere Meinungsverschiedenheiten allein zu vertreten hast, ich werde keine Verantwortung übernehmen. Du willst Dich zum Nulltarifzu meinen Lasten schadlos halten. Das mache ich nicht mit.

um 11:44: ich will Deine Zusage, dass Du Dein Metier aufgibst und mir wirklich treu bleibst. - Allerdings solltest Du nur dann darauf eingehen, wenn Du das einhalten kannst - sonst nützt es Dir nichts.

ZH: um 11:46: Ja, ich denke du kannst mir dazu den nötigen Halt geben, den ich brauche dafür! Was ich tun kann, werde ich tun.

ICH: um 11:53: Wenn ich wirklich streng wäre, wären wir schon längst auseinander.

ZH: um 11:55: Da hast Du wahrscheinlich Recht. ich meinte eher, dass Du verständnisvoll bist.

ICH: um 11:57: Wenn denn Liebe eine Himmelsmacht ist, dann bin ich meiner Zuneigung zu Dir gut aufgestellt. - Enttäuschte Liebe kann allerdings schlimmer sein als der stärkste Hass.

ZH: um 11:58: oh ja das stimmt aber man muss dann auch mal zurück denken. man hat sich doch mal geliebt und sollte den Menschen dann nicht hassen.

ICH: um 12:06: Bist Du wirklich treu und hast keinen Sex mit fremden Männer (Kunden/Freier)?

ZH: um 12:15: Was soll das jetzt heißen? Warum sollte ich dir denn nicht treu sein? Na, das verstehe ich jetzt nicht.

Kommentar: Bis hierhin war der Wunsch nach Gemeinsamkeit und Zärtlichkeit zu erkennen, nach einem Leben in einer glücklichen Partnerschaft.

https://digibib.hs-nb.de/file/dbhsnb_thesis_0000000946/dbhsnb_derivate_0000001403/Masterarbeit-Langer_Martin2013.pdf7 Soziale Arbeit im Netz der Prostitution Beratung und Begleitung im „verruchten" Milieu vorgelegt von Anne Martin und Danilo Langer Im Studiengang Master Social Work WS 2012/2013 Hauptkorrektor: Prof. Dr. Freigang Zweitkorrektor: Prof. Dr. Bräutigam urn:nbn:de:gbv:519-thesis2013-0201-7 urn:nbn:de:gbv:519-thesis2013-0202-4

Zuhälter: Auszugsweise: „ … Zum anderen können Konflikte mit dem eigenen Zuhälter oder der Ausfall des eigenen Zuhälters durch einen Gefängnisaufenthalt eine Prostituierte zu der Suche bewegen. Selbstverständlich funktioniert dies auch andersherum.

Funktionalität normaler Zuhälter: So kann sich auch der Zuhälter auf „die Jagd" nach neuen Prostituierten begeben. Sie legen es vor allem auf Frauen an, die kaum eine familiäre oder soziale Bindung haben, aus Heimen oder ländlichen Gegenden kommen. Diese Frauen zählen für die Zuhälter deshalb als leichte Beute, da sie wissen, dass diese sich meist nach einer festen Beziehung sehnen, wobei es sich nicht zwangsläufig um eine Liebesbeziehung handeln muss.

Idealer Zuhälter: Jedoch fehlt ihnen eine Konstante in ihrem Leben, ein Partner oder ein Freund der für sie da ist, mit dem sie reden können, der ihnen zuhört oder sie auch mal in den Arm nimmt. Genau diesen Part übernimmt nun der Zuhälter. In der Auserwählten entsteht ein Gefühl von Geborgenheit, welches sie nicht wieder missen möchte und sich so auf die Prostitution einlässt. Die Kontakte zu den potentiellen Prostituierten werden meist in Bars, Diskotheken oder Kaffeehäusern geknüpft ...“

Die Rolle des idealen Zuhälters war mir wohl zugedacht. Das scheiterte daran, dass ich sie als gleichberechtigte Partnerin haben und sie nicht mit anderen Männern (Freunde, Bekannte, Kunden – Freier) teilen wollte.

ICH: um 12:17: Die Frage kannst Du Dir nur selbst beantworten und da erwarte ich Ehrlichkeit – auch jeder Deiner möglichen Kunden wäre einer zu viel.

DZ: um 12:18: Wenn ich in einer glücklichen Beziehung bin, habe ich doch gar keinen Grund mich noch mit einem anderen abzugeben?

ICH: um 12:22: Aber, bist Du bereit bist, Dich mit mir zu treffen, sollte es nicht zu lange dauern. Du weißt alles von, aber was weiß ich wirklich von Dir? um 10:30: Du brauchtest mich nicht fragen, ich habe alles freiwillig geliefert. Um was kann es gehen (vollständiger Name, Adresse privat und beruflich, Telefon, Handy, Email, Lebensphilosophie, Visionen, Hobbys und alles, was für mich interessant ist)?

ZH: um 12:34: also meine private Daten gebe ich doch auf gar keinen Fall über das Internet raus und das sollte ja auch verständlich sein. Meine Adresse eh nicht, wer macht denn so etwas?

ICH: um 12:35: ... ich ... um 10:36: ich will Deine Daten spätestens dann, wenn wir uns treffen und es nicht zu lange dauert.

ZH: um 12:36: Was heißt denn jetzt ich? Verstehe ich gerade nicht, ein Wort von dir hilft mir da jetzt auch nicht weiter. ich habe Angst vor Dir, mich zu treffen. ich habe schlechte Erfahrungen mit anderen Männern gemacht.

D.3.4.2. Sex-extreme Verhaltensweise

D.3.4.2.1 Sexsucht (Hypersexualität): Nymphomanie und Satyriasis

https://www.gofeminin.de/leidenschaft/nymphomanie-s795924.html gofeminin.de GmbH, Im Zollhafen 5 (Halle 11), 50678 Köln Chefredakteurin: Ann-Kathrin Schöll , (verantw. i.S.v. § 55 RStV)
Home / Liebe & Psychologie / Lust & Leidenschaft / von Fiona Rohde Erstellt am 13. Januar 2019

Auszugsweise:

(„1“) Sexsucht bei Frauen: Ab wann wird die Lust zur Last?

Ernst zunehmende Krankheit: „... Die meisten Menschen haben beim Thema Sexsucht bei Frauen gerne mal das Klischee der sextollen, wilden Nymphomanin im Kopf, die einen Mann nach dem anderen vernascht. Und denken sich womöglich: "Hey, ist doch mega!" Dabei ist Sexsucht eine ernst zunehmende Krankheit und die Betroffenen leiden sehr darunter.

(„2“) ***Ungleiche Einstufung***

„... Den Begriff Nymphomanin oder sexsüchtige Frau hört man in der Regel in geringschätzigen Äußerungen über Frauen, die Spaß an Sex und häufig wechselnde Partner haben. Was natürlich Quatsch ist. Frauen, die ihre Sexualität offen ausleben, sind nicht sexsüchtig oder nymphomanisch ...“

Männer sich "die Hörner abstoßen sollen„: Hier zeigt sich noch das verstaubte Bild von Sexualität. Nämlich dass Männer sexuelle Erfahrungen sammeln müssen, also sich "die Hörner abstoßen sollen",

Frauen hingegen sind Schlampen: Frauen hingegen, die zu viele Sexpartner haben, sollten sich lieber um nicht als Schlampen angesehen zu werden. Und passt man nicht in dieses Schema, ist man schnell mannstoll, sexsüchtig und nymphomanisch. Aber das hat herzlich wenig mit dem Krankheitsbild Sexsucht zu tun ...“

(„3“) Begriffsklärung: Nymphomanie oder Sexsucht?

Satyriasis und Nymphomanie: *„ ... Der Begriff Nymphomanie steckt zwar noch in den Köpfen, ist aber veraltet (genauso wie Satyriasis für Männer) und zudem negativ konnotiert. Richtiger ist der Begriff*

Sexsucht oder Hypersexualität: *Bei diesem Krankheitsbild gerät die eigene Sexualität außer Kontrolle. Mit entspanntem Sex und erotischer Spannung zwischen den Geschlechtern hat das nur noch wenig zu tun. Man geht davon aus, dass ein bis sechs Prozent in Deutschland unter Sexsucht leiden, darunter mehr Männer als Frauen. Die Dunkelziffer dürfte aber hoch sein ...*

(„4") Wie äußert sich Sexsucht bei Frauen?

Bedürfnis nach Nähe, Liebe und Anerkennung: *„… Sexsüchtige Frauen haben, wie alle anderen auch, das Bedürfnis nach Nähe, Liebe und Anerkennung. Absurderweise haben sie jedoch - trotz der extremen körperlichen Nähe –*

Probleme, wirklich emotionale Nähe zuzulassen: *Zudem ist der Sex irgendwann nicht mehr befriedigend. Sexuelle Höhepunkte und die emotionale Nähe zu einem Partner bleiben aus.*

Probleme, ihren Alltag zu schaffen: *Die Jagt nach mehr beginnt also - und macht letztlich noch unglücklicher. Frauen mit krankhafter Sexsucht werden immer unfreier und bekommen zunehmend Probleme, ihren Alltag zu schaffen.*

***Das Sexualverhalten gerät außer Kontrolle**, alle anderen Dinge des Alltags treten in den Hintergrund. Alles dreht sich nur noch um die sexuelle Befriedigung …"*

(„5") *Anmerkung Schanz:* ***Rücksichtsvolle Brille:*** *Ob bei der Zauberhaften eine krankhafte Sexsucht (Sie nennt es Sexsehnsucht.) vorliegt oder nicht, weiß ich nicht. Sie flüchtet sich in jedem Fall in sehr sexbetonten, auf Geschlechtsverkehr ausgerichteten Chats („dirty talks") und kann nicht davon lassen. Ob und wie oft es dabei tatsächlich zur Ausübung kommt, ist fraglich.*

In jedem Fall sollten Sie die folgenden Chats mit einer rücksichtsvollen Brille lesen und sich nicht als Moralapostel überheben.

D.3.4.2.2 *Fingiertes Angebot zur Überführung (Danziger)*

Anmerkung: ich konnte über fingierte Angebote anderer Bewerber und über andere Portale nachweisen, dass Sie weiter Sex mit anderen Männern hatte und auch weitere Dates zur Klärung neuer Bewerber anstrebte

FickenOhneHintergedanken
Lokale, Stressfreie, Versaute Fick Dates

SIE HABEN NOCH CREDITS FÜR 7 NACHRICHTEN AUFLADEN

SUCHEN VOR KURZEM AKTIV MEINE NACHRICHTEN PROFILAUFRUFE MEIN KONTO ABMELDEN

Innerhalb des Portals „FickenOhneHintergedanken" ergab sich folgende Schriftverkehr mit der Zauberhaften unter fingierter Identität (DA=Danziger):

DA: : ich bin von Deinem Bild hingerissen und kann mir vorstellen, das auch Dein Körper vom Scheitel bis zu Sohle ein Schmuckstück ist. Das, was dir Innenseite Deiner Schenkel betrifft (ich nehme rasiert), würde mich wohl in den Himmel der Liebe befördern. Auch Deine Brüste sehe ich einem einzigen Zusammenhang ausgewogener Schönheit, Deinen süßen Hintern möchte streicheln, küssen und lecken und mich dann allen Zonen Deines Körpers widmen, bis wir zu Einheit des Glücks verschmelzen.

Ich würde mich freuen, als bald einen Termin mit Dir zu machen, um unseren gemeinsamen Glück näher zu kommen. Mein Körper hat schon Deine Spur aufgenommen und in meiner Welt der kreativen Phantasie, stehen Hochgefühl und Momente unendlichen Glücks in Wettstreit mit der Spannung Deiner Schenkel, dem Beben Deines Körpers und die Kraft unsere wollüstigen Gefühle. Bitte lass mich warten und befördere mich in den Himmel unserer Liebe.

Kommentar: Da die Zauberhafte offensichtlich auf sexbetonten, auf Geschlechtsverkehr ausgerichteten Chats („dirty talks") reagiert, diese Art der Ansprache.

ZH: Das ist schön; dass es dir so geht. Aber ein bisschen geduldig solltest du schon sein. ich meine das man sich ja nicht gleich mit einem Fremden trifft es doch wohl logisch. Aber wir können gerne ein bisschen unsere Fantasien austauschen und schauen ob das über ein stimmt?

DA: Könntest Du Dir vorstellen, dass ich Dich ergeben frage, ob ich alle ehrenwerten Teilbereiche Deines allerliebsten Körpers aus der Nähe sehen und bei Gefallen auch nutzen darf? Bitte, bitte, bitte

ZH: Eine Frau muss in unserer Gesellschaft vorsichtiger als ein Mann, um ihren Ruf zu erhalten. Sie muss bei ihrem Partner sicher sein, dass er zwar genießen darf, vor allem aber schweigen muss. Die Beiden müssen begreifen, dass sie nur zusammen glücklich sein können, und sie müssen den/die Andere/n und sich gegenseitig wirklich respektieren

DA: Na ja, das sehe ich etwas anders und das hängt vom Zusammenhang ab. Wenn Frauen wie Männer viele Partner/Innen hatten und einen andere/n Partner kennen lernen und zusammen bleiben wollen, ist gegenseitige Ehrlichkeit unabdingbar, auf Dauer kommt alles heraus und gefährdet die Partnerschaft.

Kommentar: Hier zeigt die Zauberhafte eine ungewohnte Zurückhaltung, vermutlich, um auszuloten, ist das Angebot interessant oder verbirgt sich dahinter eine Falle.

ZH: Ja, das stimmt auch aber die Frauen habe es in dieser Sicht immer schwerer, mein Lieber.

DA: Aber bevor ich mich verliere, wärst Du bereit, mit mir Sex zu betreiben, vorausgesetzt, Du vertraust mir?

ZH: ich bin der Meinung das es bei uns gut läuft, bauen wir weiter Vertrauen auf dann denke ich ja. Bevor ich aber mit Dir ins Bett steige, ist ein Date erforderlich, bei dem ich den Eindruck gewinnen muss, dass Du mir gefällst und ich das sichere Gefühl habe, das könnte gut mit uns laufen.

DA: Wie bist Du gewohnt, dass Sex ablaufen sollte - es gehören Gewohnheiten dazu, aber welche Träume hast Du dazu?

ZH: Dass der Mann mich verwöhnt, zärtlich zu mir ist und romantisch dabei vorgeht, und bei dir?

Kommentar: Mit Zärtlicheits- und Romatikerwägungen lockert die Zauberhafte ihre Zurückhaltung und öffnet sich für eine Kontaktaufnahme (einem Date, um zu prüfen, ob ihr Eindruck aussagt, dass DA ihr gefällt und ob es gut laufen könnte.).

DA: Das Alles kann ich gewährleisten – physisch, psychisch und sozial – ich werde Deine Erwartungen erspüren und mit Dir in eine emotionale Phase der Glückseligkeit gleiten.

ZH: Das hört sich gut an und ich werde Dir bald einen Datingtermin, wenn ich wieder Übersicht zu meinen sonstige Aufgaben und Verpflichtungen habe.
DA: Geht das nicht schneller?

ZH: Wenn ich Dich kennen gelernt habe und Dich mag, werde ich alles für Dich vorbereiten: meine Muschi, meine Klitoris, meine Vagina, meinen süßen Po, meine Brüste, einfach alles. Auch Dein Schwanz wird nicht zu kurz kommen. Massagen und Blasen sind meine Spezialität. Sorg Du dafür, dass Du nicht nur die Ohren steif halten wirst und dass Du lange durchhältst, kein Schnellschuss.

Kommentar: Hier habe ich unterbrochen, weil ich nun nachweisen konnte, dass die Zauberhafte nicht nur Gespräche zur Anbahnung führte, sondern auch konkrete Termine eingeht.

Die Zusage „ich bin dir treu mein Schatz. außer Dir gibt es niemanden in meinem Kopf, auch chatte ich mit keinem anderen“, erweist als eindeutig falsch.

ICH: Anscheinend hast Du nicht gemerkt, dass die Worte von (ICH) stammen. Das war Wut und Verzweiflung, dass ich auf Dich hereingefallen bin. Dabei hätte das schon viel früher wissen können, aber ich habe es verdrängt. Dass Du Deine Rolle anders bewertest als ich, mag schon sein.

ICH: Vorausgesetzt Du wolltest mit mir befreundet sein wolltest, ist für mich das Verschweigen von "Ficken ohne Hintergedanken" ein Vertrauensbruch.. Was für Dich vielleicht wichtig ist, liegt darin, dass es den meisten Männer egal ist, wie viele Dich vorher bestiegen haben. Da kannst Du mich leicht verschmerzen.

ZH: ich verstehe nicht ganz, was du meinst wenn ich ehrlich bin. ICH möchte nur ein Bisschen noch schreiben, damit wir uns näher kennenlernen damit beim ersten Treffen wirklich nichts falsch läuft

ICH: DU HAST IMMER NOCH NICHT BEGRIFFEN; DASS DANZIGER (ICH) UND ich DIE GLEICHE PERSON SIND. Du versuchst Dich hinter meinem Rücken mit Danziger Findest Du das fair

ZH: Also wenn ich dich jetzt richtig verstehe, dann hast du mich unter mehreren Profilnamen angeschrieben? Findest du das fair und richtig? Dann nenne ich mal einen großen Vertrauensbruch

ICH: Das ist zwar richtig, aber so habe ich heraus bekommen, dass Du es mit der Treue nicht ganz ernst nimmst. Das ist ein weitaus größerer Vertrauensbruch. Deine Zusage „ich bin dir treu mein Schatz. außer Dir gibt es niemanden in meinem Kopf, auch chatte ich mit keinem anderen“, erweist sich als eindeutig falsch. Du führst nicht nur Gespräche zur Anbahnung führte, sondern gehst auch konkrete Termine ein. – Du hast mich belogen, betrogen und von Treue kann überhaupt nicht die Rede sein.

ZH: Das finde ich überhaupt nicht fair! Natürlich schreibe ich noch mit anderen, ich meine wir kennen uns gerade einmal einen Tag. Es ist doch nichts Schlimmes oder?

ICH: Schlimmer geht es nicht. – Das stimmt Alles nicht: Wir kennen uns länger und Du hast mit Versprechungen gegeben, die unsere Verbindung stabilisieren und auf Dauer stellen sollte. Du hast mir Treue zugesagt und dass Du Dich mit keinem anderen schreibst.

ZH: Es gibt keine Voraussetzungen bei mir, ich zwinge niemanden. ich verstehe nicht genau, was du möchtest und entweder du gibst uns eine Chance oder nicht. Seit einem Monat hast du dich nicht gemeldet, was erwartest du jetzt von mir, dass ich gleich mit dir ins Bett hüpfe?

ICH: Du bist wie Lebensmittel, das verdorben ist, da hilft auch die schönste Verpackung nicht. Deine Persönlichkeit und Dein Charakter mir gegenüber sind unter aller Sau. Man darf Dir nicht vertrauen und sollte Dich zum Teufel jagen, wobei Du einem Leid tun kannst, weil eine so minderwertige Prostituierte selbst bei einfachen Männern nicht willkommen sein dürfte.

Kommentar: An diese Stelle brach ZH den Chat ab. Eine Woche später entschuldigte sie sich: Sie würde sich in Zukunft an ihre Zusagen halten, tat es aber nicht, was ich allerdings aufgrund meines permanenten Misstrauens schon vorher wusste.

D.3.4.2.3 Fingiertes Angebot zur Überführung (Pierre Godot)

PG = Pierre Godot
online ChatProfil
Info
14.X1.20XX

PG: um 20:03: Was darf ich sexuell von Dir erwarten? ICH bin zu allem bereit.

PG: um 21:21: Wenn ich Dir zu direkt bin, dann bitte ich um Verständnis. Es ist mein bisheriger Weg gewesen erfolgreich zu sein. Wenn Du eine andere Art des Vorgehens bevorzugst, würde ich alles tun, um Dir zu gefallen. Bitte schreib mir.

ZH: um 21:22: ZH: hmm, ist etwas ungewohnt für mich, aber es ist schon ok, so wie du bist!!

PG: um 21:27: Als freier Journalist läuft das Geschäft im Augenblick nicht so. Und meine privaten Beziehungen bewegen sich im Grenzbereich zwischen Hoffnung und Abschied mit dem inneren Wunsch, jemanden kennen zu lernen, der meine Lebensgeister wieder belebt, ohne dass ich ein schlechtes Gewissen haben muss.

ZH: um 21:33: Wenn ich das so lese, sieht es aus, wie wenn du gerade eine schwere Zeit durchmachst!! ??

Kommentar: Diese Anteilnahme ist durchaus echt, kann aber andererseits einen Zugang zum Chatpartner öffnen und auch dessen ist sich die Zauberhafte bewusst.

PG: um 21:43: An sich nicht wirklich, aber wenn man Kinder hat, sieht alles noch etwas anders aus, weil sie nicht verstehen können und Rechenschaft von mir fordern für mein lockeres Leben. Das belastet mich mehr als alles andere. Um 23.00 Uhr muss ich zu einem Männerabend, um mich wieder Mal als MANN zu beweisen, der alles erreicht und alles kann. - Aber was habe ich denn erreicht, eine Vielzahl von Abenteuern - und was ist geblieben? Die Suche nach Glück, ein Glück, das meistens im letzten Moment entflieht. Und dann geht die Suche weiter.

ZH: um 21:45: Also hast du Kinder, wie viele und wie alt sind sie denn?? Was ist das für ein Männerabend, zu dem du gehst.

PG: um 21:52: Zwei André (19) und Brigitte (15). Wir treffen uns (nicht offiziell) bei einem Architekten im, Keller und erzählen uns von unseren Erfolgen (vor allem bei Frauen - alles Schlampen). Wenn die betreffenden Frauen das hören würden, wären sie sehr schnell weg. - Aber man muss dazu gehören (z.B. für den für den nächsten Auftrag).

ZH: um 21:54: ohoh,,, also so ist das!!! Das muss für Männer ja eine Sportart sein!!

PG: um 21:59: Männer, wirkliche Persönlichkeiten, findest Du dort nicht oder besser, man erkennt sie nicht. Wir alle kämpfen letztlich um die oberflächlichen Dinge im Leben. Wenn ich etwas Anspruchsvolles schreibe, wird es nicht veröffentlicht. Aber Du weißt fast alles über mich - aber wer bis Du? Was macht Dich aus?

14.X1.20XX

ZH: um 22:01: he he ... du weist doch, Frauen sind neugieriger als Männer!! was magst du wissen??

PG: um 22:13:
Wie heißt Du? Wo wohnst Du? Was machst Du beruflich? Was sind Deine Hobbys, was Deine Träume? Was versprichst Du von einem Leben - z.B. mit mir?

ZH: um 22:15: ICH bin die Hxxxx, ich bin achtunddreißig Jahre alt. Wie heißt du denn?

PG: um 22:19: ICH heiße Pierre. Deine Auskunftsfreudigkeit ist sehr zurückhaltend. Etwas mehr möchte ich schon wissen. Stille Wasser mögen tief sein, manchmal eben zu tief. - Jetzt muss ich los - vielleicht erinnerst Du Dich Morgen noch an mich? Gute Nacht.

ZH: um 22:20: Ja ich werde mich auch an dich erinnern mein Lieber, was magst du denn alles wissen? Frage mich gern. Schlaf du auch gut.

PG: um 22:25: Was will ich wissen? Vor allem das, was man nicht sofort erkennt: Deine Geheimnisse, wie die Wahrheit über Deine wahren Gefühle zu mir. Denn Du weißt ja: Ach oh, wie trügerischen sind Frauenherzen, mögen sie lachen, mögen sie scherzen. Oft geht ein Lächeln um ihre Züge - alles nur Falschheit, alles nur Lüge. - Gute Nacht.

ZH: 22:26: dann reden wir morgen weiter und ich erzähle dir etwas was man nicht gleich sieht. schlaf schön und träume süß.

15.X1.20XX:

PG: um 6:26: Bist Du schon wach? Guten Morgen, ich muss mich langsam fertig machen.

ZH: um 6:33: Wie alt ist denn das Foto, oder wie alt bist Du, irgendwas passt da nicht zusammen! Oder Du sagst mir sofort wo Dein Jungbrunnen steht.

PG:um 6:56: Foto sind immer relativ: Dein Foto muss auch schon 5 Jahre alt sein, so ähnlich wie bei mir, aber im Chat präsentiert man immer das, was am besten aussieht. Dazu bin ich ein wenig eitel.

ZH: um 6:57: Klar nimmt man ein Foto was einem am besten gefällt das ist schon richtig, aber man hat einen Anhaltspunkt.

PG: um 7:00: Du siehst meine Haare zu wenig: Der Grauton ist schon vorhanden. Aber wenn ich Dir jung aussehe, Du findest sicher Ältere im Netz.

ZH: um 7:02: was soll denn das bitte jetzt ich habe gesagt man hat Anhaltspunkte, ich habe nichts Gegenteiliges gesagt als bitte erkläre mir das mal.

PG: um 7:03: ICH habe ein neueres Foto im Profil angehängt - gefällt Dir das besser?

ZH: um 7:05: ja und ist auch kein großer Unterschied zu sehen etwas reifer und was ist daran jetzt so schlimm?

PG: um 7:11: ICH bin an sich ein gutgläubiger Mensch. Schlimm ist es dann, wenn man an bösartig an der Nase herum geführt wird, wie ***von meinem Ex****. Hast Du auch Männer gelernt, auf die man sich verlassen kann? Anscheinend nicht und ich soll jetzt Dein Misstrauen ausbaden?*

Kommentar: Die Erfahrung der Zauberhaften ist groß genug, um Ungereimtheiten zu erkennen. Wenn Aussehen (zu jung auf dem Foto) und angegebenes Alter nicht zueinander passen, wird sie misstrauisch und hakt nach.

Dass sie auf eine etwaige Homo- bzw. Bi-Sexualität kommt, ist insofern klar, als mein unbeabsichtigter Schreibfehler „von meinem Ex" dazu kommt.

Verwendete Fotos (Adrian Hoven / Alter 35 : 50): Adrian Hoven (eigentlich Wilhelm Arpad Peter Hofkirchner; * 18. Mai 1922 in Wöllersdorf, Niederösterreich; † 8. April 1981 in Tegernsee) war ein österreichischer Schauspieler. Regisseur und Filmproduzent.

ZH: um 7:16: Bist du mur an frauen interessiert oder bist du an beidem interessiert, das macht mich jetzt bissel durcheinander.

PG: um 7:18: … nur an Frauen. - Du machst mich neugierig. - Du wolltest mir ja ohnehin von Dir erzählen, was man nicht gleich sieht.

ZH: um 7:19: Ah ok ich dachte du magst beides. Was magst du denn wissen, mein Lieber?

PG: um 7:22 ... was man nicht fragen kann, was nur Du weißt. - Wenn man jemand kennen lernt, sieht man nur seine Oberfläche bzw. nur das, was diejenige zeigen will. Das, was wirklich wichtig gewesen wäre, habe ich von meiner Ex erfahren, als es schon zu spät war.

ZH: um 7:26: Du redest noch recht viel von deiner Ex. Ist das alles noch sehr frisch? Du hast ja bei dir auch noch "in einer Beziehung" angegeben.

Kommentar: Die Zauberhafte möchte wenig von sich preisgeben und stellt daher lieber Fragen, kommentiert meistens positiv gefärbt, bringt Floskeln wie„das ist ja interessant" oder „aha, da haben wir es wieder" oder „Frauen sind immer Nachteil" usw.

Damit verleitet sie den Chatpartner zu Auskünften und Stellungnahmen, die der selbst gar geben wollte, und vermeidet eigene Hinweise auf ihre privaten Daten und ihr Umfeld.

PG: um 7:29: Anstatt mir zu antworten, stellst Du mir Fragen. - Wie war es denn mit Deinem Ex oder begegne ich einer Jungfrau, von Deinem Foto wäre das möglich. Aber Du weißt ja an mir, dass Fotos täuschen können. Aber jetzt bist Du dran, ich bin in Vorleistung getreten.

PG: um 7:33: Zu meiner Beziehung: Meine Ex und ich haben noch eine gemeinsame Wohnung, aber die endgültige Trennung ist so gut wie vollzogen. Wir wohnen inzwischen getrennt.

ZH: um 7:35: Okay du hast ja Recht. Dann erzähl ich mal ein wenig von mir. Wie gesagt, Hxxxx ist mein Name, ich bin 38, wohne in Dxxxxxxxxx und arbeite als Verkäuferin, angestellt in einer Modeboutique. Kinder sind mir bisher nich nicht vergönnt gewesen. Zurzeit bin ich auch zu Hause, weil unsere Laden geschlossen ist. ICH habe ein schicke Wohnung mit einer großen Terrasse, wo ich wenigstens etwas draußen sein kann zurzeit. ICH bin ein sehr schöngeistiger und leidenschaftlicher Mensch. ICH liebe Romantik, gutes Essen und gehe bei schönem Wetter gerne raus. ICH fahre gern mit dem Rad und liebe das Meer. Und ich reise gern.

Kommentar: Die Zauberhafte arbeitet in keiner Modeboutique; das habe ich anderer Stelle herausgefunden. Dass sie sich als sehr schöngeistig und leidenschaftlicher Mensch darstellt, Romantik und gutes Essen liebt, und bei schönem Wetter gern ausgeht, mit dem Rad fährt, das Meer liebt und gern reist, ist möglich, hat aber auch den Sinn, den anderen niveauvoll zu umgarnen. – Konkrete und private Daten über sich (Namen, Wohngebiet, Umfeld usw.) werden nicht geäußert, sie werden verschwiegen.

PG: um 7:45: Sehr interessant, hört sich gut an, aber ich habe von meiner Vergangenheit mehr offenbart. Männer scheinen bei Dir also kaum eine Rolle zu spielen - also doch eine Jungfrau (wie meine Ex). ICH habe einen großen Fehler gemacht: ICH habe vor ca. 10 Jahren eine Frau kennen gelernt (30 Jahre alt), eine wahre Persönlichkeit, aber mir war damals der schnelle Sex wichtiger als Verlässlichkeit in einer Beziehung.

Kommentar: Was die Zauberhafte nicht weiß, dass ich sie mit dieser Stellungnehme aus der Reserve locken will, was ihre Einstellung zum Sex betrifft.

ZH: um 7:50: Naja was heißt denn mehr offenbart. ICH weiß du hast 2 Kinder und eine Ex, die dir irgendwie immernoch sehr im Kopf rumzuschwirren scheint. Ist jetzt auch nicht sooo viel Vergangenheit würde ich behaupten. Aber eine sehr prägnante Vergangenheit. Bei mir gibt´s da nicht soviel zu erzählen. Klar hatte ich auch meine Freunde, habe auch mit dem ein oder anderen zusammengewohnt und bin aber immer wieder alleine in einer eigenen Wohnung gelandet. Lange nicht so spektakulär und erwähnenswert wie deine Geschichte ⍰

Kommentar: Die Zauberhafte agiert konsequent und verschweigt vieles trotz pauschaler Hinweise über Freunde, Partnerschaften, Zusammenwohnen usw. Bei mir gibt´s da nicht soviel zu erzählen ... (und verstecktes Lob)... und lange nicht so spektakulär und erwähnenswert wie Deine Geschichte.

PG: um 7:58: So, so. Was ist schon spektakulär? Meine Ex schwirrt mit vor allem aus finanziellen Gründen im Kopf herum. ICH hätte mir vieles sparen können - nicht nur Geld, wenn ich vorher gewusst hätte, was sie mir nicht offenbart hat. Aber ich habe dazu gelernt und bevor ich mich noch einmal verliere, sollten Beide wissen, woran sie sind. Die schönste Wohnung nützt Dir nichts, wenn ein Partner der falsche ist.

PG: um 8:01: So, ich bin gespannt, was Du mir noch erzählen möchtest, aber ich muss langsam los. Du gefällst mir, aber noch bist Du für mich eine Gleichung mit etlichen unbekannten Variablen. Bis später.

ZH: um 8:19: Das freut mich sehr zu lesen, dass ich dir gefalle. Dann melde dich gerne später, dann erzähle ich dir mehr.

Pause

PG: um 19:44: ICH bin heute Abend unterwegs und werde mich später melden. Habe bitte etwas Geduld.

ZH: um 19:45: Ok alles klar, für dich, übe ich mich sehr gerne in Geduld obwohl das nicht unbedingt meine Stärke ist ▯

PG: um 20:44: ICH bin zurück, Treffen mit Ex und Kindern, es ist alles friedlich verlaufen, aber sehr gespannte Stimmung. Und wie geht es Dir? ICH bin gespannt, was Du mir noch erzählen willst.

ZH: um 20:44: Ja das glaube ich dir das es eine gespannte Stimmung war. Naja immerhin hat es sich gelohnt. Wie waren denn die Kinder?

PG: um 20:47: Nah, ich habe das Gefühl, dass die Mutter sie zur Friedlichkeit angeregt hat. Es wurde kaum etwas Bedeutsames besprochen (Wetter, Corona, usw.).

ZH: um 20:49: Oh das ist doch nur zum Vorteil für dich mein Lieber oder nicht Pierre?

PG: um 20:54: Das ist noch offen, aber wir reden wieder nur über mich. Hast Du keinen Ex, der Dir böses wollte?

Kommentar (Fangfragen): Das ist der Versuch der Vergangenheit der Zauber- haften auf die Spur zu kommen und sie reagiert ausweichend.

Direkte Ansprache: „Wenn Dir nur gute Männer begegnet wären, wärst Du nicht mehr frei.“ Die Zauberhafte scheint dieser Hinweis nicht zu gefallen. Wer so lange im Chat ist und niemanden gefunden hat, sucht entweder keinen oder hat schlechte Erfahrungen gemacht.

ZH: um 20:55: Nein das habe ich nie gehabt, Pierre, ich suche mir doch nur gute Männer aus.

PG: um 20:59: Das kann ich Dir nicht glauben; so wie Du aussiehst - und das nasch 38 Jahren - ist für mich Märchenstunde: Wenn Dir nur gute Männer begegnet wären, wärst Du nicht mehr frei.

ZH: um 21:03: Schade, das du so denkst. Aber ich mag es nicht zu streiten, das ist für mich verschwendete Lebenszeit. Man kann sich auch Trennen ohne Drama.

PG: um 21:09: Nun Du vergisst, dass ich viel Lehrgeld zahlen musste, weil ich zu wenig über meine Ex wusste. Natürlich respektiere ich Deine Zurückhaltung. Im Chat ist es leicht zu schweigen, in der Hoffnung, der Andere wird schon nicht so neugierig sein. Aber das kann ich mir nicht leisten. Entweder meinen wir es ernst oder wollen wir ohne jegliche Verbindlichkeit nur an der Oberfläche bleiben?

ZH: um 21:13: Ja du das ist das Leben so kann es auch mal sein, es ist nie was für nichts. Im schlimmsten Fall lernst du einfach was. Du ich fühle mich wohl jetzt mit Dir so wie es ist.

PG: um 21:20: Das mit dem (so wie ist) habe ich meine Ex kennen gelernt und alle Folgen getragen. Wenn Du mit freiem Sex ohne Reue leben willst, geht das mit mir auch. Der Ehrlichkeit halber weise ich darauf hin, dass ich in meinem Alter und mit meinen Kindern längerfristig andere Perspektiven verfolgen werde. - ICH empfehle Dir, Deine Einstellung zu überdenken, lass Dir Zeit.

ZH: um 21:22: naja ok dann werde ich nochmal darüber nachdenken, wie du es willst. nur was soll ich ändern. sag es mir.

Kommentar: Einlenken: „Du ich fühle mich wohl jetzt mit Dir so wie es ist." „Dann werde ich nochmal darüber nachdenken, wie du es willst. Nur was soll ich ändern. Sag es mir."

PG: um 21:32: Du weißt besser als ich, wie man Männer für sich gewinnt: die Einen nur für den Spaß, die anderen für das Leben und den Spaß. Welche Alternativen bleiben Dir? Für mich gibt es schon vom Alter her wenig Spielraum.

ZH: um 21:33: Na, du machst dich jetzt aber auch irgendwie älter als du bist, ich meine klar du bist kein Teenager mehr das bin ich auch nicht. Aber jedes Alter hat auch seinen Reiz und wenn ich dich so angucke, guckst du oder siehst du nicht mal ansatzweise so aus, wie du dich angeblich gibst. Das ist im Übrigen ein Kompliment.

PG: um 21:42: Wenn es nur nach dem Aussehen ginge, würde Dir die gesamte Männerwelt zu Füssen liegen. Aber ich bin sicher, dass Dir Männer begegnet sind, bei denen alles anders war; sie waren nicht erreichbar - warum auch immer - und das lag bestimmt nicht an Deiner äußerlichen Attraktivität.

ZH: um 21:45: Ach hör doch auf, also du schmeichelst mir wirklich sehr. Aber wenn du das da auf deinem Bild bist, dann würde ich doch einfach mal sagen sind, wir beide definitiv gleich auf, aber nun gut. Du bist charmant, kannst dich ausdrücken, kannst schreiben, woran hapert es?

PG: um 21:51: Es hapert an meiner Vergangenheit. Du lässt Dich von meinem Aussehen blenden. Die attraktivsten Schauspieler sind letztlich nur Schauspieler, wie ich in gewissem Sinne auch. ICH weiß inzwischen, dass ich keine gesell- schaftliche Größe bin. Was haben mir alle meine Bettgeschichten genutzt? ICH irre durch die Welt und suche nach Lebensinhalt. Entweder ich schaffe ich es oder ich laufe dem bis zu meinem Lebensende hinterher.

ZH: um 21:54: Nur Bettgeschichten bringen aber niemanden etwas, weder dir noch mir noch sonst irgendjemanden. Und ich glaube dass jeder Mensch zwischendurch mal ein Schauspieler ist, gerade am Anfang wenn man jemand irgendwie gefallen möchte.

Kommentar: Lob und Neugier, um mehr zu erfahren. Es liegt ein offensichtliches Interesse an Pierre Godot vor.

PG: um 21:57: Das ist richtig, aber haben wir es nicht versäumt zu unterscheiden: Wer ist nur Schauspieler und wer ist mehr. Alle Bundeskanzler haben ihre Rolle mehr oder weniger gut gespielt, aber nur einer war wirklich der Bundeskanzler: Helmut Schmidt.

ZH: um 21:59: Na gut, ich glaube nicht, dass wir beide uns jetzt den Bundes- kanzlern vergleichen möchten, auch wenn ich weiß, was du meinst. Aber du solltest dich selber auch nicht runtermachen, jeder hat seine Vorgeschichte.

PG: um 21:59: Du auch?

ZH: um 22:00: Na aber sicher doch, meinst du ich bin jetzt gleich so zur Welt gekommen, wie ich jetzt hier bin? ICH habe auch meine Höhen und Tiefen gehabt, habe viele Menschen kennengelernt, die ich mir lieber erspart hätte und habe viele Dinge gemacht, die ich vielleicht auch bereut habe in dem Augenblick.

PG: um 22:02: ICH nehme das so zur Kenntnis und verabschiede mich für heute.

ZH: um 22:04: Das hört sich jetzt aber irgendwie an als wenn du jetzt traurig bist? Oder ist das jetzt gerade nur das Timing. Sag mir doch, was kann ich für Dich tun?

PG: um 22:06: Also Du suchst bestimmt keine feste Beziehung, mein Liebe, ich denke mir, dass ich Dich einmal richtig durchficken möchte.

ZH: um 22:10: Meinst Du das ehrlich?

PG: um 22:12: Oh, ja, immer weiter fick mich, bis ich wund bin und dann lass mich Dich reiten, bist du ohnmächtig wirst und wieder zur Besinnung kommst, wenn Du mich voller Glück und Befriedigung wieder wahrnimmst.

ZH: um 22:15: Das würde mich sehr freuen.

PG: um 22:18: Wenn Du meinen Schwanz einmal lutschen würdest, bis zwei Monate lang keinen Tropfen Sperma mehr kommt, und ich wäre wie neugeboren.

ZH:22:23: Lieber Pierre, ich möchte Dir alles geben, was ich geben kann. ICH lasse dein Herz höher schlagen, was mache ich denn für dich Gutes? Jetzt hast du mich aber ganz schön neugierig gemacht. Du hast also im Gefühl, wir beide könnten viel und lange Spaß haben? Gibt es etwas, was du gar nicht magst?

PG: 22:28: ICH bin für alle Aktivitäten zu haben, die Deinen Körper betreffen, Kuscheln, Streicheln, Tasten, Rubbeln, Fingern, Lecken, Lutschen, von hinten und von vorn in Deine Muschi eindringen usw. Was mir weniger wichtig ist sind anale Praktiken und dass Du mir alles ablecken und ablutschen musst - ich nehme das zwar hin, aber Dein Körper, sein Geruch, sein Geschmack und Deine Vibrationen und Deine Dynamik sind mir sehr viel wichtiger.

ZH: 22:33: Das klingt einfach nur so schön und darauf freue ich mich auch schon, du scheinst sehr viel Ahnung von dem zu haben was du tun willst, das Gefällt mir wirklich sehr gut, ich bin gerade so heiß auf dich, ist dir bewusst, oder?

PG: 22:37: Ja, das ist mir bewusst und ich will alles tun, um Dich zr einer glücklichen Frau zu machen, die ihre Lust und ihre Fantasien zur Entfaltung bringt.

ZH: 22:40: Danke, dass du mich glücklich machen möchtest bringt mein Herz dazu, höher zu schlagen. ICH hoffe ich bin in der Lage dir genau soviel zu geben, wie du mir.

PG: um 22:25: Am liebsten möchte ich, dass Du auf Deiner Couch die Beine spreizt und ich Deine Klitoris mit meiner verwegenen Zunge solange lecke, bis Dein Natursaft in mein Gesicht spritzt, Du geile Wunderfotze.

(„1“) „ … Verhängnis, fehlende Kommunikation

Die meisten Ängste, Sorgen und Probleme zur Sexualität in der Beziehung könnten durch eine gute Kommunikation der beiden Partner beseitigt werden. Egal wie alt Sie sind …

….Besonders in geselligen Runden wurden gute sexy Witze erzählt … (Anmerkung Schanz: Auch sie gehören zur Kommunikation beim und über Sex und können durchaus ein situationsangemessenes hohes Niveau haben, sind aber meistens Zoten)

(„2“) Hemmungen, Scham, Ängste

Wenn Sie sich in einer langjährigen Beziehung befinden und Sie sich mit Ihrer besseren Hälfte eingespielt haben, kostet es oft Überwindung die sexuellen Belange Ihrer Beziehung wieder anzusprechen. Für die längste Zeit waren Sie so gut aufeinander eingespielt, dass die konkrete Besprechung der gemeinsamen Sexualität nicht zwingend notwendig war. Doch wenn sich der Körper verändert, wenn hormonelle Veränderungen beispielsweise die eigene Libido nachteilig beeinflusst haben, besonders dann wird es doch notwendig, das Gespräch mit dem Partner zu suchen und das, obwohl es gerade dann gerne schwierig wird, ein solches Gespräch zu beginnen …

(„3“) Thema 1: Erotische Gespräche zur Anregung oder Vorspiel

… Das gemeinsame Gespräch über ein erotisches Thema pflegt zudem die Vertrautheit, die Intimität und trägt letztlich zu einem besseren Verständnis des Sexualpartners bei. Einfühlsamkeit und Ehrlichkeit haben hierbei natürlich oberste Priorität. Eine falsche Scham wäre hierbei völlig fehl am Platz.

(„4“) Thema 2: Veränderung der Vorlieben …
(„5“) Thema 3: Veränderung des Körpers …
(„6“) Thema 4: Über den letzten Geschlechtsakt reden, …

Wie nachdem Sie gemeinsam einen Film angesehen haben, können Sie auch das letzte sexuelle Erlebnis im Nachhinein besprechen.

- ***Was gefiel Ihnen gut?***
- ***Was hat Ihnen nicht so gut gefallen?***
- ***Worauf haben Sie das nächste Mal Lust?***

Sie lernen so nicht nur, was Ihrem Partner gefällt und was nicht, sondern Sie setzen sich auch mit Ihren eigenen Gefühlen und Vorlieben auseinander.
Sie lernen so nicht nur, was Ihrem Partner gefällt und was nicht, sondern Sie setzen sich auch mit Ihren eigenen Gefühlen und Vorlieben auseinander.

(„7“) Bonusthema: Dirty Talk

Zuletzt ist der sogenannte Dirty Talk auch

- ***ein Mittel um sich auszutauschen. Das passiert vor oder während des Liebesspiels und kann für viele Menschen sehr erregend sein. Den Sex beschreiben oder seine Wünsche und lustvollen Gedanken auszusprechen kann, so wie die vorher genannten Themen, sehr aufschlussreich für beide Partner sein.***
- ***Wenn Dirty Talk bisher nicht teil Ihres Liebeslebens war, ist die Hemmung die Hemmung natürlich erstmal sehr groß. Aber wenn beide mit- spielen, können diese sexuell aufgeladenen Gespräche sehr informativ und belehrend sein.***
- ***Vielleicht lernen Sie so Ihre bessere Hälfte von einer ganz neuen Seite kennen …“***

ZH: um 22:28: Danke, dass du mich glücklich machen möchtest bringt mein Herz dazu, höher zu schlagen. ICH hoffe ich bin in der Lage dir genau soviel zu geben, wie du mir. Woher hast Du diese Phantasie?

ZH: um 22:30: Alles toll, aber woher hast Du diese Formulierungen? Wer bist Du?

Kommentar: Die Zauberhafte merkte, dass alle Formulierungen von ihr stammten und ich sie nur umforuliert hatte. Sie begriff, dass etwas nicht stimmen konnte.

PG/ICH: um 22:32: ICH bin (ICH): Wer kennt Dich besser als ich: PierreGodot war wiederum ich unter anderer Identität. ICH wollte Dich nicht länger zappeln lassen und habe abgebrochen. Die Fotos stammen von Adrian Hoven, einem Filmschauspieler aus der Nachkriegszeit - schon lange tot.

ZH: um 22:34: Wieso bist du hier unter Pseudonym? Hast du etwa Angst oder so??? Ist etwas was passiert?

PG/ICH: um 22:37: Du hast anscheinend nicht begriffen: Pierre Godot gibt es nicht. (ICH) hat Dich wieder einmal getäuscht (zum 7. Mal insgesamt). Du solltest ihm sehr böse sein.

ZH: um 22:45: Weshalb machst Du so etwas?

PG/ICH: um 22:47: Die Fotos stammen von Adrian Hoven, einem Filmschauspieler aus der Nachkriegszeit - schon lange tot.

ZH: um 22:51: Auch wenn Du es nicht glauben wirst: Es tut mir aufrichtig Leid, dass ich Dich so gekränkt habe. Aber ich kann es leider nicht rückgängig machen. Da hast du recht, manche Sachen lassen sich leider nicht rückgängig machen, aber wir sind ja auch erwachsen, von daher schauen wir nach vorne und machen einfach das Beste daraus?

PG/ICH um 22:55: ZH, warum wohl habe ich das wohl gemacht? Erwachsen zu sein, ist meistens der Versuch etwas zu entschärfen, weil man doch nicht so erwachsen war, wie man gern sein möchte. Anders lässt sich meine Überheblichkeit mit Pierre Godot nicht erklären, aber es hat mich zu sehr gereizt.

ZH: um 23:02: Das ist doch nun aber auch wirklich kein Weltuntergang, mein lieber Schatz, ich nehme es Dir auf jeden fall nicht übel. Denke, wir können unsere Zeit auch sehr viel angenehmer nutzen?

Kommentar: Im Gegensatz zu früheren Reaktionen rastete sie nicht aus und schlug versöhnliche Töne an. Warum auch immer? Vielleicht lag ihr doch mehr an mir, als ich angenommen habe. – Aber wie verlässlich wären solche Zugeständnisse? Kann eine Prostituierte wirklich treu sein?

PG/ICH:: um 23:05: ICH, (ICH), habe mich unter Pierre Godot angemeldet, um einen neuen Kavalier für Dich zu simulieren. Wenn Du sagst, das sei kein Weltuntergang, dann hast Du nicht ganz Recht. Für mich ist das schlimmer, weil ich auf Dich und Deine Treue nicht rechnen darf. Alles Gute.

ZH: um 13:21: Hab ein bisschen das Gefühl dass du schon wieder versucht über mich zu bestimmen und du musst einfach mal lernen und merken, dass das nichts wird.

ICH: um 13:35: ICH habe es gemerkt, aber ich gebe auch nicht nach. Jeder von uns Beiden muss sich darüber klar werden, ob er/sie das will. ICH bin überzeugt, dass Du mehr zu verlieren hast. Also alles Gute.

ZH: um 13:36: Du hast wirklich einen sehr lustigen Humor ich habe eigentlich gar nichts zu verlieren ich habe hier nur etwas zu gewinnen entweder es klappt oder es klappt nicht.

ICH: um 13:37: Es klappt eben nicht. Alles Gute.

ZH: um 13:38: Aber das kannst du doch nicht so einfach entscheiden ohne einen Grund zu liefern?

ICH: um 13:42: Gründe? Es ist mir sehr schwer gefallen, mich, angesichts Deiner Vergangenheit und Deiner vielfältigen Untreue, auf Dich einzulassen. Während ich immer ehrlich und zuverlässig war, kann man das von Dir nicht sagen. Aber Du hast Deine Maßstäbe und ich meine. Alles Gute.

ZH: um 13:43: Aber momentmal? Wann soll ich denn untreu und nicht ehrlich zu dir gewesen sein? Bitte um Aufklärung!

ICH: um 13:48: Anfangs hast Du mich nur belogen (Lehrerin, Marketingsachbearbeiterin, Restaurantfachkraft, Drogeriemitarbeiterin usw.) und mir alle Wahrheiten verschwiegen. ICH musste unter anderer Identität Deinen wahren Beruf und Deine Untreue aufdecken. ICH werde aus den kopierten Chats nicht alles wiederholen (zu teuer). Du hast es zugeben und Dich auch entschuldigt. - Alles Gute.

ZH: um 13:50: ICH habe dich doch nie betrogen und ich schäme mich eben für meinen Beruf verstehst du es denn nicht?

ICH: um 13:53: Doch, sonst hätte ich nicht so lange zu Dir gehalten. - Du hattest mir Treue zugesagt und dass Du Dich nur mir schreibst, aber das war gelogen.

ZH: um 13:54: Nein das war nicht gelogen, ich schreibe auch nur mit dir. Wieso glaubst du das denn nicht?

ICH: um 14:15: Mit wem hast Du denn noch vor Kurzem unter BUMSWILLIG geschrieben und sexuelle Leistungen zugesagt, weil Du nicht wusstest, dass ich es war? Deine Worte am XX.XX.XXXX: //Danke, dass du mich glücklich machen möchtest bringt mein Herz dazu, höher zu schlagen. ICH hoffe ich bin in der Lage dir genau soviel zu geben, wie du mir.//

ZH: um 14:16: ICH weiß nicht, wieso du mir das antust? ICH habe echt nicht gedacht, dass Du so stark kontrollierst.

ICH: um 14:20: GOTT SEI DANK: Wenn ich nicht kontrolliert hätte, würde ich in die Reihe Deiner dummen Freier gehören, aber so dumm bin ich eben nicht. Und das weißt und wusstest Du. --- Deshalb bin ich überzeugt, dass Du mehr zu verlieren hast als ich. Also alles Gute.

ZH; um 14:21: ICH finde das wirklich respektlos, dass du mir das so schreibst und mich als Prostituierte bezeichnest. Du verletzt mich.

(vorerst kein Chat mehr)

D.3.4.2.4 Fingiertes Angebot zur Überführung (Enno Cabenes)

CE: um 7:59:
Du gefällst mir. ICH will Sex mit Dir, koste es, was es wolle.

CE: um 9:43:
Wenn ich Dir zu direkt gewesen bin? Das ist nun einmal meine Art und ich bitte Dich das akzeptieren. ICH verstecke mich nicht gern hinter Ethik und Moral, sondern ich will eine Frau haben, die mir gefällt, und mit der ich alles machen kann, was Spaß macht und das Leben bereichert.

ZH: um 9:44:
Na, da scheinen wir doch ganz auf einer Linie zu sein, ich finde das schon in Ordnung, aber ein bisschen Aussprache muss schon sein. ICH mag kein Blind Date haben

Kommentar: Was begründet sexuelle Reize? Pierre Godot: "ICH verstecke mich nicht gern hinter Ethik und Moral, sondern ich will eine Frau haben, die mir gefällt, und mit der ich alles machen kann, was Spaß macht und das Leben bereichert."

Auszugsweise Promiskuitivität:
https://www.focus.de/gesundheit/praxistipps/promiskuitaet-was-ist-das-eigentlich_id_7705110.html: „... Das Ergebnis war eindeutig: Männer möchten mehr sexuelle Partner als Frauen. Wissenschaftler der Bradley Universität bestimmten außerdem fünf psychologische Faktoren, die Promiskuität begünstigen (... und auch für Frauen gelten ..."): Extravertiertheit, Geringes Pflichtgefühl, Konfliktbereit-schaft, Neurotizismus, Offenheit.

- ***Extravertiertheit hilft Menschen, die schon zur Promiskuität neigen.***
- ***Geringes Pflichtgefühl erschwert Leben in Monogamie, weil Bindungen eher als verpflichtend empfunden werden.***
- ***Konfliktbereitschaft ist eine Voraussetzung für Promiskuität, weil Sexualpartner häufig enttäuscht werden.***
- ***Neurotizismus: Interessanterweise verhalten sich neurotische Frauen eher promiskuitiv als neurotische Männer.***
- ***Offenheit für neue Erfahrungen ist eine weitere Voraussetzung, um promiskuitiv zu leben.***

Eines scheint sicher: Es gibt keine einheitlichen Maßstäbe, um sexuelles Verhalten zu bewerten. Promiskuität lässt sich mit gesellschaftlichen und wissenschaftlichen Argumenten nicht eindeutig eingrenzen und definieren …"

Wikipedia: "… Neurotizismus ist in der Psychologie eine der Hauptdimensionen der Persönlichkeit …

- ***Reizbarkeit, Launenhaftigkeit, Nervosität***
- ***Neigung zu Unsicherheit und Verlegenheit***
- ***Klagen über Ärger und Ängste***
- ***Klagen über körperliche Schmerzen (Kopfschmerzen, Magenbeschwerden, Schwindelanfälle etc.)***
- ***Neigung zu Traurigkeit und Melancholie***
- ***Sehr sensibel auf Stress reagierend***
- ***Eher negative Affektlage***
- ***Dauerhafte Unzufriedenheit …"***

Wahrscheinlich ist die Zauberhafte der Promiskuität in Verbindung mir nymphomanischen Zügen ausgeliefert.

CE = Cabanes, Enno

CE: um 9:59:
Blind Dates an geeigbeter Stelle?

ZH: um 10:00:
Das habe ich es nicht so wirklich verstanden, was hattest du damit gemeint? Sag doch mal bitte?

CE; um 10:02:
Blind Dates an geeigneter Stelle schaffen Klarheit und sparen unnötigen Aufwand. Entweder es passt oder es passt nicht. Es geht auch darum zu wissen, fühlt sich der/die Andere noch jemand anderem verpflichtet oder ist sie wirklich frei und bereit. Was willst Du von mir wissen?

Kommentar „Blind Dates": „Blind Dates" zeigen ihre Wirkung nicht nur bei Promiskuitivität und Prostitution, sondern auch bei ganz normalen Kontak-ten, die dann unverhofft zum intensiven Flirt werden.

https://www.brigitte.de/liebe/singles/eric-hegmann--das-sind-die-vorteile-von-blind-dates-11637984.html:

Auszugsweise: *„Paartherapeut erklärt: Darum sind Blind Dates der beste Weg, jemanden kennenzulernen* **… Laut Paartherapeut Hegmann gehören Treffen mit Unbekannten zu den besten Wegen, einen Partner fürs Leben zu finden ..**

(„1") Blind Dates haben sich bewährt: In Deutschland und Mitteleuropa sind Blind Dates zwar nicht sooo verbreitet, doch in zahlreichen anderen Kulturen haben die Verabredungen mit Unbekannten Tradition … Beispiel USA: "In den US- amerikanischen Metropolen ist es üblich, wenn ein Single sich mit einem Paar zum Abendessen trifft, dass das Paar einen vermeintlich passenden Freund oder Bekannten, der ebenfalls Single ist, als Blind Date dazu bittet, beinahe wie ein Double Date", sagt Hegmann …

(„2") Freunde sind die besten Kuppler: **Gerade Blind Dates, die von Freunden vermittelt werden, hält Hegmann für aussichtsreich ..."**

(„3") Je größer die Auswahl, umso größer die Verwirrung

(„4") Menschliche Intuition schlägt Algorithmen: **Ein weiterer Grund, warum Blind Dates ein natürlicherer und erfolgsversprechenderer Weg bei der Partnersuche sind als professionelle Vermittlungen über Portale und Agenturen: Es geht dabei um Liebe und Gefühl und das lässt sich nach wie vor besser erspüren als berechnen ..."**
Anmerkung Schanz: Wenn der Funke überspringt (Liebe auf den 1. Blick), sind alle ratiomalen Erklärungen ohne Bedeutung.

(„5") Anmerkung Schanz: Erfahrung, Entscheidung:

- ***Wenn gute Erfahrungen mit „Blind Dates" gemacht werden, wird man es in Zukunft versuchen,***
- ***wenn nicht, dann wird man es eher lassen.***
- ***Entscheidend ist die Überwindung zum 1. Versuch.***

E = Cabanes, Enno

ZH: um 10:03:
Tja das ist jetzt eigentlich gar nicht so einfach, aber sag doch mal auf was du beim Sex zu stehst, bist du da eher flexibel und offen für vieles oder wie schaut es da bei dir aus?

CE: um 10:05:
ICH bin völlig flexibel. Wie ist es bei Dir? Meine Erfahrung ist, wenn irgendwo noch ein Anderer eine Rolle spielt, dem man sich verpflichtet fühlt, vielleicht sogar ein schlechtes Gewissen hat, dann ist das Ballast. Das belastet jeden Spaß und schafft obendrein Probleme.

ZH: um 10:07:
Bei mir spielt keine andere eine Rolle, ich bin Single aber ich bin auch ehrlich gesagt noch nie mit mehreren Männern gleichzeitig zusammen im Bett gewesen.

CE: um 10:09:
Probleme, die man besser vermeidet.

ZH: um 10:10:
Ja da hast du völlig recht. Das bringt überhaupt nichts, da wird meiner Meinung nach der Sexpartner dann als seelischer Mülleimer missbraucht, das bleibt dabei nicht aus dass man seine Seele ausschütten will. Lach. So bin ich überhaupt nicht. ICH bin frei und flexibel aber ziemlich neugierig auf alle Arten wie man Sex miteinander machen kann

CE: um 10:11:
Das heißt also, dass wir loslegen könnten ohne jegliche Rücksicht und ohne Tabus, wenn Du denn den Mut es mit mir zu wagen.

ZH: um 10:13:
ja, wenn ich den Antrieb habe, es mit dir zu wagen. Da bin ich eben gerade dabei herauszufinden, ob ich es wagen soll. Geh doch mal ein bisschen ins Detail was dir so gefällt, das möchte ich schon wissen. Bin halt ziemlich neugierig

CE: um 10:16:
Würde Dir das gefallen? Das wird sich ergeben, wenn mir zusammen nackt kuscheln und ich als Erstes Deinen ganzen Körper, den Duft und den Geschmack Deiner Muschi über Deinen Damm bis zu Deinem süßen Arschloch wahrnehme und alle seine Fugen und Öffnungen streicheln, küssen, lecken und lutschen werde, auch Deine Brüste liebkosen und darauf warten, dass Du mehr willst, nämlich dass ich bei Dir mit großer Aktivität und körperlicher Spannung meinen Penis in Deine Vulva und Deine Vagina schiebe und die Missionarsstellung mit Augenkontakt so lange ausübe, bis mich alle Kräfte verlassen und wir begeistert sind.

ZH: um 10:18:
Oha, Das ist ja jetzt schon richtig wie eine erotische Geschichte, das macht mich ja so wahnsinnig heiß beim Lesen, dass ich jetzt gleich mein Höschen auf die Seite gezogen habe und mich ein bisschen selbst berühren würde, wahnsinnig gut, wie Du das schreibst! Mach doch noch ein bisschen weiter bitte.

ICH: um 10:25:
(ICH): ICH bin Personalentwickler und kann mich so darstellen, wie Du es brauchst. ICH danke Dir, dass Du mir jetzt die Klarheit verschafft hast, die mir bisher fehlte, wenn ich es auch gewusst habe. Du bist Deinem verdorbenen Charakter einer Langprostituierten treu geblieben. Wahrscheinlich hättest Du das Enno Cabanese zunächst auch verschwiegen, es sei denn, Du hättest wirklich Geld gebraucht.

ZH: um 10:28:
*Wie meinst du das denn genau? Finde es aber interessant muss ich sagen *

ICH: Ja, für mein Buch kann das interessant sein. Leider mag ich Dich immer noch sehr, aber andererseits hat es mir die Gewissheit gegeben, dass ich mit meinen analytischen Methoden für das Leben ganz gut aufgestellt bin. Man kann einen "Mörder" mögen, man sollte sich aber nicht auf ihn einlassen. Gut, dann werde ich mich jetzt tatsächlich endgültig von Dir verabschieden.

ZH: um 10:36:
Hihi willst du mir denn damit sagen, dass ich so eine bin? Also umgebracht habe ich noch niemanden hihi

ICH: um 10:50:
Doch: Wenn es zwischen Dir und (ICH) jemals eine positive Beziehung hätte geben können, hast Du sie auf dem Gewissen. Mir ist durchaus nicht zum hihi, aber ich bin ja auch Mensch, der sich seiner Verantwortung bewusst ist. ICH habe mich in Hamburg für Prostituierte beim Senat eingesetzt: Das waren Menschen, die es verdient hatten. Aber nicht alle Prostituierten gehören gleichermaßen dazu.

ZH: um 11:09:
(ICH), ich sehe dich schon als jemanden, der ernsthaft den Durchblick sucht, auch wenn es so schwierig ist, wie bei mir.

Kommentar: Nachdem die Untreue aufgedeckt wurde, waren die Antworten zunächst schnippisch

ICH: „...(ICH) ICH bin Personalentwickler und kann mich so darstellen, wie Du es brauchst. ICH danke Dir, dass Du mir jetzt die Klarheit verschafft hast, die mir bisher fehlte, wenn ich es auch gewusst habe ...“

ZH: „Wie meinst du das denn genau? Finde es aber interessant muss ich sagen.“

ICH: „… Gut, dann werde ich mich jetzt tatsächlich endgültig von Dir verabschieden … Du bist Deinem verdorbenen Charakter einer Langprostituierten treu geblieben …“

ZH: „ … Hihi willst du mir denn damit sagen, dass ich so eine bin? Also umgebracht habe ich noch niemanden hihi …“

ICH: „…Doch: Wenn es zwischen Dir und (ICH) jemals eine positive Beziehung hätte geben können, hast Du sie auf dem Gewissen. Mir ist durchaus nicht zum hihi, aber ich bin ja auch Mensch, der sich seiner Verantwortung bewusst ist …“

Kommentar: Dann wird sie ernster, allerdings mit dem Hinweis, dass meine Urteilsfähigkeit nicht ausreicht und ich sie falsch einschätze. Möglich ist es ja, dass ich sie falsch einschätze und ihr Chatten nichts als Zeitvertreib ohne jegliche ernste Bedeutung ist: ABER „Die Botschaft hör ich wohl, allein mir fehlt der Glaube.“ (Aus: Goethe, Faust. Der Tragödie erster Teil)

2 Wochen später:

ZH: um 22:40: „ … (ICH), ich sehe dich schon als jemanden, der ernsthaft den Durchblick sucht, auch wenn es so schwierig ist, wie bei mir …“

ZH: um 22:48: ich war verletzt und aus Wut habe ich das geschrieben. Da es wirklich kindisch ist, wollte ich es dir nicht sagen. So, jetzt ist es raus

ICH: um 22:58: Lass das, Deine Einlassung ist unglaubwürdig und ist ein schäbiger Versuch, mich zu verunsichern. Es hat sich ja auch mehrfach wiederholt: ich kann Dir die 7 Namen aus den Chats nennen: (1-D…r), (2-D…t), (3-H…r), (4-P…n), (5-H…g), (6-A…o) und (7-P…o). Sei bitte fair.

ICH: um 23:01: Am 10.XX.XX um 14:16 hast Du geschrieben: // ich weiß nicht wieso Du mir das antust? ich habe echt nicht gedacht, dass Du so stark kontrollierst.
// Mit anderen Worten: Wenn ich Dich nicht kontrolliert hätte, hättest Du mich locker belogen. Das ist für mich hinterhältig.

5 Wochen später:

ZH: um 11:40:
hm finde ich nun schade, wenn ich ehrlich bin. Warum genießt du es nicht mit mir im Chat. Das verstehe ich wirklich nicht.

ICH: um 11:43:
ICH genieße nur in der Realität, nicht im Chat. Es gilt nach wie vor: ICH habe für meine Buchrecherchen in ca. 50 Portalen mit mehr als 50 Damen gechattet, aber so attraktiv, freundlich, sympathisch, gebildet und ausdrucksstark war keine. Wenn Deine Prostitutions-Vergangenheit und Dein verdorbener Charakter nicht wären, aber sie sind es nun einmal. Alles Gute.

ZH: um 11:56:
Ja, ich kann meine Vergangenheit nicht ungeschehen machen, auch nicht meine Tätigkeit als Hure. Aber ich bin sehr froh, Dich gefunden zu haben.

ICH: um 12:00:
Wofür und Wozu? ICH bin 80 Jahre alt und wenn es noch etwas zu erleben geben sollte, dann im Leben und nicht im Chat. Dass Du als Promiskuitive und Hypersexuelle mit "dirty talks" Dich zu vergnügen weißt, das ist nicht meine Welt.

ZH: um 12:02:
Du weist doch das ich auch anders kann und auch immer versuche meine Nymphomanie zu unterdrücken.

ICH: um 12:04:
ICH würde mich in jedem Falle mit Dir treffen, auch an Deinem Arbeitsplatz, was immer daraus werden kann: ICH schließe nichts aus.

ZH: um 12:07:
Na das hört sich ja schon wieder viel freundlicher von Dir an, mein Lieber.

ICH: um 12:10:
Das ist nicht nur freundlich, das ist viel mehr, ein Gefühl der Verbundenheit, das ich logisch gar nicht erklären kann.

ZH: um 12:13:
ICH weiß das auch sehr zu schätzen und werde Dich auch ganz sicher nicht enttäuschen.

ICH: um 13:02:
So ehrlich, wie Du in Deinen letzten Passagen warst, bist Du mir gegenüber noch nie gewesen. Dafür möchte ich mich bedanken.

ZH: um 13:10:
Das ist aber wirklich sehr nett von dir formuliert mein Schatz. Allerdings habe ich bei dir einfach auch schon so richtig Vertrauen entwickelt.

Kommentar aufgrund emotionaler Rührung: ICH muss zugeben, dass die Offenheit, mit der die Zauberhafte mich überraschte, mich doch mehr bewegt hat, als ich zugeben möchte. Auch das Vertrauen (ob echt oder nicht) hat mich sehr erfasst und fast fassungslos gemacht. In diesen Momenten war mein Verstand wohl im Urlaub.

Danach gab es lange Zeit (ca. 10 Wochen) keinen Kontakt mehr.

D.3.4.3 Zwischen Psyche und Psychiatrie

D.3.4.3.1 Therapie gegen Hypersexualität (Nymphomanie)?

„ … ICH: um 13:27: Ich bin bestimmt nicht Schuld: Es ist die unterschiedliche Bewertung Deines Lebenswandels, Deines Metiers und Deiner lockeren Betrachtung sexueller Beziehungen.

ZH: um 13:28: hä, aber warum das denn mein Lieber ? Wer sagt denn sowas ? ich will doch nicht so oft Sex... ich weiß gerade nicht was dein Problem ist...

ICH: um 13:31: ... zu viele Männer, zu viel Sexsucht und keine Treue - jedenfalls nicht in meinem Sinne.

ZH: um 13:36: ja aber woher willst du das wissen mein Lieber? ich bin nicht so für den Sex mein lieber... ich denke du weißt nicht was du da sagst!

ICH: um 13:41: Machen wir uns nichts vor: Wenn Dir ein Mann begegnet, der Dir sexuell gefällt, wirst Du keine Sekunde zögern, ihn direkt anzumachen. Deine Reaktion auf meine Fiktion von Groeg: // Groeg, ich habe es mir überlegt: ich will dich! und das mit Haut und Haaren! Und das so schnell wie möglich! Bitte schreib mir sofort. // um 13:42: Du solltest wissen, dass Du mich nicht mehr täuschen kannst.

ZH: um 13:45: Du denkst wohl du hast die Ahnung oder? Was ist denn nur los mit dir? Wie kann man nur sowas behaupten, Du hast doch gar keine Ahnung, hahahahahaah, aber wenn du meinst..

ICH: um 13:47: Deine Reaktion ist nichts als Ratlosigkeit gegenüber der nachgewiesenen Wahrheit. - Du weißt, dass ich Recht habe. Leugnen kannst Du bei mir nicht mehr.

ZH: um 13:48: wovon redest du denn da; verdammt? Du hast ja echt gar keine Ahnung..., ich bin in Behandlung bei einer Psychotherapeutin, die mich nach einem schwerwiegenden Gewalterlebnis betreut.

ICH: um 13:52: Es mag Gründe geben, die für Dich sprechen (im Zusammenhang mit der Therapeutin), aber an den Fakten ändert das nichts. Das Traurige ist, dass ich vermutlich der richtige Partner für Dich wäre, aber es fehlt jegliche gemeinsame Basis; die hast Du zerstört - vermutlich unbewusst.

Kommentar: Fallweise hat sie mich darauf hingewiesen, dass sie wegen ihrer Sexsucht (sie nennt es Sexsehnsucht) sowohl bei Arzt wie einer Psychotherapeutin in Behandlung sei. Da ich ihr nicht glaubte, wollte ich mit der Psychotherapeutin sprechen.

Gleichzeitig habe ich folgenden Schriftverkehr geführt:

***Von:** @t-online.de]*
***Datum:** Freitag, ...*
***An:** Info Fliednerklinik Düsseldorf*
***Cc:** @t-online.de*
***Betreff:** Behandlung bei Nymphomanie*

Sehr geehrte Damen und Herren,
ich bin der Personalentwicklung tätig (www.) und habe dort Klienten, die zum Teil mit Suchtbeschwerden aller Art zu tun haben.

ICH habe Bücher geschrieben (2 Bände sind auf dem Markt: Das Wunder der Organisation – Menschen zwischen Pflichten und Emotionen). ICH sitze am 3. Band, der vermutlich im nächsten Jahr erscheinen wird und einen Artikel über die Sexindustrie in Deutschland enthält.

In dem Zusammenhang habe ich eine Dame kennen gelernt, die anscheinend an Nymphomanie leidet. Welche Art von Behandlungsmöglichkeiten bieten Sie an (Psychotherapie, Hormonbehandlung)?

Sie selbst traut sich nicht, etwas zu unternehmen. Was würden Sie dieser Dame anraten? Für sinnvolle Hinweise wäre ich Ihnen sehr verbunden.
Mit freundlichen Grüße

(ICH)

Zu Kommentar: Fortsetzung Schriftverkehr:

-----Original-Nachricht-----
Betreff: Behandlung bei Nymphomanie Datum: Mittwoch ...
Von: "Zumdick Sebastian" <sebastian.zumdick@fliedner.de> An: " t-online.de" < @t-online.de>

Sehr geehrte Herr (ICH),

Danke für Ihre Anfrage – ich werde so gut es geht versuchen, diese zu beantworten:

Generell würde ich eine ambulante Psychotherapie und den Besuch einer Selbsthilfegruppe empfehlen. Es ist sicherlich für Betroffene schwierig, sich mit diesem Thema an jemanden zu wenden und sich zu öffnen.

Sie können der Betroffenen gerne meine Emailadresse weitergeben, wenn sie sich unverbindlich an unsere Klinik wenden möchte / einmal informieren möchte.

Eine gute fachliche Übersicht über die individuelle psychotherapeutische Behandlung findet sich bei: https://www.hogrefe.de/shop/sexuelle-sucht-75862.html

Die Behandlung mittels Hormonen ist meines Wissens eher auf Männer fokussiert (Antiadrogene Medikamente), bei Frauen bin ich da überfragt. Eine antidepressive Behandlung käme bei Komorbiden psychischen Erkrankungen in Betracht.

Konkret vor Ort bieten wir ambulante psychiatrische, ambulante psycho-therapeutische Behandlung an, sowie eine tagesklinische Behandlung. Unser Ange- bot richtet sich jedoch ausschließlich an privat Versicherte, Beihilfe berechtigte und Selbst Zahler.

Herzliche Grüße und viel Erfolg bei Ihrem Buch, Sebastian Zumdick

Dr. Sebastian Zumdick Psychologischer Psychotherapeut

Theodor Fliedner Stiftung Fliedner Klinik Düsseldorf

Unter anderem kam es zu folgendem Chat:

„ ... ICH: um 13:57: ICH bin bestimmt nicht Schuld: Es ist die unterschiedliche Bewertung Deines Lebenswandels, Deines Metiers und Deiner lockeren Betrachtung sexueller Beziehungen.

DZ: um 13:58: hä, aber warum das denn mein Lieber ? Wer sagt denn sowas? ich will doch nicht so oft Sex... ich weiß gerade nicht was dein Problem ist...

ICH: um 14:01: ... zu viele Männer, zu viel Sexsucht und keine Treue - jedenfalls nicht in meinem Sinne.

DZ: um 14.06: ja aber woher willst du das wissen mein Lieber? ich bin nicht so für den Sex mein lieber... ich denke du weißt nicht was du da sagst!

ICH: um 14:11: Machen wir uns nichts vor: Wenn Dir ein Mann begegnet, der Dir sexuell gefällt, wirst Du keine Sekunde zögern, ihn direkt anzumachen. Deine Reaktion auf meine Fiktion von Groeg: // Groeg, ich habe es mir überlegt: ich will dich! und das mit Haut und Haaren! Und das so schnell wie möglich! Bitte schreib mir sofort. //

ICH: um 14:12: Du solltest wissen, dass Du mich nicht mehr täuschen kannst.

DZ: um 14:15: Du denkst wohl du hast die Ahnung oder? Was ist denn nur los mit dir? Wie kann man nur sowas behaupten, Du hast doch gar keine Ahnung, hahahahahaah, aber wenn du meinst..

ICH: um 14:17: Deine Reaktion ist nichts als Ratlosigkeit gegenüber der nachgewiesenen Wahrheit. - Du weißt, dass ich Recht habe. Leugnen kannst Du bei mir nicht mehr.

DZ: um 14:18: wovon redest du denn da, verdammt? du hast ja echt gar keine Ahnung..., ich bin in Behandlung bei einer Psychotherapeutin, die mich nach einem schwerwiegenden Gewalterlebnis betreut.

ICH: um 14:22: Es mag Gründe geben, die für Dich sprechen (im Zusammenhang mit der Therapeutin), aber an den Fakten ändert das nichts. Das Traurige ist, dass ich vermutlich der richtige Partner für Dich wäre, aber es fehlt jegliche gemeinsame Basis; die hast Du zerstört – vermutlich.

DZ: um 14:23: Wo hast du denn so viele Frauen kennen gelernt? Hier? Oh das ehrt mich danke dass du so lieb und offen zu mir bist.

D.3.4.3.2 Welche Schlüsse lassen sich aus den Chatverhalten ziehen?

Kommentar: Mein Eindruck ist, dass die Zauberhafte sich ihrer Probleme bewusst ist, sie aber letztlich nicht lösen will:

„ ....ZH: um 11:56:
Ja, ich kann meine Vergangenheit nicht ungeschehen machen, auch nicht meine Tätigkeit als Hure. Aber ich bin sehr froh, Dich gefunden zu haben.

ICH: um 12:00:
Wofür und Wozu? ICH bin 80 Jahre alt und wenn es noch etwas zu erleben geben sollte, dann im Leben und nicht im Chat. Dass Du als Promiskuitive und Hypersexuelle mit "dirty talks" Dich zu vergnügen weißt, das ist nicht meine Welt.

ZH: um 12:02:
Du weist doch das ich auch anders kann und auch immer versuche meine Nymphomanie zu unterdrücken ...“

Etwas später:

„ ... um 1:05:
Wie auch immer, ich bin nicht stark genug, um das ALLES zu ertragen. Das Letzte, was ich für Dich tun kann:

um 1:06:
Dr. Sebastian Zumdick, um 1:08: Psychologischer Psychotherapeut, Theodor Fliedner Stiftung, Klinik, Martin-Luther-Platz 26, 40212 Düsseldorf, Telefon: (0211) 200527-22. ICH habe mit ihm korrespondiert wegen Hypersexualität.

um 1:12:
ICH finde nicht, dass ich einen Psychologen brauche, mein Lieber. ICH bin so normal wie jeder andere auch..

um 1:19:
Dann hast Du alle Voraussetzungen, ohne mich glücklich zu werden ...“

D.3.4.3.3 Untreue und Bewertung

D.3.4.3.3.1 Promiskuität, Prostitution und Treue

__ZH:__ 19:28: Ach willst du es dir nicht nochmal überlegen, ich fand unsere Unterhaltung immer als sehr angenehm.

__ICH:__ 19:34: Das bist Du mir das nicht Wert.

__ZH:__ 19:36: Am liebsten würde ich Jetzt auf Deiner Couch die Beine spreizen und du leckst meine Klitoris mit deiner frechen Zunge, solange bis ich in dein Gesicht meinen Natursaft spritze, du geiler Bock.

__ICH:__ 20:33: Was soll das? Deine Reaktion ist unüberlegt, weil Du verärgert bist. Einmal erreichst Du damit bei mir nichts und ich gehöre auch nicht zu den Männern, die sich damit beeindrucken lassen. Lass uns in Frieden auseinander gehen.

Tatsächlich lassen sich wohl die meisten Männer davon beeinflussen und gehen darauf ein. Dann kommen weitere Versuche:

__ZH:__ 20:34: Warum, denn wenn ich deinen Schwanz einmal lutschen würde, würden zwei Monate lang keinen Tropfen Sperma mehr kommen und du wärst wie neugeboren und bisschen für dich mein Guter.

__ICH:__ 20:39: Es wäre gut, wenn Du begreifst, dass unsere Welten und unsere Werte zu verschieden sind. Konzentriere Dich auf das, was Dir wichtig ist - mit mir darfst Du allerdings nicht mehr rechnen.

ZH: 20:40: ICH kann aber auch nicht wie Konrad Adenauer und dem Heiligen Römischen Reich Deutscher Nation denken ich muss auch ein bisschen modern sein sei nicht ein Spießer.

Kommentar: Modernitätsbezug, Fortschrittlichkeit und persönliche Freiheit gelten für die meisten Menschen als wichtig. Selbstbeschränkung: Mir gefällt in diesem Zusammenhang der Satz „Der gute Geschmack ist die Fähigkeit, der Übertreibung entgegenzuwirken."

Hugo von Hofmannsthal (1874 - 1929), österr. Lyriker, Dramatiker, Erzähler; gilt als einer der wichtigsten Repräsentanten des deutschsprachigen Fin de Siècle und der Wiener Moderne, Mitbegründer der Salzburger Festspiele; Librettist für Richard Strauss' Opern

Der Moralbezug auf Konrad Adenauer und auf das Heiligen Römische Reich Deutscher Nation sollten mich wohl beeindrucken; Konrad Adenauer mag ja noch angehen, aber es ist wohl eher Bezug auf das Kaiserreich ab 1871 mit Kaiser Wilhelm I und Bismarck bis Wilhelm II gemeint bis einschließlich des Nazireiches und in die Nachkriegszeit ca. 1960; denn das Heiligen Römische Reich Deutscher Nation wurde schon am 6. August 1806 aufgelöst / Rücktritt von Kaiser Franz II / Einfluss Napoleon I.

Die eigentlichen Moralbremsen – nicht nur im schlechten Sinne – waren seit langem die Religionen und die Kirchen, obwohl ihre Vertreter sich nicht immer an die Vorsätze hielten.

ICH: *20:47: Bevor ich auf Deine sexuelle Fortschrittlichkeit eingehe, bin ich lieber ein moderner Spießer. Finde Dich damit ab, dass es für Dich keine einzige Chance mehr gibt, Dich mit mir auszusöhnen.*

SE: *20:48: In deinen Mund möchte ich pinkeln und Dich anscheißen, damit Du deine Spießigkeit ablegst, Du Konservativer.*

ICH: *20:53: Ja, in dieser Hinsicht bin ich sehr konservativ. Viele Fehler kann man beheben, diesen nicht. Aus Deiner geistigen Verwirrtheit wird kein moralischer Gewinn zu erzielen sein.*

ICH: *21:00: Deine Auffassung von Toleranz und Fortschrittlichkeit brächte die Menschheit auf das Niveau von Bonobos. Es sind die anderen 20 %, die für das kulturelle Überleben der Gesellschaft sorgen.*

Kommentar: Promiskuität, Prostitution und Treue:

„1") Promiskuität und Prostitution mögen sich überschneiden, sind aber im Grenz- bereich unterschiedlich.

(„2") Geldwertige Vorteil „Sex": Promiskuität, bei der der geldwertige Vorteil „Sex" ist, ist im Prinzip mit der Prostitution identisch.

(„3") Kein geldwerter Vorteil: Promiskuität, bei der kein geldwertige Vorteil erkennbar ist, ist im Regelfall triebgesteuert (normal bis hypersexuell), kann in allen Bevölkerungs- schichten (vom Normalbürger über die Prominenz über den Geldadel und bis zum Adel) vorkommen.

(„4") Treue (Wunsch und Wirklichkeit): Es mag seltsam anmuten, aber Prostituierte, die irgendwann feststellen, dass sie mit ihrer gesellschaftlichen Stellung (Ächtung) und mit ihrer privaten Situation (Familie) nicht zufrieden sind,

- ***sehnen sich nach Normalität und sind auch bereit, ihrem Partner treu zu sein.***
- ***Es ist der promiskuitive Trieb (z.B. Hypersexualität), der sie in Versuchung führen kann und sie oftmals nicht durchhalten lässt.***

(„5") ICH bin relativ sicher, dass die Zauberhafte sich in der Situation befand / befindet, dass sie mit ihrer gesellschaftlichen Stellung (Ächtung) und mit ihrer privaten Situation (Familie) nicht zufrieden war / ist, sich nach Normalität sehnte / sehnt und auch bereit war/ist, ihrem Partner treu zu sein.

Das hat sich im letzten Halbjahr geändert: Der Aufstieg von einer Prostituierte zur Portal- Chat-Moderatorin war wohl tatsächlich ein Einschnitt, der ihr Auftrieb gegeben, möglicherweise in ihrem Selbstgefühl zu einer Art Normalisierung geführt hat. Das war wichtig für sie und vielleicht für ihr ganzes Leben. Dem scheint sie alles unterzuordnen, sogar die Suche nach einem Partner:

„ … August 2020: ICH: um 7:54: Du hast Dich für die Aufgabe (Portal-Chat-Moderatorin) entschieden und gegen mich. Schade.

ZH: um 7:57: lach, ach so meinst du das. ICH musste mich doch nicht entscheiden, ich habe keine Beziehung mehr gesucht. ICH habe mich anders entschieden …"

ZH: *21:01: Die 20%, die zwei imperialistische militaristische Weltkriege angezettelt haben oder oder was? Lass mich in Ruhe.*

ICH: *21:02: Das sind nicht die gleichen 20 %, aber wenn Du davon überzeugt bist, dann glaube das.*

ZH: *21:04: Selbstverständlich bin ich davon überzeugt, dass die fortschrittlichen Kräfte im östlichen Teil Deutschlands fahren.*

ICH: *21:05: Was soll dieser Blödsinn. Du weißt sehr wohl, wer in unserem Verhältnis die Fehler gemacht hat, ich war es nicht.*

ZH: *21:08: Bist du etwa sauer mein Süßer. Habe ich etwas Falsches gesagt? War nicht meine Absicht.*

Nächster Tag:

ZH: *13:50: Das finde ich sehr schade! Können wir nicht noch einen Neuanfang starten? Das wäre super! …*

(Pause)

ICH: *22:10: Nein, Dein Treuebruch lässt sich nie wieder aufheben. Deine Auffassung von Zuverlässigkeit und Treue ist Deinem Werdegang geschuldet und nichts Wert …*

ZH: *22:13: Sei mir nicht böse aber das ist nicht so! ICH habe Dir nie gesagt, dass ich Dir etwas nicht erzählen will. Wenn du was wissen willst, dann frag mich doch einfach! ICH finde, dass du unfair zu mir bist!*

ICH: *22:16: Dass Du von Fairness spricht, ist doch wohl eine Lachnummer. ICH war immer ehrlich, zuverlässig und treu, Du nicht. --- Wie heißt das Hotel, weiterhin Dein richtiger Nachname, Deine Privatadresse, Dein Telefon- und Handynummer, Deine Emailadresse und alles, was für mich von Interesse ist.*

ZH: *22:23: Du kannst glauben, was du willst aber ich werde sicher nicht in eine Chat Seite meine Privaten Daten reinschreiben! Meine Adresse oder Nummer auch nicht. Du kannst deine Daten so offen raus geben aber ich mach das nicht. Und mein Name steht da oder nicht? Was meinst du mit Geld mit Sex verdienen?*

(vorläufiges Chat-Ende)

D.3.4.3.3.2 Der Sexualtrieb als Auslöser für Treue und Untreue?

(„1“) Monogamie noch zeitgemäß? Synchronisierung von Interessen (Personen)

(„1.1“) Es gibt ernsthafte Überlegungen, ob Monogamie noch zeitgemäß ist, ob eine offene Beziehung, ein Dreierverhältnis (Triole oder umgangs-sprachlich auch einen „flotten Dreier“), Gruppensexstrukturen unterschiedlicher personaler Zusammensetzung, Polyamorie usw. nicht besser wären.

(„1.2“) Es wird für alles Anhänger geben. Was aber der Einzelne macht oder nicht macht, ist seine/ihre Entscheidung.

(„1.3“) Das eigentliche Problem ist die Synchronisierung unterschiedlicher Interessen (Personen) und die Verbindlichkeit und/oder Änderung von Vereinbarungen. Wenn beispielsweise ein Mann in einer Beziehung ausbricht, müssen sich vor allem die Frau, aber der Mann fragen, gilt unsere Vereinbarung noch, müssen wie sie anpassen, ändern oder sogar die Beziehung ganz beenden.

Auszugsweise: http://othes.univie.ac.at/20181/1/2012-04-30_9656320.pdf Universität Wien: Diplomarbeit Titel der Arbeit Psychologische Bedingungen der Partnerschaftstreue und -untreue Verfasserin Martina Heiden Angestrebter akademischer Grad Magistra der Naturwissenschaften (Mag. rer. nat.) Wien, im April, 2012 Studienkennzahl: 298 Studienrichtung: Psychologie Betreuerin: emer. O. Univ.-Prof. Dr. Brigitte Rollett:

(„1.4“) „ … Der Grund, warum die Häufigkeit von Geschlechtsverkehr mit der Dauer der Beziehung abnimmt, kann mit der Abnahme von erotischer Spannung erklärt werden. Auch stellt sich nach einer längeren Partnerschaft Routine und Gewohnheit ein, dazu können auch familiäre Belastungen hinzukommen (Schmidt et al., 2006) …

(„1.5“) … Verhältnis von Liebe und Sexualität: Inwieweit Liebe und Sexualität getrennt werden können, ist in Frage zu stellen. Grundsätzlich kann man davon ausgehen, dass diese Trennung sehr wohl möglich ist, sonst wären wohl kaum Prostitution oder kurzzeitige Liebesaffären möglich.

(„1.6“) Geschlechterunterschiede: Die Sexualität ohne Liebe, die vor allem in kurzzeitigen Beziehungen bzw. Affären vorkommt, sowie die Sexualität mit Liebe, die in langfristigen Partnerschaften zu erwarten ist (Leopold, 2000). Es konnte festgestellt werden, dass Geschlechterunterschiede bezüglich der Auffassung von Trennung zwischen Sexualität und Liebe bestehen.

- ***Höhere Ansprechbarkeit Männer: In etlichen Versuchen konnte gezeigt werden, dass Männer, die von einer Fremden zu einem sexuellen Abenteuer eingeladen wurden, diesem Angebot häufiger folgten.***
- ***Frauen hingegen gingen im Vergleich eher selten darauf ein.***

(„1.7“) Es lassen sich daher … zwei Arten von Sexualität unterscheiden:

- ***Frauen vertreten demnach tendenziell eher die Annahme, dass sich Sexualität und Liebe nicht trennen lassen.***
- ***Männer hingegen schließen eine solche Trennung tendenziell nicht aus (Leopold, 2000) …“***

ICH: um 11:58:
Es mag stimmen, dass ich Dir als intelligenter Mensch wichtig bin, aber fürs Bett???

ICH: um 11:53:
Du must Dich fragen, ob Du ernst mit mir zusammen willst. Du hast mein Vertrauen zu Dir und Deiner Treue nicht gerade beflügelt – das konnte ich Dir in 7 Fällen nachweisen (über 300 Chat-Kopien). Deine unbequeme eigene Treue würde Dich an Vergnügungen hindern, die Du Dir als "freier Single" nicht nehmen lassen wirst, und Duldung darfst Du von mir nicht erwarten.

ZH: um 11:55:
Ok, ich weiß doch, was Du meinst mein Lieber aber du weißt doch, dass Du mir sehr wichtig bist.

Kommentar (11:59 bis 12:53 Uhr): „Locker angehen", „Nicht streng nehmen" und „es nehmen, wie es kommt" bedeutet, dass sie mich zum Sex verführen würde, wenn ich ihre Eskapaden großzügig hinnehme. Ob ich fremdgehe oder nicht, wäre ihr demnach gleichgültig. – Obwohl ich mich als im Umgang sehr locker und sehr umgänglich sehe, diese Grenzen würde ich nicht überschreiten.

ZH: um 11:59:
Nein mein Lieber, wir können doch auch alles ganz locker angehen ist doch kein Problem.

ICH: um 12:12:
"Locker": Das ist genau das, was ich befürchte. Motto: Sich einfach auf alles einlassen, was Spaß macht und Hindernisse (z.B. Untreue) einfach ignorieren und so tun, als wenn nichts wäre, und dann einfach weitermachen. - So wird es mit mir nicht gehe.

ZH um 12:15:
Das habe ich doch überhaupt nicht gesagt, sondern ich möchte eben nicht gleich alles so streng nehmen, aber wenn die Chemie passt, sollte ich doch, auch alles super

ICH: um 12:18:
"Alles nicht so streng": Doch ich würde es sehr streng nehmen, insofern fehlen die für mich wichtigsten Voraussetzungen. - Du weißt das auch, aber versuchst, mich aufgrund meiner blinden Zuneigung zu besänftigen und einzulullen. - Das klappt nicht.

ZH: um 12:23:
Wieso denn? ICH will dich absolut nicht Einnullen mein lieber, das habe ich ganz und gar nicht vor!

ICH: um 12:51:
Einlullen nicht Einnullen: Einlullen heißt "sanft überreden und betören". Das kannst Du mit den meisten Männern machen. - ICH bin Dir nicht wirklich wichtig, aber es reizt Deinen Ehrgeiz, mich doch noch klein zu kriegen.

ZH: um 12:53:
Haha lach, okay tut mir leid das war dann wohl mein Fehler. Lach.

um 12:57:
Um ehrlich zu sein, so sehr ich Dich mag, es würde nicht klappen und zwar deshalb, weil - wie Du selbst gesagt hast - nicht aus Deiner Haut heraus kannst.

um 12:58:
Okay, hm, schade, was genau heißt das dann jetzt genau für uns mein Süßer?

m 13:02:
Wenn Du mein Süßer sagst, dann, weil Du nicht weiter weißt. - Unsere Beziehung würde spätestens nach 4 Wochen zu Ende gehen, weil Du mir untreu würdest, weil Du einfach nicht anders kannst, selbst wenn Du es möchtest.

um 13:04:
also die Unterstellung finde ich nicht ok, du kennst mich doch gar nicht, ich bin noch nie fremd gegangen sowas mache ich nicht"!

13:14:
Das hast Du mir selbst gegenüber zugegeben: XX.02.20XX - 21:10 Uhr: Ja, ich bin untreu gewesen und das tut mir auch Leid, aber nicht oft, das wird nicht mehr vorkommen. ICH habe die Männer nie wieder gesehen. Nimm mir das doch nicht übel.

um 13:20:
Ja mein Lieber dann liegt esja wohl an mir glaube ich. ICH habe das vergessen und verstehe die ganze Situation jetzt nicht.

(„2“) „ICH habe es vergessen“ oder „es muss niemand wissen“:
Kommentar (12:57 bis 13:20 Uhr): „ICH habe es vergessen“ oder „es muss niemand wissen“: Das hättest Du nicht wissen sollen. Wenn die Zauberhafte sagt „ICH verstehe die ganze Situation jetzt nicht.“, dann stimmt das. Sie weiß nicht, wie darauf reagier wird.

Die Zauberhafte geht davon aus, dass ihr Fremdgehen nicht stattgefunden hat, wenn keiner davon weiß. Wird sie aber überführt, beschwert sie sich über die unzumutbare Kontrolle, bei Spannungen bittet sie demütig „...Ja, ich bin untreu gewesen und das tut mir auch Leid, aber nicht oft, das wird nicht mehr vorkommen. ICH habe die Männer nie wieder gesehen. Nimm mir das doch nicht übel...“. Sie hat wenig Verständnis, wenn der Betrogene das nicht verzeihen will, obwohl sie Wahrheit gesagt hat.

Andererseits, wie würde die Zauberhafte reagieren, wenn der begehrte Partner es genau so machen würde „fremd gehen und verschweigen“? Bei Prostituierten ist das Fremdgehen gleichzeitig Beruf und insofern „normal“. Meinem Gefühl hat sie das so verinnerlicht und denkt gar nicht darüber nach.

So weit es mich betrifft, gibt es wohl eine Bindungsabsicht mit von mir toleriertem beruflichem Sex mit anderen Männern:

Kommentar: Verdeckte Eifersucht?

Wie sie sich verhalten würde, wenn der Partner es umgekehrt genau so machen würde, ist mir unklar geblieben.

Wenn sie den Eindruck hatte, dass ich abspringen wollte, hat sie mich mit Zärtlichkeiten überschüttet, auch wenn sie bewusst überzogen hat:

„Aber ich finde das gut dass du so viel Verständnis zeigt, mein liebster Schatz, das hat natürlich auch dass du sehr, sehr großes Interesse an mir hast."

„ ICH bin dir treu, mein süßer Schatz. Außer Dir gibt es niemanden in meinem Kopf, auch chatte ich mit keinem anderen."

„Ja o. k. ich möchte mich mit Dir deswegen jetzt auch nicht streiten, mein kluger Schatz, Du magst sicherlich Recht haben ..."„ ... Anfang 2020 ZH: 23:57: Es tut mir so Leid. ICH bin schon lange einsam und suche einen Mann der sich endlich um mich und meine geilen Liebschaften kümmert ..."

Wie sie sich verhalten würde, wenn der Partner es umgekehrt genau so machen würde, ist mir unklar geblieben.

ICH: um 13:25:
Du verstehst sehr gut. Immerhin bestreitest Du das Geschehene nicht. ICH sehe Dich als hypersexuelles Opfer (Nymphomanin), das/die nicht uneingeschränkt für sein/ihr Tun verantwortlich ist. Das ist als Krankheit anerkannt. ICH würde Dir helfen, aber ich weiß nicht wie.

ZH: um 13:28:
Also sowas hab ich ja echt noch nie gehört, sag mal also sowas bin ich doch nicht.

Auslassungen / Beendigung

(„3“) Gleichzeitig Liebe (Treue) und Untreue?

Kommentar „Gleichzeitig Liebe (Treue) und Untreue“: Die beiden nachfolgenden Chats mit

(„3.1“) mir (ICH) und mit

(„3.2“) Enno Cabenes (CE unter anderer Identifikation von mir simuliert)

fanden in zeitlicher Nähe hintereinander statt. Als ich der Zauberhaften später vor- warf, dass das gröbste Form der Untreue sei, war sie schwer beleidigt. Zugleich mit anderen Chatten sei normal – und das, nachdem sie vorher Treue zugesagt hatte und dass sie sich mit keinem anderen schreibe.

ICH habe das natürlich vorher geahnt und konnte ihr das jetzt nachweisen.

Wie das jetzt zu bewerten ist, sei dahingestellt. Wer sich mit einer Prostuierten ein lässt, muss mit so etwas rechnen. Ob sie es mit mir ernst gemeint hat oder eher mit Enno Cabenes, ist ein eher fiktives Anliegen, weil ich realiter als Autor gar nicht Teil des Ablaufes sein darf, nur neutraler Beobachter, Analytiker und Interpret, was mir nicht immer leicht gefallen ist.

Organisatorisches Pflichtgefühl: Eine Prostituierte ist anderen Zwängen unterworfen, als sich jetzt ausschließlich nach einer normalen Partnerschaft zu sehnen. Das kann zwar passieren und wäre in meinem Fall auch nicht ganz abwegig für sie, aber ihre Paradigmen und Umweltfaktoren im Prostitutionsumfeld sind formal vergleichbar mit Aufgaben und Pflichten einer normalen Stelle, der sie sich (freiwillig oder nicht) zu stellen hat. Das mag für den Normalbürger unverständlich sein, aber die psycho-sozi- alen Wirkungen in solchen Fällen sind absolut gleichwertig.

(„3.3“)Auszug Chat mit mir (ICH): ICH lege Wert darauf, dass der Chat mit mir schon ein anderes Niveau hat:

„ ...ICH: um 14:53: Schreib mir doch per Email. Email gibt mehr her, aber Du darfst ja nicht.

ZH: um 14:54: leider geht das hier nicht. die Nachrichten wenn dann blockiert. :(ich will dich so gerne in meinen Armen halten.

ICH: um 14:56: Das wäre bei einem Treffen locker möglich; ich hätte nichts dagegen.

ICH: um 14:57:Noch 60 Coins: Überleg es Dir. ICH bleibe kurzzeitig noch im „Portal“.

ZH: um 15:03: ich hätte auch nichts einzuwenden auf ein treffen. gibt es noch eine andere Möglichkeit in Kontakt zu bleiben oder wäre dass die einzige?

ICH: um 15:09: Du kennst alle Möglichkeiten (Treffen, Email, Handy, Telefon, Post, Postfach ...): ICH bevorzuge möglichst regelmäßige Treffen, überall, wo Du willst und kannst.

ZH: um 15:12: mmh das klingt sehr verlockend. Was würdest du mit mir beim ersten Treffen machen?

ICH: um 15:50: Ich würde mich mit Dir ausführlich unterhalten und versuchen die Themen zu lösen, die wir bisher nicht lösen konnten. Wenn wir uns emotional und animalisch mögen und verstehen, gern umarmen und auch küssen. Was weiter geschehen könnte, kann ich nicht voraussehen. Ich werde Dich so behandeln, wie eine Frau, die ich verehre. Du bist für mich mehr als irgendeine Gelegenheit, Du bist die Frau, die soweit ich Dich nach Foto und Chat kenne, besser gefällt als alle anderen. – Das heißt nicht, dass ich ein ausschließlich bequemer Mensch bin; aber eines ist ganz sicher, von meiner Seite aus wird Dir nichts Bösartiges geschehen

ZH: um 15:51: Danke für diese Worte, ich würde auch gerne küssen und umarmen, damit wir vielleicht so etwas Aufregendes genießen können?

ICH: um 15:53: Noch etwas: Wohin ich auch immer kommen soll, ich werde auf Dich und Dein Umfeld Rücksicht nehmen und Dir keine Schwierigkeiten machen. Ob wir etwas noch Aufregenderes erleben werden, hängt davon ab, ob wir uns dann einig sind. ICH möchte nicht, dass Du hinterher etwas bereust.

ZH: um 15:55: Ja ich bin natürlich mit all diesen Dingen einverstanden, also wäre es eine gute Idee, mit einem Abenteuer zu beginnen, meinst du nicht?

ICH: um 15:56: So: ICH habe Deinetwegen den Termin (15.00 Uhr) wegen des Gesangvereins versäumt. ICH muss los - ich melde mich später.

ZH: um 16:00: Das ist ok, es tut mir leid, dann werde ich hier sein, wenn du zurückkommst, damit wir uns später weiter unterhalten können.

ICH: um 19:31: Liebe Heike, ich habe nichts gegen ein Abenteuer mit Dir, Im Gegenteil, es wäre mehr als ich erwartet habe, aber ich möchte Ehrlichkeit und Aufrichtigkeit: Wenn ich einer unter mehreren oder vielen (wer immer das ist) wäre, solltest Du Abstand davon nehmen. Aber unabhängig davon würde ich jedem Falle zu unserem Treffen kommen.

ZH um 19:32: Du bist ganz sicher nicht einer von vielen für mich, du bist ganz besonders, mein Schatz, und das bitte ich dich nicht zu vergessen ...“

(„3.2") Auszug Chat mit (Enno Cabenes):

ZH: um 10:13:
Ja, ob ich der Motor bin, es mit dir zu wagen. Da ich eben gerade dabei herauszufinden, ob ich es wagen soll. Geh doch mal ein bisschen ins Detail, was dir so gefällt, das möchte ich schon wissen. ICH bin halt ziemlich neugierig.

CE: um 10:16:
Würde Dir das gefallen? Das wird sich ergeben, wenn mir zusammen nackt kuscheln und ich als Erstes Deinen ganzen Körper, den Duft und den Geschmack Deiner Muschi über Deinen Damm bis zu Deinem süßen Arschloch wahrnehme und alle seine Fugen und Öffnungen streicheln, küssen, lecken und lutschen werde, auch Deine Brüste liebkosen und darauf warten, dass Du mehr willst, nämlich dass ich bei Dir mit großer Aktivität und körperlicher Spannung meinen Penis in Deine Vulva und Deine Vagina schiebe und die Missionarsstellung mit Augenkontakt so lange ausübe, bis mich alle Kräfte verlassen und wir begeistert sind.

um 10:18:
Oha, Das ist ja jetzt schon richtig wie eine erotische Geschichte, das macht mich ja so wahnsinnig heiß beim Lesen, dass ich jetzt gleich mein Höschen auf die Seite gezogen habe und mich ein bisschen selbst berühren würde, wahnsinnig gut, wie Du das schreibst! Mach doch noch ein bisschen weiter bitte …"

(„3.3") Auszug Chat mit
(Portal: https://date-24.eu/member.php?action=mailbox&ordner=1)

ICH hatte herausgefunden, dass die Zauberhafte sich in einem Chat-Portal für Affären Seitensprung und Fremdgehen angemeldet hatte, was sie leugnete. Folgender Chat entspann sich, als ich nach anfänglichem Leugnen eine aktive Suche nach einem Seitensprung nachweisen konnte und bestätigt die zuvor genannten Hypothesen.

„… ICH: um 2:07: Zysu23, XX Jahre alt, aus XXXXX, Tierzeichen, Haarfarbe: Sie sucht Ihn aus der Umgebung von XXXX für einen Seitensprung.

*DZ: um 2:18: *LAUT LACH* Na, Du liest wohl nicht nur die Gebrüder Grimm, sondern auch Tausend und eine Nacht. Ciao.*

ICH: um 2:22: ICH schicke Dir den Link mit Deinem Bild. Liebe Heike: ICH denke inzwischen dürfte Dir klar, dass Deine Verschleierungstaktik gescheitert ist. Weil Du wusstest, wie ich darauf reagiere, hast Du alles versucht, mich irgendwie für Dich über die Runden zu retten, nur ich lass mich weder durch falsche Argumente, noch durch Sex- Anmache, von meiner Analyse abbringen. Um ehrlich zu sein, Du tust mir wirklich leid und wenn ich einen Weg wüsste, Dir zu helfen, ich würde es tun.

DZ: um 2:27: Was meinst du denn, das ich mich anbiete, das ist nicht ganz mein Stil, was denkst Du?

ICH: um 2:33: ICH verstehe Deine Frage nicht. Willst Du bestreiten, dass Du weiter mit anderen Männern Sex hast? Das Hotel oder was immer es ist, ist mit dem Sexgeschäft verbunden, sonst könntest Du mir den Namen nennen; aber Du willst nicht, dass ich Einblick nehme.

DZ: um 2:54: Nein ich weiß nicht was du von mir denkst, ich bin keine Professionelle.

Kommentar: Der Unterschied zwischen Professionelle und Amateuren besteht – nicht nur – aber im Wesentlichen darin, dass die Professionellen für eine Organisations- einheit arbeiten – z.B. ein Bordell – und Amateure auf eigene Rechnung. Das ist unerheblich, wenn es um eine moralische Bewertung geht.

DZ: um 2:58: Sag mal, wie kommst Du dem Link? Hast Du meinen PC abgezapft. Das ist unerhört und eine große Sauerei.

ICH: um 3:06: Du hast wieder einmal gelogen und Deine vermeintliche Treue mir gegenüber gebrochen.

ICH: um 3:10 Als ich mich vorhin unter anderer Identität (Danziger) bei Dir um Sex bemüht habe, sagtest Du: Du must warten, bist Du ein Date bekommst, im Wiederholungsfalle: Du hast es aber eilig, aber Du must auf den Termin warten.

DZ: um 3:15: Als ich mich als Danziger ausgegeben habe, bist Du eindeutig auf Sex eingeschwenkt (vorbereitende Dates usw.).

DZ: um 3:19: Ja das kann sein, aber ich denke doch das wäre such frei für beide, oder nicht?"

ICH: um 3:07: Meinst Du denn, wenn Du es mit anderen umsonst machst, das wäre es mir Recht gewesen? Aber mir (ICH) hast Du Treue zugesagt.

DZ: 3:12: Das tut mit Leid (ICH), ich wollte Dich nicht kränken. ICH will ich ja auch, ich mag dich doch und ich weiß, dass wir es auch schaffen könnten, habe ich Recht?

ICH: um 3:17: Du hast auch Geld genommen. Eine Prostituierte bleibst Du mit häufig wechselnden Sexpartnern in jedem Falle. Der Unterschied zwischen Professionelle und Amateuren besteht – nicht nur – aber im Wesentlichen darin, dass die Professionellen für eine Organisationseinheit arbeiten – z.B. ein Bordell – und Amateure auf eigene Rechnung. Das ist unerheblich, wenn es um eine moralische Bewertung geht.

DZ: um 3:20: Na das würde ich auf jeden Fall nicht so sehr ich weiß gar nicht wie das gerade eigentlich meinst.

ICH: um 3:23: ich wollte eine nette Frau haben und keine Prostituierte mit vielen Sexpartner- ob gegen Geld oder nicht.

DZ: um 3:26: Eines bin ich jedoch überhaupt gar nicht, ich weiß gar nicht, wie Du eigentlich darauf kommst.

ICH: um 3:30: Du hast es gerade eben zugegeben - bei mir unter anderer Identität und zusätzlich bei Danziger: Ob nun 2 Männer oder mehr, jeder ist mir zu viel, wenn Du mich als Partner haben willst.

DZ: um 3:36: Ja, aber sowas kann doch auch einfach jemand passieren. Wir sind doch Menschen.

Kommentar: An dieser Stelle beginnt die Einsicht. Was sie vorher gar nicht als brisant erkannt hat und es eher gutgläubig betrieben hat, wird jetzt bedeutend für sie.

ICH: um 3:38: Mir passiert so etwas nicht. Du bist für mich nicht geeignet.

DZ: um 3:42: Das finde ich es aber wirklich sehr schade, damit habe ich so einfach nicht gerechnet.

ICH: um 3:46: Geeignet, mein Treuebegriff ist ein anderer - und das wusstest Du. ICH denke, dass es jetzt klar ist, dass unsere Wege sich jetzt endgültig trennen.

DZ: um 3:50: Online sag doch so etwas bitte nicht, verlasse mich bitte nicht, ich dachte Du meinst es wirklich ernst mit mir.

ICH: um 3:56: ICH habe es wirklich ernst gemeint, aber Dein Verhalten ist mir zu leichtfertig und was Treue betriff, hast Du gar kein Gespür. Nein, wir passen in keiner Weise zusammen. Liebe, wie ich sie sehe und fühle - und ich habe Dich sehr geliebt, das kennst Du gar nicht - dafür fehlt Dir die menschliche Seele.

DZ: um 4:01 ICH finde Deine Einstellung überhaupt gar nicht in Ordnung, wie kannst du sowas einfach nur über mich sagen?

ICH: um 4:04: Dir war in Deinem Leben Spaß und Sex wichtiger als alles andere, auch als ich, sonst hättest Du spätestens vor Danziger auf mich zukommen müssen.

DZ: um 4.08: Warum kannst du mich eigentlich nur beschuldigen, bist du eigentlich immer so eingestellt?

ICH: um 4:12: Wenn Du damit aufgehört hättest, als wir uns näher kamen - aber das kam Dir gar nicht in den Sinn, obwohl Du mir Treue zugesagt hattest.

DZ: um 4:12: Ja, das hatte ich auch gesagt. Treue ist auch wirklich sehr wichtig, aber manchmal passieren die verrücktesten Dinge.

ICH: um 4:15: Das darf in meiner Welt nicht passieren. --- ICH könnte Dich zwar als Prostituierte akzeptieren und auch für Dich eintreten, aber für meine private Liebe kommst Du nicht in Frage.

DZ: um 4:19: Du machst mich jetzt wirklich überaus unglücklich, das ist Dir hoffentlich auch gerade klar.

ICH: um 4:22: Das ist mir klar. ICH habe Dich in ca. 5 1/2 Monaten immer wieder auf Deine Fehler aufmerksam gemacht und war bereit, Deine Vergangenheit zu akzeptieren, aber Du hast weiter gemacht, weil der das ja gar nicht merken wird. Du hast dann langsam mitbekommen, dass ich alles herauskriege, aber da war es dann schon zu spät ...

Kommentar: Mit diesem Chat ging die Beziehung zunächst Ende, von einem Abschlussgeplänkel abgesehen. Später wurde sie noch einmal aktiviert.

Mit diesem Chat ging die Beziehung an sich zu Ende, von einem Abschlussgeplänkel abgesehen

D.3.4.3.4 *Dimensionen psychischer Störungen*

D.3.4.3.4.1 *Subjektive Befindlichkeiten (zwischen Psyche und Psychiatrie)*

*(„1") **Persönlichkeitsstörungen:** Der Fairness halber sei darauf hingewiesen, dass die Gesamtheit der Eigenschaften, sowohl ihre positive Ausstrahlung wie die gegensätzliche Wirkung mit Nachdruck auf eine **Persönlichkeitsstörungen** zurückzuführen sein könnte. Sie befindet sich wahrscheinlich in ärztlicher (möglicherweise psychiatrischer) Behandlung.*

*Fallweise hat sie mich darauf hingewiesen, dass sie wegen ihrer Sexsucht (sie nennt es Sexsehnsucht) sowohl bei Arzt wie einer **Psychotherapeutin in Behandlung** sei. Da ich ihr nicht glaubte, wollte ich mit der Psychotherapeutin sprechen. Unter anderem kam es zu folgendem Chat:*

„ ... ich: um 13:27: ICH bin bestimmt nicht Schuld: Es ist die unterschiedliche Bewertung Deines Lebenswandels, Deines Metiers und Deiner lockeren Betrachtung sexueller Beziehungen.

DZ: um 13:28: hä, aber warum das denn mein Lieber ? Wer sagt denn so etwas? ich will doch nicht so oft Sex... ich weiß gerade nicht was dein Problem ist...

ICH: um 13:31: ... zu viele Männer, zu viel Sexsucht und keine Treue - jedenfalls nicht in meinem Sinne.

DZ: um 13:36: ja aber woher willst du das wissen mein Lieber? ich bin nicht so für den Sex mein lieber... ich denke du weißt nicht, was du da sagst!

ICH: um 13:41: Machen wir uns nichts vor: Wenn Dir ein Mann begegnet, der Dir sexuell gefällt, wirst Du keine Sekunde zögern, ihn direkt anzumachen. Deine Reaktion auf meine Fiktion von Groeg: // Groeg, ich habe es mir überlegt: ich will dich! und das mit Haut und Haaren! Und das so schnell wie möglich! Bitte schreib mir sofort. // um 13:42: Du solltest wissen, dass Du mich nicht mehr täuschen kannst.

DZ: um 13:45: Du denkst wohl du hast die Ahnung oder? Was ist denn nur los mit Dir? Wie kann man nur sowas behaupten, Du hast doch gar keine Ahnung hahahahahaah aber wenn du meinst.

ICH: um 13:47: Deine Reaktion ist nichts als Ratlosigkeit gegenüber der nachgewiesenen Wahrheit. - Du weißt, dass ich Recht habe. Leugnen kannst Du bei mir nicht mehr.

*DZ: um 13:48: Wovon redest du denn da verdammt? Du hast ja echt gar keine Ahnung..., ich bin in Behandlung bei einer Psychotherapeutin, die mich nach einem **schwerwiegenden Gewalterlebnis** betreut.*

ICH: um 13:52: Es mag Gründe geben, die für Dich sprechen (im Zusammenhang mit der Therapeutin), aber an den Fakten ändert das nichts. Das Traurige ist, dass ich vermutlich der richtige Partner für Dich wäre, aber es fehlt jegliche gemeinsame Basis; die hast Du zerstört - vermutlich unbewusst

Kommentar: Fallweise hat sie mich darauf hingewiesen, dass sie wegen ihrer Sexsucht (sie nennt es Sexsehnsucht) sowohl bei Arzt wie einer Psychotherapeutin in Behandlung sei. Da ich ihr nicht glaubte, wollte ich mit der Psychotherapeutin sprechen.

Unter anderem kam es zu folgendem Chat:

*„ … **ICH:** um 13:57: ICH bin bestimmt nicht Schuld: Es ist die unterschiedliche Bewertung Deines Lebenswandels, Deines Metiers und Deiner lockeren Betrachtung sexueller Beziehungen.*

***DZ:** um 13:58: hä, aber warum das denn mein Lieber ? Wer sagt denn sowas? ich will doch nicht so oft Sex... ich weiß gerade nicht was dein Problem ist.*

***ICH:** um 14:01: ... zu viele Männer, zu viel Sexsucht und keine Treue - jedenfalls nicht in meinem Sinne.*

***DZ:** um 14.06: ja aber woher willst du das wissen mein Lieber? ich bin nicht so für den Sex mein lieber... ich denke du weißt nicht was du da sagst !*

***ICH**: um 14:11: Machen wir uns nichts vor: Wenn Dir ein Mann begegnet, der Dir sexuell gefällt, wirst Du keine Sekunde zögern, ihn direkt anzumachen. Deine Reaktion auf meine Fiktion von Groeg: // Groeg, ich habe es mir überlegt: ich will dich! und das mit Haut und Haaren! Und das so schnell wie möglich! Bitte schreib mir sofort. //*

um 14:12: Du solltest wissen, dass Du mich nicht mehr täuschen kannst.

***DZ:** um 14:15: Du denkst wohl du hast die Ahnung oder? Was ist denn nur los mit dir ? Wie kann man nur sowas behaupten, Du hast doch gar keine Ahnung hahahahahaah aber wenn du meinst..*

***ICH:** um 14:17: Deine Reaktion ist nichts als Ratlosigkeit gegenüber der nachgewiesenen Wahrheit. - Du weißt, dass ich Recht habe. Leugnen kannst bei mir nicht mehr.*

***DZ:** um 14:18: wovon redest du denn da verdammt? du hast ja echt gar keine Ahnung..., ich bin in Behandlung bei einer Psychotherapeutin, die mich nach einem schwerwiegenden Gewalterlebnis betreut.*

***ICH**: um 14:22: Es mag Gründe geben, die für Dich sprechen (im Zusammenhang mit der Therapeutin), aber an den Fakten ändert das nichts. Das Traurige ist, dass ich vermutlich der richtige Partner für Dich wäre, aber es fehlt jegliche gemeinsame Basis; die hast Du zerstört – vermutlich.*

DZ: um 14:28: Oh, du bist so ernst und lieb zu mir, das freut mich so sehr, mein Süßer! Kuss. Aber deswegen bin ich ja auch bei der Therapeutin in Behandlung. Du musst Geduld haben.

Ich: um 14:35: An sich bin ich ein fröhlicher Mensch und sehr positiv eingestellt, aber Du hast mich unendlich traurig gemacht, weil nichts mehr zu ändern ist.

DZ: um 14:37: Du...habe ich es wirklich gemacht? Bist du jetzt traurig? Aber ich wollte es nicht! Sei mir bitte nicht böse!

DZ: um 14:23: Wo hast du denn so viele Frauen kennen gelernt? Hier? Oh das ehrt mich danke dass du so lieb und offen zu mir bist. ICH: um 14:28: Insgesamt sind es ca. 10 Damen bei XXX davon 4 in der engeren Auswahl. Aber was hilft mir das? Dich, die ich ursprünglich wirklich haben wollte, bleibt mir wegen Deiner Sex-Metiers versperrt, und den anderen hätte ich abgesagt, wenn ich Dich so bekommen hätte, so wie ich wollte.

ICH: um 14:40: Was würde es helfen, wenn ich Dir böse bin, das ändert Dich und Dein Umfeld nicht. In der Literatur würde man von einer Tragödie sprechen, weil die Probleme bekannt sind, aber nicht gelöst werden können.

Pause

ICH: um 16:59: Ja, aber ich habe keinen Sex mit ihnen gehabt. Und Du hattest mir Treue zugesagt. Allein die Einstellung, dass Du noch ruhig noch alles machen darfst, obwohl Du mir Deine Zuneigung wortreich in Superlativen erklärt (ich sei Dein Alles), ist für mich der Gipfel der Geschmacklosigkeit.

DZ: um 17:03: Ach bleib entspannt. Das war doch nur Sex und, woher weiß ich denn, dass es wirklich mit uns klappt?

ICH: um 17:06: // Das war doch nur Sex // Damit hast Du alle Verbindungen zu mir endgültig abgebrochen; denn Sex ist für mich im Stellenwert der Treue das Wichtigste überhaupt.

ICH: um 17:16: Dass wir uns nicht persönlich getroffen haben, liegt eindeutig an Dir. ICH habe es immer wieder versucht und Du hast das immer blockiert. – Deshalb will ich mit Deiner Therapeutin sprechen, ob es bei Dir psychologische Störungen gibt, die Dein Verhalten erklären könnten.

DZ: 17:21: Deshalb bin ich auch in Behandlung und das geht Dich im Übrigen nichts an. Das ist privat.

ICH: 17:25: Wenn das für Dich privat ist, werde ich Dir nicht verzeihen …“

Ende

https://www.spektrum.de/lexikon/psychologie/normalitaet/10657;

Spektrum der Wissenschaft Verlagsgesellschaft mbH;
Anschrift: Postfach 10 48 40, D-69038 Heidelberg

Kommentar: Letztlich war ich mir damals sicher, dass diese Art von psychologischen Störungen vorgetäuscht waren, aber wirklich sicher bin ich heute nicht mehr.

Auszugsweise: Nun ist es so, dass die meisten Menschen meinen, sie hätten keinerlei psychische Störung. In Wirklichkeit hat fast jeder etwas, nur es weiß er es nicht und seine Umgebung nimmt ihn als normal wahr. Wie schwerwiegend solche Störungen sind, ist ohne tiefere Diagnose nicht zu erkennen.

Kommentar: Folgende Themen können dabei eine Rolle spielen:

- ***Psychoanalyse: Zwischen Normalität und Pathologie bestehen fließende Übergänge.***
- ***Ethnopsychoanalyse: Das in einer Kultur vorherrschende Selbstverständnis von normal und abnorm hängt von der sozioökonomischen Basisstruktur ab.***
- ***Verhaltenstherapie (Behaviorismus):Normales und abweichendes Verhalten sind gelernt und veränderbar; Verhalten gehorcht universellen Lerngesetzen.***
- ***Streß und Life-Event-Forschung: Psychische Störungen hängen mit spezifi- schen Mangel- und Belastungssituationen zusammen.***
- ***Stigmatisierung: „Psychische Störungen sind das Resultat gesellschaftlicher Ächtung und Ausgrenzung.***
- ***Entfremdung: Subjektive Leidenszustände verweisen auf gesamtgesellschaftliche Entfremdungs- und Zwangsverhältnisse (Zivilisationskrankheit)***
- ***(Gesundheitspsychologie, Klinische Psychologie: Persönlichkeitsstörung, Psychiatrie, Psychologie, Gemeindepsychologie).***

***Normalität** ist ein erwünschtes, akzeptables, gesundes, förderungswürdiges Verhalten*

*im Gegensatz zu unerwünschtem, behandlungsbedürftigem, gestörtem, **abweichenden Verhalten** (auch: Wahnsinn, Verrücktheit, gestörtes Seelen-leben, psychische Krankheit),*

wobei auch leichte, kaum erkennbare Anzeichen nicht entdeckt und daher mit ungewissen Folgen hingenommen werden.

Wie schwerwiegend solche Störungen sind, ist ohne tiefere Diagnose nicht zu erkennen. Dass die Zauberhafte darunter leiden könnte, dafür gibt es mehr oder weniger sichere Anzeichen.

(„2") Zur Realität in der Prostitution und ihre gesellschaftlichen Auswirkungen

Auszugsweise:https://www.trauma-and-prostitution.eu/2015/01/23/zur-realitaet-in-der- prostitution- und-ihre-gesellschaftlichen-auswirkungen/Dr. Ingeborg Kraus · Karlsruhe · dr.ingeborg.kraus@me.com / SCIENTISTS FOR A WORLD WITHOUT PROSTITUTION

Führende PsychotraumatologInnen haben sich dem Appell von Frau Dr. Ingeborg Kraus angeschlossen, um auf die dramatischen gesundheitlichen Folgen von Prostitution hinzuweisen. Sie fordern eindeutig einen Sexkaufverbot. Mittlerweile hat sich durch diese Initative ein europäisches Netzwerk von Experten und Expertinnen gefunden, die ihre Stimmen zum Thema Prostitution kund geben. Diese Seite soll dies sichtbar machen. Kontakt:

Anmerkung Georg Schanz: Die Deutlichkeit und Schärfe der Ausführungen sind sicherlich Teil darauf zurückführen, dass Frauen dieses Netzwerk betreiben. Im Falle der Zauberhaften stoßen wir auf eine Frau, die den Spaß und die Frude am Sex über viele Jahre genossen hat, die sich ihre Partner aus-suchen konnte und dabei gut verdient hat. Und es gibt sicherlich eine Vielzahl von Prostituierten, die das genauso empfinden. Für diese Frauen wäre ein Sexkaufverbot kontraproduktiv – zumindest für den Moment.

Um Missverständnisse zu vermeiden: ***ICH (Georg Schanz) wäre für ein Sexkaufverbot, habe aber Zweifel, dass sich das in der Praxis durchsetzen lässt. Noch so strenge Gesetze und ihre Durchsetzung sind deshalb begrenzt, weil Teile der Prostitution in der Illigalität verschwinden.***

Andere Teile, vor allem die Finanzstarken, sind nicht mehr als Prostitution erkennbar, weil sie tatsächlich im Rahmen der Promiskuität und des freiwilligen Sexes stattfinden – es gibt keine sichtbaren Organisationsstrukturen und nur noch eine verdeckte Steuerung durch offizielle Geldflüsse, die nach den Gesetzen des jeweiligen Staates im vollen Umfang legal behandelt werden (Steuerrecht, Sozialversicherungsrecht, BGB, HGB, Haftung und Versicherungen, Verbraucherschutz, Finanzdienstleistungsgesetze, Arbeitnehmerschutzgesetze usw.).

Die wenigsten Prostituierten schaffen es, sich wirtschaftlich zu etablieren und als unabhängige Personen in der Normalität zu überleben. Soweit es Frauen wie die Zauberhafte betrifft, gibt es Einsichten, etwas zu ändern und die Prostitution zu verlassen, erst dann, wenn sie beginnen, ihre Außenseiterstellung (Ausgrenzung) zu spüren, wenn das Geschäft nicht mehr so läuft und wenn Erlebnisse welcher Art auch immer (z.B. Gewalterlebnisse) dazu kommen.

Im Folgenden beschränke ich mich auf Wahrnehmungen und Ereignisse, die vor, während und nach der Prostitutionsphase zu Beeinträchtigungen führen können:

*„… Zur Realität in der Prostitution und ihre gesellschaftlichen Auswirkungen v**on Dr. Anita Heiliger***

***(„2.1“) männliche Dominanz:** „ …Die Existenz von Prostitution vermittelt Männern wie Frauen **männliche Dominanz** in der Gesellschaft. Männern wird (sexuelle) Verfügbarkeit von Frauen vermittelt und Frauen ihr unterlegener gesellschaftlicher Status … Prostitution ist kein Sex, sondern kommerzialisierte sexuelle Gewalt ..*

(„2.2“) Stimmen zur Realität in der Prostitution

*Die **dänische Ex-Prostituierte Tanja Rahm**: Die Prostituierten existieren nur, weil Männer wie Du sich berechtigt fühlen, ihre sexuellen Bedürfnisse in den Körperöffnungen anderer Menschen zu befriedigen …*

Die deutsche Exprostituierte Marie *stieg in die Prostitution ein, als sie Geld brauchte und in Hartz IV abzurutschen drohte – das ist das meiste Motiv: schnell verdientes Geld und jede denkt, das schaff` ich schon. „ICH habe hier in Deutschland ja die Option, mich zu verkaufen. Es ist legal und ich kann mich entscheiden, das zu tun. Die Entscheidung ist also freiwillig. Gleichzeitig zwingen die Umstände aber dazu. ICH kenne keine Frau, die es nicht aus Geldnot gemacht hat …*

„ … **Die Französin Rosen Hicher verbrachte 22 Jahre in der Prostitution**, *bevor sie sich der Frage stellte, warum sie in die Prostitution gehen konnte. Sie hatte sich als selbstbestimmt wahrgenommen und viel Geld verdient, sogar ein Buch geschrieben, in dem sie die völlige Liberalisierung der Prostitution forderte. Irgendwann aber fragte sie sich, warum es ihr so leicht fiel, sich zu prostituieren und arbeitete anschließend 10 Jahre lang mit therapeutischer Unterstützung daran, ihre eigene Geschichte aufzudecken: die eines Kindes, dem extreme Gewalt und sexueller Missbrauch angetan worden war. Dass es ihr so leicht gefallen war, sich zu prostituieren, stellte sich auch bei ihr als Folge dessen heraus,* ***dass sie von klein auf Gewalt gewöhnt war …***

… Eine weitere dänische Exprostituierte *schrieb nach 6 Jahren Prostitution als „Escort-Dame“ und im Bordell einen offenen Brief an alle Abgeordneten ihres Landes, um sie davon zu überzeugen, „Gesetze zu verabschieden, damit es nicht länger erlaubt ist, dass Männer wie du Frauen wie mich kaufen“. Sie schreibt in ihrem Brief „Lieber (potenzieller) Sexkäufer“: „Jeden Tag bin ich ins Bordell gegangen. Es fühlte sich an, als ob es mir Kraft, Selbstvertrauen und Kontrolle gäbe. ICH habe mich darüber gefreut, dass du und die anderen Sexkäufer mich scheinbar schätzten. Damals habe ich für das Recht gekämpft, meinen Körper zu verkaufen ..“*

… Die Deutsche Corinne van de Luchteren *dokumentiert in ihrem Buch TraumaNutte den Prozess ihres Ausstiegs aus der Prostitution, zu dem ihr eine Sozialpädagogin verholfen hatte. Sie beschreibt in Tagebuchform, wie die während der Therapie wachsende Erinnerung an Gewalt und sexuellen Missbrauch in ihrer Kindheit Abscheu gegenüber der Prostitution erzeugte: „Wenn ich an die Arbeit am Abend denke, beginne ich innerlich zu frösteln und mir wird übel…*

...Fast alle Frauen im Puff gehen irgendwie drauf. Wenn sie nicht irgendwann auf Drogen kommen, werden sie von ihren Kerlen fertiggemacht.... ICH kenne keine Frau, die damit glücklich geworden ist."

„Manche der älteren Kolleginnen sagen, man ist versaut fürs Leben durch die Anschaffe und bleibt anfällig dafür, wenn das Geld im soliden Leben knapp wird. Es ist wie eine Sucht und bleibt im Kopf verankert ..."

Anmerkung Schanz: Was die Zauberhafte letztlich zur Prostitution gebracht hat, ist nicht ganz klar, was ihren Bericht betrifft:

„Sie schilderte Ihr Leben in Kurzform so: "Oh ja - aufgewachsen als Kind eines Alkoholiker-Ehepaares. Mit 12 Jahren auf den Strich gegangen und gut verdient. Kurz den Drogen verfallen - danach nur noch Edelprostitution mit betuchten älteren Herren. Später war Sie in der Lage aufgrund einer geschickten Datingauswahl nur noch mit Männern Sex zu haben, die Dir gefielen." –

Ob das jetzt stimmt oder nicht, kann ich nicht sicher kontrollieren.

Ob wahr oder nicht? *„... aufgewachsen als Kind eines Alkoholiker-Ehepaares..." kann natürlich* **der wichtige Auslöser** *gewesen sein.*

Jetzt verweist sie auf Gewalterlebnisse während der Prostitution: *„ ... Wovon redest du denn da verdammt? Du hast ja echt gar keine Ahnung (wahrscheinlich hat sie Recht) ..., ich bin in Behandlung bei einer Psychotherapeutin, die mich nach einem* **schwerwiegenden Gewalterlebnis** *betreut ..."*

(„2.3") Gewalterlebnisse in der Kindheit: *Die französische Psychiaterin Muriel Salmona zeigt in ihrer Arbeit: „Le livre noir des violences sexuelles" auf, wie durch* **Gewalterlebnisse in der Kindheit** *entsprechende Wahrnehmungen und Gefühle nicht an das Gehirn weiter geleitet werden, um die Situation zu ertragen, um zu überleben. Die Schmerzen und Erniedrigungen werden so nicht gespürt ...*

(„2.4") „während des Sexes empfand ich keine Lust": *Tanja Rahm arbeitet heute als Therapeutin* *und räumt in ihrem offenen Brief ... mit der Vorstellung auf, eine Prostituierte empfände sexuelle Lust, wenn sie sich von einem fremden Mann für Geld penetrieren lässt: „Nicht ein einziges mal bin ich mit Lust zu meinem Job gegangen.* ***Das Einzige, was mich beschäftigt hat, war, schnelles Geld zu verdienen...*** *Nein, auch während des Sexes empfand ich keine Lust, ich war nur gut darin, dir das vorzuspielen... Du warst die Nummer 3, Nummer 5 oder Nummer 8 an diesem Tag... Mein Unterleib brannte, von Gleitcreme und Kondomen...Du hattest nur ein Ziel: Deine Macht zu beweisen, indem du mich bezahlst und meinen Körper benutzt, wie es dir gerade gefällt ... ICH ekelte mich vor euch und euren teilweise kranken Fantasien"*

(„2.5") Die Männer tragen die überwiegende Verantwortung! / *Tanja Rahm*

... Nach der Veröffentlichung dieses Briefes ging in Deutschland ein Shitstorm im Internet los. Freier wollten nun ihre Frauenfeindlichkeit ungeschminkt vorführen und zeigen, was sie von den Prostituierten, die sie benutzt hatten, halten...

Anmerkung Schanz: Obwohl ich ein Mann bin und den meisten Männern (ca. 80 %) Harmlosigkeit und ein unterentwickeltes Interesse am Sex bescheinige, ihnen ist der Fußball und die Bier- und günstigstenfalls Weinseligkeit wichtiger, sind ca. 20 % der Männer die Verantwortlichen und Auslöser des Missbrauchs von Frauen und der Prostitution.

„...«Eine Welt ohne Prostitution ist denkbar» (Alice Schwarzer, «Emma»): An sich bin ich ein fast militanter Gegner von Alice Schwarzer, aber ich stimme mit ihr in fast allen Fällen überein, mehr als mit meiner eigenen Frau:

Alice Schwarze hat im Prinzip Recht, wenn auch inzwischen immer mehr Frauen verantwortlich als Zuhälterinnen, Organisatorinnen und Logistikerinnen dabei sind,

- *vor allem damit, dass viele Männer ihre Begierden in den Griff kriegen müssen, sich ggf. therapeutisch behandeln lassen sollten,*
- *aber sie vergisst dabei, dass vor allem Männer (als Kapitalgeber, Organisatoren, Zuhälter, Verwalter und als Kunden/Freier), aber auch sich prostituierende Frauen wahrscheinlich über Jahrtausende angepasst haben und eine Tradition der ge- werbsmäßigen Prostitution („ältestes Gewerbe") begründet bzw. mitbegründet haben, die schwer auszumerzen ist.*
- *Das bedeutet einerseits, dass die wirtschaftlich-finanzielle Entwicklung der Sexindustrie zu lukrativ ist, als dass sie die Kapitalgeber, Organisatoren, Zuhälter und Verwalter sie freiwillig aufgeben würden. Im Zweifelsfall finden sie Nischen im Inland und im Ausland – irgendwann funktioniert der Sexbetrieb, ohne dass irgendwo ein/e Verantwortlich/e zu lokalisieren und namhaft zu machen ist.*
- *Dazu kommt das Beharrungsvermögen der Prostituierten selbst: Sie haben das Gefühl auf eigenen Beinen zu stehen und gutes Geld zu verdienen. Viele von Ihnen haben nichts Anderes gelernt und scheuen den Ausstieg mit sozialem (finanziellem) Abstieg.*
- *Dazu kommen Lust und Spaß am Sex und das Gefühl, sich die Partner nach eigenem Geschmack aussuchen zu können. Das betrifft die Zauberhafte ganz eindeutig und sie nimmt/nahm es mir übel, dass ich das zwar zum Teil neutral, im Wesentlichen aber negativ kommentiert habe.*

Das Alles ändert nichts daran, dass man den Verkauf von Sex als Ware und Dienstleistung mit allen Mitteln unterbinden muss, vor allem dort, wo der Missbrauch von Frauen stattfindet.

(„2.6.1“) „… nicht zu jammern, wenn ein Mann …“ / Tanja Rahm

… In vielen Freierforen brüsten sich Männer ohnehin ständig, wie sie die Prostituierte hergenommen haben und bewerten sie. Fantasiertes Männerrecht, Frauen zu bewerten und in jeglicher Weise zu benutzen, z.B.: „ICH zog ihr die Arschbacken auseinander und schob ihr langsam meinen Schwanz in den Arsch, was sie mit leisem Jaulen quittierte (was für ein sound)…

Eine Andere schreibt: … Kontrolle, nicht zu jammern, wenn ein Mann meine Brust so hart anpackte, dass ein stechender Schmerz entstand. Kontrolle, meine Füße in die Luft zu strecken, auch wenn sie zitterten. Kontrolle, um sich gegen das Stoßen von hinten abzustützen, mit dem Gesicht gegen das Kissen gedrückt, rudernden Armen, während jeder Stoß meine Wirbelsäule staucht …

… Kontrolle, nicht gegen eine schleimige Zunge in meinem Mund zu würgen, die sich nass in mein Ohr gräbt, an meiner Kehle leckt. Kontrolle, nicht zu zucken, wenn ein Fingernagel sich plötzlich in meinen Anus bohrt, wenn ein Schwanz sich in meine Vagina schrammt, gegen brennende Haut und ich fühlte, wie mein Gesicht blass vor Schmerzen wurde ...

… Die Irin Rachel Moran war 7 Jahre lang, im Alter von 15 bis 22, als Prostituierte tätig. Mit 22 gelang ihr der Ausstieg mit einem großen Kraftakt, sie studierte und konnte sich erfolgreich in die Gesellschaft integrieren … Sie berichtet von Gewalt, Einsamkeit, schonungsloser Ausbeutung und Missbrauch. Die Angst verletzt zu werden, sei ständig da. Jeder realen Gewalthandlung seien endlose Gewaltdrohungen vorausgegangen. Am wenigsten Gewalt erfahre diejenige, die sich allen Wünschen der Freier beuge, für sich selber keine Grenzen setze. Welche aber mit Abwehr auf Schmerzen und Zumutungen reagiere, erfahre umso mehr Gewalt, weil die Abwehr nicht zu den Fantasien des Freiers passt, für deren freies Ausleben – und scheinbar lustvolle Reaktion – er meint bezahlt zu haben …

(„2.6.2“) Freiwilligkeit in der Prostitution?

Anmerkung Schanz: ICH möchte mir nicht vorstellen, dass die überwiegende Zahl der Prostituierten das aus reinem Vergnügen zulässt. Das wäre zwar möglich, aber für mich nur schwer nachvollziehbar.

Das ist nur ein kleiner Ausschnitt dessen, was tatsächlich passiert, und ich frage mich, wie man die Männer behandeln sollte, die so etwas aussprechen und dann auch offensichtlich auch tun. Obwohl ich ein Gegner zu harter Strafen bin und jedem eine mindestens zweite Chance anbieten würde, wäre ich für eine sinnvoll befristete Einweisung in eine geschlossene Anstalt mit geeigneter Therapie. – Es mag ja sein, dass ich u.a. auch so reagiere, weil ich zwei Töchter habe.

Schanz: Insofern hat die Zauberhafte Recht, wenn sie mir vorwirft: DZ: „… um 13:48: Wovon redest du denn da verdammt? Du hast ja echt gar keine Ahnung..., ich bin in Behandlung bei einer Psychotherapeutin, die mich nach einem schwerwiegenden Gewalterlebnis betreut …“

(„2.6.3“) “Bordellbetreiberin berichtet“

Die Schweizer Prostituierte und ***Bordellbetreiberin*** *Brigitte Obrist äußerte sich bereits 1992(!) im SPIEGEL über wachsende Gewalt in der Prostitution. Sie berichtete von zunehmend perverseren Wünschen der Kunden, die erkennbar auf den Konsum von brutaler Pornografie zurückzuführen seien. So berichtete sie u.a. von Videos, in denen Frauen real gefoltert werden …*

(Schanz: ICH frage mich allerdings, wie eine Frau, die es wissen müsste, Bordellbetreiberin sein kann und dann entrüstet über Männergewalt berichtet.)

- ***… Beispielsweise werden Frauen an den Brüsten aufgehängt,***
- ***… mit dampfenden Bügeleisen attackiert …***

ICH weiß von Frauen, die halten als Sklavinnen hin aus einer extremen Notlage heraus. Die, die ich kenne, haben eine deutlich herabgesetzte Schmerzgrenze, sind aber nach einer Foltersession über Stunden hinweg völlig unansprechbar. ICH weiß von Salons, in denen die Behandlung mit Kerzenwachs, mit Nadeln und auch das ***Zunähen von Schamlippen angeboten*** *wird. Natürlich verdienen die Mädchen überdurchschnittlich gut – 1000 Mark aufwärts für eine Session …*

(Schanz: ICH bin entsetzt, dass Frauen direkt oder indirekt daran mitwirken, andere Frauen quälen zu lassen und das, wenn auch mit Entrüstung, mit guter Bezahlung rechtfertigen.)

(„2.6.4“) Die australische Professorin und Feministin Sheila Jeffreys

… weist in ihrer Arbeit: ***„The Industrial Vagina“*** *darauf hin, dass Prostituierte unter zwei Formen von körperlicher Gewalt leiden:*

- *für die eine –* ***die normale alltägliche Gewalt von ungewollter und oft schmerzhafter Penetration –*** *erhalten sie Geld,*

- *die andere bleibt unbezahlt und* ***beinhaltet Vergewaltigung, Schläge und sogar Mord durch männliche Käufer, Zuhälter, Menschenhändler und Passanten.***

- *Die schweren Verletzungen, die die Frauen erleiden und für die sie nicht bezahlt werden, seien durch zahlreiche fundierte Studien gut belegt:* ***seelische Leiden, Knochenbrüche, Kopfverletzungen, sexuelle Gewalt, Gefangennahme.*** *nie, an was für einen Mann sie geraten. Die meisten können einen Freier nicht abweisen, sie haben entsprechende Anweisungen von den Bordellbetreibern und/oder stehen finanziell unter Druck …*

- *... In* ***der Escort-industrie*** *gibt es nach Sheila Jeffreys gar keinen Schutz. Sie führt in ihrem Buch eine staatliche Webseite für kommunale Gesundheit in Victoria/USA an, auf der „Sicherheitstipps" angeboten werden, die sich speziell an die Prostituierten in der legalisierten Escort-Industrie wenden...*

- ***Callgirls*** *wird z.B. geraten, sich bei der Ankunft mit dem Gelände vertraut zu machen. Sie sollten nachsehen, ob es zu viele Autos gibt oder zu viele Lichter an sind – dies könnte auf die Möglichkeit einer Gruppenvergewaltigung hinweisen. Nachdem sie hereingelassen wurden, wird ihnen geraten, sich die Örtlichkeit zeigen zu lassen, damit sie sich für den Fall von Problemen mit den Ausgängen vertraut machen können ...*

(„2.6.5") Weitere Sicherheitsvorschläge

... lauten u.a.:

- ***Stifte, Trillerpfeifen und Atemsprays*** *können gute Waffen abgeben und dir Gelegenheit zum Entkommen geben.*

- ***Behaupte dich in den ersten zehn Minuten des Treffens mit dem Klienten.*** *Von dem Moment an, wo du allein mit dem Klienten bist, ist es wichtig, die Situation unter Kontrolle zu haben und zu behalten. Sei höflich und freundlich – es ist oft der beste Weg, um Kontrolle zu gewinnen sogar wenn der Klient sich wie ein Idiot benimmt.*

- *Lass den Klienten wissen,* ***dass draußen jemand auf dich wartet,*** *auch wenn niemand dich gefahren hat.*

- *Wenn du selbst fährst,* ***parke dein Auto so, dass nur die Rückseite vom Haus aus sichtbar ist*** *(z. B. hinter einem Baum oder ein paar Büschen) und lass, wenn möglich, das* ***Autoradio an*** *(das wird den Klienten denken lassen, dass jemand auf dich wartet).*

- *Lass deine* ***Sachen auf einem Stapel nahe der Türe****, sodass du sie mit einem Griff an dich nehmen kannst, wenn du schnell fort musst.*

- *Die letzte Empfehlung zielt darauf ab, sicherzustellen, dass die Frau, sollte sie aus einer Gefahrensituation fliehen müssen, nicht nackt und ohne Autoschlüssel oder Handtasche ist. Auf dieser Ratgeberseite gibt es auch eine Instruktion für „Escortarbeiterinnen", in der sie vor lokalen Schmerzmitteln in der Vagina gewarnt werden: diese könnten es schwieriger machen, eine ernsthafte Verletzung zu bemerken...*

- Anmerkung Schanz: Was zum Teufel sind das für Sicherheitsregelungen? Es müsste m.E. einen automatisierten Notruf (Polizei, Feuerwehr, Sicherheits- dienste usw.) geben, vergleichbar wie bei Pflegebedürftigten, und eine permanente Kontrolle, wo sich jemand befindet – vielleicht wie die App bei Corona.

(„2.6.6") *Forschungsergebnisse zu gesundheitlichen Auswirkungen von Prostitution / Tanja Rahm*

... In Deutschland gab es bisher wenig Forschungsinteresse zu diesem Thema. Doch die 2004 veröffentlichte repräsentative Studie zur „Lebenssituation, Sicherheit und Gesundheit von Frauen in Deutschland"30, die Bestandteil des nationalen Aktionsplans der Bundesregierung zur Bekämpfung von Gewalt gegen Frauen von 1999 war, enthält unter den 10.000 befragten Frauen insgesamt auch eine (nicht repräsentative) Spezialbefragung von 110 Prosti- tuierten zur Gewaltbetroffenheit.

Die Ergebnisse dieser Befragung sind durchaus interessant. Dabei scheint es gar nicht einfach gewesen zu sein, Bereitschaft zur Mitarbeit an der Studie in der Szene zu wecken und in den Interviews gab es erhebliche „Zurückhaltung" bei den Interviewten Frauen, über Gewalterfahrungen im Zusammenhang mit der Prostitutionstätigkeit Auskunft zu geben.

Trotz der „Zurückhaltung" im Berichten von Gewalt bemerken die Autorinnen der Studie: „Gerade vor diesem erschwerenden Hintergrund ist es erstaunlich, dass dennoch ein großes Ausmaß an sexueller und körperlicher Gewalt auch in dieser Befragungsgruppe benannt und sichtbar wurde."

Demnach hatten von den befragten Prostituierten angegeben, seit dem 16. Lj: 92% mindestens eine Form sexueller Belästigung erlebt zu haben;

82% nannten Formen von psychischer Gewalt;
87% haben mindestens eine der genannten Formen körperlicher Gewalt und 59% haben mindestens eine der aufgeführten Formen sexueller Gewalt erlebt.

Als Tatorte gaben die Frauen – analog der sog. „häuslichen Gewalt" –

- *am häufigsten die eigene Wohnung,*
- *gefolgt von einem öffentlichen Ort,*
- *einer anderen Wohnung,*
- *einem Auto oder der „Arbeitsstätte".*

Auch wenn gemeinhin die Straßenprostitution als am gefährlichsten gilt, so berichteten doch 71% der Frauen, die angaben, in der eigenen Wohnung sexuelle Dienstleistungen anzubieten, hier schon einmal sexuelle Gewalt erlebt zu haben. ***Als Täter wurden insgesamt am häufigsten die Freier genannt.***

(„2.6.7“) Auf internationaler Ebene haben Melissa Farley u.a.

… bisher die einschlägigsten Ergebnisse veröffentlicht mit Daten aus neun verschiedenen Ländern (2004). Demnach zeigten

zwei Drittel der untersuchten 854 Frauen in der Prostitution

- *Symptome von PTBS (posttraumatischer Belastungsstörung), die in ihrer Deutlichkeit vergleichbar waren mit denen von therapiesuchenden Kriegsveteranen,*
- ***Frauen, die in Frauenhäuser flohen,***
- ***Überlebenden von Vergewaltigungen***
- ***und Flüchtlingen, die staatlich sanktionierter Folter ausgesetzt waren …***

(„2.6.8“) Zusammenfassung und Position

(„2.6.8.1“) ***<u>Das Eindringen in den Körper der Frau</u>**, die Okkupation des Intimsten einer Frau und die z.T. brutale Benutzung*

- *für ein **rücksichtsloses Abspritzen des Spermas** im Rausch der ultimativen Machtfantasie über die Frau – das ist das Symbol von **Männlichkeit als Überlegenheit über Frauen** durch Ausnutzung von Traumatisierung und finanzieller Not, durch ständig wiederholte Zerstörung ihrer Würde, das oft genug brutale Hineinstoßen in den Ort der Gebärfähigkeit der Frau, der Fähigkeit, Leben zu geben.*
- *Die **Brutalität und Rücksichtslosigkeit**, mit der dies oft geschieht, hat häufig neben heftigen Schmerzen schwere Verletzungen im Unterleib, Afterbereich sowie in Mund und Rachen der Frau zur Folge. Das heute üblicherweise verlangte und zumeist gewährte „ohne Kondom“ hinterlässt vielfach schwere Infektionen bei den Frauen (vgl. Wolf 2007).*
- *Ein **hoher Konsum von Drogen und Schmerzmitteln** ist bekannt. Längerfristige Prostitution führt zu deutlich geringerer Lebenserwartung. Die Abschaffung einer systematischen Gesundheitskontrolle nach dem ProstG von 2002 in Deutschland verhindert eine durchgängige Gesundheits- versorgung und –vorsorge. An eine Gesundheitskontrolle der Freier ist gar nicht zu denken!*
- *Der Skandal dieser Situation wird gedeckelt durch **weitgehend***

fehlende Datenerhebung *und damit eine staatlich geförderte Auslieferung der Frauen an ein gewalthaltiges und schwer schädigendes Milieu.*

(„2.6.8.2") Kein „Job wie jeder andere"! Prostitution ist Gewalt gegen Frauen!

STICHWORTE (Verkürzte Wiedergabe)

- ***Sexkauf verbieten!***

- ***Kultivierung eines neuen Männlichkeitsverständnisses****, das sich nicht mehr über die (sexuelle) Benutzung von Frauen und die Dominanz über sie definiert – ein großartiges Beispiel, das die Wurzel der Prostitution angeht:*
- ***das sog. Triebmodell männlicher Sexualität auszuhebeln****, welches vermittelt, der männliche Sexualtrieb verlange nach Befriedigung und sei schwer zu kontrollieren.*
- *den Mythos zu bekämpfen, dass* ***sexuelle Betätigung männlich*** *und die sexuelle Benutzung von Frauen Männerrecht* ***und legitim*** *sei.*
- ***dass die tabulose sexuelle Benutzung von Frauen*** *in der Prostitution Ehe und Familie rette und Vergewaltigungen reduziere…*
- *In begleitenden Schulprojekten vermittelt das „schwedische Modell" Jungen ein* ***antipatriarchales Männlichkeitsbild****.*
  - *Das Selbstverständnis des Mannes hat sich verändert nach dem Motto:*

    „nur Loser zahlen für Sex". Jungen lernen in der Schule ***Respekt vor Frauen*** *und ein kultureller Wandel ist in Schweden auf dem Weg,*
  - *dessen* ***Gleichberechtigungspolitik ohnehin bereits als erfolgreichste in ganz Europa gilt/galt.***

Anmerkung Schanz: Das schwedische Modell mag sehr fortschrittlich sein, hat aber den funktionalen Nachteil, dass es sehr schwer ist, es durch-zusetzen:

- *Im November 2013 beschloss die schwedische Regierung, die Situation der Prostitution in Schweden erneut untersuchen und bewerten zu lassen. Die Gleichstellungsministerin Maria Arnholm vermutete, dass* ***der Menschenhandel trotz der schwedischen Gesetzgebung stark zugenommen*** *habe.*
- *Das hoch gelobte schwedische Prostitutionsgesetz hat dazu wahrscheinlich die Prostitution „in die Straßen freigemacht", nicht aber reduziert, sondern* ***in den Untergrund verschoben.***

Wikipedia:

Die Historikerin Susanne Dodillet von der Universität Göteborg kommt auf der Grundlage einer vergleichenden Analyse der Prostitutionsdebatten in Deutschland und in Schweden zum Ergebnis, „dass es schwierig ist, eine gemeinsame europäische Linie für die Prostitutionspolitik zu finden“, denn „schwedische Politiker, die für eine Kriminalisierung der Kunden kämpfen, können kaum mit deutschen Linken zusammenarbeiten, da sich ihr Verständnis von Staat und Individuum grundlegend unterscheidet.“, die quasi die Gleichstellung der Prostitution und der Prostituierten mit normalen Wirtschaftsbetrieben nach der Würde des Menschen anstreben (freie Berufswahl und –ausübung).

Auch die Zusammenarbeit mit konservativen deutschen Parteien, die ein Verbot der Prostitution befürworten, sei laut Dodillet problematisch, denn „die strukturalistische Perspektive auf die Machtverhältnisse zwischen den Geschlechtern, das wichtigste Fundament des schwedischen Sexkaufverbots, wird nicht von den deutschen Christdemokraten geteilt.“ Denn, wenn man Prostitution grundsätzlich verbietet, kann sie dadurch in die Illegalität abgedrängt werden. Sie findet dann weiter statt, aber ohne Begleitung und Zugang zu Beratung und Unterstützung für die Prostituierten.

Aufklärung über ihre Rechte, Gesundheitsberatung und Kontrollen der Umstände in den Bordellen - das alles haben wir mit dem seit 2017 geltenden Prostituiertenschutzgesetz. Wir wollen Prostituierte aus der Illegalität herausholen, um sie besser vor Gewalt, Erpressung und Missbrauch zu schützen.

D.3.4.3.4.2 Widerstand in Deutschland

Doch auch in Deutschland regt sich bekanntlich Widerstand:

- *Solwodi mit der Petition: Mach den Schluss-Strich – Keine Frauensklaverei in Deutschland! Alice Schwarzer mit dem EMMA-Appell gegen Prostitution und der Karlsruher Appell für eine Gesellschaft ohne Prostitution. Beratungsprojekte wie La Strada in Stuttgart mit Sabine Constabel, Karo an der tchechischen Grenze mit Cathrin Schauer, Maisha in Frankfurt mit Virginia Wangare Greiner und eine Marburger Bürgerinitiative sind schon im Netzwerk. Weitere Frauen und Gruppen schließen sich an.*

- *... wohlhabende Geschäftsleute sollen zwischen den Vorstandssitzungen bei einem „Begleitservice“ nicht junge Frauen aus Osteuropa als „Frischfleisch“ ordern können, der sie „ins Gesicht spritzen“ und „ohne Kondom in den Arsch ficken“ dürfen. Wir wollen auch nicht mehr in der taz lesen müssen:*

- *„Ein Loch reicht nicht“ mit Werbung für eine „Weiterqualifizierung“ für die Prostitution und Sabine Constabel soll nicht mehr die Hilferufe der osteuropäischen Frauen hören müssen, die die Schmerzen bei der Penetration nicht mehr aushalten, nicht mehr schlafen können, Alpträume haben, an Selbstmord denken und wenn sie in ihr Heimatland fahren, mit Tüten voller Schmerzmittel und Psychopharmaka zurückkommen .*

Anmerkung Schanz CHAOS: Da sich die Europäer offensichtlich nicht auf ein funktionierendes gemeinsames Konzept einigen konnten, funktionieren beide Konzepte nicht. Die folgenden Thesen mögen übertrieben sein, treffen aber den Kern der Situation:

- ***In Schweden ist die Prostitution fast unsichtbar geworden. Die Prostituierten haben zwar mehr Rechte und können sich gegen Prostitution wehren. Aber wenn sie damit Geld verdienen wollen, müssen sie sich in die Illegalität flüchten oder nach Deutschland gehen.***
- ***In Deutschland, das inzwischen „als Bordell Europas gilt“, haben/hätten die Prostituierten alle Rechte, die einem Arbeitnehmer oder auch Selbständigen zustehen. Aber wer sich als kleiner Sexshop oder Einzel- oder Amateurprosti- tuierte mit den großen anlegt (Beschaffungs- und Vertriebskonkurrenz macht), wird ausgegrenzt, bedroht und, wenn das nicht hilft, körperlich diszipliniert und bedarfsweise ganz ausgeschaltet (von Unfall bis seltener Mord ist alles möglich).***

ICH habe das Thema Subjektive Befindlichkeiten (zwischen Psyche und Psychiatrie) so ausführlich behandelt, um das Umfeld der Zauberhaften zu verdeutlichen und nachvollziehbar zu machen. Mögen die Risiken für sie nicht ganz so dramatisch sein, aber sie sind für sie groß genug, wenn es stimmt, dass sie sich in Behandlung bei einer Psychotherapeutin befindet, die sie nach einem schwerwiegenden Gewalterlebnis betreut.

D.3.4.3.5 *Schizophrenie (gespaltene Persönlichkeit) oder Bewusstseinsspaltung*

Es gibt keine echte Diagnose, Beides wäre möglich:

(„1“) Schizophrenie (gespaltene Persönlichkeit)

*Anders als bei der Bewusstseinsspaltung als Abwehrmechanismus spricht man von Schizophrenie, **wenn zwei unterschiedlichen Personen** (Personalitäten) in einer realen Person auftreten.*

Das betrifft ein unterschiedliches Bewusstsein, unterschiedliche Wahrnehmungen, Gefühlsregungen, Emotionalitäten und Reaktionen, Erregungszustände und Erinnerungs- und Denkprozesse.

Es ist eher unwahrscheinlich, dass die Ursache für Schizophrenie in der Prostitution zu suchen ist, eher ist denkbar, dass psychischer Stress eine schon vorhandene Schizophrenie verstärkt oder sichtbar macht.

Ob beispielsweise die eine Wirklichkeit (Personalität) darin besteht, einen geliebten Partner zu haben, mit dem man sein Leben teilt, und eine andere Wirklichkeit (Personalität) für den Beruf als Prostituierte, die völlig voneinander getrennt wahrgenommen werden und auch nicht in sexuelle Konkurrenz treten, wäre möglich, ist meines Wissens aber noch nicht nachgewiesen worden.

Folgende Chats könnten Anhaltspunkte

bieten: CHATFOLGE 1

Erste Persönlichkeit (auszugsweise):

ICH: um 23:55:
Ich plane für mich mit Dir ein neues Leben. Es mag Rückschläge geben, aber aufzugeben, ist meistens der falsche Weg, es sei denn, Du stellst beispielsweise fest, mit diesem alten Sack möchte ich gar nicht zusammen sein.

ZH: um 23:59:
Ach das ist eigentlich nicht das Thema. Ich bin schon Deiner Meinung. Sehr interessant.

ICH: um 0:06:
ICH bin in gewisser Weise auch von Dir manipuliert, weil ich Dich nicht vergessen kann und Dich möglichst nicht aufgeben möchte. Warum wohl? ICH bin müde, Gute Nacht, mein ALLES.

ZH: um 0:07:
Gute Nacht Schlaf gut und lass dich liebevoll drücken und küssen mein Schatz. Freue mich auf bald.

ICH: um 7:14:
Denk an Folgendes: Wenn Du ernsthaft mit mir zusammen kommen willst, musst

ZH: um 7:16:
Mhhhm, was muss ich dann? Ich verstehe Deine Nachricht grade nicht so ganz ?

ICH: um 7:16:
Du für Dich eine Entscheidung triffst. Spätestens Ende August werde ich das Portal verlassen.

ZH: um 7:17:
Also du meinst ich muss entscheiden wann ich bereit für ein Treffen bin? Okay, warum willst du gehen?

ICH um 7:21:
Du kennst meine Einstellung zum Chatten und zum Portal. Wenn Du Dich zu einem Treffen bereit bist, ist das für mich der Beweis, dass Du ernsthaft an mir nicht interessiert bist. Dann steige ich sofort aus.

Zh. um 7:22:
zh. ICH finde es aber schon schade das du damit druck aufbaust ehrlich gesagt...

um 7:36:
ich. Entweder bist Du Chatmoderatorin und versuchst deren Einnahmen zu steigern oder Du entscheidest Dich für mich. Du hast mich (mit meinem Wissen) manipuliert - ob absichtlich oder nicht ist unwichtig, aber ich kenne Dich zu gut, um zu wissen, wann ich etwas tun muss. Der Termin war Dir bekannt und anders geht es bei Dir nicht.

Zweite Persönlichkeit (auszugsweise): Es erfolgte eine Art Formalisierung mit anderen verfremdeten Sprachmuster (Sie-Ansprache); ich vermutete schon eine niederländische Färbung. Ob das jetzt aus taktischen Gründen geschah oder ob es tatsächlich schizophrene Züge sind, weiß ich nicht. Eine Begrün- dung erfolgte nicht.

Wenn schizophrene Störungen auftreten, sind sie nicht immer auffällig (Grenzsyndrome) und zeigen unterschiedliche Ausprägungen. Das Spektrum kann von eingeschränkter Wachheit bis zur kompletten Reaktions-losigkeit, bis zu Konzentationseinschränkungen und Störungen der Kognition, Wahrnehmung und der Aufmerksamkeit führen. Verwirrtheit und starke Erregungen können im Ausnahmefall ebenfalls auftreten.

ZH: um 7:41:
Achso super. So darf ICH IHNEN einen Vorschlag weiterleiten? Also auf IHRE Interessen möchte ICH es iIHNEN eröffnen?

ICH: um 7:42: Bitte.

ZH: um 7:45:
So! Hätten wir vielleicht eine Möglichkeit mit IHNEN von hier aus uns anerkennen zu können, diesbezüglich, eine bessere Chance zu erstellen, um uns näher kennenlernen zu können, dass die Vertrauenswürdigkeit mit uns einander durchstimmt. Was sagen SIE dazu, also könnte Ích bitte IHRE Meinung erfahren?

ICH: um 7:49:
Wenn Heike33/82 nicht als Person zur Verfügung steht, bin ich an sich nicht mehr interessiert, aber ich höre mir gern an, was Sie ggf. von mir erwarten.

ZH: um 7:53:
Super. Also ICH möchte nur ganz kurz beitragen dass SIE mich 7/24 erreichen können, also denn letztlich bin ICH auf jeden Fall für SIE in Verfügung. Bitte seien SIE in diesem Thema nur klar. Was ICH nur von IHNEN möchte ist, SIE besser kennenlernen, damit ICH IHNEN auch vertrauen kann. Das würden SIE mir ja auch gönnen oder?

ICH: um 7:58:
7/24 ist wohl Ihr Code und wie kann ich sie erreichen? Grundsätzlich bin ich interessiert, aber weitere Chat-Kosten werde ich nicht in Kauf nehmen. Allein für Heike33/82 habe ich mehr als X € ausgegeben - das war sie mir Wert.

ZH: um 8:03:
Kann Ích IHNEN eine Frage stellen? Ích bin damit einverstanden, dass SIE sich so schön behandeln-interessieren und Wert auf mich erzeugen diesbezüglich möchte Ích ja auch ein Feedback geben, indem wir virtueller Weise eine bessere Unterhaltung durchführen können.

ICH: um 8:07:
Einverstanden. Grundsätzlich muss ich prüfen, wohin das führen soll. Was mich wundert, dass Sie anscheinend mit niederländischem Akzent sprechen. Ist das richtig? Wie geht es weiter?

Hier kam die ZH ohne weitere BEGRÜNDUNG in die normale Sprachform zurück:

ZH: um 8:14: ICH würde Dir vorschlagen, wir lernen uns besser kennen, dann können wir sehen, wo das alles hinführt.
ICH: um 8:20:
Aber wie? ICH habe mein Herz an eine digitale Fiktion verloren. Das Foto ist dermaßen überirdisch - zumindest nach meinem Gefühl. Sie/Du hast mich kennengelernt und weißt mehr über mich, als die meisten anderen Menschen. Aber kommen wir zur Sache: Wie werden wir kommunizieren, ohne dass ich weitere Coins ausgebe. Ohne nachvollziehbare Zugeständnisse werde ich ansonsten zurückziehen …

ZH: um 8:21: ICH weiß ehrlich gesagt nicht, was das gerade von dir soll. Möchtest du mir jetzt irgendetwas unterstellen?

ICH: um 8:26: Am liebsten nicht: Aber Du weißt, dass ich immer mit offenen Karten (Du weißt alles über mich) spiele, Deinen sind nach wie vor geschlossen. Wenn wir ellenlang nur über undurchsichtige und unklare Prozeduren reden, ziehe ich den Stecker.

ZH: um 8:27:
ICH weiß, dass du auf jeden Fall immer mit offenen Karten spielst. Du bist bisher immer ehrlich zu mir gewesen, warum solltest du das ändern?

ICH: um 8:28:
... ICH ändere das nicht - Du must das ändern oder ich kann Dir nicht vertrauen ...

ZH: um 8:29:
Ach so, ich muss das ändern? Sorry, ich bin kein kleines Kind. das irgend etwas machen muss.

ICH: um 8:31:
Eben. Überleg es Dir. Entweder finden wir einen Weg zu einer anderen Kommunikation oder wir finden ihn nicht. Dann sind wir am Ende.

ZH: um 8:32:
Ich habe dir etwas dazu schon gesagt. Ich denke nicht, dass ich mich da andauernd wiederholen muss?

ICH: um 8:34:
Sehr gut - ich werde mich auch nicht wiederholen. Alles Gute.

(„2“) Bewusstseinsspaltung als Abwehrmechanismus

Die Bewusstseinsspaltung gehört zu den Abwehrmechanismen. Einstellungen, die nicht zusammen zu passen scheinen, werden formal und inhaltlich aufgeteilt.

Angenehme Inhalte werden betont, weniger angenehme abgewertet

Am Beispiel des Chats Subjektive Befindlichkeiten (zwischen Psyche und Psychiatrie):

DZ: um 17:03: Ach bleib entspannt. Das war doch nur Sex und, woher weiß ich denn, dass es wirklich mit uns klappt.

DZ: um 17:14: Naja, dann bedeuten dir wohl unsere Gespräche nichts und, wie gesagt, wir haben uns ja noch nicht einmal persönlich, getroffen, weil ich einfach bei dir dachte, dass wir noch etwas Zeit bräuchten. Naja, ich bin halt noch jung. Wenn es so schlimm für Dich ist, tut es mir leid und schade, dass Du mir nicht verzeihen kannst.

(„2.1“) Bewertung der Empfindung

Angenehm – Aufwertung

- ***(Dir)bedeuten dir wohl unsere Gespräche nichts, ihr schon)***

Unangenehm – Abwertung

- *(Das war doch nur Sex. Für mich war das IHR wesentlicher Treuebeweis, wenn auch hier Treue Sex mit anderen zulässt, das aber nicht verscheigt.)*

Das war doch nur Sex. Für mich war das IHR wesentliche Treuebeweis Ob das tatsächlich so gesehen werden kann, ist reine Vermutung, aber mangels geeigneter Diagnose nicht wirklich geklärt

Dieses Dilemma verstärkt die Dimensionen ihres Auftretens. Wer diese Frau (damals ca. 35 Jahre alt) das erste Mal sieht – leider darf ich weder Namen nennen, noch ein Foto zeigen – sieht die Zauberhafte in ihrer schönsten und freundlichsten Form. Das, was ich heute weiß, habe ich erst nach längeren Kontakten erkannt und wollte es anfangs selbst nicht glauben.

Abweichende Orientierung: Die Zauberhafte empfindet Treue anders als der „Normalbürger", wobei der Begriff des Normalbürgers heute in einer Phase weitgehender Freizügigkeit bei vielen nur noch ein moralischer Restbestand ist (bei den sogenannten Prominenten schon immer),

Wir haben heute eher viele Formen simulierter Moral. Der quantitative Umfang moralisch wirklich festgelegter, Gruppierungen ist nicht wirklich bekannt. Wir befinden uns in einer Phase des ethisch-moralischen Wandels, bei dem niemand weiß, worauf das hinlaufen wird.

Falls schizophrene Züge vorliegen sollten, kann die Zauberhafte phasenweise in einer anderen Welt leben. Sie könnte vermutlich unter Verfolgungswahn, Halluzinationen und motorischen Störungen, was dazu führen kann, dass sie gegenüber Männern, die es an sich gut mit ihr meinen, aber nicht wie gewünscht reagieren, besonders abweisend ist.

(„2.2") Wie bewusst ist sich die Zauberhafte über ihre Empfindungen

- *Der Fairness halber sei darauf hingewiesen, dass die Gesamtheit der Eigenschaften, sowohl ihre positive Ausstrahlung wie die gegensätzliche Wirkung mit anscheinend rücksichtslose gegenüber Männern. Das beruht vermutlich auf negative Erfahrungen in der Vergangenheit. Sie befindet sich wahrscheinlich in ärztlicher (möglicherweise psychiatrischer) Behandlung.*

- *Mir gegenüber war sie anfangs zwar freundlich interessiert, aber sehr zurückhaltend und zunächst abweisend, öffnete sich dann in durchaus angenehmer Weise, aber zum Teil mit übertriebenen Liebesbekundungen.*

    - ***CHATFOLGE 2***

        - *Nachdem ich nachgewiesen habe, dass sie mit anderen Männer werbenden Kontakt über Sexanbahnung gehabt hat, gab es folgende Chatfolge:*

„ ... ICH: 9:44: Du weißt, dass ich (ICH) bin und mit Dir kommuniziere?

DZ: 9:50: Ja das bin ich mir sehr gut bewusst ich weiß, wer du bist und ich weiß, auch wo wir sind. Aber solche Kontakte bedeuten doch nichts, sie machen mir Spaß. ICH bleibe Dir doch treu.

DZ: 9:54: Guten Morgen, lieber Georg, wie geht es Dir heute? Hast du gut geschla-fen, mein Liebster? Hast Du Zeit zum Schreiben? Was machst Du heute noch Spannendes?

ICH: 10:00: ICH möchte heute entspannt mit Dir kommutieren. Du weißt, dass ich immer ehrlich und zuverlässig zu Dir war und Dir auch die Treue gehalten habe.

DZ: 10:06: Dass du etwas anderes unterstellt? ICH hab dich echt sehr gerne, Kuss an dich. Du bist doch mein Ein und Alles.

ICH: um 10:10 Nun ich gehe erst einmal davon aus, dass ich mich auf Dich verlassen kann und Du meine Liebste bist.

DZ: 0:14: Was soll dich dir jetzt noch sagen? Lass uns Freunde bleiben und ich werde immer ein offenes Ohr für Dich haben!! Melde Dich dann einfach, wenn Du etwas von mir wissen willst oder Zweifel hast. ICH brauche Dich in meinem Leben als verlässlichen Partner, der mir entschlossen zur Seite steht. ICH liebe Dich mehr als mein Leben, wenn ich Dir auch manchmal Probleme bereite und Du mich nicht verstehst …“

Kommentar: Dieser letzte Teil des Chats war bis dahin der Positivste (ICH liebe Dich mehr als mein Leben), der sich ergeben hat. Mit welchen „Hinter“-Gedanken sie diese Aussagen gemacht hat, weiß ich nicht, aber vermutlich erwartet sie, dass ich letztlich einer offenen Beziehung zustimmen würde. Dabei galt diese Offenheit nur für sie, mir das Gleiche zu gestatten, wurde – trotz meiner direkten Nachfrage – offiziell nie bestätigt.

IHR wesentlicher Treuebeweis ist ein anderer, weil IHRE Treue Sex mit anderen (Freunden, Bekannten, Kunden, Freiern) zulässt, den auch nicht verschweigt und offen behandelt (es sei doch nur Sex), dann aber zu mir nach Hause zurückkehrt und dort mit mir ein echt partnerschaftliches Leben führt. Das ist ihre Moral, von der sie offensichtlich überzeugt ist und die sie für richtig hält.

Wer allerdings auf „echte Treue“ spekuliert, der übersieht, dass die Routine ihres bisherigen Lebens darauf nicht eingestellt ist. Da müsste sich Grundlegendes ändern.

Auszugsweise CHATFOLGE 3

(„2.3“) Deutliche Aussagen (Zeit zur Wahrheit) und

Stimmungsschwankungen

(„2.3.1“) Nymphomanie (Hypersexualität – JA oder Nein)

ICH um 12:57:
Um ehrlich zu sein, so sehr ich Dich mag, es würde nicht klappen und zwar deshalb, weil - wie Du selbst gesagt hast - nicht aus Deiner Haut heraus kannst.

ZH: um 12:58:
Okay, hm, schade, was genau heißt das dann jetzt genau für uns, mein Süßer?

ICH: um 13:02:
Wenn Du mein Süßer sagst, dann, weil Du nicht weiter weißt. - Unsere Beziehung würde spätestens nach 4 Wochen zu Ende gehen, weil Du mir untreu würdest, weil Du einfach nicht anders kannst, selbst wenn Du es möchtest.

ZH: um 13:04:
Also die Unterstellung finde ich nicht ok, du kennst mich doch gar nicht, ich bin noch nie fremd gegangen sowas mache ich nicht"!

ICH: um 13:14:
Das hast Du mir selbst gegenüber zugegeben: 26.02.2020 - 21:10 Uhr: Ja, ich bin untreu gewesen und das tut mir auch Leid, aber nicht oft, das wird nicht mehr vorkommen. Ich habe die Männer nie wieder gesehen. Nimm mir das doch nicht übel.

Auszugsweise CHATFOLGE 3

ZH: um 13:20:
Ja, mein Lieber, ich habe damals die Wahrheit gesagt, dann liegt es ja wohl nicht an mir glaube ich. Ich verstehe die ganze Situation jetzt nicht.

ICH: um 13:25:
Du verstehst mich sehr gut. Immerhin bestreitest Du das Geschehene nicht. Einerseits werde ich bei Deiner Auffassung von Treue nicht mitspielen, andererseits sehe ich Dich als hypersexuelles Opfer (Nymphomanin), das/die nicht uneingeschränkt für sein/ihr Tun verantwortlich ist. Das ist als Krankheit anerkannt. Ich würde Dir helfen, aber ich weiß nicht wie.

ZH: um 13:28:
Also, sowas hab ich ja echt noch nie gehört, sag mal also sowas bin ich doch nicht.

ICH: um 13:32:
Das kann ich nicht beurteilen. Immerhin hattest Du mir mirgeteilt, dass Du u.a. deswegen in therapeutischer Behandlung bist.

Auslassungen

Zu („2.3.1") Willst Du Prostituierte bleiben oder etwas ändern.

ICH: um 13:50:
Das weiß ich auch nicht: Ich mag Dich mehr als jede andere Frau, aber ich vertraue Dir nicht. Ich beurteile eine Frau nicht nur danach, wie gut sie im Bett ist. Das mag den meisten Männern genügen, mir nicht.

ZH: um 13:54:
Ich bin keine Prostituierte, ich bin ein freier Single, der machen, was er will. Aber Deinetwegen sind wir beide ja hier, um uns kennenzulernen und um Vertrauen aufzubauen. Ich habe auch kein Vertrauen in dich, weil ich dich einfach noch nicht richtig beurteilen konnte. Ich habe Dir nichts zugesagt.

um 14:01: Doch, Du hast mir Treue gesagt und dass Du mit keinem anderen chattest. Ich bin einfach zu beurteilen: immer ehrlich, rational, zuverlässig, treu, streng, konsequent und gewissenhaft auf der einen Seite, sehr menschlich, liebevoll, leidenschaftlich, einfühlsam und romantisch auf der anderen Seite. Im Grunde weißt Du das, aber um das beurteilen zu können, müsstest Du mich persönlich kennen lernen.

um 14:08:
ja das stimmt schon aber ich bin halt eine frau mit Prinzipien und ich lasse mir gerade bei online Portalen mehr Zeit. Das wirst du sicher verstehen? Auch wenn Dir meine Treue zu- gesagt haben sollte und dass ich mit keinem anderen chatte, bin ich frei, was immer ich tun will.

um 14:13:
Das ist Betrug, wenn auch nicht einklagbar. - Bei anderen Männern hast Du Dates nach sexuellen Gesichtspunkten sehr viel schneller vergeben (ich habe konkrete Beispiele aus mehr als 000 Chatkopien). -- Mehr Zeit werde ich Dir nicht mehr gewähren. - Aber Deine Freier stehen nach wie vor bereit. - Alles Gute.

um 14:15:
ich bin 38 Jahre alt und ich denke schon das ich meine dinge sehr gut einschätzen kann und ich kann dich nur bitten, Geduld zu haben und bisher läuft es doch gut bei uns?

um 14:25:
Geduld ist dann angebracht, wenn das zu erreichende Ziel es wert ist. Lohnt es sich, auf die Treue einer (ehemaligen???) Prostituierten zu warten?

ZH: um 14:37:
nun für mich ist das hier Neuland und ich möchte flirten Spaß haben uns mich austauschen und das klappt doch wunderbar mit uns oder?

ICH: um 15:13:
GEORG SCHANZ: Du lügst: Neuland? Du bist seit 2015 bei (Chat-Moderator-Portal der ZH), eine sehr erfahrene Chatterin (in ca. 20 Fick-und Sexprogrammen) mit ca. 20-jähriger Prostitutionserfahrung und (Chat-Moderator-Portal der ZH)-Chat-Moderatorin.

ZH: um 15:16:
Hmm, erwischt, wollte nur mal schauen, ob Dich noch erinnern kannst.

Auslassungen

(„2.3.2“) Willst Du Prostituierte bleiben oder etwas ändern?

ICH: um 15:24:
Du versuchst immer wieder eine neue Identität zu kreieren (u.a. Berufe: Marketing-assistentin, Lehrerin, Restaurantfachkraft, Hotelfachkraft (als Prostituierte ja), Drogerie- mitarbeiterin, Mitarbeiterin bei der Stadt Düsseldorf usw.). Warum sollte ich mit Dir Geduld haben?

ZH: um 15:27:
Das alles hat mich einfach verletzt, was du mir gerade gesagt hast und ich finde das einfach nicht nett von dir.

ICH: um 15:30:
Es ist einfach die Wahrheit und hat mit Nettigkeit nichts zu tun. Du lügst oder verschweigst, bist untreu und hinterhältig und hast einen völlig verdorbenen Charakter.
ZH: um 15:34:
bitte hör auf, sonst werde ich einfach weinen, du hast mich sehr verletzt.

ICH: um 15:37:
Du brauchst nicht zu weinen, (Chat-Moderator-Portal der ZH) wird wieder einmal mit Dir zufrieden sein. Alles Gute.

ZH: um 15:39:
Du bist mir so sympathisch, sonst würde ich nicht schon einfach so nervös sein.

ICH: um 17:31:
Es gibt m.E. einen Grund, weshalb Du kein Vertrauen zu mir hast. Du arbeitest weiter als Prostituierte (spätestens nach Corona) und das willst Du vor verbergen.

ZH: um 17:31:
Also wenn du in diesem Satz mich als Prostituierte erwähnst, dann beleidigst mich aber.

ICH: um 17:36:
Du könntest mir ja das beweisen, dass es nicht so ist, aber das tust Du nicht, weil es stimmt.

ZH: um 17:39:
Naja Lieber, das bin ich nicht, also ich mag Dich, weil ich lerne von Dir; du bist ein sehr starker Mann, also in Deinen Jahren hast du jede Frau glücklich gemacht, und das glaube ich dir, aber ein Prostituierte bin ich nicht, Liebling.

ICH: um 17:56:
"Zu viel des Lobes: Wer so lobt, hat etwas zu verbergen."

ZH: um 17:57:
Oder will einfach nur jemanden glücklich machen mit den Aussagen, nicht immer gleich negativ sehen.

ICH: um 18:00:
Es gibt nur einen Weg, mich glücklich zu machen.

ZH: um 18:06:
jaa, und der Weg lautet??? Jetzt bin ich ja mal gespannt, hau mal einen raus.

ICH: um 18:09:
... die Wahrheit zu erzählen und Dich mit mir zu treffen...

ZH: um 18:13:
Oh, Du bist mir ja einer □ und meinst Du, Du kannst mir noch ein bisschen Zeit geben?

Neuer Tag ICH: um 10:13:
Ich bedaure das sehr, aber ich werde mich darauf einrichten, dass "noch ein Bisschen Zeit" nie kommen wird.

(„2.3.3") Wie würde unser erstes Treffen aussehen?

ZH: um 10:32:
Ich würde mir zuerst einmal gerne vorstellen, wie unser erstes Treffen ablaufen wird.

ICH: um 12:44:
Keine Sorge: Völlig unproblematisch: Wo auch immer? Ich bin sehr extrovertiert, sehr interessiert (auch verliebt) und sehr höflich, schon um einen weiteren tieferen Kontakt nicht zu gefährden.

ZH: um 13:00:
Das weiß ich doch, dass du höflich bist, mein Lieber. Und charmant noch dazu. Das liebe ich bei Männern; aber die gibt es leider viel zu selten. Ich bin froh, dass ich dich hier getroffen habe. Kuss

ICH: um 17:37:
Wie könnte es Dir erleichtern, mit mir ein Treffen auszumachen?

ZH: um 17:45:
Das ist nicht möglich, aber wir können immer noch hier chatten und wir haben weiterhin eine gute Zeit, wir müssen uns mehr kennenlernen

ICH: um 17:54:
Das kannst Du vergessen. Ich warte nicht länger (seit XX.XX.2019): Ich habe verstanden, dass es mit uns nichts werden kann. Warum auch immer. Alles Gute.

ZH: um 18:03:
Aber ich will nicht, dass du mich verlässt, ich will immer noch, dass du hier bei mir bist, bitte, ich will, dass du der Mann für mich bist.

ICH: um 18:47:
Bevor ich abschalte, erkläre mir bitte nachvollziehbar, warum ich Dir vertrauen sollte.

ZH: um 18:50:
Nun, du solltest mir vertrauen, denn ich vertraue dir und ich fühle auch, dass wir füreinander geschaffen sind, wir können zusammen glücklich sein.

ICH: um 18:58:
... und wenn sie nicht gestorben sind, dann leben sie noch heute.

Auslassungen

ICH: um 3:20:
Das habe ich gestern schon angekündigt (01722501628 / GSB-Org-Personalentwicklung @t-online.de), weil ich alle Portale nicht mag und Dein Portal ein Betrugs-portal ist.

ZH: um 3:33:
Das sind aber schwere Vorwürfe. Wie kommst Du denn darauf. Hast Du denn hier mal eine schlechte Erfahrung gemacht

ICH: um 3:42:
Ich höchstens wegen überzogener Kosten, aber das generelle Testergebnis ist sehr schlecht, aber Du willst es ja nicht lesen. https://www.zu-zweit.de/.../test

um 3:46:
Ich weis nicht. Also alles kann man auch wieder nicht glauben. Vielleicht steckt ja auch die Konkurrenz dahinter

um 3:47:
Wenn es unwahr wäre, hätte Dein Portal sich schon juristisch dagegen gewehrt. Es wurde eine Vielzahl von Portalen getestet, keiner hat sich gewehrt.

um 3:55:
Nur soviel: Ich bin an Dir interessiert, alle Nebenbedingungen (z.B. (Chat-Moderator-Portal der ZH)) sind für mich unwichtig, aber letztlich entscheidest Du, ob Deine Liebens- würdigkeiten echt sind oder einer Verpflichtung als (Chat-Moderator-Portal der ZH)- Chatmoderatorin entsprechen.

Auslassungen:

(„2.3.3") Ich kann meine Vergangenheit nicht ungeschehen machen.

Ich genieße nur in der Realität, nicht im Chat. Es gilt nach wie vor: Ich habe für meine Buchrecherchen in ca. 50 Portalen mit mehr als 50 Damen gechattet, aber so attraktiv, freundlich, sympathisch, gebildet und ausdrucksstark war keine. Wenn Deine Prostitutions-Vergangenheit und Dein verdorbener Charakter nicht wären, aber sie sind es nun einmal. Alles Gute.

ZH: um 11:56:
Ja, ich kann meine Vergangenheit nicht ungeschehen machen, auch nicht meine Tätigkeit als Hure. Aber ich bin sehr froh Dich gefunden zu haben.

(„2.3.4") Stimmungswechsel

(„Ich kämpfe gegen Nymphomanie" – jetzt „Ich bin völlig normal")

ICH: um 12:00:
Wofür und Wozu? Ich bin 80 Jahre alt und wenn es noch etwas zu erleben geben sollte, dann im Leben und nicht im Chat. Dass Du als Promiskuitive und Hypersexuelle mit "dirty talks" Dich zu vergnügen weißt, das ist nicht meine Welt.

ZH: um 12:02:
Du weist doch das ich auch anders kann und auch immer versuche meine Nymphomanie zu unterdrücken.

ICH: um 12:04:
Ich würde mich in jedem Falle mit Dir treffen, auch an Deinem Arbeitsplatz, was immer daraus werden kann: Ich schließe nichts aus.

ZH: um 12:07:
Na das hört sich ja schon wieder viel freundlicher von Dir an mein Lieber

ICH: um 12:10:
Das ist nicht nur freundlich, das ist viel mehr, ein Gefühl der Verbundenheit, das ich logisch gar nicht erklären kann, aber "NO RISK, NO FUN".

ZH: um 12:13:
Ich weiß das auch sehr zu schätzen und werde Dich auch ganz sicher nicht enttäuschen.

ICH: um 13:02:
So ehrlich, wie Du in Deinen letzten Passagen warst, bist Du mir gegenüber noch nie gewesen. Dafür möchte ich mich bedanken.

ZH: um 13:10:
Das ist aber wirklich sehr nett von dir formuliert mein Schatz. Allerdings habe ich bei dir einfach auch schon so richtig Vertrauen entwickelt.

ICH: um 22:06:
Wahrscheinlich machst Du Dir weniger Gedanken als ich. Überleg es Dir: Ich möchte Dich nicht im Stich lassen und am liebsten mit Dir direkt bei persönlichen Treffen und/oder über Email und/oder HANDY kommunizieren. ich bin zu VIELEM bereit.

ICH: um 22:22:
Ich hoffe, dass Du nicht wieder in Deinem Job bist, obwohl die Zeit danach wäre.

ZH: um 22:48:
Oh das ist aber wirklich lieb von dir, dass du schon so weit denkst über den Kontakt muss ich sagen.

ICH: um 23:56:
Ich warte auf Dich. Allerdings werde ich Ende August aus (Chat-Moderator-Portal der ZH) aussteigen.

ZH: um 0:25:
Schade, aber gegen Deinen Job bin ich wohl machtlos.

ICH: um 0:42:
Ich erkenne, dass mein Einfluss nicht ausreichen wird, um Dich zu retten. Ich habe mir zu viel zugemutet. Was soll ich Dir wünschen? Um ehrlich zu sein, mir fällt nichts mehr ein.

ZH: um 1:00:
Wieso soll ich mit meinem. Beruf aufhöre? Ich liebe meinen Beruf und ich bin KEINE Prostituierte,

ICH: um 1:05:
Wie auch immer, ich bin nicht stark genug, um das ALLES zu ertragen. Das Letzte, was ich für Dich tun kann:

ICH: um 1:06:
Dr. Sebastian Zumdick, Psychologischer Psychotherapeut, Theodor Fliedner Stiftung, Klinik, Martin-Luther-Platz 26, 40212 Düsseldorf, Telefon: (0211) 200527-22. Ich habe mit ihm korrespondiert wegen Hypersexualität.

ZH: um 1:12:
Ich finde nicht, dass ich einen Psychologen brauche, mein Lieber. Ich bin so normal wie jeder andere auch.

Auslassungen

(„2.3.4“) Offenbarung oder Geheimniskrämerei?

ZH: um 1:59:
Gut aber wir reden hier über eine Beziehung und nicht über ein Unternehmen. Da könntest du schon ein bisschen rationaler denken bzw. ein bisschen lockerer werden

ICH: um 2:06:
"Rationaler und Lockerer"? Das ist ein Widerspruch in sich. So locker, wie Du es gern hättest, wäre das bei Deiner Art zu agieren, als wenn man einen Krieg verliert, bevor überhaupt begonnen wurde (= Selbstaufgabe). Ich glaube auch nicht, dass eine Einigung zwischen uns Beiden noch möglich ist; denn Du wirst meine Bedingungen nicht erfüllen, und ich Deine schon gar nicht.

ZH: um 2:08:
Warum sollte das ein Widerspruch sein du solltest einfach mal ein bisschen mehr aus dir herauskommen ein bisschen emotionaler werden das wollte ich damit sagen. und was die Lockerheit angeht das war eigentlich mehr auf das gedankliche bezogen

ICH: um 2:15:
Du kennst meinen Namen, meinen Beruf, meine Adresse, meine Familie, meine Emailadresse, meine Telefon- und Handynummer, meine Hobbys, einfach ALLES. Wenn ich das von Dir auch ALLES kenne, dann können wir weiter reden. Es mag wohl sein, dass die Männer, mit denen Du es bisher zu tun hattest, einen längeren Penis haben, aber ansonsten fehlt denen offensichtlich Einiges.

ZH: um 2:18:
Ja ich weiß wirklich schon richtig viel über dich, allerdings bin ich mir noch nicht 100%ig über Deine Absichten einig.

ICH: um 2:25:
Meine wirklichen Absichten Dich betreffend kann ich erst bestimmen, wenn ich alles das weiß, was ich noch nicht weiß. Im Augenblick liegen sie bei Abbruch unserer Bezie- hungen. Was ich weiß, ist, dass keine Dame mir bisher so attraktiv, freundlich, sympa- thisch, gebildet und ausdrucksstark erschienen ist wie Du, aber welche Mängel sich dahinter verbergen, kann ich nur unvollkommen einschätzen - vielleicht sind es zu viele und zu schwerwiegende.

ZH: um 2:27:
Ja und was genau möchtest du jetzt wissen dann mach doch einfach mal einen kleinen Fragenkatalog den ich nach und nach abarbeiten kann.

ICH: um 2:31:
So einfach ist nicht mehr (Dein richtiger Nachname, Deine Berufsadresse, Deine Privatadresse, Dein Telefon- und Handynummer, Diene Emailadresse usw., eben alles, was für mich wichtig ist.). Jetzt will ich alles mit eigenen Augen aus der Nähe sehen. – Ich glaube, dass es für Dich besser ist, auf mich zu verzichten.

ZH: um 2:36:
Das hatte ich dir alles schon mal erklärt, ich werde bestimmt nicht über das Internet meine privaten Daten einfach so rausgeben.

ICH: um 2:41:
Du kannst mir alles persönlich zeigen und erzählen - ohne Internet. - Ich habe Dich vor ca. 12 Monaten gewarnt: Die Wahrheiten, die Du mir permanent verschweigst und die Lügen, die Du mir auftischst (wie Marketingassistentin, Lehrerin, Restaurantfachkraft, Hotelfachkraft, Drogeriemitarbeiterin, Mitarbeiterin der Stadt Düsseldorf u.a. mehr), werden mein Misstrauen bis ins Unendliche steigern. Das hast Du geschafft. Liebe Heike, wir sind offensichtlich am Ende.

ZH: um 2:44:
Ich sehe schon jetzt hast du einfach einmal für dich entschieden, dass auf einmal alles zu Ende ist. Na dann wünsche ich einfach mal eine gute Nacht ich hoffe du kannst jetzt gut darauf schlafen

ICH: um 12:19: Stand der Dinge: Warum meinst Du, dass ich der Richtige für Dich wäre? (zu alt, zu starrsinnig, zu wenig locker). Und ich vertraue Dir nicht, schon gar nicht, was Treue betrifft. - Was also spricht für eine Verbindung?

ZH: um 12:19:
Ich finde dich einfach ziemlich sympathisch und du hast einfach diesen gewissen Charme! Ich denke du bist der richtige. Wenn Du nur nicht so krankhaft eifersuchtig wärst.

Eifersucht oder kluges Misstrauen

ICH: um 12:24:
Nun, wer nicht eifersüchtig ist, liebt auch nicht wirklich. Nehmen wir einmal an, dass Du Recht hättest, was aber Alles (Vielzahl nicht bekannter Daten, permanente Untreue) spricht für Dich?

ZH: um 12:28:
Aber warum meinst du denn ich wäre untreu? In einer Beziehung bin ich eine sehr treue Person!

ICH: um 12:30:
Du hast mir schon seit langem Treue (spätestens ab September 2019) zugesagt und dass Du mit keinem anderen chattest – alles Lüge - warum sollte das zukünftig anders sein? Und dass Du permanent Sex mit anderen Männer (Freunde, Bekannte, Kunden und Freier) gehabt hast („nicht so oft“) hast Du auch zugeben.

ZH: um 12:35:
Das ist doch eine Lüge! Ich will Dich und keinen anderen! Du bist mir wichtig und hast Vorrang

ICH: um 12:48:
Vorrang und in der Zwischenzeit hast Du mehr Sex in einer Woche als ich in einem Jahr.

um 12:55:
Meinst du? Naja, es gibt hier sehr viele Männer die in Beziehungen sind. Aber deshalb brauchst Du doch nicht krankhaft eifersüchtig zu sein. Das ist alles normal.

um 13:18:
Deine Realität ist eine andere als meine: Du willst mir vor allem das als Realität verkaufen, was Du gern hättest, und ich will wissen, was wirklich geschieht bzw. passiert ist. Nun zwischen „krankhafter Eifersucht“ und „klugem Misstreuen“ gibt es noch einen Unter- schied: Jedes Mal, wenn ich Dir vertraut hätte, wäre ich der Dumme gewesen, und des- halb habe/werde ich Dir nie – weder gestern, noch heute, noch in der Zukunft – vertrauen.

um 13:22: Was stört Dich?

um 13:25: Vor ca. 3 Monaten gab es folgenden Chat zwischen uns:
ICH um 10:50: Es ist ein Unterschied, ob Hunderte oder gar mehr als 1000 Männer über Dich gestiegen sind, unabhängig davon, ob sie bezahlt haben oder nicht. Für mich ist Sex gegen Sex aus Vergnügungssucht finanziell der Prostitution gleichwertig.

ZH: um 10:54: Das verbitte ich mir. Für das, was ich tue oder nicht tue, bin ich Dir keine Rechenschaft schuldig – ich bin ein freier Single.

ICH: um 10:57: Das darfst Du sein, aber ohne mich. Vielleicht bist Du ja im Sinne der Sexsucht krank und kannst als Nymphomanin nichts dafür. Solche Damen tun mir zwar Leid, aber auch mit denen möchte ich keine Partnerschaft pflegen ...“

ZH: um 13:30: Lass mich in Ruh.

(„2.3.5“) Wie soll es weitergehen (Treffen, Kennen lernen oder Trennen)

ZH: um 14:17:
Ja wie schon mehr Mals gesagt was willst du wissen? Ich werde es dir so gut wie möglich beantworten.

ICH: um 14:18:
Das geht nicht mehr: Es ist für mich entscheidend, dass ich Dich, Dein privates und berufliches Umfeld in der Realität aus der Nähe sehe, wahrnehmen und beurteilen kann.

ICH: um 14:21:
Ich will Dich überall dort besuchen, wo Du Dich aufhältst, ggf. Fragen stellen und ALLES kennenlernen, was Dich betrifft.

ZH: um 14:23:
Nun gut. wie stellst du dir denn mein Umfeld vor? Was denkst du würde ich erwarten?

ICH: um 14:28:
Nun es werden Wohnungen oder Apartments, Geschäftsräume welcher Art auch immer, Kollegen/Kolleginnen, Geschäfts- und Wohnviertel, Verwandte, Freunde/Innen, Bekannte usw. usw. sein, alles, was Dich in Deinem Leben begleitet.

ZH: um 14:29:
Warum möchtest du denn meine Kollegen und so alle kennenlernen? Glaube, das wäre nicht nötig.

ICH: um 14:33:
Für mich wäre es besser: Die psycho-sozialen Konstellationen sagen mehr über einen Menschen aus (Ansehen, Beliebtheit, Niveau usw.) als bloße Sachbeschreibungen.

ZH: um 14:34:
Also ich möchte dich eigentlich ungern direkt all meinen Leuten vorstellen, die ich kenne. Das machst ich Du so auch nicht.

ICH: um 14:37:
Doch, das kannst Du mit mir machen. Warum auch nicht, ich habe nichts zu verbergen.

ZH: um 14:38:
Das ist gut, aber ein paar Geheimnisse, die hat ja eigentlich jeder so.

ICH: um 15:00:
Ich will Dich nicht in Verlegenheit bringen. Mach es so, wie Du es mit Dir selbst verantworten kannst.

ZH: um 15:01:
Ich bin ja schon auf einem Weg dahin. Du musst mir nur die Zeit geben.

ICH: um 15:02:
Wieviel?

ZH: um 15:03:
ein bisschen Geduld mehr erwarte ich doch nicht. Geduld bringt bekanntlich Rosen

ICH: um 15:04:
Ich feiere am XX.XX..2020 meinen Geburtstag (YY.YY.1940) und den meiner Frau (ZZ.ZZ.1943) in

ICH: um 15:06:
Gut Jxxxxxxxx, …. Willst Du dabei sein? Ich könnte Dich als Nachfolgerin für meine Frau vorstellen.

ZH: um 15:06:
ich bin gerade etwas durcheinander mit den Zahlen und Datums. wie meinst du wann hast du denn Geburtstag?

ICH: um 15:08:
Wird wegen Corona am nachgefeiert.

ZH: um 15:09:
ahhh ok entschuldige dann hab ich das falsch verstanden, aber ja wegen der Krise wurde ja soviel abgesagt

ICH: um 15:11:
Ich könnte Dich als Nachfolgerin für meine Frau vorstellen.

Auslassung:

ZH: um 15:17:
Mh, vielleicht schlägst du es deiner Frau einfach mal vor. Ich mache nur Spaß

ICH: um 15:21:
... als Mitarbeiterin des treditions Verlages Hamburg wäre das wohl möglich. Ich würde mich nicht ärgern, wenn Du kommen würdest. Wir sollten allerdings vorher telefonieren, um Einiges zu erklären

ZH: um 15:22:
Hey, aber immer mit der Ruhe. Lass uns erstmal noch ein bisschen chatten

ICH: um 15:23:
ICH: Zu teuer: Wenn ich Dich als Nachfolgerin für meine Frau vorstellen würde, würde alle
- außer meine Frau - lachen, weil sie mich für einen bösartigen Komiker halten.

Auslassung:

ICH: um 16:01:
Nun, Du must das machen, was Du vor Dir selbst verantworten kannst. Und ich muss wissen, ob Du heute und in Zukunft noch als Prostituierte arbeitest oder arbeiten wirst - dann hätte alles keinen Sinn mehr.

ZH: um 16:05:
Ich mag das Wort Prostituierte nicht. Aber würdest du mir helfen, einen neuen Weg einzuschlagen?

ICH: um 16:17:
Nun, ich habe schon lange befürchtet, dass Du nicht davon loskommst. Wovon solltest Du leben? Begriffe (Prostituierte, Nutten, Huren, was auch immer) sagen noch nichts darüber aus, wie gut oder wie schlecht ein Mensch ist, aber ich kann eine solche Situation als Liebender nicht ertragen, so sehr ich Dich auch mag. Ich habe Prostituierte in Hamburg gegenüber dem Senat vertreten: Das war relativ einfach, weil ich mit keiner der Damen liiert war. - Ich habe Dir ca. vor 1 Jahr vorgeschlagen, mit mir in die Unternehmens- beratung zu gehen: Das hast Du abgelehnt, weil Du Spaß haben wolltest. - Jetzt sehe ich diese Möglichkeit nicht mehr, weil ich älter geworden bin und einige gesundheitliche Probleme mehr als vorher habe.

ZH: um 16:18:
Okay, aber was genau heißt das denn nun? Ich bin verwirrt mein Lieber...

ICH: um 16:22:
Ich kann versuchen, mit Axxx Fxxxx, ca. 10 Jahre jünger als ich, (Nähe Hamburg) ein Weg zu finden, Dich in die Seminarbetreuung einzubauen. Ich habe keine Übersicht darüber, ob er das machen würde, und was das finanziell für Dich bedeuten würde.

ZH: um 16:23:
Oh man... ich weiß wirklich nicht, wohin... ich treffe nur falsche Entscheidungen

ICH: um 16:29:
Natürlich wirkt Dein Geschäft bei Jüngeren zunächst attraktiv und lukrativ, zumal man regelmäßig den Spaß haben kann, den an sich jeder haben will, die Folgen, Nachteile und Risiken erkennt man erst dann, wenn es zu spät ist. - Der einfachste Weg für Dich wäre einen reichen Mann zu heiraten oder weniger attraktiv, sich in staatlicher Obhut (sehr schlecht bezahlt) zu begeben.

um 16:32:
ZH: Von welchen Folgen redest du denn? Irgendetwas was ich noch nicht weiß?

ICH: um 16:38:
Irgendwann merkt man, dass man nicht den Platz im Leben gefunden hat, den man gern hätte - z.B. an meiner Seite. Wenn Du mindestens 500.000 € Renten-, Zins- und Dividendenpapiere im Depot hättest, könntest von 50.000 bis 100.000 € Erträge leben und bräuchtest Dich um nichts mehr zu kümmern. Als 40- bis 60-jährige Anbieterin sinken allmählich die Attraktivität und auch die Einnahmen.

ZH: um 16:40:
Ja da hast du recht... Man... ich weiß nicht was ich sagen soll (ICH)...

ICH: um 16:44:
Wenn Du mit mir Kontakt halten willst, dann über Email und Handy, so weh mir das auch tun würde. Soll ich mit Axxx Fxxxx reden?

ZH: um 16:46:
Nein bitte nicht... Und du weißt, ich möchte nur hier im Chat schreiben...

ICH: um 16:49:
Ich werde spätestens Ende August aus (Chat-Moderator-Portal der ZH) aussteigen, aber ich biete Dir trotz allem an, Dich mit mir zu treffen.

ZH: um 16:49:
Du bist ein Ehrenmann, das ist klar. Aber ich weiß nicht, was aus mir wird.

ICH: um 16:54:
Manchmal hilft es an den lieben Gott zu glauben. Ich werde Dich nie vergessen, für mich bleibst Du die attraktivste weibliche Persönlichkeit, der ich seit dem Kennenlernen meiner Frau begegnet bin. Und glaub mir, dass mir die Tränen in den Augen stehen.

ZH: um 16:55:
Sage das nicht, ich fange auch gleich an zu weinen... Gott bleibt wohl meine letzte Hoffnung

ICH: um 16:58:
Halte mit mir Kontakt.

ZH: um 16:59:
Ich kann das nicht... ich habe Angst... Ich habe wirklich große Angst...

ICH: um 17:02:
Vor mir brauchst Du keine Angst zu haben, ich werde Dir helfen, wenn ich kann.

ZH: um 17:02:
Das ist lieb von dir mein Schatz das nehme ich auch gerne an und merke mir das.

ICH: um 17:09:
Nachdem wir keine Geheimnisse mehr haben und, wenn es Dir Recht ist, würde ich Dich besuchen, wo immer Du willst. - Wie ist es mit einer Teilnahme an meiner Geburtstagsfeier?

Offensichtliche Stimmungsschwankung nach „Du bist ein Ehrenmann, das ist klar. Aber ich weiß nicht, was aus mir wird.“ „Ich kann das nicht... ich habe Angst... Ich habe wirklich große Angst...“ (17:12 bis 17:24).

ZH: um 17:12: Du lass uns doch einfach mal kennenlernen, den Rest sehen wir dann □ ich lass mich da nicht unter Druck setzen, das hatten wir schon, mh?

ICH: um 17:20:
Du bist schon wieder gut drauf. Alles Gute

ZH: um 17:22:
ich bin immer gut drauf □ klar □ lach, hab halt auch einen stressigen Tag, von daher was ist dein Problem?

ICH: um 17:24:
(ICH): Nach dem Du Deine Probleme wohl gelöst hast, brauchst Du mich nicht mehr. Alles Gute.

Neuer Tag:

ICH: um 6:51:
Und wie soll es Deiner Meinung nach KONKRET UND PROGRESSIV weiter gehen?

ZH: um 6:53:
Ich möchte einfach nur dass es harmonisch zwischen uns beiden ist ich möchte nicht dass wir uns streiten ich möchte nicht dass wir und wegen Kleinigkeiten in die Haare bekommen ich möchte dass es einfach nur schön wird.

ICH: um 6:59:
Das ist mir viel zu wenig. Ich werde wieangekündigt Ende August aus (Chat-Moderator-Portal der ZH) aussteigen. Wir waren gedanklich schon deutlich weiter, aber Deinen alten Ängste und vermutlich unangenehme Realität haben uns wieder eingeholt. Seit 10.04.2019 chatten wir und Ende August 2020 sind es16 Monate - das muss reichen.

ZH: um 7:01:
Gut, das kann ich verstehen mein Lieber und ich finde es schade, denn wir hatten eine verdammt schöne Zeit so ist das nicht!

Auslassung:

Offensichtliche Stimmungsschwankung (07:23 – 8.00)

ZH: um 7:23:
Du bist so ein starker Mann mit so viel Energie, dass macht mir manchmal schon etwas Angst.

ICH: um 7:37: Gut, Du must wissen, was Du willst und was nicht.

ZH: um 7:39:
das hat doch mit hinterher laufen gar nichts zu tun, ich finde auch schon schön das wir zusammen nett schreiben.

ICH: um 7:47:
IDates bestimmt auch, ich will nicht mehr für iDates arbeiten, wenn überhaupt für Dich.

ZH: um 7:50:
wie, du arbeitest für iDates. Wie muss ich mir das denn jetzt vorstellen, bist du ein Moderator??

ICH: um 7:52:
Nein, ein Goldesel.

ICH: um 7:28:
Ich bin in Wirklichkeit schwach, sonst würde ich ein solches Treffen nicht hinterher laufen.

ZH: um 7:31:
Du bist nicht schwach! Sei nicht so streng mit dir. Das macht das Leben unnötig hart und vertreibt manchmal Menschen, hab ich gelernt.

ICH: um 7:54:
ICH: Du hast Dich für Dein Portal entschieden und gegen mich. Schade.

ZH: um 7:57:
lach, ach, so meinst du das. Ich mußte mich doch nicht entscheiden, ich habe keine Beziehung mehr gesucht. Hab mich anders entschieden.

ICH: um 8:00:
Dann sind wir wohl am Ende. Alles Gute.

Auslassung:

ZH: um 8:18:
Ja, mein lieber Georg, dann wünsche ich Dir noch alles Gute und viel Erfolg.

ICH: um 13:51: Also alles: Es scheint ja kein Verlust für Dich zu sein.

ZH: um 13:56: Naja, für die Damenwelt hier denk ich schon! Danke für deine Kontaktdaten

ZH: um 13:59: Das hab ich dir ja schon gesagt, ich fühle mich echt geehrt für dein pers. Interesse an mir.

Kommentar: Aufstieg / Selbstgefühl:

„ZH: um 7:57:
lach, ach, so meinst du das. Ich musste mich doch nicht entscheiden, ich habe keine Beziehung mehr gesucht. Hab mich anders entschieden“

Der Aufstieg von einer Prostituierten zur Portal-Chat-Moderatorin war wohl tatsächlich ein Einschnitt, der ihr Auftrieb gegeben, möglicherweise in ihrem Selbstgefühl zu einer Art Normalisierung geführt hat. Das war vermutlich wichtig für sie und vielleicht für ihr ganzes Leben.

ICH: um 14:07: (ICH): Ich glaube nicht, dass Du meinen Auftritt ab 13:41 Uhr richtig verstanden hast, weil Du das, was wir gestern in langen Passagen besprochen haben, schon längst vergessen hast. Das ist Stärke und Fluch zugleich, Stärke, weil es Dich nicht weiter belastet, Fluch, weil Du wahrscheinlich niemals zu einer echten Partnerschaft kommen wirst (Du bist zu oberflächlich.). Alles Gute.

Auslassung / Pause

ICH: um 22:47: Du weißt, wie ich zu Chats stehe, insbesondere bei (Chat-Moderator-Portal der ZH). Wenn ich noch nicht genug Interesse geweckt habe, dann tut es mir Leid. "Dirty talks" mache ich lieber persönlich. Du bist völlig frei, Dich gegen unsere Treffen zu entscheiden. - Das ist dann so.

ZH: um 22:52: Ja dann respektiere ich auch deine endscheidung, mein Süßer, ist ja auch Deine Einstellung, mach es gut.

Auslassung:

ICH: Neuer Tag: um 7:16:
Spätestens Ende August werde ich (Chat-Moderator-Portal der ZH) verlassen.

ZH: um 7:17:
Also du meinst, ich muss entscheiden, ob ich bereit für ein Treffen bin? Okay, warum willst du gehen?

ICH: um 7:21:
Du kennst meine Einstellung zum Chatten und zu (Chat-Moderator-Portal der ZH). Wenn Du Dich nicht zu einem Treffen bereit bist, ist das für mich der Beweis, dass Du ernsthaft an mir nicht interessiert bist. Dann steige ich sofort aus.

ZH: um 7:22:
Ich finde es aber schon schade, dass Du damit Druck aufbaust, ehrlich gesagt...

ICH: um 7:36:
Entweder bist Du (Chat-Moderator-Portal der ZH)-Chatmoderator und versuchst für deren Einnahmen zu steigern oder Du entscheidest Dich für mich. Du hast mich (mit meinem Wissen) manipuliert - ob absichtlich oder nicht ist unwichtig, aber ich kenne Dich zu gut, um zu wissen, wann ich etwas tun muss. Der Termin war Dir bekannt und anders geht es bei Dir nicht.

Auslassung ICH: um 8:20:
Aber wie? Ich habe mein Herz an eine digitale Fiktion verloren. Das Foto ist dermaßen überirdisch - zumindest nach meinem Gefühl. Sie/Du hast mich kennengelernt und weißt mehr über mich, als die meisten anderen Menschen. Dein Charakter ist andererseits so verdorben, dass Dein Foto eine Irreführung, nahe einer Falschmeldung ist.

ZH: um 8:21:
Ich weiß ehrlich gesagt nicht, was das gerade von Dir soll. Möchtest du mir jetzt irgendetwas unterstellen?

Auslassung:

ZH: um 9:03:
Na, du bist mir aber auch wirklich einer. Und was möchtest du mir mit dieser Aussage jetzt schon wieder unterstellen?

ICH: um 9:07:
Bist für alles, was in Deinem Leben gesche-hen ist, nicht allein, aber selbst verantwortlich. Was Dich amüsieren mag, ich bin mit dem Verlauf durchaus nicht zufrieden und glücklich, aber ich habe zu lange gebraucht, um die richtige Entscheidung zu treffen.

Das war das Ende dieses Chats.

D.4 Abschied von der Zauberhaften

D.4.1 Stufenweiser Abschiedschat (teilweise mit Wiederholungen)

D.4.1.1 Kennenlernen, Verstehen – Faszination und Abschreckung

„... ICH: um 10:58: Wenn ich alle Daten gesichert habe, werde ich aus diesem Chat aussteigen.

DH: um 11:00: Okay... und wieso denn, mein Lieber? Sag es mir doch, ich will es wissen..

ICH: um 11:03... insgesamt habe ich mich 6X rumkriegen lassen, das soll nicht wieder passieren: Du erinnerst Dich: 3 x hast Du gewonnen, 3 x ich. Das ist gut so - unentschieden.

ZH: um 11:04: Ja, mein lieber... du bist ja echt lustig, ich mag das so sehr... magst du mich???

KOMMENTAR (11:07 bis 11:21): Ich denke, dass der Hinweis, ich hätte sie besser erziehen können, bei ihr auf ein geteiltes Echo stößt: Einerseits will sie nicht einge- stehen, dass ihr Weg ein falscher sei, andererseits will sie mich nicht verärgern (ZH: um 11:21: Ja o k., ich möchte mich mit Dir deswegen jetzt auch nicht streiten, mein Schatz, Du magst sicherlich Recht haben ...“). –Ich habe es schon ernst gemeint.

ICH: um 11:07... wenn überhaupt, nur Dein Foto und Dich vor 30 Jahren, als Du 6 oder 7 Jahre alt warst. Heute ist alles zerstört und nicht mehr zu reparieren.

ZH: um 11:08: Das verstehe ich jetzt nicht ganz. Vor 30 Jahren hättest du ja mit mir noch gar nichts anfangen können.

ICH: um 11:10: Doch, ich hätte Dich so erziehen können, wie ich meine Töchter erzogen habe, und Du wärst wahrscheinlich gut dabei weggekommen.

ZH: um 11:12: O. k. meinst du etwa, dass ich nicht gut erzogen bin? Was haben meine Eltern denn für ein Fehler gemacht?

ICH: um 11:14: Deiner Information nach waren es Trinker und Du bist mit 12 auf den Strich gegangen und hast später ältere Herren auf Deine Art - vermutlich bis heute - betreut.

ZH: um 11:17: Da hast du recht, aber d.h. ja noch lange nicht. dass ich schlecht erzogen bin oder?

ICH: um 11:19: Lass uns zum Ende kommen, eine gute Erziehung hätte bei mir völlig anders ausgesehen - und das weißt Du ganz, ganz sicher.

ZH: um 11:21: Ja ok, ich möchte mich mit Dir deswegen jetzt auch nicht streiten, mein Schatz, Du magst sicherlich Recht haben ...“

D.4.1.2 Lösungen Vernunft ./. Geiler Sex (Gibt es sinnvolle Alternativen?)

ICH: 22:28: Du bist, was Du bist. Wenn Du an einer ehrlichen Lösung interessiert wärst, hättest Du anders geantwortet. Wir müssen nicht weiter diskutieren und sollten alles beenden.

ZH: 22:38: Also diese Aussage ist schon hart an der Grenze, meinst du nicht auch? Diskutieren tut hier keiner wir reden nur bzw. schreiben. Was soll ich denn anders antworten? Ja hier ich schreibe ins Internet meine Adresse und Nummer damit auch jeder meine Daten kennt! Sollte das die Antwort sein?

ICH: 22:45: Ich muss mich, für das, was ich Dir gegenüber getan habe, nicht rechtfertigen. Ich habe nicht gelogen, nicht betrogen und Treue gehalten. Für mich ist damit alles gesagt.

ZH: 22:47: Aber ausweichen musst du jetzt auch nicht! Gut ich habe einen Fehler gemacht, das sehe ich auch ein, aber das Du mich so angehst, weil ich meine Daten nicht reinschreiben will, ist auch nicht fair!

ICH: 22:53: Nun es gäbe Alternativen der Informationsvermittlung. Aber hast viel vor mir zu verbergen und bist deshalb nicht daran interessiert. Dass Du Dich als Opfer siehst und Fairness beanspruchst, ist eine völlige Umkehr der tatsächlichen Schuld - Du bist für alles verantwortlich, was an Negativem geschehen ist - und ich in keiner Weise.

ZH: 22:56: ich würde es wirklich sehr schätzen, wenn du mir meine Zeit gibst, mein Schatz.

ICH: 22:57: Was heißt das? Welche Zeit soll ich Dir geben?

ZH: 22:29: Ja ich auch. Aber das Gute hierbei ist doch. Man kann sich erst einmal ein bisschen kennen lernen

ICH: 22:32: Ich kenne Dich. Du hast keine Moral, auf die man sich verlassen kann, nimmst jede Gelegenheit wahr, mit anderen Männern Sex zu haben, und hältst das für normal.

ZH: 22:34: Ja, aber das stimmt so wieder auch nicht. Wir kennen uns wirklich schon eine ganze Weile. Aber wir Frauen sind eben ein bisschen anders.

ICH: 22:37: Frauen sind zwar anders, aber Deine Art Frauen sind leichter zu durch- schauen, weil sie sich nicht beherrschen können, wenn sie sich auf unersättlichem Liebes- bzw. Sextripp befinden; da bist Du fast dauerhaft. Ihre Reaktionen sind dann offensichtlicher. Ich weiß wenig von Deinem privaten Umfeld, aber ich weiß, wie Du tickst.

ZH: 22:40: Und wie ticke ich denn nach Deiner Meinung. Musst Du mir verraten. Bitte.

ICH: 22:43: Ob Du das wissen solltest? Der Sinnenmensch nutzt günstige Gelegenheiten zu seinem Vorteil, meist ohne Rücksicht und mit Gleichgültigkeit gegenüber Wertvorstellungen und den Interessen anderer. Er hält seine Einsichten für schlüssig, auch wenn sie realitätsfern sind, weil er die Vorstellungen anderer nicht versteht (Blinder Fleck).

ZH: 22:46: Na, dann bin ich aber kein Sinnenmensch. Ich gebe mich und bin immer natürlich und nie auf meine Vorteile aus.

D.4.1.3 ***Verpflichtungen und Partnerschaften, Treue und Fremdgehen***

ICH: 22:49: Das ist Dein blinder Fleck, Du merkst das gar nicht. Du hältst Deine Einsichten für schlüssig, auch wenn sie realitätsfern sind. Beispiel: Du hältst Fremdgehen für eine Bagatelle, für Deinen Gegenüber bricht eine Welt zusammen.

ZH: 22:53: So ist aber mal die heutige schnelllebige Zeit, jeder ist sich selbst der Nächste! Nur wenn man verheiratet ist, darf so etwas nicht vorkommen!

ICH: 22:57: Das ist auch eine Deiner blinden und unkritischen Einsichten. Das ist insofern realitätsfern, als Du Dich auch in der Ehe nicht anders verhalten würdest, wenn sich eine geeignete Gelegenheit zu „geilem Sex" bietet.

ICH: 23:04: Zum Schluss: Menschen, die Dich wirklich lieben, sollten die Finger von Dir lassen. Ich gehe jetzt ins Bett und versuche noch etwas zu schlafen.

(Pause)

ZH: 11:54: Nein mein lieber so lange keine Verpflichtungen bestehen kann man sich austoben! Warum werden denn so viele Ehen geschieden? Weil viele denken, sie haben etwas verpasst und müssen es nachholen!

ICH: 11:57: Das ist nur die halbe Wahrheit; Ehen werden vor allem deshalb geschieden, weil mindestens ein Partner nicht geeignet ist.

ZH: 11:58:Du scheinst ja alles zu wissen? Woher beziehst Du deine Weisheiten? Ich habe da andere Informationen!

ICH: 11:59: Das ist ja kein Widerspruch: Wenn die Partnerwahl falsch war, ermüdet auch die sexuelle Zuneigung schneller.

ICH: Eine Partnerin wie Du, die sich ohne Gefühl einer Verpflichtung austobt, ist für echte Partnerschaften nicht geeignet. Sie ist – ohne es zu wissen – eine Außenseiterin in der Gesellschaft, die nur für Sex zu gebrauchen ist.

ZH: 12:03: Eine Partnerschaft oder sich vor einer Partnerschaft austoben sind zwei verschiedene paar Schuhe! Deine Weisheiten sind schon etwas überholt, findest Du das nicht auch früher war da auch noch vieles anders, da wurde ja noch das Licht im Schlafzimmer beim Sex ausgeschaltet!

ICH: 12:06: Mein Wissen ist aktuell: Aufgrund medialen Einflusses suchen Menschen nach attraktiven Partnern, ohne zu bedenken, ob man zusammen passt oder nicht. Das ist eine wesentliche Ursache für spätere Trennungen.

Kommentar: Männer wie Frauen, die Treue für sich beanspruchen sollten möglichst Partner/Innen nehmen, die nicht der reinen Sexgier unterliegen. Jede/r sollte sich darüber klar werden, ob er/sie Treue halten kann oder nicht und sich dann besser nicht binden.

Die hier aufgeworfene strittige Frage, worauf das Fremdgehen zurückzuführen ist, kann nicht eindeutig beantwortet werden (Direkte und indirekte Wirkungen, Überschneidungen, Indikatoren, Implikationen).

- ***ob das Fremdgehen nun eine Folge der Ermüdung sexuellen Verlangens ist***
- ***oder auf die Vernachlässigung durch den/die Partnerin zurückzuführen ist***
- ***oder auf der Erkenntnis beruht, dass ein/e Andere/r es besser kann der/ die eigene Partner/In,***
- ***klärt noch nicht, ob es nicht doch ein Fehler der Partnerwahl war, weil er/sie zum Fremdgehen als persönliche Eigenschaft (genetische Veranlagung oder auf einen individuellen Entwicklungs- und Lernprozess beruhend) neigt***
- ***oder ob es tatsächlich nur auf einer Ermüdung sexuellen Verlangens beruht.***
- ***Beides ist möglich, kann einzeln, aber auch gleichzeitig wirken.***

ICH: 12:06: Früher waren es vor allem die Männer, die fremdgingen, heute immer mehr die Frauen. Und obwohl Du es nicht gerne hören wirst, es besteht eine große Gefahr, dass äußerst attraktive Frauen in der Prostitution landen, weil sie hofiert und verführt werden und es nicht rechtzeitig merken. Solange sie damit zufrieden sind, ist es o.k., aber sie haben kaum eine Chance, den gewünschten Partner zu finden. Denn meistens suchen sie später einen seriösen Partner, der sie vielleicht noch als Geliebte akzeptiert, nicht aber als Ehefrau.

ICH: 12:18: Aber in Einem hast Du (leider) Recht, dass viele Männer ihre Frauen vernachlässigen und diese dann nach Auswegen suchen, die früher zumindest moralisch und rechtlich versperrt zu sein schienen (Ehebruch).

ZH: 12:21: Und warum gehen heutzutage so viele Frauen fremd, weil sie sich das holen was sie zu Hause nicht bekommen! Früher mussten die Frauen den Männern zu Willen sein und wenn der fertig war, hat er sich rumgedreht und ist eingeschlafen, ohne sich zu kümmern, ob die Frau fertig war oder nicht. Daraufhin haben sich dann die Frauen absichtlich blöd gestellt, dass der Alte die Lust verloren hat und dann eben fremd gegangen ist und die Frau hatte ihre Ruhe!

ICH: 12:24: Das ist ja richtig, aber auch nur eine Folge falscher Partnerwahl. Unsere Partnerschaft hat nie wirklich bestanden und selbst, wenn wir es versuchen würden, das kann auf Dauer nicht funktionieren, ich mit meinem Wunsch nach absoluter Treue und Du mit Deinem Wunsch, Dich sexuell auszutoben, mit wem und wie oft auch immer.

D.4.1.4 Die Zauberhafte und mein Phantasiemodell

Kommentar zum Phantasiemodell (12:29 bis 13:09): Einsicht ist wichtig. Ich hatte einmal geschrieben: Man müsste bei Dir die Festplatte (C: mit der Systemsoftware) formatieren und neue Software (System- und Anwendersoftware) installieren. Leider geht das das nicht, wenn ich es auch mit meinem Einfluss versuchen würde. – Oder Du müsstest Dein Gedächtnis verlieren. – in beiden Fällen weiß man nicht, ob wir uns dann noch mögen würden.

„ICH: 13:09: Auf die Gefahr hin, dass Du mich abweist, gefällt mir die Phantasiefrau besser. Bei Dir weiß man nicht, ob Du beim Sex schon an den nächsten Hengst denkst und nicht an mich."

„ ICH: 12:53: Nein, das ist die Frau, die ich in Dir sehen möchte, die Du aber nicht bist. Du hast keinen geeigneten Charakter, mit dem ich leben könnte."

„Nächster Tag ZH: 5:22: Dann belassen wir es doch bei der Phantasiefrau, Du musst mich ja nicht in echt kennen lernen."

ICH: 12:29: Was uns günstigstenfalls bleibt, ist Kurz frist-Sex im Austobe-Modus.

ZH: 12:33: Austobe-Modus!! Haha. Das hast Du eir fach so gesagt. So schlimm ist es nun auch wiede nicht.

ICH: 12:37: Also ich bin sicher, dass Du im Austobe Modus handelst und ich müsste es ertragen.

ZH: 12:41: Würdest du dich dann unwohl fühler wenn wir uns durch die Laken wühlen würden?

ICH: 12:43: Was ich grundsätzlich empfinde bzw. empfinden würde, möchte ich nicht preisgeben, es würde Dir nicht gefallen. Es wird Dich kränken, ...

ZH: 12:44: Warum denn nicht? Wenn du es nicht sagst, kann ich ja nicht darauf eingehen. Du kannst mir alles sagen.

ICH: 12:47: Das kannst Du sowieso nicht darauf eingehen. Ich drücke es so aus, ohne Dich ärgern zu wollen: Du siehst der Frau sehr ähnlich, die ich sehr liebe, aber nicht bekommen werde.

ZH: 12:50: Oh nein, das klingt ja total traurig, du kennst sie aus dem wahren Leben?

ICH: 12:53: Nein, das ist die Frau, die ich in Dir sehen möchte, die Du aber nicht bist. Du hast keinen geeigneten Charakter, mit dem ich leben könnte.

ZH: 12:56: Du hast doch diese Frau vor dir, warum bist du denn dann so negativ eingestellt?

ICH:12:58: Das ist eine Fantasiefrau mit gänzlich anderen Eigenschaften, als Du sie hast. Dein Charakter ist zerstörerisch und für mich unbrauchbar.

ZH: 13:01: Ich bin doch eine Frau aus Fleisch und Blut, so wie du ein Mann aus Fleisch und Blut bist.

ICH: 13:04: Das weiß ich, aber in meinen Träumen ist es eine ganz andere, die einen völlig anderen Charakter als Du hat. Sie ist liebevoll, beim Sex leidenschaftlich und vor allem treu.

ZH: 13:07: ich verstehe Dich einfach nicht, was du von Träumen und der Realität sprichst. Gefalle ich dir nicht so wie ich bin?

ICH: 13:09: Auf die Gefahr hin, dass Du mich abweist, gefällt mir die Phantasiefrau besser. Bei Dir weiß man nicht, ob Du beim Sex schon an den nächsten Hengst denkst und nicht an mich.

Nächster Tag

ZH: 5:22: Dann belassen wir es doch bei der Phantasiefrau, Du musst mich ja nicht in echt kennen lernen.

ICH: 5:24: Gut, vielleicht ist es besser so.

D.4.1.5 Die Zauberhafte und ihre Rechtfertigungen

Kommentar Verdrängung / Vergesslichkeit 22:15 bis 22:30: Es berührt sie kaum, wenn sie angegriffen wird und sie kommentiert es mit Gleichmut und konstanter Freundlichkeit. Sie kontert:

„ZH: 22:33: Dann verstehe ich nicht, was Du noch von mir möchtest. Dir scheint doch eine ganze Menge an mir zu liegen."

Fehlinterpretationen (ironisch bis ernsthaft): Oder sie versucht Beschuldi- gungen zu verdrehen:

„ICH: 22:29: Vorgestern um 18:52 hat Du geschrieben: // Küssi, mein Lieber, das tut mir Leid und es ist alles wahr, ich entschuldige mich, dass ich fremdgegangen bin. Um 18:56: Um ehrlich zu sein nur ein einziges Mal und ich bereue es auch zu tiefst. //

ZH: 22:26: Das muss dir natürlich nicht Leid Tun mein Schatz, alles in Ordnung.

Auslassung

ICH: 22:15: Was hast Du mit mir langfristig vor? Plane mich nirgends nicht ein, ich bin Nonkonformist, der letztlich seine eigenen Wege geht.

ZH: 22:16: Wenn ich dich richtig verstehe magst du mich nicht wirklich, das finde ich schade, denn ich hab dich lieb gewonnen.

ICH: 22:18 Das wird nicht funktionieren, weil ich Dir Deine Untreue nie verzeihen werde

ZH: 22:21: Was für eine Untreue meinst du denn? Ich habe da glaube ich, was verpasst?

ICH: 22:23: Ich will nicht noch einmal aus 150 Seiten Chat zitieren. Du willst mich das nur vergessen lassen, aber ich vergesse nicht,

ZH: 22:26: ich weiß immer noch nicht, was du mir da für eine Untreue unterstellst und ich bin ehrlich gesagt nun auch sehr enttäuscht. Ich bin mir keiner Schuld bewusst.

ICH: 22:29: Vorgestern um 18:52 hat Du geschrieben: // Küssi, mein Lieber, das tut mir Leid und es ist alles wahr, ich entschuldige mich, dass ich fremdgegangen bin. Um 18:56: Um ehrlich zu sein nur ein einziges Mal und ich bereue es auch zu tiefst. //

ZH: 22:26: Das muss dir natürlich nicht Leid Tun mein Schatz, alles in Ordnung. warum bereust du es

ICH: 22:29: Das war ein Zitat von Dir, nicht von mir.

ZH: 22:30: Ja, da hast du wohl Recht, bestimmt mein Schatz, das war doch auch gar nicht böse gemeint

ICH: 22:29: Ich verzeihe fast alles, aber keinen Seitensprung und schon gar nicht nach Deiner Treuezusage. Das wird uns auf Dauer trennen, wobei ich ja weiß, dass Du Dich permanent austobst und Treue für Dich gar nichts bedeutet. Du hast zwar diesen Seitensprung zugegeben, aber ich bin überzeugt, dass selbst das 10-fache nicht ausreicht. Nein Dein Charakter hat diesbezüglich für mich keinen Wert.

Kommentar Selbstsicherheit: Die Zauberhafte spürt sehr schnell, ob jemand ihrem Charme zu erliegen scheint oder nicht. Gutgläubigkeit: Dass ich sie täuschen könnte, ist ihr anscheinend nicht bewusst, zumindest erwähnt das nicht. Unbeeindruckt kommentiert sie:

ZH: 22:33: Dann verstehe ich nicht, was Du noch von mir möchtest. Dir scheint doch eine ganze Menge an mir zu liegen.

ICH: 22:36: Das täuscht. Ich habe zwar einen Bericht schon für mein Buch formuliert, aber Du schaffst es ja, dass ich neue Eindrücke in mein Buch aufnehmen kann.

SE: 22:38: Hier vielleicht wirst du das schaffen gar kein Problem, dann freue ich mich sehr dass ich dich inspirieren konnte.

Auslassung

ICH: 22:54: Ich bin Dir gegenüber nie gemein gewesen, ich habe nur die Wahrheit gesagt. Das mag Dir nicht gefallen, aber ich werde es vertraulich halten und nur wir Beide wissen davon.

ZH: 22:58: Das weiß ich doch, Du bist mir gegenüber nie gemein gewesen, aber ein wenig schon, mein Lieber

Kommentar Selbstsicherheit: Die Zauberhafte scheint sich sehr sicher zu sein und argumentiert gleichmütig, ohne sich wirklich zu rechtfertigen:

ICH: 23:02: Im Verhältnis zu dem, wie Du gehandelt hast, mich belogen und betrogen hast, war ich gerade zu gutmütig, fast naiv.

ZH: 23:05: ***Das weiß ich, doch ich verstehe das ganz klar, aber du weißt, dass Du mir viel bedeutest.***

ICH: 23:08: Das mag sein, aber Du tust nichts dafür. Deine Gründe, mir Deine persönlichen Daten verschweigen, sind Vertrauensbruch. Du hast Deine Gründe, eben Dinge zu verschweigen, die gegen Dich sprechen. - Es ist so weit, dass Du es geschafft hast, Dich nicht mehr liebenswerte Frau anzusehen. – Im Gegenteil: Du bist mir zuwider.

ZH: 23:11: ***Ja wie gesagt so bin ich halt nun einmal, dann musst Du es wohl akzeptieren und wenn Du es nicht akzeptiert, dann halt nicht.***

ZH: 23:11: Das ist so, ich akzeptiere es nicht. Falls Du noch ein Gewissen haben solltest, denk darüber nach. Für mich kommt alles viel zu spät.

ZH: 23:18: ***Natürlich habe ich ein Gewissen. Was soll das jetzt bitte bedeuten? Ich denke für einige Sachen braucht man mehr Vertrauen.***

ICH: 23:21: Wer zu Dir Vertrauen hat, muss seine Sinne nicht beisammen haben.

Auslassung

ICH: 23:32: Trotz Treuezusage bist Du fremdgegangen und das verzeihe ich Dir nicht.

ZH: 23:35: ***o.k., ja du hast ja schon Recht! Aber was kann ich denn machen, dass Du mir verzeihst?***

ICH: 23:38: Nichts, es ist vorbei.

D.4.1.6 Versuch einer Wiedergutmachung (geile Liebschaften)

Kommentar: Die folgenden Äußerungen sind m.E. darauf zurückzuführen, dass sie leicht betrunken (sie erwähnte Rotwein) war, andererseits spürte, dass ich mich nicht so eingestellt war, wie sie gern wollte. Sie wollte einen festen Partner, ohne aber ihr Sexmetier mit ihren Kunden (Freiern) aufzugeben:

Deshalb gab es gewisse Liebkosungen

- ***„Oh Chéri, das hört sich wirklich süß und nett an. Ich mag so sehr es, dass mein Herz hüpft, jedes Mal wenn ich Dich sehe.“***
- ***„Oh mein Prinz, verlass mich nicht Ich bin hier ganz und gar allein, ach könnte ich doch bei Dir nur sein! Wie kann ich dich befriedigen?“***
- ***„Ach Seelenpartner, ich finde Dich so fantastisch. Du bist richtig. Was hast du zuletzt gekauft?“***

Dann kam der für mich ausschlaggebende Satz „Es tut mir so Leid. Ich bin schon lange einsam und suche einen Mann, der sich endlich um mich und meine geilen Liebschaften kümmert.“

Aus vorhergehenden Chats wusste ich, dass sie sehr eindeutige Erwartungen hatte:

Auszug: „ … ICH: um 13:38: Es mag wohl richtig sein, dass Du nicht jeden bumst, aber für meine Vorstellung von Treue ist mir das zu viel.

DZ: 13:40: Sei nicht so kleinlich, ich würde Dir alles bieten, wovon Du sonst nur träumen würdest. Ich mag Dich mehr als jeden anderen.

ICH: 13:41: Deshalb haben wir uns getrennt. Alles Chats, die Du an mich oder sonst wen richtest, kosten unnötig Coins und bringen Dir nichts. Meine Meinung über Dich steht fest, daran wirst und kannst Du nichts ändern.

DZ: um 14:08: ***Es wäre doch schön,*** *nach all dem was zwischen uns war, wenn wir beide wieder* ***auf eine normale Basis zurückkommen*** *oder was meinst du Liebling?*

ICH: um 14:13: Wie soll das gehen, wenn Du nicht völlig aussteigst und Du kannst Du nicht, weil Du Gefangene Deiner Sexsucht bist. Dass ich eine Schwäche für Dich habe, das weißt Du leider auch. Nein ich muss dieses Mal stur bleiben, weil wir letztlich doch nicht zusammen kommen.

ICH: um 14:14: Ich biete noch einmal an, dass wir uns zu einem Abschlussgespräch treffen, das Eine oder Andere besprechen, aber uns dann für immer verabschieden.

Kommentar: Sie schien ernsthaft zu glauben, dass sie mir treu bliebe („Wieso: Das ist doch nur Sex, nicht Liebe.“) , wenn sie beruflich mit anderen Männer (Freiern) Sex hätte. So hat sie es auch immer gehandhabt

ICH: um 14:19: Allein die Vorstellung, dass nicht nur heute, sondern alle Zeit, zuvor Hunderte von Männern, bei Dir waren, und Du kommst nach Hause und bietest mir, liebevollen Partnersex an, ekelt mich an.

DZ: 14: 25 ***Wieso ekelst Du Dich?*** *Meinst Du an meiner Muschi wäre noch Sperma? Keine Sorge, das wird es nicht geben.*

ICH: 14:28: Das wäre zwar mehr als eklig, aber mir geht darum, dass ich Dich grundsätzlich nicht mit anderen Männern teile - das entspricht nicht meiner Vorstellung von einem anständigen und liebevollen Umgang miteinander. Dein Charakter ist jenseits aller Vorstellungen verdorben.

ICH: um 14:30: Nein, das kann ich nicht, weil ich Dich mit anderen Männern teilen werde, weil ich selbst an Sex mit Dir interessiert bin und das ohne Treue nicht ertragen kann. Ich kann mir nicht vorstellen, dass Du mir Sex mit anderen Frauen gestatten würdest.

DZ: um 14:32: Wieso: Das ist doch nur Sex, nicht Liebe. Ich denke, wenn man es vorher bespricht, dann kann man doch bestimmte Kompromisse eingehen, es hätte ja dann nichts mit Betrügen zu tun, wenn der andere davon wüsste.

ICH: um 14:35: Wenn ich das weiß, wäre das für mich noch schlimmer. Es setzt voraus, dass ich nicht eifersüchtig wäre, aber das bin ich hochgradig. Zu dieser Art von Toleranz fehlt mir jede Eignung.

um 14:37: Im Übrigen käme mir vor wie ein Zuhälter, auch wenn ich Geld nehme.

DZ: um 14:38: Okay dafür habe ich natürlich auch Verständnis und wenn ich Dir versprechen würde, keinen Sex mit anderen Männern zu haben?

ICH: um 14:42: Das hast Du mir schon ein paar Mal versprochen, warum sollte ich Dir dieses Mal glauben? Von den Frauen, die ich hier bei … näher kennen gelernt habe, bist Du die Einzige, der ich hierbei nicht vertrauen würde.

DZ: um 14:49: Das kannst Du aber, Du musst mir vertrauen …"

Kommentar: Natürlich hat sie weiter gemacht wie gehabt und von Treue nach meiner Vorstellung konnte überhaupt keine Rede sein. – An dieser Stelle habe ich die Zauberhafte nicht mehr akzeptieren können, habe aber ein emotionales Defizit empfunden, wider aller Vernunft und jenseits jeder Moral – vermutlich auch, weil sie ein „so großes ihren Vorstellungen entsprechendes Vertrauen" zu mir hatte.

Und, fühle ich mich jetzt besser? Nein, durchaus nicht. Eine gewisse Faszination bleibt, ohne dass ich sie wirklich begründen kann. Was mich letztlich abschreckt, ist ihre überzeugte Einstellung, dass ich quasi als Betreuer für „sie und ihre geilen Liebschaften" funktionieren sollte. Der Gedanke, dass ich als ihr Partner sie nicht mit anderen Männern teilen würde, ist ihr gar nicht gekommen (Das ist doch nur Sex.).

Es folgen freundliche, liebkosende Bemerkungen, zum mit Betroffenheit:

ZH: 23:41 Sag mal, ***bist du immer so hartherzig, ich will doch nicht; dass es vorbei ist.***

ICH: 23:44: Ich sehe keinen Weg und solange ich Dich und Dein privates Umfeld nicht beurteilen kann, sowieso nicht.

ZH: 23:47: Oh Chéri, das hört sich wirklich süß und nett an. Ich mag so sehr es, dass mein Herz hüpft, jedes Mal wenn ich Dich sehe.

ICH: 23:49: Solange Du meine Anliegen ignorierst, werde ich nicht mehr chatten.

ZH: 23:51: gestern, 15:17: ***Oh mein Prinz, verlass mich nicht Ich bin hier ganz und gar allein, ach könnte ich doch bei Dir nur sein! Wie kann ich dich befriedigen? Deine Heika.***

ICH: 23:54: Das Befriedigen würdest Du wohl locker schaffen, aber darum geht es zur Zeit nicht. Ob Du einen Weg findest, mein Vertrauen zu gewinnen, weiß ich nicht. - Ich kenne keinen.

ZH: 23:57: ***Es tut mir so Leid. Ich bin schon lange einsam und suche einen Mann, der sich endlich um mich und meine geilen Liebschaften kümmert.***

ICH: 23:59: Da bin ich Falsche. Aber das ist das erste Mal, dass Du die Wahrheit sagst. Dass Du neben mir noch etliche geile Liebschaften hast.

ZH: 0:01: ***Nein, Du bist der Richtige. Wenn Du genau jetzt genug Geld und die Möglichkeit hättest zu verreisen - Wo liegt dein erstes Ziel?***

Kommentar: Mein Eindruck war, dass sie mich finanziell mit einer Reise ködern wollte. Das bestritt sie zwar später, aber ich bin immer noch davon überzeugt, dass das ihre Absicht war.

ICH: 0:04: In diesem Fall bin ich ein Spielverderber: Wenn ich wollte, könnte ich überall hinreisen, aber ich bin zurzeit mit meinem 3. Band so beschäftigt, so dass ich keine Zeit und keine Lust habe größere Reisen zu unternehmen. - Auch werde ich mich nicht um Dich und Deine geilen Liebschaften kümmern, was immer Du darunter verstehst. Da solltest Du Dich um einen kompetenten Zuhälter kümmern.

ZH: 0:07: ***Ich brauche einfach Deine Gesellschaft. Wenn wir wissen, was das Richtige ist, warum machen wir es dann so oft nicht?***

ICH: 0:10: Diese Frage betrifft mich nicht. Wenn Du die Frage an Dich stellst, nach meinem Verständnis werde ich keine Rolle dabei spielen..

Auslassung

ZH: 0:53: ***Ach Seelenpartner, ich finde Dich so fantastisch. Du bist richtig. Was hast du zuletzt gekauft?***

ICH: 0:56: Hast Du Rauschgift genommen und lebst in einer Phantasiewelt?

ZH: 0:59: ***Nein Ich trinke doch Rotwein. Ein Gläschen ab und zu macht mich so geil, Schatzi.***

Auslassung

ICH: 5:21: Ich … teile Dir mit, dass ich es nicht verzeihe, dass Du trotz Treueschwur Sex mit einem anderen Mann gehabt.

ZH: 5:23: Wie meinst Du das, dass ich Sex mit einem anderen gehabt habe? Das solltest Du mir erklären!

*ZH: 5:30**… Küssi, mein Lieber, das tut mir Leid und es ist alles wahr, entschuldige mich, dass ich fremdgegangen bin. Um ehrlich zu sein nur ein einziges Mal und ich bereue es auch zutiefst.***

ZH: 5:32: Ja, also das finde ich nicht so schlimm! Lass uns doch einen Neuanfang starten, das würde ich Klasse finden!

***ICH:** 5:35: Das ist für mich das Schlimmste überhaupt, was nicht passieren darf. Ich bin sicher, dass Du das immer wieder tun wirst, weil Du gar nicht anders kannst, wenn Dir intensive sexuelle Reize geboten werden. Damit möchte meine Zukunft nicht belasten.*

(Sie sieht das nicht als wesentlich für unsere Beziehung an und argumentiert auch so.)

ZH:** 5:36:* ***Ja ich weiß was Du meinst! Manchmal siegt die Geilheit über den Verstand, ich gebe Dir vollkommen recht!

***ICH:** 5:41: Bei mir nicht. Ich steige demnächst aus (Portal) aus: Ich werde Dir nicht mehr schreiben.*

ZH:** 5:43:* ***Warum denn, mein Süßer? Also ich finde Dich total super! Schreib mir doch noch mehr!

Kommentar: An dieser Stelle habe ich den Chat unterbrochen, weil ich das Gefühl hatte, dass sie wirklich betrunken war. Abends meldete sie sich wieder.)

DZ: 9:50: Ja das bin ich mir sehr gut bewusst ich weiß, wer du bist und ich weiß, auch wo wir sind. Aber solche Kontakte bedeuten doch nichts, sie machen mir Spaß. ICH bleibe Dir doch treu.

DZ: 9:54: Guten Morgen, lieber Georg, wie geht es Dir heute? Hast du gut geschla-fen, mein Liebster? Hast Du Zeit zum Schreiben? Was machst Du heute noch Spannendes?

ICH: 10:00: ICH möchte heute entspannt mit Dir kommutieren. Du weißt, dass ich immer ehrlich und zuverlässig zu Dir war und Dir auch die Treue gehalten habe.

Pause

***ZH:** 19:20: Was habe ich Dir getan? Sag einmal.*

***ICH:** 19:22: Ich glaube Dir auch nicht, dass Du nur einmal fremd gegangen bist. Meines Erachtens lebst Du von Sex mit anderen Männern.*

ZH:** 19:23: **Was genau glaubst Du mir nicht? Das solltest Du mir näher erklären! Du bist toll!

***ICH:** 19:26: Das Einzige, was jetzt sicher ist, liegt darin, dass wir nie mehr etwas miteinander zu tun haben werden.*

Abbruch (Die nachfolgenden Chats geben keine zusätzlichen Erkenntnisse.)

Wir kommen zum endgültigen Ende (Letzte Chats): Versuch einer letztlich gescheiterten Normalisierung

Kommentar: Das ist der letzte längere Kontakt mit der Zauberhaften. Trotz aller Widersprüche schien sie irgendwie darauf erpicht zu sein, mich in ihre Welt einzubinden.

ABER: Es ist denn doch anders verlaufen, als ich in meiner Überheblichkeit glaubte. Nicht ich habe „dieser Beziehung" ein Ende bereitet.

Sie blieb ihre Linie treu, mich als Partner zu gewinnen und ich müsse ihre geilen Liebschaften (Freunde, Bekannte, Freier und andere ihrer Sexsucht entsprechende Partner) beim Sex tolerieren. – Einer meiner Vorstellung entsprechenden Verhal- tensänderung und einer diesbezüglichen Umstellung ihres Lebens ist sie bis zuletzt ausgewichen.

ZH: um 0:20: Ich gebe zu, dass ich mit anderen Männer gechattet habe, und es durchaus interessante Kontakte gab. Aber es kam zu keiner Entscheidung.

ICH: 0:35: Unser Info-Austausch nimmt eine Wendung, die mir nicht gefällt. Du hast nicht jetzt erst nach anderen Männern gesucht. Das hast immer getan und bist mir auch regelmäßig untreu gewesen. Das ist sicher.

ZH: 0:36: Wie kannst Du so etwas denken? Was meinst du damit, was wünschst du dir denn konkret von mir? Möchte dich doch so ungern verlieren. Ach mein Schatz ich finde so etwas ergibt sich doch ganz automatisch alles was vom Herzen kommt

ICH: um 0:40: Wenn es nicht automatisch kommt, dann liegt es nicht an mir. Du bist in keiner neuen Lage, Du warst sexuell immer promiskuitiv und unzuverlässig.

ZH: 0:45: Ja, wenn Du das meinst. Dieses Mal habe ich eine andere Beziehung aufgebaut und ich kann mich nicht entscheiden. Ja, solche Sachen kann man sich einfach nicht zurückhalten, mein Schatz, ich wünsche dir auch eine gute Nacht und süße Träume.

ICH: um 0.52: Gut, dann lassen wir es und beeinflussen nichts. Ich begebe wissentlich nicht in Konkurrenz mit anderen Männern. Es ist nun einmal so, dass die Frau entscheidet, ob und mit wem sie Sex haben will. Von der Gnade Deiner Entscheidung abhängig zu sein, mache ich keinen Gebrauch. Alles Gute

.

ZH: um 1:05: Du hast Recht und das ist gut so. Ich habe mich jetzt, in diesen Moment, gegen Dich entschieden. Ich wünsche dir trotzdem noch eine gute Nacht. Lass uns bitte nicht diskutieren deswegen. Ich will weiter Kontakt halten.

ICH: um 1.12: Unsere Zeit ist vorbei. Es ist alles diskutiert und es gibt nichts mehr zu klären. Alles Gute.

ZH: um 1:16: Hallo, schade das du so abweisend bist jetzt. Finde ich nicht schön.

Abbruch des Chats

Kommentar:

Mein Selbstgefühl, unersetzlich zu sein, erhielt einen mächtigen Dämpfer. Dass ich im letzten Chat Überlegenheit ausstrahlen wollte, trat nicht wirklich ein.

Nur mein Abschlussatz bleibt bestehen: „Unsere Zeit ist vorbei. Es ist alles diskutiert und es gibt nichts mehr zu klären."

Auch wenn ich ernsthaft keine Beziehung anstrebte, ich habe in dem Moment und bis lange danach eine eintönige Leere empfunden.

Es ist, als ob es fehlt/fehlte, dass meine Aufmerksamkeit gebraucht hatte.

D.4.1.7 Allerletzter Chat (abruptes Ende, mangels Einsicht)

„... ZH: um 8:27:
Ich weiß, dass du auf jeden Fall immer mit offenen Karten spielst. Du bist bisher immer ehrlich zu mir gewesen, warum solltest du das ändern?

ICH: um 8:28:
Ich ändere das nicht - Du must das ändern oder ich kann Dir nicht vertrauen...

ZH: um 8:29:
Ach so, ich muss das ändern? Sorry, ich bin kein kleines Kind, das irgend-etwas machen muss.

ICH: um 8:31:
Eben. Überleg es Dir. Entweder fin-den wir einen Weg zu einer anderen Kommunikation oder wir finden ihn nicht. Dann sind wir am Ende.

Das war dann das Ende unserer Chats. Wir hatten seit dem keinen Kontakt mehr.

D.4.2 Ein Pyrrhussieg (Information/Kommunikation)

„Wikipedia: Ein Pyrrhussieg ist ein zu teuer erkaufter Erfolg. Im ursprünglichen Sinne geht der Sieger aus dem Konflikt ähnlich geschwächt hervor wie ein Besiegter und kann auf dem Sieg nicht aufbauen. Der Ausdruck geht auf König Pyrrhos I. von Epirus zurück. Dieser soll nach seinem Sieg über die Römer in der Schlacht bei Asculum in Süditalien 279 v. Chr. einem Vertrauten gesagt haben: „Wenn wir die Römer in einer weiteren Schlacht besiegen, werden wir gänzlich verloren sein!" (ἂν ἔτι μίαν μάχην Ῥωμαίους νικήσωμεν, ἀπολούμεθα παντελῶς), häufig zitiert in der verknappten, aphoristischen Form „Noch so ein Sieg, und wir sind verloren!" In dieser Schlacht musste er erhebliche Verluste hinnehmen, so dass seine Armee auf Jahre hinaus geschwächt war und schließlich den Pyrrhischen Krieg verlor ..."

(„1") Aufstieg / Selbstgefühl: *Der Aufstieg von einer Prostituierten zur iDates- ChatModeratorin war wohl tatsächlich ein Einschnitt, der ihr Auftrieb gegeben, möglicherweise in ihrem Selbstgefühl zu einer Art Normalisierung geführt hat. Das war wichtig für sie und vielleicht für ihr ganzes Leben.*

(„2") Kommunikation „Die Zauberhafte und ICH": *Ich, als Wissenschaftler, habe ich fast alle informations- und kommunikationstaktischen Kriege gegen die Zauberhafte gewonnen, aber in der* ***„Überzeugungs-Kommunikation"*** *den Krieg insgesamt verloren.*

(„3") Folgende Prinzipien von Information und Kommunikation sollten beachtet werden

- *Zielorientierung, Selbstvertrauen, Konsequenz und Stehvermögen*
- *Rationalität (Logik, Vernunft, Analyse, Synthese, Alternativen, Selektion)*
- *Kompetenz, Souveränität, Glaubwürdigkeit, Transparenz, Authentizität*
- *Verantwortungsbewusstsein, Ausgleich und Kompromissfähigkeit*
- *Ehrlichkeit, Zuverlässigkeit, Fairness und Respekt*
- *Loyalität, Verständnis und Vertrauen, Berechenbarkeit*
- *Mainstream (Konformismus, Nonkonformismus, Intervention)*
- *Restriktionen/fehlende Alternativen*
  (Zwang, Einengung, Verständnis, Entgegenkommen)
- *Gefühlsebene (Appelle, Mitgefühl, Abwehr von taktischer Rührseligkeit)*

Information/Kommunikation: *Es kommt dabei darauf an, einen* ***guten Einstieg*** *zu haben und guten bzw. besseren Argumenten anderer zu begegnen und wenn möglich für den eigenen Standpunkt zu nutzen. Dazu kann es aber sinnvoll sein,* ***Fehleinschätzungen und Irrtümer einzuräumen*** *und dem Gegenüber Recht zu geben. Das ist meistens eine Stärke.*

(„4") Manipulation/Beeinflussung: *Man sollte sich bewusst sein, wer Täuschung, Suggestion und Indoktrination zur Durchsetzung seiner Interessen nutzt, ohne Rücksicht auf die Interessen anderer, kann sich nicht wirklich einer* ***echten Information*** *und* ***fairen Kommunikation*** *verpflichtet fühlen.*

Kommentar: Als Überzeugungsversuch findet Manipulation häufig statt, ohne dass es dem/der Initiator/In bewusst ist: Die Zauberhafte weiß, dass ihre Vergangenheit dazu führen kann, dass sie ausgegrenzt wird, aber sie versucht es klein zu reden, zwar verständlich, aber letztlich ein Manipulationsversuch: Sie schien ernsthaft zu glauben, dass sie mir treu bliebe, wenn sie beruflich mit anderen Männer (Freiern) Sex hätte. So hat sie es auch immer gehandhabt.

„ICH: um 14:19: Allein die Vorstellung, dass nicht nur heute, sondern alle Zeit, zuvor Hunderte von Männern, bei Dir waren, und Du kommst nach Hause und bietest mir, liebevollen Partnersex an, ekelt mich an.

DZ: 14: 25 Wieso ekelst Du Dich? Meinst Du an meiner Muschi wäre noch Sperma? Keine Sorge, das wird es nicht geben.

Manipulationsversuche

ICH: 14:28: Das wäre zwar mehr als eklig, aber mir geht darum, dass ich Dich grundsätzlich nicht mit anderen Männern teile - das entspricht nicht meiner Vorstellung von einem anständigen und liebevollen Umgang miteinander. Dein Charakter ist jenseits aller Vorstellungen verdorben.

ICH: um 14:30: Nein, das kann ich nicht, weil ich Dich mit anderen Männern teilen werde, weil ich selbst an Sex mit Dir interessiert bin und das ohne Treue nicht ertragen kann. Ich kann mir nicht vorstellen, dass Du mir Sex mit anderen Frauen gestatten würdest.

ZH: um 14:32: Wieso: Das ist doch nur Sex, nicht Liebe. Ich denke, wenn man es vorher bespricht, dann kann man doch bestimmte Kompromisse eingehen, es hätte ja dann nichts mit Betrügen zu tun, wenn der andere davon wüsste.

***Man darf beeinflussen**, aber wer dabei zu weit geht, wird auf Dauer von anderen, Besseren, durchschaut und zieht sich dann den Ruf eines **hinterhältigen Intriganten und Scharlatans** zu, den man meiden sollte. Leider ist diese Methoden in Wirtschaft, Politik und Kultur und nicht nur bei den vermeintlich Bösen integraler Bestandteil des Handelns geworden.*

*Freie **Meinungsäußerungen** gelten in demokratischen Gesellschaften als notwendiges Prinzip informationeller Freiheit, aber sie begleiten gleichermaßen **Mobbing und Verleumdung** und sind geeignet, Menschen in die Verzweiflung zu treiben. Man kann sich kaum dagegen wehren und muss schon ein sehr stabiles Selbstbewusstsein haben, um dagegen bestehen zu können.*

(„5“) Mainstream/Konsens/Konformismus:** Mainstream ist das, was eine nicht näher definierte Mehrheit in der Gesellschaft für richtig hält. Aber woher weiß man das? **Es sind die Medien, die uns das glaubhaft machen wollen.

- *Nun sind **Mehrheiten ein wichtiger Maßstab in der Demokratie**, aber diese Mehrheiten sind nicht gleichbedeutend mit Mainstream; es sei denn eine Partei würde 80 % aller Stimmen kriegen; das wäre dann aber nur ein **politischer Mainstream**.*

- *Es gibt* ***unterschiedliche Mainstream*** *(der Reichen, des Mittelstandes, der Armen, der Akademiker, der Bauern, der Handwerker, der Piloten, der Lokomotivführer usw., usw.). Die* ***Schnittmenge aller dieser*** *wäre dann* ***DER MAINSTREAM****, aber niemand kennt ihn wirklich.****Mainstream*** *kann anerkannt sein****, wenn formaler und inhaltlicher Konsens besteht.*** *Das waren in autoritären Gesellschaften die Regel, in freiheitlichen Gesellschaften, neigen unterschiedliche Gruppen und Interessen dazu, fast alles mit unterschiedlichen Argumenten zu kritisieren und zu bezweifeln.*

- ***Intervention:*** *Wenn bestimmte Phänomene dem Mainstream zuwider laufen, wirkt der Mainstream kontraproduktiv und zur* ***Meinungsmanipulation,*** *die wichtige Entscheidungen behindern kann. Wir wissen an sich, dass Umweltschutz und Ökologie wichtige Parameter zum Schutz der natürlichen Umwelt sind und trotzdem verstoßen wir dagegen (Verschwendung von Süßwasser, zu viel Chemie, Überdüngung der Böden, zu viel Abfall, Technischer, insbesondere Elektro-Schrott, Verwendung von zu viel Plastik, Abholzung der Urwälder, Verschmutzung der Meere, Verbrauch aller Ressourcen usw.).*

- ***Konformisten*** *folgen dem Mainstream zu folgen,* ***Nonkonformisten*** *haben eigene Vorstellungen. Beide Formen können richtig, aber auch falsch sein. Bei Mord werden sich alle einig sein, dass er strafrechtlich zu verfolgen ist (=Mainstream), z.B. bei Verteidigungsausgaben klaffen die Meinungen auseinander und wer Mainstream ist und wer nicht, ist nicht immer eindeutig.*

Kommentar: Wenn wir die Meinungen und Einstellungen bei der Zauberhaften und mir bewerten, kommt man zu folgender Gegenüberstellung:

(a) ZH: tritt ein für eine weitgehen sexuelle Freizügigkeit, die auch Promiskuität und Prostitution einbezieht. Sie betrachtet das als Mainstream (Konformismus) und ich als Nonkonformismus. Das ist eine weitere Stufe der sexuellen Bereitschaft (DA=Danziger), obwohl sie Treue zugesagt hatte und dass sie sich mit keinem anderen schreibt:

DA: Aber bevor ich mich verliere, wärst Du bereit, mit mir Sex zu betreiben, vorausgesetzt, Du vertraust mir?

ZH: ich bin der Meinung das es bei uns gut läuft, bauen wir weiter Vertrauen auf dann denke ich ja. Bevor ich aber mit Dir ins Bett steige, ist ein Date erforderlich, bei dem ich den Eindruck gewinnen muss, dass Du mir gefällst und ich das sichere Gefühl habe, das könnte gut mit uns laufen.

DA: Wie bist Du gewohnt, dass Sex ablaufen sollte - es gehören Gewohnheiten dazu, aber welche Träume hast Du dazu?

ZH: Dass der Mann mich verwöhnt, zärtlich zu mir ist und romantisch dabei vorgeht, und bei dir? DA: Das Alles kann ich gewährleisten – physisch, psychisch und sozial – ich werde Deine Erwartungen erspüren und mit Dir in eine emotionale Phase der Glückseligkeit gleiten.

ZH: Das hört sich gut an und ich werde Dir bald einen Datingtermin, wenn ich wieder Übersicht zu meinen sonstige Aufgaben und Verpflichtungen habe.

Wenn ich Dich kennen gelernt habe und Dich mag, werde ich alles für Dich vorbereiten: meine Muschi, meine Klitoris, meine Vagina, meinen süßen Po, meine Brüste, einfach alles. Auch Dein Schwanz wird nicht zu kurz kommen. Massagen und Blasen sind meine Spezialität. Sorg Du dafür, dass Du nicht nur die Ohren steif halten wirst und dass Du lange durchhältst, kein Schnellschuss.

Kommentar

(b) ***Mit Zärtlicheits- und Romantikerwägungen lockert die Zauberhafte ihre Zurückhaltung und öffnet sich für eine Kontaktaufnahme (einem Date, um zu prüfen, ob ihr Eindruck aussagt, dass DA ihr gefällt und ob es gut laufen könnte.***

DA: Das Alles kann ich gewährleisten – physisch, psychisch und sozial – ich werde Deine Erwartungen erspüren und mit Dir in eine emotionale Phase der Glückseligkeit gleiten.

ZH: Das hört sich gut an und ich werde Dir bald einen Datingtermin geben, wenn ich wieder Übersicht zu meinen sonstige Aufgaben und Verpflichtungen habe.

(c) ***Ich trete für sexuelle Treue (ich teile eine Frau sexuell nicht mit anderen Männern) und für ein Verbot der Prostitution ein. Ausdrücklich weise ich darauf hin, dass ich eine Prostituierte nicht heiraten würde und das das Schlimmste für mich wäre, wenn meine Töchter Prostituierte wären. Für mich sind meine Einstel-lungen Mainstream (Konformismus) für die Zauberhafte wahr-scheinlich eine abwegige Position (Nonformismus).***

(d) ***Auf der anderen möchte sie einen rational-vernünftigen Partner haben, der sie und ihre geilen Liebschaften akzeptiert und begleitet, ein Widerspruch in sich, weil ich mit meinen Einstellungen den strengsten und massivsten Gegensatz vertrete.***

(„6“) Prinzip Angriff: *Der Angegriffene wird in eine* ***Verteidigungssituation*** *gedrängt.*

Kommentar: Ich habe mit ihrer Vergangenheit und ihren derzeitigen Tätigkeiten permanent konfrontiert, um ein Umdenken zu erreichen:

„ .... ICH: 15:37 Das wollte ich Dir noch sagen: ich habe für meine Buchrecherchen in ca. 40 Portalen mit mehr als 50 Damen gechattet, aber so attraktiv, freundlich, sympathisch, gebildet und ausdrucksstark wie Du war keine. Wenn Deine Vergangenheit und Dein verdorbener Charakter nicht wären, ... ???“

„... ICH: um 16:52: Du bist zwar verdorben, aber es stimmt schon, dass ich auf Dich reagiere, wie auf eine verbotene Frucht.

ZH: um 16:54: Mein Süßer, das Verdorbene macht den Männern am meisten Spaß, weil sie es zu Hause nicht kriegen.

ICH: um 16:56: Das ist häufig so, aber im Geleitzug mit vielen Männern macht mir das keinen Spaß. Da spielt mein Verstand nicht mit. Dir mag das gleichgültig sein. Treue ist für Dich ein Fremdwort ...“

(„7“) Kombination Gegenangriff, Interessenausgleich, Gefühle zeigen

- *Aber neben einem **formalen Gegenangriff** gibt es die Möglichkeit,*
- ***(Gefühle/Betroffenheit)** schwerwiegender Betroffenheit zu zeigen (Das hat mich schwer gekränkt und macht mich fassungslos. So werde ich mit Dir nicht weiter machen. Das habe ich nicht von Dir erwartet – so viel Hinterhältigkeit, Schäbigkeit und Bösartigkeit hätte ich von Dir nicht erwartet.).*
- ***Interessenausgleich:** Der in Aussicht gestellte Interessenaus-gleich **sollte echt sein (Ehrlichkeit, Zuverlässigkeit)**, sonst geht Vertrauen verloren, bevor es sich entwickeln konnte. Das wäre eine Art Tod für Glaubwürdigkeit und weitere Verhandlungen.*

  *Das ist eine Art **„Wir sitzen in einem Boot“-Technik** mit gemeinsamen Zielen und kann mit einer demütigen Entschuldigung beginnen:*
- ***Gefühle/Betroffenheit:** „Das tut mir wirklich Leid. Du hast Recht. So, wie ich Dich behandelt habe, darf ich nicht erwarten, dass Du noch mit mir sprichst.“. Meistens klappt es und es geht weiter. „Wir sollten unsere **gemeinsamen Interessen herausfinden** und uns **über das Trennende verständigen.“***

Kommentar

Ich habe sie zu meinem Geburtstag eingeladen, um ihr das Gefühl zu geben, dass sie mein Vertrauen besitzt, aber bevor es zu einer Einigung hätte kommen können, war

An anderer Stelle wies sie darauf hin, dass ich ein Umdenken bei ihr bewirkt habe und sie ihrer Familie von mir berichtet hätte. Ob ich bereit wäre, mich mit der Familie

Inwieweit diese Erklärungen echt waren, weiß ich nicht. Später waren sie nicht

(„8“) Kombination Gegenangriff, Interessenausgleich, Gefühle zeigen

Kommentar zu Interessenausgleich: (Ehrlichkeit, Zuverlässigkeit, Glaubwürdigkeit und Vertrauen) habe ich versucht weitere Verhandlungen zu führen und ihr Angebote gemacht:

- ***Ich habe versucht, ihr eine Tätigkeit in der Personalentwicklung (Seminarbetreuung) schmackhaft zu machen. Beim ersten Mal hat sie abgelehnt, weil sie lieber Spaß haben wolle.***

Beim zweiten Mal schien sie einsichtiger zu sein, aber nicht wirklich überzeugt:

„ICH: um 16:17:
... Ich habe Dir ca. vor 1 Jahr vorgeschlagen, mit mir in die Unternehmensberatung zu gehen: Das hast Du abgelehnt, weil Du Spaß haben wolltest. - Jetzt sehe ich die-se Möglichkeit nicht mehr, weil ich älter geworden bin und einige gesundheitliche Probleme mehr als vorher habe.

„ICH: um 16:17:
... Ich habe Dir ca. vor 1 Jahr vorgeschlagen, mit mir in die Unternehmensberatung zu gehen: Das hast Du abgelehnt, weil Du Spaß haben wolltest. - Jetzt sehe ich diese Möglichkeit nicht mehr, weil ich älter geworden bin und einige gesundheitliche Probleme mehr als vorher habe.

ZH: um 16:18:
Okay, aber was genau heißt das denn nun? Ich bin verwirrt mein Lieber...

ICH: um 16:22:
Ich kann versuchen, mit Axel Fasch, ca. 10 Jahre jünger als ich, (MCG Hollenstedt / Nähe Hamburg) ein Weg zu finden, Dich in die Seminarbetreuung einzubauen. Ich habe keine Übersicht darüber, ob er das machen würde, und was das finanziell für Dich bedeuten würde.

ZH: um 16:23:
Oh man... ich weiß wirklich nicht, wohin... ich treffe nur falsche Entscheidungen Auslassung
ZH: um 16:40:
Ja da hast du recht... Man... ich weiß nicht was ich sagen soll (ICH)...

ICH: um 16:44:
Wenn Du mit mir Kontakt halten willst, dann über Email und Handy, so weh mir das auch tun würde. Soll ich mit Axel Fasch reden?

ZH: um 16:46:
Nein bitte nicht... Und du weißt, ich möchte nur hier im Chat schreiben.“ Damit war ich mit meinen ehrlich gemeinten Vorschlägen am Ende.

*(„9") **Emotionale Kommunikation** ist ein Prozess der*

- *wechselseitige **Aktivierung emotionaler Gehirnsysteme.***
- *Emotionale Kommunikation ist ein **Prozess des Informationsaustauschs***

- *über **kognitive Bewertungen***

(kognitive Aspekte einer Situation als Freude, Ärger usw.).

- *Emotionale Kommunikation ist ein Prozess der*
- ***wechselseitigen Aktivierung emotionaler Skripts**,*

  - ***assoziative Wissensstrukturen,***
  - ***verallgemeinerte Erfahrungen,***
  - *so etwas Ähnliches wie **»Drehbücher« für Emotionen***

Ich kann tun und lassen, was ich will, ich habe einfach das Gefühl, gegenüber der Zauberhaften emotional verloren zu haben, obwohl ich positive Nachrichten bekam, wie
„ ...um 16:49: Du bist ein Ehrenmann, das ist klar. Aber ich weiß nicht, was aus mir wird
..."

Diese Wortfolge triefte vor Hohn („Ehrenmann") und vor Verachtung, weil ich sie im Stich ließ (Aber ich weiß nicht, was aus mir wird ...").

Ob die Zauberhafte das auch so empfunden hat, weiß ich nicht, aber in der Chatfolge habe ich das so niederschmetternd wahrgenommen.

***Emotionale Überlegenheit** ergibt sich nicht wie ein Titel für eine Person. Begriffe wie Aura, Ausstrahlung, Persönlichkeit und Niveau sind damit verbunden und manchmal nicht einmal das, sondern die meist zu späte Erkenntnis, dieser Mensch ist mir überlegen.*

> *Die Zauberhafte hatte sicherlich eine Veranlagung, die durch jahrelange **Konditionierung (bewusste und unbewusste Übung, Lern- und Kontrollprozesse, Anpassung)** wie ein Schleier über jeder Kommunikation lag. Sie war erfahren und versiert: Das habe ich permanent gespürt.*

(„10") Verdrängung / Vergesslichkeit (Fluch und Segen)

Das „größtes Pfund" der Zauberhaften ist ihre weitgehende Unempfindlichkeit: Es berührt sie nach außen kaum, wenn sie angegriffen wird und sie kommentiert es mit Gleichmut und konstanter Freundlichkeit. Ausnahme ist, wenn man sie als Prostituierte bezeichnet; das möchte sie um keinen Preis sein.

*Ursache sind ihre Verdrängungsfähigkeiten, weil die Zauberhafte entweder nicht hinhört, etwas nicht versteht und/oder zu schnell vergisst. Das ist Stärke und Fluch zugleich, **Stärke**, weil es sie nicht weiter belastet. Wenn ich mit Anstrengung formale Argumentstrategien kalkuliere, dann hört sie das gar nicht, es fließt vorbei. Es ist so, als wenn ich gar nichts gesagt hätte und sie weiß gar nicht, ob etwas zu ihren Lasten geschehen ist oder nicht. Es interessiert sie wohl auch nicht.*

Fluch, *weil sie es wahrscheinlich schwer hat, eine echte und tiefe Partnerschaft zu finden (zu oberflächlich.), weil sie nicht mehr weiß, ob ihr Gegenüber ein echter Partner oder nur irgendeiner in der Reihe der Bewerber. Dazu kommt ein Mangel von Treue, den sie als unwesentlich adaptiert hat und auch so empfindet („Das ist doch nur Sex und keine Liebe“).*

(„11“) Niederlage in der Überzeugungs-Kommunikation:

Es reicht nicht aus, formal Recht zu haben, wenn das Gewollte nicht erreicht wurde. Man betrügt sich dann selbst und ist eher unzufrieden damit – das ist der Preis für eine emotionale Niederlage.

An sich könnte ich aufgrund meiner “Kommunikationserfolge“ zufrieden sein, sein und, aber stattdessen vermisse ich etwas, dass ich nicht wirklich begründen kann.

Ich musste damit mich zufrieden geben – nicht offiziell und formell, aber „de facto“ und vor allem deshalb, weil ich letztlich meinem Ziel, das Leben der Zauber-haften zu normalisieren, nicht wirklich näher gekommen bin, eben ein ***“Pyrrhussieg“.***

Zusammenfassung: Wirkungshypothesen und die Zauberhafte

- ***Unbewusster Abwehrmechanismus (Psychoanalyse):*** *Wie unbefangen-gen und anscheinend ohne jegliche Gewissensbisse sich die Zauberhafte in der Diskussion verhält, ist ein unbewusster Abwehrmechanismus (Psychoanalyse), bei dem psychische Vorgänge der in Konflikt stehende psychische Tendenzen (Triebe, Wünsche, Motive, Werte) –also innerseelische oder zwischenmenschliche Konflikte mental kompensiert und/oder bewältigt werden.*

- *Die* ***Bewusstseinsspaltung*** *gehört zu den Abwehrmechanismen. Einstellungen, die nicht zusammen zu passen scheinen, werden formal und inhaltlich aufgeteilt. Angenehme Inhalte (Zuneigung zu mir) werden betont, weniger angenehme (das Fremdgehen und untreu sein) abgewertet bzw. inhaltlich gar nicht registriert.*

- *Ob bei ihr* ***Sexsucht (Hypersexualität, Nymphomanie)*** *oder, wie es nennt,* ***Sexsehnsucht,*** *in welchem Umfang eine Rolle spielt und ggf. ihre Verhal- tensauffälligkeiten begründet und/oder überlagert, ist möglich, hier aber nicht eindeutig zu klären.*
- ***Ihr Leben:*** *Das genau lässt sich übertragen: Die Zauberhafte schilderte Ihr Leben in Kurzform so: “Oh ja - aufgewachsen als Kind eines Alkoholiker-Ehepaares. Mit 12 Jahren auf den Strich gegangen und gut verdient. Kurz den Drogen verfallen - danach nur noch Edelprostitution mit betuchten älteren Herren.*

- ***Traumatische Auswirkungen:*** *Je schwerer das Trauma, je jünger die Frauen, desto schwerwiegender die Auswirkungen. Mit 18 Jahren hat man noch keine gefestigte Persönlichkeit aufgebaut.*

- ***Prostitution in diesem Alter*** *macht alles/vieles kaputt. Ich kenne Fälle, bei denen Eltern ihr eigenes Kind verkauft haben.*

Diese Kinder sehen auch als Erwachsene ***Prostitution als ganz normal an*** *– weil sie es nicht anders kennen. Unbehandelt kann eine Schizophrenie für Betroffene und ihr Umfeld sehr gefährlich sein. Eine frühe Therapie mit speziellen Medikamenten ist daher äußerst wichtig! (Marian Grosser, Arzt).*

- ***Dimensionen ihres Auftretens, Störungen:*** *Dieses Dilemma verstärkt die Dimensionen ihres Auftretens. Falls Schizophrenie vorliegen sollte, lebt die Zauberhafte phasenweise in einer anderen Welt. Sie leidet vermutlich unter Verfolgungswahn, Halluzinationen und motorischen Störungen, was dazu führen kann, dass sie gegenüber Männern, die es an sich gut mit ihr meinen, aber nicht wie gewünscht reagieren, besonders grausam ist.*

Unbehandelt kann eine Schizophrenie *für Betroffene und ihr Umfeld sehr gefährlich sein. Eine frühe Therapie mit speziellen Medikamenten ist daher äußerst wichtig! (Marian Grosser, Arzt).*

- *Eine* ***neurologisch wirksame Störung*** *kann in diesem Zusammenhang auf Antriebskräfte und Gefühle wirken, was zu extremer Gefühllosigkeit gegenüber den Männern führen kann, die der Außenstehende gar nicht begreift und daran verzweifeln kann. Dazu kommen* ***positiv stimmungsverstärkende Phasen****, die den Eindruck erwecken, man mache sich über die Ausweglosigkeit der Betroffenen lustig.*

- *Auch* ***Neurotizismus*** *ist möglich (Reizbarkeit, Launenhaftigkeit, Nervosität, Neigung zu Unsicherheit und Verlegenheit, Klagen über Ärger und Ängste, Klagen über körperliche Schmerzen, Kopfschmerzen, Magenbeschwerden, Schwindelanfälle etc., Neigung zu Traurigkeit und Melancholie, sehr sensibel auf Stress reagierend, eher negative Affektlage, dauerhafte Unzufrieden-heit), nicht ausgeprägt, aber teilweise spürpar – wahrscheinlich in Verbindung mit Promiskuität und Hypersexualität.*

  Dazu kommt, dass sie in therapeutscher Behandlung ***wegen eines Gewalterlebnisses*** *zu sein scheint.*

- *Typisch ist Ihre* ***Angst vor Entdeckung und Bloßstellung****. Krampfhaft versucht sie jeden Hinweis auf ihre Identität und Adresse zu vermeiden. Aus ihren Äußerungen habe ich entnommen, dass Männer versucht haben sie zur Rechenschaft zu ziehen und wohl auch Prügel angedroht haben, weil sie sich ausgebeutet und gedemütigt fühlten. Wie weit es dabei gekommen ist, weiß ich nicht.*

***Meine Ausführungen**, „ich habe für meine Buchrecherchen in ca. 60 Portalen mit mehr als 80 Damen gechattet,*

Selbst Persönlichkeiten, die die Zauberhafte gern an Ihrer Seite hätte, werden sie nicht heiraten, sondern nur als Geliebte zum Fremdgehen sehen,

*Das bestätigt zwar den Eindruck, den vor allem fast alle Männer, aber auch Frauen haben, aber verschweigt oder übersieht, dass es sich bei der Zauberhaften um eine **schwerwiegend verletzte Seele handelt.***

Sie glaubt das zwar alles nicht und setzt ihr Leben immer so fort, aber die Männer, die sie nur zu ihrer Befriedigung ausnutzen, handeln zwar nicht bewusst, mindestens aber fahrlässig.

Ich habe ihr einen letzten Gruß geschickt:

„um 16:40: ICH: ENDGÜLTIGER ABSCHIED: Es ist der DATUM und ich verlasse das Portal endgültig. Nicht ohne meinen Gefühlen Ausdruck zu verleihen, dass ich Dir ein anderes Schicksal gewünscht hätte und vermutlich mehr darunter leide als Du.“

Eine Antwort gab es nicht.

Unser Beider Lebensauffassungen und -praktiken sind unvereinbar und so kann und wird es dann keine Gemeinsamkeiten geben.

Anlage 1: Freud: Tiefenpsychologische Ausrichtung *Seite 1 von 3*

https://www.dgpsf-verein.de/fuerpatienten/schmerzpsychotherapie/tiefenpsychologischersicht/
Autor: Hans-Günter Nobis Deutsche Gesellschaft für psychologische Schmerz-therapie und -forschung e. V. Prof. Dr. Michael Hüppe, Universität zu Lübeck, Klinik für Anästhesiologie, Lübeck:

„ ... ***Schmerzpsychotherapie aus tiefenpsychologischer Sicht***

Neben der Verhaltenstherapie gibt es ein weiteres von den Krankenkassen genehmigtes Behandlungsverfahren, dass unter der Bezeichnung „tiefenpsychologisch-fundierte Psychotherapie“ geführt wird und zu den Methoden gehört, die unter dem Oberbegriff

„Psychodynamische Psychotherapie“ fallen.

Die tiefenpsychologisch-fundierte Psychotherapie (offizielle Abkürzung „TP“) beruht auf den theoretischen Grundlagen der Psychoanalyse, die von Siegmund Freud begründet und dann weiterentwickelt wurde. Tiefenpsychologie verweist u.a. auf die unbewussten, verdrängten bzw. unverarbeiteten Konflikte aus der Vergangenheit, deren fortdauernder Einfluss sich heute noch auf unser Erleben negativ auswirken kann. Im Mittelpunkt der tiefenpsychologischen Behandlung stehen:

Das Unbewusste: *Wie gesagt, geht man in der TP davon aus, dass es neben dem bewusst zugänglichen Teil unserer Seele auch Teile gibt, die uns nicht bewusst sind, die aber dennoch wirksam sind und Einfluss auf unser inneres Erleben und unser äußeres Handeln haben. Die Behandlung zielt darauf ab, einen Teil dieses Unbewussten erkennbar zu machen, um dem Patienten eine bessere Erkenntnis und Befriedigung seiner Bedürfnisse zu ermöglichen.*

Die Beziehungsgestaltung (Übertragung): *Eine bestimmte Art und Weise der Kontaktaufnahme zu anderen Menschen und deren Bewertung ist typisch für jeden von uns. Wir entwickeln in unserer Kindheit "Beziehungsmuster" durch die Auseinandersetzung mit unseren Eltern und/oder anderen wichtigen Bezugspersonen und neigen dazu, Beziehungen, die wir in unserem späteren Leben zu weiteren Menschen aufnehmen, nach den gleichen Mustern zu organisieren. In der Therapie wird versucht, diese Muster zu erkennen und bewusst zu machen, um eine größere Variationsbreite des Verhaltens zu ermöglichen und zu verhindern, dass man immer wieder die gleichen Konflikte erlebt. Die Wurzel des Verhaltensmusters liegt also in der Kindheit, der belastenden Konflikt hingegen in der Gegenwart.*

zumeist in der frühen Kindheit gesehen. In der Therapie wird also nicht nur das aktuelle Krankheitsgeschehen angeschaut sondern die gesamte Lebensgeschichte. Viele sind verwundert, wenn der Therapeut bei gegenwärtigen Schmerzen sogar nach den Geburtsumständen fragt. Aber Wissenschaftler haben festgestellt, dass frühste Erfahrungen mit

Die Kindheit: *Die Entwicklung in der Kindheit und Jugend gilt als bestimmend für die spätere Persönlichkeit. Somit werden auch die Ursachen für tiefe psychische Krisen im Erwachsenenalter Schmerzen, die Gehirnreaktion auf Schmerzen verstärkt. Auch bei Frühgeborenen wurde diese erhöhte „Schmerz-Sensibilität“ bis ins Erwachsenenalter festgestellt.*

Der Gefühlsausdruck: *Menschen können Gefühle zurückhalten, unterdrücken oder ganz verdrängen, z.B. dann, wenn der Mensch versucht, angesichts von starker Trauer oder Wut, das „Gesicht zu wahren“. Gezeigte oder unterdrückte Gefühle gehen immer mit einer innerer Erregung und muskulären Anspannung einher, man spricht auch von „psycho-vegetativer Erregung“. Je heftiger nun das „unterdrückte“ Gefühl ist, desto stärker ist die körperliche Reaktion wie z.B. die schmerzhaften Schluckbeschwerden beim Zurückhalten der Trauer auf einer Beerdigung. Diese vegetativen Vorgänge können so stark sein, dass sie entweder ehemals körperliche Schmerzen verstärkend überlagern oder sich eigenständige, psychisch bedingte Schmerzen entwickeln, für die der Arzt dann keine körperliche Erklärung findet.*

Bei der Behandlung von chronischen Schmerzen steht, wie bei allen anderen Verfahren, zunächst die diagnostische Klärung im Vordergrund. Zwei wichtige Voraussetzungen für diese vertrauliche Zusammenarbeit sind, dass der Patient sich mit seinen Schmerzen ernst genommen fühlt und dass er zu einer Betrachtung seiner chronischen Schmerzen unter „bio- psycho-sozialen“ Gesichtspunkten bereit ist.

Diese „ganzheitliche“ Betrachtung („Körper-Geist-Seele“) einer Schmerzkrankheit versteht sich nicht als letztes Mittel, wenn nichts anderes mehr hilft, sondern ist eine wichtige Ergänzung körperlicher Untersuchungen. Es kann deshalb notwendig sein, dass der Therapie eine „Informationsphase“ vorgeschaltet wird, um zunächst die bio-psycho-sozialen Zusammenhänge von Schmerzen nachvollziehbar zu machen.

An dieser Stelle sei auf die Kapitel „Akuter und chronischer Schmerz“ und „Schmerz und Psyche“ hingewiesen!!

Bei der diagnostischen Klärung wird geschaut, ob es einen zeitlichen Zusammenhang zwischen dem Beginn der Schmerzen und einem lebensgeschichtlich bedeutsamen Ereignis oder Lebensabschnitt gibt (u.a. Todesfall, Kündigung, Scheidung, Hausbau, Pflegefall).

Für die tiefenpsychologisch orientierte Diagnostik ist auch wichtig, ob es in den Entwicklungsphasen von Kindheit und Jugend Hinweise auf Überforderungen, Ängste oder Depressionen gibt, da sie eine spätere Chronifizierung von Schmerzen begünstigen können oder sogar die Ursache einer psychosomatischen Schmerzkrankheit sind.

Hinweise sind z.B. ein geringes Geborgenheitsgefühl in Kindheit und Jugend, Misshandlung oder Abwertungen durch die Eltern, sexueller Missbrauch, häufiger Streit zwischen den Eltern, überhaupt Erlebnisse, die der Mensch aus seiner Sicht als körperliches und/oder seelisches „Trauma“ (z.B. Vernichtungsangst bei Überfällen) erlebte.

Anlage 1: Freud: Tiefenpsychologische Ausrichtung ***Seite 3 von 3***

Darüber hinaus wird geprüft, ob lang anhaltender körperlicher, psychischer oder sozialer Stress der letzten Jahre oder Monate für die Aufrechterhaltung von Schmerzen verantwortlich ist. Aus diesem Grunde achtet der Therapeut besonders auf „ schwelende“ Konflikte in Beruf oder Familie, auf „überspielte“ Kränkungen und „verleugnete“ (Selbst-) Überforderung.

Nur die diagnostische Klärung gibt der Therapie eine Richtung. Die anschließende Therapie kann dann zwei Richtungen einschlagen. Entweder den „aufdeckenden“ Weg, bei dem versucht wird, verdrängtes Erleben und die damit verbundenen belastenden Gefühle bewusst zu machen, um sie einer bewussten Verarbeiten zuzuführen, sodass der Mensch dies als „tiefe Entlastung“ erlebt, sich besser akzeptieren kann und Verhaltensalternativen findet, um sich anders als durch Schmerz z.B. vor Überforderung zu schützen.

Der zweite Weg ist ein bewältigungsorientiertes Vorgehen, bei dem versucht wird, im Hier und Jetzt Möglichkeiten zu finden, von seinem Schmerz nicht vereinnahmt zu werden und dennoch ein aktives, zufrieden stellendes Leben zu führen. Dazu gehört eine gewisse Änderungsbereitschaft z.B. hinsichtlich der realistischen Einschätzung eigener Leitungsfähigkeit und Grenzen („Grenzen zu haben ist menschlich, manchmal erkennen wir sie zuerst an unserem Körperschmerz“).

Die Behandlung kann in Einzelgesprächen oder in Gruppen erfolgen. Viele Patienten können sich zunächst nicht vorstellen, einem oder mehreren fremden Menschen gegenüber, offen von ihrer Lebensgeschichte zu erzählen. Doch im Verlauf bestätigten viele, wie gut es tat, sich jemanden, der nicht zur Familie gehört, anzuvertrauen und durch die Gruppe zu erfahren, dass man „mit seinem Problem nicht allein ist“.

Anlage 2: Projektplanung: Kosten und Ressourcen *Seite 1 von 3*

Aus:https://www.openpm.info/display/openPM/Projektplanung%3A+Kosten+und+Ressourcen
Dr. Marcus Raitner, Poing; ***Erstellt von Susanne Nahold, zuletzt geändert von Bernhard Schloß am 16. Mär 2014***

„ … Methoden:

Im Zuge der Kostenplanung können folgende Methoden angewandt werden. Kennwertmethode eignet sich bereits zu Beginn des Projekts als Leitfaden. Wie der Name vorwegnimmt, wird diese basierend auf längen-, flächen- und kubaturbezogenen Baukostenkennwerten erstellt. Nur wenige Kostenbereiche werden hierbei pauschal oder in Prozentansätze angesetzt. Empfehlenswert hierbei ist die Prüfung der Kostenkennwerte, welche Teile in den Kosten enthalten sind. Auch der gewählte Termin des Ausführungsstartes ist zum Zeitpunkt der Übernahme der Kenndaten zu beachten.

Elementmethode

Diese Methode beruht auf planungsorientierter Gliederung und somit auf exakter und detaillierter Planung, samt genauer Beschreibung der Baumaßnahmen und Qualitätsanforderungen. Dadurch lassen sich einzelne Elementmengen errechnen. Auch bei dieser Methode erfolgt die Errechnung durch elementbezogene Baukostenkennwerte. Wichtig hierbei ist das Festhalten eines Elementkataloges, welcher als Grundlage für die Kostenplanung aufzubauen und fortzuschreiben gilt (Baukostenkennwerte werden vorgehalten). In der frühen Planungsphase ist es ratsam, Grobelemente zu definieren, die dann im Verlauf des Projekts verfeinert werden.

Leistungsgruppenmethode

Beruhend auf einer ausführungsorientierten Gliederung werden bei dieser Methode einzelne Leistungsgruppen bzw. Unterleistungsgruppen als Grundlage der Kostenermittlung eingesetzt. Das gesamte Projekt wird in Bauabschnitte bzw. in Bauteile untergliedert.

Positionsmethode

Durch Positionen eins Leistungsverzeichnisses kann rasch die Erstellung eines Kostenanschlages stattfinden. Anhand von früheren Angebotspreisen (Preisdatenbank) berechnet man die Kosten der jeweiligen Position. Beschränkt kann die Kostenermittlung durch Hauptpositionen der wichtigsten Leistungsruppen werden. Positionen und Leistungen, die wiederum nicht so wichtig sind, können geschätzt werden oder als leistungsgruppenbezogene Baukostenkennwerte angegeben werden. Bei fehlenden Erfahrungswerten von Leistungsgruppen oder Positionen, sollten die Preise auf Positionsebene kalkuliert werden.

Anlage 2: Projektplanung: Kosten und Ressourcen **Seite 2 von 3**

Design to Cost

Unter Design To Cost (DTC) versteht man das Entwerfen und Konstruieren nach Kostengesichtspunkten unter Berücksichtigung der gegebenen Rahmenbedingungen ("konstruiere so, dass unter den vorgegebenen Prämissen das Kostenziel eingehalten wird"). Somit werden die Kosten neben technischen Leistungen und Terminen zu einem wichtigen Entwurfsparameter.5 Arbeitsschritte zur praktischen Umsetzung der „Design to Cost" Methode:

Abb.:

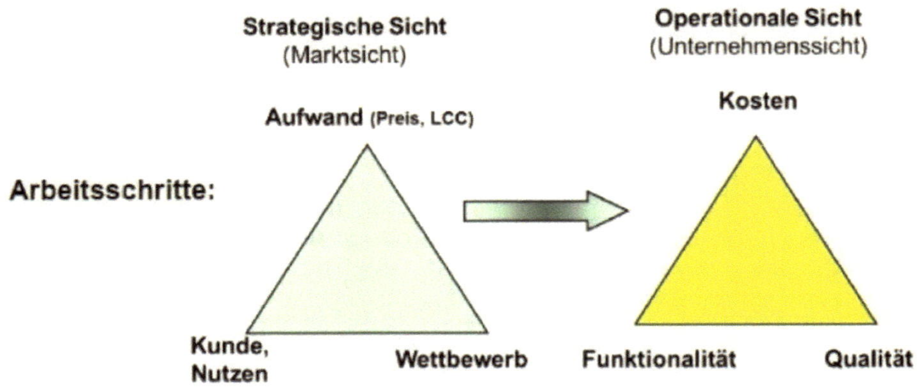

Zielkostenplanung
Wenn die Zielkosten für das Produkt unter Berücksichtigung des geplanten Produktlebenszyklus bestimmt sind, müssen für die einzelnen Produktkomponenten die Zielkostenanteile berechnet werden. Die Verteilung der Zielkosten kann auf zwei Arten erfolgen, nämlich mittels

- der Komponentenmethode oder - der Funktionsmethode.

Das Ergebnis dieser Berechnungen zeigt, welche Komponenten und Funktionen des Produktes eher preiswert und welche eher teuer bereitgestellt werden.

Bei der Komponentenmethoden werden Komponenten mit Funktionen verbunden, indem man für jede Komponente festlegt, in welchem Ausmaß sie zur Erfüllung der Funktion beiträgt.

Über die Bestimmung der absoluten Bedeutungsgrade gelangt man schließlich zu den komponentenbezogenen Zielkosten, d.h. dem prozentualen Anteil einer Komponente an den Gesamtzielkosten.

Die Funktionsmethode berücksichtigt die Erwartungen eines Kunden an ein Produkt oder eine Dienstleistung. Die Erwartungen, die ein Kunde an ein Produkt stellt, werden durch Funktionen des Produktes erfüllt. Auch wenn ein Kunde nicht in der Lage ist – was dem

Regelfall entspricht – die Bedeutung einzelner Komponenten zu nennen, so kann er durchaus sagen, wie groß die Bedeutung einzelner Produktfunktionen für ihn ist. Anhand der vorgestellten Methoden und Analysen kann man bereits in den frühen Phasen der Projektkostenplanung eine detaillierte Kostenermittlung aufstellen. Unter Berücksichtigung der vorgegebenen Normen und Erfahrenheitswerte kann man Projektkosten bereits vor Beginn des Baus in einem gewissen Rahmen halten. Anhand eines Fallbeispiels wird im letzten Teil die Kostenkennwertmethode noch einmal genauer vorgeführt.

Anlage 3: Projektplanung: Kosten und Ressourcen (LPH) **Seite 1 von 4**

Aus:https://dbp-architektur.de/wp-content/uploads/2018/04/dbp-Erla%CC%88uterung-der-HOAI-Leistungen-eines-Architekten.pdf; dbp Architektur, Dominik Bley, Hauptstraße 1, 26122 Oldenburg

„ ... Was kostet ein Architekt nach HOAI?
Die individuelle Planung mit dem Architekten wird allgemein nach der HOAI ermittelt (Architekten Honorar).Entgegen Gerüchten, "die HOAI sei nicht mehr gültig", handelt es sich bei der Honorarordnung für Architekten und Ingenieure (HOAI) nach wie vor um eine verbindliche, auf Grundlage eines Gesetzes erlassene Honorarverordnung der Bundesregierung. Architekten sind zur Einhaltung der HOAI-Bestimmungen verpflichtet. Die Nichteinhaltung der HOAI bedeutet einen Verstoß gegen geltendes Recht und gegen die Berufsordnung der Architekten. Die individuelle Planung mit dem Architekten wird allgemein nach der HOAI ermittelt (Honorarordnung für Architekten und Ingenieure) ...

LPH 1 Grundlagenermittlung

- *Klären der Aufgabenstellung auf Grundlage der Vorgaben oder der Bedarfsplanung des Auftraggebers*
- *Beraten zum gesamten Leistungs- und Untersuchungsbedarf*
- *Formulieren der Entscheidungshilfen für die Auswahl anderer an der Planung fachlich Beteiligter*
- *Zusammenfassen, erläutern und dokumentieren der Ergebnisse*
- *Mitwirken bei Grundstücks- und Objektauswahl, -beschaffung, -übertragung*
- *Ortsbesichtigung / Standortanalyse*
- *Bestandsaufnahme*
- *Bedarfsplanung Aufstellen eines Raum- und Funktionsprogramms*
- *Prüfen der Umwelterheblichkeit und der Umweltverträglichkeit*

LPH 2 Vorplanung (Projekt- und Planungsvorbereitung)

- *Analysieren der Grundlagen, Abstimmen der Leistungen mit den fachlich an der Planung Beteiligten*
- *Abstimmen der Zielvorstellungen, Hinweisen auf Zielkonflikte*
- *Erarbeitung eines Planungskonzepts einschl. Untersuchung der alternativen Lösungsmöglichkeiten nach gleichen Anforderungen mit zeichnerischer Darstellung und Bewertung z. B. versuchsweise zeichnerische Darstellungen, Strichskizzen*
- *Klären und Erläutern der wesentlichen Zusammenhänge, Vorgaben und Bedingungen (z.B. städtebauliche, gestalterische, funktionale, technische, wirtschaftliche, ökologische, soziale, öffentlich-rechtliche)*
- *Verhandlung mit den Behörden zur Sicherung der Genehmigungsfähigkeit*
- *Kostenschätzung*
- *Untersuchung von Lösungsmöglichkeiten nach Grundsätzlich verschiedenen Anforderungen*
- *Finanzierungsplanung, Betriebs-Kosten-Nutzen-AnalyseZusammenfassen, erläutern und dokumentieren der Ergebnisse*
- *Durchführen der Bauvoranfrage • Aufstellung der Zeit- und Organisationsplanung*
- *Mitwirken bei der Kredit- und Fördermittelbeschaffung*
  • Durchführen von Wirtschaftlichkeitsuntersuchungen Anfertigen von besonderen Präsentationshilfen, die für die Klärung im Vorentwurfsprozess nicht notwendig sind,

z.B. – Präsentationsmodelle
- *Perspektivische Darstellungen*
- *Bewegte Darstellung/ Animation*

Anlage 3: Projektplanung: Kosten und Ressourcen (LPH)

- *Farb- und Materialcollagen*
- *digitales Geländemodell*
- *3-D oder 4-D Gebäudemodellbearbeitung (Building Information Modelling BIM)*
- *Aufstellen einer vertieften Kostenschätzung nach Positionen einzelner Gewerke*
- *Erarbeiten und Erstellen von besonderen bauordnungsrechtlichen Nachweisen für den vorbeugenden und organisatorischen Brandschutz bei baulichen Anlagen besonderer Art und Nutzung, Bestandsbauten oder im Falle von Abweichungen von der Bauordnung*

LPH 3 Entwurfsplanung (System- u. Integrationsplanung)

- *Bearbeiten des Planungskonzeptes*
- *Zeichnerische Darstellung des Gesamtentwurfs*
- *Verhandlungen über die Genehmigungsfähigkeit*
- *Kostenberechnung und Kostenkontrolle*
- *System- und Integrationsplanung*
- *Analyse von Alternativen/Varianten mit Kostenuntersuchung -(optimierung)*
- *Wirtschaftlichkeitsberechnung*
- *Kostenberechnung durch aufstellen von Mengengerüsten oder Bauelementkatalog*

LPH 4 Genehmigungsplanung

- *Erarbeiten der Vorlagen der erforderlichen Genehmigungen oder Zustimmungen einschl. der Anträge auf Ausnahmen und Befreiungen*
- *Einreichen des Baugesuches*
- *Begleitung des Genehmigungsverfahrens*
- *Mitwirken bei der Beschaffung der nachbarlichen Zustimmung*
- *Erarbeitung von Unterlagen für besondere Prüfverfahren*
- *Unterstützung des Bauherrn in Widerspruch- oder Klageverfahren*
- *Ändern der Genehmigungsunterlagen*

LPH 5 Ausführungsplanung

- *Durcharbeiten der Ergebnisse der Leistungsphasen 3 und 4*
- *Ausführungs-, Detail- und Konstruktionszeichnungen nach Art und Größe des Objekts im erforderlichen Umfang und Detaillierungsgrad unter Berücksichtigung aller fachspezifischen Anforderungen, z.B. bei Gebäuden im Maßstab 1:50 bis 1:1, z.B. bei Innenräumen im Maßstab 1:20 bis 1:1*
- *Bereitstellen der Arbeitsergebnisse als Grundlage für die anderen an der Planung fachlich Beteiligten, sowie*
- *Fortschreiben der Ausführungsplanung aufgrund der gewerkeorientierten Bearbeitung während der Objektausführung*
- *Überprüfen erforderlicher Montagepläne der vom Objektplaner geplanten Baukonstruktionen und baukonstruktiven Einbauten auf Übereinstimmung mit der Ausführungsplanung*
- *Aufstellen einer detaillierten Objektbeschreibung als Grundlage der Leistungsbeschreibung mit Leistungsprogramm (x)*
- *Prüfen der vom bauausführenden Unternehmen auf Grund der Leistungsbeschreibung mit Leistungsprogramm ausgearbeiteten Ausführungspläne auf Übereinstimmung mit der Entwurfsplanung*
- *Fortschreiben von Raumbüchern in detaillierter Form*
- *Detailmodelle*

Anlage 3: Projektplanung: Kosten und Ressourcen (LPH) **Seite 3 von 4**

- *Prüfen und Anerkennen von Plänen Dritter, nicht an der Planung fachlich Beteiligter auf Übereinstimmung mit den Ausführungsplänen (zum Beispiel Werkstattzeichnungen von Unternehmen, Aufstellungs- und Fundamentpläne nutzungsspezifischer oder betriebstechnischer Anlagen), soweit die Leistungen Anlagen betreffen, die in den anrechenbaren Kosten nicht erfasst sind*

LPH 6 Vorbereitung der Vergabe

- *Ermitteln und Zusammenstellen von Mengen auf Grundlage der Ausführungsplanung unter Verwendung der Beiträge anderer an der Planung fachlich Beteiligter*
- *Aufstellen von Leistungsbeschreibungen mit Leistungsverzeichnissen nach Leistungsbereichen, Ermitteln und Zusammenstellen von Mengen auf Grundlage der Ausführungsplanung unter Verwendung der Beiträge anderer an der Planung fachlich Beteiligter*
- *Abstimmen und Koordinieren der Schnittstellen zu den Leistungsbeschreibungen der an der Planung fachlich Beteiligten*
- *Ermitteln der Kosten auf Grundlage vom Planer bepreister Leistungsverzeichnisse*
- *Kostenkontrolle durch Vergleich der vom Planer bepreisten Leistungsverzeichnisse mit der Kostenberechnung*
- *Zusammenstellen der Vergabeunterlagen für alle Leistungsbereiche Aufstellen der Leistungsbeschreibungen mit Leistungsprogramm auf Grundlage der detaillierten Objektbeschreibung*
- *Aufstellen von alternativen Leistungsbeschreibungen für geschlossene Leistungsbereiche*
- *Aufstellen von vergleichenden Kostenübersichten unter Auswertung der Beiträge anderer an der Planung fachlich Beteiligter*

LPH 7 Mitwirkung bei der Vergabe

- *Einholen, prüfen und werten der Angebote einschließlich Aufstellen eines Preisspiegels nach Einzelpositionen oder Teilleistungen, Prüfen und Werten der Angebote zusätzlicher und geänderter Leistungen der ausführenden Unternehmen und der Angemessenheit der Preise*
- *Verhandlung mit Bietern und Mitwirken bei der Auftragserteilung*
- *Erstellen der Vergabevorschläge, Dokumentation des Vergabeverfahrens*
- *Kostenanschlag und Kostenkontrolle*
- *Mitwirken bei der Auftragserteilung*
- *Prüfen und Werten von Nebenangeboten mit Auswirkungen auf die abgestimmte Planung*
- *Mitwirken bei der Prüfung von bauwirtschaftlich begründeten Nachtragsangeboten*
- *Aufstellen, Prüfen und Werten von Preisspiegeln nach besonderen Anforderungen*

Anlage 3: Projektplanung: Kosten und Ressourcen (LPH) Seite 4 von 4

LPH 8 Objektüberwachung (Bauüberwachung) und Dokumentation

- *Überwachen und koordinieren der Ausführung*
- *Aufstellen und fortschreiben eines Zeitplanes, führen eines Bautagebuches*
- *Abnahme der Bauleistung, Feststellung von Mängeln und Überwachen der Beseitigung*
- *Rechnungsprüfung und Kostenfeststellung, Kostenkontrolle*
- *Organisation behördlicher Abnahmen*
- *Übergabe des Objekts*
- *Auflisten der Gewährleistungsfristen*
- *Aufstellen, überwachen und fortschreiben von Zahlungsplänen und differenzierten Zeit-, Kosten- oder Kapazitätsplänen*
- *Über die Grundleistung hinausgehende Tätigkeit als verantwortlicher Bauleiter LPH 9 Objektbetreuung*
- *Mitwirken bei der Freigabe von Sicherheitsleistungen*
- *Zusammenstellung der zeichnerischen und textlichen Unterlagen*
- *Aufstellen von Bestandspläne, Ausrüstungs- und Inventarverzeichnisse, Wartungsanweisungen*
- *Objektbeobachtung und -verwaltung, überwachen der Wartungs- und Pflegeleistungen*
- *Baubegehungen nach Übergabe*
- *Aufbereiten des Zahlenmaterials für eine Objektdatei*
- *Ermittlung und Kostenfeststellung zu Kostenrichtwerten*
- *Überprüfen der Bauwerks- und Betriebs-Kosten-Nutzen-Analyse*

Bedeutung der HOAI: *Die Tätigkeit des freischaffenden Architekten ist keine gewerbliche Tätigkeit. Ein freischaffender Architekt übt ebenso wie ein Arzt oder Rechtsanwalt einen Freien Beruf aus. Eines der Wesensmerkmale des Freien Berufes ist die Art der Beziehung zwischen Auftraggeber und Auftragnehmer - es ist ein besonderes Vertrauensverhältnis. Der freischaf- fende Architekt ist dazu verpflichtet, die Interessen des Bauherrn gegenüber den am Bau Beteiligten bestmöglich zu vertreten und ihn in seinen Entscheidungen im Hinblick auf gestalterische, technische, wirtschaftliche, und rechtliche Fragen zu beraten. Honorarordnungen haben zum Ziel, wirtschaftliche Abhängigkeiten des Auftragnehmers vom Auftraggeber zu vermeiden und den Auftragnehmer von der Notwendigkeit des Feilschens um sein Honorar zu befreien. Honorarordnungen sollen den Vertragspartnern Transparenz und Rechtssicherheit bieten.*

Anlage 4 **_© Danksagungen (1 von 6)_**

Danksagungen sind deshalb schwierig, weil immer eine Person oder mehrere vergessen werden. Deshalb sehen Sie es mir bitte nach, wenn das geschieht – es ist bestimmt nicht böswillig, sondern mit der Summe sich überschneidender Aktivitäten geschuldet, die mir der Veröffentlichung von Büchern verbunden ist (Inhalt, Formate, ISBN, Formalien, Rechte, Regeln und Verlagsbedingungen, Marketing und Werbung, Kosten, Auflage, Änderungsdienst usw.). Wenn man alles bis ins Detail beachtet, wird man wahrscheinlich nie fertig.

So beschränke ich mich auf die Personen, die mich in gewisser Weise unmittelbar geprägt haben. Auch die Schulen, Hochschulen und meine Berufsentwicklung erwähne ich hier nur in soweit, wie sie zum besseren Verständnis beitragen.

Wenn ich heute an meine gesamte Verwandtschaft zurückdenke, dann muss ich feststellen, dass alle mich gut behandelt (vermutlich deshalb, weil ich der Jüngste und Kleinste war) und in den schlechten Zeiten eher selbst gehungert haben, als mich hungern zu lassen. Danke.
Beginnen wir mit meiner Großmutter („Oma") mütterlicherseits, Emma Mielke (03.09.1871-24.03.1959), die als Schneiderin in Danzig lebte sehr einfach und auch sehr bescheiden. Nach dem Kriege und der militärischen Besetzung durch die Sowjetunion fand sie nicht mehr in ihr gewohntes Leben zurück.

Ihr Mann, Eduard Mielke (04.12.1859-1946-Tag nicht bekannt) hatte als Zimmer-mann auf der Schichauwerft in Danzig gearbeitet. Ihr beider Leben verlief sehr bürgerlich: Moral, Ehrlichkeit, Rechtschaffenheit und Solidität waren ihnen sehr wichtig und sie richteten sich danach. Der Begriff bewusstes „Unterstatement" passt am besten dazu: Sie wollten nicht als mehr gelten als das, was sie für sich fühlten.

Meine Großmutter („Oma") hatte nach dem Krieg 2 Bücher, die Bibel und das Gesangbuch. Sie las mir tagtäglich daraus vor und später in der Volksschule war ich wirklich der Beste in Religion und konnte fast die ganze Bibelgeschichte in der Klasse vortragen. Damals habe ich alles geglaubt, davon ist nicht viel übrig geblieben.

Meine Großmutter („Omi") väterlicherseits, Emilie Schanz (16.11.1872-15.04.1951) hat mit meiner Mutter und mir bis zu meinem 4. Lebensjahr zusammengelebt, um dann zu ihrer Tochter zu ziehen. Sie war relativ streng und hat versucht, mir schon in frühen Jahren etwas Ordnung beizubringen, was wahrscheinlich auch notwendig war. Trotz mancher Gegensätze haben wir uns gut verstanden. Meinen Großvater väterlicherseits habe ich nicht kennen gelernt; er ist schon vor meiner Geburt gestorben (Daten sind mir nicht bekannt.).

Das wirklich glückliche Leben meiner Mutter, Gertrud Schanz (19.12.1917– 05.02.2017) war kurz. 1939 heiratete sie und aus heutiger Sicht war das eine große Liebe, die nie hätte zu Ende gehen dürfen.

Sehr früh verlor sie ihren Mann, Georg Schanz (23.02.1914–01.03.1942), der zunächst als Lehrer gearbeitet hatte, dann eingezogen wurde und vom Feindflug (Flugzeugführer, zuletzt der ME 110) nicht mehr zurückkehrte. Wenn sie sich damals entschloss weiter zu leben, dann nur, weil sie sich für mich verantwortlich fühlte. Nach der militärischen Besetzung von Danzig musste sie mehr ertragen, als man sich das heute bei uns vorstellen kann.

Nach Kriegsende startete sie noch einmal durch: Zunächst arbeitete sie als Vorsitzende des Flüchtlingsausschusses, der Sozialausschüsse und der Wohnraumbewirtschaftung. Danach übernahm sie das Sekretariat des Hauptamtes in der Gemeindeverwaltung (Appen, Kreis Pinneberg), zugleich war sie Sozialreferentin und später Standesbeamtin.

Sie hatte ein einzigartiges Naturell, dem ich nachgeeifert bin, es aber es nie erreicht habe. Was das Geheimnis ihrer einzigartigen Wirkung auf andere war, kann ich nicht wirklich erklären. Einerseits zeichnete sie eine deutliche Individualität und eine stark spürbare Präsenz aus, wenn man ihr begegnete (allein und in Gesellschaft), andererseits wirkte offen, menschlich, freundlich und gerecht. Vermutlich ist es gerade diese fast geheimnisvolle persönliche Ausstrahlung, die in dem Moment, wo sie anderen begegnen, diese in ihren Bann schlagen.

Sie war sehr selbstbewusst, ohne es andere spüren zu lassen. Sie wirkte auf fast alle Menschen sympathisch. Jeder, der sie kannte, wollte mit ihr befreundet sein und es auch bleiben. Aber ihre Ziele verfolgte sie sehr konsequent und eckte erstaunlicher Weise kaum an, weil sie auch die Anliegen ihrer Gesprächspartner einfühlsam berücksichtigte. Meine Erziehung erfolgte mit großer Liebe und Zuwendung: Ich hatte nie das Gefühl erzogen zu werden, und dennoch hat sie mir alles mitgegeben, was mir zunächst nicht bewusst war und mir später im hohen Maße zugute kam.

Mein Stiefvater, Rudolf Palcikowski (1907–1969) war Tischler und in allen Dingen ein praktischer Mensch. Er wollte nach dem 2. Weltkrieg autark werden und schaffte sich 1200 qm Land mit kleinem Haus und Ställen an, dazu ca. 80 Hühner, ca. 40 Kaninchen, 12 Tauben und einen Hund. Weitere 40 Kaninchen hielt er an seinem Arbeitsplatz, die er irgendwie von guten Bekannten versorgen ließ. Dafür versorgte er diese hin und wieder mit Eiern, Kaninchen- und Hühnerfleisch.

Auf unserem Grundstück kümmerte er sich kaum um etwas. Wenn ich aber seine Hilfe brauchte war er da (bei schwereren Arbeiten). Meine Mutter half mir im Rahmen ihrer zeitlichen Möglichkeiten neben ihrem Beruf. Und so blieb fast alles an mir hängen. Widerwillig und mit relativ wenig Sorgfalt bestellte ich das Land und den Garten und versorgte die Tiere. Das Ergebnis ist, dass ich seitdem weder für Gartenarbeit, noch für Tierhaltung etwas übrig habe, Kaninchenfleisch mag ich auch nicht mehr. Das Wichtigste, was ich dabei gelernt habe, ist, dass man auch Aufgaben irgendwie bewältigen kann, die man nicht mag. Das ist manchmal unvermeidbar.

Das wichtigste Hobby meines Stiefvaters war, die Herstellung von Obstweinen in großen Glasballonen. Das mündete in Feierlichkeiten, bei denen die Gäste mit Speis und Trank bewirtet wurden und sich quasi ein gesellschaftliches Leben bei uns entwickelte. Auch mir hat mir das gut gefallen und zur Abwechslung vom Alltagsleben geführt.

Eine Begebenheit kann ich nicht verschweigen: Eines Tages schien den Hühnern etwas zu fehlen. Sie schlichen unsicher über's Land und gaben jämmerliche Laute von sich. Wie sich später herausstellte war ein großer Glaskontainer mit Wein gesprungen und ausgelaufen. Die Hühner haben das aufgenommen und waren betrunken. Weitere Folgen hatte das nicht.

Anlage 4 ***© Danksagungen (3 von 6)***

*Dann kam meine Frau ins Spiel (Antje Schanz * 20.09.1943). Sie war eine TOP-Erscheinung und hätte als Model arbeiten können, aber sie wählte die Partnerschaft mit mir. Ich bin zwar extrovertiert und ein aufgedrehter Hektiker, aber in der Sache ein rationaler Realist, der versucht, alles mit logischem Denken und Vernunft zu regeln. Meine Frau ist temperamentvoll, gleichzeitig ein künstlerischer Freigeist (Töpferei, Malerei, Ikebana usw.). Das schien im ersten Ansatz nicht unbedingt zusammen-zupassen und führte auch zu erheblichen Meinungsverschiedenheiten.*

Manche Bekannte/Innen und Freunde/Innen glaubten, dass unsere Ehe nicht lange halten würde. Jetzt sind wir seit 49 Jahren zusammen und weitgehend aufeinander eingestellt. Wenn ich nach Hause kam, sorgte sie dafür, dass ich mich auch zu Hause fühlte. Wir sind immer noch nicht in allen Dingen einer Meinung, aber das macht wohl auch den Reiz unseres Lebens aus. Wir werden wohl bis zum Schluss zusammen bleiben und alles genießen, was uns wichtig ist.

Es waren ihre Beharrlichkeit, ihre Entschlossenheit, ihre partnerschaftliche Festigkeit, ihre Geduld und Hartnäckigkeit, wenn es darum, für ihre Familie zu sorgen, eine gemütliche Atmosphäre zu schaffen und meine vielfältigen und unübersichtlichen Aktivitäten zu begleiten und zu unterstützen. An sich ist sie aufgeschlossen und progressiv, aber in ethischer und moralischer Hinsicht sehr konservativ (unbedingte Treue und ein stark ausgeprägter Familiensinn). Ohne sie hätte ich vieles nicht geschafft. Sie hat mir in wahrster Hinsicht des Wortes den Rücken freigehalten.

*Wir haben inzwischen 3 Kinder (Michael * 28.07.1968; Andrea * 25.11.1974,; Claudia * 24.10.1984). Das war für uns der Beginn einer passenden Erziehung. Wir hatten die besten Vorsätze und versuchten sie unseren Kindern mit „leichtem" Druck nahe zu bringen. Solange die Kinder das 10. Lebensjahr noch nicht überschritten hatten, schien alles zu klappen, aber dann zeigte sich, dass unsere Kinder mehr Kreativität aufbrachten als wir verkraften konnten. Wir verloren die Übersicht und hatten das Gefühl, unsere Familie werde vom Chaos regiert und nicht von unserem planerisch und organisatorisch gestalteten Konzept. Ich will das hier nicht im Einzelnen darstellen, aber alles was wir für unsere Kinder wollten, trat nicht ein; dafür umso mehr die Dinge, die wir nicht wollten.*

Wenn wir heute auf unsere Kinder blicken, ist manches eingetreten, was wir ursprünglich einmal wollten, mit dem wir gar nicht mehr gerechnet hatten.

Zwar hatte ich an sich gehofft, dass unser Sohn sein Physikstudium abschließen würde, aber er brach das Studium nach bestandenem Vorexamen ab. Er war kein rationaler Realist (wie ich), sondern ein künstlerischer Freigeist. Mit seinem Internetunternehmen (Berlin, Düsseldorf) verdiente er genug Geld. Na ja, zwar etwas von meinem Ziel abgekommen, aber er war erfolg- reich.

Meine Töchter entwickelten sich dann so, wie ich es von meinem Sohn erwartet hatte: Andrea ist promovierte und habilitierte Ärztin und Claudia Volljuristin mit Erster und Zweiter Staatsprüfung.

Mein Dank geht an alle Beteiligten.

Anlage 4 **© Danksagungen (4 von 6)**

Was meine Kinder mich (abweichend von meinen ursprünglichen Einstellungen) gelehrt haben, sind Geduld und Gelassenheit bei Erziehungsproblemen, Nachsicht bei den Fehlern anderer, Achtung und Akzeptanz für die Ziele meiner Kinder, Großzügigkeit (nicht nur finanzielle), wenn es um die Wünsche der Familienmitglieder geht. Es mangelt mir immer noch an Freizügigkeit, aber dafür habe ich mich (häufig zu) massiv für meine Familie eingesetzt und auch etliche Rechts- streitigkeiten für sie geführt.

Ich erkläre diese mehr oder weniger eingetretenen Erfolge unserer Erziehung mit einem Moment der Organisationsstrukturierung, den man Improvisation nennt, ohne die operativ kaum etwas läuft. Und auch strategisch und taktisch gibt es immer wieder Situationen, die improvisatorisch ergänzt werden müssen (vergessene und unvorhersehbare Eigenschaften, Zustände und Ereignisse).

Das hat meinen Blick in das „Wunder der Organisation - Menschen zwischen Pflichten und Emotionen" geschärft und mir bei der Organisations- und Personalentwicklung geholfen, auch einmal auf die Selbstheilungskräfte der Organisation zu vertrauen und nicht alles bis ins letzte Detail zu planen (bzw. planen zu können), was letztlich dann doch nicht so wie gewünscht klappt. Dass wir zu unserer großen Freude noch 3 Enkel bekamen (Ludwig, Emelie und Frieda) soll hier – mangels unmittelbarer Zuständigkeit – nicht mehr weiter ausgeführt werden. Aber im Umgang mit ihnen, handele ich jetzt so, wie ich es bei meinen Kindern noch nicht konnte.

Meine „Partner" im Bildungs- und Berufsleben

Letztlich habe ich bei alle Personen/Persönlichkeiten etwas gelernt und danke ihnen dafür:

Bei den Personen, mit denen nicht so gut ausgekommen bin, habe ich frühzeitig Verhaltensformen entwickelt, wie man ihnen begegnet und wie man sich wehrt. Das betrifft meine Latein-, Französisch- und auch einige Deutschlehrer und sicherlich eine Vielzahl von Personen, denen ich im Leben begegnet bin (Dozenten, Vorgesetzte, Behördenvertreter usw.) Das waren wichtige Erfahrungen, die mir später zugute kamen (im Betriebsrat, im Gesamtbetriebsrat, im Konzernbetriebsrat, im Eurobetriebsrat, im Aufsichtsrat - aber vor allem auch bei Führungsaufgaben gegenüber Vorgesetzten, im eigenen Arbeitsbereich, bei Gruppenereignissen wie Verhandlungen, bei Ausschussarbeiten, in Projektgruppen, bei Vorträgen, in Diskussionen unterschiedlichster Art usw.).

Auf der anderen Seite waren es Mathematik-, Physik-, Chemie-, Biologie-, Sport- und einige anderer Lehrer, die ich in guter Erinnerung habe und die mir den Weg in eine Welt gezeigt haben, in der Logik, Realitätssinn und Vernunft (im Sinne von Einsicht / Weisheit) entscheidend sind. Dazu kamen vorbildliche Vorgesetzte und Führungspersönlichkeiten, die ich bewundert und respektiert habe.

Aber auch Mitschüler/Innen, Kommilitonen/innen und Kollegen/Innen waren dabei, die es weit gebracht haben. Namen möchte ich auch hier nicht nennen.

Anlage 4 ***© Danksagungen (5 von 6)***

Ich will nicht verhehlen, dass etliche Personen/Persönlichkeiten, die ich zunächst negativ gesehen habe, falsch eingeschätzt habe. Ich musste später erkennen, dass es wertvolle Menschen sind/waren, auf die ich mich verlassen kann/konnte.

- *Meine Kunstlehrer will ich besonders erwähnen: Ich kam mit denen gut zurecht, die in der Kunst immaterielle und materielle Objekte sahen, die man mit der Realität verbinden konnte (gegenständlich, verständlich, nachvollziehbar). Viele Formen abstrakter Kunst waren mir zu wider. Inzwischen hat sich das geändert: Heute gibt es Vertreter, die ich gerade wegen ihrer Abstraktheit schätze (z.B. manche Darstellungen von Wassily Kandinsky). Allerdings gibt es eine Ausnahme: Für den Kunstbegriff, den Joseph Beuys vertritt/vertrat, kann ich mich nicht erwärmen. Namen möchte ich bis hierher nicht nennen.*

Im Folgenden möchte ich Namen nennen, um Missverständnisse zu vermeiden und weil diese Persönlichkeiten nicht mehr am Leben.

Hans Weiß (Geschäftsführer von Weiß und Partner, Frankfurt) muss ich erwähnen als einen Freund, der viel zu früh gestorben ist. Sein Buch, („Von der Jagd zur Partnerschaft - Das Verkaufspentagon. Instrument zur gemeinsamen Wertschöpfung im Systemverkauf Gebundene Ausgabe – 1996"), das er zusammen mit Peter Hanser (Redakteur der Zeitschrift „absatzwirtschaft – Zeitschrift für Marketing") veröffentlicht hat, zeigt nur die Spitze des Eisbergs" seines Schaffens. Obwohl ich ihn relativ spät kennen lernte (1995), hat er mir eine Persönlichkeit vorgelebt, die privat wie beruflich beeindruckend war.

- *Als Strategie- und Marketingberater ging er (scheinbar unvorbereitet) in eine Gruppe, um ein Konzept für die Entwicklung eines Unternehmens oder eines Teils seiner Organisation abzuleiten. Er begann quasi mit einem Brainstorming und stellte Fragen an die Teilnehmer. Mit den Antworten baute er eine konzeptuelle Struktur auf (Flipcharts mit Fotoprotokollen, später mit Computer und Beamer), die so aussah, als wäre sie lange entwickelt worden und läge jetzt in perfekter Darstellung vor. Das allein war schon beeindruckend, dazu kam die Einbindung jeden Gruppenmitgliedes in einen Aufgaben- und einen Aktivitätenplan. Das Ergebnis war, dass er mit allen Teilnehmern (vom Sachbearbeiter bis zum Geschäftsführer) befreundet zu sein schien. Nicht dass man sich duzte, aber man suchte seinen Kontakt, auch privat, und lud ihn zu jeder Art von Veranstaltungen ein, um sie zu bereichern. Dabei war er sehr leise und unaufdringlich. Aber jeder folgte ihm.*

- *Ich habe längere Zeit mit ihm bei verschiedenen Projekten zusammengearbeitet. Was letztlich sein Geheimnis war, hat er mit ins Grab genommen. Ich habe viel von ihm profitiert, aber ich kann ihn nicht wirklich erklären.*

Viel Dank für alles.

Anlage 4 ***© Danksagungen (6 von 6)***

Meine Abschlussarbeit an der Universität Köln „Die Gestaltung der Interaktionen zwischen Trägern organisatorischer Gestaltung und Organisierten – Mögliche Konzepte und ihre Problematik" ist der Auslöser für meine Bücher. Es handelte sich um eine interdisziplinäre organisationspsychologische Aufgabenstellung zwischen den Lehrstühlen Wirtschafts-pädagogik (Prof. Schmiel), Organisation (Prof. Grochla) und Informatik (Prof. Schmitz).

Damals war ich nicht so erfreut über das Thema, weil ich nicht wusste, wie ich anfangen sollte und was ich überhaupt tun konnte – ich fühlte mich „wie in eine Sackgasse", aus der es kein Entrinnen gab. Oder deutlicher: Ich wollte es an sich nie laut nicht aussprechen, aber ich „fühlte mich ehrlich überfordert".

Die Herren Professoren taten so, als hätten sie mir ein großes Geschenk gemacht und ich müsse dankbar sein. Mein Verhältnis zu Herren war sehr angespannt und ich habe sie wahrscheinlich auch verärgert, weil ich sie immer mit Einwänden und Fragen belästigte, so dass Herr Grochla sagte: „Wenn Sie so weiter machen, können wir die Arbeit auch gleich selber machen."
Irgendwie habe ich die Arbeit fertig gestellt, war aber nicht besonders zufrieden und oben-drein schlecht gelaunt.

Nach meinem Studium daran habe ich zunächst 8 Jahre lang selbständig und in Partnerschaften im Rahmen der Unternehmensberatung gearbeitet. Neben einer Reihe kleinerer Projekte habe ich folgende größere Themen bearbeitet:

- ***Commerzbank Frankfurt (Konzeption einer Bankkostenrechnung) – 4 Monate***
- ***Karstadt Essen (Personalbedarfsrechnungen) – 6 Monate***
- ***Siemens München (Softwarekonzeption SIMAS – Personal- und Rechnungswesen) – 13 Monate***

Und siehe da: Ohne diese Hausarbeit wäre ich nicht weit gekommen; denn meine gesammelten Erkenntnisse, Konzepte und Anwendungsbeispiele waren auch für die Auftraggeber in den Unternehmen neu und so konnte ich glänzen.

Mir wurde bewusst, dass ich Prof. Schmiel, Prof. Grochla und Prof. Schmitz Unrecht getan hatte. Ich habe die Forschungsarbeit an diesen Lehrstühlen bis heute verfolgt und musste erkennen, dass vieles von dem, was ich damals nicht verstanden habe, heute gängige Theorie und zum Teil auch Praxis geworden ist.

An sich hätte ich bei den Herren Abbitte leisten müssen, aber ich habe zu lange gewartet. Jetzt sind sie nicht mehr am Leben und das tut mir auch sehr leid, aber ich kann es nicht mehr ändern.

Trotz allem vielen Dank für alles.